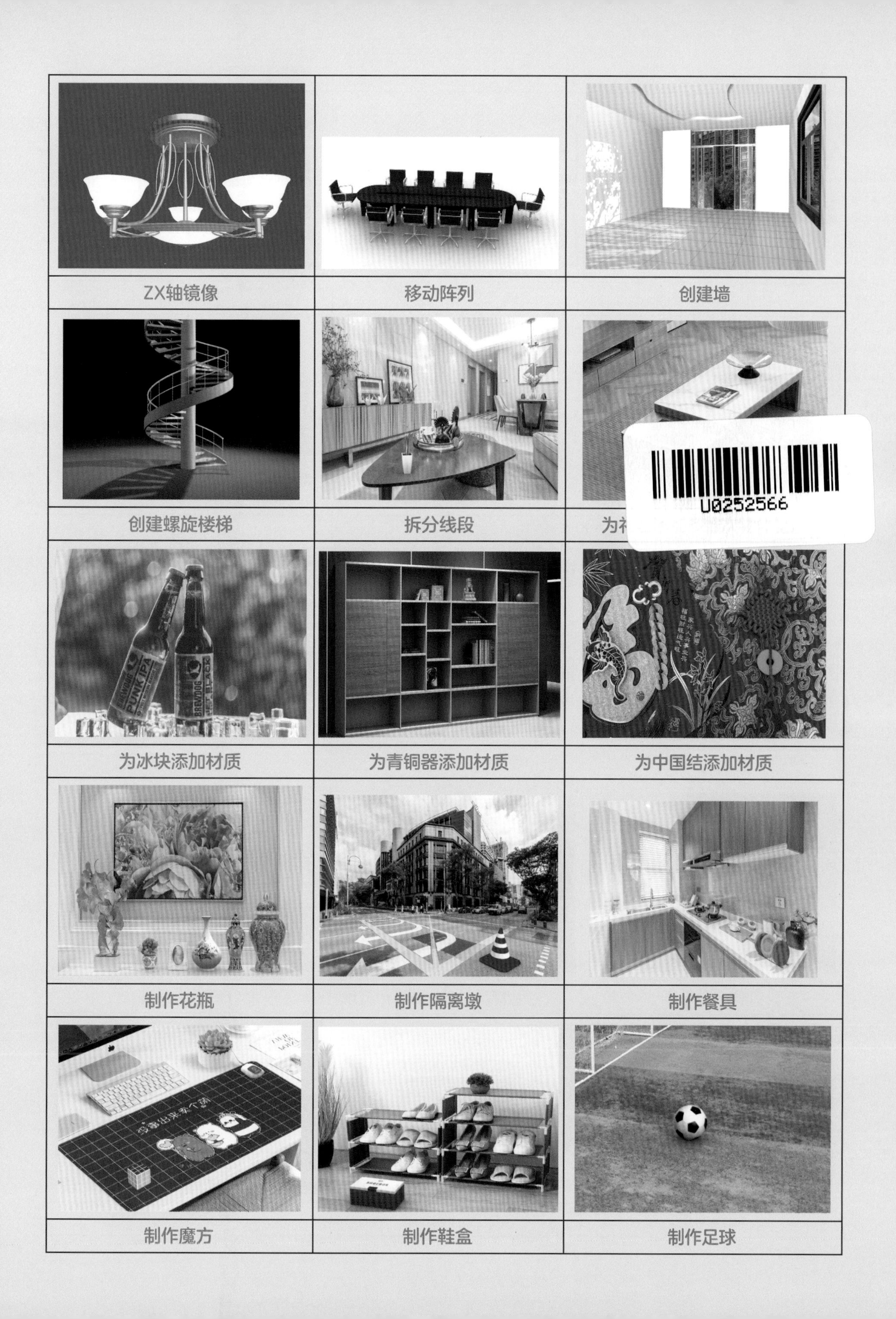


ZX轴镜像 | 移动阵列 | 创建墙

创建螺旋楼梯 | 拆分线段 | 为

为冰块添加材质 | 为青铜器添加材质 | 为中国结添加材质

制作花瓶 | 制作隔离墩 | 制作餐具

制作魔方 | 制作鞋盒 | 制作足球

U0252566

| 制作引导提示板 | 制作支架式展板 | 制作吧椅 |
| --- | --- | --- |
| 制作垃圾箱 | 制作茶几 | 制作造型椅 |
| 制作坐墩 | 制作卷轴画 | 制作屏风 |
| 制作户外秋千 | 制作户外休闲座椅 | 制作户外健身器材 |
| 制作凉亭 | 大堂灯光模拟 | 室外摄影机 |

太阳光模拟

色相与饱和度的调整

图像亮度和对比度的调整

窗外景色的添加

室外建筑中人物的阴影

植物倒影

建筑雪景

# 3ds max+VRay室内外效果图制作完全实训手册

赵　玉　编著

清華大学出版社
北　京

## 内 容 简 介

本书是一本学习3ds max软件的实例大全，也是一本案头工具书。本书通过11章专题技术讲解+多个专家提醒放送+180个实例技巧放送+530多分钟视频演示，可以帮助读者在最短时间内从入门到精通，从新手成为3ds max应用高手。

本书具体内容包括3ds max 2018的基本操作、场景对象的基本操作、创建建筑模型、材质纹理的设置与表现、基本模型的制作与表现、公共空间家具的制作与表现、居室家具及饰物的制作与表现、室外模型的制作与表现、灯光与摄影机的设置技法与应用、效果图的后期处理、建筑雪景的制作。

本书文字简洁、结构清晰、实用性强，非常适合3ds max的初、中级读者阅读，也适合3ds max室内外效果图制作人员使用，还可作为各类计算机培训机构、高等院校相关专业的辅导教材。

**本书封面贴有清华大学出版社防伪标签，无标签者不得销售。**
**版权所有，侵权必究。举报：010-62782989，beiqinquan@tup.tsinghua.edu.cn。**

**图书在版编目(CIP)数据**

3ds max+VRay室内外效果图制作完全实训手册/赵玉编著. —北京：清华大学出版社, 2022.11
ISBN 978-7-302-62120-1

Ⅰ. ①3… Ⅱ. ①赵… Ⅲ. ①建筑设计—计算机辅助设计—三维动画软件 Ⅳ. ①TU201.4

中国版本图书馆CIP数据核字(2022)第200208号

**责任编辑：**张彦青　李玉萍
**封面设计：**李　坤
**责任校对：**李玉茹
**责任印制：**沈　露
**出版发行：**清华大学出版社
**网　　址：**http://www.tup.com.cn, http://www.wqbook.com
**地　　址：**北京清华大学学研大厦A座　　**邮　　编：**100084
**社 总 机：**010-83470000　　**邮　　购：**010-62786544
**投稿与读者服务：**010-62776969, c-service@tup.tsinghua.edu.cn
**质量反馈：**010-62772015, zhiliang@tup.tsinghua.edu.cn
**课件下载：**http://www.tup.com.cn, 010-62791865
**印 装 者：**三河市龙大印装有限公司
**经　　销：**全国新华书店
**开　　本：**210mm × 260mm　　**印张：**19.75　　**插页：**2　　**字　　数：**612千字
**版　　次：**2022年12月第1版　　**印　　次：**2022年12月第1次印刷
**定　　价：**98.00元

产品编号：087214-01

# 前　言

Autodesk 3ds max 2018是Autodesk公司开发的基于PC系统的三维动画渲染和制作软件，其广泛应用于工业设计、广告、影视、游戏、建筑设计等领域。从用于自动生成群组的具有创新意义的新填充功能集到显著增强的粒子流工具集，再到现在支持 Microsoft DirectX 11明暗器且性能得到了提升的视口，3ds max 2018融合了当今现代化工作流程所需的概念和技术。由此可见，3ds max 2018 提供了可以帮助艺术家拓展其创新能力的新工作方式。

## 1. 本书内容

全书共分11章，分别讲解了3ds max 2018的基本操作、场景对象的基本操作、创建建筑模型、材质纹理的设置与表现、基本模型的制作与表现、公共空间家具的制作与表现、居室家具及饰物的制作与表现、室外模型的制作与表现、灯光与摄影机的设置技法与应用、效果图的后期处理、建筑雪景的制作等内容。

## 2. 本书特色

本书内容实用，步骤详细，180个实例为读者架起了一座快速掌握3ds max 2018的应用技能与操作方法的“桥梁”；180种设计理念令从事室内外效果图制作的专业人士灵感迸发；180种艺术效果和制作方法可以使初学者融会贯通、举一反三。这些实例按知识点的应用顺序和难易程度进行安排，从易到难，从入门到提高，循序渐进地介绍了各种模型的制作方法。在部分实例操作中还设置了提示、知识链接等栏目，引导读者在制作过程中勤于思考和总结。

## 3. 海量的电子学习资源和素材

本书附带丰富的素材文件、场景文件、效果文件、多媒体有声视频教学录像，读者在读完本书内容以后，可以调用这些资源进行深入学习。下面截图给出部分概览。

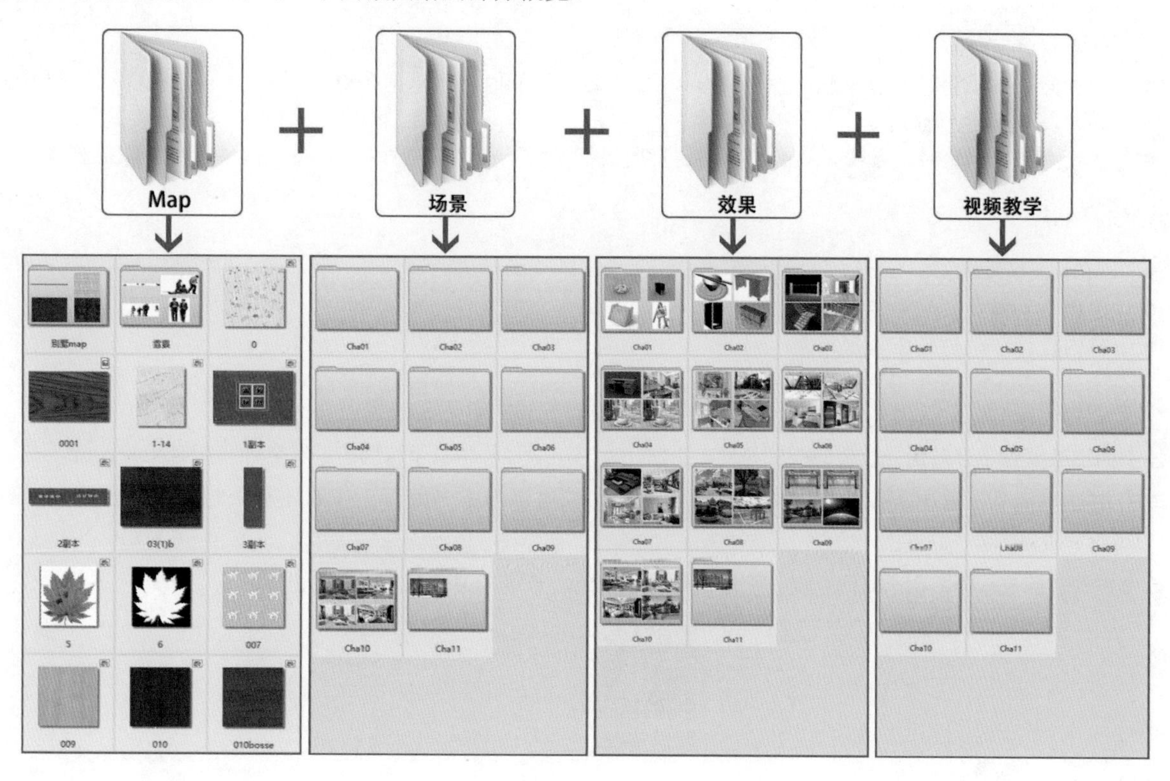

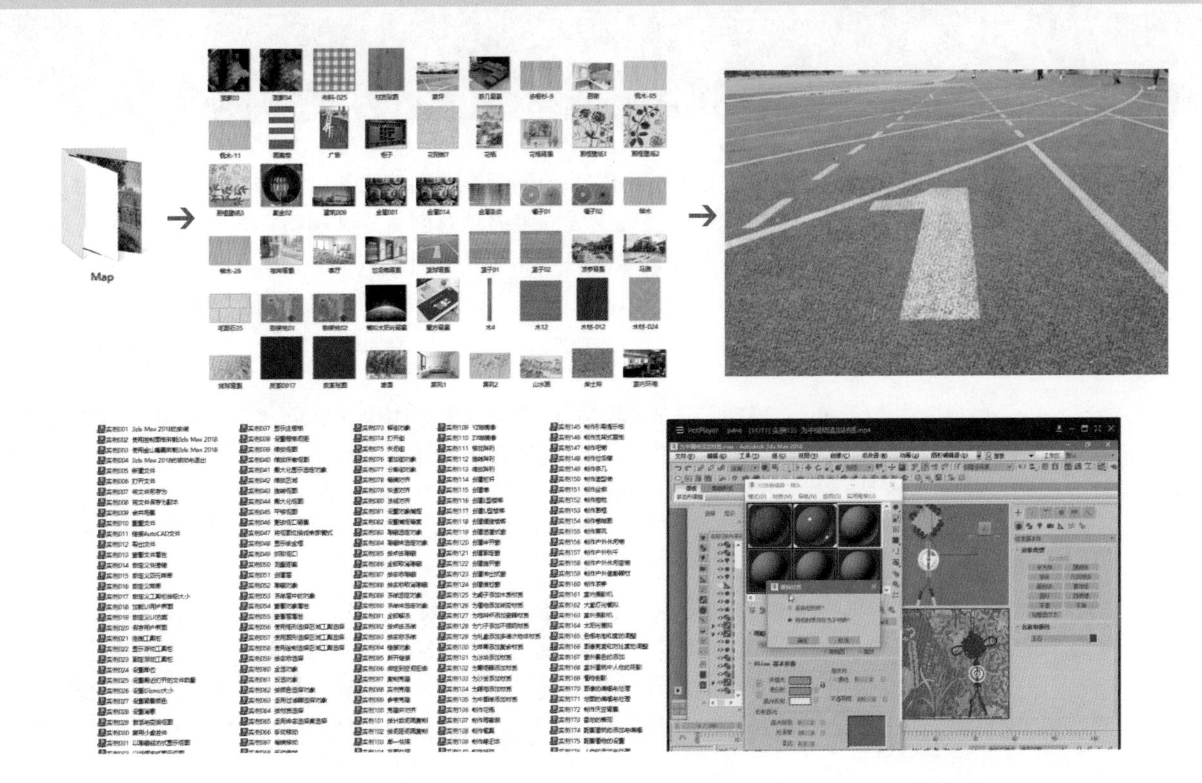

## 4. 本书约定

为便于阅读理解，本书的写作风格遵从如下约定。

- 本书中出现的中文菜单和命令将用“【】”括起来，以示区分。此外，为了使语句更简洁易懂，书中所有的菜单和命令之间以竖线（|）分隔。例如，单击【编辑】菜单，再选择【移动】命令，就用【编辑】|【移动】来表示。
- 用加号（+）连接的两个键表示组合键，在操作时表示同时按下这两个键。例如，Ctrl+V是指在按下Ctrl键的同时，按下V字母键。
- 在没有特殊指定时，单击、双击和拖动是指用鼠标左键单击、双击和拖动，右击是指用鼠标右键单击。

## 5. 读者对象

- 3ds max初学者。
- 建模与动画及其相关专业的学生。
- 室内设计与动画制作从业人员。

## 6. 致谢

本书的出版凝结了许多优秀教师的心血，衷心感谢在本书出版过程中给予帮助的编辑老师和所有相关人员。

本书由德州信息工程中等专业学校的赵玉老师编写，同时参与本书编写工作的还有朱晓文、尹慧玲、刘蒙蒙、陈月娟。

本书在创作的过程中，由于时间仓促，不足之处在所难免，希望广大读者批评、指正。

配送资源

编　者

# 目　录

## 总　目　录



## 第1章　3ds max 2018的基本操作

## 第2章 场景对象的基本操作



## 第3章 创建建筑模型



## 第4章 材质纹理的设置与表现

# 第1章 3ds max 2018的基本操作

本章导读

本章主要介绍有关3ds max 2018中文版软件的基础知识，包括安装、启动、退出3ds max 2018系统。3ds max属于单屏幕操作软件，所有的命令和操作都在一个屏幕上完成，不用进行切换，这样可以节省大量的工作时间，同时创作效果也更加直观明了。作为一个3ds max的初级用户，在正式使用和掌握这款软件之前，学习并掌握软件的工作环境及基本的文件操作是非常有必要的。

# 实例001 3ds max 2018的安装

学习和使用3ds max 2018之前，首先要正确安装该软件。本例将讲解如何安装3ds max 2018，具体操作步骤如下。

| 素材： | 无 |
| --- | --- |
| 场景： | 无 |
| 视频： | 视频教学\Cha01\实例001 3ds max 2018的安装.mp4 |

**Step 01** 找到3ds max 2018的安装系统，双击Setup.exe文件，即可弹出如图1-1所示的界面。

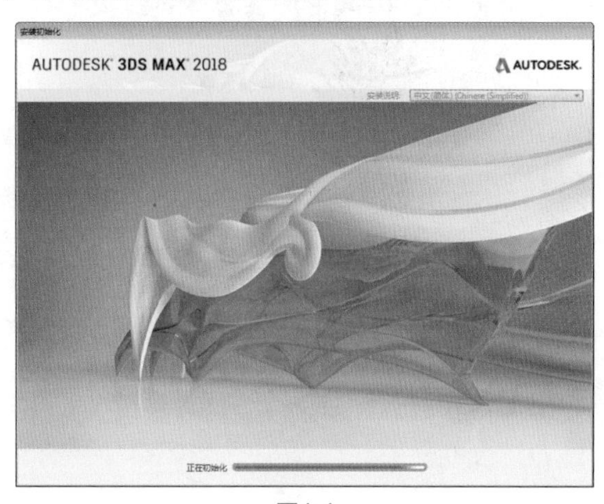


图1-1

**Step 02** 进入图1-2所示的界面后，单击【安装】按钮。

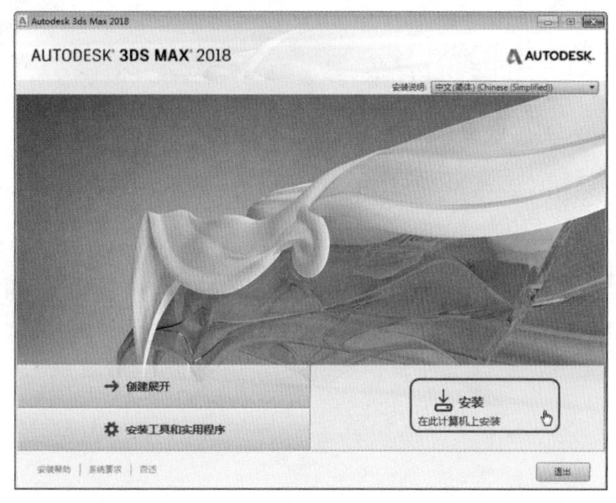


图1-2

**Step 03** 安装完成后，在【许可协议】界面中选中【我接受】单选按钮，并单击【下一步】按钮，如图1-3所示。

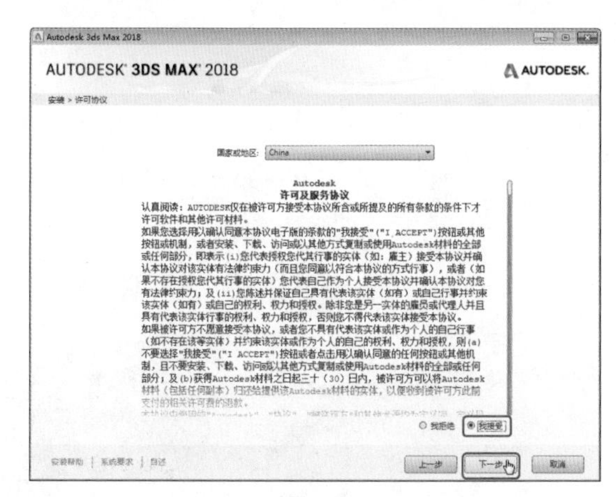


图1-3

**Step 04** 切换到【配置安装】界面，单击【安装路径】文本框右侧的【浏览】按钮，可指定安装路径，如图1-4所示。

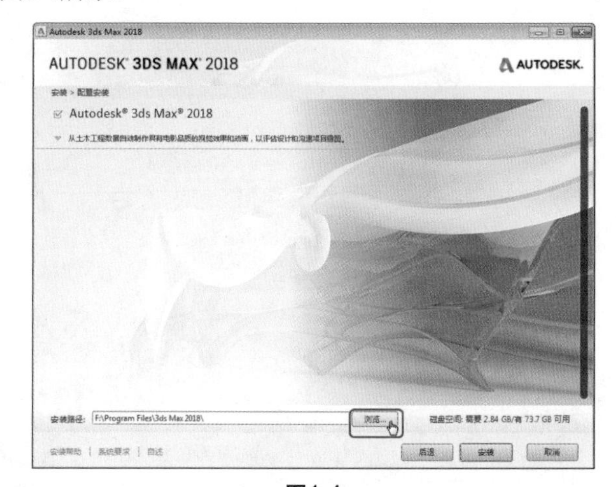


图1-4

**Step 05** 单击【安装】按钮，即可弹出【安装进度】界面，如图1-5所示。

图1-5

**Step 06** 安装完成之后会切换到【安装完成】界面，单击【立即启动】按钮即可启动3ds max，如无须启动，单击右上角的关闭按钮，将该界面关闭即可，如图1-6所示。

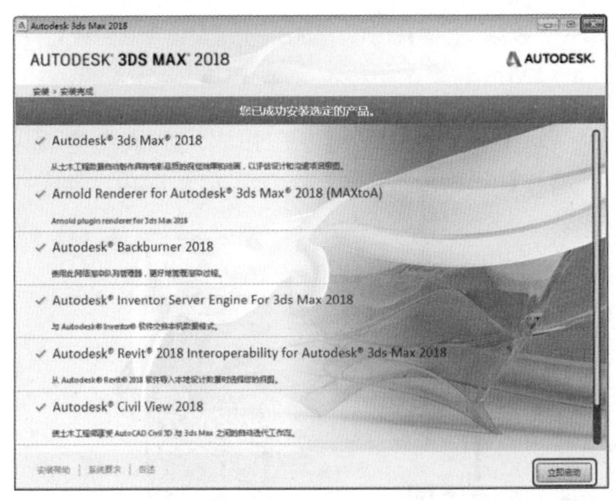

图1-6

## 实例002 使用控制面板卸载3ds max 2018

卸载3ds max 2018可通过【控制面板】实现，具体操作步骤如下。

| 素材： | 无 |
| --- | --- |
| 场景： | 无 |
| 视频： | 视频教学\Cha01\实例002　使用控制面板卸载3ds max 2018.mp4 |

**Step 01** 单击【开始】按钮，在弹出的列表中选择【控制面板】命令，如图1-7所示。

图1-7

**Step 02** 在弹出的窗口中单击【程序和功能】按钮，如图1-8所示。

图1-8

**Step 03** 弹出【程序和功能】窗口，在该窗口中用鼠标右键单击Autodesk 3ds max 2018，选择【卸载/更改】命令，如图1-9所示。

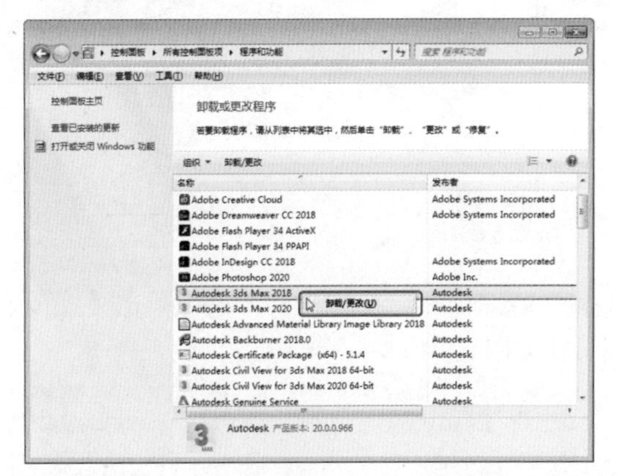

图1-9

**Step 04** 弹出图1-10所示的界面，在该界面中单击【卸载】按钮。

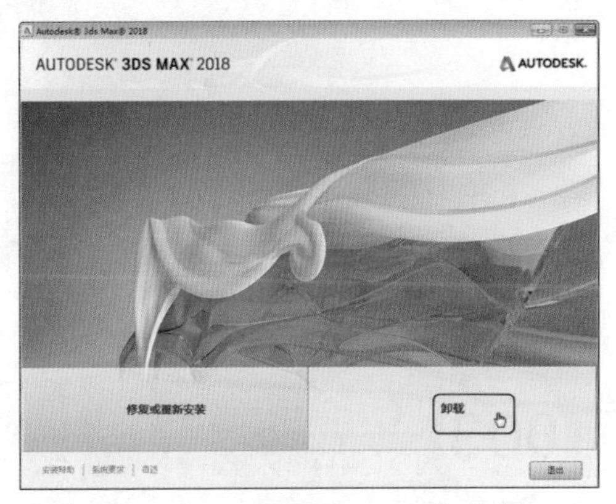

图1-10

**Step 05** 在弹出的界面中单击【卸载】按钮，如图1-11所示。

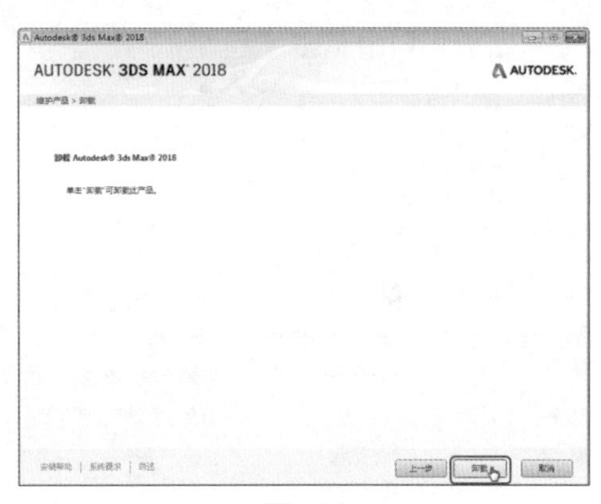


图1-11

Step 06 切换到【正在卸载】界面，在该界面中将会显示卸载进度，如图1-12所示。

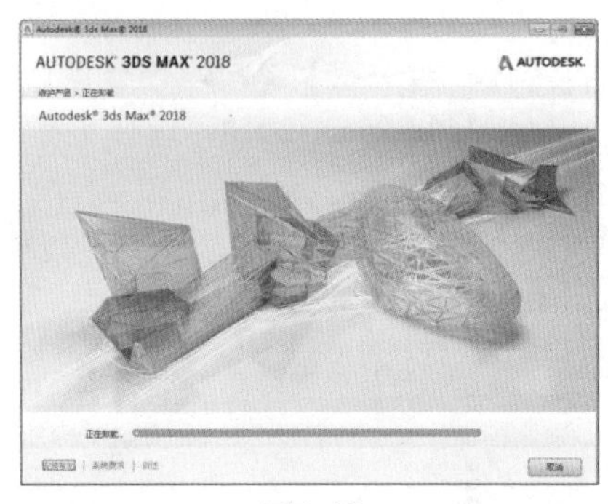


图1-12

Step 07 卸载完成后，在弹出的界面中单击【完成】按钮即可，如图1-13所示。

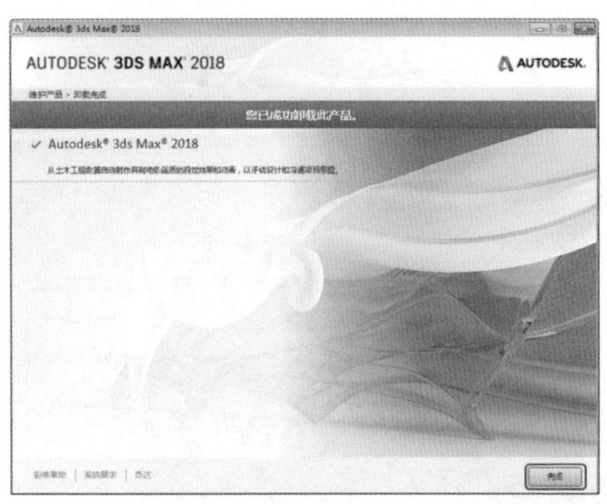


图1-13

## 实例003 使用金山毒霸卸载3ds max 2018

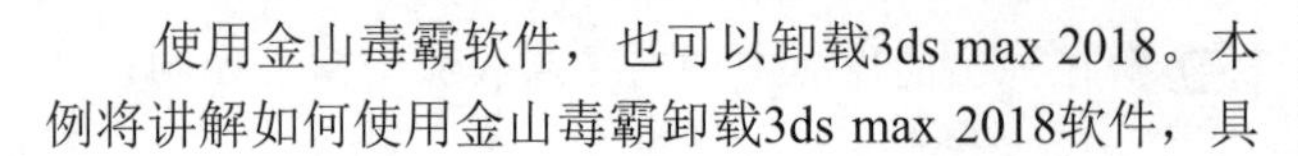

使用金山毒霸软件，也可以卸载3ds max 2018。本例将讲解如何使用金山毒霸卸载3ds max 2018软件，具体操作步骤如下。

| 素材： | 无 |
| --- | --- |
| 场景： | 无 |
| 视频： | 视频教学\Cha01\实例003 使用金山毒霸卸载3ds max 2018.mp4 |

Step 01 单击【开始】按钮，在弹出的列表中选择【所有程序】|【金山毒霸】|【金山毒霸】选项，如图1-14所示。

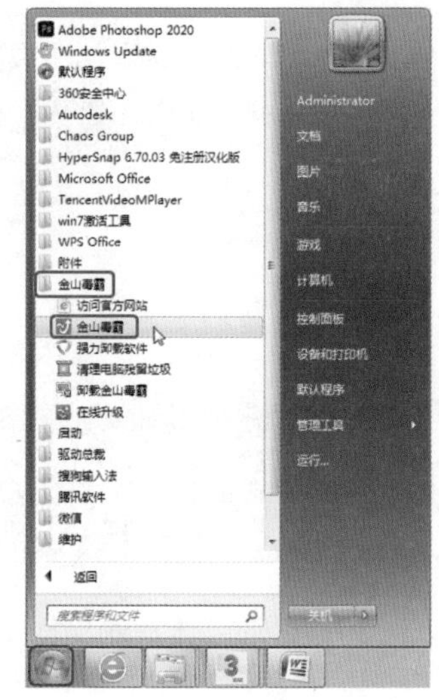


图1-14

Step 02 在弹出的界面中单击【软件管家】按钮，如图1-15所示。

图1-15

Step 03 在弹出的界面中选择【卸载】选项，单击Autodesk 3ds max 2018右侧的【卸载】按钮，如图1-16所示。

Step 04 弹出图1-17所示的界面，单击【卸载】按钮。

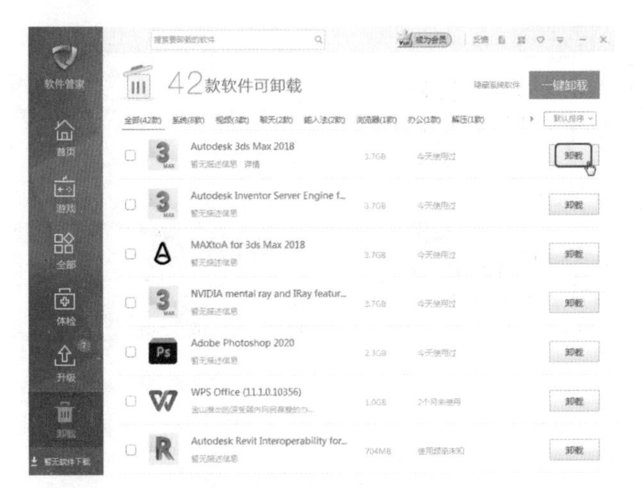

图1-16

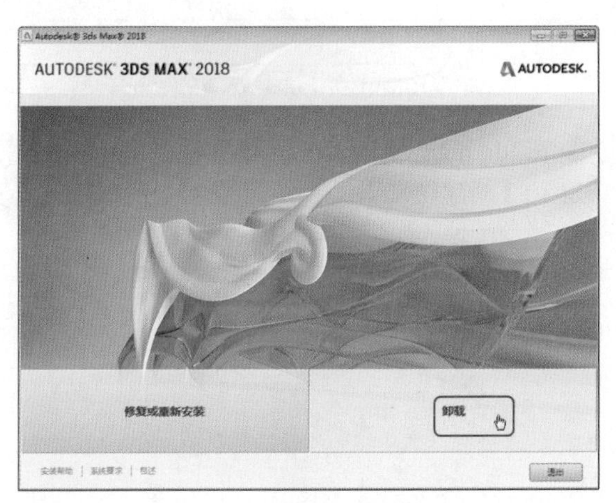

图1-17

**Step 05** 在弹出的界面中单击【卸载】按钮，如图1-18所示。

图1-18

**Step 06** 弹出【正在卸载】界面，在该界面中将会显示卸载进度。卸载完成后，在弹出的界面中单击【完成】按钮即可，如图1-19所示。

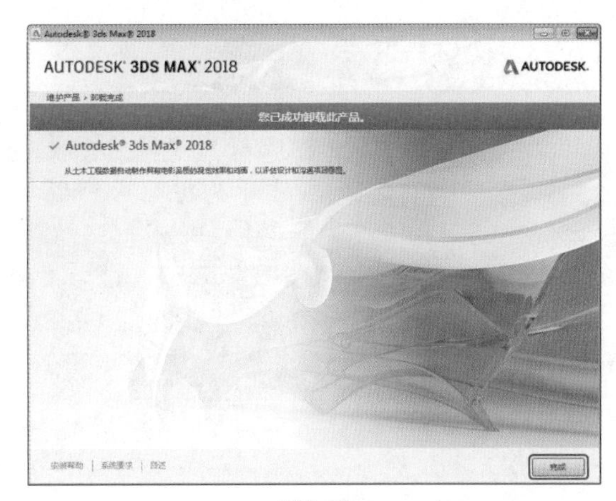

图1-19

## 实例004 3ds max 2018的启动与退出

启动软件后可使用软件进行各种场景操作，当无须使用软件进行操作时可将其退出。本例将讲解如何启动与退出3ds max 2018软件，具体操作步骤如下。

| 素材： | 无 |
|---|---|
| 场景： | 无 |
| 视频： | 视频教学\Cha01\实例004 3ds max 2018的启动与退出.mp4 |

**Step 01** 单击【开始】按钮，在弹出的列表中选择【所有程序】| Autodesk | Autodesk 3ds max 2018 | 3ds max 2018 - Simplified Chinese 命令，如图1-20所示。

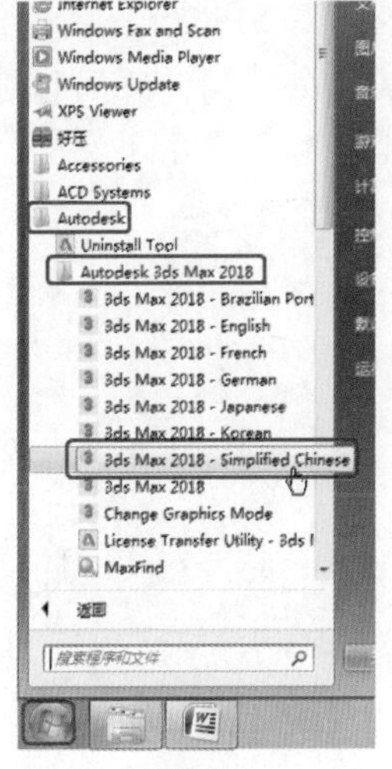

图1-20

**Step 02** 执行该命令后，即可启动3ds max 2018，如图1-21所示。

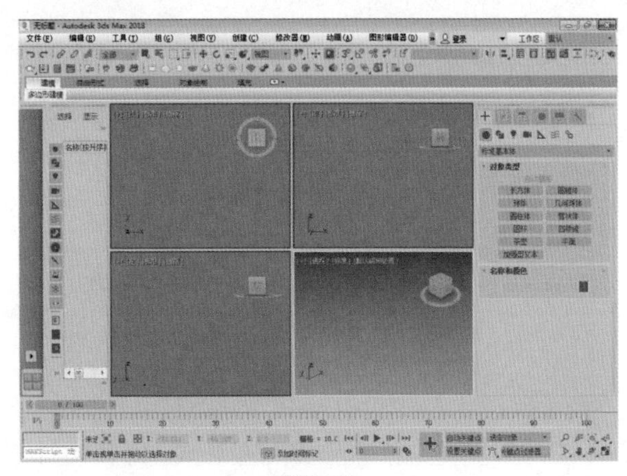

图1-21

Step 03 同样，退出3ds max 2018的方法也非常简单，在3ds max 2018窗口中单击右上角的【关闭】按钮 即可，如图1-22所示。

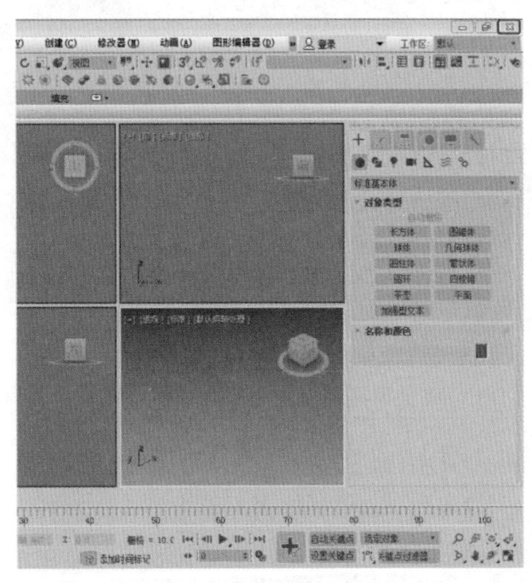

图1-22

除了该方法之外，用户还可以在菜单栏中选择【文件】|【退出】命令，如图1-23所示。

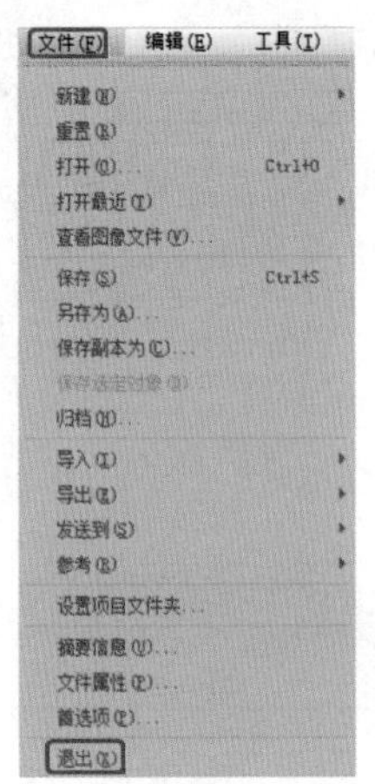


图1-23

◎提示·◦

在标题栏中单击鼠标右键，在弹出的快捷菜单中选择【关闭】命令或按Alt+F4组合键均可退出3ds max 2018软件。

## 实例005 新建文件

在制作Max场景的过程中，总会需要创建一个新的Max文件。本例将讲解如何新建文件，具体操作步骤如下。

| 素材： | 无 |
|---|---|
| 场景： | 无 |
| 视频： | 视频教学\Cha01\实例005 新建文件.mp4 |

Step 01 在3ds max 2018窗口的菜单栏中选择【文件】|【新建】|【新建全部】命令，如图1-24所示。

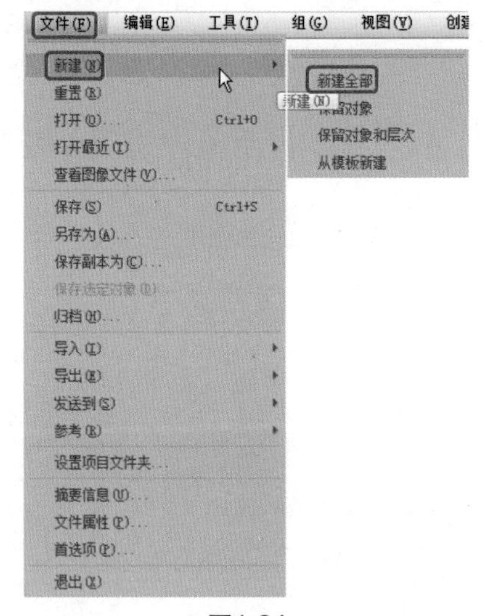


图1-24

Step 02 执行该操作后，即可新建一个空白文件，如果新建的文件修改后未保存，系统会弹出如图1-25所示的提示对话框。

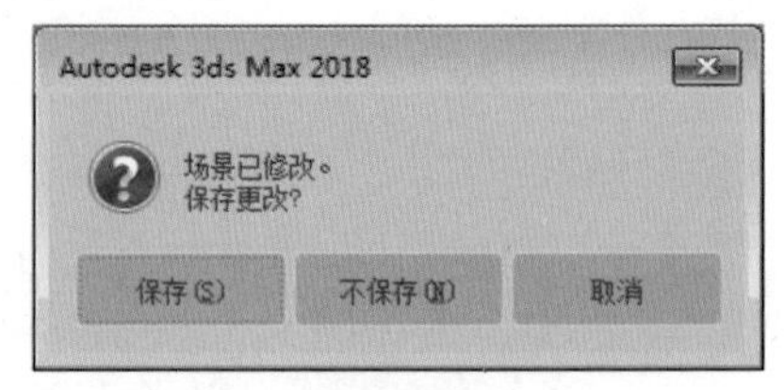


图1-25

## 实例006 打开文件

通过菜单栏中的【文件】|【打开】命令可以打开需要的文档，具体操作步骤如下。

| 素材： | Scene\Cha01\笔记本.max |
|---|---|
| 场景： | 无 |
| 视频： | 视频教学\Cha01\实例006 打开文件.mp4 |

**Step 01** 在菜单栏中选择【文件】|【打开】命令，如图1-26所示。

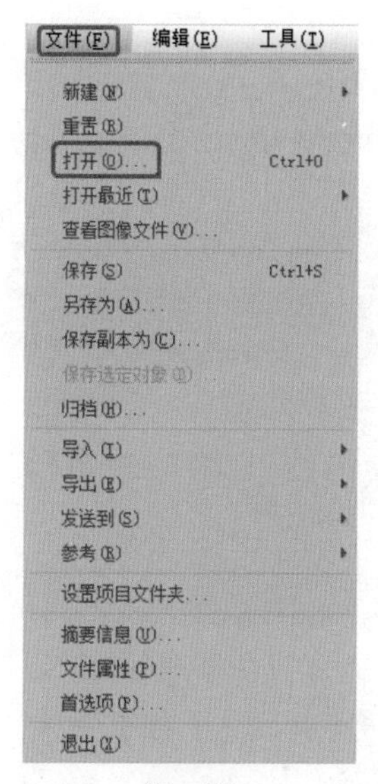


图1-26

**Step 02** 弹出【打开文件】对话框，在该对话框中选择“Scene\Cha01\笔记本.max”素材文件，单击【打开】按钮，即可打开选中的素材文件，如图1-27所示。

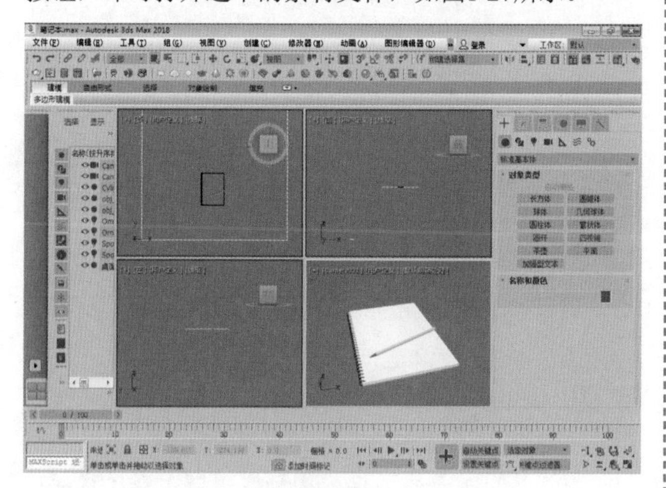

图1-27

## 实例007 将文件另存为

在3ds max中，如果不想破坏原来的场景，可以将新修改的场景另存，具体操作步骤如下。

| 素材： | Scene\Cha01\笔记本.max |
|---|---|
| 场景： | 无 |
| 视频： | 视频教学\Cha01 \实例007 将文件另存为.mp4 |

**Step 01** 继续上一实例的操作，在菜单栏中选择【文件】|【另存为】命令，如图1-28所示。

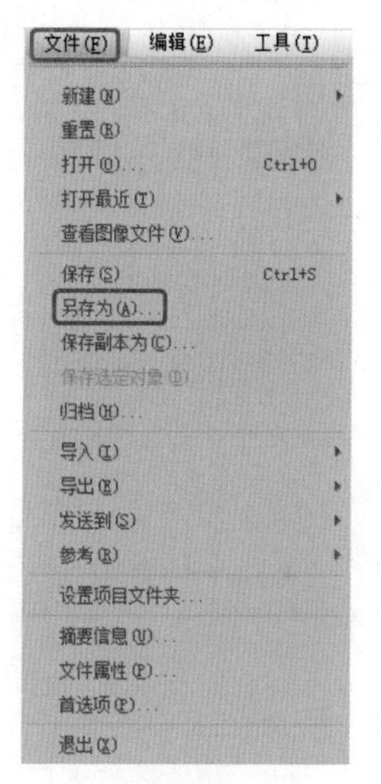


图1-28

**Step 02** 弹出【文件另存为】对话框，如图1-29所示，在该对话框中设置文件的保存路径、文件名和保存类型，设置完成后单击【保存】按钮即可。

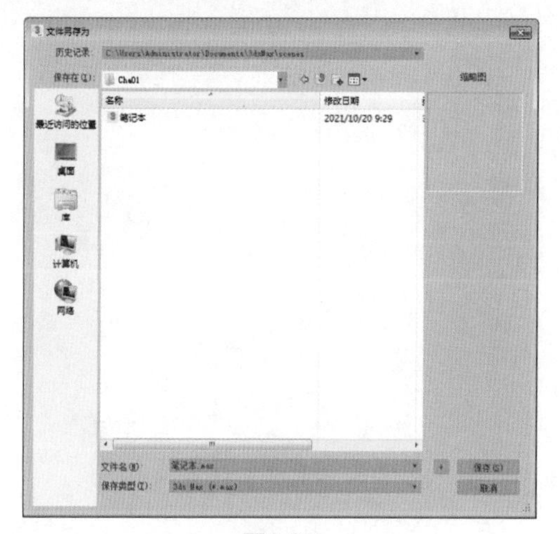

图1-29

## 实例008 将文件保存为副本

保存副本就是以不同的文件名保存当前场景的副本，该功能不会更改正在使用的文件的名称，具体操作步骤如下。

| 素材： | 无 |
| --- | --- |
| 场景： | 无 |
| 视频： | 视频教学\Cha01\实例008 将文件保存为副本.mp4 |

**Step 01** 按Ctrl+O组合键，打开“Scene\Cha01\笔记本.max”素材文件，在菜单栏中选择【文件】|【保存副本为】命令，如图1-30所示。

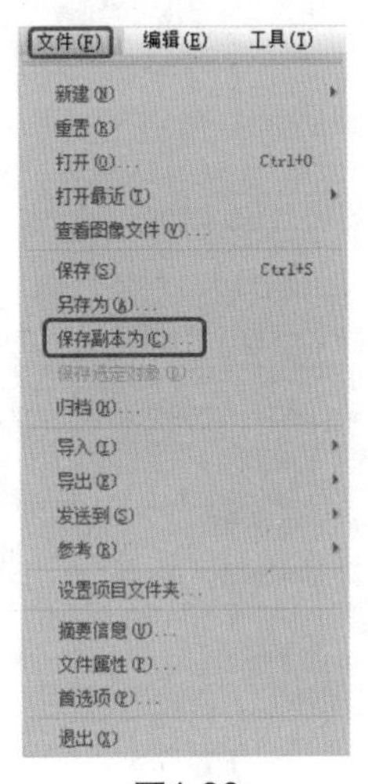


图1-30

**Step 02** 弹出【将文件另存为副本】对话框，如图1-31所示，在该对话框中设置文件的保存路径和保存类型，设置完成后单击【保存】按钮即可。

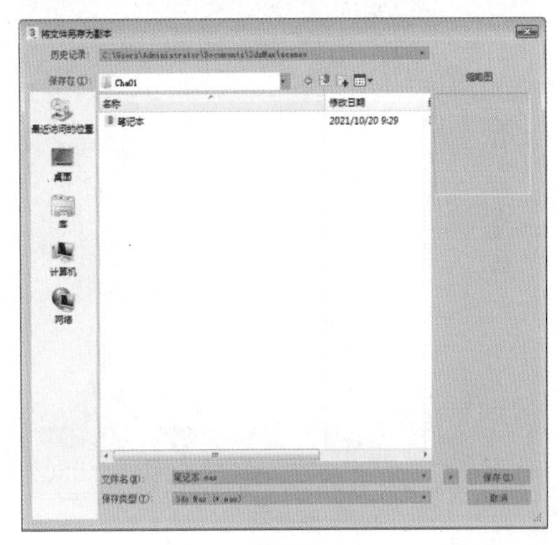

图1-31

## 实例009 合并场景

在3ds max中，用户可以根据需要将两个不同的场景合并为一个。本例将讲解如何合并场景，具体操作步骤如下。

| 素材： | Scene\Cha01\碗.max、鸡蛋.max |
| --- | --- |
| 场景： | Scene\Cha01\实例009 合并场景.max |
| 视频： | 视频\Cha01\实例009 合并场景.mp4 |

**Step 01** 按Ctrl+O组合键，在弹出的【打开文件】对话框中选择“Scene\Cha01\碗.max”素材文件，单击【打开】按钮，如1-32所示。

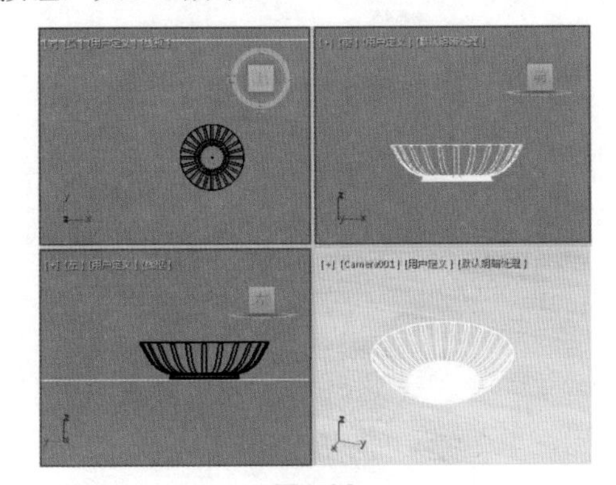

图1-32

**Step 02** 在菜单栏中选择【文件】|【导入】|【合并】命令，如图1-33所示。

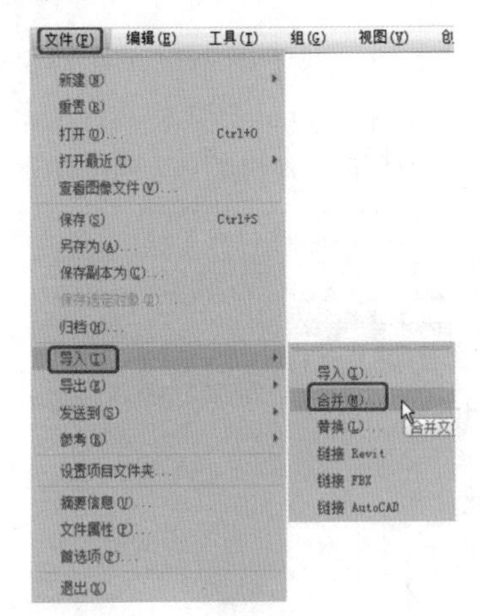


图1-33

**Step 03** 弹出【合并文件】对话框，在该对话框中选择“Scene\Cha01\鸡蛋.max”素材文件，单击【打开】按钮，弹出【合并】对话框，在该对话框中选择要合并的对象，如图1-34所示。

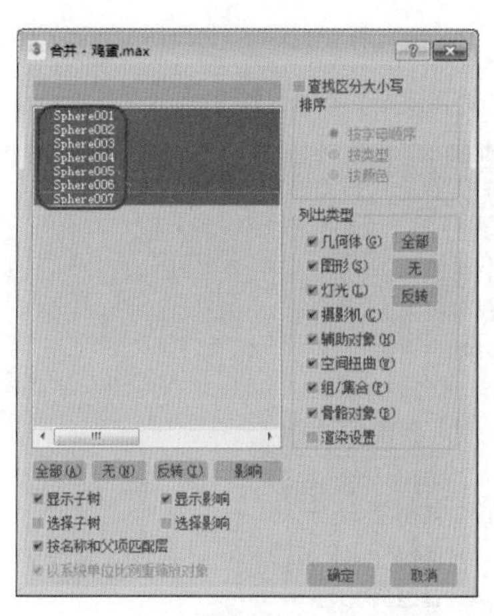


图1-34

Step 04 单击【确定】按钮，即可将选中的对象合并到当前场景文件中。在工具栏中单击【选择并移动】按钮，调整该对象的位置，调整后的效果如图1-35所示。

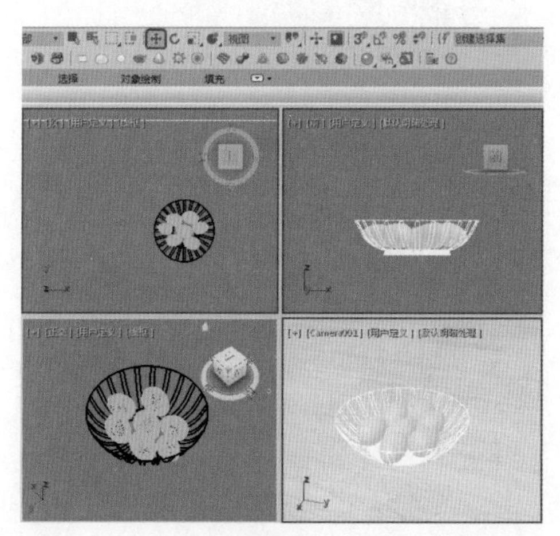

图1-35

Step 05 激活【摄影机】视图，按F9键进行渲染。

## 实例010 重置文件

重置文件是将场景中的所有对象删除，并将视图和各项参数都恢复到默认的状态。重置文件的具体操作步骤如下。

| 素材： | 无 |
|---|---|
| 场景： | 无 |
| 视频： | 视频教学\Cha01\实例010 重置文件.mp4 |

Step 01 在菜单栏中选择【文件】|【重置】命令，如图1-36所示。

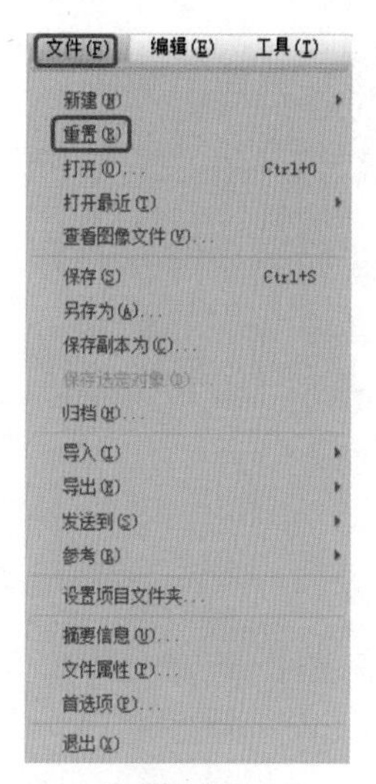


图1-36

Step 02 执行上步操作后，将会弹出一个提示对话框，如图1-37所示，单击【是】按钮，即可重置一个新的场景，单击【否】按钮将取消重置。

图1-37

## 实例011 链接AutoCAD文件

在该3ds max中，可以根据需要将一些非Max类型的文件链接到场景中。本例将讲解如何将AutoCAD文件链接到场景中，具体操作步骤如下。

| 素材： | Scene\Cha01\链接AutoCAD素材.dwg |
|---|---|
| 场景： | 无 |
| 视频： | 视频教学\ Cha01\实例011 链接AutoCAD文件.mp4 |

Step 01 在菜单栏中选择【文件】|【导入】|【链接AutoCAD】命令，如图1-38所示。

Step 02 弹出【打开】对话框，在该对话框中选择“Scene\Cha01\链接AutoCAD素材.dwg”素材文件，单击【打开】按钮，在弹出的【管理链接】对话框中单击【附加该文件】按钮，如图1-39所示。

Step 03 单击该按钮后，将对话框关闭，即可将文件链接到场景中，效果如图1-40所示。

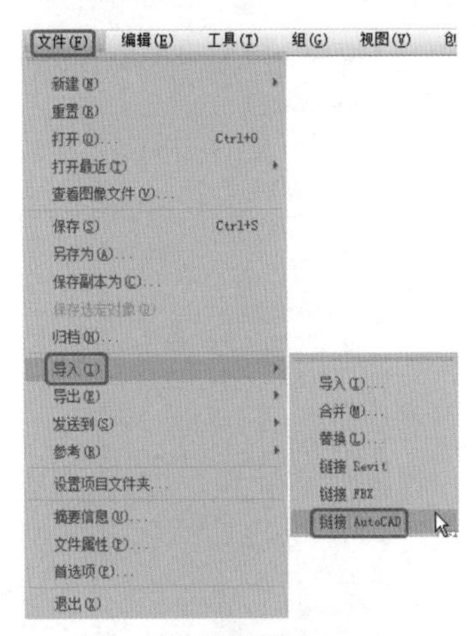


图1-38

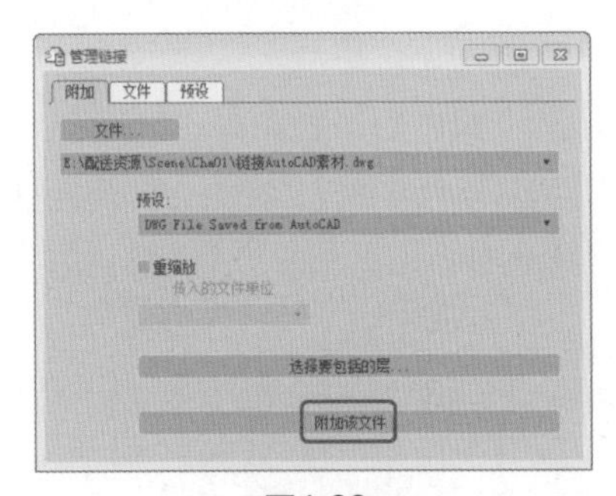


图1-39

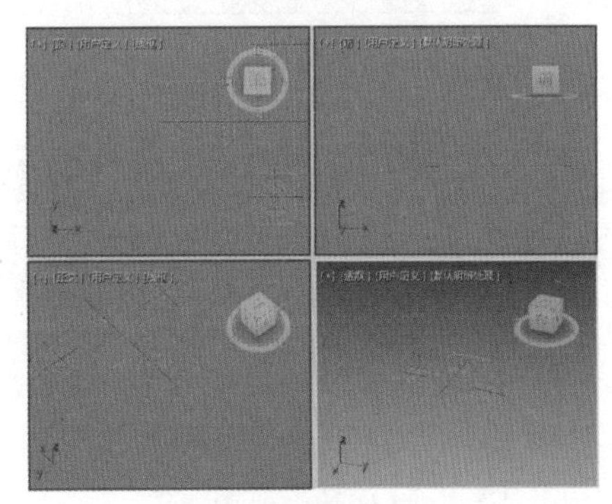

图1-40

## 实例012 导出文件

在3ds max中，不仅可以将其他格式的文件导入场景中，还可以将当前场景中的文件导出为其他格式文件，具体操作步骤如下。

| 素材： | Scene\Cha01\木桶.max |
| --- | --- |
| 场景： | 无 |
| 视频： | 视频教学\Cha01\实例012 导出文件.mp4 |

**Step 01** 按Ctrl+O组合键，打开“Scene\Cha01\木桶.max”素材文件，如图1-41所示。

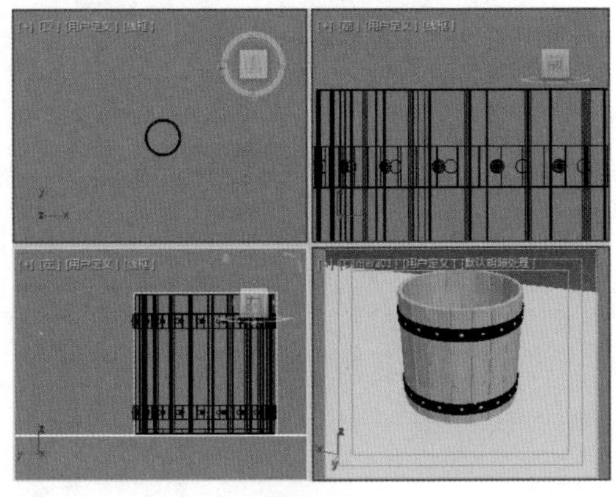

图1-41

**Step 02** 在菜单栏中选择【文件】|【导出】|【导出】命令，如图1-42所示。

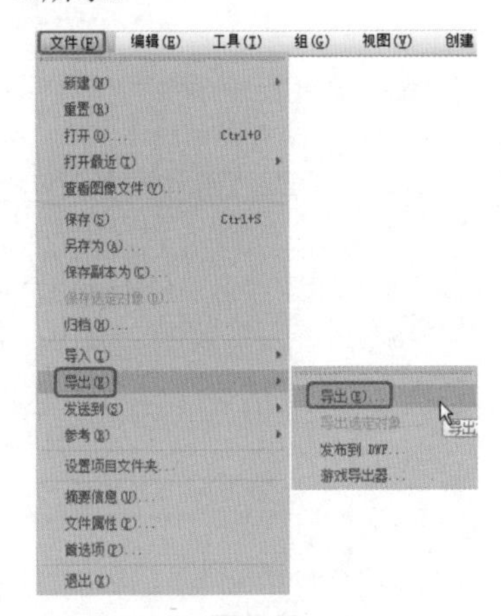


图1-42

**Step 03** 弹出【选择要导出的文件】对话框，在该对话框中设置文件的导出路径、文件名和保存类型，在此将【保存类型】设置为AutoCAD（*.DWG），如图1-43所示。

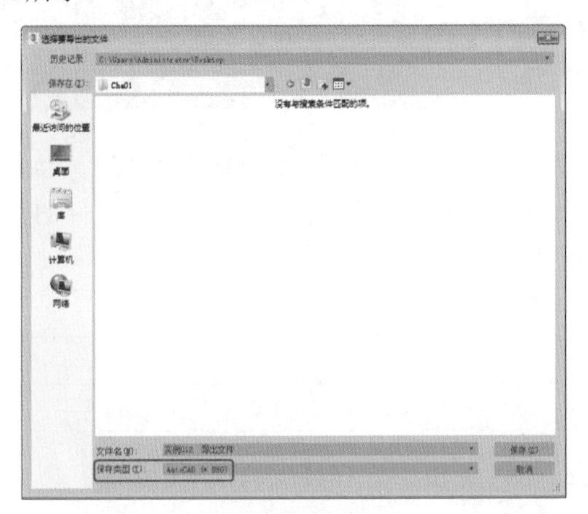

图1-43

**Step 04** 设置完成后，单击【保存】按钮，弹出【导出到AutoCAD文件】对话框，如图1-44所示，单击【确定】按钮，即可将文件导出为DWG格式。

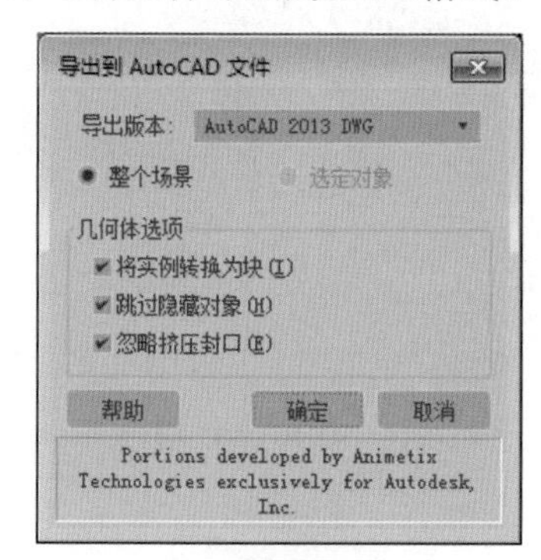


图1-44

## 实例013 查看文件属性

在创建文件的时候就对文档进行了初步设置，当对设置参数不满意时，可以重新进行设置。

| 素材： | 无 |
|---|---|
| 场景： | 无 |
| 视频： | 视频教学\Cha01\实例013 查看文件属性.mp4 |

**Step 01** 继续上一实例的操作，在菜单栏中选择【文件】|【文件属性】命令，如图1-45所示。

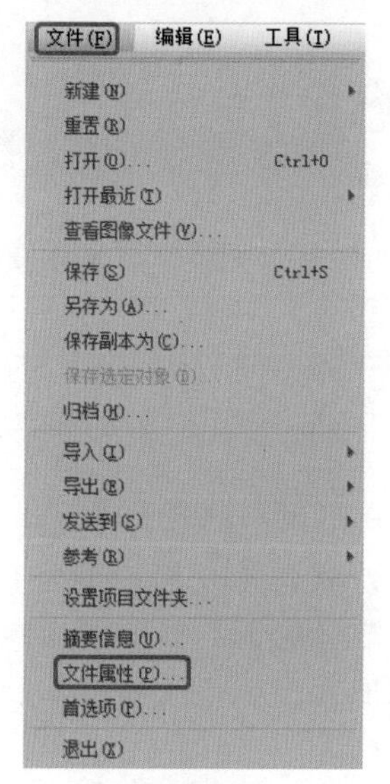


图1-45

**Step 02** 弹出【文件属性】对话框，切换到【内容】选项卡，可以查看文件的一些属性，如图1-46所示。

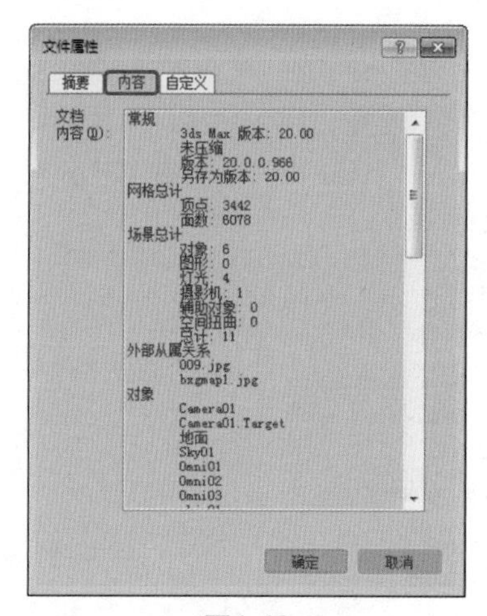


图1-46

## 实例014 自定义快捷键

在3ds max中，对于一些没有快捷键的选项，用户可以根据需要为其设置快捷键，具体操作步骤如下。

| 素材： | 无 |
|---|---|
| 场景： | 无 |
| 视频： | 视频教学\Cha01\实例014 自定义快捷键.mp4 |

**Step 01** 在菜单栏中单击»按钮，在弹出的下拉列表中选择【自定义】|【自定义用户界面】命令，如图1-47所示。

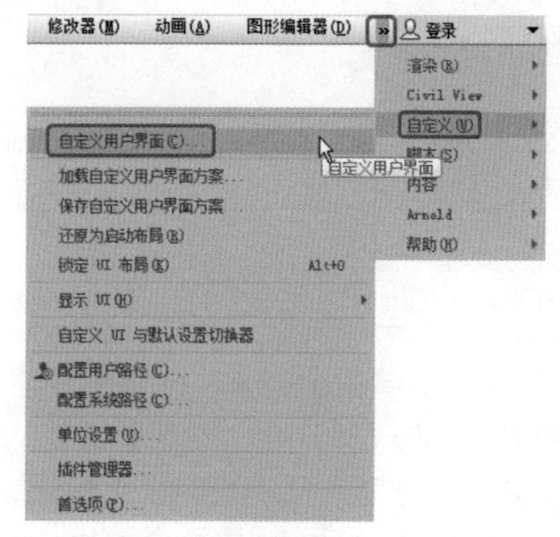


图1-47

**Step 02** 在弹出的【自定义用户界面】对话框中切换到【键盘】选项卡，在左侧列表框中选择【“属性”对话框】选项，在【热键】文本框中输入要设置的快捷键，例如输入Alt+Ctrl+2，再单击【指定】按钮，如图1-48所示，单击【保存】按钮即可。

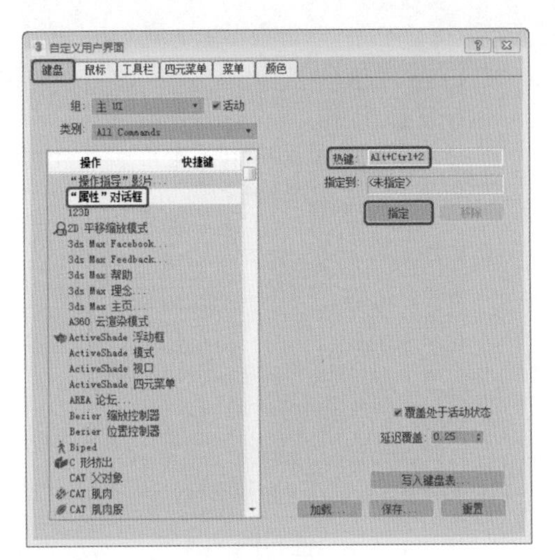

图1-48

◎提示·◦

在3ds max中，除了可以为选项设置快捷键外，还可以将设置的快捷键删除，在【键盘】选项卡左侧的列表框中选择要删除快捷键的选项，然后单击【移除】按钮即可。

## 实例015 自定义四元菜单

右键单击活动视口中的任意位置（视口标签除外），将在鼠标指针所在的位置显示一个四元菜单。四元菜单最多可以显示四个带有各种命令的四元区域。本例将讲解如何自定义四元菜单，具体操作步骤如下。

| 素材： | 无 |
|---|---|
| 场景： | 无 |
| 视频： | 视频教学\Cha01\实例015 自定义四元菜单.mp4 |

**Step 01** 在菜单栏中单击»按钮，在弹出的下拉列表中选择【自定义】|【自定义用户界面】命令，在弹出的【自定义用户界面】对话框中切换到【四元菜单】选项卡，在左侧的【操作】列表中选择【C形挤出】选项，按住鼠标将其拖曳至右侧的列表框中，如图1-49所示。

**Step 02** 添加完成后，将对话框关闭，在视图中右击鼠标，即可在弹出的快捷菜单中查看添加的命令，如图1-50所示。

图1-49

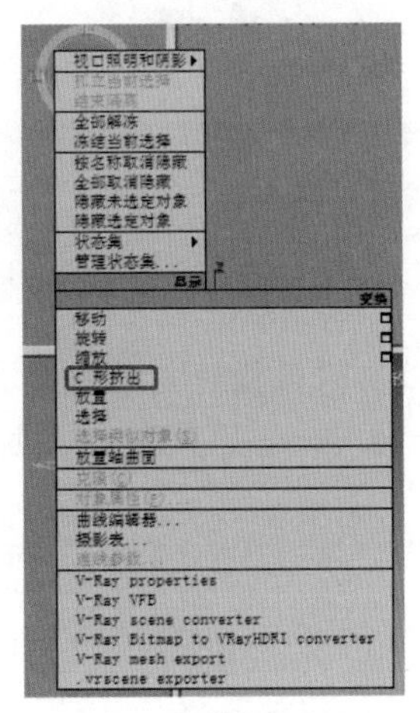

图1-50

## 实例016 自定义菜单

本例介绍如何自定义菜单，具体操作步骤如下。

| 素材： | 无 |
|---|---|
| 场景： | 无 |
| 视频： | 视频教学\Cha01\实例016 自定义菜单.mp4 |

**Step 01** 在菜单栏中单击»按钮，在弹出的下拉列表中选择【自定义】|【自定义用户界面】命令，在弹出的【自定义用户界面】对话框中切换到【菜单】选项卡，在该选项卡中单击【新建】按钮，如图1-51所示。

**Step 02** 在弹出的【新建菜单】对话框中将【名称】设置为UVW，如图1-52所示。

图1-51

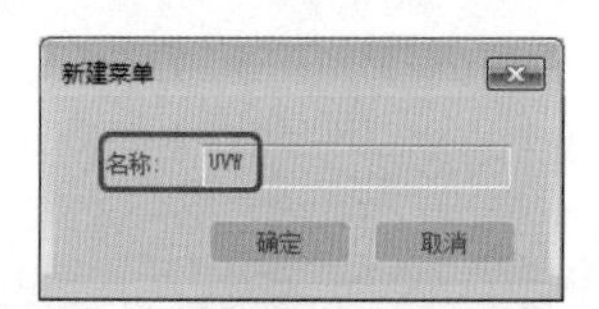

图1-52

**Step 03** 输入完成后，单击【确定】按钮，在左侧的【菜单】列表框中选择新添加的菜单，按住鼠标将其拖曳到右侧的列表框中，如图1-53所示。

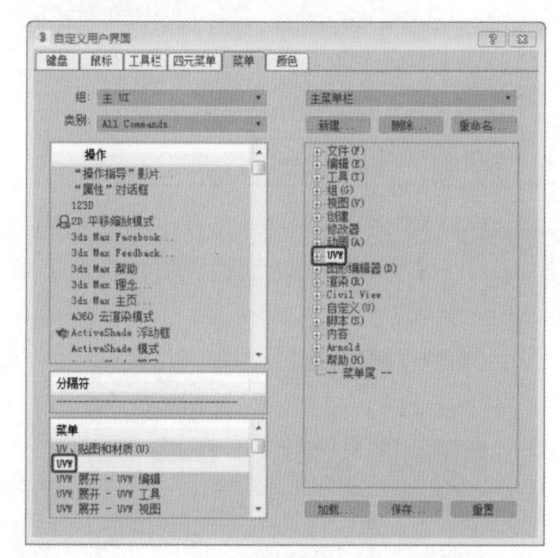

图1-53

**Step 04** 在右侧列表框中单击UVW菜单左侧的加号，选择其下方的【菜单尾】，在左侧的【操作】列表框中选择【UVW变换修改器】，将其添加到UVW菜单中，如图1-54所示。

**Step 05** 使用同样的方法添加其他菜单命令，添加完成后，将对话框关闭，即可在菜单栏中查看添加的命令，如图1-55所示。

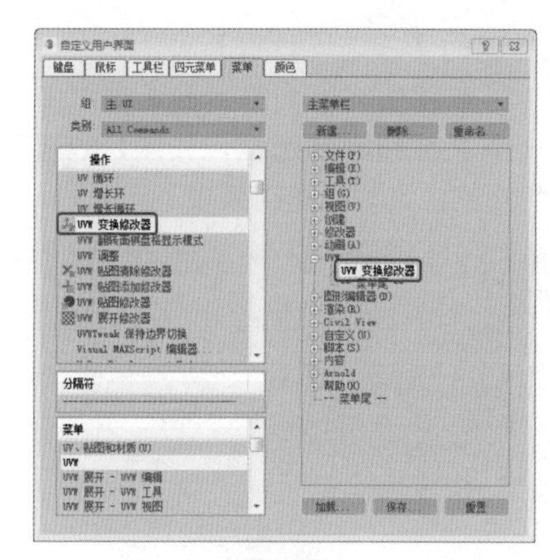

图1-54

图1-55

## 实例017 自定义工具栏按钮大小

在3ds max中，可以根据需要调整工具栏中按钮的大小，具体操作步骤如下。

| 素材： | 无 |
| --- | --- |
| 场景： | 无 |
| 视频： | 视频教学\Cha01\实例017　自定义工具栏按钮大小.mp4 |

**Step 01** 在菜单栏中单击»按钮，在弹出的下拉列表中选择【自定义】|【首选项】命令，如图1-56所示。

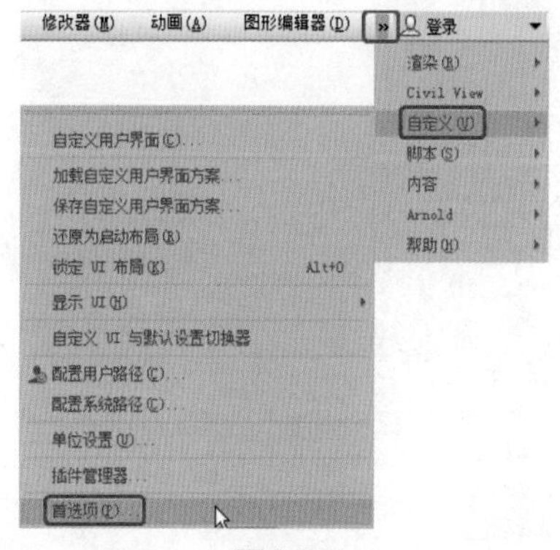

图1-56

**Step 02** 在弹出的【首选项设置】对话框中切换到【常规】选项卡，在【用户界面显示】选项组中取消勾选【使用大工具栏按钮】复选框，如图1-57所示，重启软件后，可观察工具栏按钮的效果。

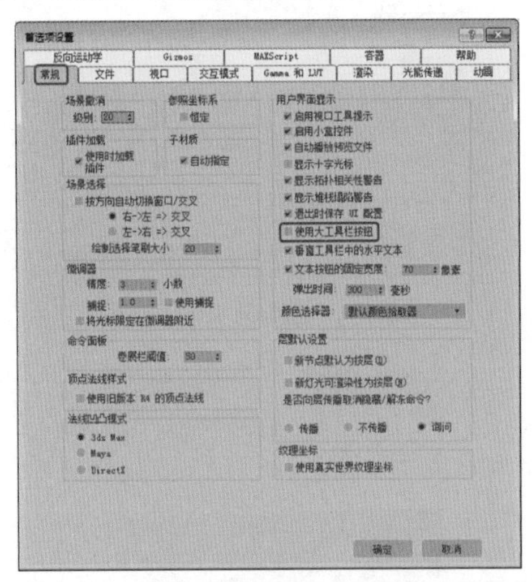

图1-57

## 实例018 加载用户界面

用户界面是使用3ds max时的工作界面颜色，本例将讲解如何在3ds max中加载用户界面，具体操作步骤如下。

| 素材： | 无 |
|---|---|
| 场景： | 无 |
| 视频： | 视频教学\Cha01\实例018 加载用户界面.mp4 |

**Step 01** 在菜单栏中单击»按钮，在弹出的下拉列表中选择【自定义】|【加载自定义用户界面方案】命令，如图1-58所示。

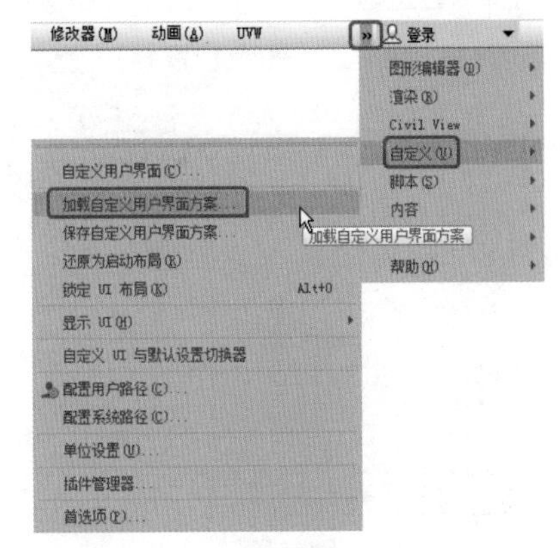


图1-58

**Step 02** 弹出【加载自定义用户界面方案】对话框，在该对话框中选择所需的用户界面方案即可，如图1-59所示。

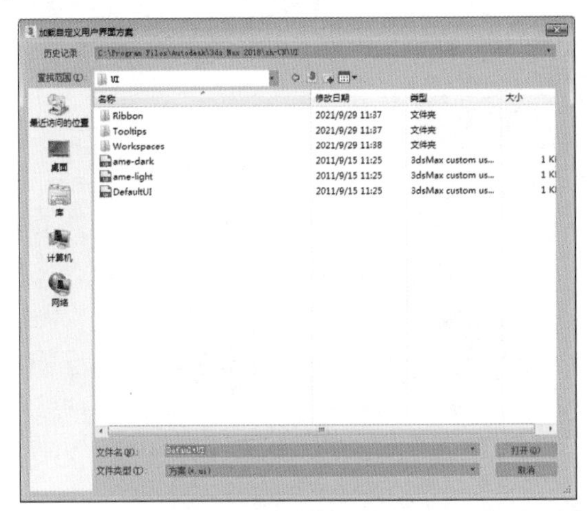

图1-59

## 实例019 自定义UI方案

用户可以根据工作需要自主配置UI方案。下面将要介绍自定义UI方案的方法，具体操作步骤如下。

| 素材： | 无 |
|---|---|
| 场景： | 无 |
| 视频： | 视频教学\Cha01\实例019 自定义UI方案.mp4 |

**Step 01** 在菜单栏中单击»按钮，在弹出的下拉列表中选择【自定义】|【自定义UI与默认设置切换器】命令，如图1-60所示。

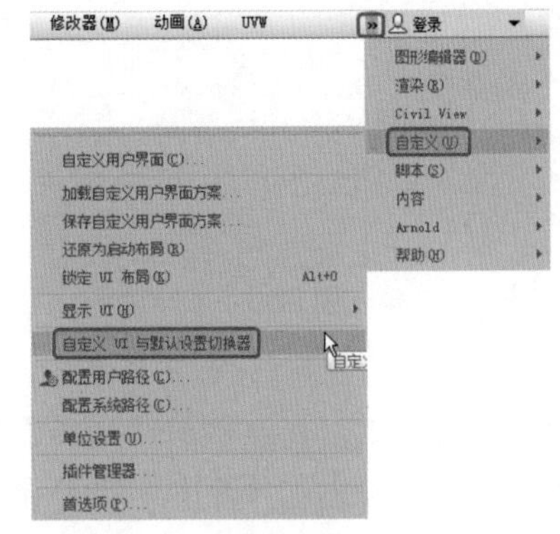


图1-60

**Step 02** 弹出【为工具选项和用户界面布局选择初始设置】对话框，如图1-61所示，选择需要的UI方案，单击【设置】按钮即可。

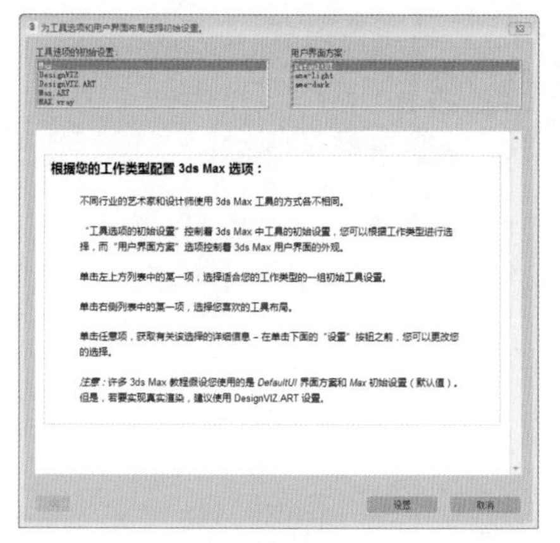


图1-61

## 实例020 保存用户界面

在3ds max中，用户可以将自己设置的界面进行保存，保存用户界面的操作步骤如下。

| 素材： | 无 |
| --- | --- |
| 场景： | 无 |
| 视频： | 视频教学\Cha01\实例020 保存用户界面.mp4 |

**Step 01** 在菜单栏中单击»按钮，在弹出的下拉列表中选择【自定义】|【保存自定义用户界面方案】命令，弹出【保存自定义用户界面方案】对话框，如图1-62所示。

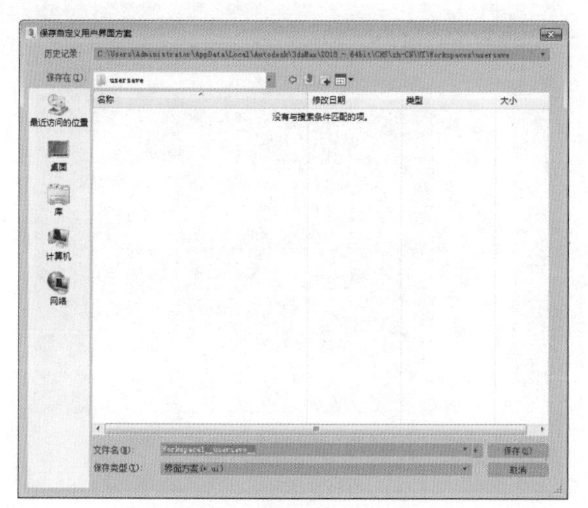


图1-62

**Step 02** 在该对话框中指定保存路径，并设置文件名及保存类型，设置完成后，单击【保存】按钮。弹出如图1-63所示的对话框，在该对话框中使用其默认设置，单击【确定】按钮，即可保存用户界面方案。

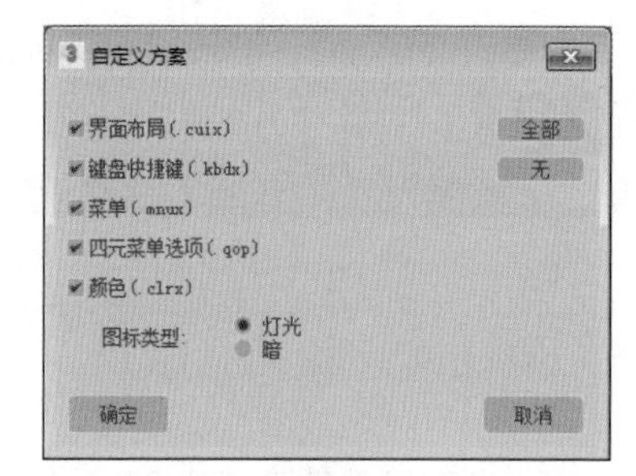


图1-63

## 实例021 拖曳工具栏

在3ds max中用户可以根据需要随意调整工具栏的位置，具体操作步骤如下。

| 素材： | 无 |
| --- | --- |
| 场景： | 无 |
| 视频： | 视频教学\Cha01\实例021 拖曳工具栏.mp4 |

**Step 01** 将鼠标指针移至工具栏左侧，指针自动变换为十字箭头图案，如图1-64所示。

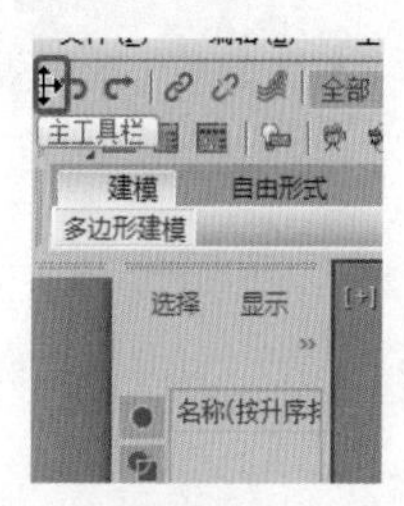


图1-64

**Step 02** 按住鼠标拖动工具栏，在任意位置释放鼠标，即可调整工具栏在工作界面中的位置，如图1-65所示。

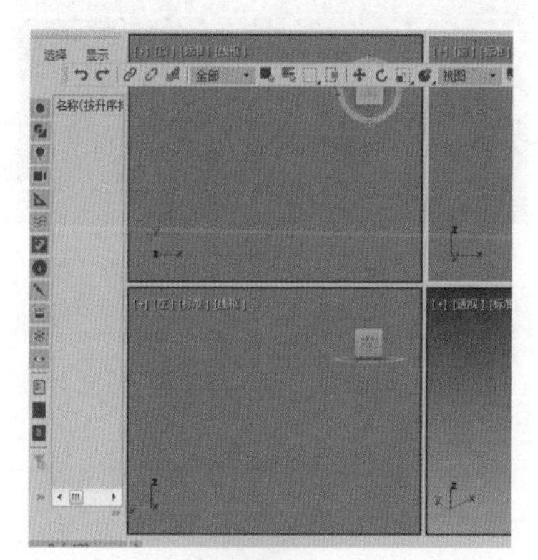

图1-65

## 实例022 显示浮动工具栏

在3ds max中，还有一些工具栏是以浮动的形式显示的。本例将讲解如何显示浮动工具栏，具体操作步骤如下。

| 素材： | 无 |
|---|---|
| 场景： | 无 |
| 视频： | 视频教学\Cha01\实例022 显示浮动工具栏.mp4 |

**Step 01** 在菜单栏中单击»按钮，在弹出的下拉列表中选择【自定义】|【显示UI】|【显示浮动工具栏】命令，如图1-66所示。

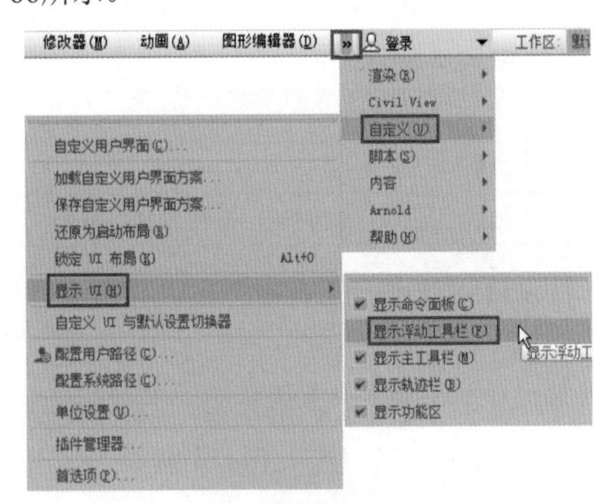


图1-66

**Step 02** 执行上一步操作后，即可显示出浮动工具栏，效果如图1-67所示。

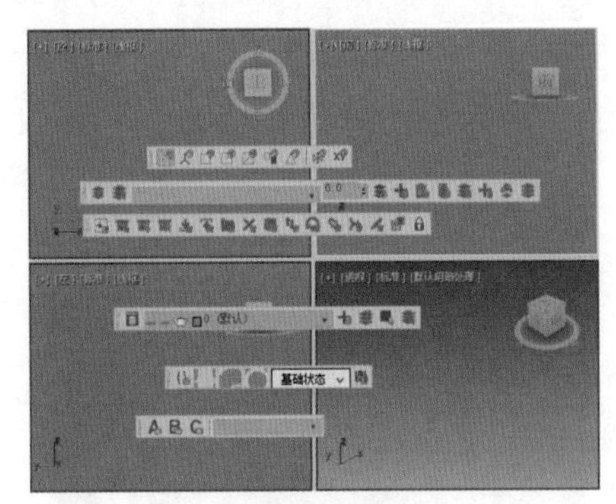

图1-67

◎提示·◦

在工具栏中单击鼠标右键，在弹出的快捷菜单中选择需要的工具栏可将其显示出来；如需关闭工具栏，则在任意工具栏中单击鼠标右键，在弹出的快捷菜单中选择该工具栏，将其取消勾选即可。

## 实例023 固定浮动工具栏

显示浮动工具栏后，用户可以根据自己的需要将浮动工具栏进行固定，具体操作步骤如下。

| 素材： | 无 |
|---|---|
| 场景： | 无 |
| 视频： | 视频教学\Cha01\实例023 固定浮动工具栏.mp4 |

**Step 01** 继续上一实例的操作，选择要固定的浮动工具栏，例如选择【状态集】浮动工具栏，如图1-68所示。

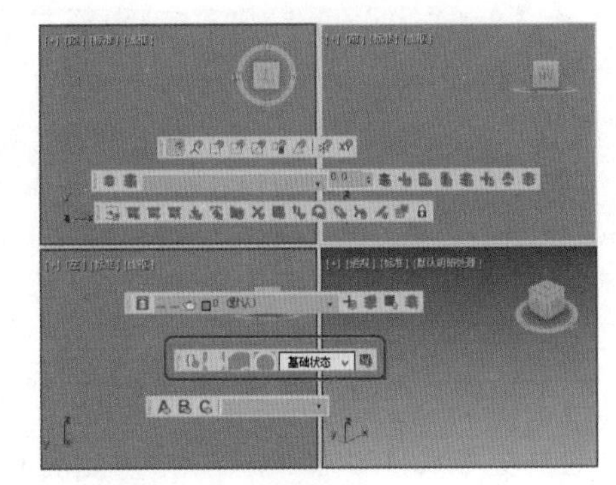

图1-68

**Step 02** 按住鼠标将其拖曳至主工具栏的下方，即可将该浮动工具栏固定到主工具栏的下方，如图1-69所示。

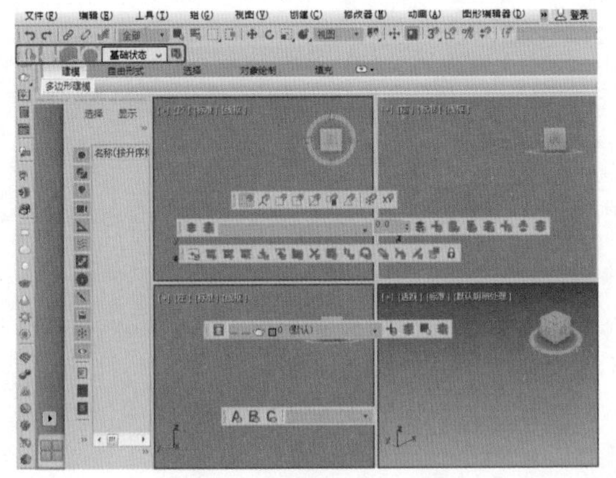

图1-69

## 实例024 设置单位

在3ds max中创建对象时，有时为了达到一定的精

确程度，要设置单位，具体操作步骤如下。

| 素材： | 素材\Cha01\对象的删除与恢复.ai |
|---|---|
| 场景： | 无 |
| 视频： | 视频教学\Cha01\实例024 设置单位.mp4 |

Step 01 在菜单栏中单击»按钮，在弹出的下拉列表中选择【自定义】|【单位设置】命令，如图1-70所示。

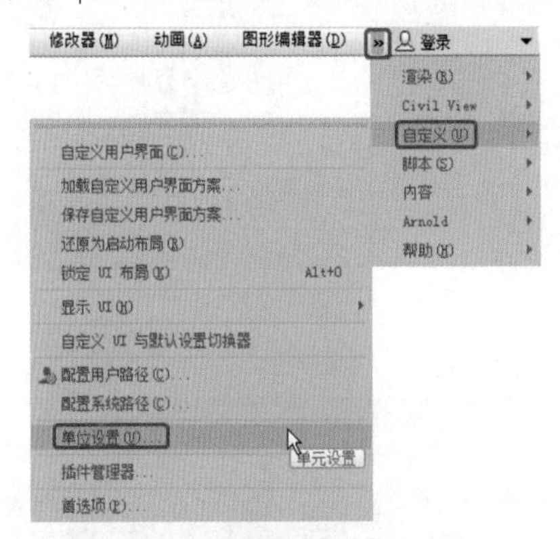

图1-70

Step 02 弹出【单位设置】对话框，如图1-71所示，用户可以根据需要在该对话框中进行相应的设置，设置完成后单击【确定】按钮即可。

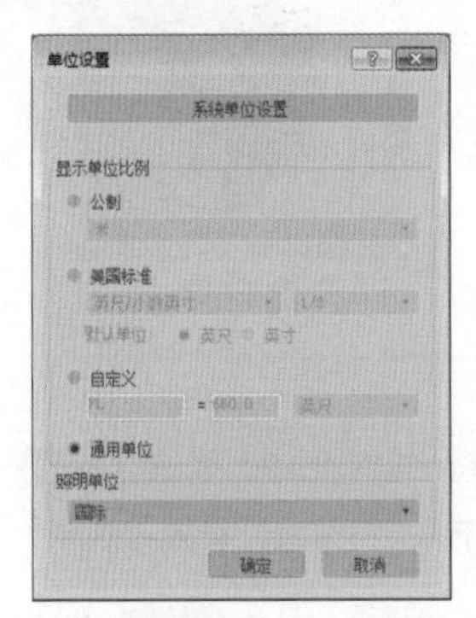

图1-71

## 实例025 设置最近打开的文件数量

在3ds max中，用户可以根据需要设置最近打开的文件数量，具体操作步骤如下。

| 素材： | 无 |
|---|---|
| 场景： | 无 |
| 视频： | 视频教学\Cha01\实例025 设置最近打开的文件数量.mp4 |

Step 01 在菜单栏中单击»按钮，在弹出的下拉列表中选择【自定义】|【首选项】命令，如图1-72所示。

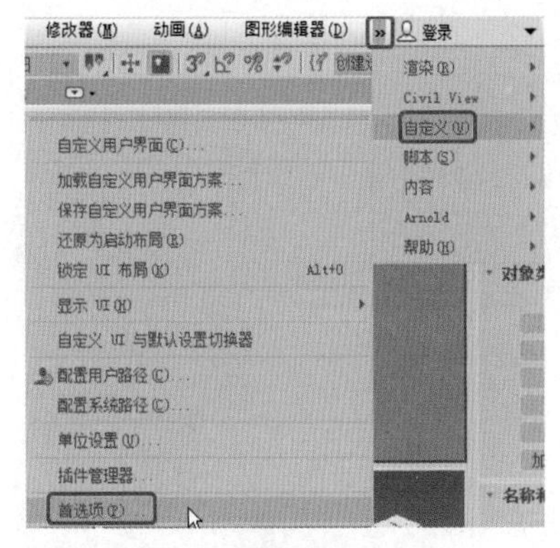

图1-72

Step 02 在弹出的【首选项设置】对话框中切换到【文件】选项卡，在【文件菜单中最近打开的文件】文本框中输入要设置的数值，如图1-73所示，单击【确定】按钮即可完成设置。

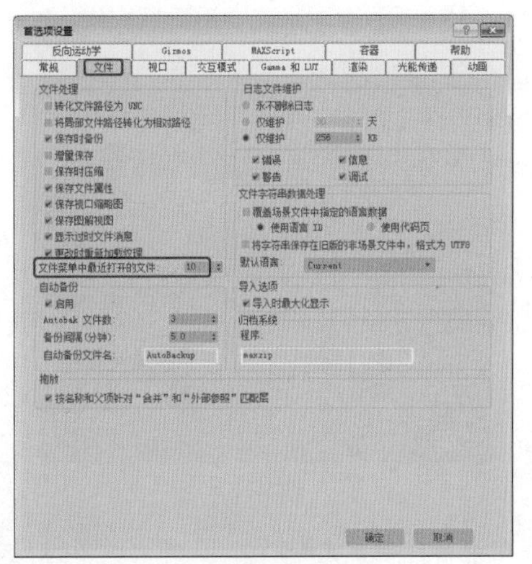

图1-73

提示

在【首选项设置】对话框中，【文件菜单中最近打开的文件】参数最高可设置为50。

## 实例026 设置Gizmo的大小

在3ds max中，用户可以根据需要设置Gizmo的大小，具体操作步骤如下。

| 素材： | Scene\Cha01\电脑主机.max |
|---|---|
| 场景： | 无 |
| 视频： | 视频教学\Cha01\实例026 设置Gizmo的大小.mp4 |

Step 01 按Ctrl+O组合键，打开“Scene\Cha01\电脑主机.max”素材文件，如图1-74所示。

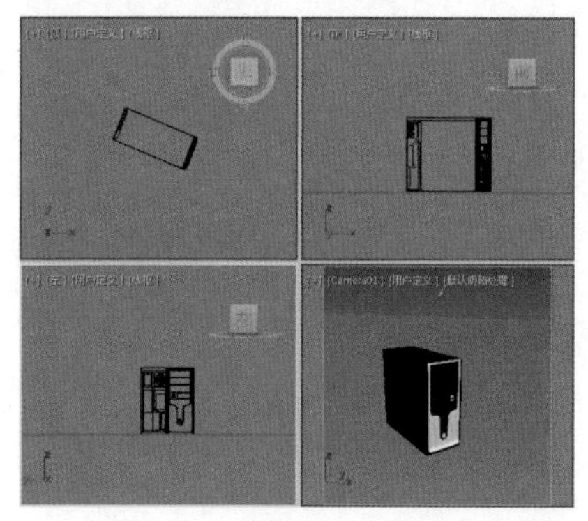

图1-74

Step 02 在工具栏中单击【选择并移动】按钮，在视图中任意选择一个对象，即可显示Gizmo，如图1-75所示。

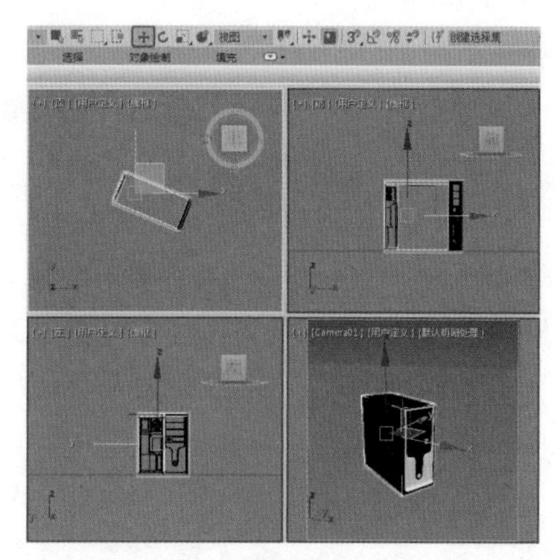

图1-75

Step 03 在菜单栏中单击»按钮，在弹出的下拉列表中选择【自定义】|【首选项】命令，在弹出的【首选项设置】对话框中切换到Gizmos选项卡，将【大小】设置为20，如图1-76所示。

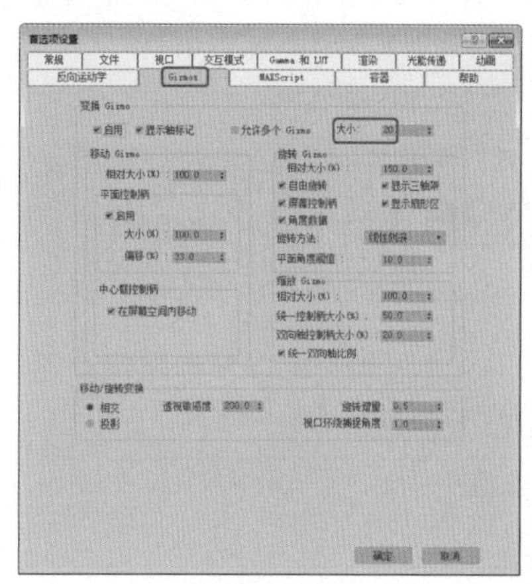

图1-76

Step 04 设置完成后，单击【确定】按钮，即可改变Gizmo的大小，如图1-77所示。

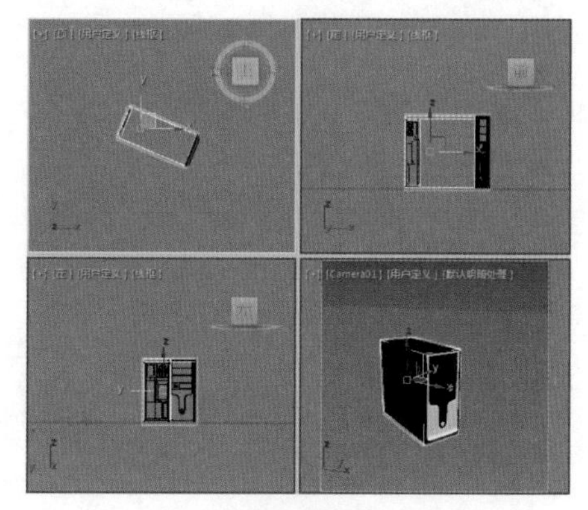

图1-77

## 实例027 设置背景颜色

背景颜色为场景渲染后的显示颜色。本例将讲解如何设置背景颜色，完成后的效果如图1-78所示。

图1-78

| 素材： | 无 |
|---|---|
| 场景： | Scene\Cha01\实例027 设置背景颜色.max |
| 视频： | 视频\Cha01\实例027 设置背景颜色.mp4 |

Step 01 继续上一实例的操作，按8键，弹出【环境和效果】对话框，单击【公用参数】卷展栏下【背景】选项组中的【颜色】色块，如图1-79所示。

图1-79

**Step 02** 在弹出的【颜色选择器：背景色】对话框中将颜色的RGB值设置为174、174、174，如图1-80所示。设置完成后，单击【确定】按钮，返回至【环境和效果】对话框将其关闭，按F9键查看效果即可。

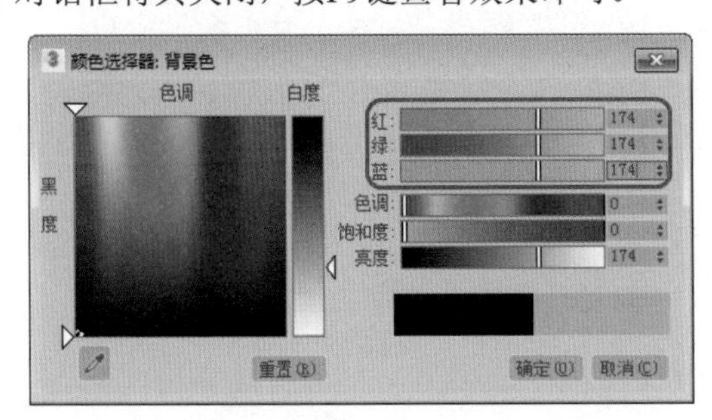


图1-80

## 实例028 设置消息

在渲染时，用户可以根据需要设置出错时是否打开消息窗口，具体操作步骤如下。

| 素材： | 无 |
|---|---|
| 场景： | 无 |
| 视频： | 视频教学\Cha01\实例028 设置消息.mp4 |

**Step 01** 在菜单栏中单击»按钮，在弹出的下拉列表中选择【自定义】|【首选项】命令，如图1-81所示。

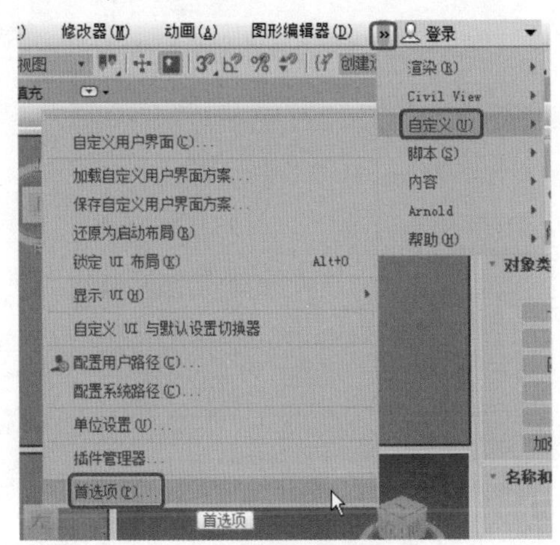


图1-81

**Step 02** 在弹出的对话框中切换到【渲染】选项卡，取消勾选【消息】选项组中的【出错时打开消息窗口】复选框，如图1-82所示，单击【确定】按钮，即可完成设置。取消该复选框的勾选后，在渲染出错时，系统将不会弹出消息窗口。

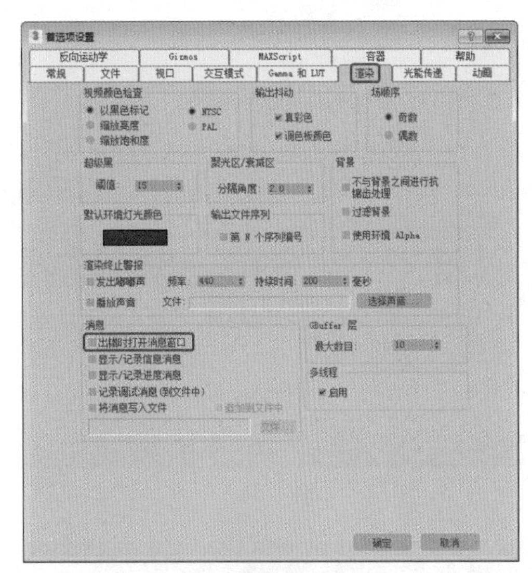


图1-82

## 实例029 激活与变换视图

在创建场景的过程中，我们可以根据需要在不同的视图中进行操作，但是在进行操作前，首先要激活该视图，进行视图转换时，可将【透视】视图转换为【摄影机】视图。本例将讲解激活与变换视图的方法，效果如图1-83所示。

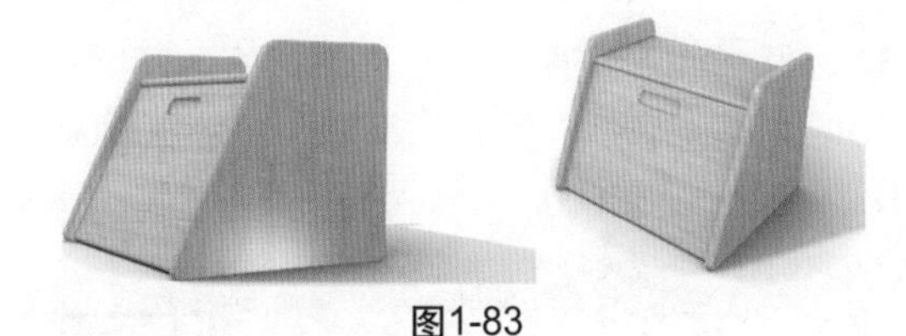

图1-83

| 素材： | Scene\Cha01\床头柜.max |
|---|---|
| 场景： | Scene\Cha01\实例029 激活与变换视图.max |
| 视频： | 视频教学\Cha01\实例029 激活与变换视图.mp4 |

**Step 01** 按Ctrl+O组合键，打开“Scene\Cha01\床头柜.max”素材文件，如图1-84所示。

**Step 02** 单击【透视】视图，若【透视】视图出现一个黄色边框，则表示【透视】视图处于激活状态，如图1-85所示。

> **提示**
>
> 按键盘上的P、U、T、B、F、L键可以分别切换至【透视】视图、【正交】视图、【顶】视图、【底视】图、【前】视图、【左】视图。

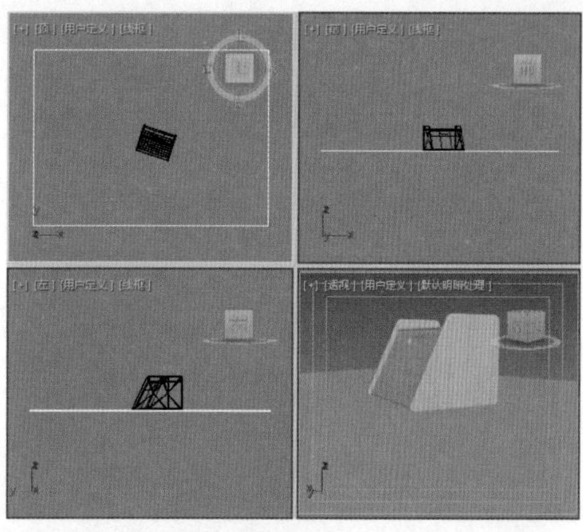

图1-84

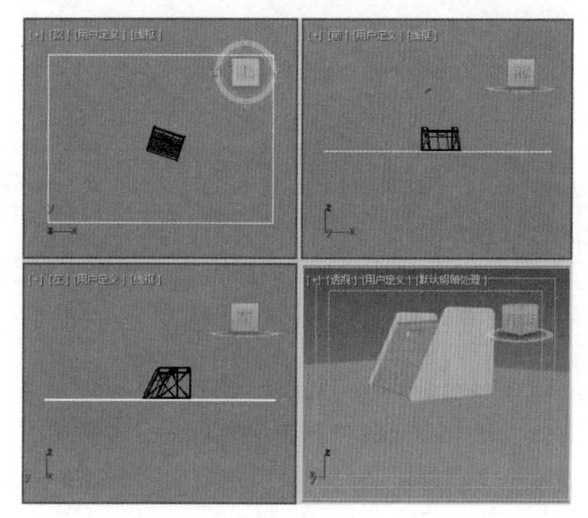

图1-85

Step 03 在【透视】视图的视图名称中单击鼠标右键，在弹出的快捷菜单中选择【摄影机】| Camera01命令，如图1-86所示。

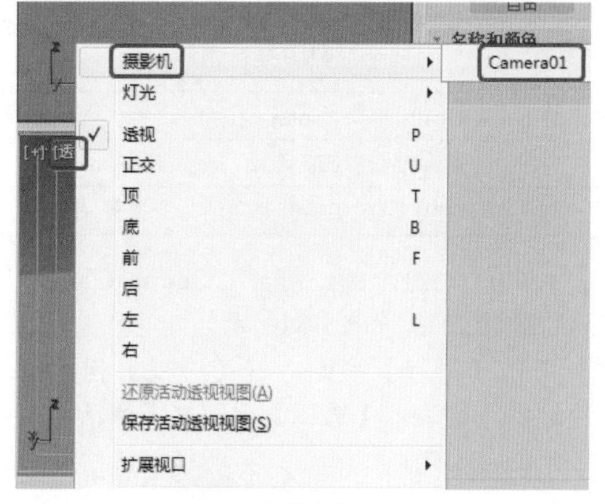


图1-86

Step 04 即可将【透视】视图转换为Camera01视图，如图1-87所示。

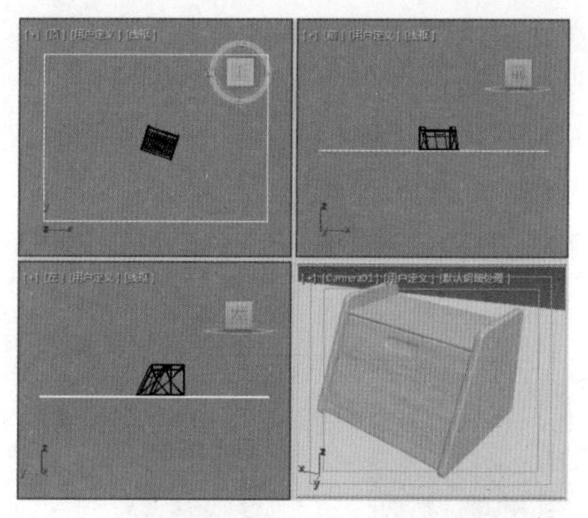

图1-87

## 实例030 禁用小盒控件

禁用小盒控件就是将显示的控件更改为对话框显示样式。本例将讲解如何禁用小盒控件，具体操作步骤如下。

| 素材： | 无 |
|---|---|
| 场景： | 无 |
| 视频： | 视频教学\Cha01\实例030 禁用小盒控件.mp4 |

Step 01 继续上一实例的操作，在工具栏中单击【选择对象】按钮，在视图中任意选择一个对象，如图1-88所示。

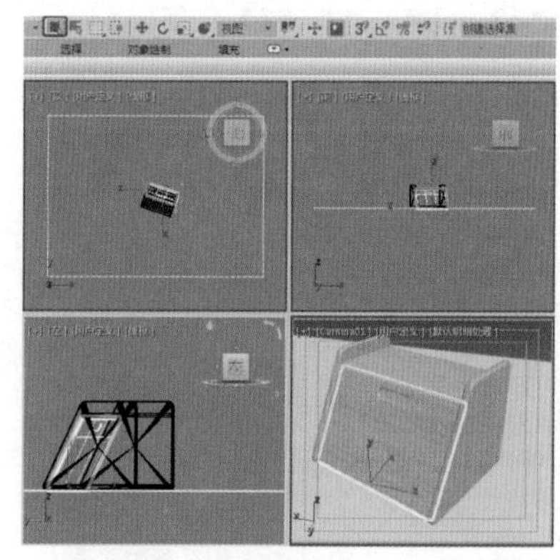

图1-88

Step 02 切换至【修改】面板，单击【修改器列表】下拉列表框，在弹出的下拉列表中选择【编辑多边形】选项，将当前选择集设置为【编辑多边形】。在【编辑多边形】卷展栏中单击【倒角】右侧的【设置】按钮，即可弹出小盒控件，如图1-89所示。

Step 03 在菜单栏中单击»按钮，在弹出的下拉列表中选择【自定义】|【首选项】命令，在弹出的【首选项设

置】对话框中切换到【常规】选项卡，在【用户界面显示】选项组中取消勾选【启用小盒控件】复选框，如图1-90所示。

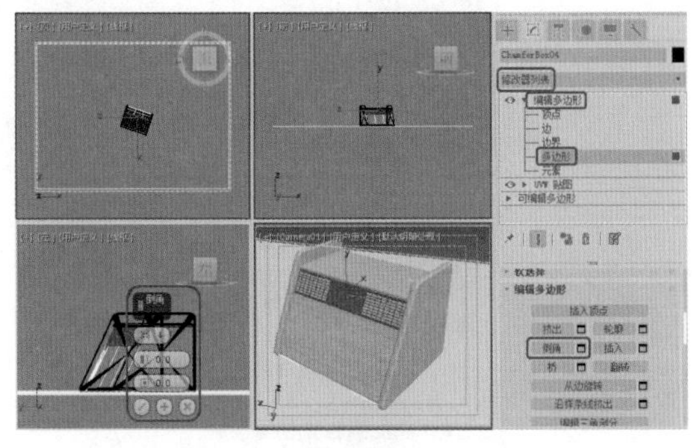

图1-89

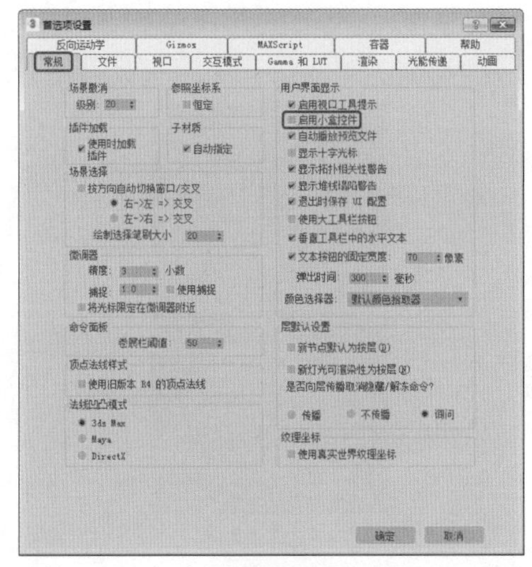

图1-90

**Step 04** 设置完成后，单击【确定】按钮，再次在【编辑多边形】卷展栏中单击【倒角】右侧的【设置】按钮，即可弹出【倒角多边形】对话框，如图1-91所示。保持默认设置，单击【确定】按钮即可。

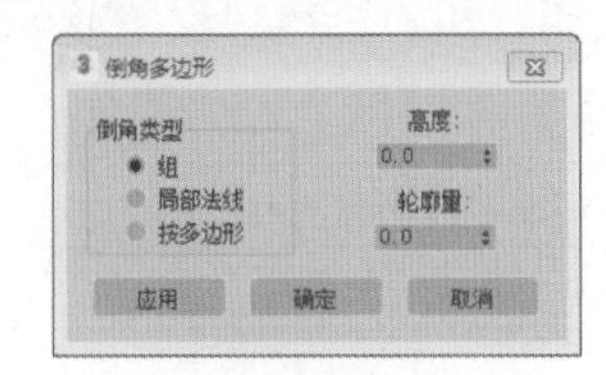

图1-91

## 实例031 以隐藏线方式显示视图

以隐藏线方式显示视图就是将选中视图中的对象的线框隐藏，仅显示线框边界与对象颜色。本例将讲解如何以隐藏线方式显示视图，具体操作步骤如下。

| 素材： | Scene\Cha01\床头柜.max |
| --- | --- |
| 场景： | 无 |
| 视频： | 视频教学\Cha01\实例031 以隐藏线方式显示视图.mp4 |

**Step 01** 按Ctrl+O组合键，打开"Scene\Cha01\床头柜.max"素材文件，选中【前】视图，在左上方的【线框】选项中单击鼠标右键，在弹出的快捷菜单中选择【隐藏线】命令，如图1-92所示。

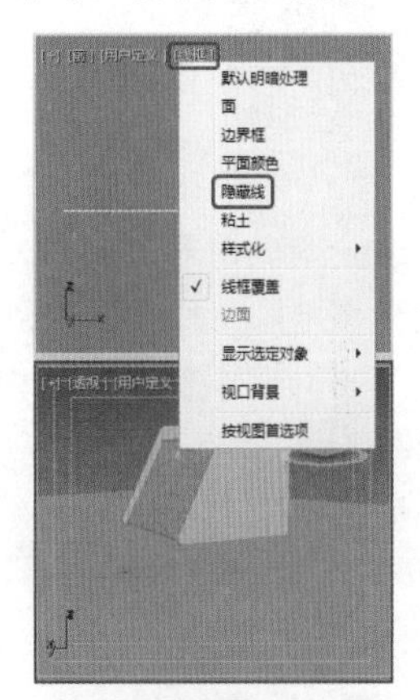

图1-92

**Step 02** 执行上步操作后，即可将该视图以隐藏线方式显示，如图1-93所示。

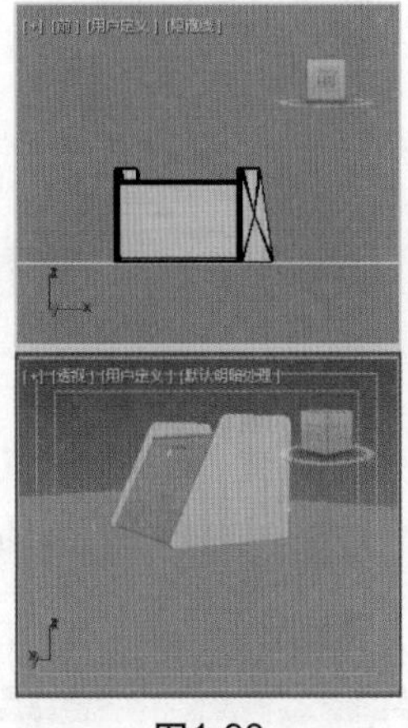

图1-93

## 实例032 以线框方式显示视图

以线框方式显示视图就是将选中视图中的对象以线框方式显示，以便观察。本例将讲解如何以线框方式显示视图，具体操作步骤如下。

| 素材： | 无 |
|---|---|
| 场景： | 无 |
| 视频： | 视频教学\Cha01\实例032 以线框方式显示视图.mp4 |

**Step 01** 继续上一实例的操作，在【前】视图中右键单击左上角的【隐藏线】选项，在弹出的快捷菜单中选择【线框覆盖】命令，如图1-94所示。

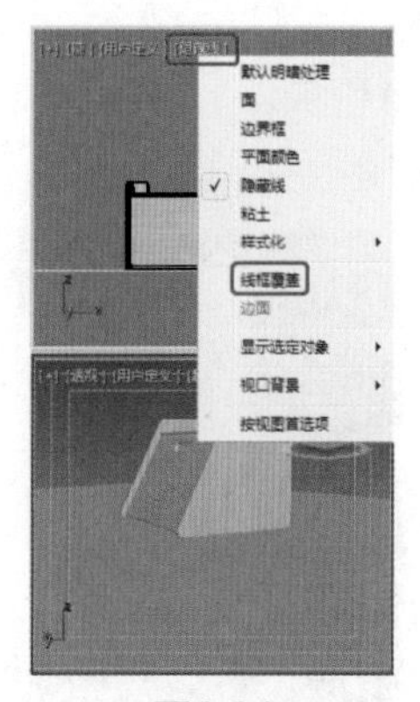


图1-94

**Step 02** 执行上步操作后，即可将该视图以线框方式显示，如图1-95所示。

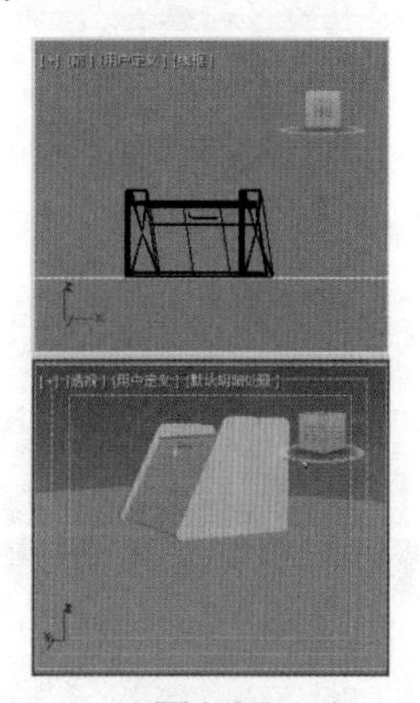

图1-95

## 实例033 以边界框方式显示视图

以边界框方式显示视图就是将选中视图中的对象以物体边缘线框显示。本例将讲解如何以边界框方式显示视图，具体操作步骤如下。

| 素材： | Scene\Cha01\床头柜.max |
|---|---|
| 场景： | 无 |
| 视频： | 视频教学\Cha01\实例033 以边界框方式显示视图.mp4 |

**Step 01** 继续上一实例的操作，在【前】视图中右键单击左上角的【线框】选项，在弹出的快捷菜单中选择【边界框】命令，如图1-96所示。

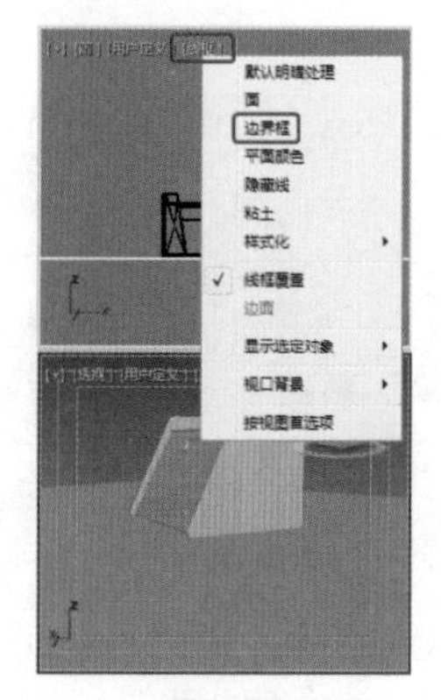


图1-96

**Step 02** 执行该操作后，即可将该视图以边界框方式显示，如图1-97所示。

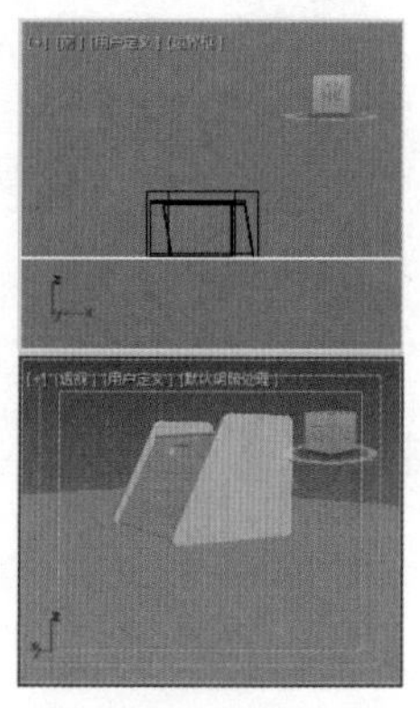

图1-97

## 实例034 手动更改视口大小

在3ds max中，用户可以根据需要手动更改视口的大小，具体操作步骤如下。

| 素材： | Scene\Cha01\装饰盘.max |
|---|---|
| 场景： | 无 |
| 视频： | 视频教学\Cha01\实例034 手动更改视口大小.mp4 |

**Step 01** 按Ctrl+O组合键，打开“Scene\Cha01\装饰盘.max”素材文件，图1-98所示。

**Step 02** 将鼠标指针放置在四个视口的中心，当鼠标指针变为四方箭头控制柄时，按住鼠标向任意方向拖动，在合适的位置释放鼠标，即可更改视口的大小，如图1-99所示。

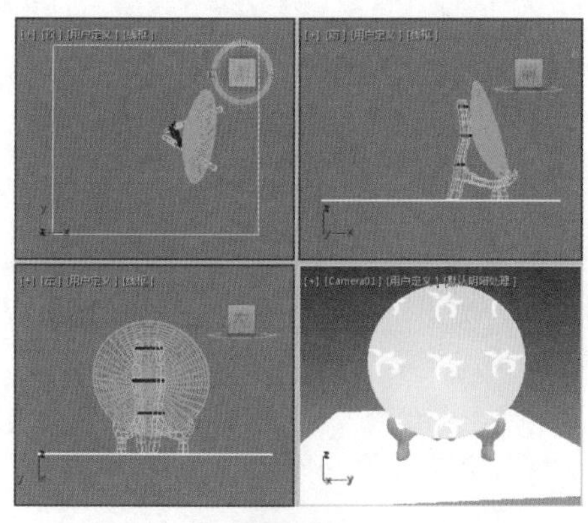

图1-98

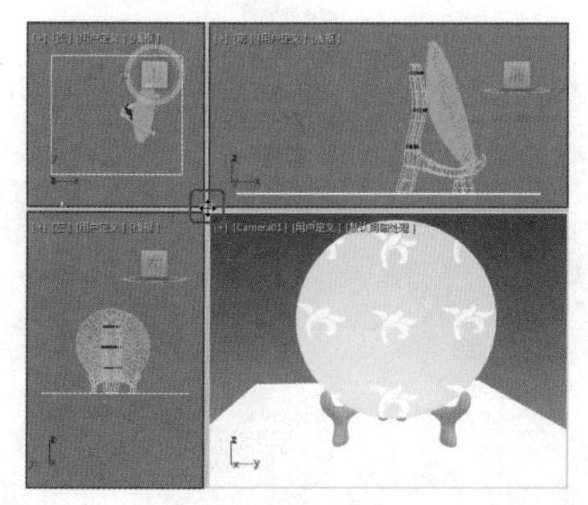

图1-99

◎提示

将鼠标指针放置在横向视口或竖向视口的边界时，鼠标指针即可变为双向箭头控制柄，此时即可横向或竖向拖动鼠标，以调整视口大小。

## 实例035 使用【视口配置】对话框更改视口布局

在3ds max中，用户可以根据需要通过【视口配置】对话框更改视口布局，具体操作步骤如下。

| 素材： | Scene\Cha01\装饰盘.max |
|---|---|
| 场景： | 无 |
| 视频： | 视频教学\Cha01\实例035 使用【视口配置】对话框更改视口布局.mp4 |

**Step 01** 按Ctrl+O组合键，打开“Scene\Cha01\装饰盘.max”素材文件，在菜单栏中选择【视图】|【视口配置】命令，如图1-100所示。

**Step 02** 弹出【视口配置】对话框，在该对话框中切换到【布局】选项卡，任意选择一种视口布局，这里选择第二行第三个，如图1-101所示。

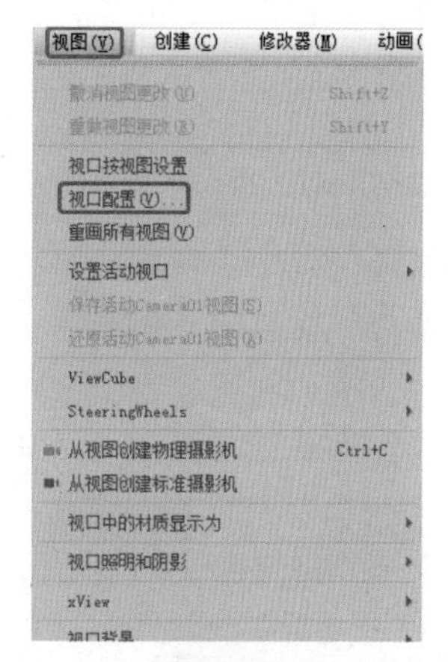



图1-100

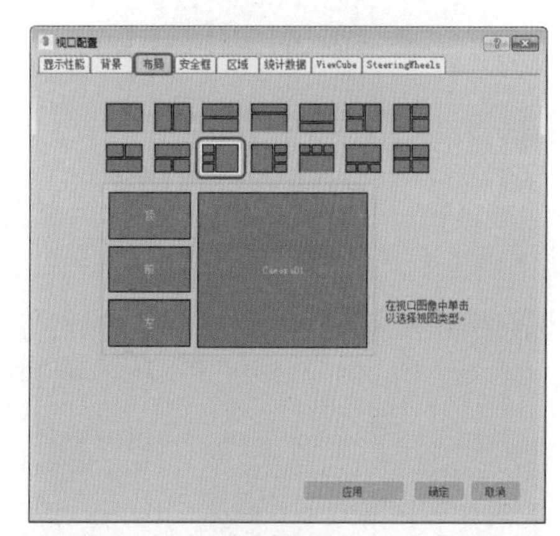



图1-101

**Step 03** 选择完成后，单击【确定】按钮，即可更改视口布局，如图1-102所示。

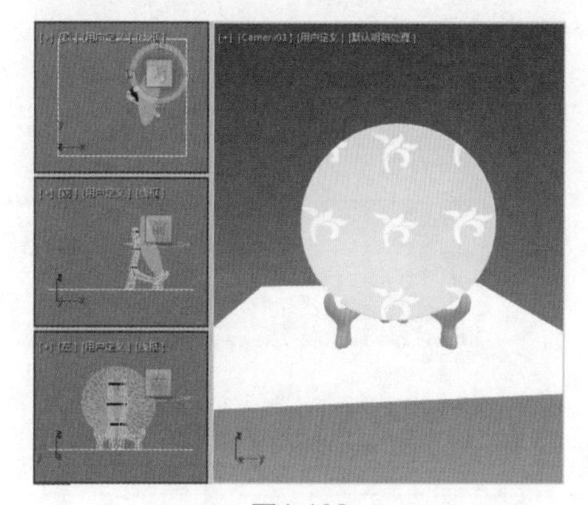

图1-102

## 实例036 创建新的视口布局

在3ds max中，用户可以根据需要创建一个新的视口布局，以便操作更加得心应手，具体操作步骤如下。

| 素材： | Scene\Cha01\装饰盘.max |
| --- | --- |
| 场景： | 无 |
| 视频： | 视频教学\Cha01\实例036 创建新的视口布局.mp4 |

**Step 01** 按Ctrl+O组合键，打开“Scene\Cha01\装饰盘.max”素材文件，在界面左侧单击【创建新的视口布局选项卡】按钮▶，在弹出的列表中任意选择一种视口布局，这里选择第二行第二个，如图1-103所示。

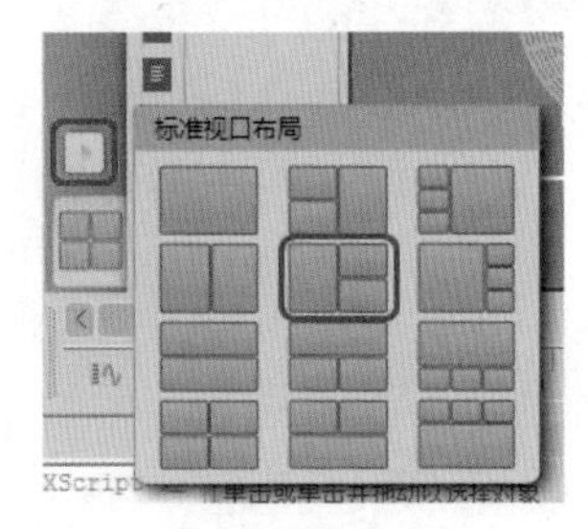


图1-103

**Step 02** 选择完成后，即可更改视口布局，更改后的效果如图1-104所示。

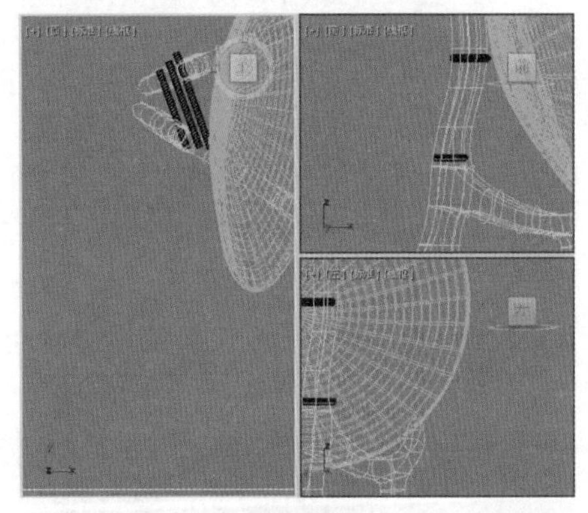

图1-104

## 实例037 显示主栅格

显示主栅格有助于在创建或移动模型时进行对齐。本例将讲解如何显示主栅格，具体操作步骤如下。

| 素材： | Scene\Cha01\装饰盘.max |
| --- | --- |
| 场景： | 无 |
| 视频： | 视频教学\Cha01\实例037 显示主栅格.mp4 |

**Step 01** 按Ctrl+O组合键，打开“Scene\Cha01\装饰盘.max”素材文件，激活【前】视图，在菜单栏中选择【工具】|【栅格和捕捉】|【显示主栅格】命令，如图1-105所示。

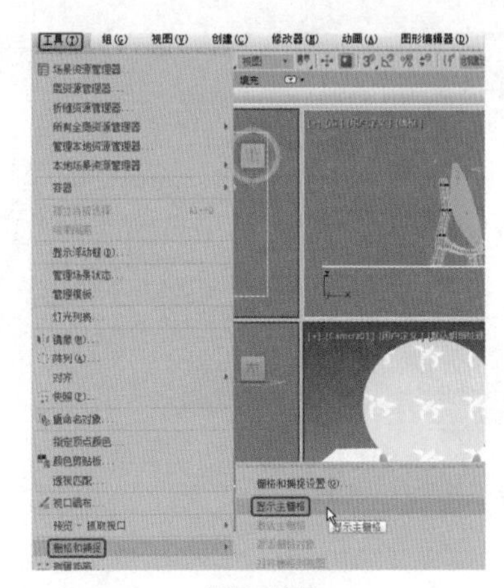

图1-105

**Step 02** 选择完成后，即可显示主栅格，效果如图1-106所示。

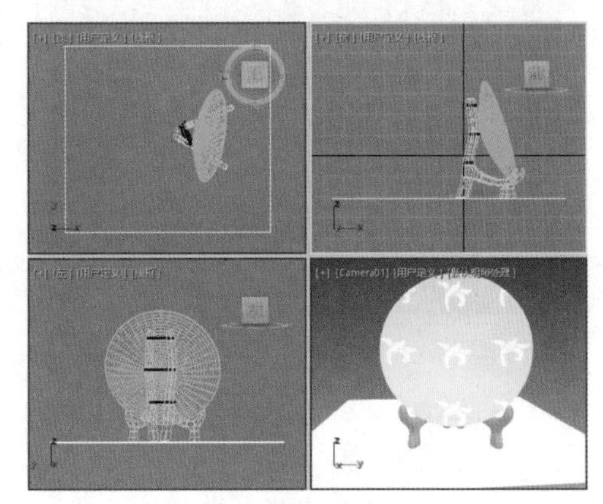

图1-106

> **提示**
>
> 显示主栅格后，再次执行【工具】|【栅格和捕捉】|【显示主栅格】命令，即可隐藏主栅格，或按键盘上的G键也可以显示或隐藏主栅格。

## 实例038 设置栅格间距

在3ds max中，用户可以在【栅格和捕捉设置】对话框中设置栅格的间距，具体操作步骤如下。

| 素材： | 无 |
| --- | --- |
| 场景： | 无 |
| 视频： | 视频教学\Cha01\实例038 设置栅格间距.mp4 |

**Step 01** 继续上一实例的操作，在菜单栏中选择【工具】|【栅格和捕捉】|【栅格和捕捉设置】命令，如图1-107所示。

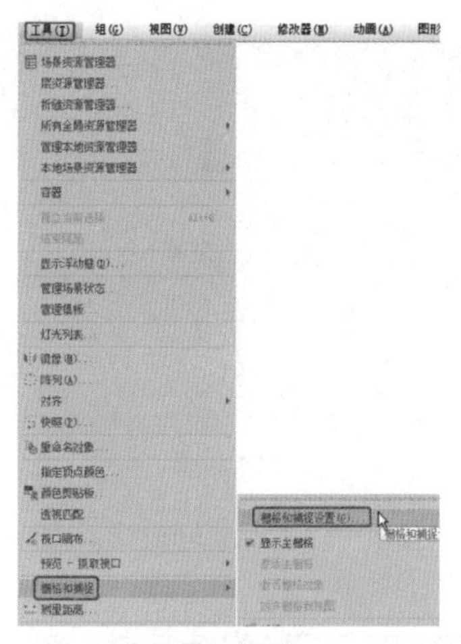

图1-107

**Step 02** 在弹出的【栅格和捕捉设置】对话框中切换到【主栅格】选项卡，将【栅格间距】设置为5，按Enter键确认，如图1-108所示。设置完成后，将该对话框关闭，即可更改栅格间距。

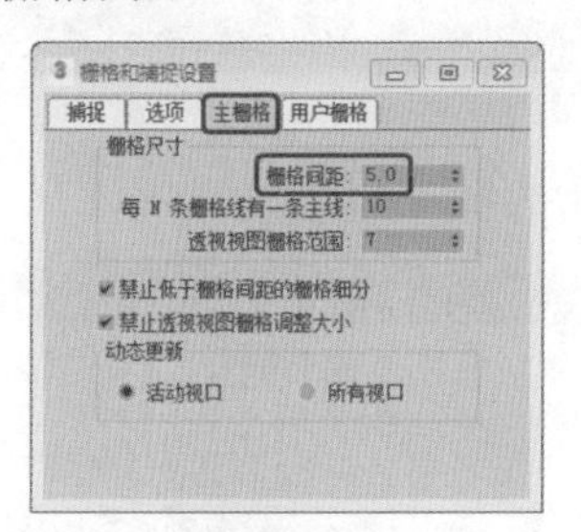

图1-108

## 实例039 缩放视图

【缩放】按钮只能对指定视图进行缩放，效果如图1-109所示。

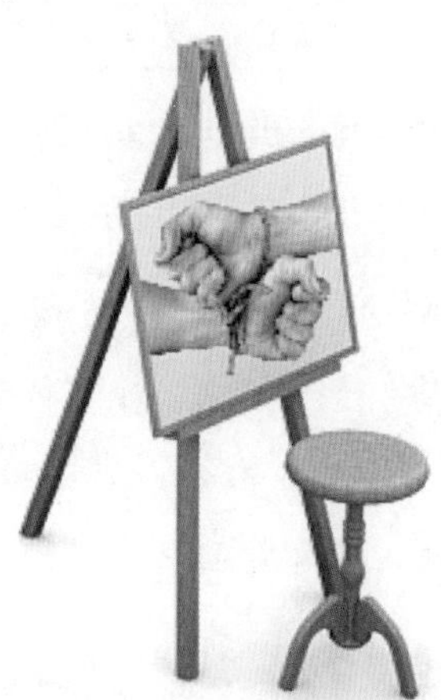

图1-109

| 素材： | Scene\Cha01\画架.max |
| --- | --- |
| 场景： | Scene\Cha01\实例039 缩放视图.max |
| 视频： | 视频\Cha01\实例039 缩放视图.mp4 |

**Step 01** 按Ctrl+O组合键，打开“Scene\Cha01\画架.max”素材文件，如图1-110所示。

图1-110

**Step 02** 单击Max界面右下角的【缩放】按钮，按住鼠标在【透视】视图中进行拖动，即可缩放该视图，效果如图1-111所示。

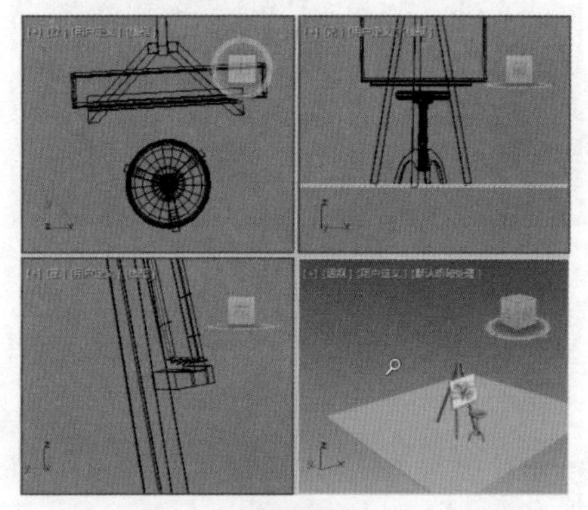

图1-111

> **提示**
>
> 单击【缩放】按钮后，即可在任意视图中单击鼠标并上下移动来拉近或推远视景。

## 实例040 缩放所有视图

【缩放所有视图】按钮可以同时对所有视图进行缩放，具体操作步骤如下。

| 素材： | 无 |
| --- | --- |
| 场景： | 无 |
| 视频： | 视频教学\Cha01\实例040 缩放所有视图.mp4 |

**Step 01** 继续上一实例的操作，单击界面右下角的【缩放所有视图】按钮，如图1-112所示。

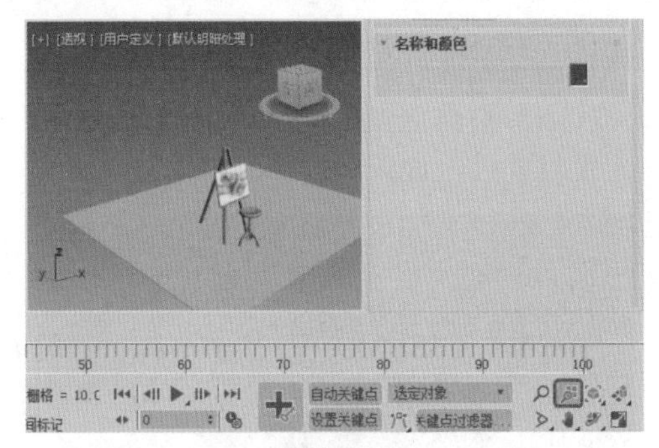

图1-112

**Step 02** 单击该按钮后，拖动任意一个视图，即可对所有视图进行缩放，效果如图1-113所示。

图1-113

> ◎提示
>
> 如果在制作的场景中创建了摄影机，则【缩放所有视图】工具不能在【摄影机】视图中使用，但在其他视图中仍然可以使用。

## 实例041 最大化显示选定对象

【最大化显示选定对象】按钮可以将选定对象或对象集在所有视口中最大化并居中显示，具体操作步骤如下。

| 素材： | 无 |
| --- | --- |
| 场景： | 无 |
| 视频： | 视频教学\Cha01\实例041 最大化显示选定对象.mp4 |

**Step 01** 继续上一实例的操作，在【透视】视图中选择任意对象，单击界面右下角的【最大化显示选定对象】按钮，如图1-114所示。

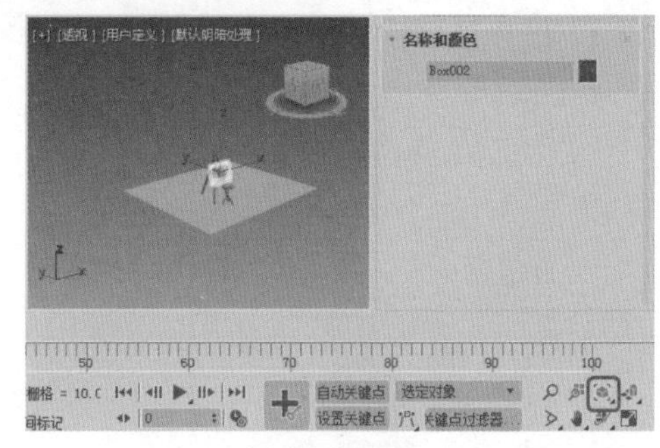

图1-114

**Step 02** 执行上步操作后，即可最大化显示选定对象，如图1-115所示。

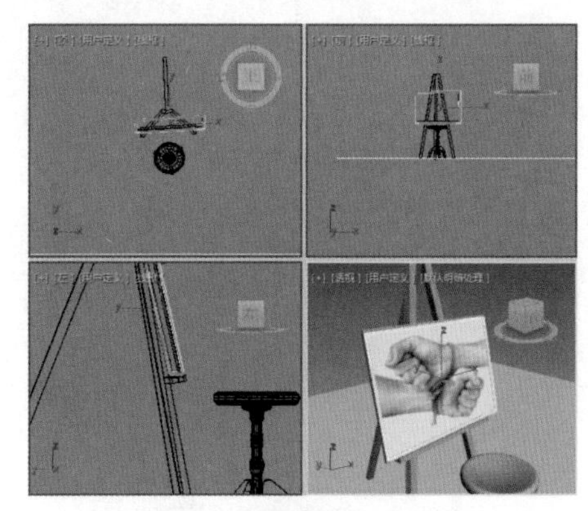

图1-115

## 实例042 缩放区域

【缩放区域】按钮主要可以对所框选的区域进行缩放，具体操作步骤如下。

| 素材： | 无 |
| --- | --- |
| 场景： | 无 |
| 视频： | 视频教学\Cha01\实例042 缩放区域.mp4 |

**Step 01** 继续上一实例的操作，单击界面右下角的【缩放区域】按钮，如图1-116所示。

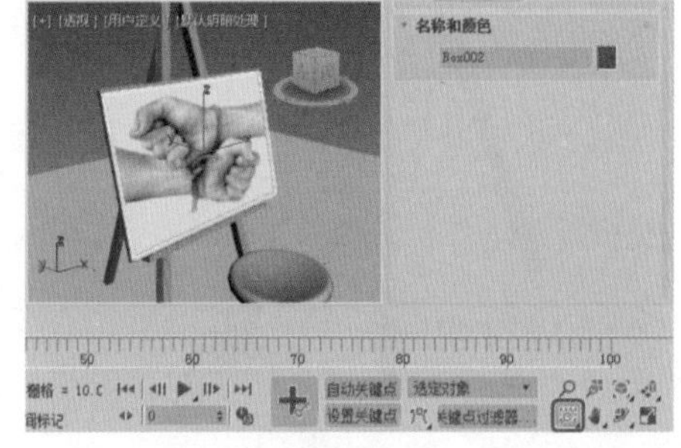

图1-116

Step 02 按住鼠标在【透视】视图中框选区域进行缩放，缩放后的效果如图1-117所示。

图1-117

## 实例043 旋转视图

在3ds max中，为了更好地进行操作，用户可以对视图进行旋转，效果如图1-118所示。

图1-118

| 素材： | Scene\Cha01\画架.max |
| --- | --- |
| 场景： | Scene\Cha01\实例043 旋转视图.max |
| 视频： | 视频\Cha01\实例043 旋转视图.mp4 |

Step 01 按Ctrl+O组合键，打开“Scene\Cha01\画架.max”素材文件，单击右下角的【环绕子对象】按钮，如图1-119所示。

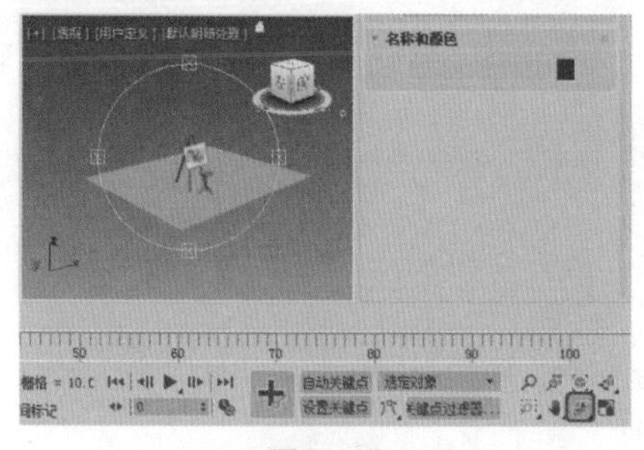

图1-119

Step 02 在【透视】视图中按住鼠标进行旋转，旋转后的效果如图1-120所示。

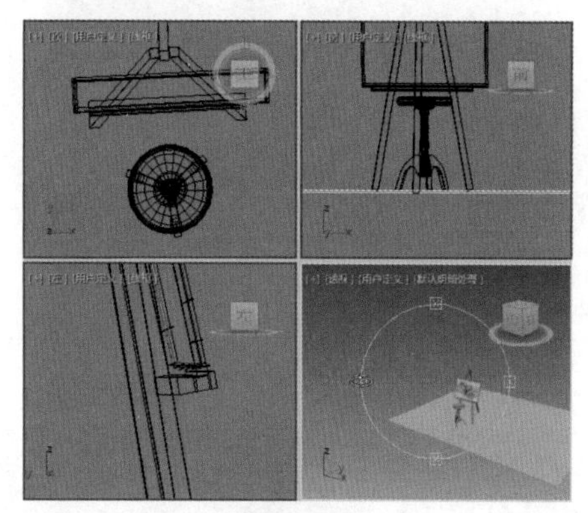

图1-120

## 实例044 最大化视图

在3ds max中制作场景时，视图中的对象难免会有显示不全的情况，这时用户可以将该视图切换至最大，具体操作步骤如下。

| 素材： | 无 |
| --- | --- |
| 场景： | 无 |
| 视频： | 视频教学\Cha01\实例044 最大化视图.mp4 |

Step 01 继续上一实例的操作，单击界面右下角的【最大化视口切换】按钮，如图1-121所示。

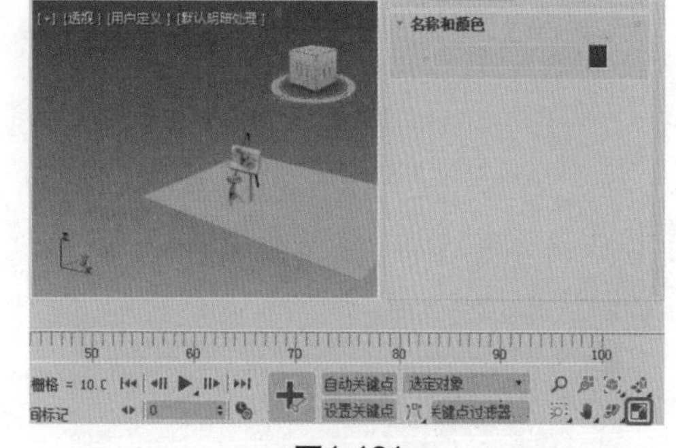

图1-121

Step 02 执行上步操作后，即可将该视图最大化显示，如图1-122所示。

提示

如果需要将当前激活的视图切换为最大化视图，还可按Alt+W组合键。

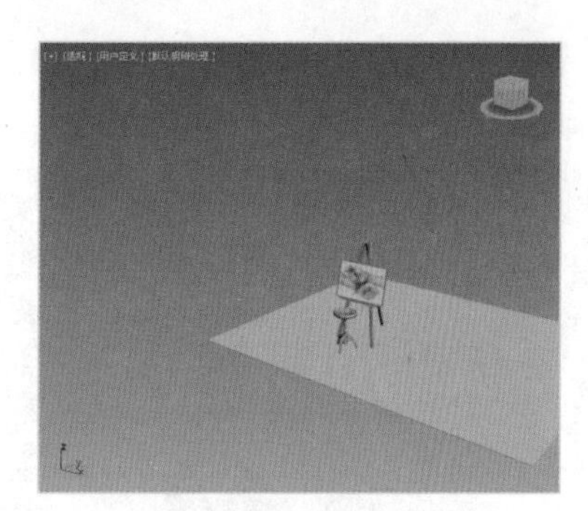

图1-122

## 实例045 平移视图

本例将讲解如何在3ds max中平移视图，具体操作步骤如下。

| 素材： | Scene\Cha01\画架.max |
| --- | --- |
| 场景： | 无 |
| 视频： | 视频教学\Cha01\实例045 平移视图.mp4 |

**Step 01** 按Ctrl+O组合键，打开“Scene\Cha01\画架.max”素材文件，单击界面右下角的【平移视图】按钮，如图1-123所示。

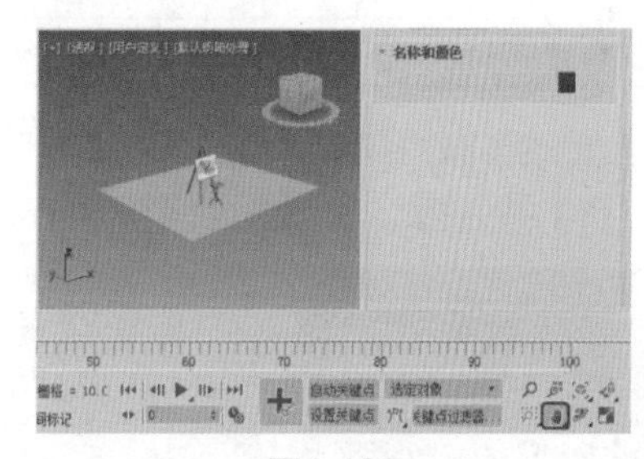

图1-123

**Step 02** 按住鼠标拖动要平移的视图即可，平移效果如图1-124所示。

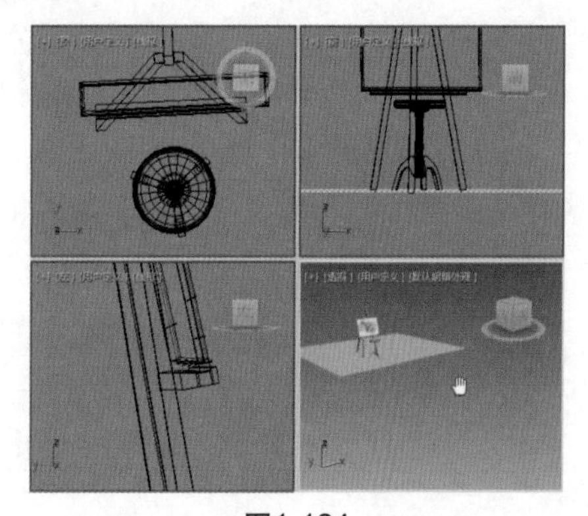

图1-124

> **提示**
>
> 除了用上述方法平移视图外，用户还可以按住鼠标滚轮对视图进行移动。

## 实例046 更改视口背景

本例将讲解如何为活动视口配置背景图像，具体操作步骤如下。

| 素材： | Map\视口背景素材.jpg |
| --- | --- |
| 场景： | Scene\Cha01\实例046 更改视口背景.max |
| 视频： | 视频教学\Cha01\实例046 更改视口背景.mp4 |

**Step 01** 激活【透视】视图，在菜单栏中选择【视图】|【视口背景】|【配置视口背景】命令，如图1-125所示。

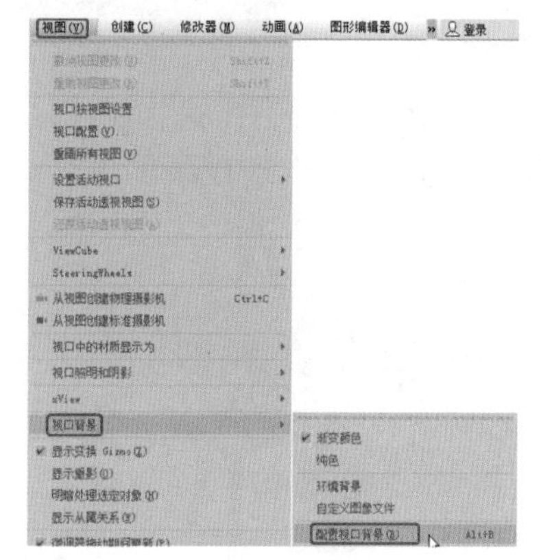

图1-125

**Step 02** 在弹出的【视口配置】对话框中切换至【背景】选项卡，选中【使用文件】单选按钮，再单击【文件】按钮，如图1-126所示。在弹出的对话框中选择“E:\配送资源\Map\视口背景素材.jpg”文件，单击【打开】按钮。

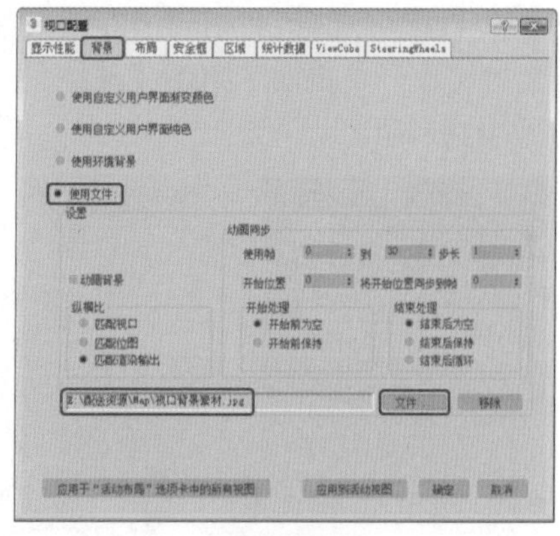

图1-126

◎提示·○

除了可以通过【配置视口背景】命令打开【视口配置】对话框外，还可以按Alt+B组合键打开该对话框。

**Step 03** 在【视口配置】对话框中单击【确定】按钮，即可更改所激活视图的背景，效果如图1-127所示。

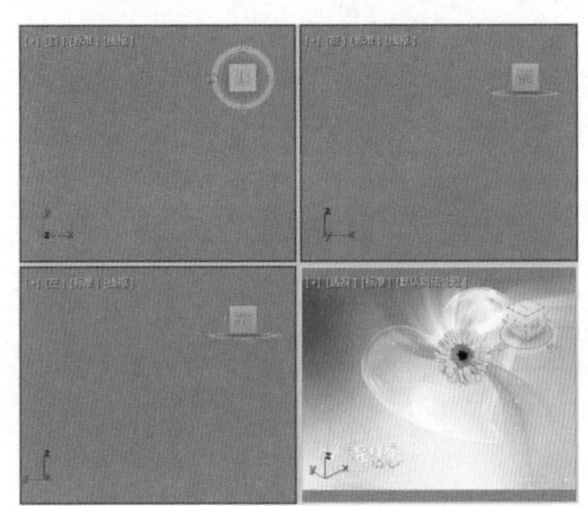

图1-127

## 实例047 将视图切换成专家模式

切换为专家模式后，在大视图中观察效果会更加清楚，绘制模型时也更加方便。本例将讲解如何将视图切换成专家模式，具体操作步骤如下。

| 素材： | Scene\Cha01\茶壶.max |
|---|---|
| 场景： | 无 |
| 视频： | 视频教学\Cha01\实例047　将视图切换成专家模式.mp4 |

**Step 01** 按Ctrl+O组合键，打开“Scene\Cha01\茶壶.max”素材文件，如图1-128所示。

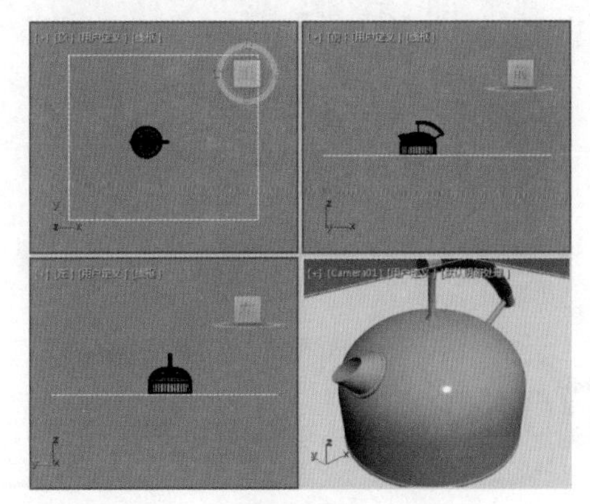

图1-128

**Step 02** 在菜单栏中选择【视图】|【专家模式】命令，如图1-129所示。

图1-129

◎提示·○

启用专家模式后，屏幕上将不再显示工具栏、命令面板、状态栏以及所有视口导航按钮，仅显示菜单栏、时间滑块和视口。

**Step 03** 执行上步操作后，即可切换至专家模式，效果如图1-130所示。

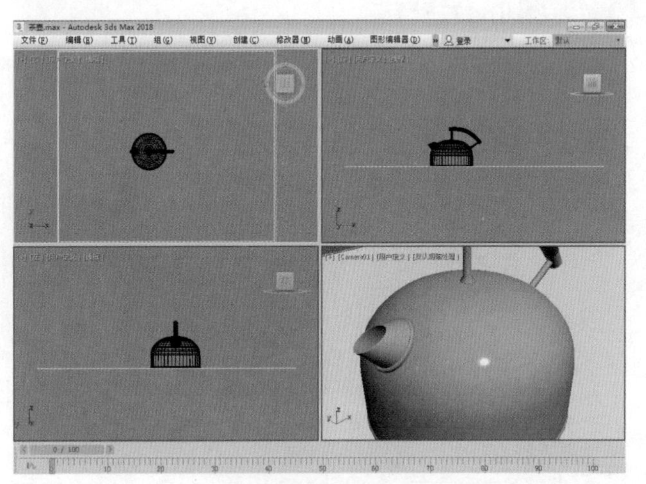

图1-130

## 实例048 显示安全框

显示安全框可以将图像限定在安全框的活动区域中，在渲染过程中使用安全框可以确保渲染输出的尺寸匹配背景图像尺寸，这样可以避免扭曲。显示安全框的具体操作步骤如下。

| 素材： | Scene\Cha01\茶壶.max |
| --- | --- |
| 场景： | 无 |
| 视频： | 视频教学\Cha01\实例048 显示安全框.mp4 |

**Step 01** 按Ctrl+O组合键，打开“Scene\Cha01\茶壶.max”素材文件，激活Camera01视图，在菜单栏中选择【视图】|【视口配置】命令，在弹出的【视口配置】对话框中切换到【安全框】选项卡，勾选【应用】选项组中的【在活动视图中显示安全框】复选框，如图1-131所示。

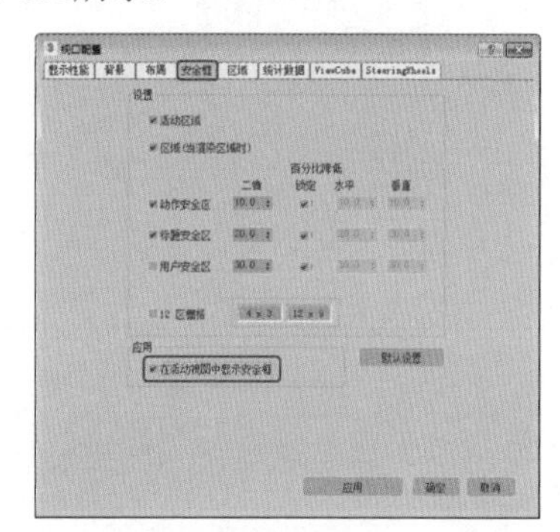

图1-131

**Step 02** 设置完成后，单击【确定】按钮，即可显示安全框，如图1-132所示。

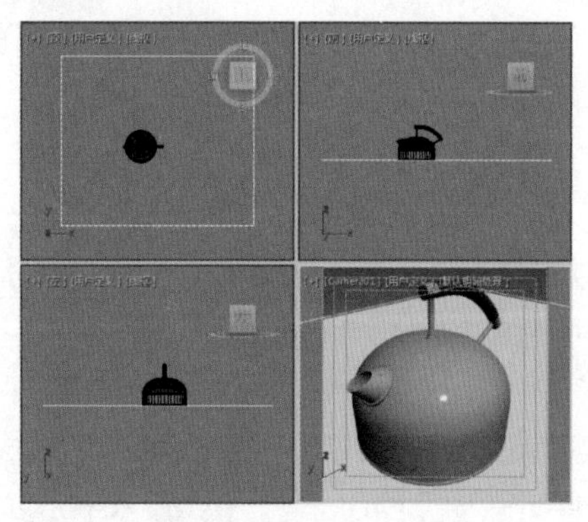

图1-132

**提示**

除了上述方法，用户还可以通过在视图名称上单击鼠标右键，在弹出的快捷菜单中选择【显示安全框】命令或按Shift+F组合键显示安全框。

## 实例049 抓取视口

抓取视口是在激活视口中创建活动视口快照，且在[RGBA颜色16位/通道（1∶1）]对话框中可将快照保存为图像文件。本例将讲解如何抓取视口，具体操作步骤如下。

| 素材： | 无 |
| --- | --- |
| 场景： | 无 |
| 视频： | 视频教学\Cha01\实例049 抓取视口.mp4 |

**Step 01** 继续上一实例的操作，在菜单栏中选择【工具】|【预览-抓取视口】|【捕获静止图像】命令，如图1-133所示。

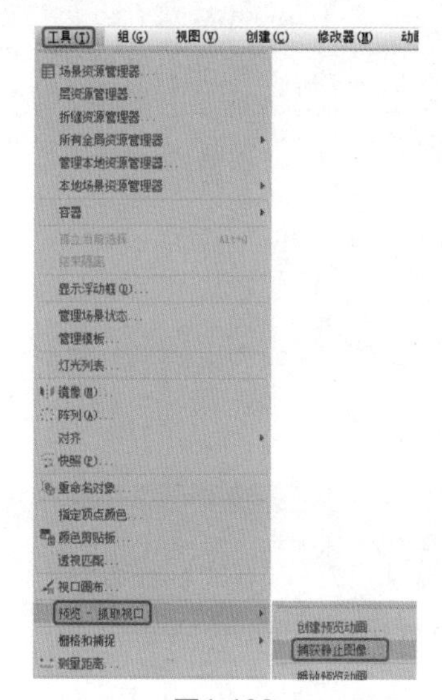

图1-133

**Step 02** 在弹出的【抓取活动窗口】对话框中输入标签名或直接单击【抓取】按钮，即可对视口进行抓取，效果如图1-134所示。

图1-134

## 实例050 测量距离

【测量距离】工具可以帮助用户测量对象之间的

距离，本例将讲解如何使用【测量距离】工具，具体操作步骤如下。

| 素材： | Scene\Cha01\茶壶.max |
| --- | --- |
| 场景： | 无 |
| 视频： | 视频教学\Cha01\实例050 测量距离.mp4 |

Step 01 按Ctrl+O组合键，打开“Scene\Cha01\茶壶.max”素材文件，在菜单栏中选择【工具】|【测量距离】命令，如图1-135所示。

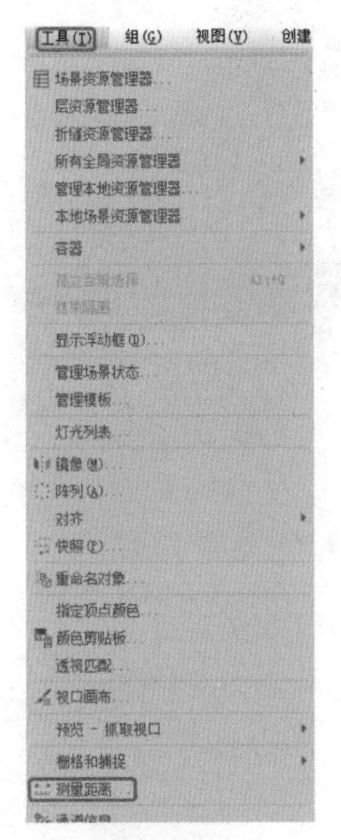

图1-135

Step 02 在要测量距离的对象上确定测量的起点和终点，如图1-136所示。

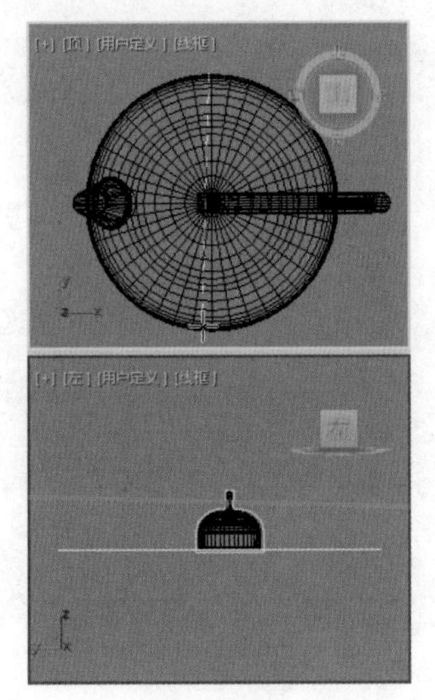
图1-136

Step 03 执行上述操作后，在屏幕的左下角即显示测量后的尺寸，如图1-137所示。

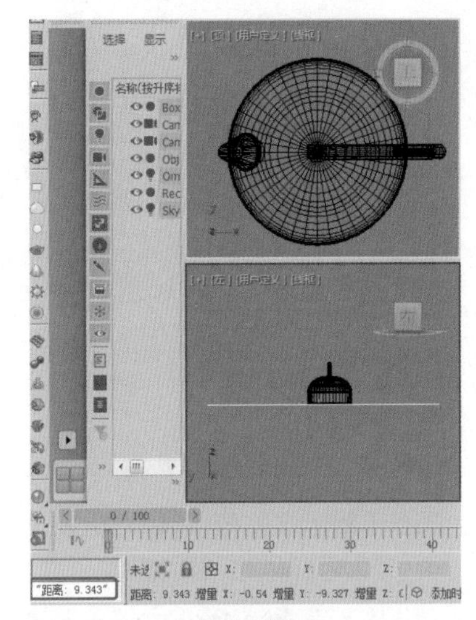

图1-137

## 实例051 创建层

创建层后可对创建的新层进行操作，而不影响其他层已创建的对象，具体操作步骤如下。

| 素材： | Scene\Cha01\果篮.max |
| --- | --- |
| 场景： | 无 |
| 视频： | 视频教学\Cha01\实例051 创建层.mp4 |

Step 01 按Ctrl+O组合键，打开“Scene\Cha01\果篮.max”素材文件，如图1-138所示。

图1-138

Step 02 在菜单栏中选择【工具】|【层资源管理器】命令，如图1-139所示。

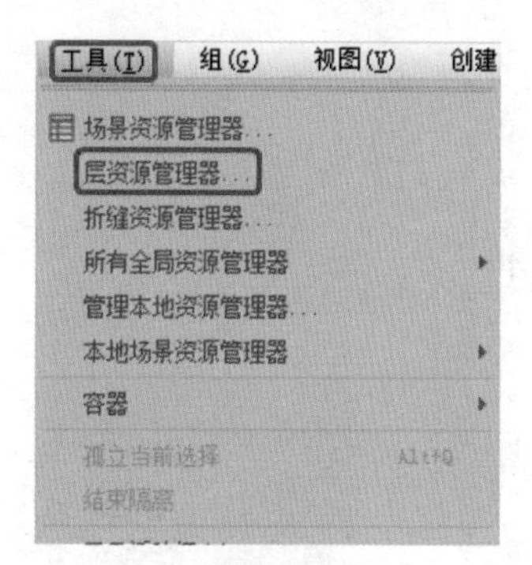


图1-139

**Step 03** 打开【场景资源管理器-层资源管理器】面板，在该面板中单击【新建层】按钮，如图1-140所示。

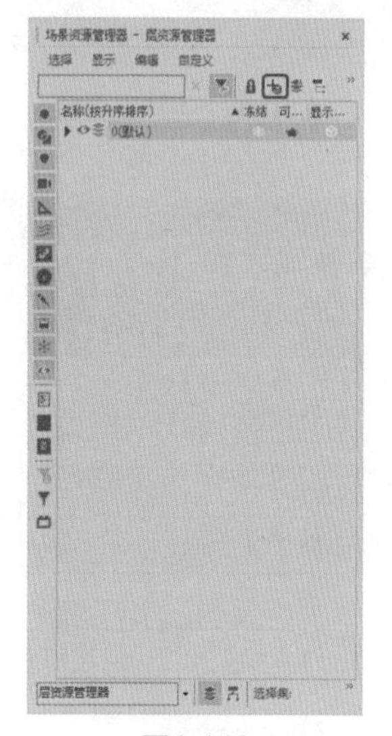

图1-140

**Step 04** 执行上述操作后，即可创建一个新的层，如图1-141所示。

图1-141

## 实例052 隐藏对象

在3ds max中，用户可以根据需要将不同的对象隐藏。本例将讲解如何隐藏对象，完成后的效果如图1-142所示。

图1-142

| 素材： | Scene\Cha01\果篮.max |
| --- | --- |
| 场景： | Scene\Cha01\实例052 隐藏对象.max |
| 视频： | 视频\Cha01\实例052 隐藏对象.avi |

**Step 01** 按Ctrl+O组合键，打开“Scene\Cha01\果篮.max”素材文件，在菜单栏中选择【工具】|【层资源管理器】命令，在打开的面板中单击【水蜜桃】左侧的按钮，如图1-143所示。

图1-143

**Step 02** 单击按钮后，即可将选定的对象隐藏，如图1-144所示。

图1-144

## 实例053 冻结层中的对象

将层中选定的对象冻结后，将不能对冻结的对象进行其他操作，具体操作步骤如下。

| 素材： | Scene\Cha01\果篮.max |
| --- | --- |
| 场景： | 无 |
| 视频： | 视频教学\Cha01\实例053 冻结层中的对象.mp4 |

**Step 01** 按Ctrl+O组合键，打开“Scene\Cha01\果篮.max”素材文件，在菜单栏中选择【工具】|【层资源管理器】命令，在打开的面板中单击【橘子】右侧的【冻结】按钮，如图1-145所示。

图1-145

**Step 02** 被冻结的对象将以灰色显示，如图1-146所示。

图1-146

## 实例054 查看对象属性

在3ds max中可以根据需要查看对象的属性，以便进行适当调整。本例将讲解如何查看对象属性，具体操作步骤如下。

| 素材： | Scene\Cha01\果篮.max |
| --- | --- |
| 场景： | 无 |
| 视频： | 视频教学\Cha01\实例054 查看对象属性.mp4 |

**Step 01** 按Ctrl+O组合键，打开“Scene\Cha01\果篮.max”素材文件，在菜单栏中选择【工具】|【层资源管理器】命令，在打开的面板中选择【猕猴桃】并右击鼠标，在弹出的快捷菜单中选择【属性】命令，如图1-147所示。

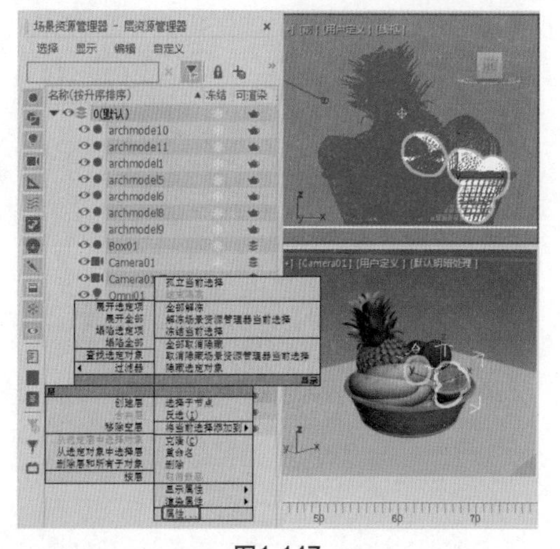

图1-147

**Step 02** 执行上步操作后，即可在弹出的【对象属性】对话框中查看对象属性，如图1-148所示。

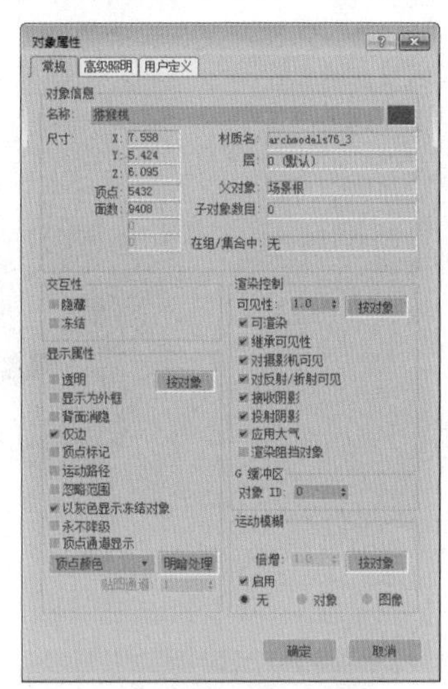

图1-148

## 实例055 查看层属性

本例将讲解如何查看层属性，具体操作步骤如下。

| 素材： | 无 |
|---|---|
| 场景： | 无 |
| 视频： | 视频教学\Cha01\实例055 查看层属性.mp4 |

**Step 01** 在菜单栏中选择【工具】|【层资源管理器】命令，在打开的面板中选择【0（默认）】图层，单击鼠标右键，在弹出的快捷菜单中选择【属性】命令，如图1-149所示。

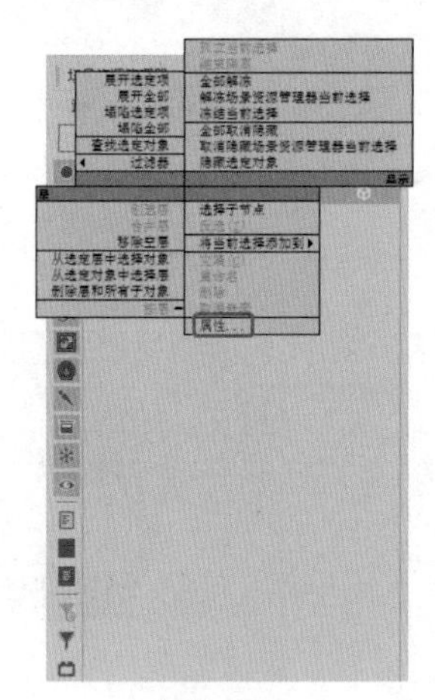

图1-149

**Step 02** 执行上步操作后，即可在弹出的【层属性】对话框中查看层属性，如图1-150所示。

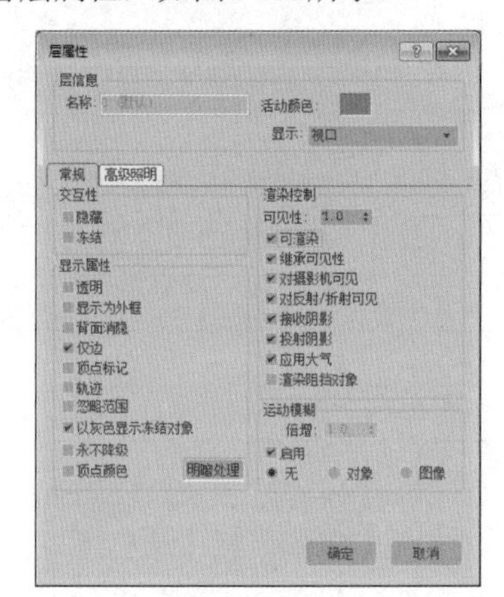

图1-150

# 第2章 场景对象的基本操作

本章导读

作为一个3ds max初学者，为了能够很快地对该软件运用自如，进行更方便、快捷、准确的操作，我们应该先熟悉软件的操作界面。本章主要介绍3ds max 2018工作环境中各个区域以及部分常用工具的使用方法，包括物体的选择、组的使用、动作的位移、对齐、对象的捕捉等内容。

## 实例056 使用矩形选择区域工具选择

选择对象的方法有许多种，【矩形选择区域】就是其中一种，使用【矩形选择区域】工具的具体操作步骤如下。

| 素材： | Scene\Cha02\选框工具素材.max |
|---|---|
| 场景： | 无 |
| 视频： | 视频教学\Cha02\实例056 使用矩形选择区域工具选择.mp4 |

Step 01 按Ctrl+O组合键，打开“Scene\Cha02\选框工具素材.max”素材文件，在工具栏中单击【矩形选择区域】按钮，在任意视图中按住鼠标并拖曳，此时会出现一个虚线框，如图2-1所示。

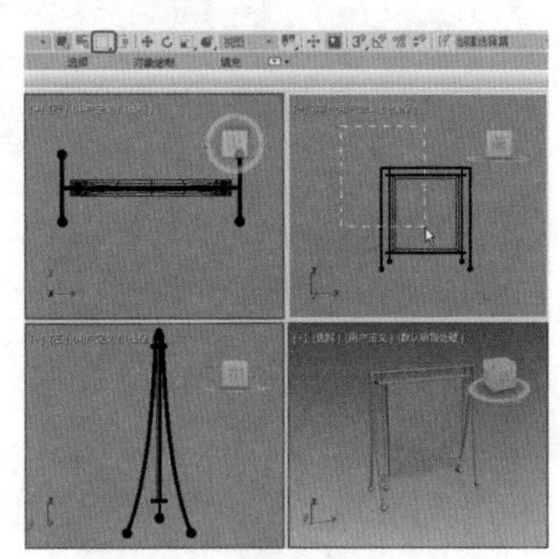

图2-1

Step 02 拖曳至合适的位置后释放鼠标，所框选的对象即处于被选中的状态，如图2-2所示。

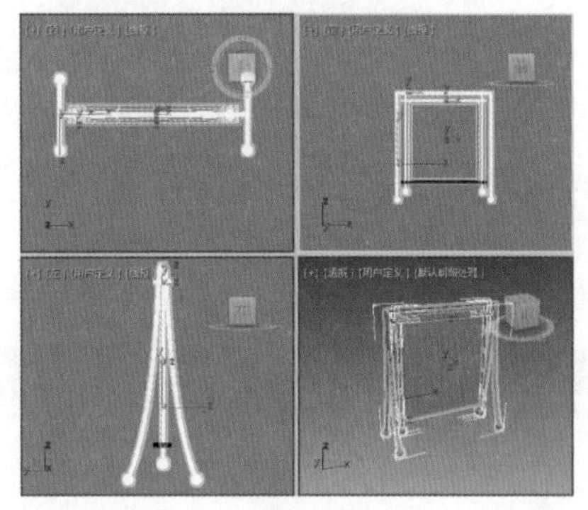

图2-2

## 实例057 使用圆形选择区域工具选择

【圆形选择区域】也是属于选择对象的工具之一，其具体的使用方法如下。

| 素材： | Scene\Cha02\选框工具素材.max |
|---|---|
| 场景： | 无 |
| 视频： | 视频教学\Cha02\实例057 使用圆形选择区域工具选择.mp4 |

Step 01 按Ctrl+O组合键，打开“Scene\Cha02\选框工具素材.max”素材文件，在工具栏中长按【矩形选择区域】按钮并向下拖曳，在弹出的下拉列表中选择【圆形选择区域】选项，如图2-3所示。

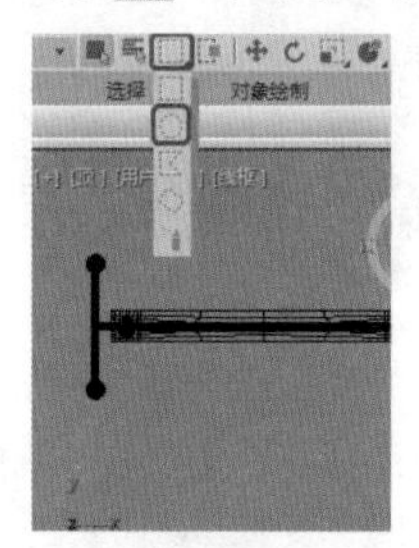


图2-3

Step 02 在任意视图中按住鼠标左键并向外拖曳，即可出现一个圆形虚线框，如图2-4所示。

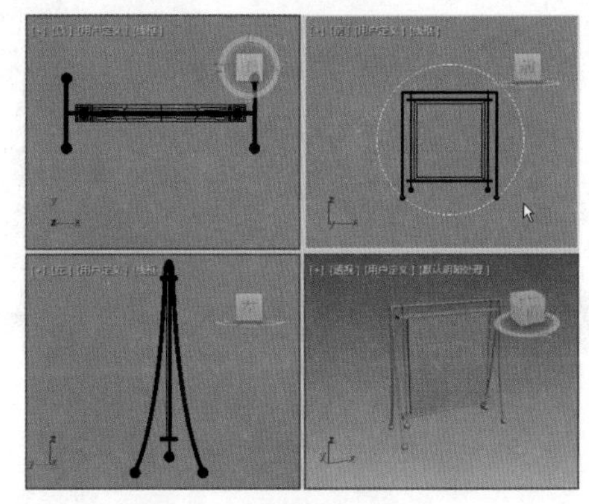

图2-4

Step 03 拖曳至合适的位置后释放鼠标即可选中框选图形，如图2-5所示。

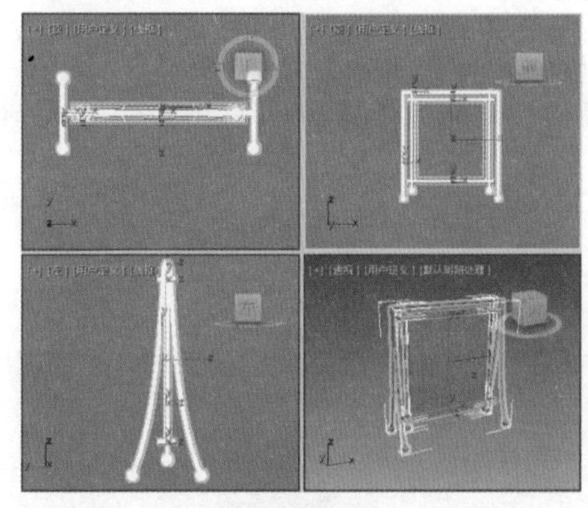

图2-5

## 实例058 使用绘制选择区域工具选择

【绘制选择区域】工具是以圆环的形式选择对象的，其可以一次选择多个操作对象。使用【绘制选择区域】工具的具体操作步骤如下。

| 素材： | Scene\Cha02\绘制选择区域素材.max |
| --- | --- |
| 场景： | 无 |
| 视频： | 视频教学\Cha02\实例058 使用绘制选择区域工具选择.mp4 |

**Step 01** 按Ctrl+O组合键，打开“Scene\Cha02\绘制选择区域素材.max”素材文件，如图2-6所示。

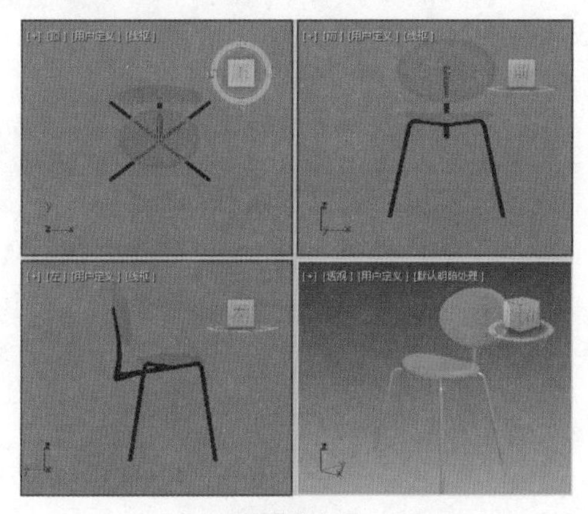

图2-6

**Step 02** 在工具栏中长按【圆形选择区域】按钮并向下拖曳，在弹出的下拉列表中选择【绘制选择区域】选项，如图2-7所示。

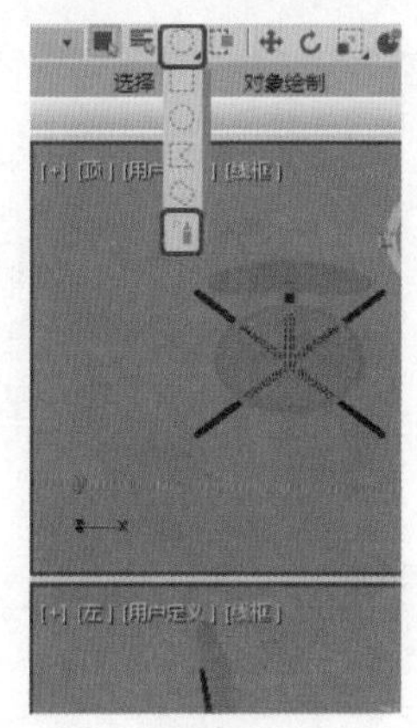


图2-7

**Step 03** 在任意视图的空白处单击并拖曳，此时鼠标指针周围会出现一个圆环选框，按住鼠标左键移动至需要选择的对象即可，圆环选框可同时选择多个对象，如图2-8所示。

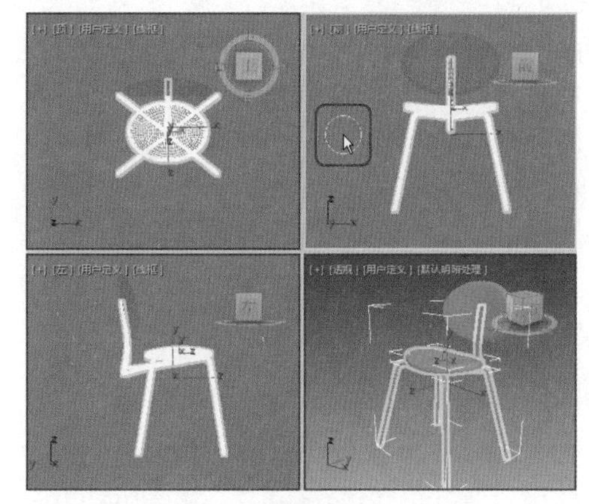

图2-8

## 实例059 按名称选择

【按名称选择】命令可以很好地帮助用户选择对象，既精确又快捷，其具体的操作步骤如下。

| 素材： | Scene\Cha02\连体桌椅.max |
| --- | --- |
| 场景： | 无 |
| 视频： | 视频教学\Cha02\实例059 按名称选择.mp4 |

**Step 01** 按Ctrl+O组合键，打开“Scene\Cha02\连体桌椅.max”素材文件，如图2-9所示。

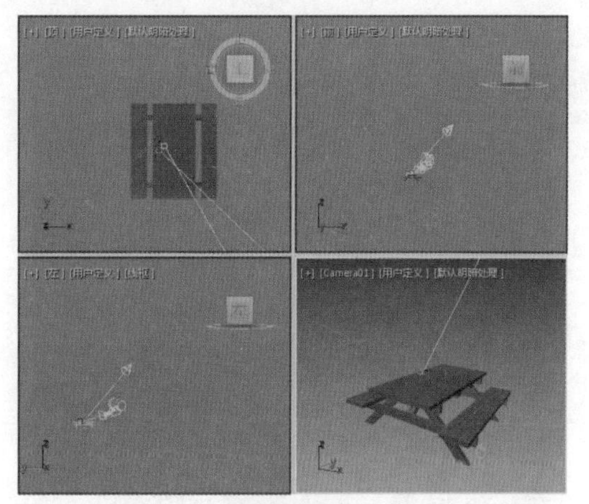

图2-9

**Step 02** 在工具栏中单击【按名称选择】按钮，如图2-10所示，即可弹出【从场景选择】对话框。

**Step 03** 按住Ctrl键的同时在【从场景选择】对话框中单击需要选择的操作对象，即可一次选取多个不相邻对象，如图2-11所示。

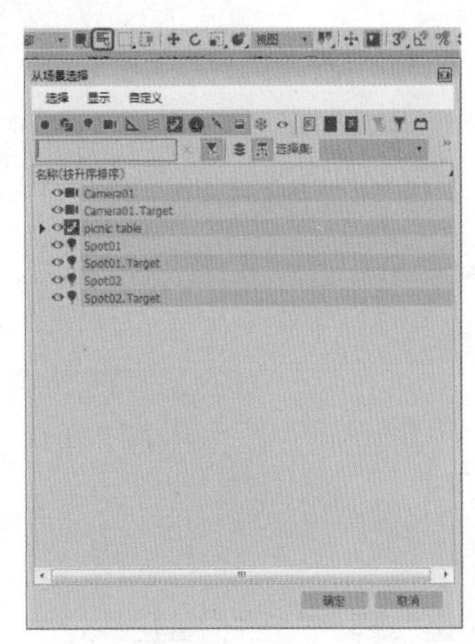

图2-10

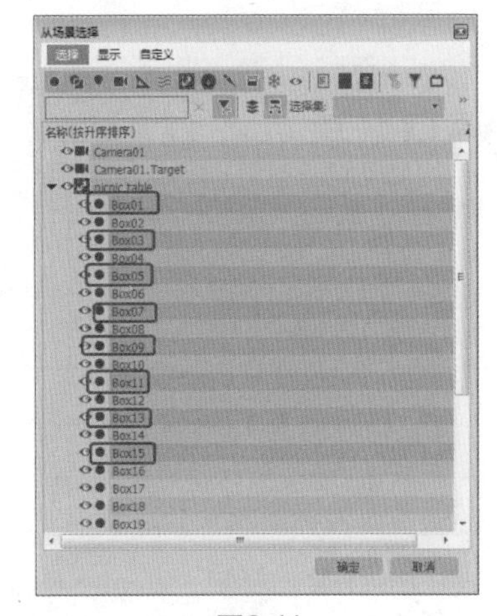

图2-11

**Step 04** 单击【确定】按钮，即可看到选中的对象，如图2-12所示。

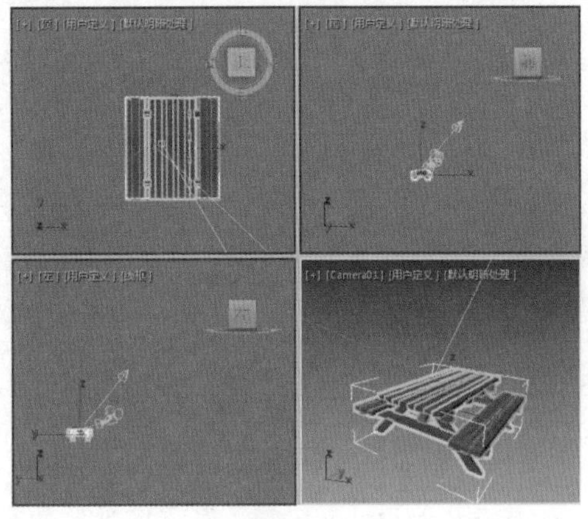

图2-12

**◎提示·◦**

按住Shift键可选择多个相邻对象。

## 实例060 全选对象

在【从场景选择】对话框中选择【全部选择】命令，即可将场景中的对象全部选中，具体的操作步骤如下。

| 素材： | Scene\Cha02\连体桌椅.max |
|---|---|
| 场景： | 无 |
| 视频： | 视频教学\Cha02\实例060 全选对象.mp4 |

**Step 01** 按Ctrl+O组合键，打开“Scene\Cha02\连体桌椅.max”素材文件，在工具栏中单击【按名称选择】按钮，在弹出的【从场景选择】对话框中单击【选择】按钮，在弹出的下拉菜单中选择【全部选择】命令，如图2-13所示。

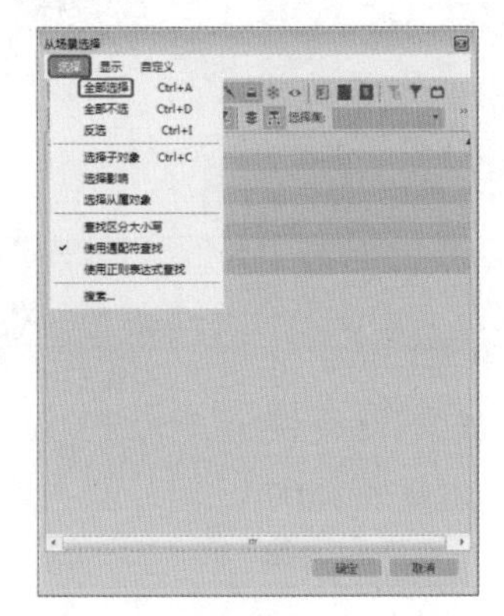

图2-13

**Step 02** 视图中所有对象的名称即可被选中，折叠的层也将展开，如图2-14所示。

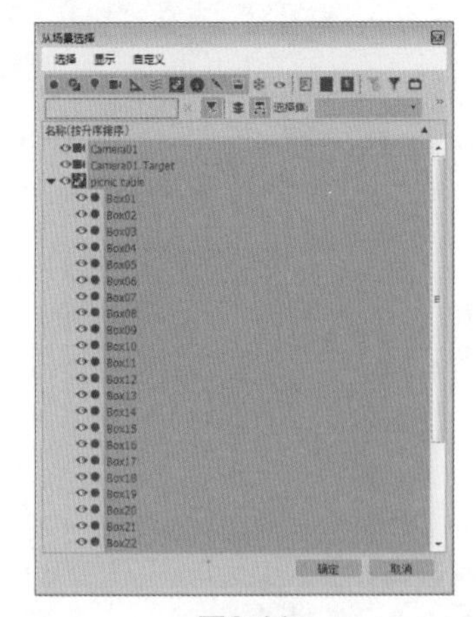

图2-14

**Step 03** 单击【确定】按钮，直接选择所有对象，如图2-15所示。

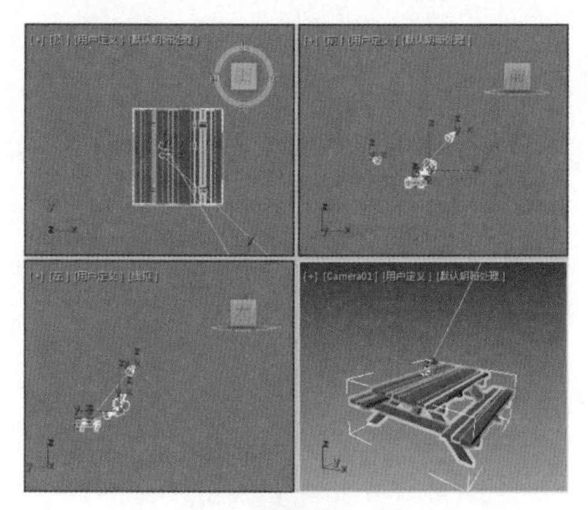

图2-15

## 实例061 反选对象

【反选】命令是选择没有被选中的对象，使用【反选】命令选择对象的具体操作步骤如下。

| 素材： | Scene\Cha02\反选对象素材.max |
|---|---|
| 场景： | 无 |
| 视频： | 视频教学\Cha02\实例061 反选对象.mp4 |

Step 01 按Ctrl+O组合键，打开“Scene\Cha02\反选对象素材.max”素材文件，如图2-16所示。

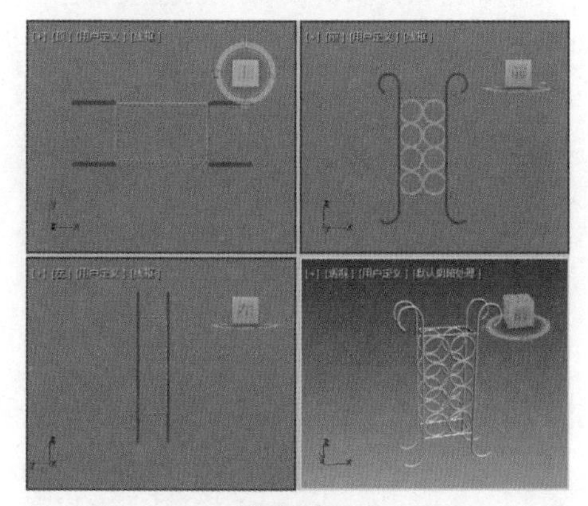

图2-16

Step 02 在工具栏中单击【按名称选择】按钮，弹出【从场景选择】对话框，按住Shift键的同时选择对象的名称，单击【选择】按钮，在弹出的下拉菜单中选择【反选】命令，如图2-17所示。

Step 03 即可将未被选择的对象的名称选中，选中的部分以蓝色显示，如图2-18所示。

Step 04 单击【确定】按钮，即可在视图中观察选中的对象，如图2-19所示。

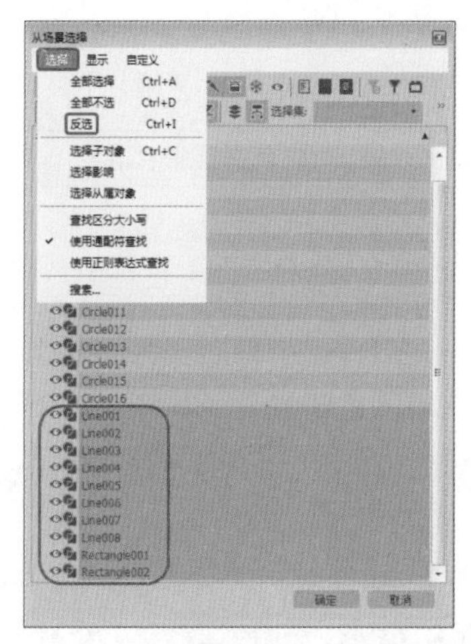

图2-17

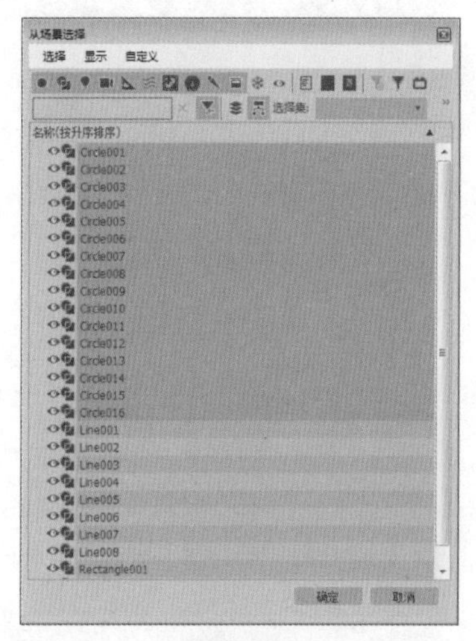

图2-18

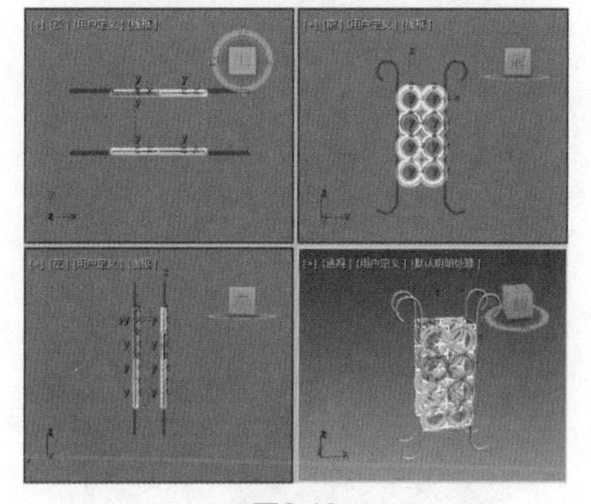

图2-19

## 实例062 按颜色选择对象

在场景中，除了按名称选择对象中，还可以使用

颜色来选择对象。使用颜色选择对象的具体操作步骤如下。

| 素材： | Scene\Cha02\按颜色选择素材.max |
|---|---|
| 场景： | 无 |
| 视频： | 视频教学\Cha02\实例062 按颜色选择对象.mp4 |

Step 01 按Ctrl+O组合键，打开“Scene\Cha02\按颜色选择素材.max”素材文件，如图2-20所示。

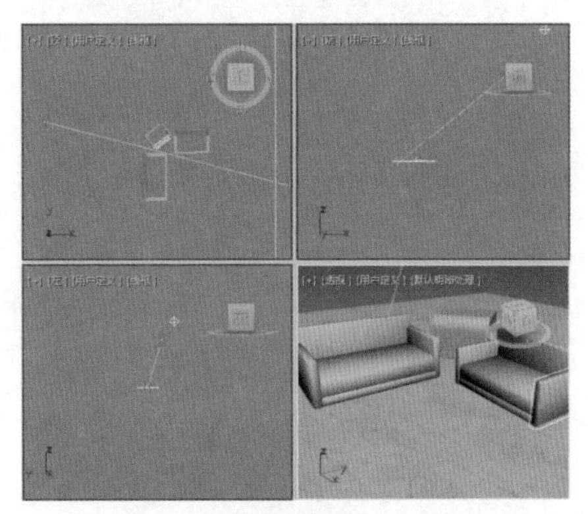

图2-20

Step 02 在菜单栏中选择【编辑】|【选择方式】|【颜色】命令，如图2-21所示。

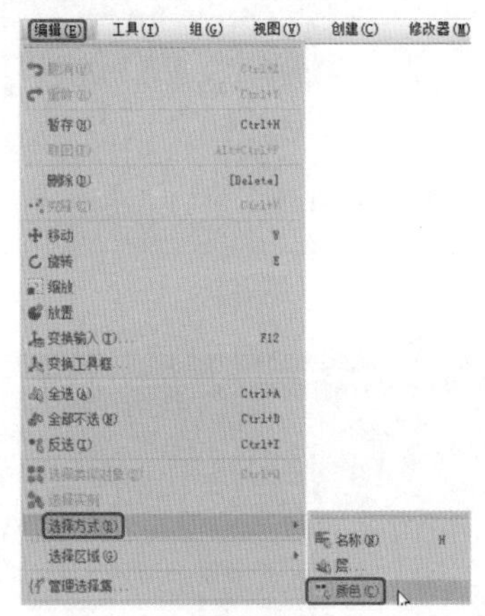

图2-21

Step 03 当鼠标指针变为形状时单击要选择的对象，如图2-22所示。

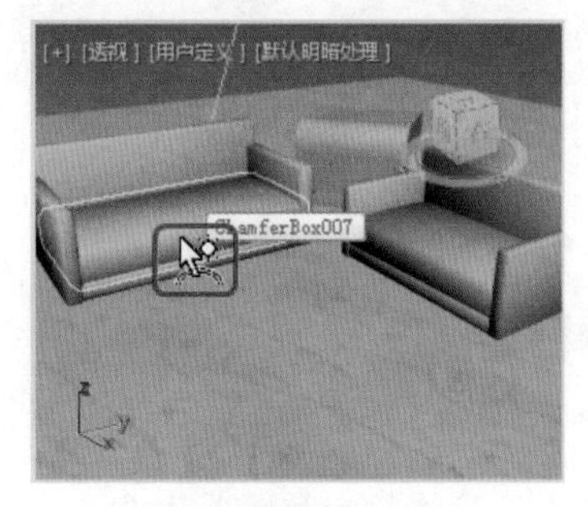

图2-22

Step 04 单击后相同颜色的对象将会被选中，选择后的效果如图2-23所示。

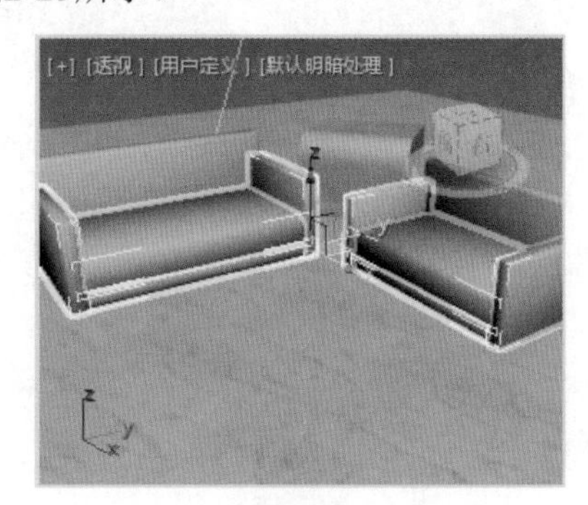

图2-23

## 实例063 运用过滤器选择对象

在场景中选择【选择过滤器】按钮下的命令，可准确地选择场景中的某个对象，具体的操作步骤如下。

| 素材： | Scene\Cha02\过滤器选择素材.max |
|---|---|
| 场景： | 无 |
| 视频： | 视频教学\Cha02\实例063 运用过滤器选择对象.mp4 |

Step 01 按Ctrl+O组合键，打开“Scene\Cha02\过滤器选择素材.max”素材文件，如图2-24所示。

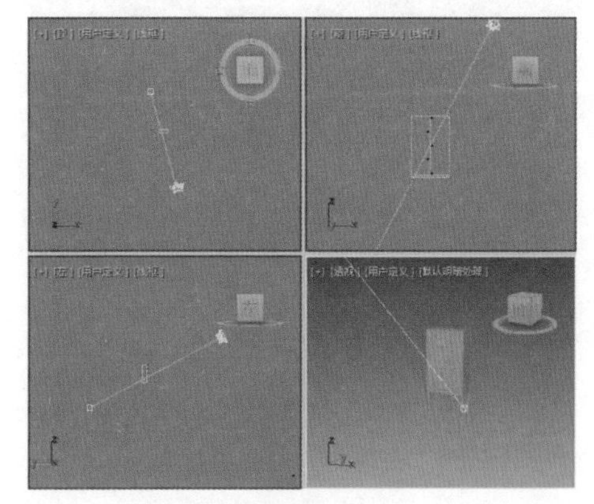

图2-24

Step 02 在工具栏中单击【选择过滤器】按钮全部，在弹出的下拉列表中选择【L-灯光】命令，如图2-25所示。

Step 03 用鼠标在任意视图中框选所有对象，即可在所有对象中仅选择灯光对象，如图2-26所示。

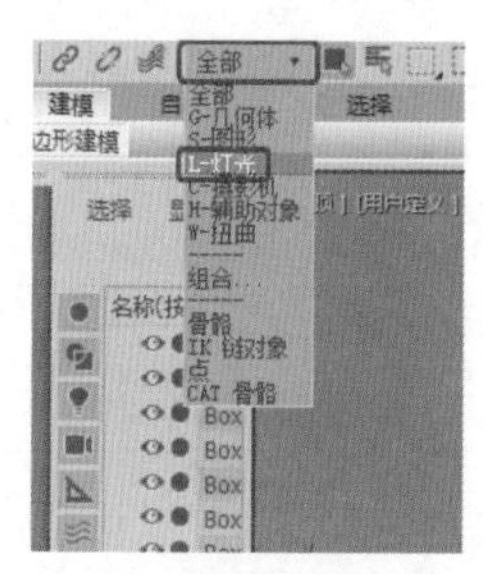

图2-25

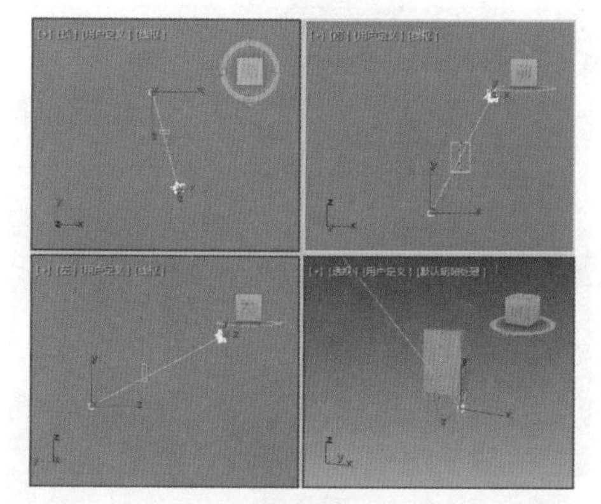

图2-26

## 实例064 按材质选择

在3ds max中，用户还可以通过在材质编辑器中获取材质来选择操作对象。按材质选择操作对象的具体操作步骤如下。

| 素材： | Scene\Cha02\按材质选择素材.max |
| --- | --- |
| 场景： | 无 |
| 视频： | 视频教学\Cha02\实例064  按材质选择.mp4 |

**Step 01** 按Ctrl+O组合键，打开“Scene\Cha02\按材质选择素材.max”素材文件，如图2-27所示。

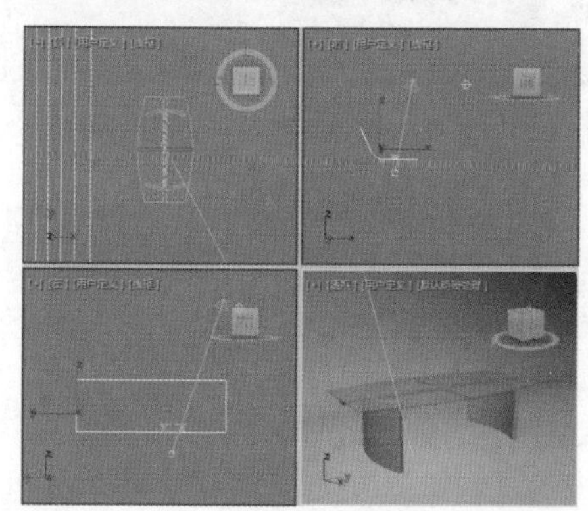

图2-27

**Step 02** 在工具栏中单击【材质编辑器】按钮，弹出【材质编辑器】对话框，在该对话框中单击一个材质球，然后单击右侧的【按材质选择】按钮，如图2-28所示。

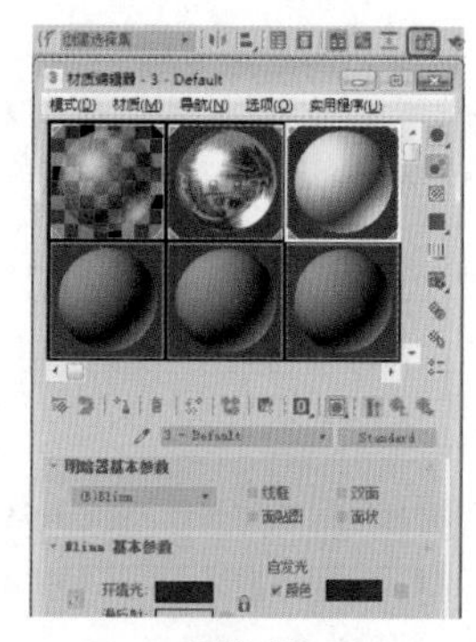

图2-28

**Step 03** 弹出【选择对象】对话框，被选中的相同材质的对象的名称以灰色显示，如图2-29所示。

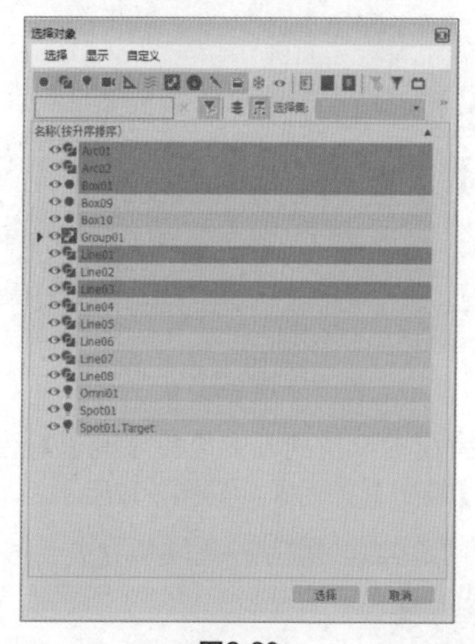


图2-29

**Step 04** 单击【选择】按钮，即可在视图中看到相同材质的对象已被选中，如图2-30所示。

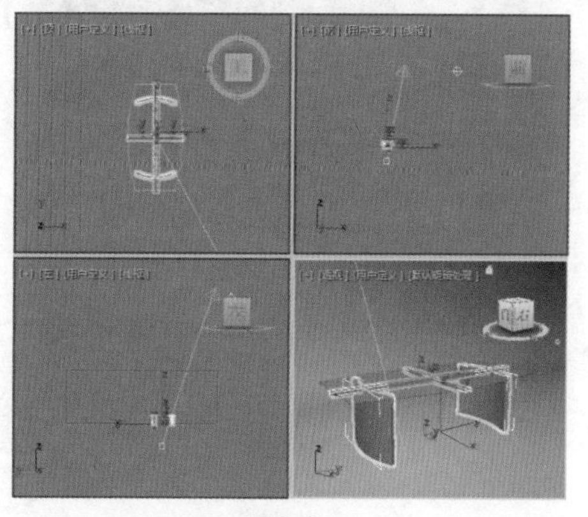

图2-30

## 实例065 运用命名选择集选择

命名选择集可以为当前选择的对象指定名称，随后通过从列表中选取名称来重新选择这些对象。使用命名选择集选择场景中对象的具体操作步骤如下。

| 素材： | Scene\Cha02\命名选择集素材.max |
| --- | --- |
| 场景： | 无 |
| 视频： | 视频教学\Cha02\实例065 运用命名选择集选择.mp4 |

**Step 01** 按Ctrl+O组合键，打开“Scene\Cha02\命名选择集素材.max”素材文件，在工具栏中单击【创建选择集】文本框右侧的▾按钮，如图2-31所示。

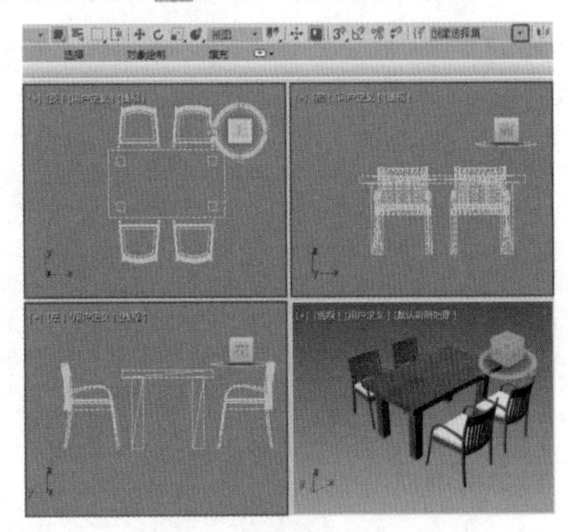

图2-31

**Step 02** 在弹出的下拉列表中选择【椅子】选项，即可选择名为【椅子】的对象，如图2-32所示。

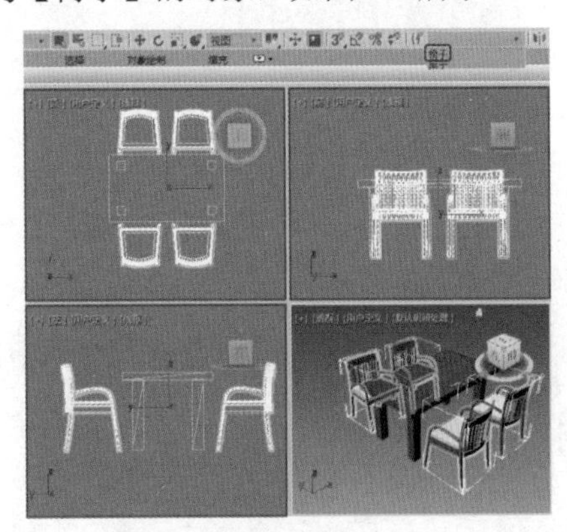

图2-32

## 实例066 手动移动

当需要在场景中移动某个操作对象时，可以直接手动移动此对象。手动移动对象的具体操作步骤如下。

| 素材： | Scene\Cha02\手动移动素材.max |
| --- | --- |
| 场景： | Scene\Cha02\实例066 手动移动.max |
| 视频： | 视频教学\Cha02\实例066 手动移动.mp4 |

**Step 01** 按Ctrl+O组合键，打开“Scene\Cha02\手动移动素材.max”素材文件，如图2-33所示。

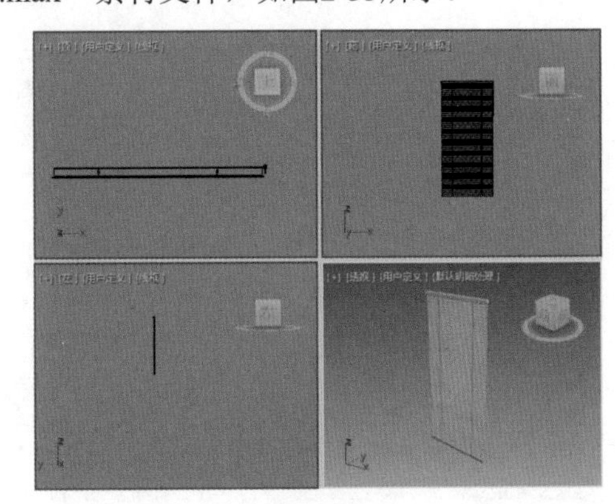

图2-33

**Step 02** 在工具栏中单击【选择并移动】按钮，在【前】视图中选择对象，当鼠标指针处于十字箭头状态时，按住鼠标左键拖动即可沿Y轴或者X轴移动对象，如图2-34所示。

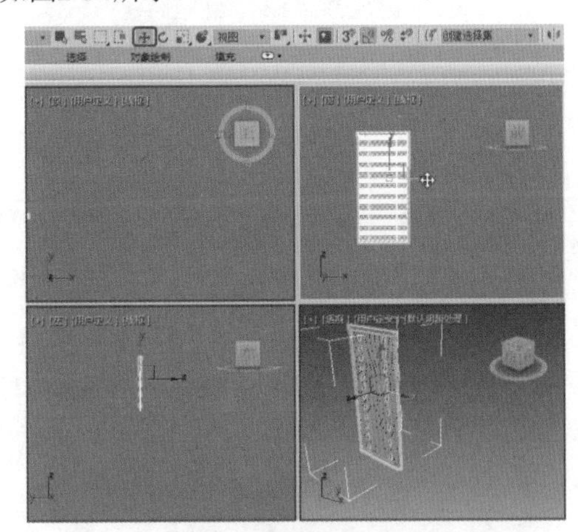

图2-34

## 实例067 精确移动

手动移动工具可以在一些不用精确计算移动距离的模型中使用，但是往往有的对象需要精确计算移动位置。本例将讲解如何对对象进行精确移动，完成后的效果如图2-35所示。

图2-35

| 素材： | Scene\Cha02\精确移动素材.max |
|---|---|
| 场景： | Scene\Cha02\实例067 精确移动.max |
| 视频： | 视频教学\Cha02\实例067 精确移动.mp4 |

**Step 01** 按Ctrl+O组合键，打开“Scene\Cha02\精确移动素材.max”素材文件，如图2-36所示。

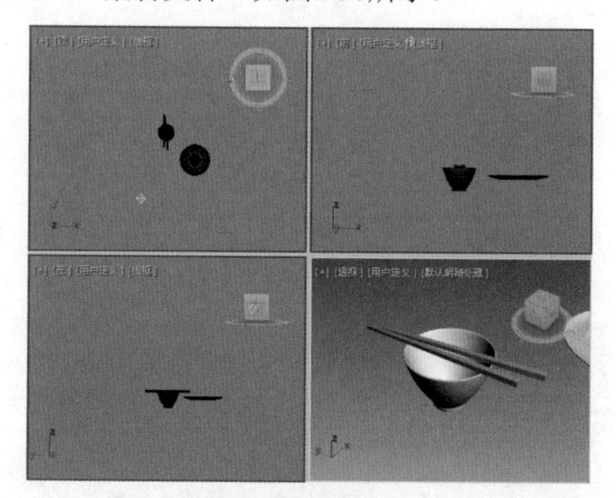

图2-36

**Step 02** 在视图中选择需要移动的对象，用鼠标右键单击工具栏中的【选择并移动】按钮，弹出【移动变换输入】对话框，将【绝对：世界】选项组下的X、Y、Z分别设置为5.69、0、0.56，按Enter键确认，即可在视图中精确移动对象，如图2-37所示。

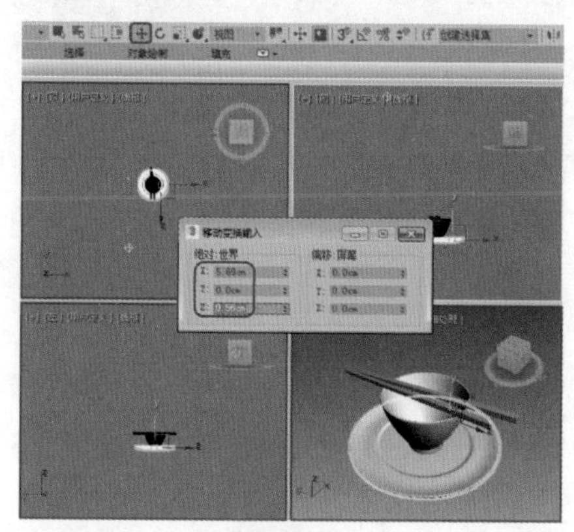

图2-37

## 实例068 手动旋转

在3ds max中创建对象时经常需要对对象进行适当旋转。本例将讲解如何手动旋转对象，具体的操作步骤如下。

| 素材： | Scene\Cha02\手动旋转素材.max |
|---|---|
| 场景： | Scene\Cha02\实例068 手动旋转.max |
| 视频： | 视频教学\Cha02\实例068 手动旋转.mp4 |

**Step 01** 按Ctrl+O组合键，打开“Scene\Cha02\手动旋转素材.max”素材文件，如图2-38所示。

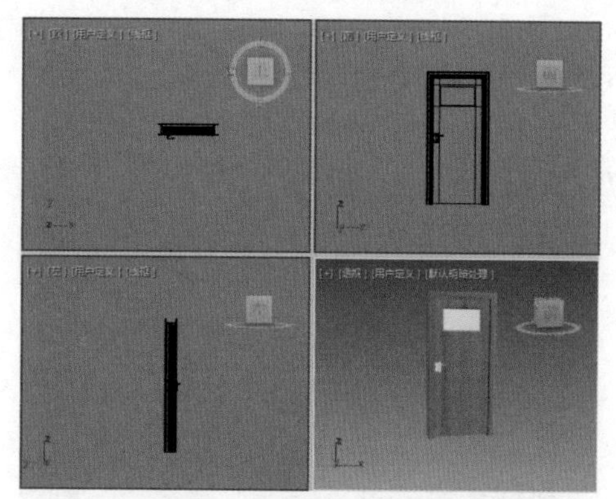

图2-38

**Step 02** 在视图中单击需要旋转的对象，在工具栏中单击【选择并旋转】按钮，当鼠标指针处于状态时，按住鼠标左键沿方向轴移动即可旋转对象，如图2-39所示。

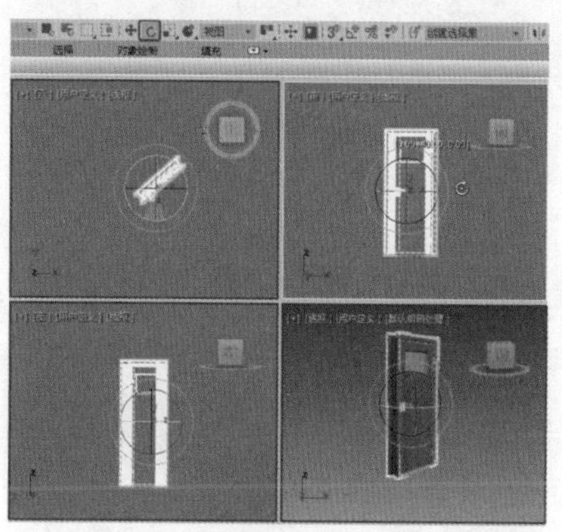

图2-39

## 实例069 精确旋转

在3ds max中创建对象时经常需要将对象按某些参

数进行旋转，本例将讲解如何对对象进行精确旋转，完成后的效果如图2-40所示。

图2-40

| 素材： | Scene\Cha02\精确旋转素材.max |
|---|---|
| 场景： | Scene\Cha02\实例069 精确旋转.max |
| 视频： | 视频教学\Cha02\实例069 精确旋转.mp4 |

Step 01 按Ctrl+O组合键，打开“Scene\Cha02\精确旋转素材.max”素材文件，如图2-41所示。

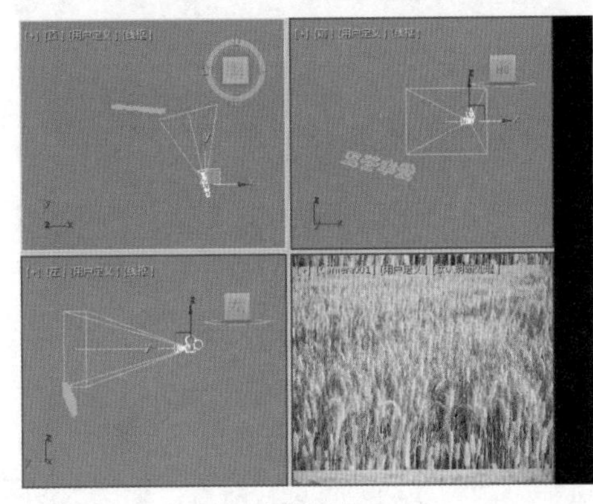

图2-41

Step 02 在视图中选择需要旋转的对象，用鼠标右键单击工具栏中的【选择并旋转】按钮，弹出【旋转变换输入】对话框，将【绝对：世界】选项组下的X、Y、Z分别设置为-3.2、3.3、-25.1，按Enter键即可将对象进行精确旋转，如图2-42所示。

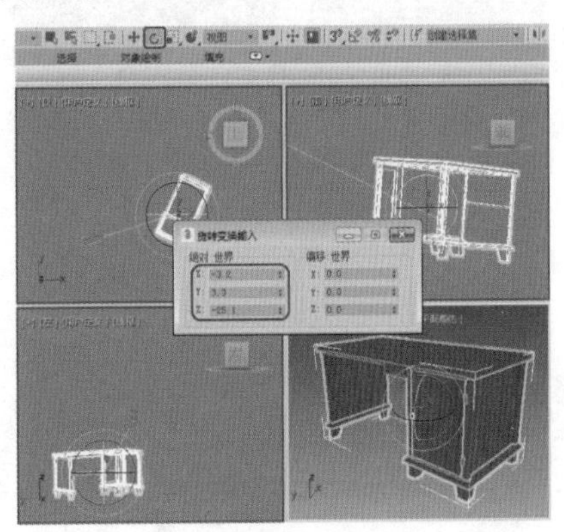

图2-42

## 实例070 手动缩放

在3ds max场景中缩放对象时，可在工具栏中选择【选择并均匀缩放】或者其他缩放工具。本例将讲解如何手动缩放对象，完成后的效果如图2-43所示。

图2-43

| 素材： | Scene\Cha02\手动缩放素材.max |
|---|---|
| 场景： | Scene\Cha02\实例070 手动缩放.max |
| 视频： | 视频教学\Cha02\实例070 手动缩放.mp4 |

Step 01 按Ctrl+O组合键，打开“Scene\Cha02\手动缩放素材.max”素材文件，如图2-44所示。

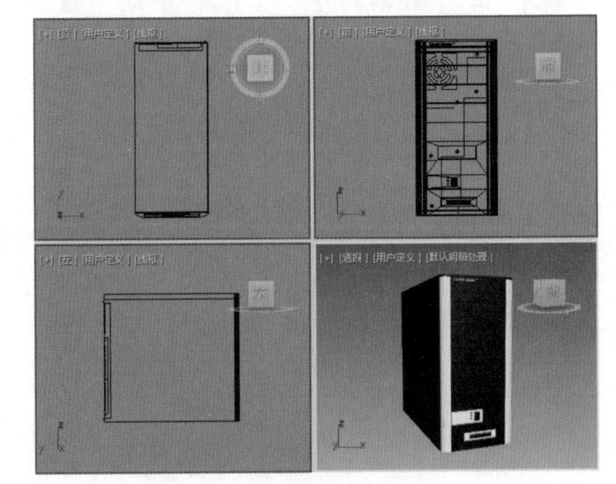

图2-44

Step 02 在视图中框选需要缩放的对象，在工具栏中单击【选择并均匀缩放】按钮，当鼠标指针处于状态时，按住鼠标左键移动即可均匀缩放对象，如图2-45所示。

提示：

当鼠标指针处于状态时，只能将选择的对象沿Y轴或X轴进行缩放。

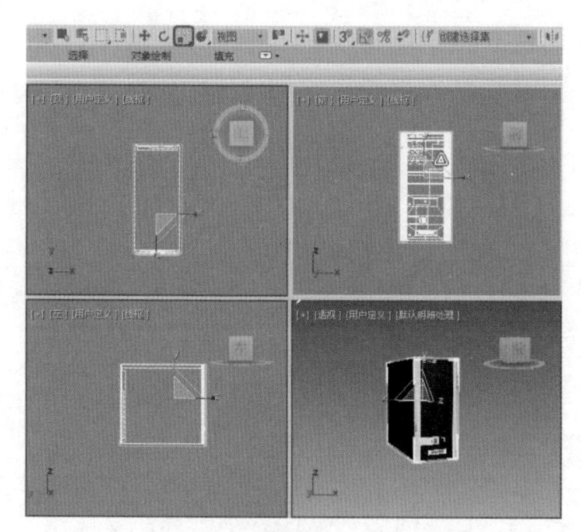

图2-45

## 实例071 精确缩放

通过在【缩放变换输入】对话框中输入变化值来缩放对象，可以更为准确地缩放对象，具体的操作步骤如下。

| 素材： | Scene\Cha02\精确缩放素材.max |
|---|---|
| 场景： | Scene\Cha02\实例071 精确缩放.max |
| 视频： | 视频教学\Cha02\实例071 精确缩放.mp4 |

**Step 01** 按Ctrl+O组合键，打开“Scene\Cha02\精确缩放素材.max”素材文件，如图2-46所示。

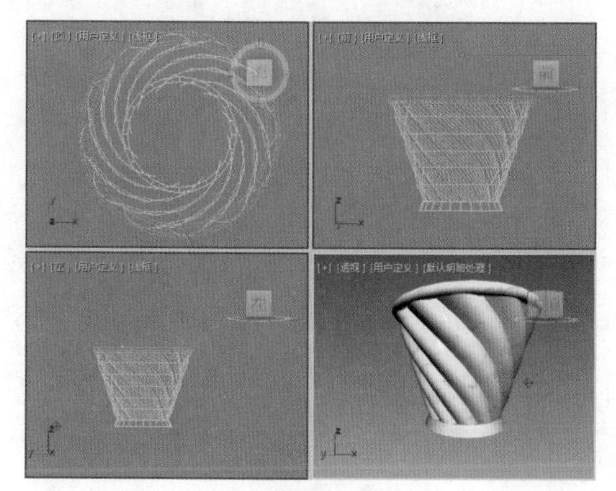

图2-46

**Step 02** 在视图中选择需要缩放的对象，用鼠标右键单击工具栏中的【选择并均匀缩放】按钮，弹出【缩放变换输入】对话框，将【绝对：局部】选项组下的X、Y、Z均设置为130，按Enter键即可将选择的对象精确缩放，如图2-47所示。

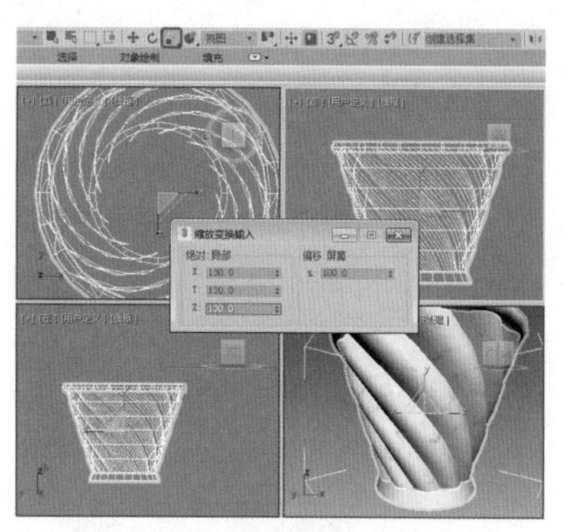

图2-47

## 实例072 组合对象

在3ds max中有时需要将对象进行组合，以便进行对齐操作，具体的操作步骤如下。

| 素材： | Scene\Cha02\组合对象素材.max |
|---|---|
| 场景： | Scene\Cha02\实例072 组合对象.max |
| 视频： | 视频教学\Cha02\实例072 组合对象.mp4 |

**Step 01** 按Ctrl+O组合键，打开“Scene\Cha02\组合对象素材.max”素材文件，如图2-48所示。

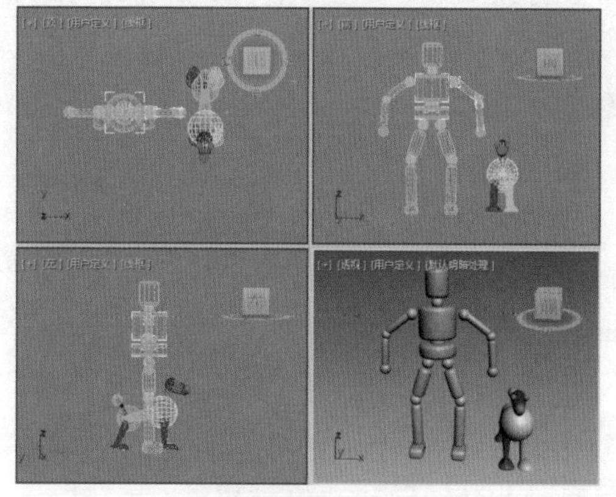

图2-48

**Step 02** 在视图中将需要成组的对象选中，在菜单栏中选择【组】|【组】命令，如图2-49所示。

**Step 03** 弹出【组】对话框，在【组名】文本框中输入名称，如“模型”，如图2-50所示。

**Step 04** 单击【确定】按钮，即可将选中的对象成组，如图2-51所示。

图2-49

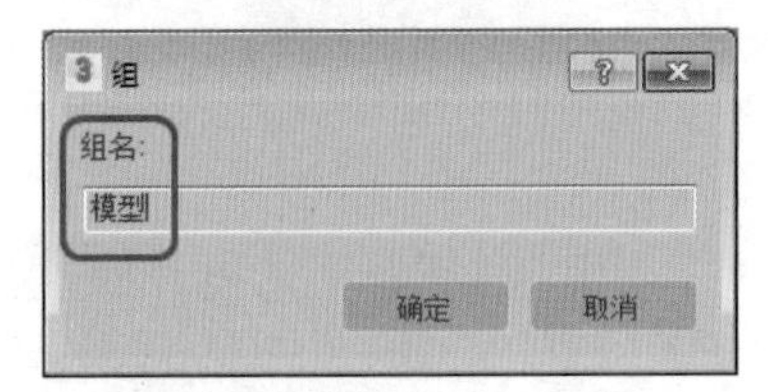

图2-50

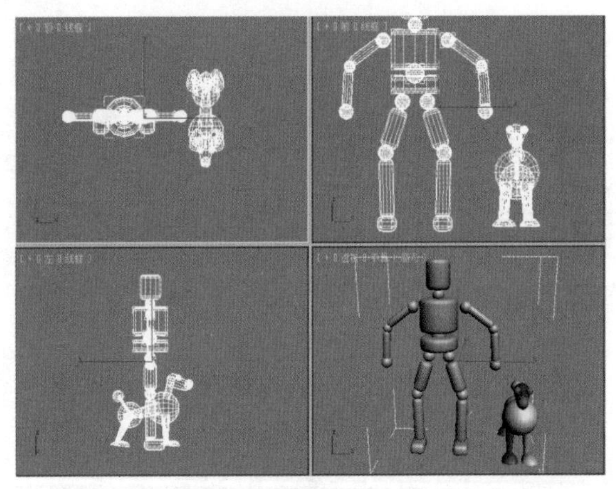
图2-51

# 实例073 解组对象

可使用【解组】命令来打散对象，该命令必须在对象成组的情况下使用，具体的操作步骤如下。

| 素材： | Scene\Cha02\解组对象素材.max |
| --- | --- |
| 场景： | Scene\Cha02\实例073 解组对象.max |
| 视频： | 视频教学\Cha02\实例073 解组对象.mp4 |

**Step 01** 按Ctrl+O组合键，打开“Scene\Cha02\解组对象素材.max”素材文件，如图2-52所示。

**Step 02** 在视图中选择需要解组的对象，在菜单栏中选择【组】|【解组】命令，如图2-53所示，被选择的对象即被打散。

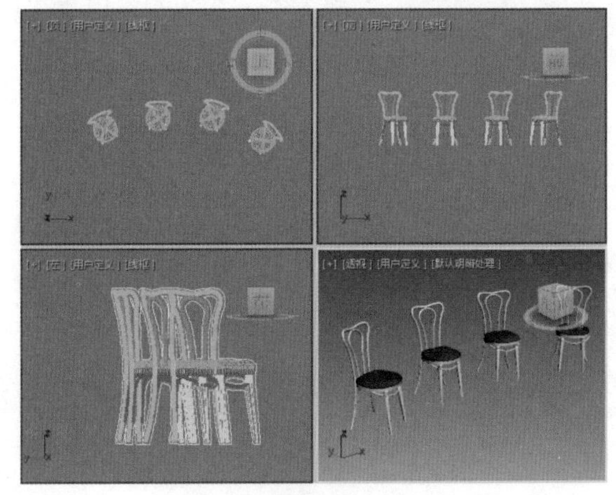
图2-52

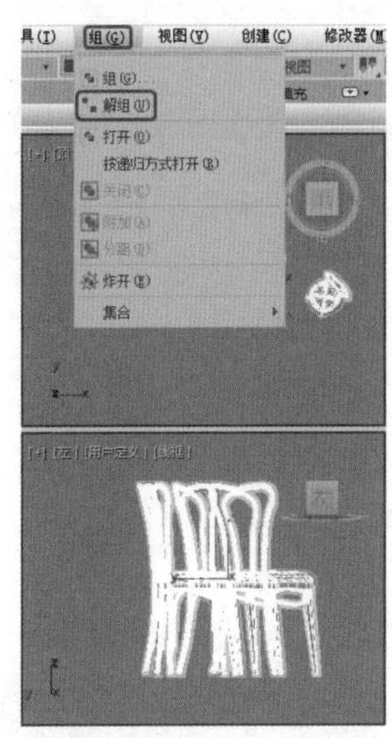

图2-53

# 实例074 打开组

要单独对一个对象进行编辑操作时，可将其在组中独立出来。打开组的具体操作步骤如下。

| 素材： | Scene\Cha02\打开组素材.max |
| --- | --- |
| 场景： | 无 |
| 视频： | 视频教学\Cha02\实例074 打开组.mp4 |

**Step 01** 按Ctrl+O组合键，打开“Scene\Cha02\打开组素材.max”素材文件，在视图中选择全部对象，在菜单栏中选择【组】|【打开】命令，如图2-54所示。

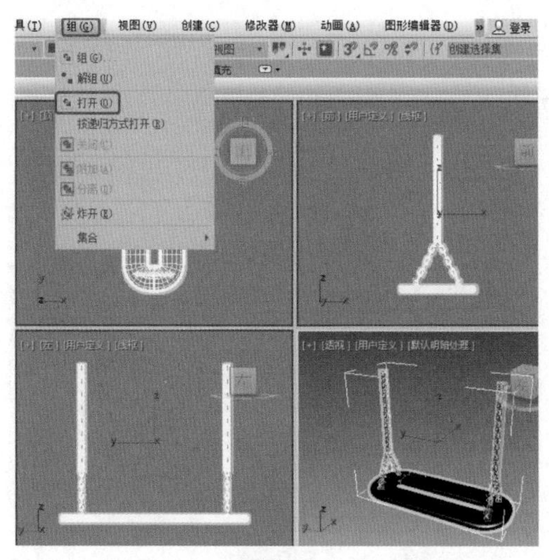

图2-54

**Step 02** 执行【打开】命令后，即可将组打开，在视图中可看到白色框转换为粉红色框，如图2-55所示。

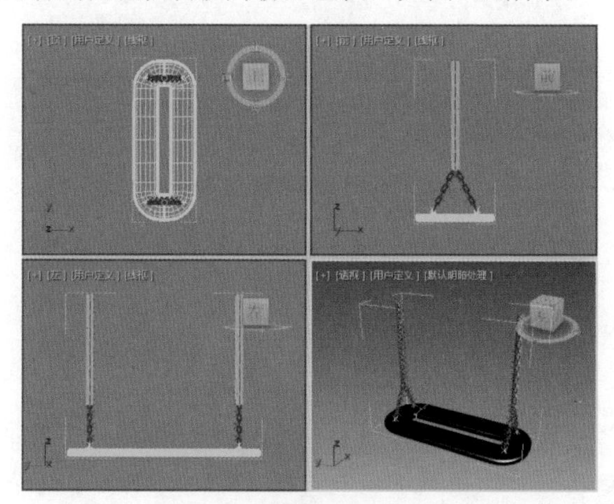

图2-55

## 实例075 关闭组

可以将暂时打开的组关闭，具体的操作步骤如下。

| 素材： | Scene\Cha02\关闭组素材.max |
|---|---|
| 场景： | 无 |
| 视频： | 视频教学\Cha02\实例075 关闭组.mp4 |

**Step 01** 按Ctrl+O组合键，打开“Scene\Cha02\关闭组素材.max”素材文件，如图2-56所示。

**Step 02** 确定组处于打开的状态下，在视图中单击粉红色线框，在菜单栏中选择【组】|【关闭】命令即可将组关闭，如图2-57所示。

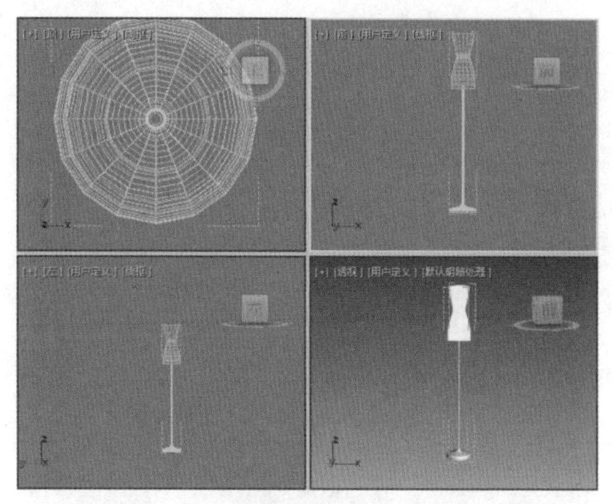

图2-56

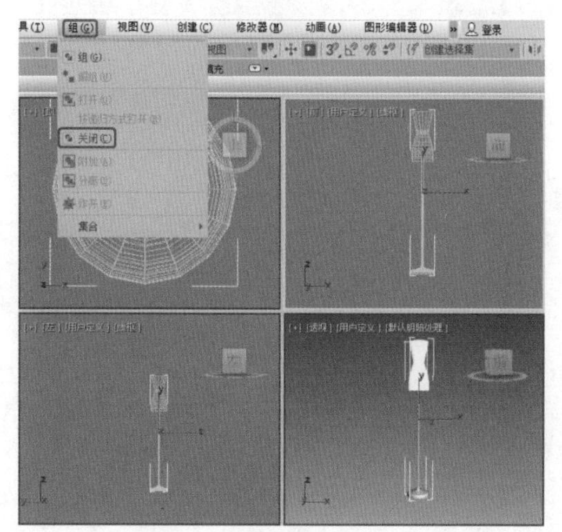

图2-57

## 实例076 增加组对象

增加组对象就是将另一个对象附加到被选中的对象上，具体的操作步骤如下。

| 素材： | Scene\Cha02\增加组对象素材.max |
|---|---|
| 场景： | Scene\Cha02\实例076 增加组对象.max |
| 视频： | 视频教学\Cha02\实例076 增加组对象.mp4 |

**Step 01** 按Ctrl+O组合键，打开“Scene\Cha02\增加组对象素材.max”素材文件，在视图中选择需要附加的对象，在菜单栏中选择【组】|【附加】命令，如图2-58所示。

**Step 02** 将鼠标指针移至被附加的对象上面并单击鼠标左键进行附加，附加完成后，可沿方向轴进行检查，如图2-59所示。

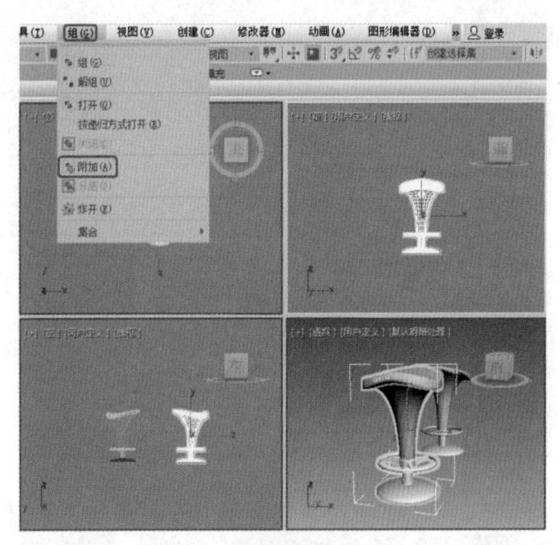

图2-58

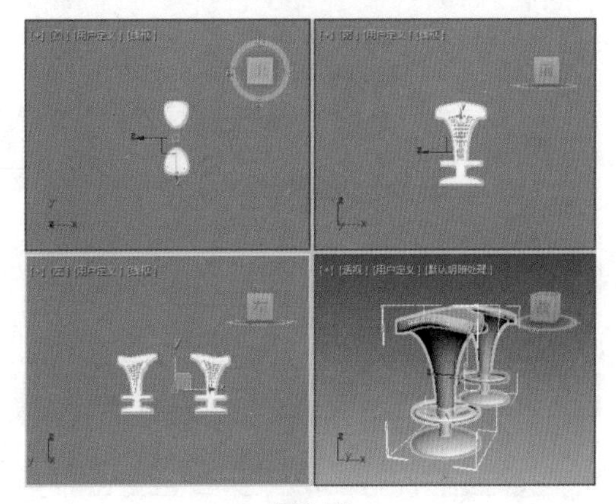

图2-59

## 实例077 分离组对象

分离组对象就是在已经打开的组中将某个对象分离出去，具体的操作步骤如下。

| 素材： | Scene\Cha02\分离组对象素材.max |
|---|---|
| 场景： | 无 |
| 视频： | 视频教学\Cha02\实例077 分离组对象.mp4 |

**Step 01** 按Ctrl+O组合键，打开“Scene\Cha02\分离组对象素材.max”素材文件，在【前】视图中将所有的对象选中，并在菜单栏中选择【组】|【打开】命令，如图2-60所示。

**Step 02** 当场景中的对象周围出现粉红色边框时，在【前】视图中选择要分离的对象，在菜单栏中选择【组】|【分离】命令，如图2-61所示。

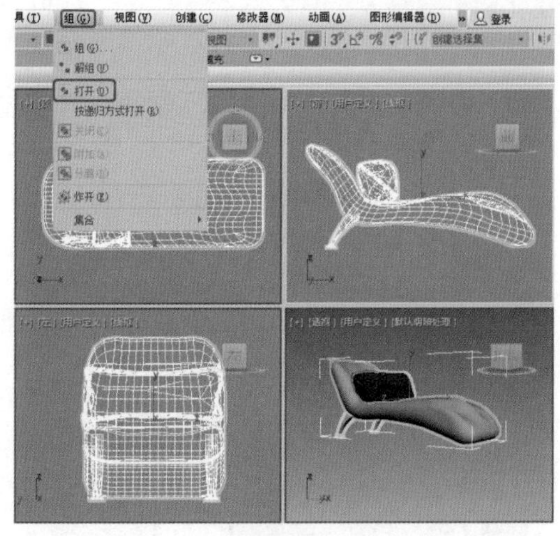

图2-60

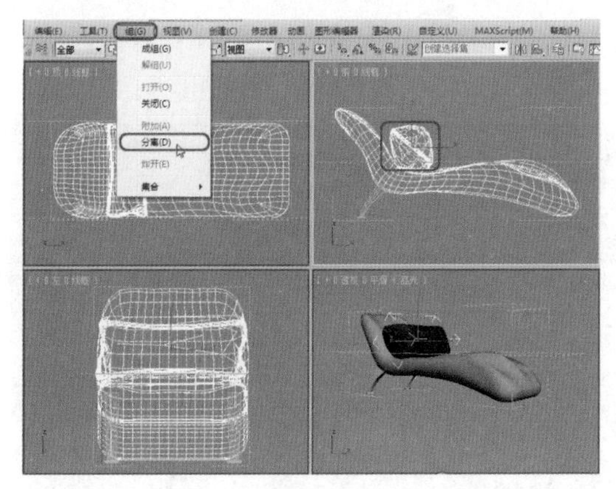

图2-61

**Step 03** 在【前】视图中单击粉红色边框，当边框处于白色状态时，在菜单栏中选择【组】|【关闭】命令，如图2-62所示。

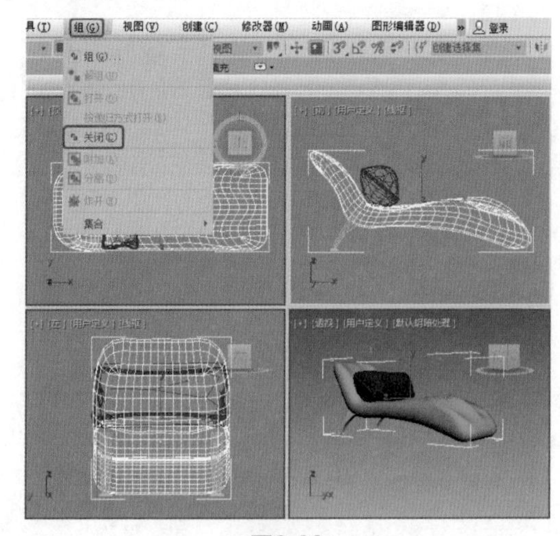

图2-62

**Step 04** 执行【关闭】命令后，即可将对象分离。在工具栏中单击【选择并移动】按钮，在【前】视图中选择分离后的对象并对其进行移动操作，如图2-63所示。

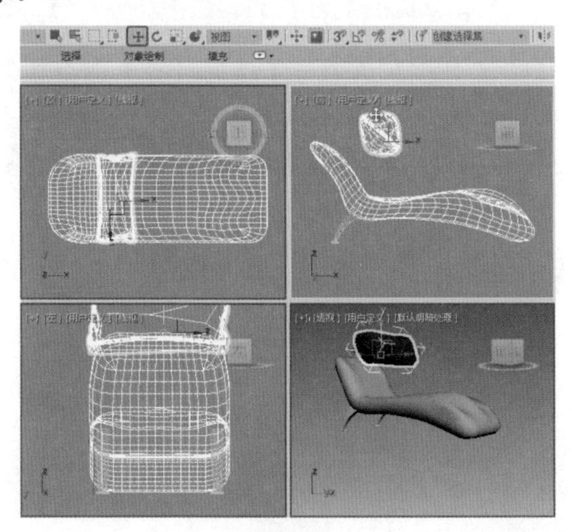

图2-63

## 实例078 精确对齐

【精确对齐】命令是将选中的对象精准地对齐到另一个对象上。本例将讲解怎样将对象精确对齐，完成后的效果如图2-64所示。

图2-64

| 素材： | Scene\Cha02\精确对齐素材.max |
|---|---|
| 场景： | Scene\Cha02\实例078 精确对齐.max |
| 视频： | 视频教学\Cha02\实例078 精确对齐.mp4 |

Step 01 按Ctrl+O组合键，打开“Scene\Cha02\精确对齐素材.max”素材文件，如图2-65所示。

Step 02 在工具栏中单击【按名称选择】按钮，在弹出的【从场景选择】对话框中选择ChamferBox01，如图2-66所示。

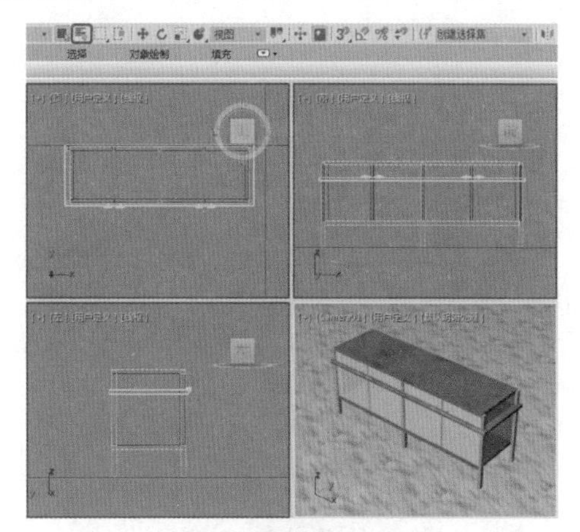

图2-65

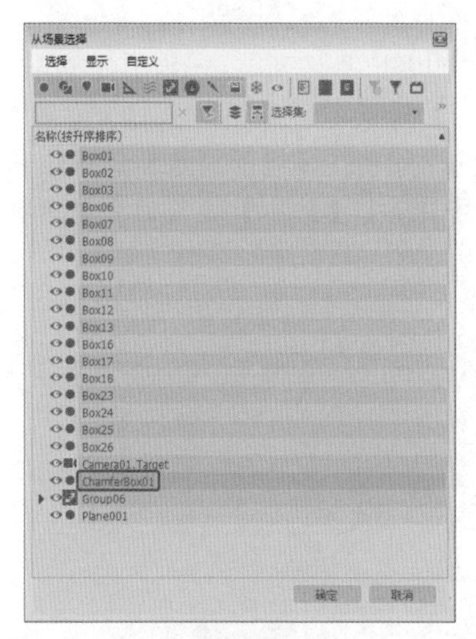


图2-66

Step 03 单击【确定】按钮，即可在场景中选中对象，如图2-67所示。

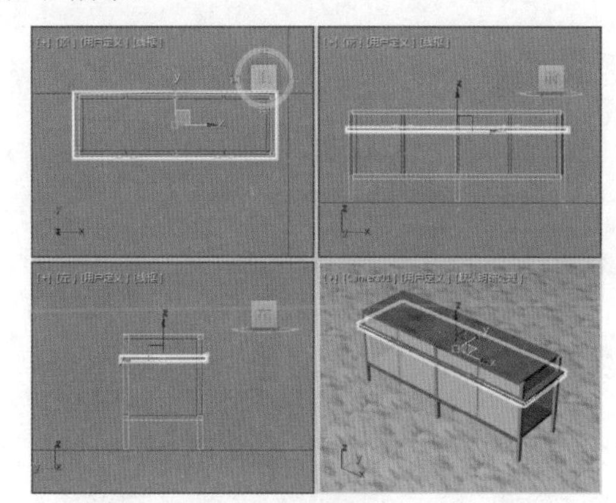

图2-67

Step 04 当对象处于选中状态时，在工具栏中单击【对齐】按钮，将鼠标指针放置在Box06对象上，当指针处于▯状态时，单击该对象，如图2-68所示。

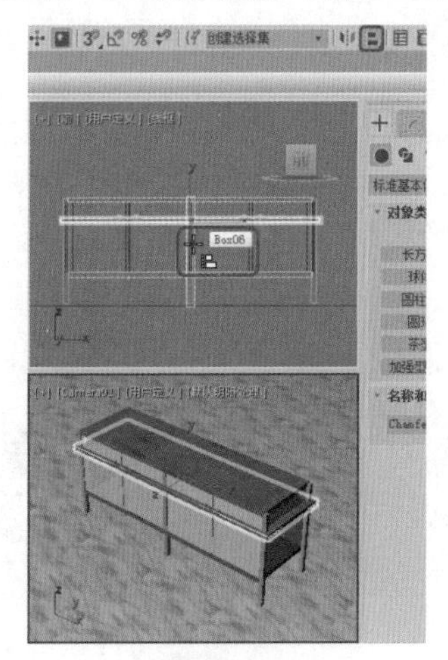

图2-68

Step 05 执行以上操作后，会弹出【对齐当前选择（Box06）】对话框，取消勾选【X位置】、【Z位置】复选框，分别在【当前对象】选项组和【目标对象】选项组中选中【最小】、【最大】单选按钮，如图2-69所示。

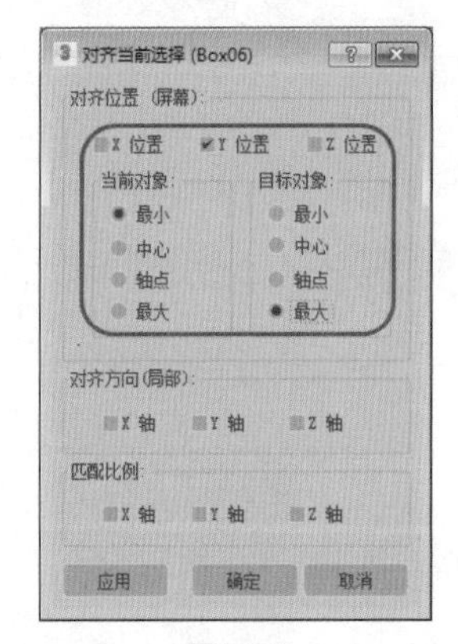


图2-69

Step 06 单击【确定】按钮即可将选中的对象对齐，如图2-70所示。

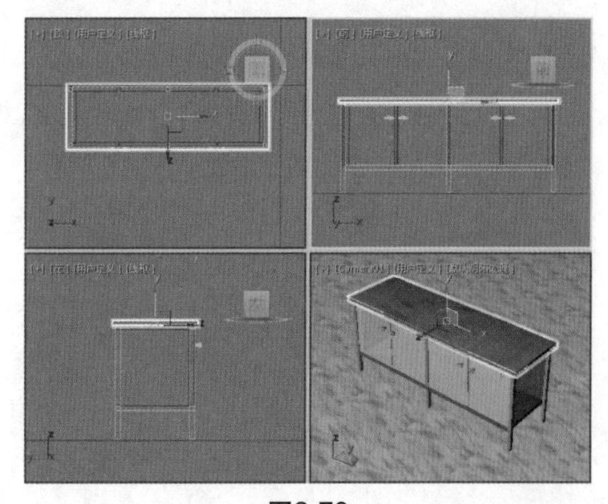

图2-70

## 实例079 快速对齐

【快速对齐】命令与【精确对齐】命令相似，即手动将需要对齐的对象与对齐目标快速对齐。本例将讲解如何将对象快速对齐，完成后的效果如图2-71所示。

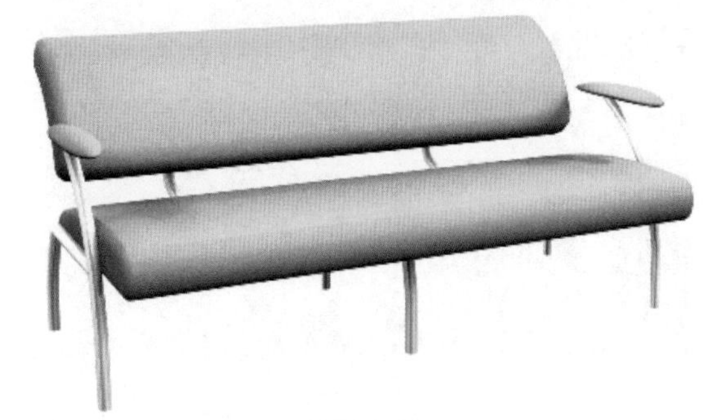

图2-71

| 素材： | Scene\Cha02\快速对齐素材.max |
|---|---|
| 场景： | Scene\Cha02\实例079 快速对齐.max |
| 视频： | 视频教学\Cha02\实例079 快速对齐.mp4 |

Step 01 按Ctrl+O组合键，打开“Scene\Cha02\快速对齐素材.max”素材文件，如图2-72所示。

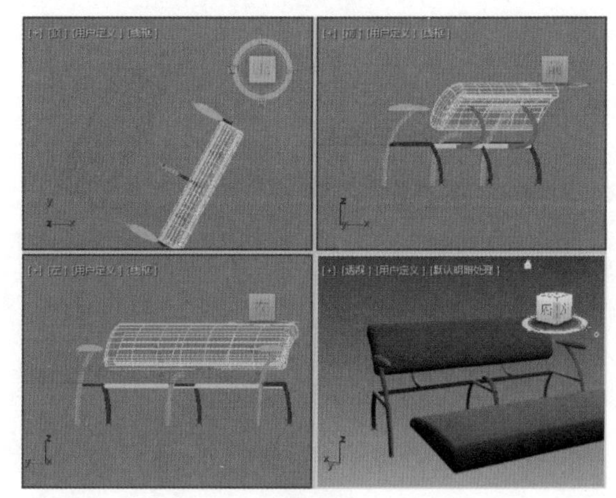

图2-72

Step 02 在视图中单击【椅面】对象，在工具栏中长按【对齐】按钮▯并向下拖曳，在弹出的下拉列表中选择【快速对齐】选项▯，如图2-73所示。

Step 03 将鼠标指针移至【左】视图中的Laft04对象上，当鼠标指针处于▯状态时，单击该对象，如图2-74所示。

Step 04 即可将【椅面】对象与Laft04对象快速对齐，效果如图2-75所示。

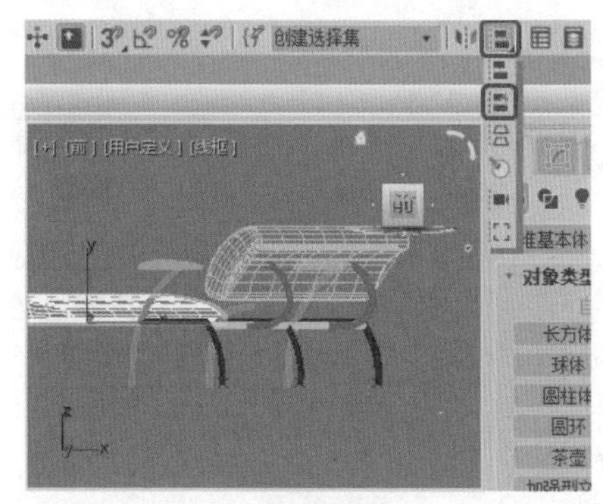

图2-73

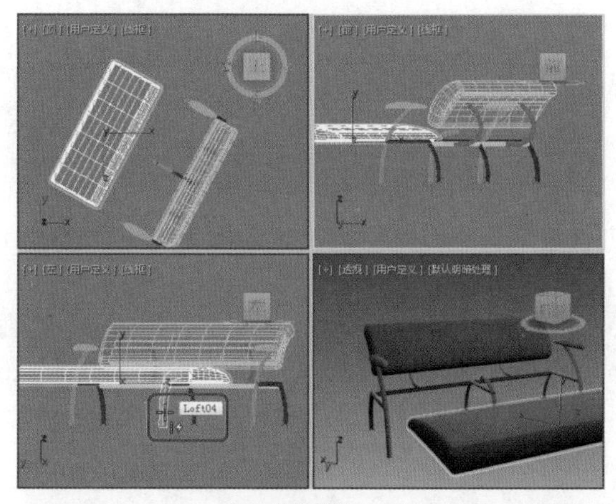

图2-74

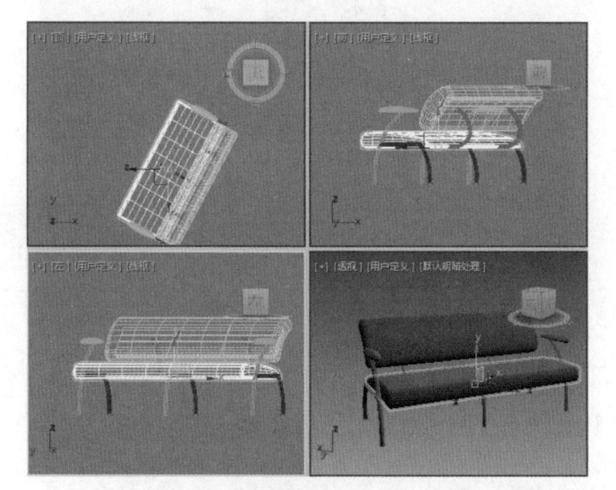

图2-75

## 实例080 法线对齐

将两个对象的法线对齐，可以使物体发生变化，对于次物体或放样物体，也可以为其指定的面进行法线对齐，在次物体处于激活的状态下，只有选择的次物体可以法线对齐。本例将讲解通过法线将对象对齐的方法，完成后的效果如图2-76所示。

图2-76

| 素材： | Scene\Cha02\法线对齐素材.max |
|---|---|
| 场景： | Scene\Cha02\实例080 法线对齐.max |
| 视频： | 视频教学\Cha02\实例080 法线对齐.mp4 |

Step 01 按Ctrl+O组合键，打开“Scene\Cha02\法线对齐素材.max”素材文件，如图2-77所示。

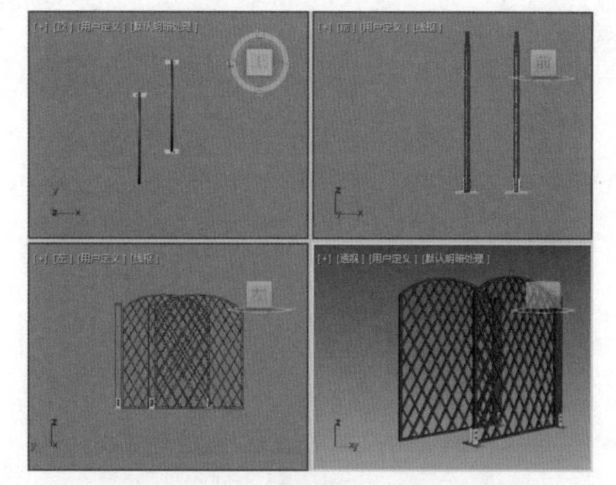

图2-77

Step 02 在视图中选择【门1】对象，在工具栏中长按【快速对齐】按钮并向下拖曳，在下拉列表中选择【法线对齐】选项，如图2-78所示。

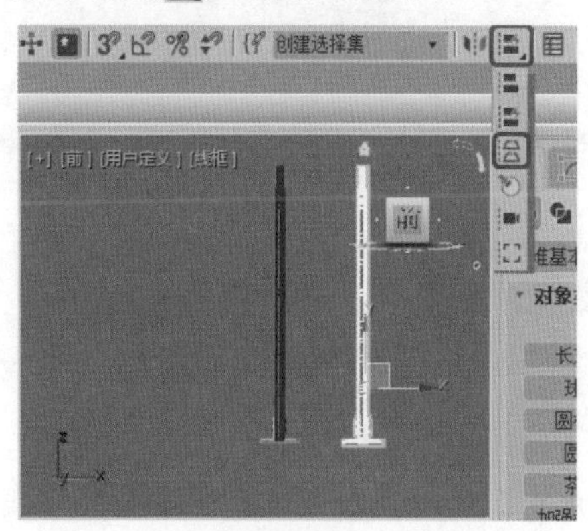

图2-78

Step 03 将鼠标指针放置在【前】视图中选中的对象上，当鼠标指针处于状态时，在【透视】视图中单击选择的对象并向下拖曳，直到在对象的下方出现蓝色法线，如图2-79所示。

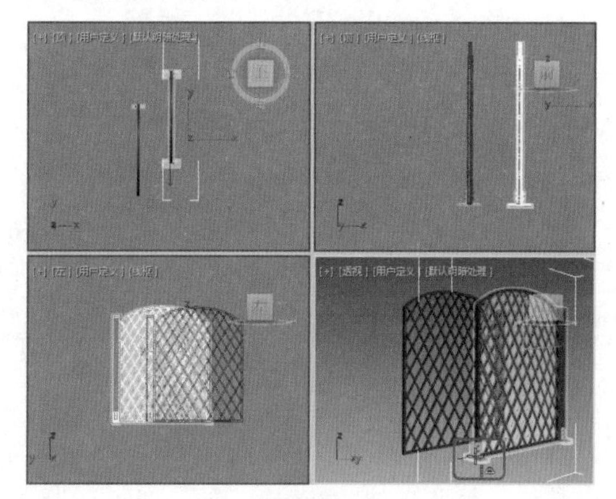

图2-79

Step 04 在【门2】对象上单击并拖曳鼠标，直到目标对象下方出现绿色法线，如图2-80所示。

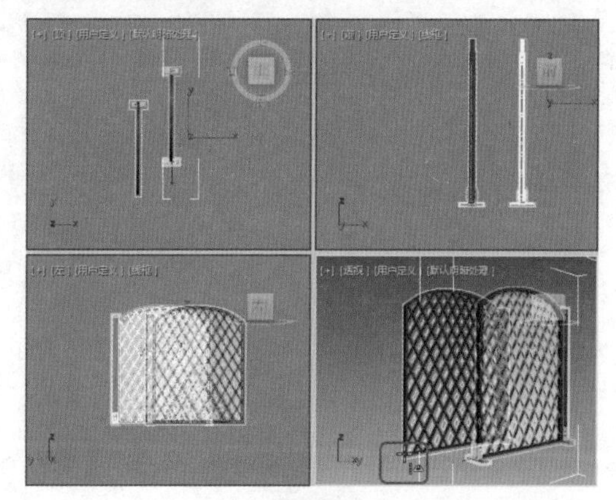

图2-80

Step 05 释放鼠标，即可弹出【法线对齐】对话框，根据需要在对话框中设置其数值，如图2-81所示。

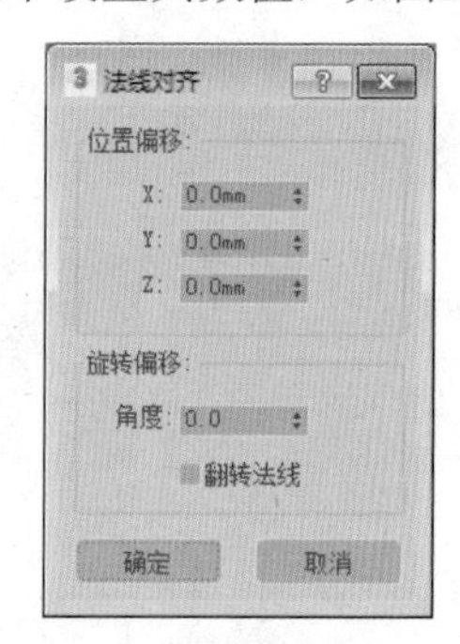


图2-81

Step 06 单击【确定】按钮，所选对象将按法线对齐，如图2-82所示。

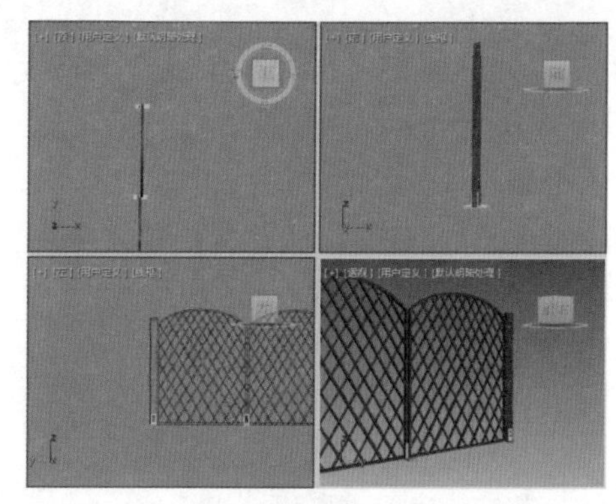

图2-82

## 实例081 设置对象捕捉

设置场景中点的捕捉，可以精确定位新创建的对象。本例将讲解如何设置对象捕捉，完成后的效果如图2-83所示。

图2-83

| 素材: | Scene\Cha02\对象捕捉素材.max |
| --- | --- |
| 场景: | Scene\Cha02\实例081 设置对象捕捉.max |
| 视频: | 视频教学\Cha02\实例081 设置对象捕捉.mp4 |

Step 01 按Ctrl+O组合键，打开“Scene\Cha02\对象捕捉素材.max”素材文件，如图2-84所示。

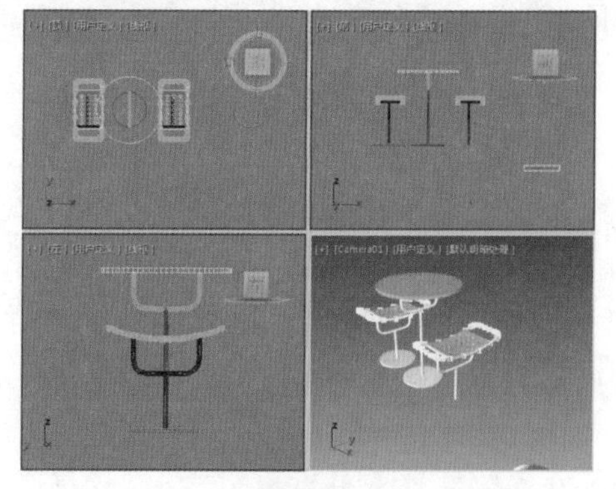

图2-84

Step 02 在工具栏中单击【捕捉开关】按钮，将其开启并单击鼠标右键，弹出【栅格和捕捉设置】对话框，单击【清除全部】按钮，然后勾选【顶点】复选框，如图2-85所示。

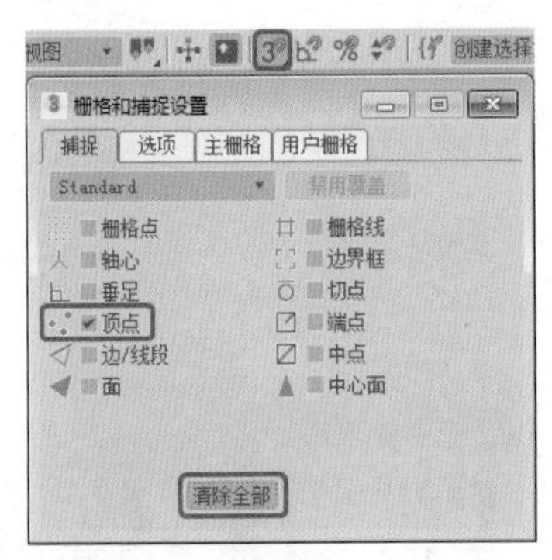


图2-85

Step 03 设置完成后将【栅格和捕捉设置】对话框关闭，用移动工具在【前】视图中将圆环捕捉到【凳架07】对象的下方，如图2-86所示。

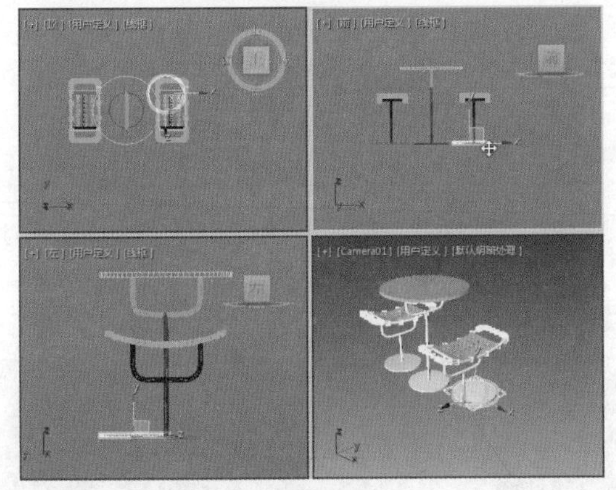

图2-86

Step 04 执行以上操作后，即可完成捕捉，效果如图2-87所示。

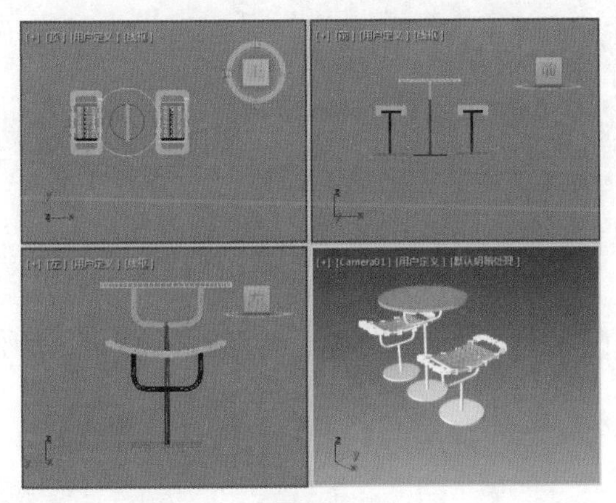

图2-87

## 实例082 设置捕捉精度

可以设置捕捉标记的大小、颜色及捕捉强度和捕捉范围，对于角度和百分比捕捉还可以设置角度值和百分比值。设置捕捉精度的具体操作步骤如下。

| 素材： | 无 |
|---|---|
| 场景： | 无 |
| 视频： | 视频教学\Cha02\实例082 设置捕捉精度.mp4 |

Step 01 继续上一实例的操作，在工具栏中右击【微调器捕捉切换】按钮，如图2-88所示。

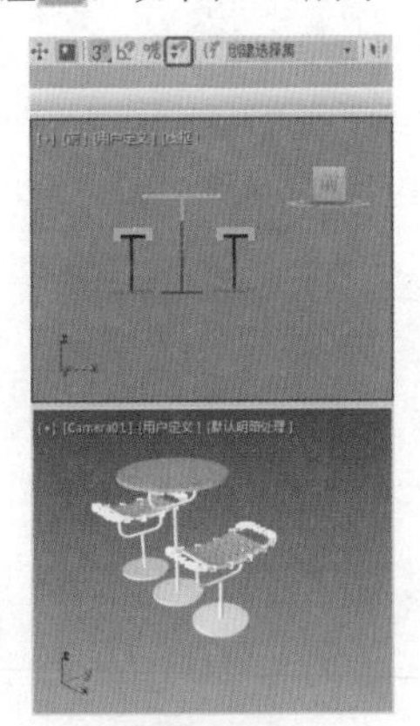

图2-88

Step 02 弹出【首选项设置】对话框，在【常规】选项卡的【微调器】选项组下设置【精度】参数，单击【确定】按钮，即可完成对捕捉精度的设置，如图2-89所示。

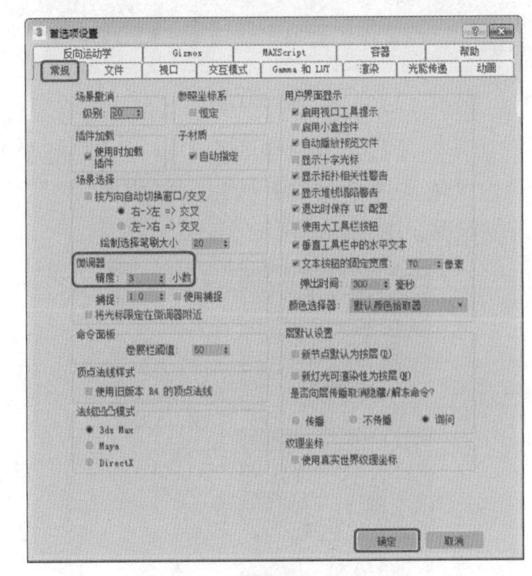


图2-89

# 实例083 隐藏选定对象

在3ds max 中可以将暂时不需要的对象进行选定隐藏，本例将讲解如何隐藏选定对象，完成后的效果如图2-90所示。

图2-90

| 素材： | Scene\Cha02\隐藏选定对象素材.max |
| --- | --- |
| 场景： | Scene\Cha02\实例083  隐藏选定对象.max |
| 视频： | 视频教学\Cha02\实例083  隐藏选定对象.mp4 |

Step 01  按Ctrl+O组合键，打开“Scene\Cha02\隐藏选定对象素材.max”素材文件，并在视图中选择要隐藏的对象，如图2-91所示。

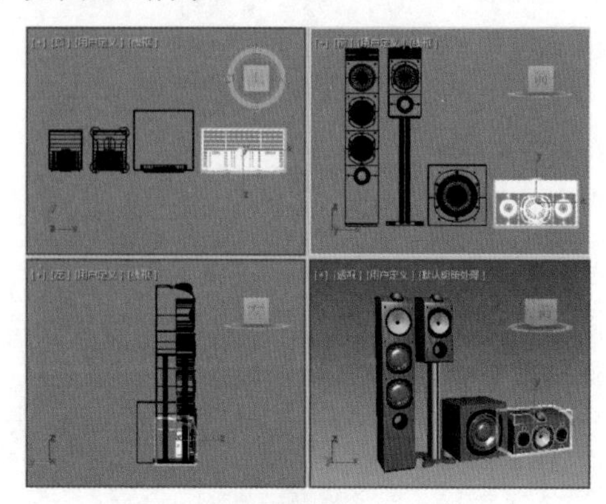

图2-91

Step 02  切换到【显示】命令面板中，在【隐藏】卷展栏下单击【隐藏选定对象】按钮，释放鼠标后，选定对象即被隐藏，如图2-92所示。

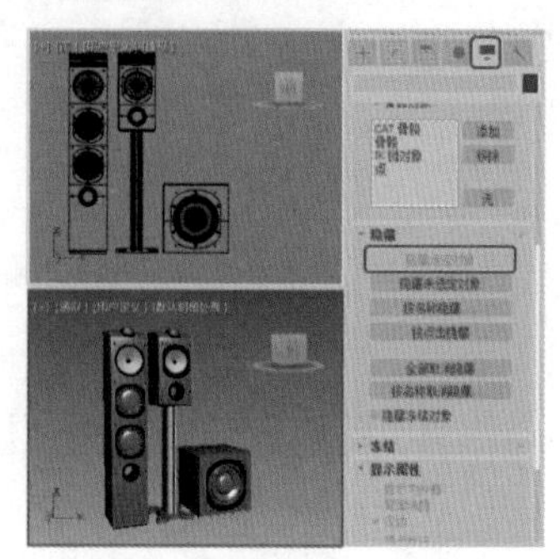

图2-92

# 实例084 隐藏未选定对象

在3ds max中还可以隐藏未选定的对象，以便对选定的对象进行其他操作。本例将讲解如何将未选定对象进行隐藏，完成后的效果如图2-93所示。

图2-93

| 素材： | Scene\Cha02\隐藏未选定对象素材.max |
| --- | --- |
| 场景： | Scene\Cha02\实例084  隐藏未选定对象.max |
| 视频： | 视频教学\Cha02\实例084  隐藏未选定对象.mp4 |

Step 01  按Ctrl+O组合键，打开“Scene\Cha02\隐藏未选定对象素材.max”素材文件，并在视图中选择【组001】对象，如图2-94所示。

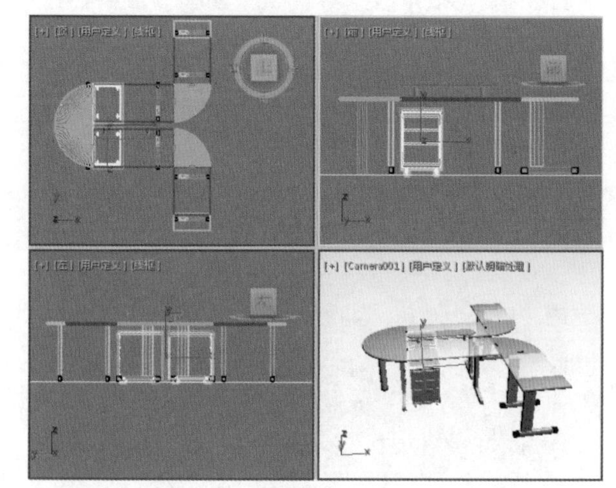

图2-94

Step 02  在菜单栏中选择【编辑】|【反选】命令，反选除【组001】之外的对象，如图2-95所示。

Step 03  切换至【显示】命令面板，在【隐藏】卷展栏下单击【隐藏未选定对象】按钮，释放鼠标后未选定对象【组001】被隐藏，如图2-96所示。

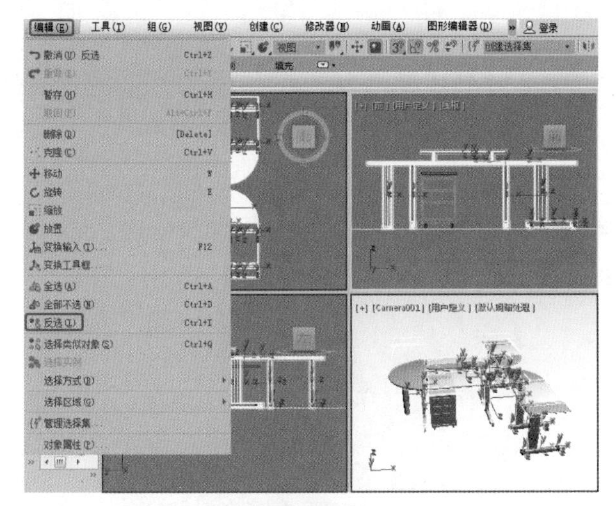

图2-95

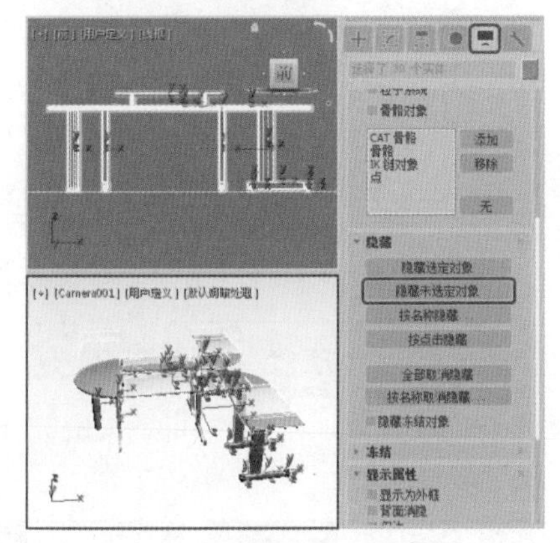

图2-96

## 实例085 按点击隐藏

要将选中的对象进行隐藏，可在【隐藏】卷展栏中单击【按点击隐藏】按钮来隐藏对象。一次命令可单击隐藏多个对象。本例将讲解如何将对象按点击隐藏，完成后的效果如图2-97所示。

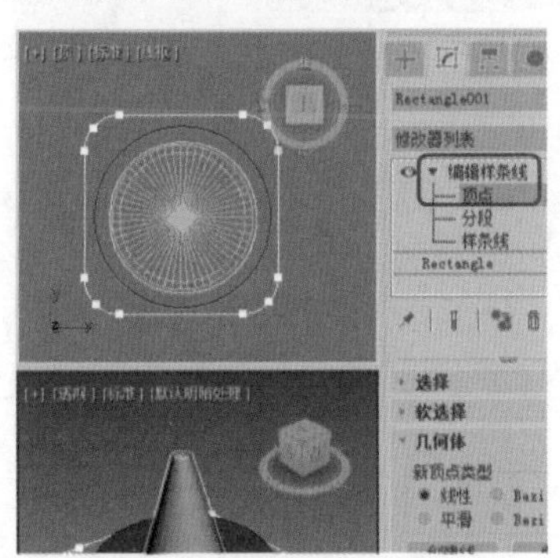

图2-97

| 素材： | Scene\Cha02\按点击隐藏素材.max |
| --- | --- |
| 场景： | Scene\Cha02\实例085 按点击隐藏.max |
| 视频： | 视频教学\Cha02\实例085 按点击隐藏.mp4 |

**Step 01** 按Ctrl+O组合键，打开“Scene\Cha02\按点击隐藏素材.max”素材文件，如图2-98所示。

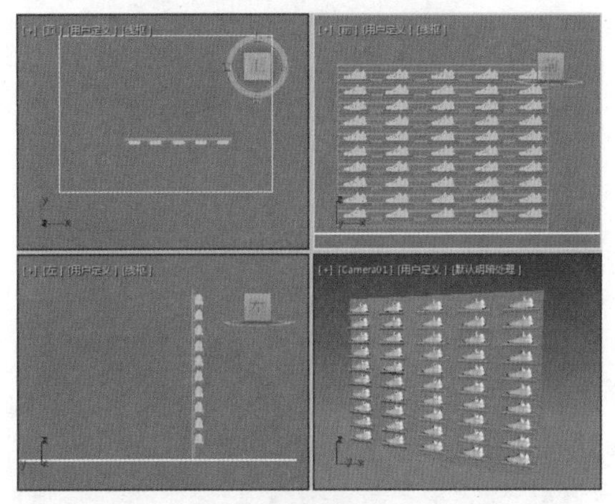

图2-98

**Step 02** 切换至【显示】命令面板，单击【隐藏】卷展栏下的【按点击隐藏】按钮，移动鼠标指针至视图中，单击需要隐藏的对象，如图2-99所示。

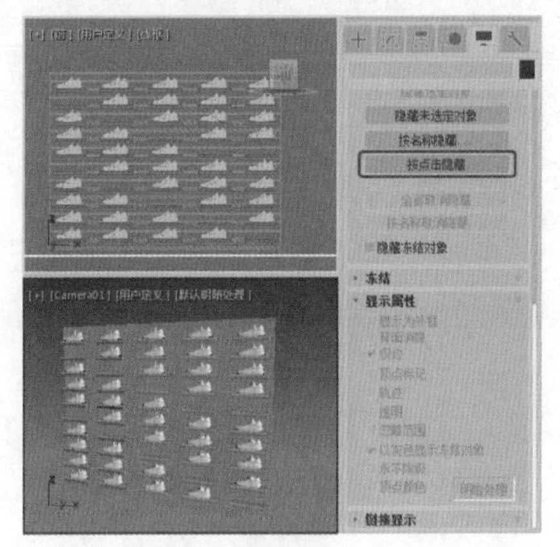

图2-99

## 实例086 全部取消隐藏

如果需要将当前视图中隐藏的对象全部取消隐藏，单击【全部取消隐藏】按钮即可。本例将讲解如何将隐藏的对象全部显示，如图2-100所示。

图2-100

| 素材： | Scene\Cha02\全部取消隐藏素材.max |
|---|---|
| 场景： | Scene\Cha02\实例086 全部取消隐藏.max |
| 视频： | 视频教学\Cha02\实例086 全部取消隐藏.mp4 |

Step 01 按Ctrl+O组合键，打开“Scene\Cha02\全部取消隐藏素材.max”素材文件，如图2-101所示。

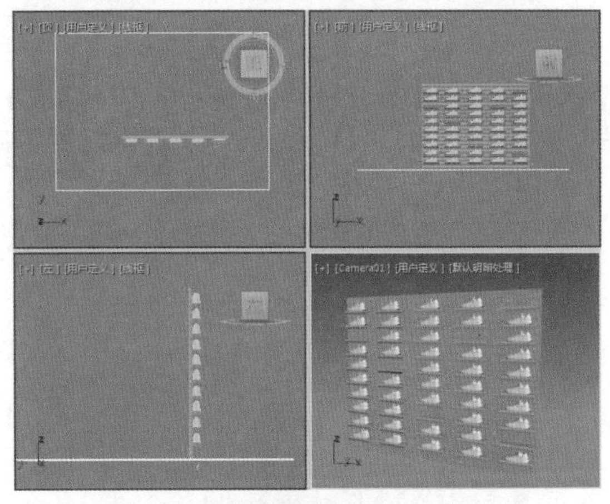

图2-101

Step 02 切换至【显示】命令面板，在【隐藏】卷展栏下单击【全部取消隐藏】按钮，即可将视图中隐藏的对象全部取消隐藏，如图2-102所示。

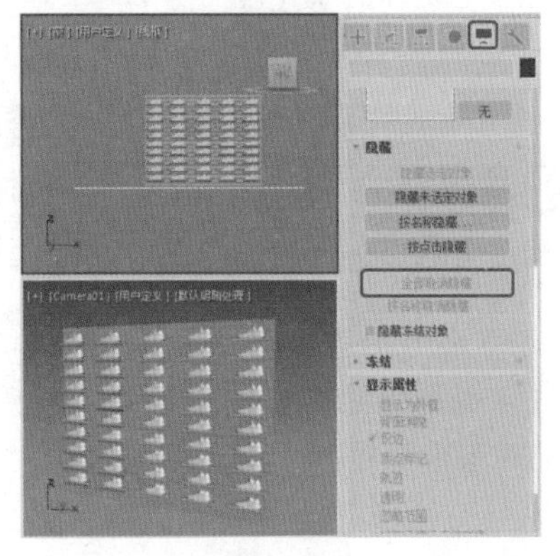

图2-102

## 实例087 按名称隐藏

本例将讲解如何将对象按名称进行隐藏，完成后的效果如图2-103所示。

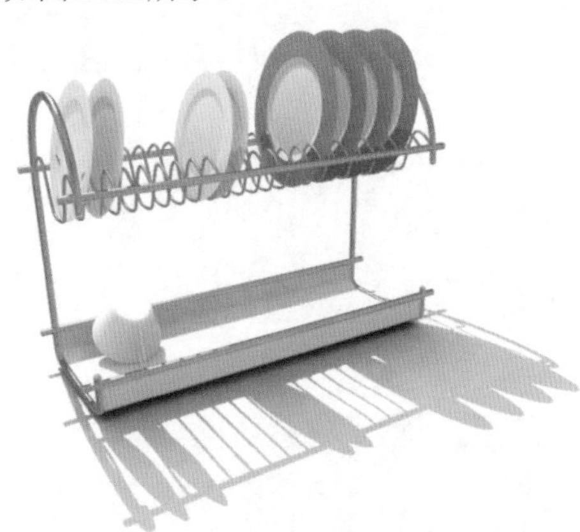

图2-103

| 素材： | Scene\Cha02\按名称隐藏素材.max |
|---|---|
| 场景： | Scene\Cha02\实例087 按名称隐藏.max |
| 视频： | 视频教学\Cha02\实例087 按名称隐藏.mp4 |

Step 01 按Ctrl+O组合键，打开“Scene\Cha02\按名称隐藏素材.max”素材文件，如图2-104所示。

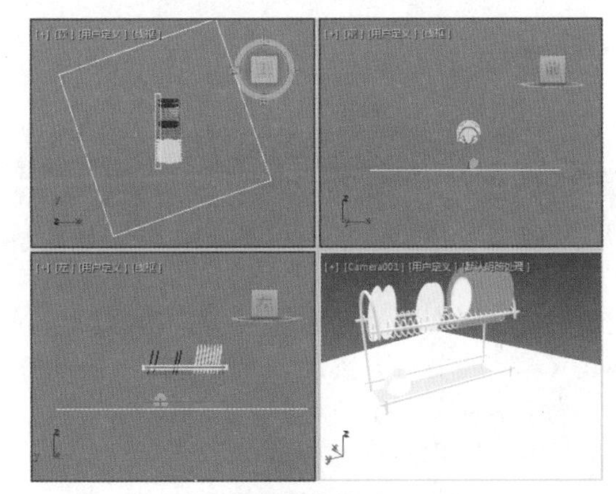

图2-104

Step 02 切换至【显示】命令面板，在【隐藏】卷展栏下单击【按名称隐藏】按钮，如图2-105所示。

Step 03 在弹出的【隐藏对象】对话框中选择需要隐藏的对象名称，如图2-106所示。

Step 04 单击【隐藏】按钮，被选择的对象即可在场景中被隐藏，如图2-107所示。

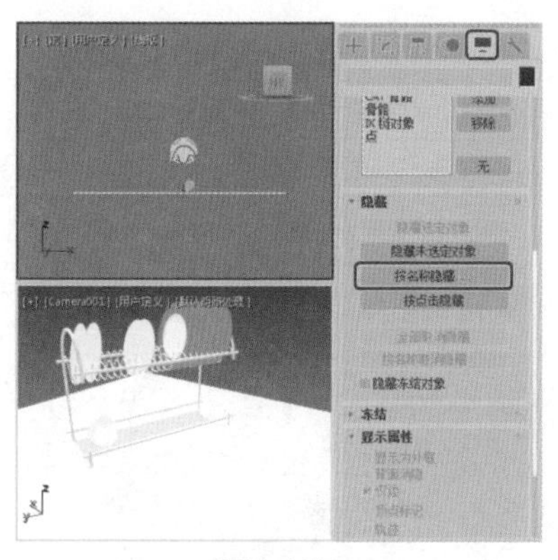

图2-105

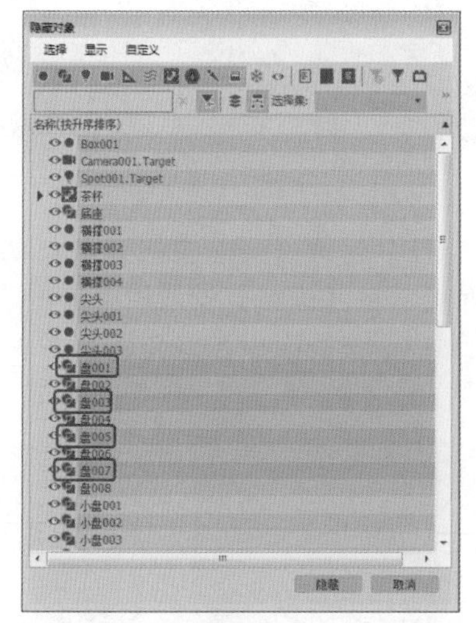

图2-106

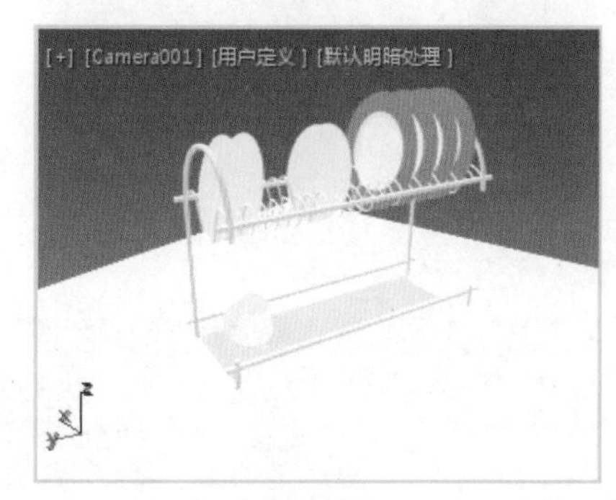


图2-107

## 实例088 按名称取消隐藏

【取消隐藏对象】对话框中显示了当前视图中隐藏的对象名称，单击需要取消隐藏的对象名称，即可将场景中的对象取消隐藏。本例将讲解如何将对象按名称取消隐藏，完成后的效果如图2-108所示。

图2-108

| 素材： | Scene\Cha02\按名称取消隐藏素材.max |
| --- | --- |
| 场景： | Scene\Cha02\实例088 按名称取消隐藏.max |
| 视频： | 视频教学\Cha02\实例088 按名称取消隐藏.mp4 |

**Step 01** 按Ctrl+O组合键，打开“Scene\Cha02\按名称取消隐藏.max”素材文件，如图2-109所示。

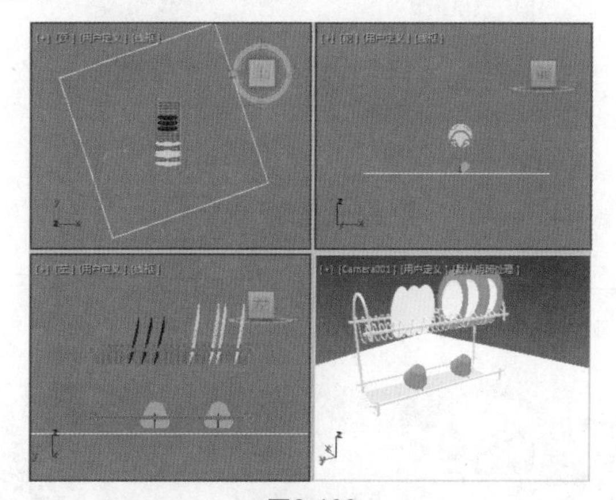

图2-109

**Step 02** 切换至【显示】命令面板，在【隐藏】卷展栏下单击【按名称取消隐藏】按钮，如图2-110所示。

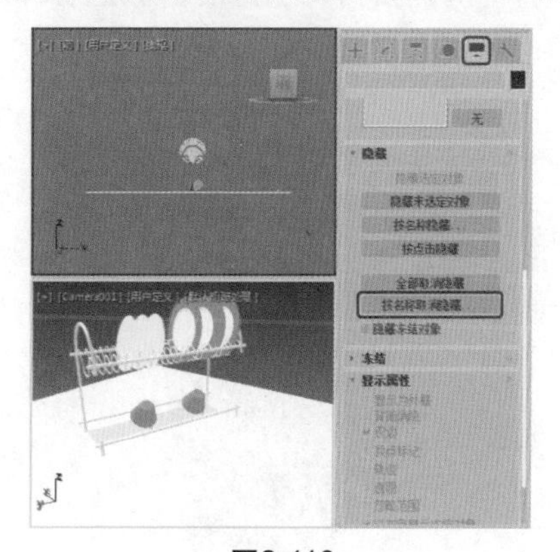

图2-110

**Step 03** 在弹出的【取消隐藏对象】对话框中选择取消隐藏对象的名称，如图2-111所示。

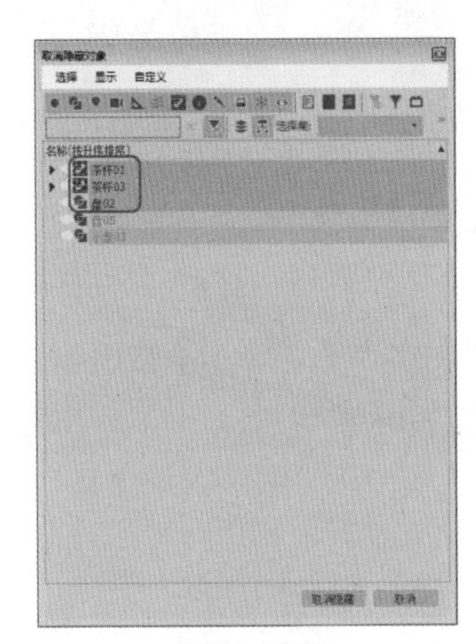

图2-111

Step 04 单击【取消隐藏】按钮即可将选择的隐藏对象取消隐藏，如图2-112所示。

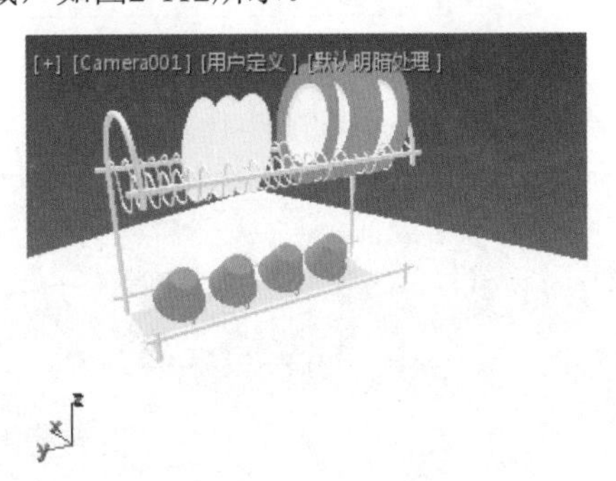

图2-112

## 实例089 冻结选定对象

冻结选定对象就是将当前视图中选择的对象进行孤立。本例将讲解如何将选定的对象进行冻结，效果如图2-113所示。

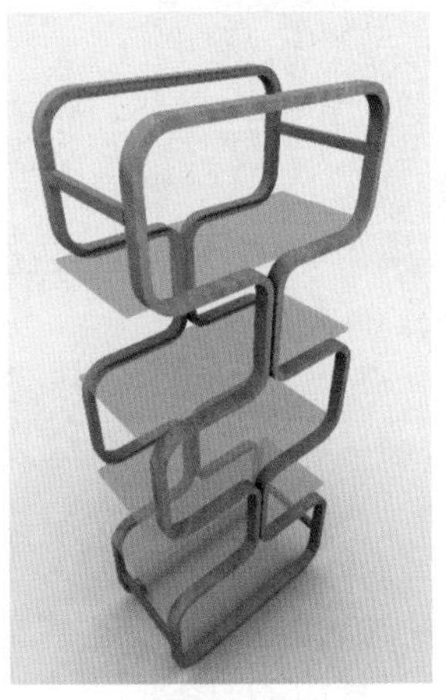

图2-113

| 素材： | Scene\Cha02\冻结对象素材.max |
| --- | --- |
| 场景： | Scene\Cha02\实例089 冻结选定对象.max |
| 视频： | 视频教学\Cha02\实例089 冻结选定对象.mp4 |

Step 01 按Ctrl+O组合键，打开“Scene\Cha02\冻结对象素材.max”素材文件，如图2-114所示。

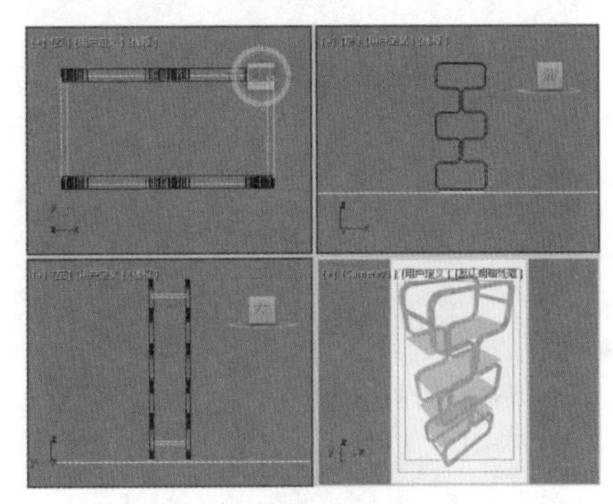

图2-114

Step 02 在视图中选择需要冻结的对象，切换至【显示】命令面板，在【冻结】卷展栏下单击【冻结选定对象】按钮，释放鼠标后，选定的对象会呈灰色显示，表示选择的对象已经被冻结，如图2-115所示。

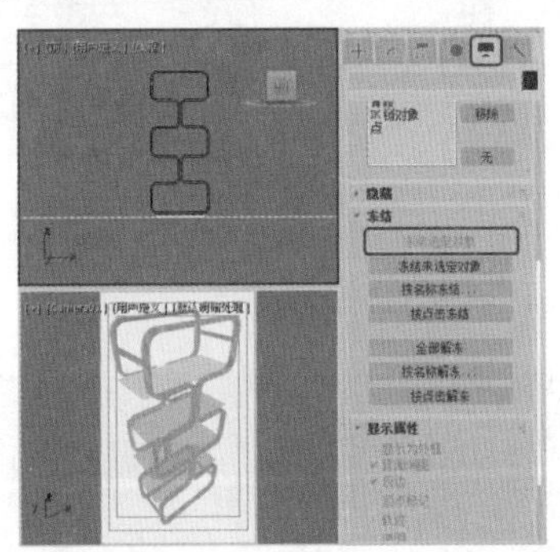

图2-115

## 实例090 冻结未选定对象

冻结未选定对象就是将场景中未选定的对象冻结，具体的操作步骤如下。

| 素材： | Scene\Cha02\冻结对象素材.max |
| --- | --- |
| 场景： | Scene\Cha02\实例090 冻结未选定对象.max |
| 视频： | 视频教学\Cha02\实例090 冻结未选定对象.mp4 |

Step 01 按Ctrl+O组合键，打开“Scene\Cha02\冻结对象素材.max”素材文件，在视图中选择【支架01】、【支架02】对象，如图2-116所示。

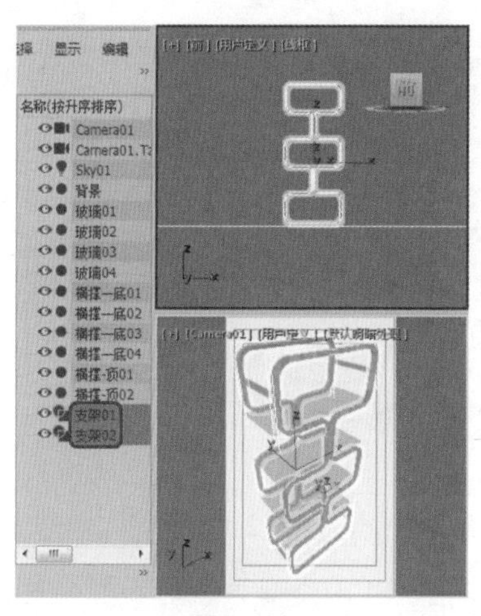

图2-116

**Step 02** 切换至【显示】命令面板，在【冻结】卷展栏下单击【冻结未选定对象】按钮，释放鼠标后，未选定的对象会呈灰色显示，表示未被选定的对象已被冻结，如图2-117所示。

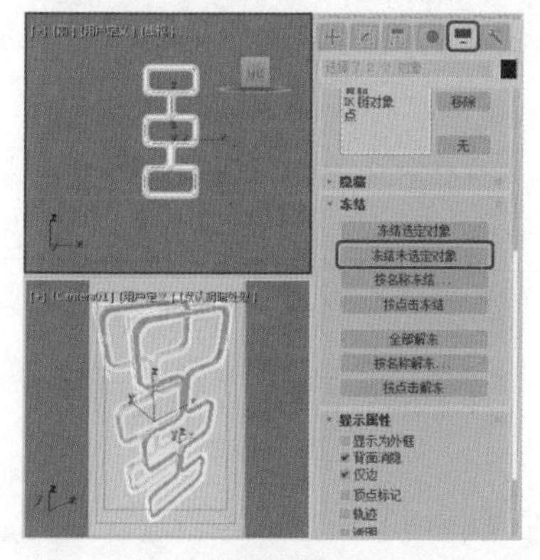

图2-117

## 实例 091 全部解冻

全部解冻就是将视图中冻结的对象解冻，具体的操作步骤如下。

| 素材： | Scene\Cha02\全部解冻素材.max |
|---|---|
| 场景： | Scene\Cha02\实例091 全部解冻.max |
| 视频： | 视频教学\Cha02\实例091 全部解冻.mp4 |

**Step 01** 按Ctrl+O组合键，打开“Scene\Cha02\全部解冻素材.max”素材文件，如图2-118所示。

**Step 02** 切换至【显示】命令面板，在【冻结】卷展栏下单击【全部解冻】按钮，释放鼠标后，场景中冻结的对象将会被解冻，如图2-119所示。

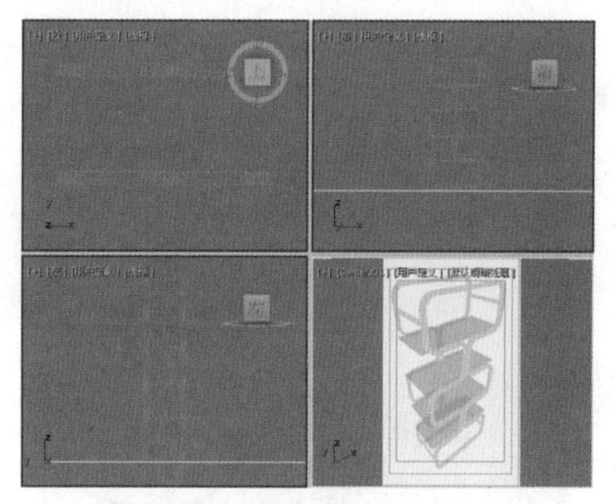

图2-118

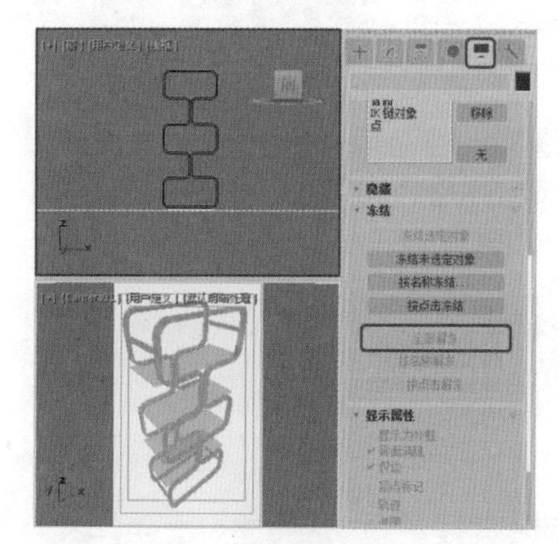

图2-119

## 实例 092 按点击冻结

单击【按点击冻结】按钮即可在场景中通过单击对象来冻结对象，效果如图2-120所示。具体的操作步骤如下。

图2-120

| 素材： | Scene\Cha02\咖啡杯.max |
|---|---|
| 场景： | Scene\Cha02\实例092 按点击冻结.max |
| 视频： | 视频教学\Cha02\实例092 按点击冻结.mp4 |

**Step 01** 按Ctrl+O组合键，打开“Scene\Cha02\咖啡

杯.max”素材文件，如图2-121所示。

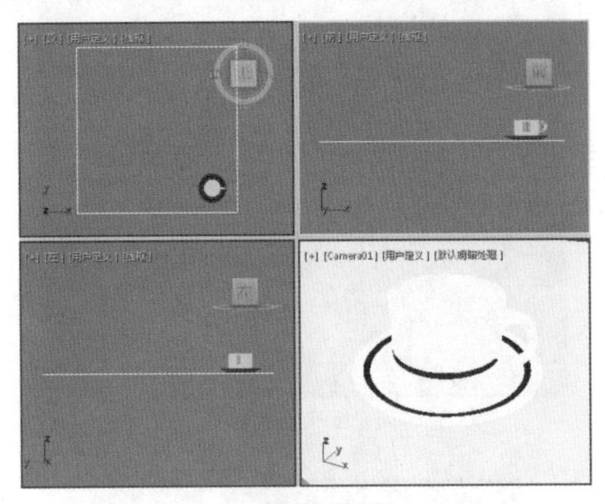

图2-121

**Step 02** 切换至【显示】命令面板，在【冻结】卷展栏下单击【按点击冻结】按钮，然后在场景中单击需要冻结的对象即可，如图2-122所示。

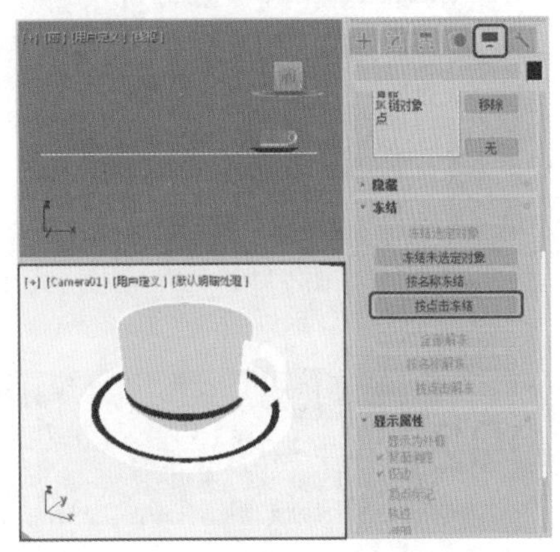

图2-122



## 实例093 按名称冻结

本例将讲解如何将对象按名称进行冻结，具体的操作步骤如下。

| 素材： | Scene\Cha02\咖啡杯.max |
|---|---|
| 场景： | Scene\Cha02\实例093 按名称冻结.max |
| 视频： | 视频教学\Cha02\实例093 按名称冻结.mp4 |

**Step 01** 按Ctrl+O组合键，打开“Scene\Cha02\咖啡杯.max”素材文件，切换至【显示】命令面板，在【冻结】卷展栏下单击【按名称冻结】按钮，如图2-123所示。

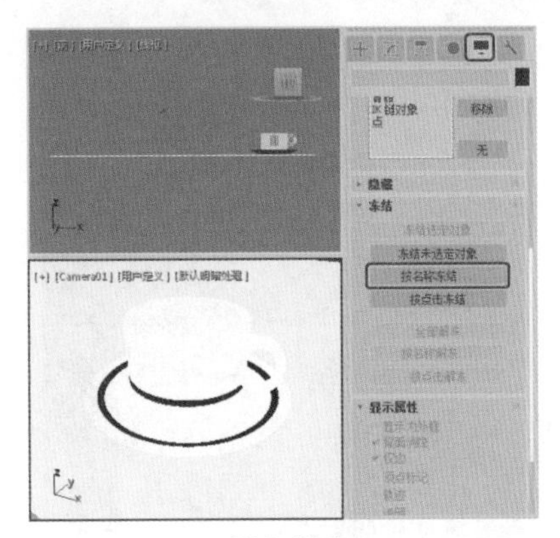

图2-123

**Step 02** 在弹出的【冻结对象】对话框中选择要冻结的对象的名称，如图2-124所示。

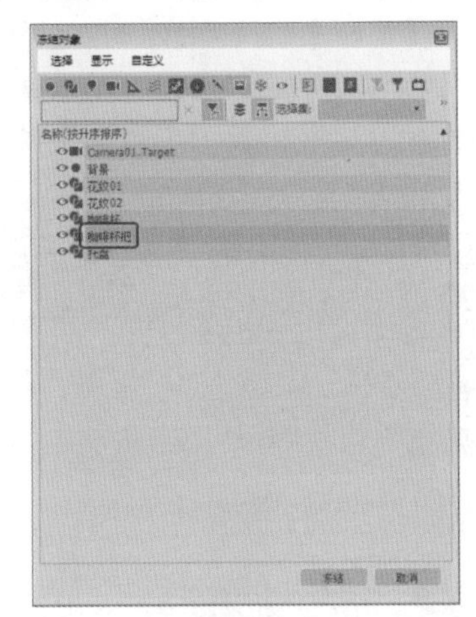

图2-124

**Step 03** 单击【冻结】按钮即可将选择的对象冻结，冻结的对象将以灰色显示，如图2-125所示。

图2-125

## 实例094 链接对象

可以将两个物体按父子关系链接，定义层级关系，以便进行链接运动操作。本例将讲解如何链接对象，完成后的效果如图2-126所示。

图2-126

| 素材： | Scene\Cha02\链接对象素材.max |
|---|---|
| 场景： | Scene\Cha02\实例094 链接对象.max |
| 视频： | 视频教学\Cha02\实例094 链接对象.mp4 |

Step 01 按Ctrl+O组合键，打开“Scene\Cha02\链接对象素材.max”素材文件，如图2-127所示。

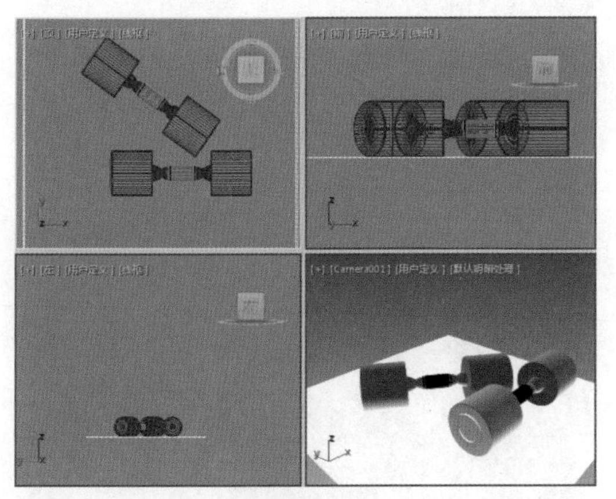

图2-127

Step 02 在工具栏中单击【选择并链接】按钮，如图2-128所示。

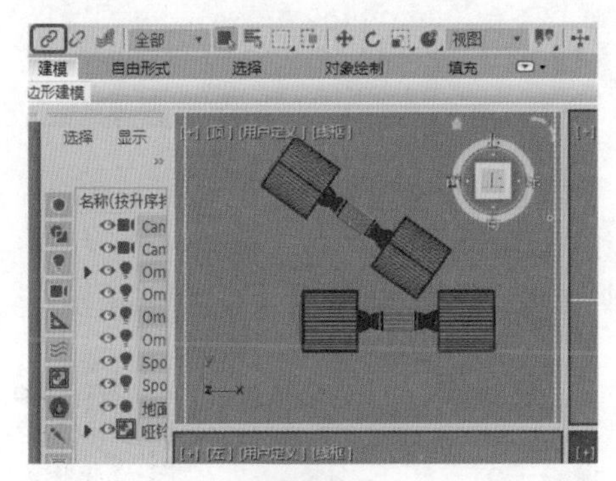

图2-128

Step 03 单击一个对象（子对象）并拖曳鼠标至另一个对象（父对象）上，如图2-129所示。

Step 04 单击目标对象并释放鼠标，即可建立两个对象之间的链接，如图2-130所示。

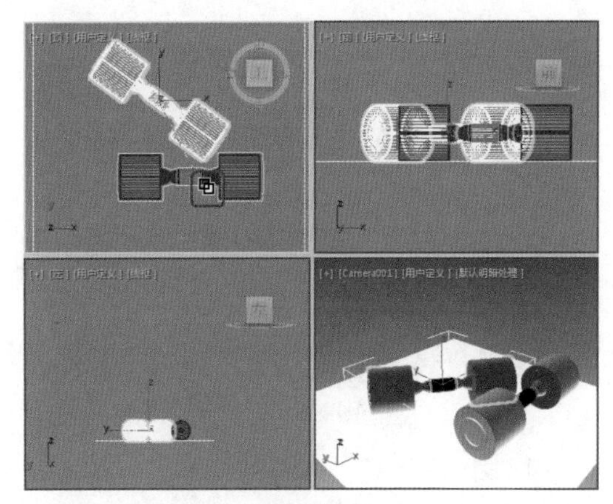

图2-129

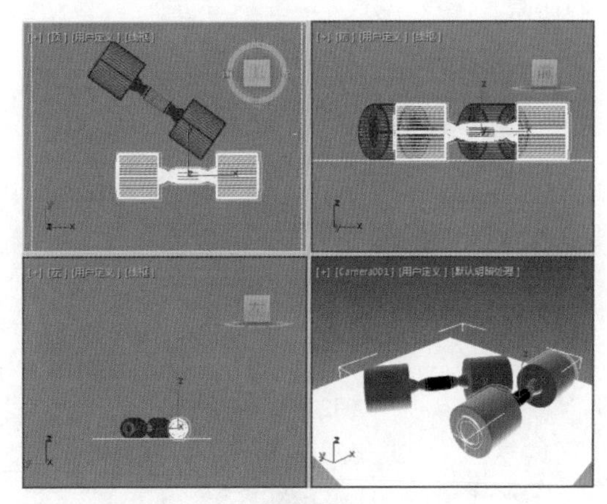

图2-130

提示

将对象链接后，对父对象进行移动、旋转等操作时，子对象会与父对象一起变化；对子对象进行操作时，父对象不会有变化。

## 实例095 断开链接

断开链接就是取消两物体之间的层级关系，使子物体恢复独立状态，不再受父层级对象的约束，具体的操作步骤如下。

| 素材： | 无 |
|---|---|
| 场景： | 无 |
| 视频： | 视频教学\Cha02\实例095 断开链接.mp4 |

Step 01 继续上一实例的操作，在视图中选择需要断开链接对象的子对象，在工具栏中单击【断开当前选择链接】按钮，如图2-131所示。

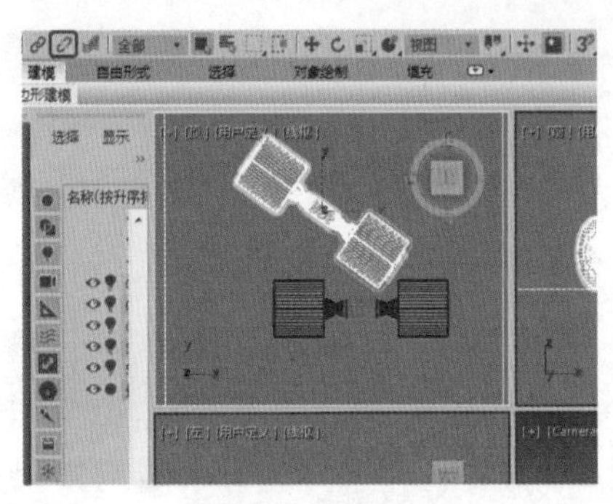

图2-131

**Step 02** 经上步操作之后，即可将对象断开链接，单击断开链接之前的父对象时其他对象将不会被选中，如图2-132所示。

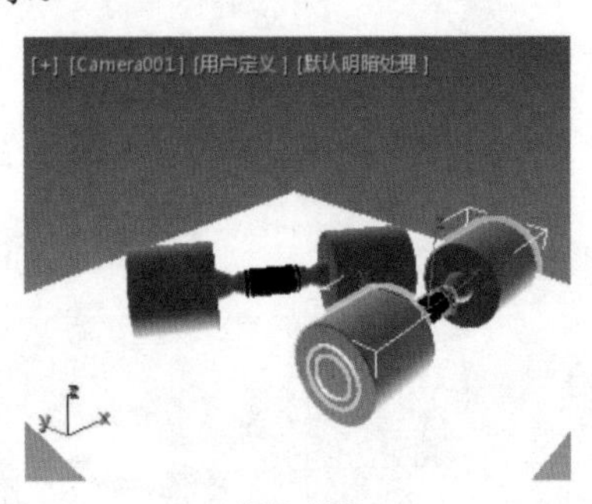


图2-132

## 实例096 绑定到空间扭曲

空间扭曲物体是一类特殊的物体，它们本身不能被渲染，起到的作用是限制或加工绑定的物体。本例将讲解怎样将物体绑定到空间扭曲，完成后的效果如图2-133所示。

图2-133

| 素材： | Scene\Cha02\空间扭曲素材.max |
| --- | --- |
| 场景： | Scene\Cha02\实例096 绑定到空间扭曲.max |
| 视频： | 视频教学\Cha02\实例096 绑定到空间扭曲.mp4 |

**Step 01** 按Ctrl+O组合键，打开“Scene\Cha02\空间扭曲素材.max”素材文件，在工具栏中单击【绑定到空间扭曲】按钮，在视图中单击文字对象并将其拖曳到曲线对象上，如图2-134所示。

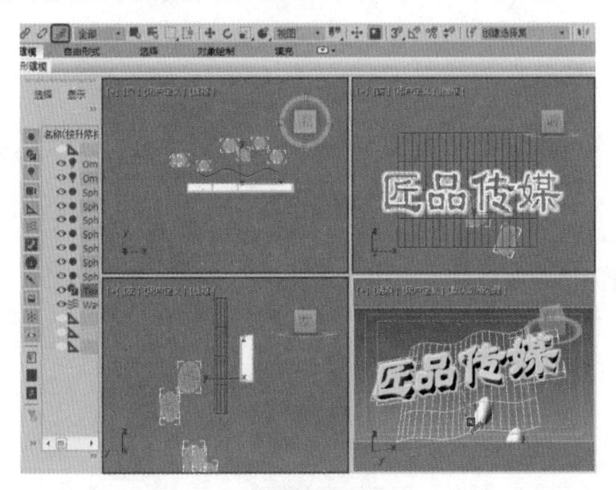


图2-134

**Step 02** 释放鼠标即可将对象绑定到空间扭曲物体上，效果如图2-135所示。

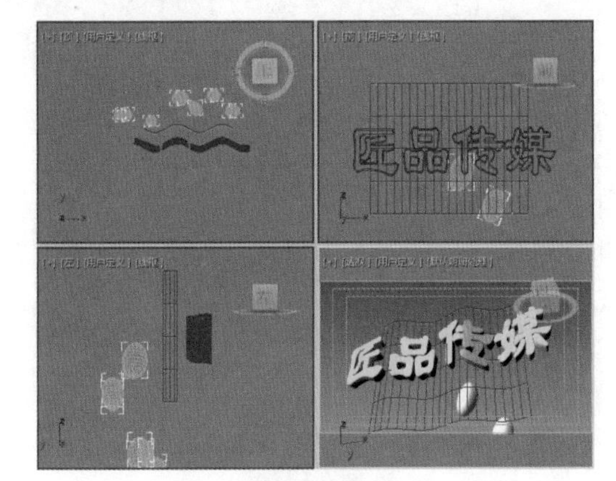


图2-135

## 实例097 复制克隆

将当前选择的物体进行原地复制，复制的对象与原对象相同，即为克隆对象。本例将讲解如何将对象进行复制克隆，完成后的效果如图2-136所示。

图2-136

| 素材: | Scene\Cha02\复制克隆素材.max |
|---|---|
| 场景: | Scene\Cha02\实例097 复制克隆.max |
| 视频: | 视频教学\Cha02\实例097 复制克隆.mp4 |

**Step 01** 按Ctrl+O组合键，打开“Scene\Cha02\复制克隆素材.max”素材文件，如图2-137所示。

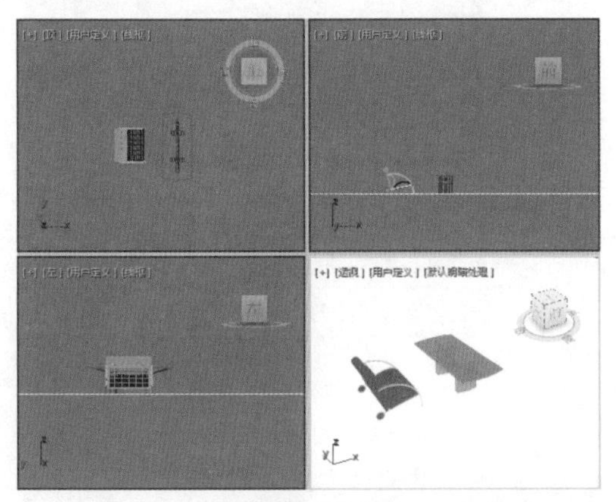

图2-137

**Step 02** 在视图中选择需要克隆的源对象，在菜单栏中选择【编辑】|【克隆】命令，如图2-138所示。

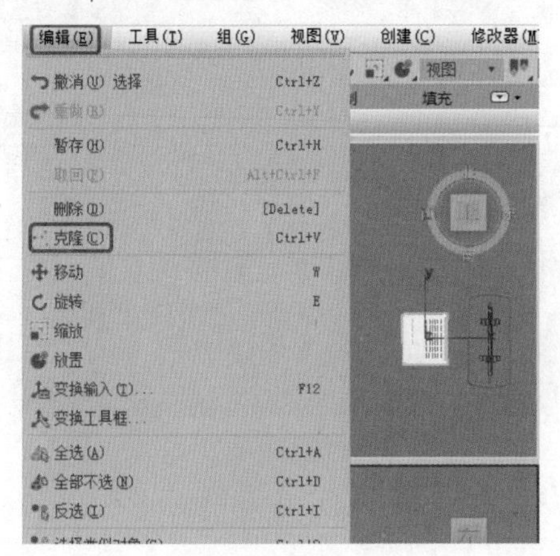


图2-138

**Step 03** 弹出【克隆选项】对话框，选中【复制】单选按钮，如图2-139所示。

图2-139

**Step 04** 单击【确定】按钮，即可在场景中克隆出选择的对象，在视图中调整克隆对象的位置和角度，最终效果如图2-140所示。

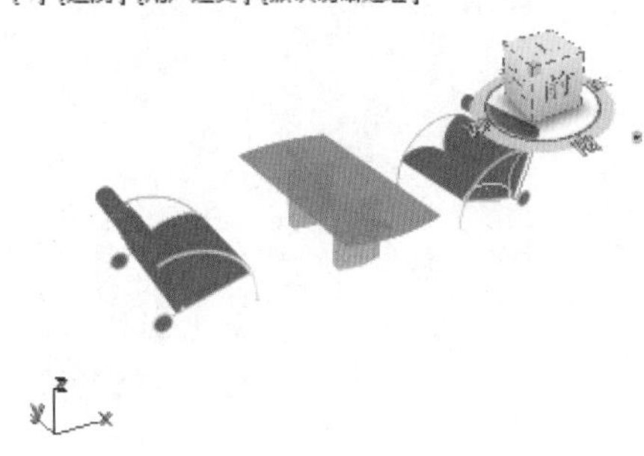


图2-140

◎提示·◦

使用复制克隆命令后，单独修改任何一个对象，另一个对象不会随之改变。

## 实例 098 实例克隆

实例克隆适用于需要多个对象一起进行变化的场景。本例将讲解如何将对象进行实例克隆，完成后的效果如图2-141所示。

图2-141

| 素材: | Scene\Cha02\实例克隆素材.max |
|---|---|
| 场景: | Scene\Cha02\实例098 实例克隆.max |
| 视频: | 视频教学\Cha02\实例098 实例克隆.mp4 |

**Step 01** 按Ctrl+O组合键，打开“Scene\Cha02\实例克隆素材.max”素材文件，如图2-142所示。

**Step 02** 在场景中选择需要克隆的对象，在菜单栏中选择【编辑】|【克隆】命令，弹出【克隆选项】对话框，选中【实例】单选按钮，如图2-143所示。

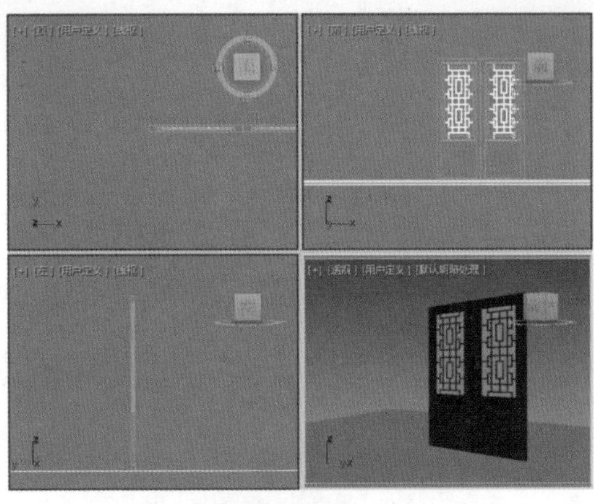

图2-142

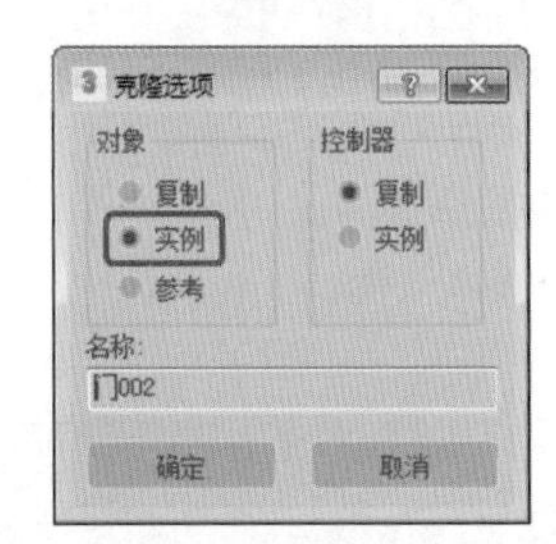


图2-143

**Step 03** 单击【确定】按钮，即可在场景中克隆对象，在视图中调整克隆对象的位置和角度即可，如图2-144所示。

图2-144

> **◎提示·◦**
>
> 使用实例克隆命令后，修改任何一个对象，另一个对象都会随之进行变化。

## 实例099 参考克隆

参考克隆适用于需要为复制的对象添加修改器而不影响源物体的场景。本例将讲解如何对对象进行参考克隆，完成后的效果如图2-145所示。

图2-145

| 素材： | Scene\Cha02\参考克隆素材.max |
|---|---|
| 场景： | Scene\Cha02\实例099 参考克隆.max |
| 视频： | 视频教学\Cha02\实例099 参考克隆.mp4 |

**Step 01** 按Ctrl+O组合键，打开“Scene\Cha02\参考克隆素材.max”素材文件，如图2-146所示。

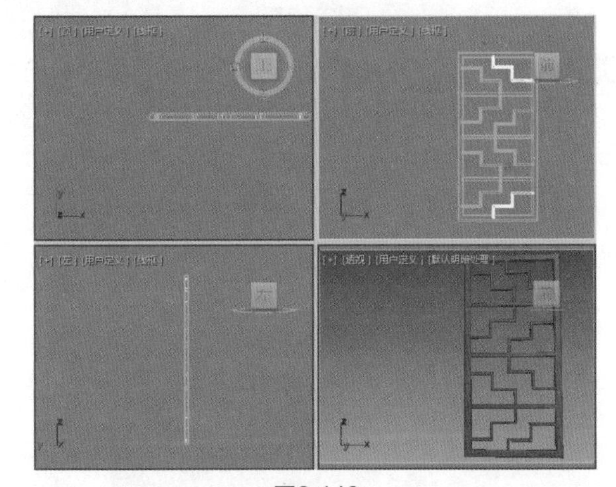

图2-146

**Step 02** 在场景中选择需要克隆的对象，在菜单栏中选择【编辑】|【克隆】命令，弹出【克隆选项】对话框，选中【参考】单选按钮，如图2-147所示。

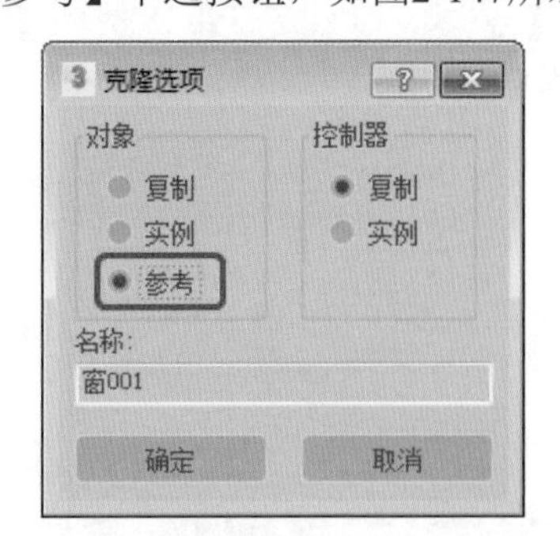


图2-147

**Step 03** 单击【确定】按钮，即可在场景中克隆对象，在视图中调整克隆对象的位置和角度即可，如图2-148

所示。

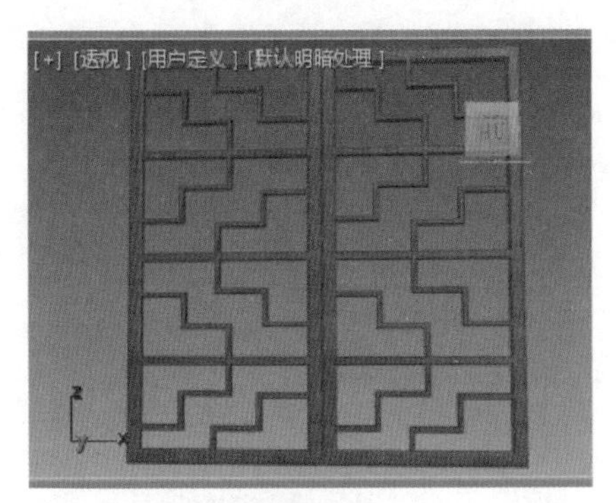


图2-148

◎提示·◦

使用参考克隆命令后，修改源对象时所有复制的对象都会随之改变；修改复制的对象，源对象不会受影响。

## 实例 100 克隆并对齐

运用【克隆并对齐】命令，可将克隆的对象与源对象对齐复制。本例将讲解如何将对象进行克隆并对齐，完成后的效果如图2-149所示。

图2-149

| 素材： | Scene\Cha02\克隆并对齐素材.max |
|---|---|
| 场景： | Scene\Cha02\实例100 克隆并对齐.max |
| 视频： | 视频教学\Cha02\实例100 克隆并对齐.mp4 |

Step 01 按Ctrl+O组合键，打开“Scene\Cha02\克隆并对齐素材.max”素材文件，如图2-150所示。

Step 02 在场景中选择【摇椅架】对象，在菜单栏中选择【工具】|【对齐】|【克隆并对齐】命令，如图2-151所示。

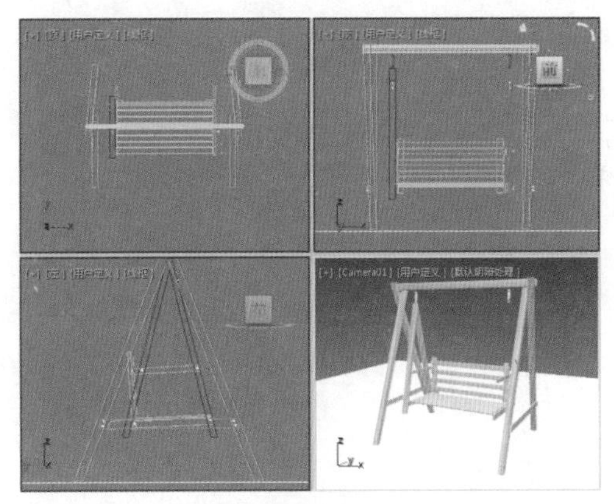

图2-150

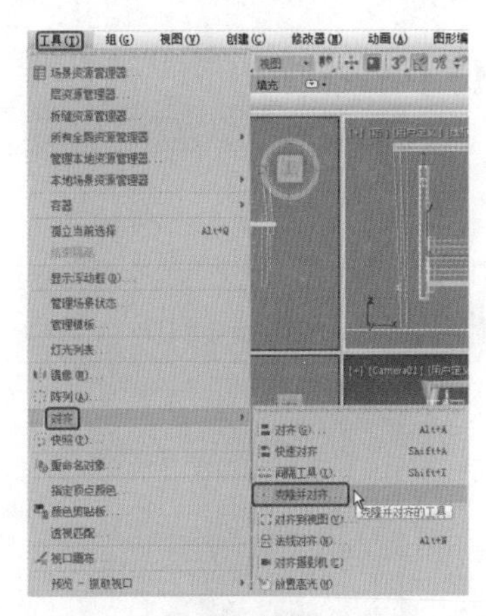

图2-151

Step 03 弹出【克隆并对齐】对话框，单击【目标对象】选项组中的【拾取】按钮，移动鼠标指针至视图中，在视图中单击【靠背】对象，在【对齐参数】卷展栏的【对齐位置（屏幕）】选项组中取消勾选【Y位置】和【Z位置】复选框，将【偏移（局部）】的X值设置为69，在【对齐方向（屏幕）】选项组中取消勾选【X轴】和【Z轴】复选框，如图2-152所示。

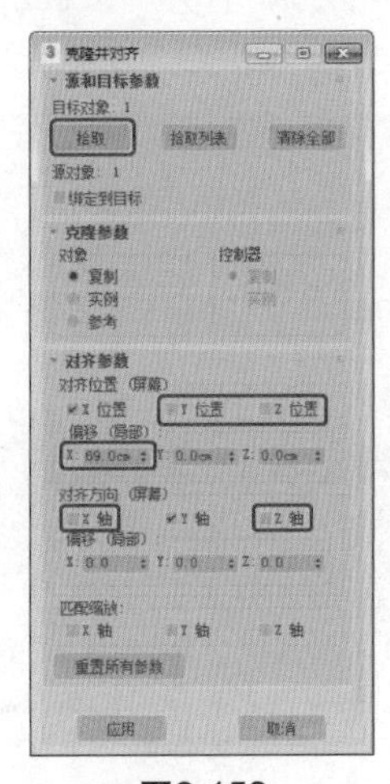

图2-152

Step 04 单击【应用】按钮，关闭对话框，即可在视图中观察效果，如图2-153所示。

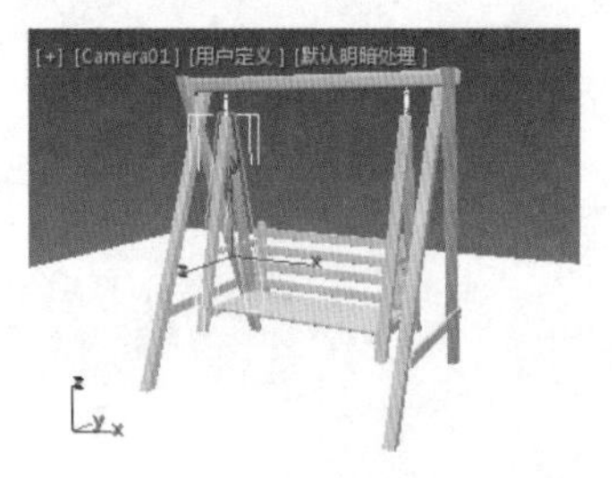

图2-153

## 实例 101 按计数间隔复制

在间隔建模中有两种方式：按计数间隔复制和按间距间隔复制。本例将讲解如何将对象按计数进行间隔复制，完成后的效果如图2-154所示。

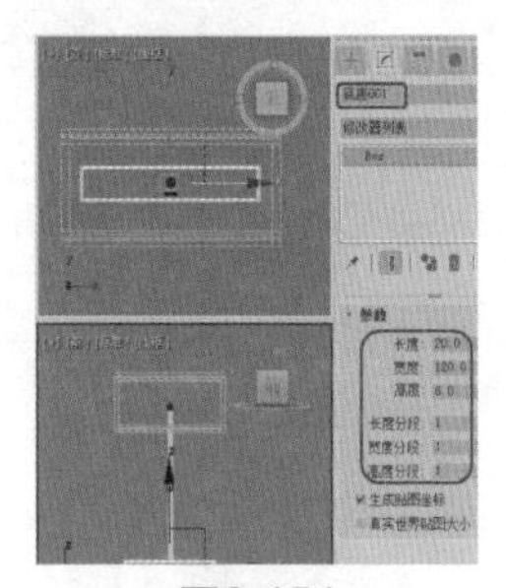

图2-154

| 素材： | Scene\Cha02\计数间隔素材.max |
|---|---|
| 场景： | Scene\Cha02\实例101 按计数间隔复制.max |
| 视频： | 视频教学\Cha02\实例101 按计数间隔复制.mp4 |

Step 01 按Ctrl+O组合键，打开“Scene\Cha02\计数间隔素材.max”素材文件，如图2-155所示。

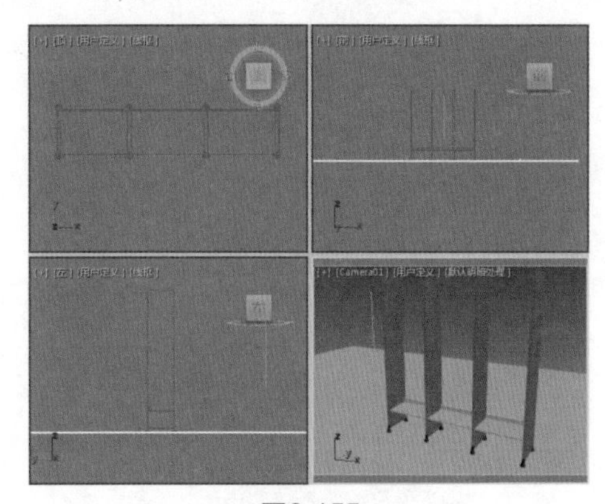

图2-155

Step 02 在视图中选择【下层板】对象，在菜单栏中选择【工具】|【对齐】|【间隔工具】命令，如图2-156所示。

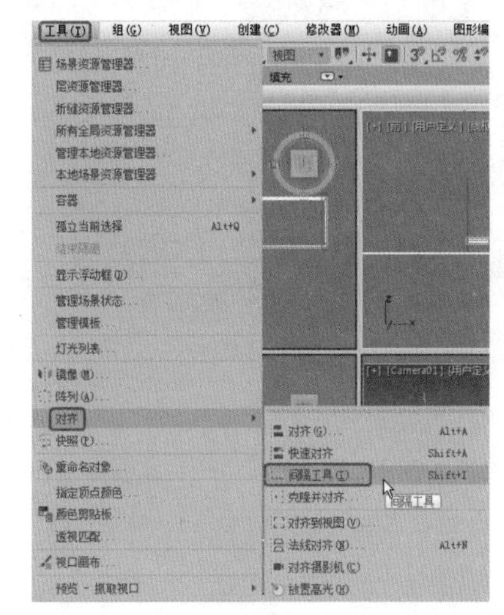

图2-156

Step 03 在弹出的【间隔工具】对话框中单击【拾取路径】按钮，在【前】视图中拾取Line001路径，并在【参数】选项组中将【计数】设置为5，如图2-157所示。

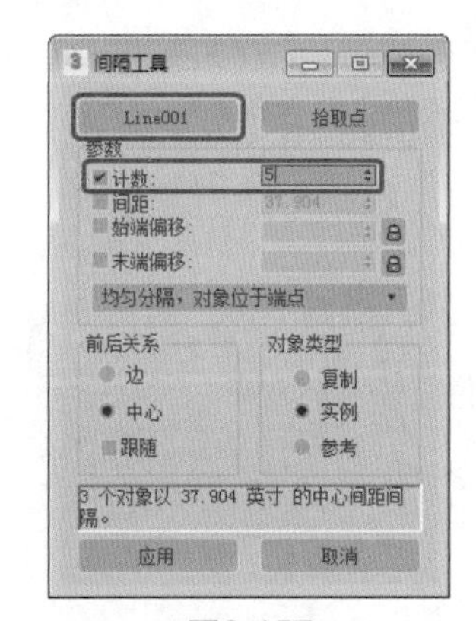


图2-157

Step 04 单击【应用】按钮，关闭对话框，即可在场景中观察效果，如图2-158所示。

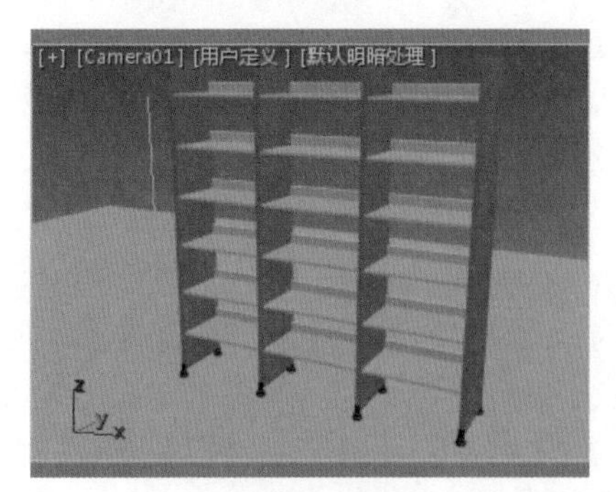


图2-158

# 实例 102 按间距间隔复制

通过间距间隔复制的方式进行建模，可以通过设定间隔值来进行间距间隔复制。本例将讲解如何将对象按间距进行间隔复制，完成后的效果如图2-159所示。

图2-159

| 素材： | Scene\Cha02\间距间隔素材.max |
|---|---|
| 场景： | Scene\Cha02\实例102 按间距间隔复制.max |
| 视频： | 视频教学\Cha02\实例102 按间距间隔复制.mp4 |

**Step 01** 按Ctrl+O组合键，打开“Scene\Cha02\间距间隔素材.max”素材文件，如图2-160所示。

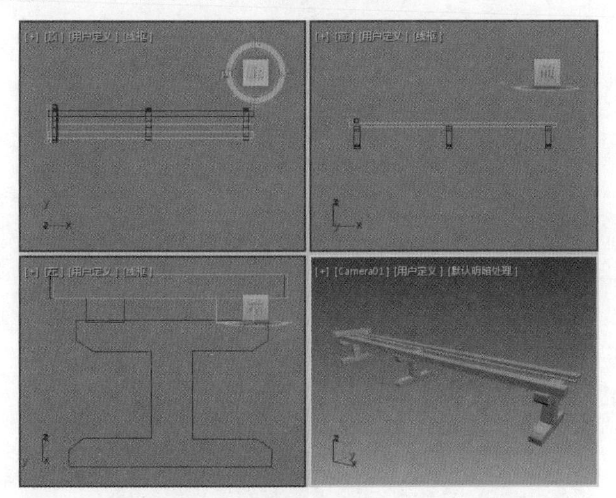

图2-160

**Step 02** 在视图中单击【截面】对象，在菜单栏中选择【工具】|【对齐】|【间隔工具】命令，在弹出的【间隔工具】对话框中单击【拾取路径】按钮，在视图中拾取Line001路径，并在【参数】卷展栏中将【间距】设置为414，在【前后关系】选项组中选中【边】单选按钮，如图2-161所示。

**Step 03** 单击【应用】按钮，关闭对话框，即可在视图中观察效果，如图2-162所示。

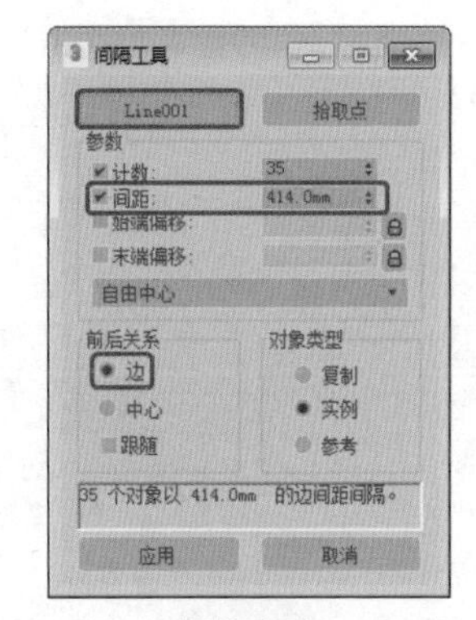


图2-161

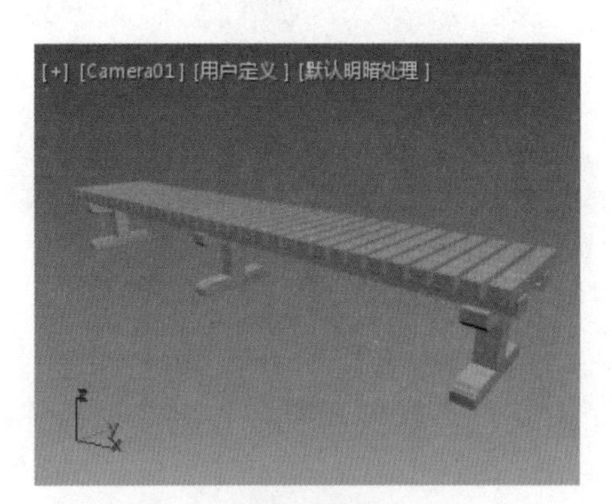


图2-162

# 实例 103 单一快照

单一快照就是在当前帧对选择的物体进行快照，克隆一个新物体。本例将讲解如何将对象通过单一快照进行克隆，完成后的效果如图2-163所示。

图2-163

| 素材： | Scene\Cha02\单一快照素材.max |
|---|---|
| 场景： | Scene\Cha02\实例103 单一快照.max |
| 视频： | 视频教学\Cha02\实例103 单一快照.mp4 |

**Step 01** 按Ctrl+O组合键，打开“Scene\Cha02\单一快照素材.max”素材文件，如图2-164所示。

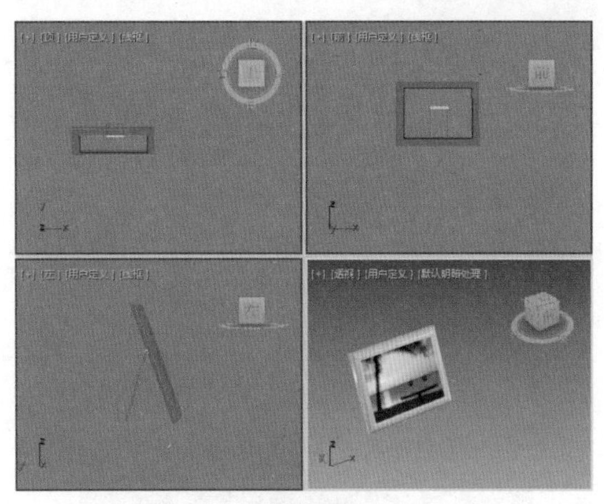

图2-164

Step 02 在视图中单击需要快照的对象，在菜单栏中选择【工具】|【快照】命令，如图2-165所示。

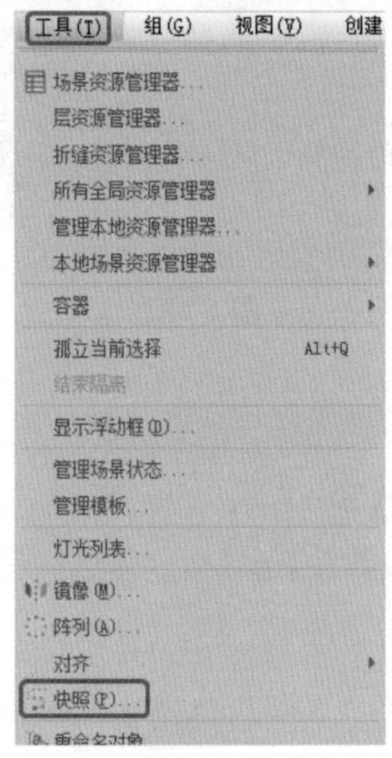


图2-165

Step 03 在弹出的【快照】对话框中选中【单一】单选按钮，其他均为默认，如图2-166所示。

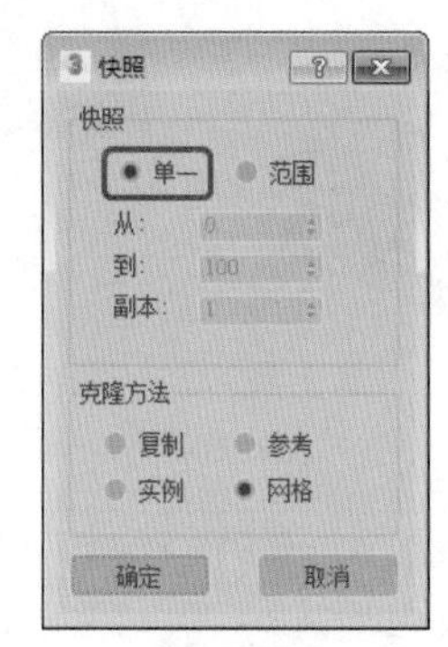


图2-166

Step 04 单击【确定】按钮，在视图中调整克隆对象的位置与角度，如图2-167所示。

图2-167

## 实例104 范围快照

控制对一段动画中的选择物体进行克隆即为范围快照。本例将讲解如何对对象进行范围快照，完成后的效果如图2-168所示。

图2-168

| 素材： | Scene\Cha02\范围快照素材.max |
| --- | --- |
| 场景： | Scene\Cha02\实例104 范围快照.max |
| 视频： | 视频教学\Cha02\实例104 范围快照.mp4 |

Step 01 按Ctrl+O组合键，打开“Scene\Cha02\范围快照素材.max”素材文件，如图2-169所示。

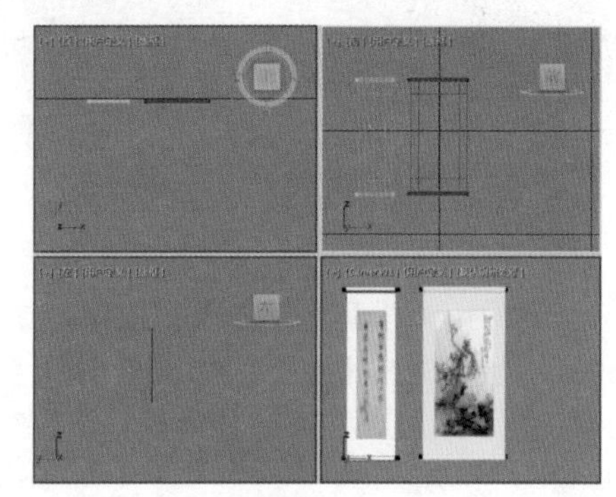

图2-169

Step 02 在视图中单击需要快照的对象，在菜单栏中选

择【工具】|【快照】命令，在弹出的【快照】对话框中选中【范围】单选按钮，将【从】设置为0、【到】设置为30、【副本】设置为1，如图2-170所示。

图2-170

**Step 03** 单击【确定】按钮，在视图中调整复制对象的位置，如图2-171所示。

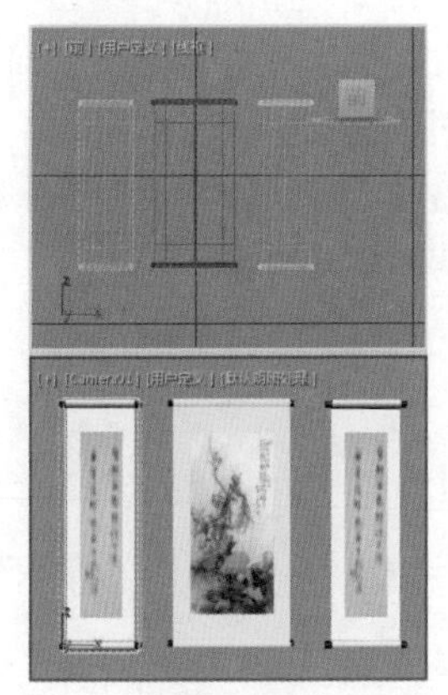

图2-171

## 实例105 运用Shift键复制

Shift键通常与基本变换命令组合使用，包括移动、旋转、缩放，可以在变换物体的同时进行克隆，产生被变换的克隆物体。本例将讲解如何运用Shift键对对象进行复制，完成后的效果如图2-172所示。

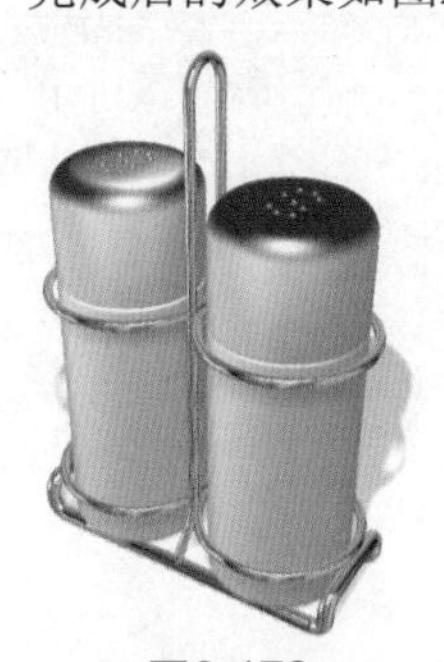

图2-172

| 素材： | Scene\Cha02\Shift键复制素材.max |
|---|---|
| 场景： | Scene\Cha02\实例105 运用Shift键复制.max |
| 视频： | 视频教学\Cha02\实例105 运用Shift键复制.mp4 |

**Step 01** 按Ctrl+O组合键，打开“Scene\Cha02\Shift键复制素材.max”素材文件，如图2-173所示。

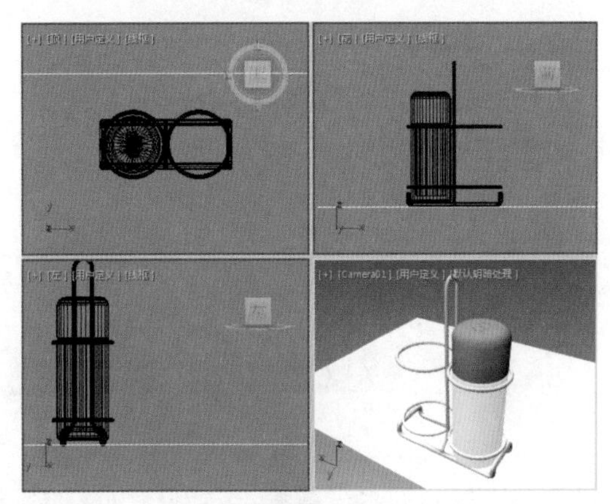

图2-173

**Step 02** 在工具栏中单击【选择并移动】按钮，当鼠标指针处于十字箭头状态时，在【顶】视图中按住Shift键的同时按住鼠标将需要复制的对象沿X轴向右拖曳，如图2-174所示。

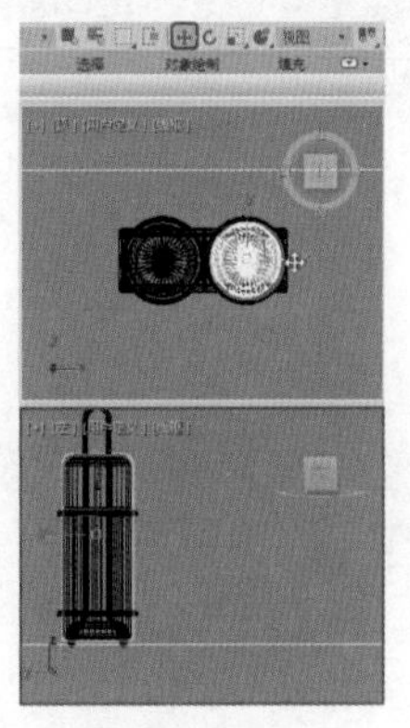

图2-174

**Step 03** 移动至合适位置后释放鼠标，弹出【克隆选项】对话框，在【对象】选项组中选中【复制】单选按钮，如图2-175所示。

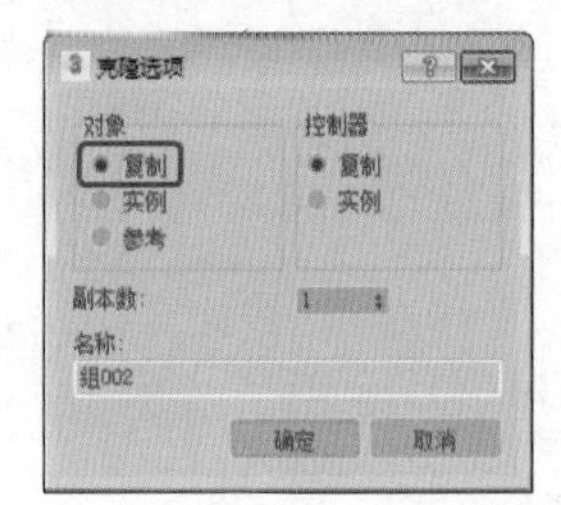


图2-175

Step 04 单击【确定】按钮，对象复制完成，关闭对话框，即可在视图中观察效果，如图2-176所示。

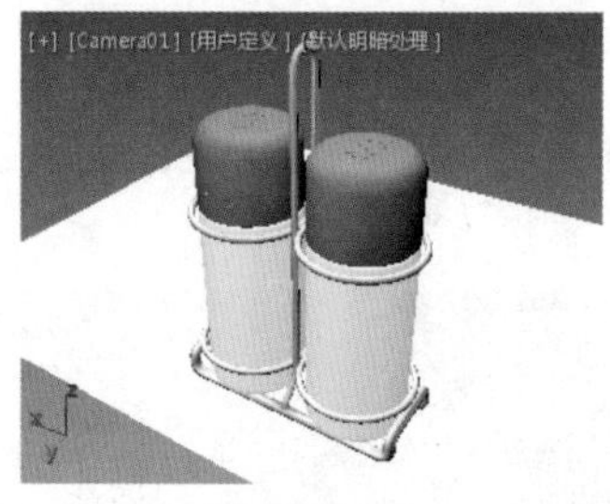

图2-176

## 实例106 水平镜像

物体可以通过不同的镜像方式来进行镜像，以水平方式进行镜像即为水平镜像。本例将讲解如何将对象水平镜像，完成后的效果如图2-177所示。

图2-177

| 素材： | Scene\Cha02\水平镜像素材.max |
|---|---|
| 场景： | Scene\Cha02\实例106 水平镜像.max |
| 视频： | 视频教学\Cha02\实例106 水平镜像.mp4 |

Step 01 按Ctrl+O组合键，打开“Scene\Cha02\水平镜像素材.max”素材文件，如图2-178所示。

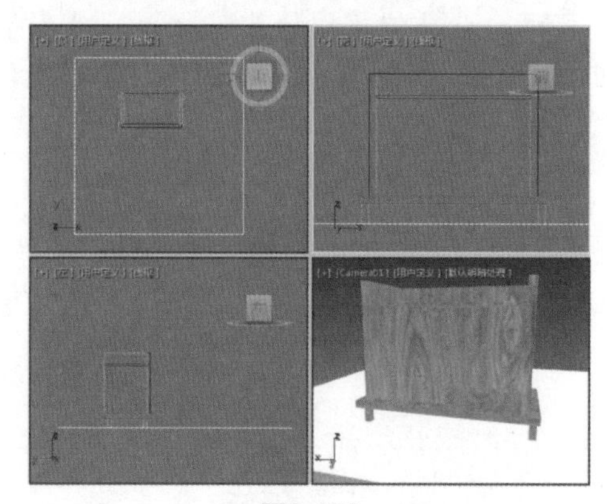

图2-178

Step 02 在【前】视图中选择【门01】对象，在工具栏中单击【镜像】按钮，如图2-179所示。

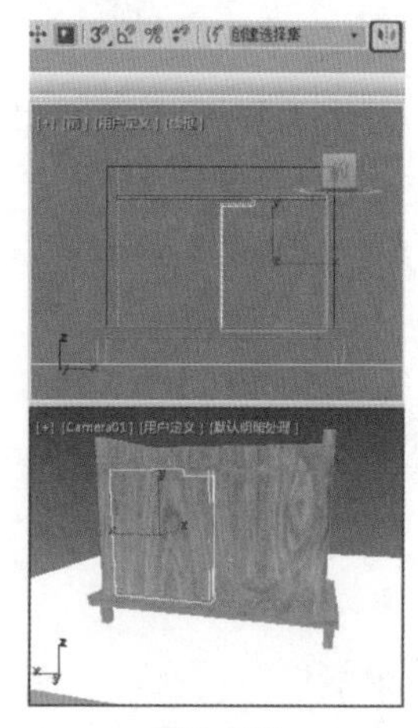

图2-179

Step 03 弹出【镜像：屏幕 坐标】对话框，在【镜像轴】选项组中选中X单选按钮，将【偏移】设置为-82.5，在【克隆当前选择】选项组中选中【复制】单选按钮，如图2-180所示。

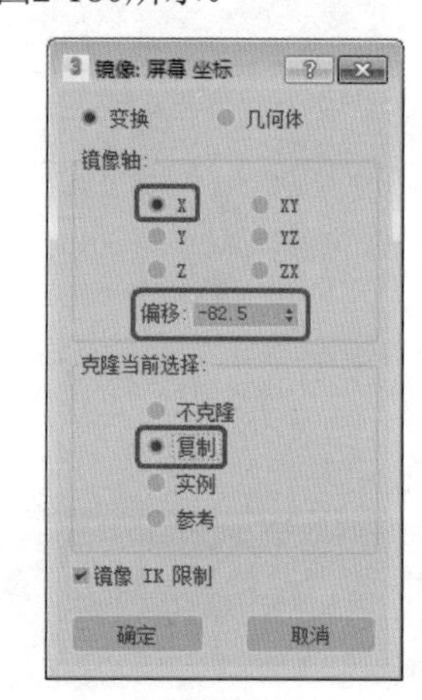


图2-180

Step 04 单击【确定】按钮，即可对选中的对象水平镜像。关闭对话框，在视图中观察效果，如图2-181所示。

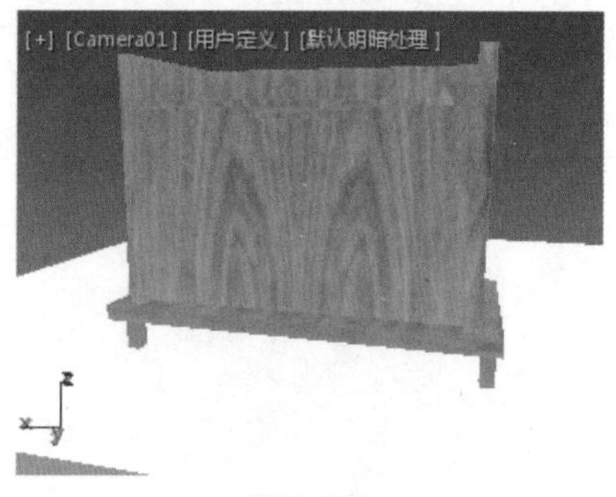


图2-181

# 实例107 垂直镜像

将物体以垂直方向进行镜像即为垂直镜像。本例将讲解如何将对象进行垂直镜像，完成后的效果如图2-182所示。

图2-182

| 素材： | Scene\Cha02\垂直镜像素材.max |
|---|---|
| 场景： | Scene\Cha02\实例107 垂直镜像素材.max |
| 视频： | 视频教学\Cha02\实例107 垂直镜像素材.mp4 |

Step 01 按Ctrl+O组合键，打开“Scene\Cha02\垂直镜像素材.max”素材文件，如图2-183所示。

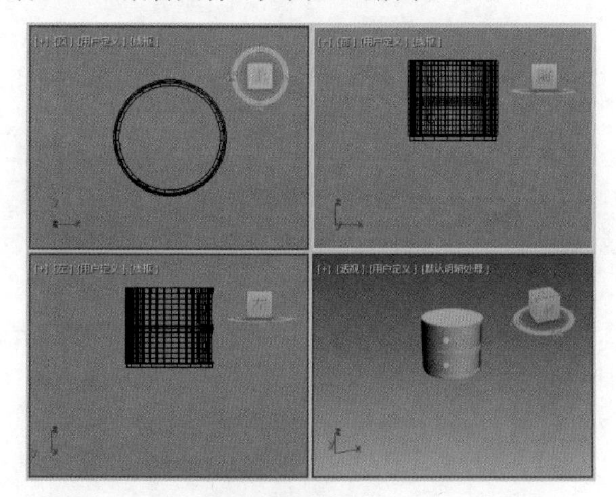

图2-183

Step 02 在【前】视图中选择需要镜像的对象，在工具栏中单击【镜像】按钮，如图2-184所示。

Step 03 弹出【镜像：屏幕 坐标】对话框，在【镜像轴】选项组中选中Y单选按钮，将【偏移】设置为-170，在【克隆当前选择】选项组中选中【复制】单选按钮，如图2-185所示。

Step 04 单击【确定】按钮，即可将选中的对象垂直镜像复制，如图2-186所示。

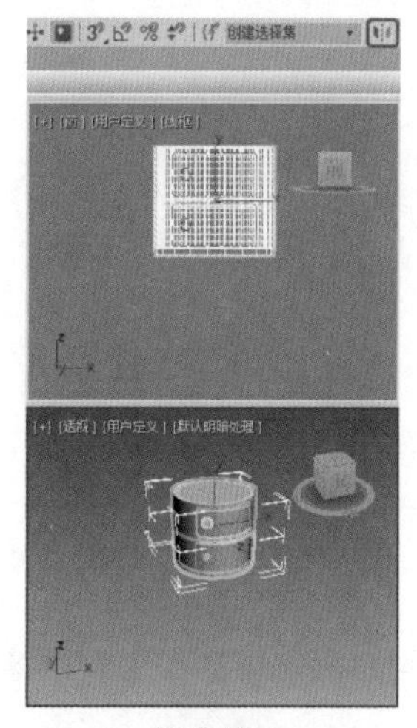

图2-184

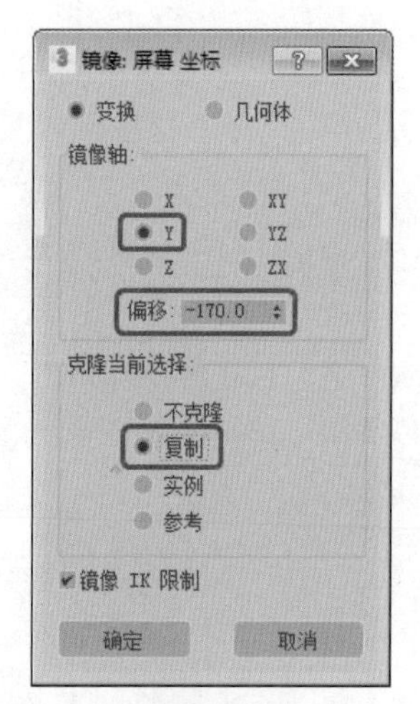


图2-185

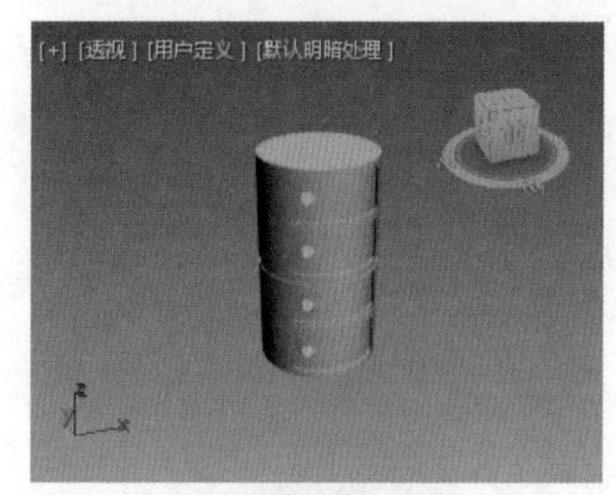


图2-186

# 实例108 XY轴镜像

对象沿XY轴进行镜像即为XY轴镜像。本例将讲解如何将对象进行XY轴镜像，完成后的效果如图2-187所示。

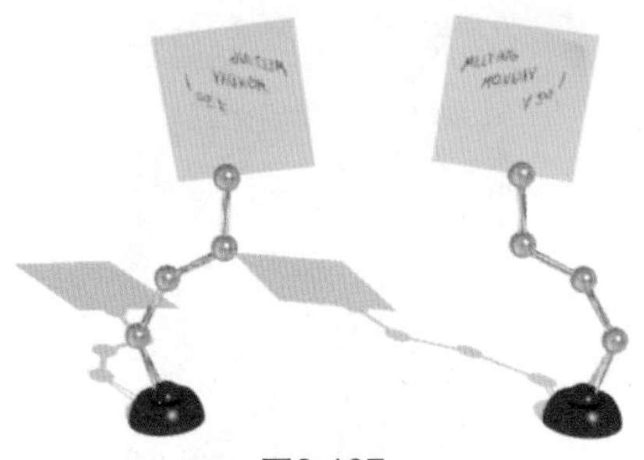

图2-187

| 素材： | Scene\Cha02\ XY轴镜像素材.max |
| --- | --- |
| 场景： | Scene\Cha02\实例108 XY轴镜像.max |
| 视频： | 视频教学\Cha02\实例108 XY轴镜像.mp4 |

Step 01 按Ctrl+O组合键，打开“Scene\Cha02\XY轴镜像素材.max”素材文件，如图2-188所示。

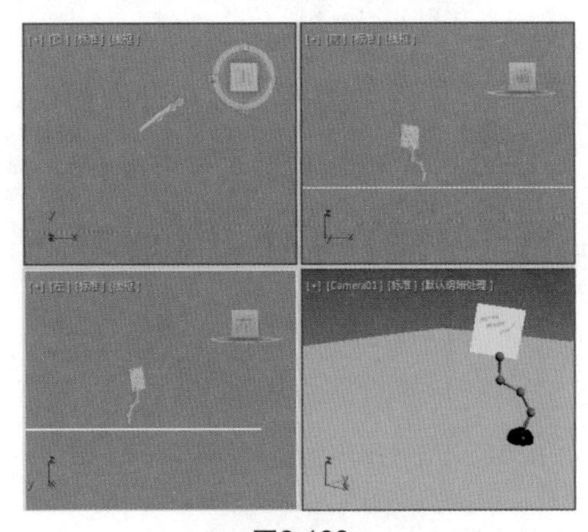

图2-188

Step 02 在【透视】视图中选择需要镜像的对象，在工具栏中单击【镜像】按钮，如图2-189所示。

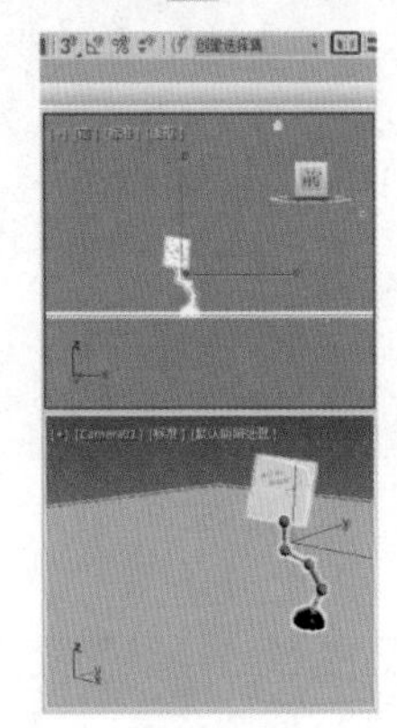

图2-189

Step 03 弹出【镜像：世界 坐标】对话框，在【镜像轴】选项组中选中XY单选按钮，将【偏移】设置为-5，在【克隆当前选择】选项组中选中【复制】单选按钮，如图2-190所示。

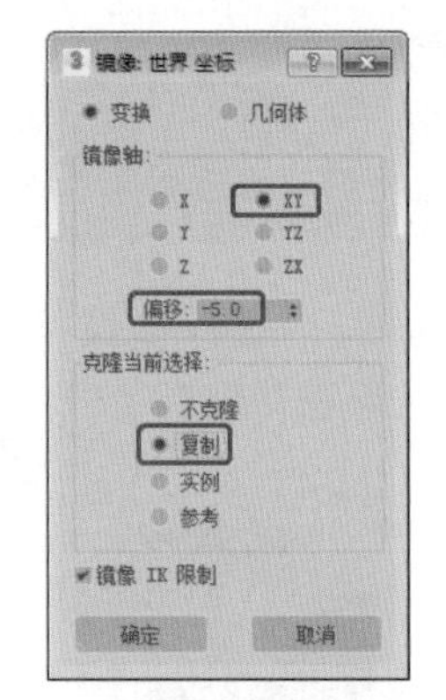


图2-190

Step 04 单击【确定】按钮，即可将选择的对象进行XY轴镜像，关闭对话框。按C键，将【透视】视图转换为【摄影机】视图，可在该视图中观察镜像后的效果，如图2-191所示。

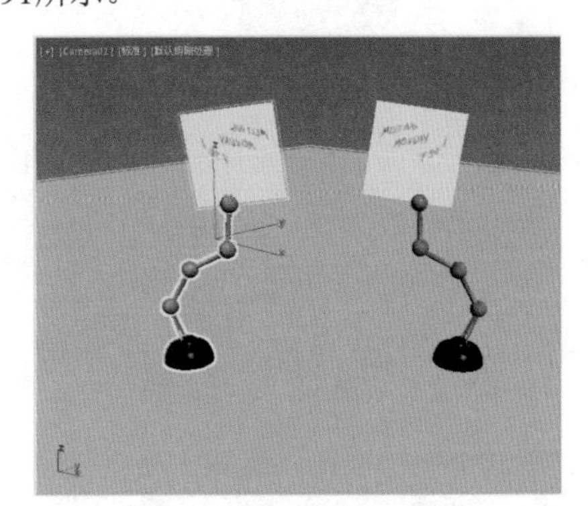

图2-191

## 实例109 YZ轴镜像

将对象沿YZ轴镜像称为YZ轴镜像。本例将讲解如何将对象进行YZ轴镜像，完成后的效果如图2-192所示。

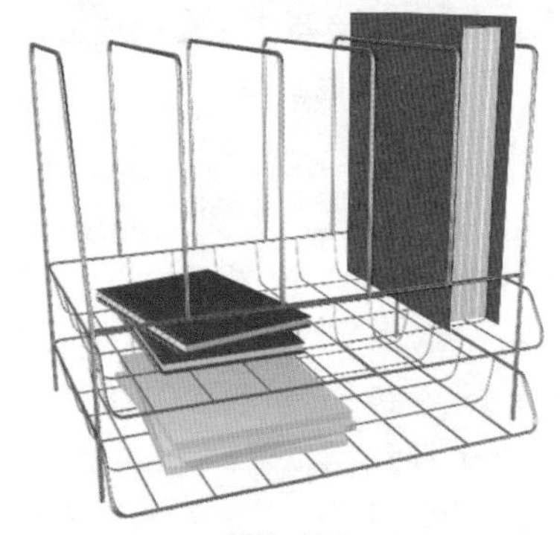

图2-192

| 素材： | Scene\Cha02\ YZ轴镜像素材.max |
|---|---|
| 场景： | Scene\Cha02\实例109 YZ轴镜像.max |
| 视频： | 视频教学\Cha02\实例109 YZ轴镜像.mp4 |

Step 01 按Ctrl+O组合键，打开“Scene\Cha02\YZ轴镜像素材.max”素材文件，如图2-193所示。

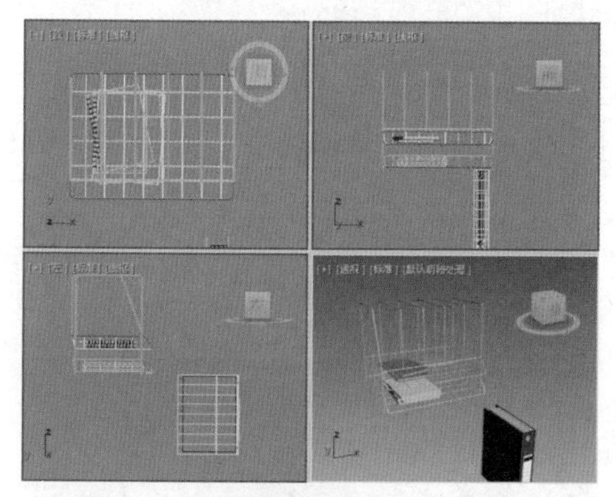

图2-193

Step 02 在【透视】视图中选择需要YZ镜像的对象，在工具栏中单击【镜像】按钮，如图2-194所示。

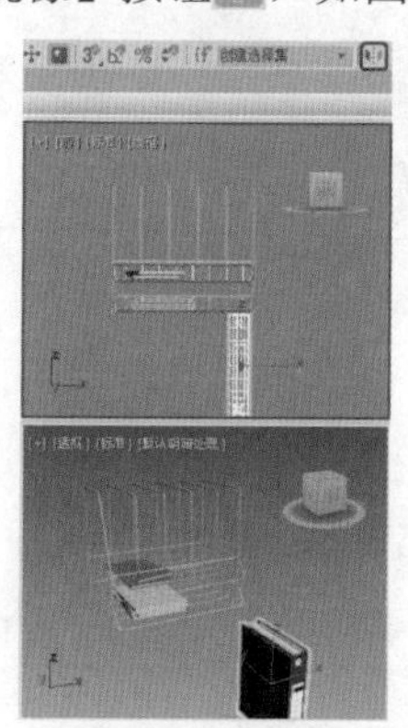

图2-194

Step 03 弹出【镜像：世界 坐标】对话框，在【镜像轴】选项组中选中YZ单选按钮，将【偏移】设置为15，在【克隆当前选择】选项组中选中【不克隆】单选按钮，如图2-195所示。

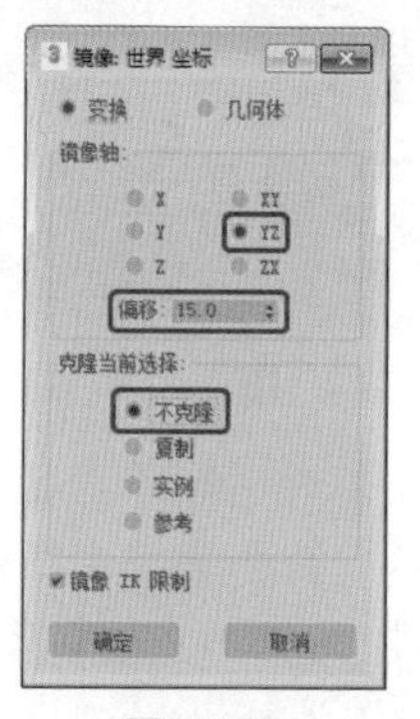


图2-195

Step 04 单击【确定】按钮，即可将选择的对象进行YZ轴镜像，关闭对话框。按C键，将【透视】视图转换为【摄影机】视图，即可在该视图中观察效果，如图2-196所示。

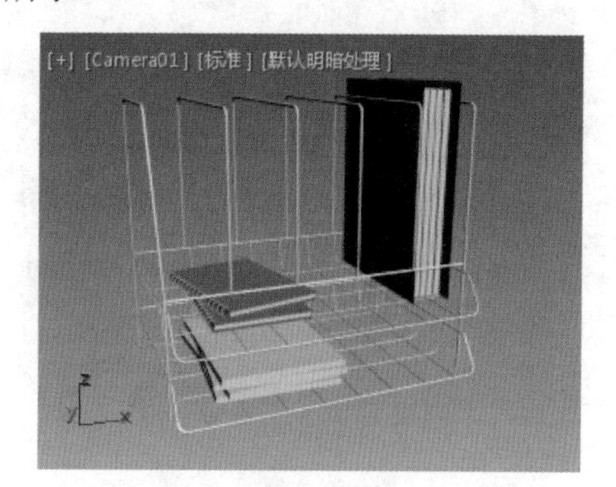


图2-196

## 实例110 ZX轴镜像

将对象沿着ZX轴镜像即为ZX轴镜像。本例将讲解如何将对象进行ZX轴镜像，完成后的效果如图2-197所示。

图2-197

| 素材： | Scene\Cha02\ ZX轴镜像素材.max |
|---|---|
| 场景： | Scene\Cha02\实例110 ZX轴镜像.max |
| 视频： | 视频教学\Cha02\实例110 ZX轴镜像.mp4 |

Step 01 按Ctrl+O组合键，打开“Scene\Cha02\ZX轴镜像素材.max”素材文件，如图2-198所示。

Step 02 在【透视】视图中选择需要ZX镜像的对象，在工具栏中单击【镜像】按钮，如图2-199所示。

Step 03 弹出【镜像：世界 坐标】对话框，在【镜像轴】选项组中选中ZX单选按钮，在【克隆当前选择】选项组中选中【不克隆】单选按钮，如图2-200所示。

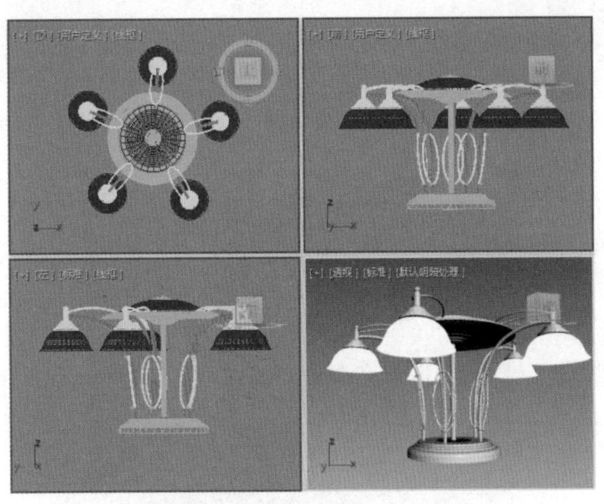

图2-198

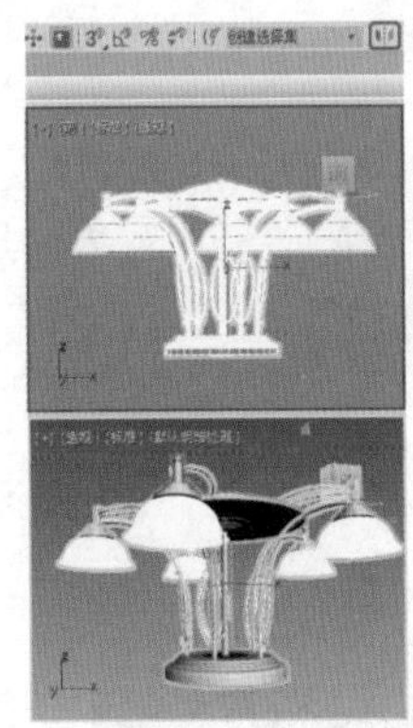

图2-199

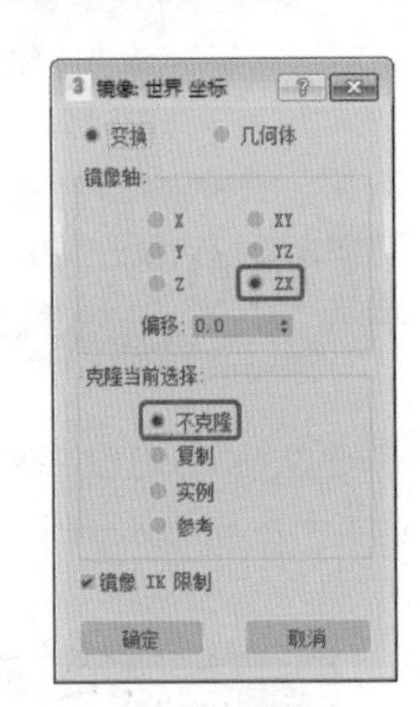


图2-200

Step 04 单击【确定】按钮，即可完成ZX轴镜像，关闭对话框。按C键，将【透视】视图转换为【摄影机】视图，即可在该视图中观察效果，如图2-201所示。

图2-201

## 实例111 移动阵列

移动阵列可将选中的对象进行水平克隆。本例将讲解如何将选中的对象进行移动阵列，完成后的效果如图2-202所示。

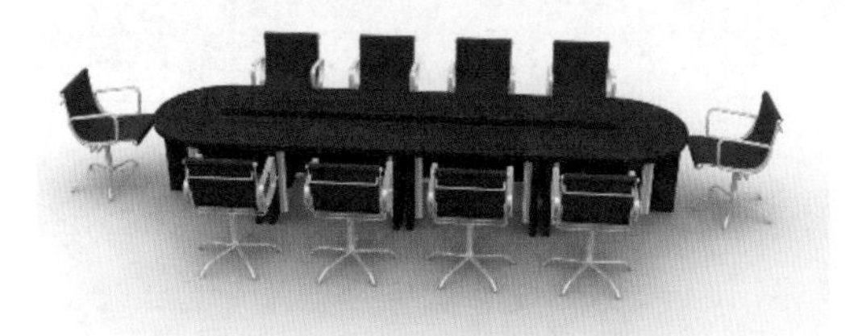

图2-202

| 素材： | Scene\Cha02\移动阵列素材.max |
|---|---|
| 场景： | Scene\Cha02\实例111 移动阵列.max |
| 视频： | 视频教学\Cha02\实例111 移动阵列.mp4 |

Step 01 按Ctrl+O组合键，打开“Scene\Cha02\移动阵列素材.max”素材文件，如图2-203所示。

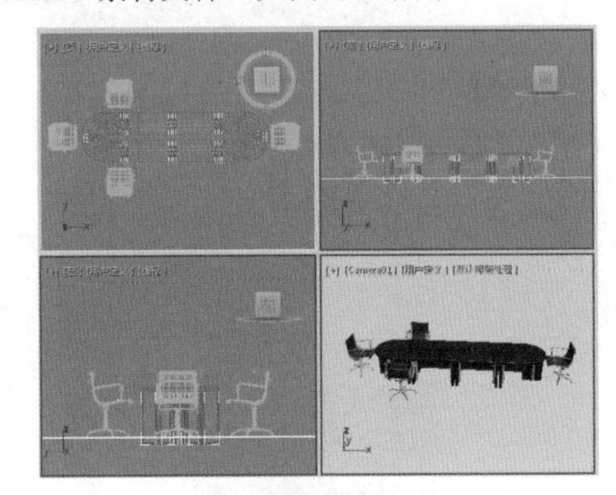

图2-203

Step 02 在【顶】视图中选择【椅子2】对象与【椅子4】对象，在菜单栏中选择【工具】|【阵列】命令，如图2-204所示。

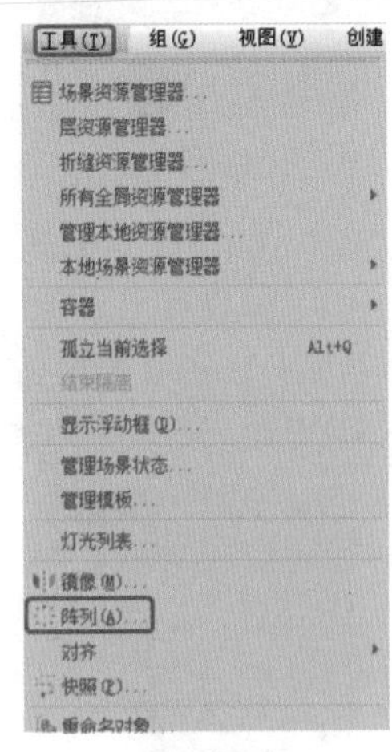


图2-204

Step 03 弹出【阵列】对话框，在【阵列变换：屏幕坐标（使用轴点中心）】选项组中激活【移动】右侧坐标文本框，将X设置为750，在【阵列维度】选项组中将1D的【数量】设置为4，如图2-205所示。

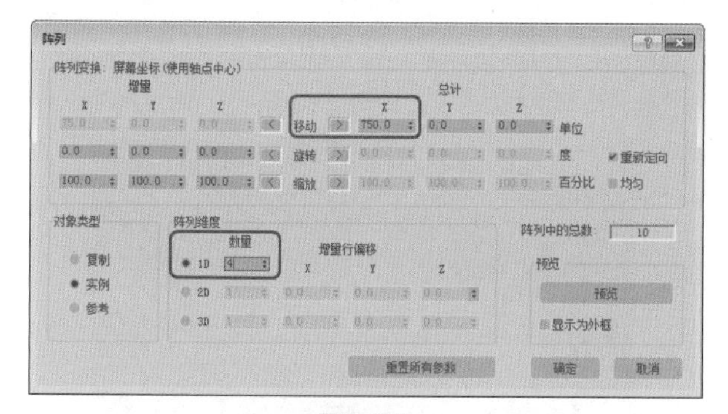


图2-205

Step 04 单击【确定】按钮，即可完成移动阵列，在视图中观察效果，如图2-206所示。

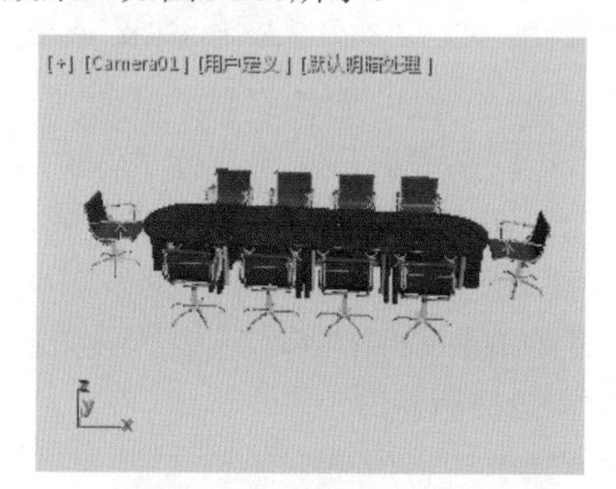


图2-206

## 实例112 旋转阵列

旋转阵列是将对象沿轴点进行旋转克隆。本例将讲解如何将选中的对象进行旋转阵列，完成后的效果如图2-207所示。

图2-207

| 素材： | Scene\Cha02\旋转阵列素材.max |
|---|---|
| 场景： | Scene\Cha02\实例112 旋转阵列.max |
| 视频： | 视频教学\Cha02\实例112 旋转阵列.mp4 |

Step 01 按Ctrl+O组合键，打开“Scene\Cha02\旋转阵列素材.max”素材文件，如图2-208所示。

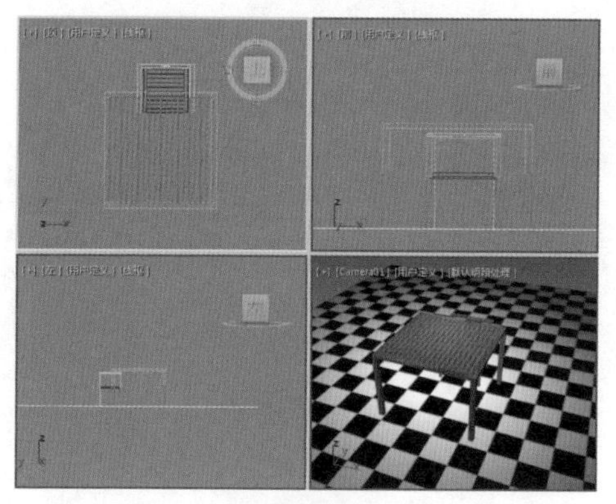

图2-208

Step 02 在视图中单击【椅子】对象，切换至【层次】命令面板，单击【轴】按钮，单击【调整轴】卷展栏中的【仅影响轴】按钮，如图2-209所示。

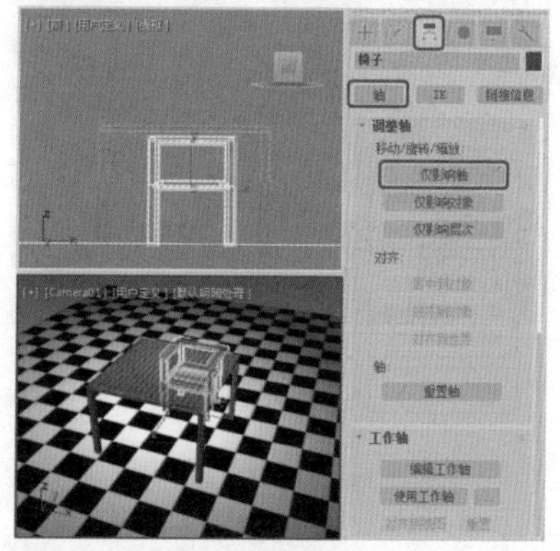

图2-209

Step 03 在工具栏中单击【选择并移动】按钮，在视图中调整轴的位置，如图2-210所示。

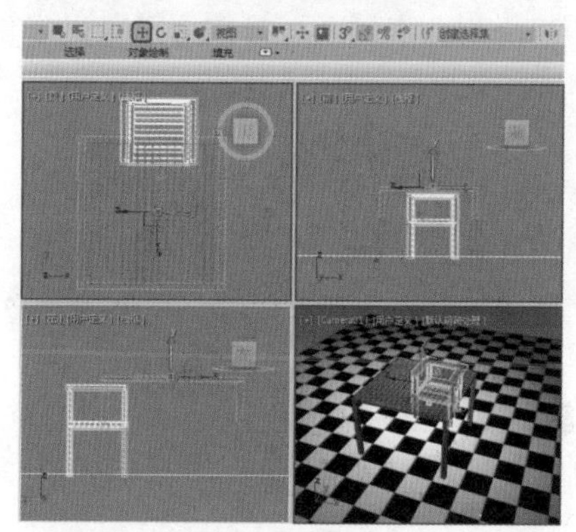

图2-210

Step 04 激活【顶】视图，在菜单栏中选择【工具】|【阵列】命令，弹出【阵列】对话框，在【阵列变换：屏幕坐标（使用轴点中心）】选项组中激活【旋

转】右侧的坐标文本框，将Z设置为360，在【阵列维度】选项组中设置1D的【数量】为4，如图2-211所示。

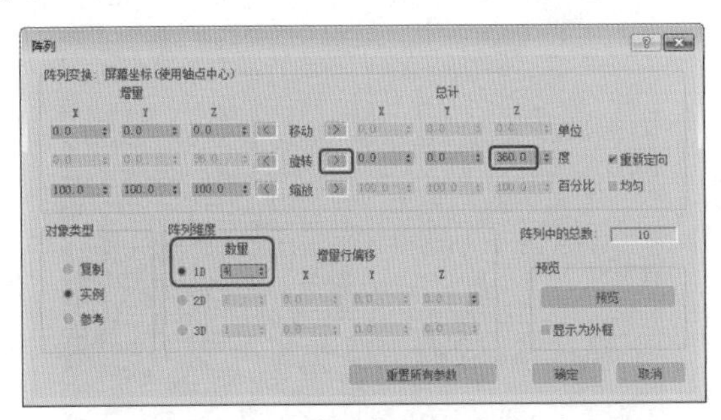


图2-211

Step 05 单击【确定】按钮，即可完成选择对象的旋转阵列，在视图中观察效果，如图2-212所示。

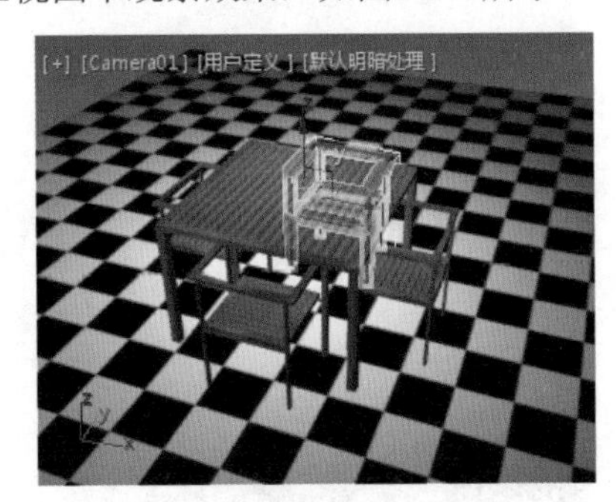


图2-212

## 实例113 缩放阵列

在阵列中分别设置在三个轴向上缩放的百分比即可进行缩放阵列。本例将讲解如何将对象进行缩放阵列，完成后的效果如图2-213所示。

图2-213

| 素材： | Scene\Cha02\缩放阵列素材.max |
|---|---|
| 场景： | Scene\Cha02\实例113 缩放阵列.max |
| 视频： | 视频教学\Cha02\实例113 缩放阵列.mp4 |

Step 01 按Ctrl+O组合键，打开“Scene\Cha02\缩放阵列素材.max”素材文件，如图2-214所示。

图2-214

Step 02 在【顶】视图中单击需要缩放阵列的对象，在菜单栏中选择【工具】|【阵列】命令，弹出【阵列】对话框，将【移动】左侧的X、Y、Z分别设置为180、45、0，将【缩放】右侧的X、Y、Z均设置20，将1D设置为3，如图2-215所示。

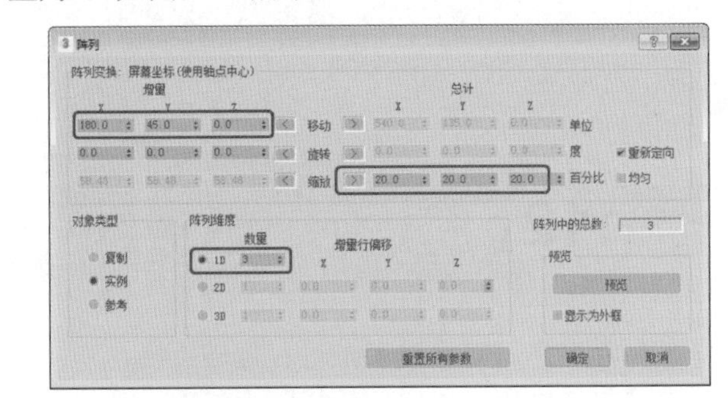


图2-215

Step 03 单击【确定】按钮，即可完成选择对象的缩放阵列，在视图中观察效果，如图2-216所示。

图2-216

# 第3章 创建建筑模型

本章将介绍如何创建几何体建筑模型，使用户可以更加高效、快捷地完成工作，主要包括栏杆、墙、L型楼梯、U型楼梯、螺旋楼梯、遮篷式窗、半开窗、固定窗、旋开窗、伸出式窗的创建。

# 实例114 创建栏杆

运用【AEC扩展】功能建模，可以创建栏杆、立柱和简单户型的墙体等模型。下面将介绍如何创建栏杆，效果如图3-1所示。

图3-1

| 素材： | Scene\Cha03\栏杆素材.max |
|---|---|
| 场景： | Scene\Cha03\实例114 创建栏杆.max |
| 视频： | 视频\Cha03\实例114 创建栏杆.mp4 |

Step 01 按Ctrl+O组合键，打开“Scene\Cha03\栏杆素材.max”素材文件，如图3-2所示。

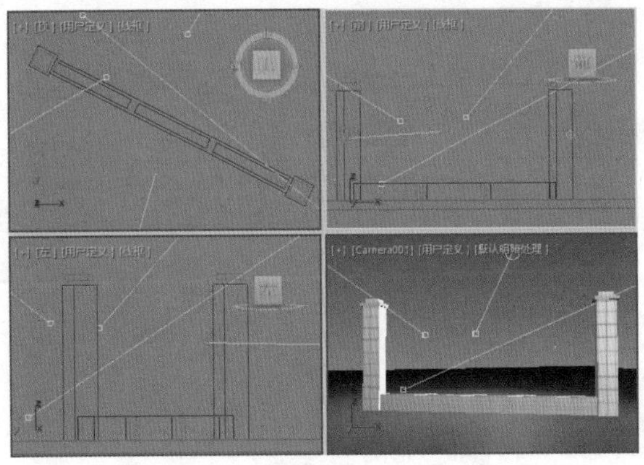

图3-2

Step 02 选择【创建】 |【几何体】 |【AEC扩展】选项，在【对象类型】卷展栏中单击【栏杆】按钮，如图3-3所示。

Step 03 切换至【顶】视图，单击鼠标左键并向右下方拖曳，释放鼠标后向上移动鼠标至合适位置后单击，即可在视图中创建一个栏杆，如图3-4所示。

Step 04 切换至【修改】命令面板，在【栏杆】卷展栏中将栏杆的【长度】设置为295，在【上围栏】选项组中设置【剖面】为【方形】、【深度】值为5、【宽度】值为5、【高度】值为125，将【下围栏】 选项组中的【剖面】设置为【无】，适当调整栏杆的位置，如图3-5所示。

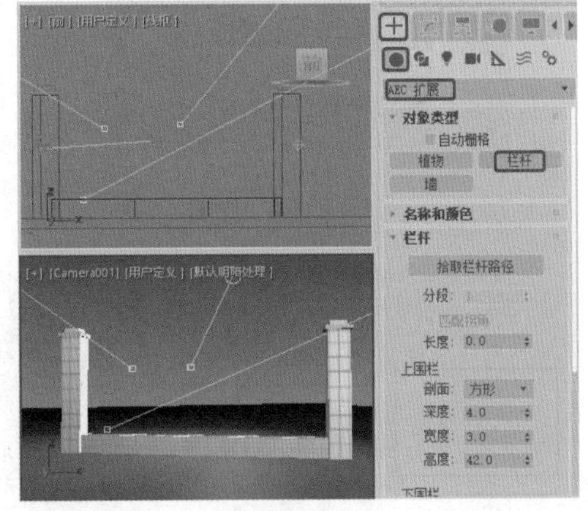

图3-3

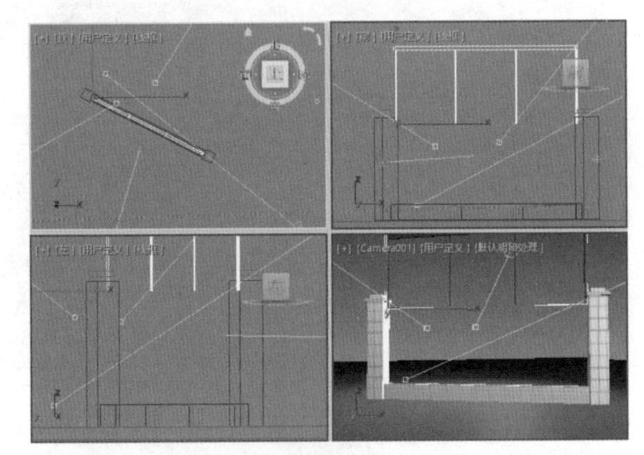

图3-4

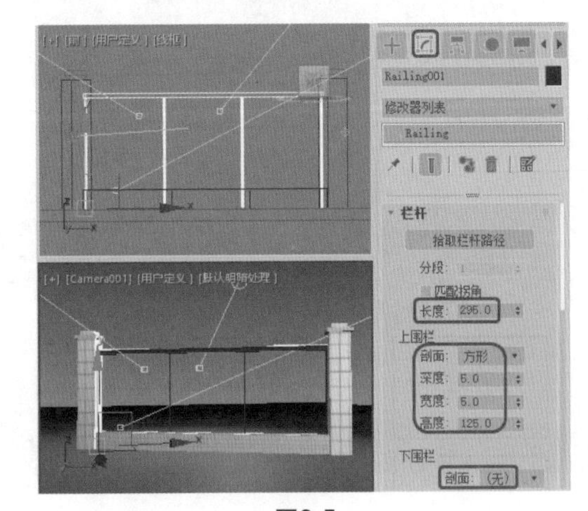

图3-5

Step 05 在【立柱】卷展栏中设置其【剖面】为【无】，在【栅栏】卷展栏中设置其【类型】为【支柱】，在【支柱】选项组中设置其【剖面】为【圆形】、【深度】值为2、【宽度】值为2，设置完成后单击【支柱间距】按钮，如图3-6所示。

Step 06 弹出 【支柱间距】对话框，在【参数】选项组中设置【计数】为16，如图3-7所示。

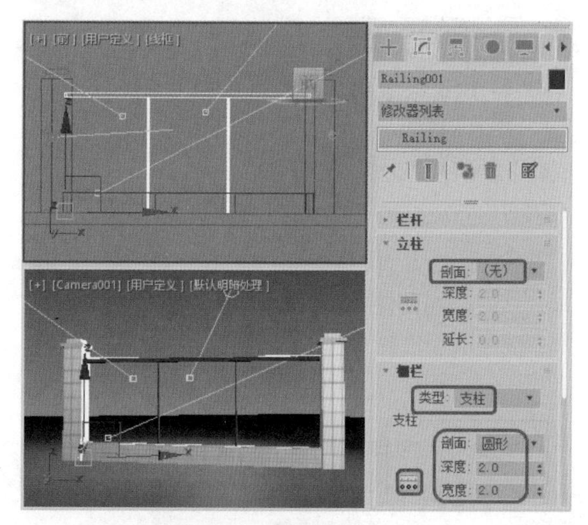

图3-6

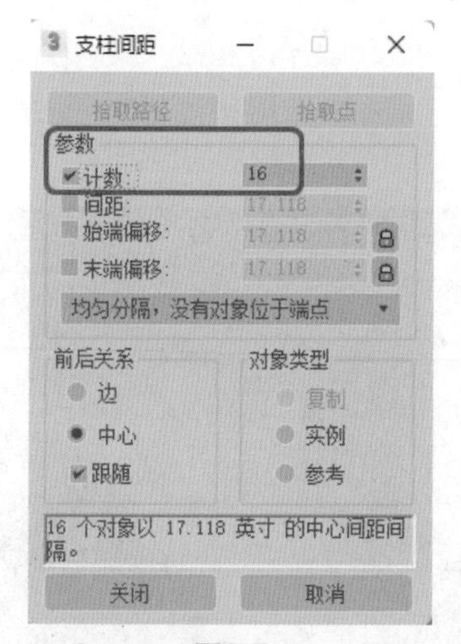

图3-7

Step 07 单击【关闭】按钮，按M键打开材质编辑器，在材质编辑器中选择【金属】材质球，单击【将材质指定给选定对象】按钮，如图3-8所示。

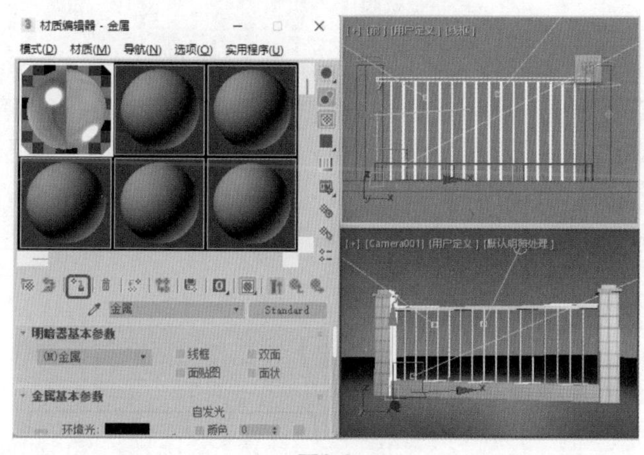

图3-8

Step 08 为对象指定完材质后将材质编辑器关闭，激活【摄影机】视图，按F9键渲染即可。

## 实例115 创建墙

运用【AEC扩展】建模 可以创建墙，使用户可以更简便地制作建筑模型，效果如图3-9所示。

图3-9

| 素材： | Scene\Cha03\墙素材.max |
|---|---|
| 场景： | Scene\Cha04\实例115 创建墙.max |
| 视频： | Scene\Cha04\实例115 创建墙.mp4 |

Step 01 按Ctrl+O组合键，打开“Scene\Cha03\墙素材.max”素材文件，如图3-10所示。

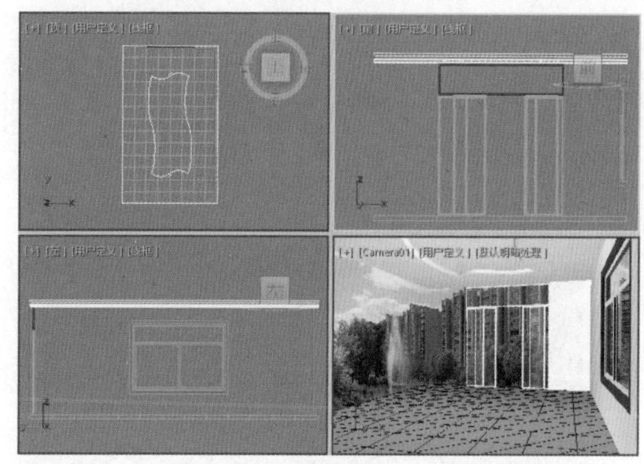

图3-10

Step 02 选择【创建】|【几何体】|【AEC扩展】|【墙】工具，展开【参数】卷展栏，将【宽度】设置为190.4，将【高度】设置为3000，在【顶】视图中创建如图3-11所示的墙。

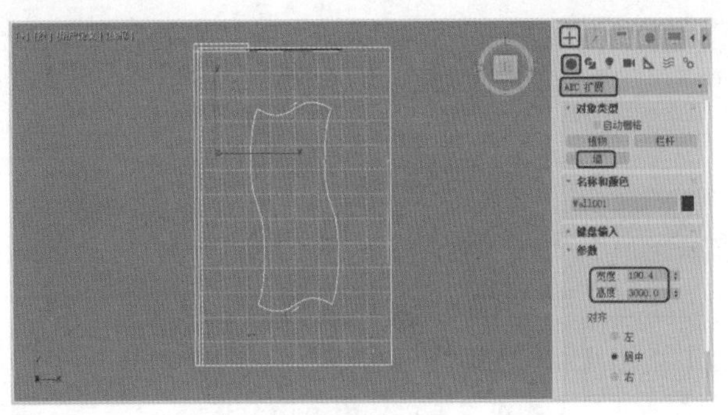

图3-11

Step 03 切换至【修改】命令面板，将当前选择集定义为【分段】，选择墙体线段，打开【编辑分段】卷展栏，将【参数】选项组中的【宽度】设置为150，如图3-12所示。

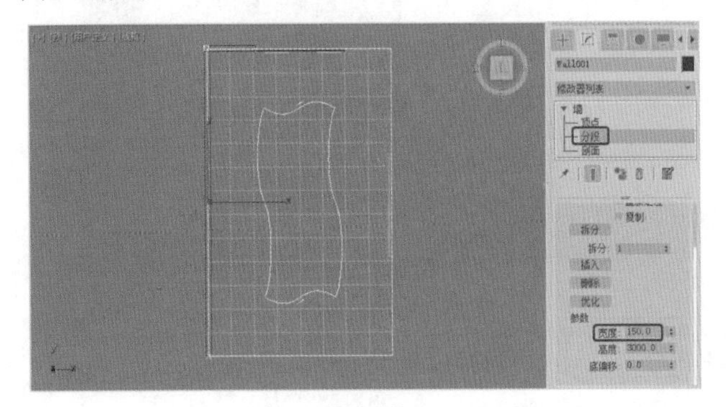

图3-12

Step 04 退出当前选择集，使用【选择并移动】工具将其调整至合适的位置，将当前选择集定义为【顶点】，在视图中调整顶点的位置，如图3-13所示。

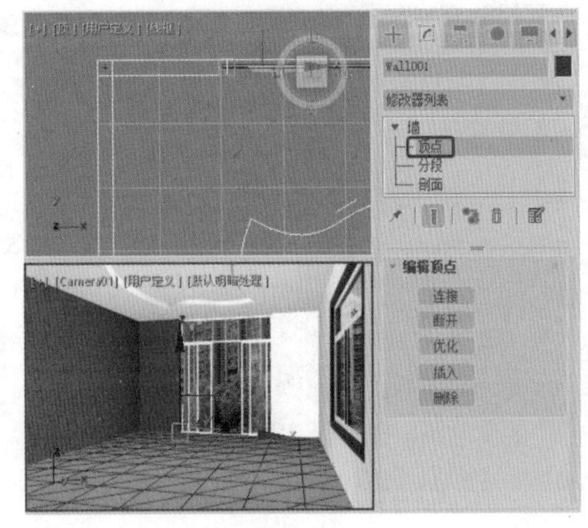

图3-13

Step 05 调整完成后为墙体指定材质，如图3-14所示，激活【摄影机】视图，按F9键渲染效果即可。

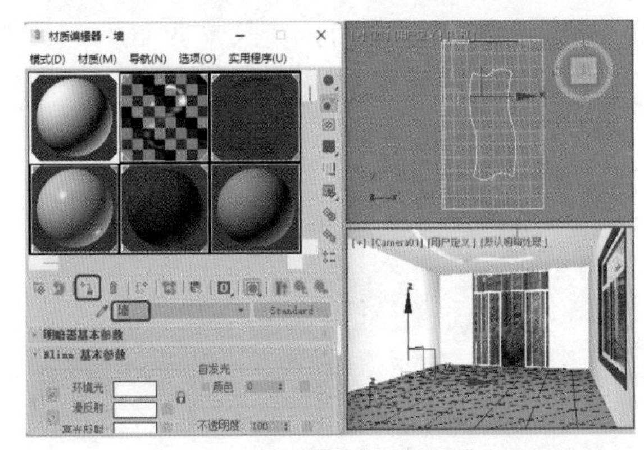

图3-14

## 实例116 创建L型楼梯

使用【L 型楼梯】工具可以创建彼此成直角的两段楼梯。下面将要介绍如何创建L型楼梯，效果如图3-15所示。

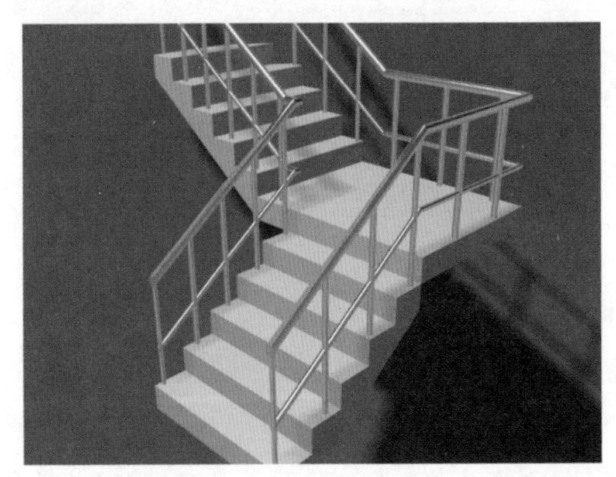

图3-15

| 素材: | Scene\Cha03\L型楼梯素材.max、楼梯栏杆.max |
|---|---|
| 场景: | Scene\Cha04\实例116 创建L型楼梯.max |
| 视频: | 视频\Cha03\实例116 创建L型楼梯.mp4 |

Step 01 按Ctrl+O组合键，打开“Scene\Cha03\L型楼梯素材.max”素材文件，如图3-16所示。

Step 02 选择【创建】|【几何体】|【楼梯】|【L型楼梯】工具，在【顶】视图中绘制楼梯，如图3-17所示。

Step 03 切换至【修改】命令面板，在【参数】卷展栏中设置【类型】为【封闭式】，在【生成几何体】选项组中勾选【扶手路径】右侧的【左】、【右】两个复选框，在【布局】选项组中设置【长度1】、【长度2】、【宽度】、【角度】、【偏移】分别为80、79、

66、-90、17.5，在【梯级】选项组中设置【总高】为116.4，按Enter键确认，如图3-18所示。

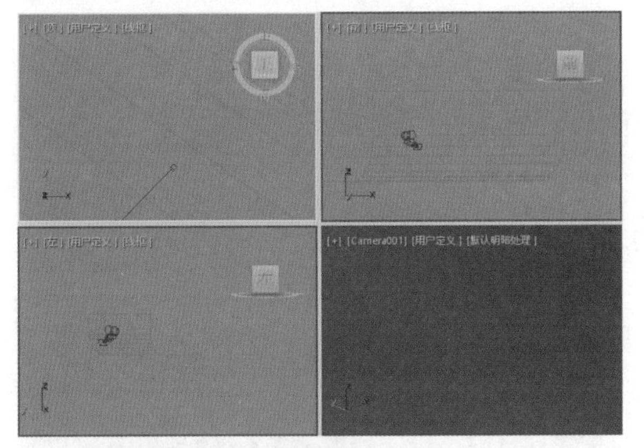

图3-16

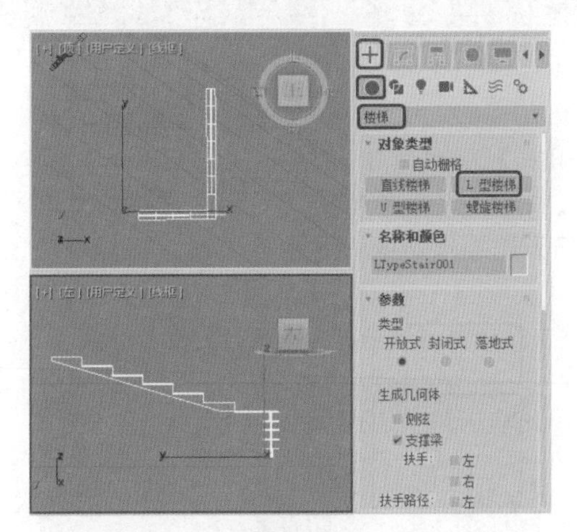

图3-17

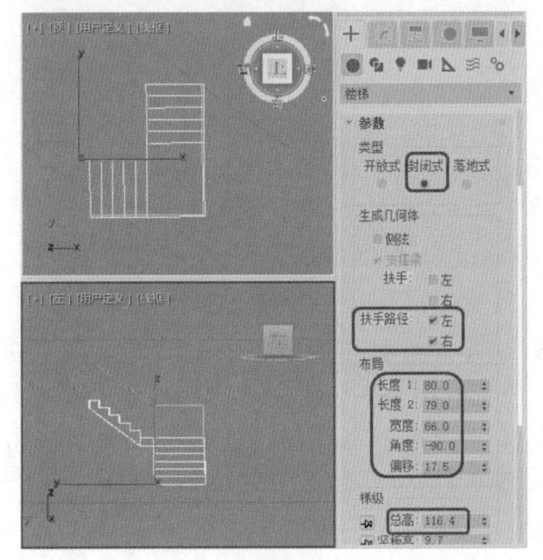

图3-18

**Step 04** 在【栏杆】卷展栏中设置【高度】值为0，【偏移】值为2，如图3-19所示。

**Step 05** 在菜单栏中选择【文件】|【导入】|【合并】命令，弹出【合并文件】对话框，选择"Scene\Cha03\楼梯栏杆.max"文件，单击【打开】按钮，在弹出的对话框中选择如图3-20所示的合并对象，单击【确定】按钮。

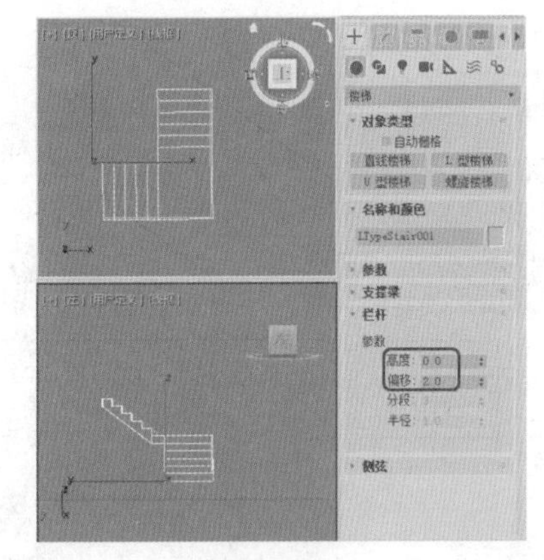

图3-19

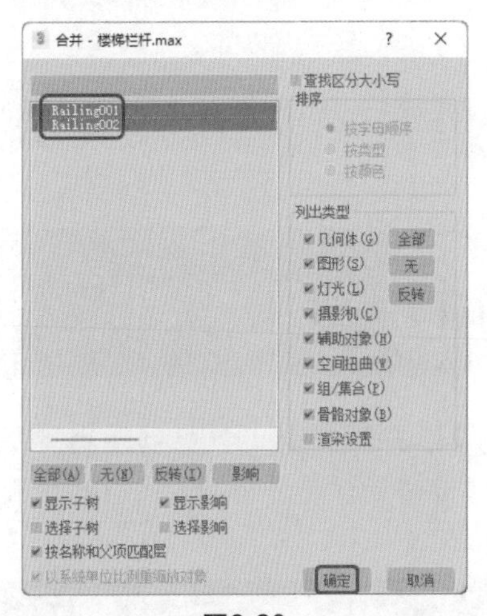

图3-20

**Step 06** 在视图中调整楼梯和栏杆的位置，效果如图3-21所示。

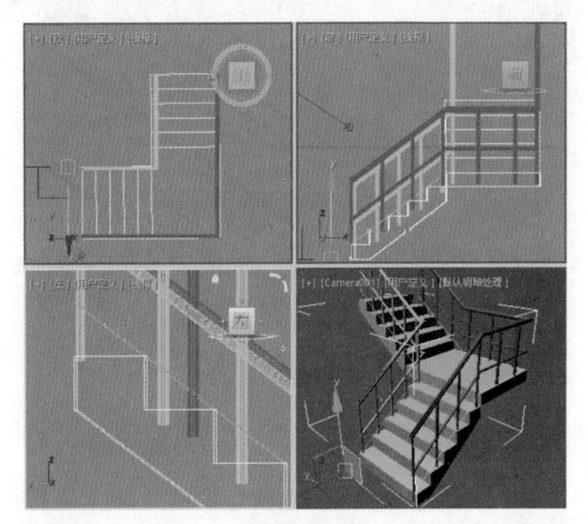

图3-21

**Step 07** 在场景中选择合并的栏杆对象，按M键打开材质编辑器。在材质编辑器中选择【金属】材质球，单击【将材质指定给选定对象】按钮，使用同样的方法为楼梯赋予材质，如图3-22所示。

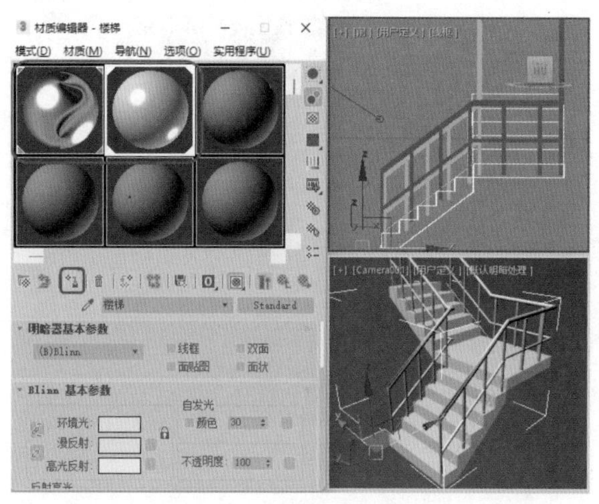

图3-22

**Step 08** 指定完成后，按F9键对【摄影机】视图进行渲染即可。

## 实例117 创建U型楼梯

使用【U型楼梯】工具可以创建一个两段的楼梯，这两段楼梯平行并且它们之间有一个平台，效果如图3-23所示。

图3-23

| 素材： | Scene\Cha03\U型楼梯素材.max、楼梯栏杆2.max |
|---|---|
| 场景： | Scene\Cha04\实例117 创建U型楼梯.max |
| 视频： | Scene\Cha03\实例117 创建U型楼梯.mp4 |

**Step 01** 按Ctrl+O组合键，打开“Scene\Cha03\U型楼梯素材.max”素材文件，选择【创建】|【几何体】|【楼梯】|【U型楼梯】工具，在【顶】视图中创建楼梯模型，如图3-24所示。

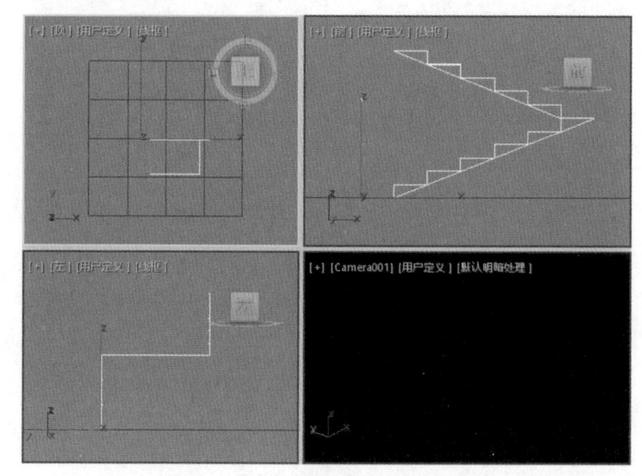

图3-24

**Step 02** 在【参数】卷展栏的【类型】选项组中选中【封闭式】单选按钮，在【生成几何体】选项组中勾选【扶手路径】右侧的【左】和【右】复选框，在【布局】选项组中选中【左】单选按钮，设置【长度1】、【长度2】、【宽度】、【偏移】值分别为189.7、193、63.5、12，按Enter键确认，如图3-25所示。

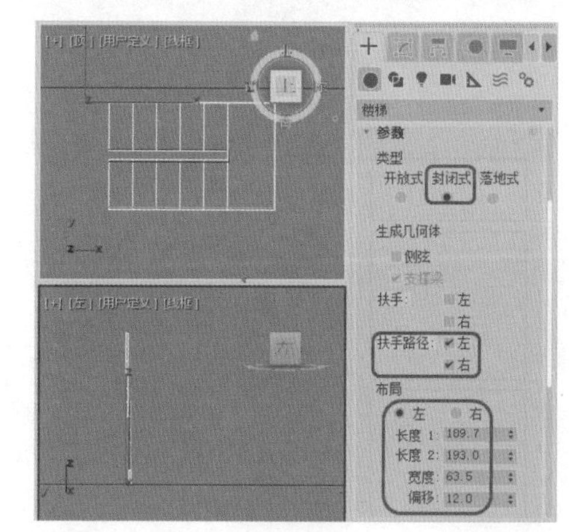

图3-25

**Step 03** 在【梯级】选项组中单击【竖板高】左侧的【枢轴竖板高度】按钮，将【竖板数】设置为19，再单击【竖板数】左侧的【枢轴竖板数】按钮，设置【总高】值为200.5，按Enter键确认，如图3-26所示。

**Step 04** 在工具栏中选择【选择并移动】工具，将创建的楼梯调整至合适的位置，并适当调整路径的位置，将【摄影机】视图模式改为平面颜色，效果如图3-27所示。

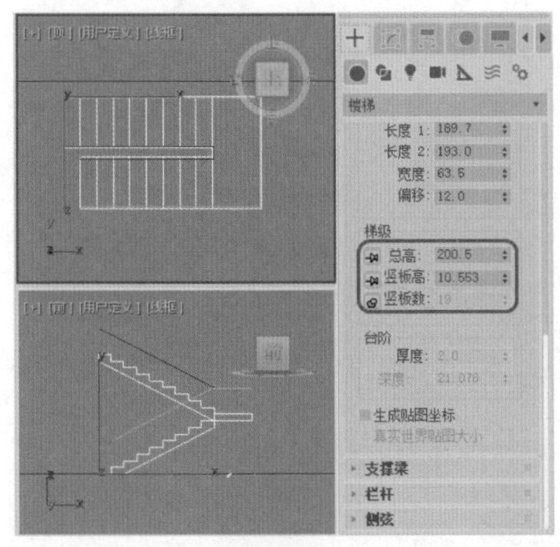


图3-26

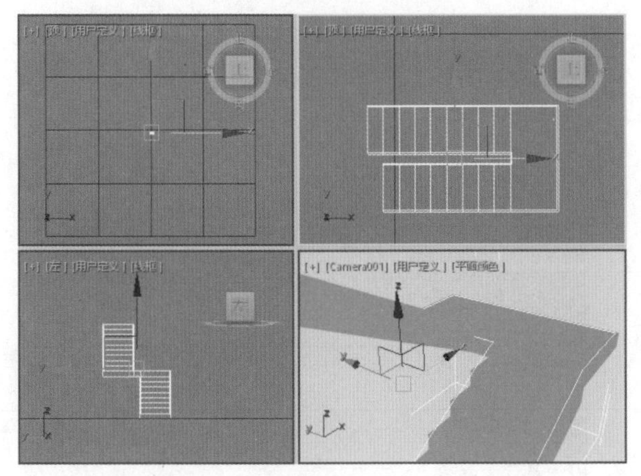

图3-27

**Step 05** 在菜单栏中选择【文件】|【导入】|【合并】命令，合并“Scene\Cha03\楼梯栏杆2.max”文件，在视图中调整栏杆的位置，效果如图3-28所示。

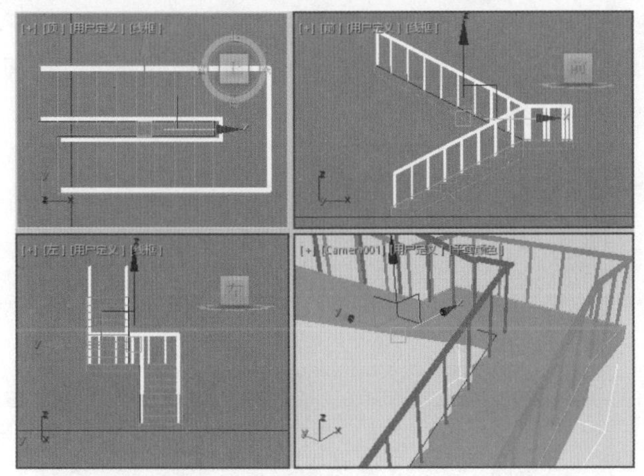

图3-28

**Step 06** 在场景中选择创建的楼梯对象，按M键打开材质编辑器。选择【瓷砖】材质球，单击【将材质指定给选定对象】按钮及【视口中显示明暗处理材质】按钮，为栏杆指定金属材质，如图3-29所示。

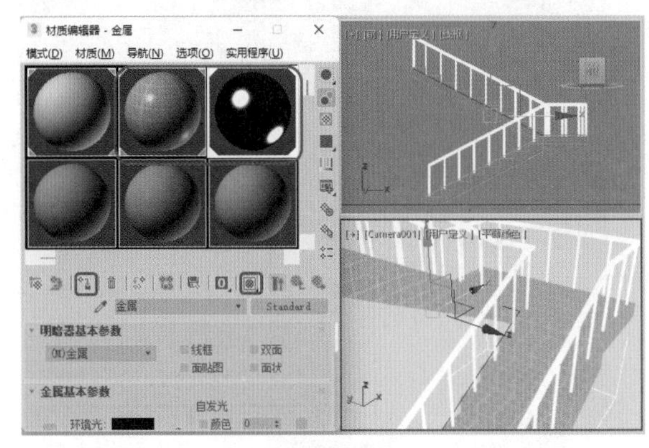


图3-29

**Step 07** 激活【摄影机】视图，按F9键渲染效果。

## 实例118 创建螺旋楼梯

下面将讲解如何创建螺旋楼梯，效果如图3-30所示。

图3-30

| 素材： | Scene\Cha03\螺旋楼梯素材.max、楼梯栏杆3.max |
|---|---|
| 场景： | Scene\Cha04\实例118 创建螺旋楼梯.max |
| 视频： | 视频\Cha03\实例118 创建螺旋楼梯.mp4 |

**Step 01** 按Ctrl+O组合键，打开“Scene\Cha03\螺旋楼梯素材.max”素材文件，选择【创建】|【几何体】|【楼梯】选项，在【对象类型】卷展栏中选择【螺旋楼梯】工具，在【顶】视图中按住鼠标左键拖曳至合适的位置后释放鼠标，再次移动鼠标至合适位置单击确认楼梯的高度，如图3-31所示。

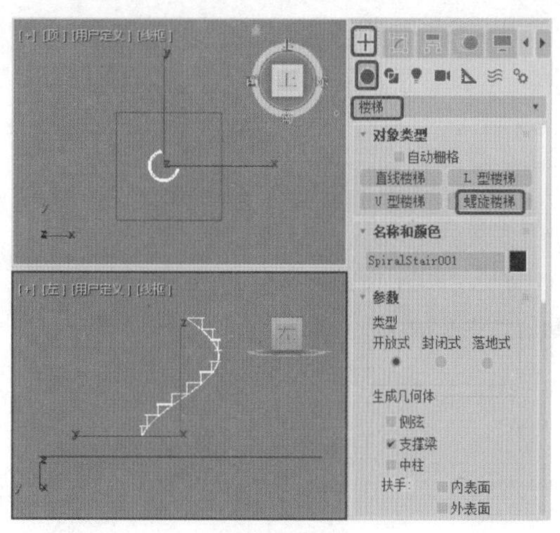

图3-31

**Step 02** 在【参数】卷展栏中选中【开放式】单选按钮，在【生成几何体】选项组中分别勾选【侧弦】和【中柱】复选框，取消勾选【支撑梁】复选框，勾选【扶手路径】右侧的【外表面】复选框，在【布局】选项组中设置【半径】、【旋转】和【宽度】值分别为103、2、86，如图3-32所示。

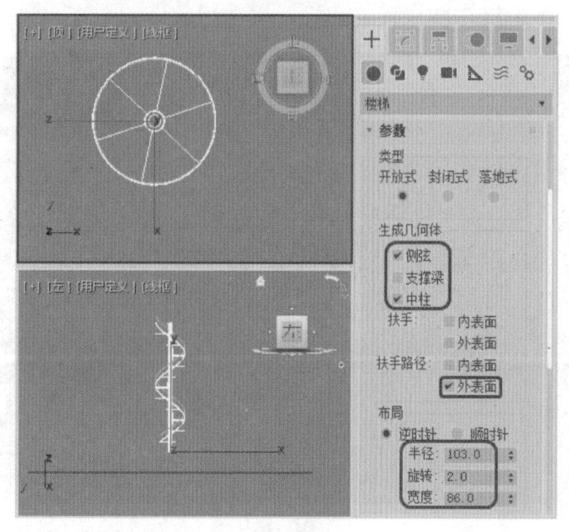

图3-32

**Step 03** 在【梯级】选项组中单击【竖板高】左侧的【枢轴竖板高度】按钮，激活【竖板数】文本框并将其设置为35，再单击【竖板数】左侧的【枢轴竖板高度】按钮，设置【总高】值为458，在【台阶】选项组中设置【厚度】为5，勾选【深度】复选框，并将其值设置为24，按Enter键确认，如图3-33所示。

**Step 04** 打开【栏杆】卷展栏，分别设置【高度】和【偏移】值为0、4；打开【侧弦】卷展栏，分别设置【深度】、【宽度】和【偏移】值为25、3.5、5；打开【中柱】卷展栏，分别设置【半径】、【分段】值为18、12，按Enter键确认，如图3-34所示。

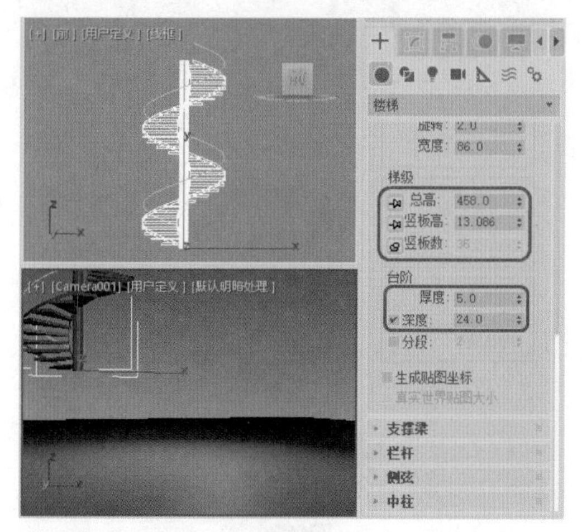

图3-33

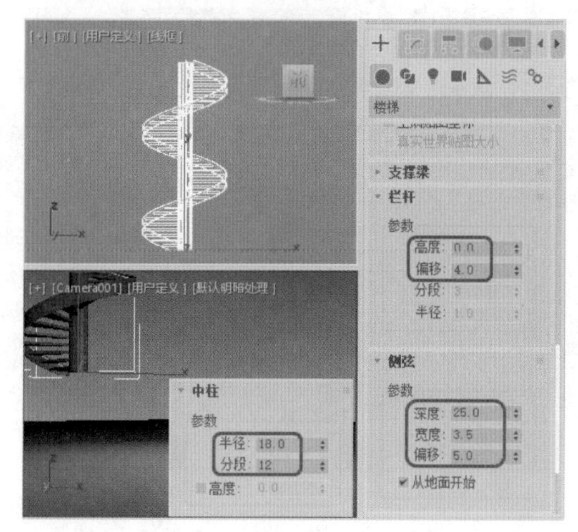

图3-34

**Step 05** 在菜单栏中选择【文件】|【导入】|【合并】命令，合并“Scene\Cha03\楼梯栏杆3.max”文件，在视图中调整旋转楼梯和栏杆的位置。在工具栏中选择【选择并均匀缩放】工具，将螺旋楼梯缩放至合适的大小，如图3-35所示。

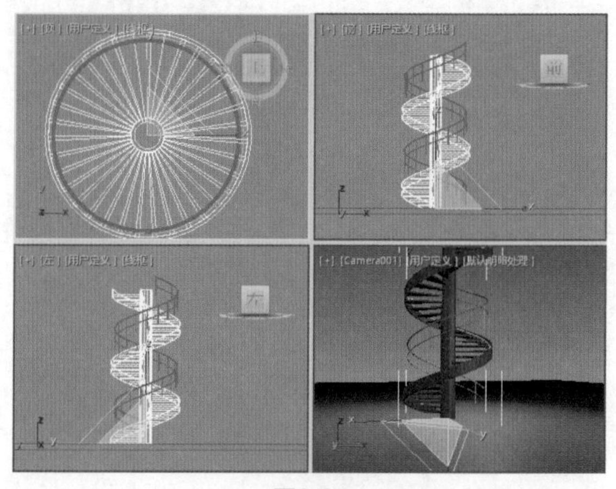

图3-35

**Step 06** 在场景中选择螺旋楼梯对象，使用旋转工具在【顶】视图中将其旋转一定的角度，如图3-36所示。

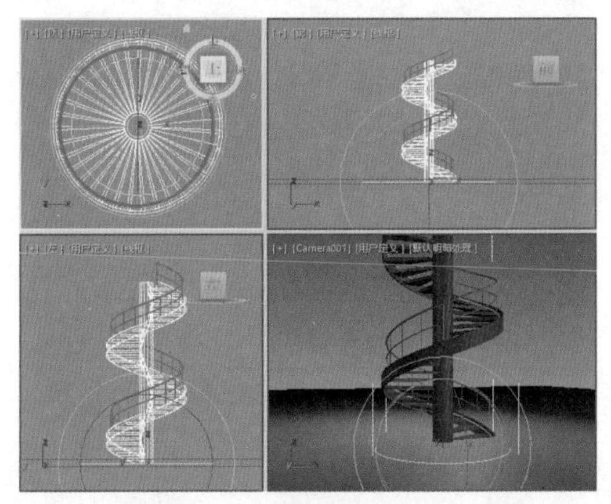

图3-36

**Step 07** 在场景中选择【楼梯】对象，按M键打开材质编辑器。选择【木质】材质球，单击【将材质指定给选定对象】按钮及【视口中显示明暗处理材质】按钮，如图3-37所示。

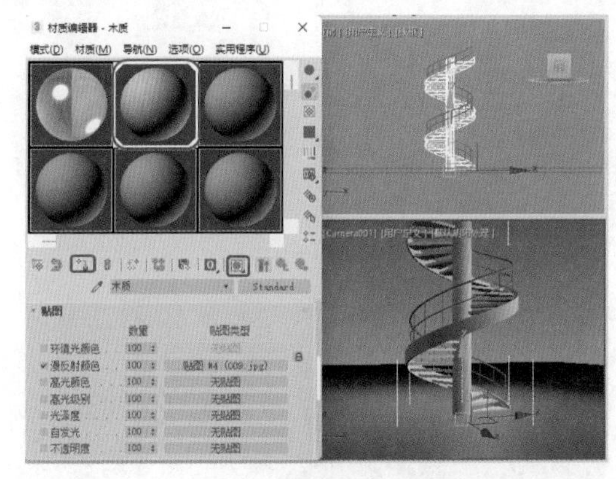

图3-37

**Step 08** 选择【栏杆】对象，选择【金属】材质球，单击【将材质指定给选定对象】按钮及【视口中显示明暗处理材质】按钮，如图3-38所示。

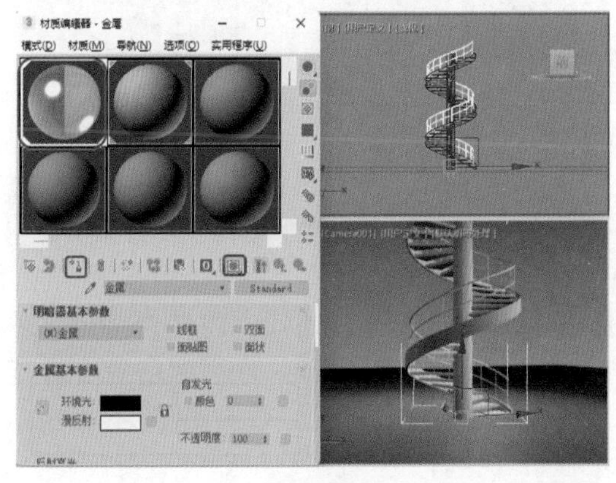

图3-38

**Step 09** 激活【摄影机】视图，按F9键渲染效果。

## 实例119 创建遮篷式窗

遮篷式窗具有一个或多个可在顶部转枢的窗框。下面介绍如何创建遮篷式窗，效果如图3-39所示。

图3-39

| 素材： | Scene\Cha03\遮篷式窗素材.max |
| --- | --- |
| 场景： | Scene\Cha04\实例119 创建遮篷式窗.max |
| 视频： | Scene\Cha03\实例119 创建遮篷式窗.mp4 |

**Step 01** 按Ctrl+O组合键，打开“Scene\Cha03\遮篷式窗素材.max”素材文件，如图3-40所示。

图3-40

**Step 02** 选择【创建】|【几何体】|【窗】|【遮篷式窗】工具，在【顶】视图中创建一个遮篷式窗，如图3-41所示。

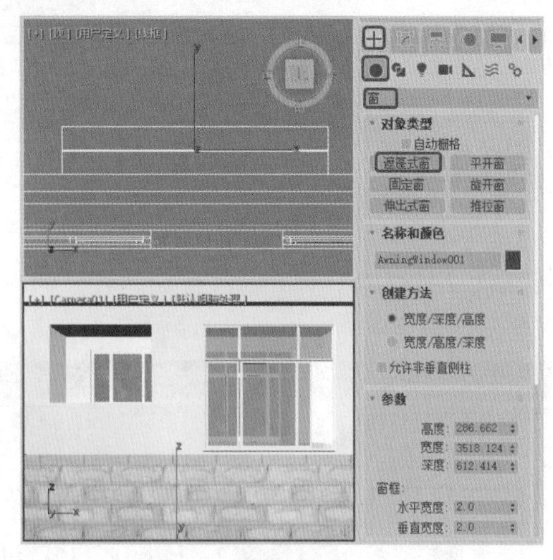

图3-41

**Step 03** 使用【选择并移动】工具将其调整至合适的位置，切换至【修改】命令面板，展开【参数】卷展栏，将【高度】设置为2540，将【宽度】设置为3450，将【深度】设置为180，在【窗框】选项组中将【水平宽度】和【垂直宽度】均设置为2，在【玻璃】选项组中将【厚度】设置为0.25，将【窗格】选项组中的【宽度】设置为1，在【开窗】选项组中将【打开】设置为35%，如图3-42所示。

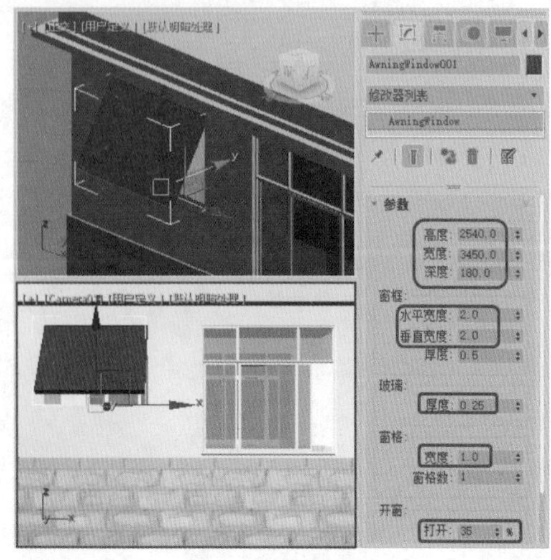

图3-42

**Step 04** 确定当前选择对象为窗户，在【修改器列表】中为其添加【编辑多边形】修改器，并将当前选择集定义为【元素】，选择如图3-43所示的元素。

**Step 05** 在【编辑几何体】卷展栏中单击【分离】右侧的设置按钮，在弹出的对话框中将其重命名为“玻璃”，如图3-44所示。

**Step 06** 设置完成后单击【确定】按钮，退出当前选择集。选择【创建】 |【几何体】 |【线】工具，在视图中绘制一条直线，在【渲染】卷展栏中勾选【在渲染中启用】与【在视口中启用】复选框，设置【径向】选项组中【厚度】的值为90，如图3-45所示。

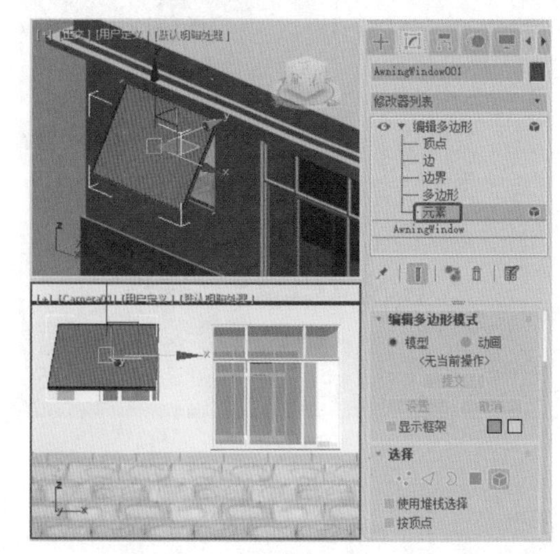

图3-43

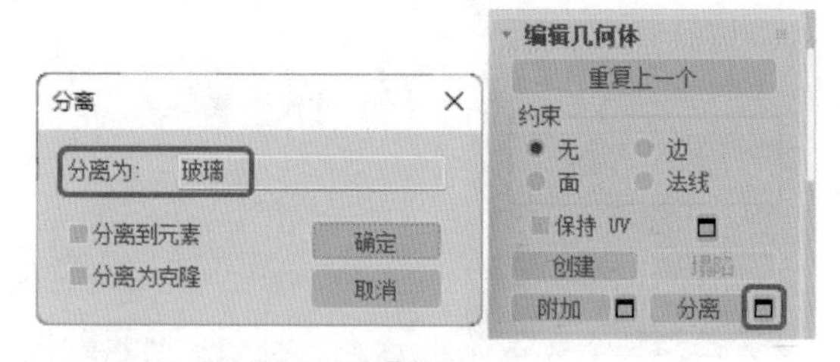


图3-44

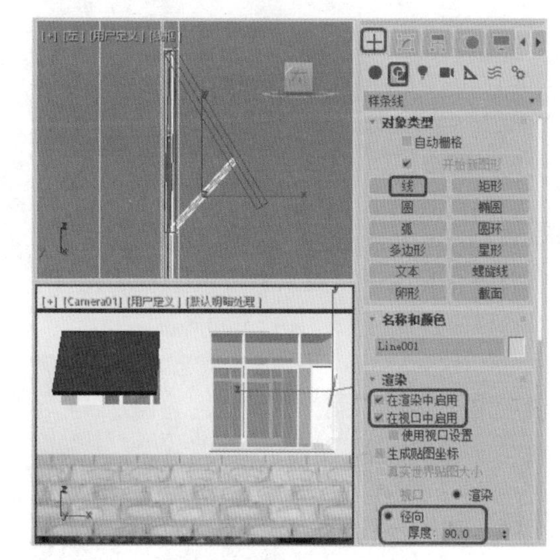

图3-45

**Step 07** 在视图中选择创建的线，将其调整至合适的位置，按M键打开材质编辑器，分别为场景中的窗框、玻璃、支柱赋予不同的材质，效果如图3-46所示。

**Step 08** 激活【摄影机】视图，按F9键渲染效果。

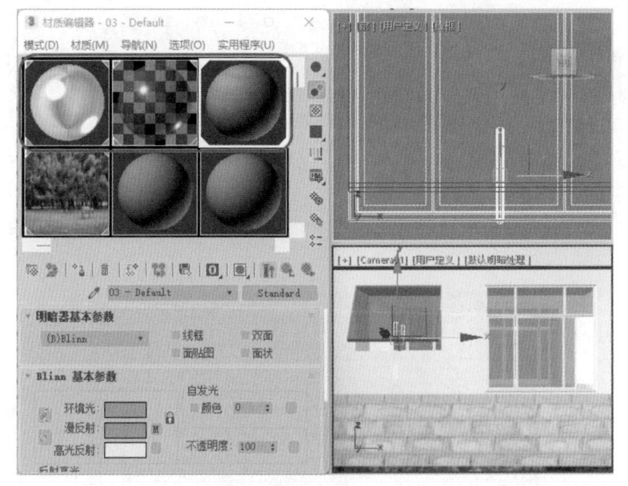

图3-46

## 实例120 创建平开窗

平开窗具有一个或两个类似于门的窗户。下面介绍如何创建平开窗，效果如图3-47所示。

图3-47

| 素材： | Scene\Cha03\平开窗素材.max |
|---|---|
| 场景： | Scene\Cha04\实例120 创建平开窗.max |
| 视频： | 视频\Cha03\实例120 创建平开窗.mp4 |

**Step 01** 按Ctrl+O组合键，打开“Scene\Cha03\平开窗素材.max”素材文件，如图3-48所示。

**Step 02** 选择【创建】 |【几何体】 |【窗】选项，在【对象类型】卷展栏中选择【平开窗】工具。在【顶】视图中单击鼠标左键拖曳至合适位置后释放鼠标，再次移动鼠标至合适宽度后单击，向上或向下移动鼠标，至合适高度后单击，如图3-49所示。

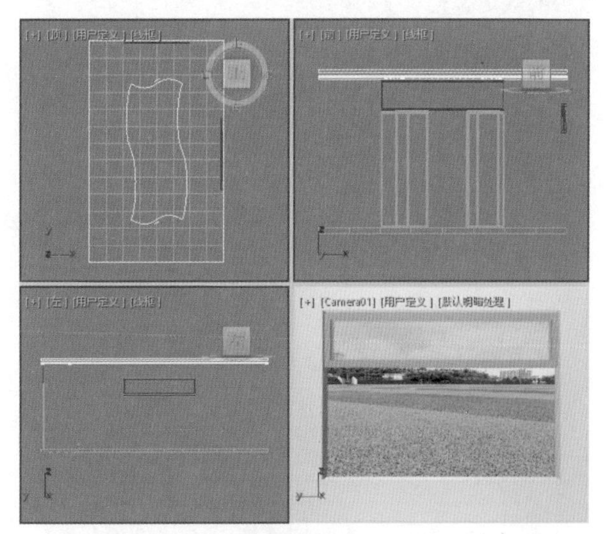

图3-48

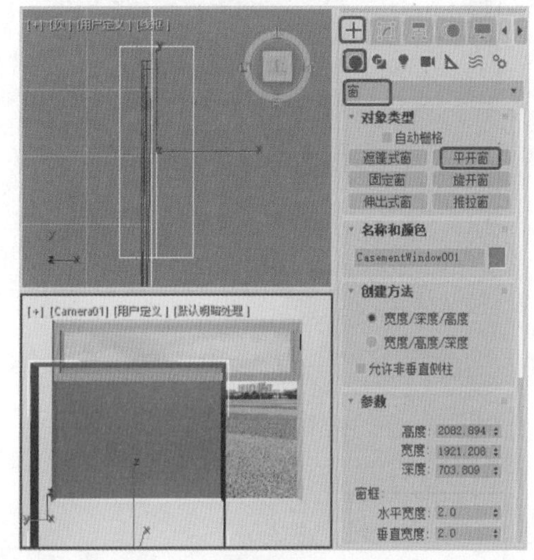

图3-49

**Step 03** 在【参数】卷展栏中设置【高度】值为1257，【宽度】值为2600，【深度】值为100，在【窗框】选项组中设置【水平宽度】值为65，【垂直宽度】值为65，【厚度】值为0，在【窗扉】选项组中设置【隔板宽度】值为65，选中【二】单选按钮，在【打开窗】选项组中设置【打开】值为54%，按Enter键确认，如图3-50所示。

**Step 04** 当创建的对象处于选择的状态时，在【修改】命令面板的【修改器列表】中选择【编辑多边形】修改器，将当前选择集定义为【元素】，在视图中选择如图3-51所示的元素。

**Step 05** 在【编辑几何体】卷展栏中单击【分离】按钮，关闭当前选择集，分别为玻璃和窗框赋予不同的材质，并在视图中调整其位置，调整完成后的效果如图3-52所示。

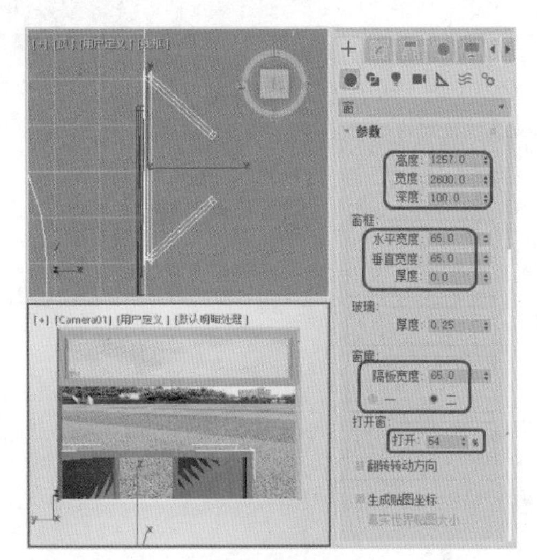

图3-50

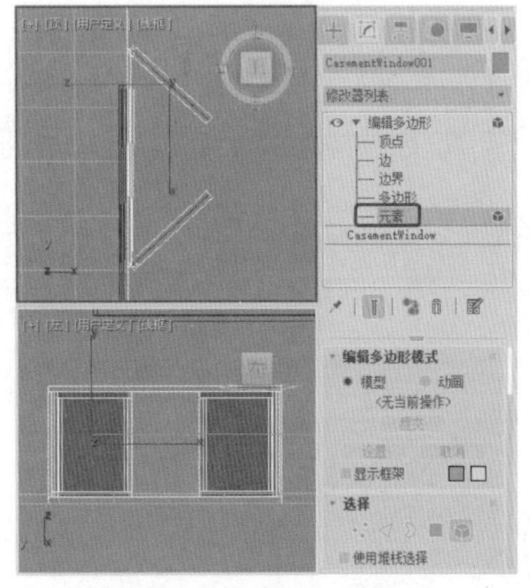

图3-51

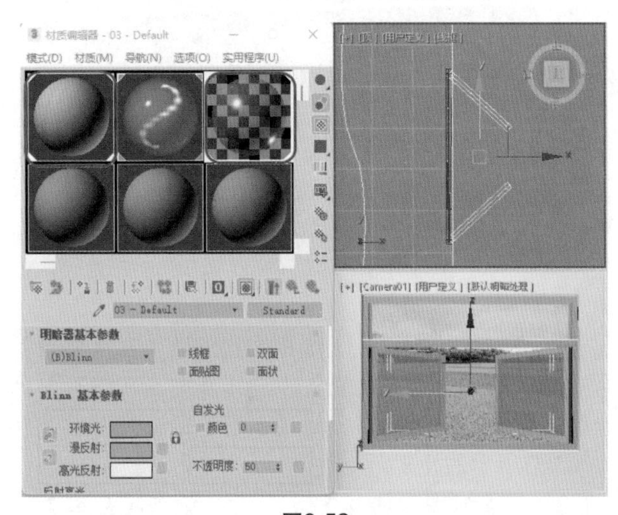

图3-52

Step 06 激活【摄影机】视图，按F9键进行渲染。

## 实例 121 创建固定窗

固定窗不能打开，因为没有可在侧面转枢的窗框，它被固定在指定的位置不能推动。下面介绍如何创建固定窗，效果如图3-53所示。

图3-53

| 素材： | Scene\Cha03\固定窗素材.max |
| --- | --- |
| 场景： | Scene\Cha04\实例121 创建固定窗.max |
| 视频： | 视频\Cha03\实例121 创建固定窗.mp4 |

Step 01 按Ctrl+O组合键，打开“Scene\Cha03\固定窗素材.max”素材文件，在弹出的对话框中打开“固定窗素材.max”素材文件，如图3-54所示。

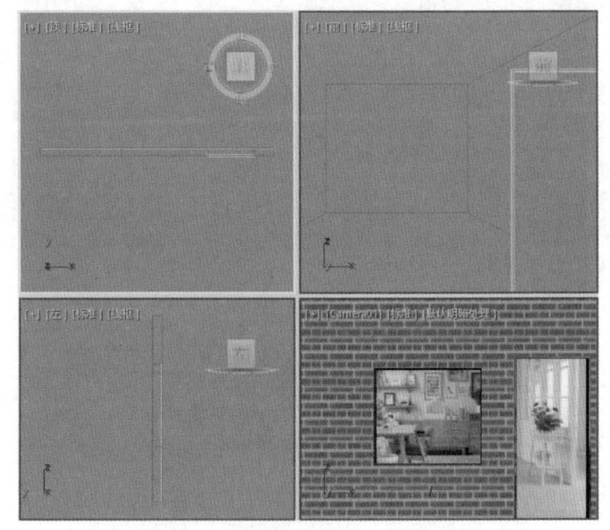

图3-54

Step 02 选择【创建】 |【几何体】 |【窗】|【固定窗】工具，在【顶】视图中创建窗户模型，如图3-55所示。

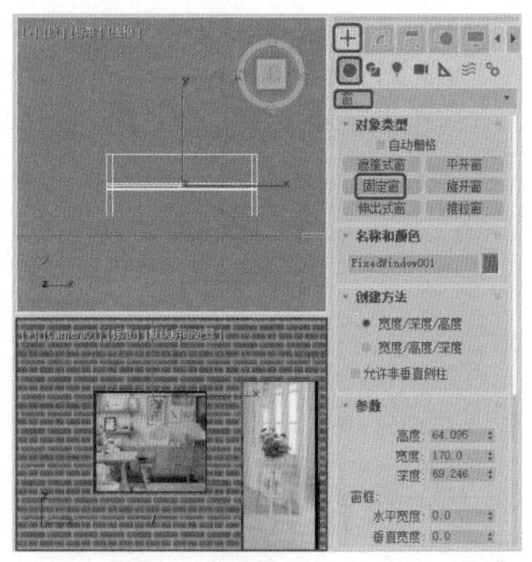

图3-55

**Step 03** 切换至【修改】命令面板，在【参数】卷展栏中将【高度】设置为150，将【宽度】设置为170，将【深度】设置为13，在【窗框】选项组中将【水平宽度】和【垂直宽度】均设置为0，将【厚度】设置为0.25，在【玻璃】选项组中将【厚度】设置为0.5，在【窗格】选项组中将【宽度】设置为6，将【水平窗格数】、【垂直窗格数】均设置为2，勾选【切角剖面】复选框，选择创建的窗户模型，将其调整至合适的位置，如图3-56所示。

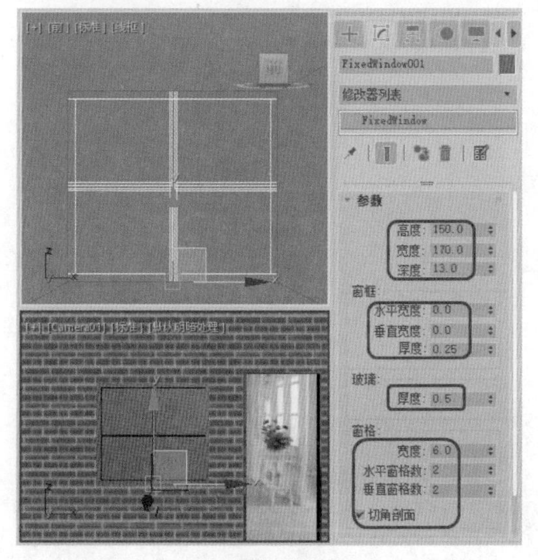

图3-56

**Step 04** 在【修改器列表】中为其添加【编辑多边形】修改器，将当前选择集定义为【元素】，选择如图3-57所示的元素。

**Step 05** 在【编辑几何体】卷展栏中单击【分离】按钮，退出当前选择集，为创建的模型赋予材质，如图3-58所示。

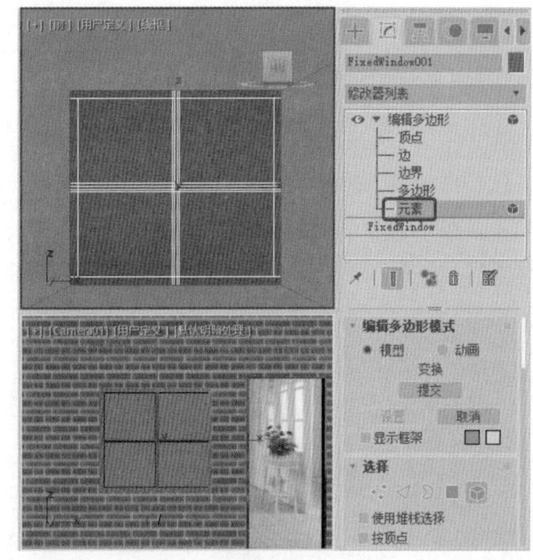

图3-57

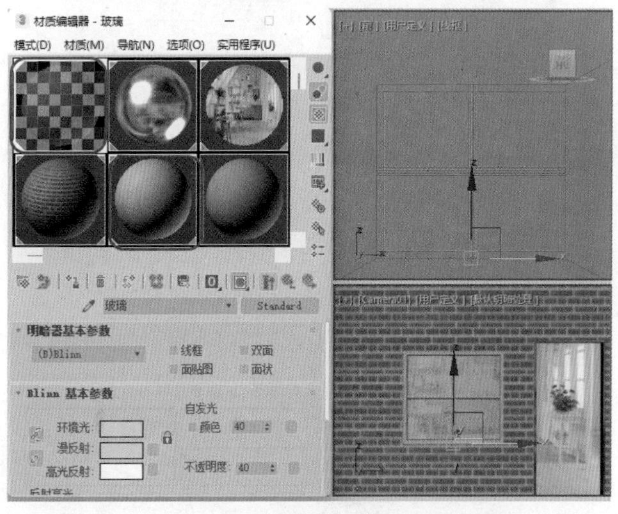

图3-58

**Step 06** 激活【摄影机】视图，按F9键渲染效果。

## 实例122 创建旋开窗

下面将讲解如何创建旋开窗，效果如图3-59所示。

图3-59

| 素材： | Scene\Cha03\旋开窗素材.max |
|---|---|
| 场景： | Scene\Cha04\实例122 创建旋开窗.max |
| 视频： | Scene\Cha03\实例122 创建旋开窗.mp4 |

Step 01 按Ctrl+O组合键，打开“Scene\Cha03\旋开窗素材.max”素材文件，如图3-60所示。

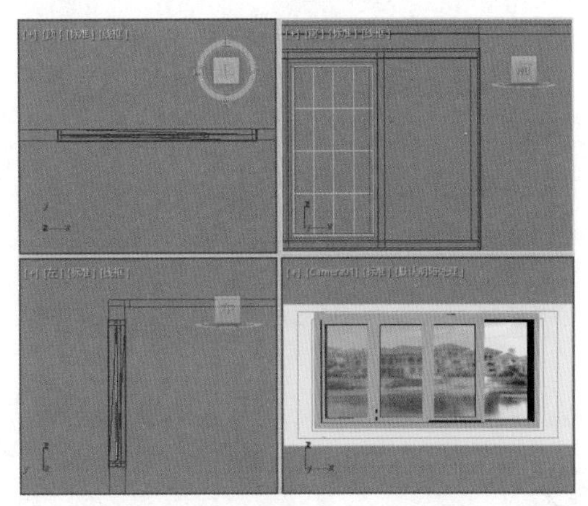

图3-60

Step 02 选择【创建】|【几何体】|【窗】|【旋开窗】工具，在【顶】视图中创建一个旋开窗模型，如图3-61所示。

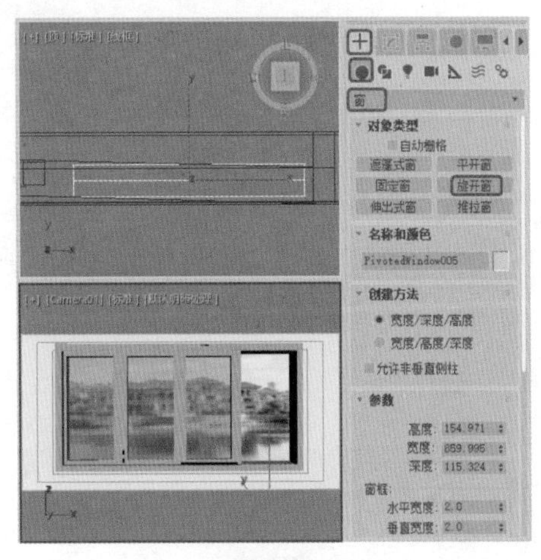

图3-61

Step 03 切换至【修改】命令面板，在【参数】卷展栏中将【高度】设置为2045，将【宽度】设置为1070，将【深度】设置为90，在【窗框】选项组中将【水平宽度】和【垂直宽度】均设置为110.5，将【厚度】设置为0.5，将【玻璃】选项组中的【厚度】设置为0.25，将【窗格】选项组中的【宽度】设置为70，在【打开窗】选项组中将【打开】设置为19%，并将其调整至合适的位置，如图3-62所示。

Step 04 在场景中选择创建的窗户对象，在【修改器列表】中为其添加【编辑多边形】修改器，将当前选择集定义为【元素】，选择如图3-63所示的对象。

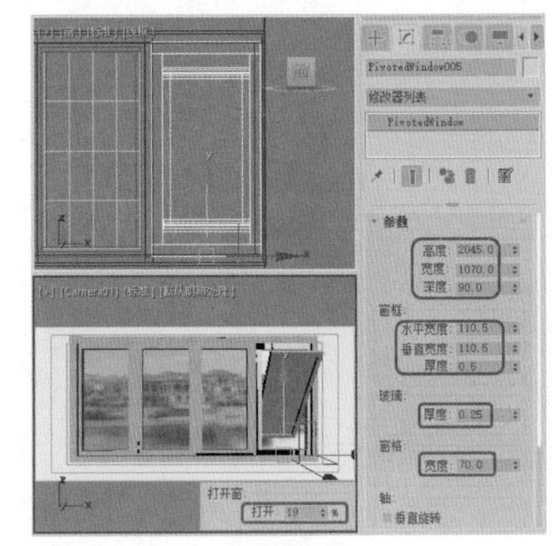

图3-62

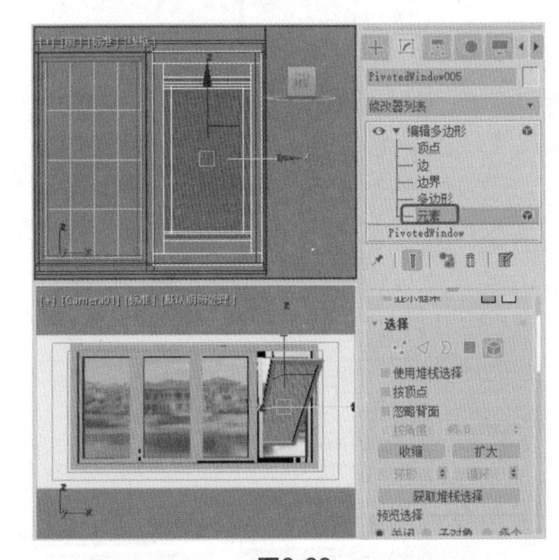

图3-63

Step 05 在【编辑几何体】卷展栏中单击【分离】按钮，退出当前选择集。分别为场景中的玻璃和窗框赋予不同的材质，完成后的效果如图3-64所示。

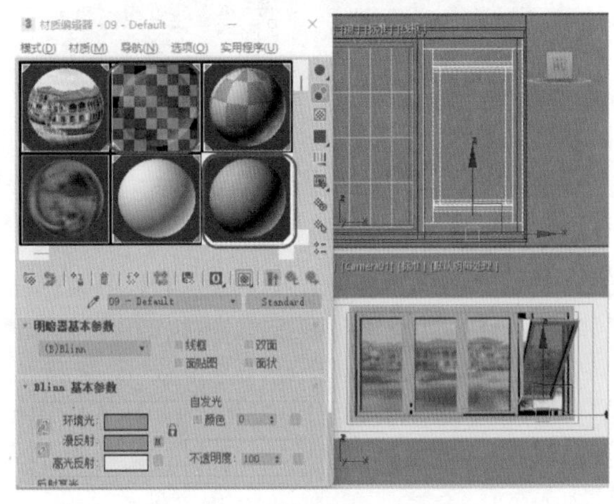

图3-64

**Step 06** 激活【摄影机】视图，按F9键渲染效果。

## 实例 123 创建伸出式窗

伸出式窗具有三个窗框：顶部窗框是固定的，底部的两个窗框像遮篷式窗那样旋转打开，但是方向相反。创建的伸出式窗效果如图3-65所示。

图3-65

| 素材： | Scene\Cha03\伸出式窗素材.max |
|---|---|
| 场景： | Scene\Cha04\实例123 创建伸出式窗.max |
| 视频： | 视频\Cha03\实例123 创建伸出式窗.mp4 |

**Step 01** 按Ctrl+O组合键，打开“Scene\Cha03\伸出式窗素材.max”素材文件，选择【创建】 |【几何体】 |【窗】|【伸出式窗】工具，在【顶】视图中创建窗户模型，如图3-66所示。

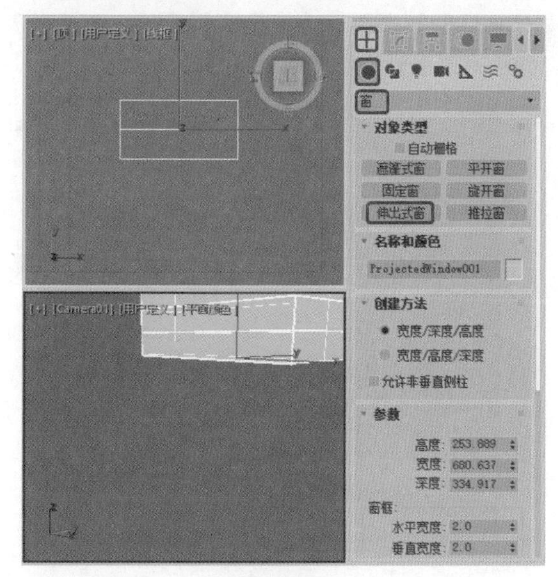


图3-66

**Step 02** 切换至【参数】卷展栏，将【高度】设置为532，将【宽度】设置为344，将【深度】设置为27，在【窗框】选项组中将【水平宽度】和【垂直宽度】均设置为18，将【厚度】设置为0.5，在【玻璃】选项组中将【厚度】设置为0.1，在【窗格】选项组中将【宽度】设置为13，将【中点高度】和【底部高度】均设置为186，在【打开窗】选项组中将【打开】设置为44%，在视图中将其调整至合适的位置，如图3-67所示。

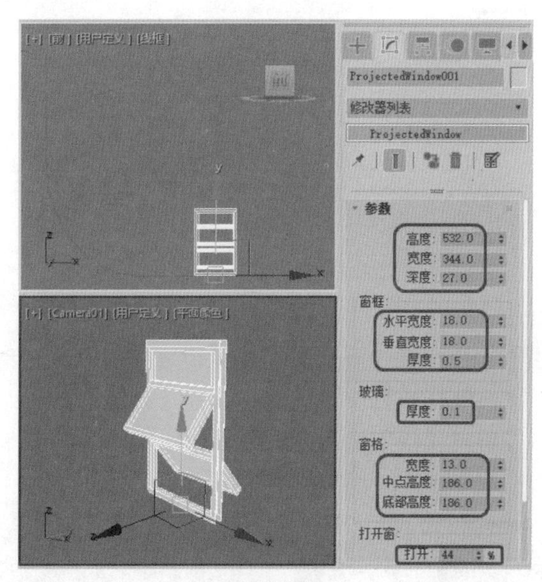


图3-67

**Step 03** 在【修改器列表】中为其添加【编辑多边形】编辑器，将当前选择集定义为【元素】。在视图中选择【玻璃】元素，展开【多边形：材质ID】卷展栏，将ID设置为1，如图3-68所示。

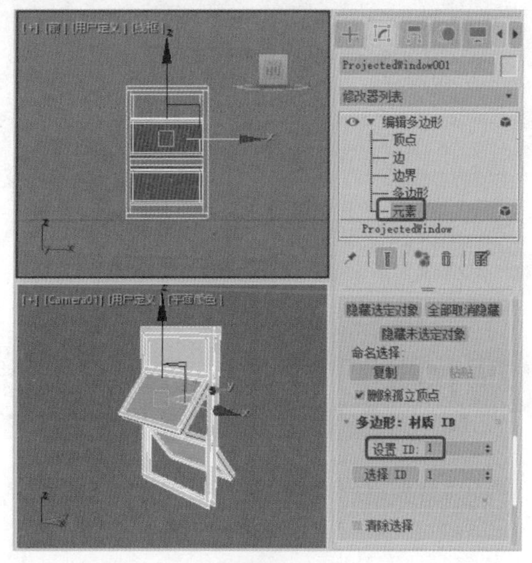


图3-68

Step 04 按Ctrl+I组合键，将元素进行反选，并将其ID设置为2，如图3-69所示。

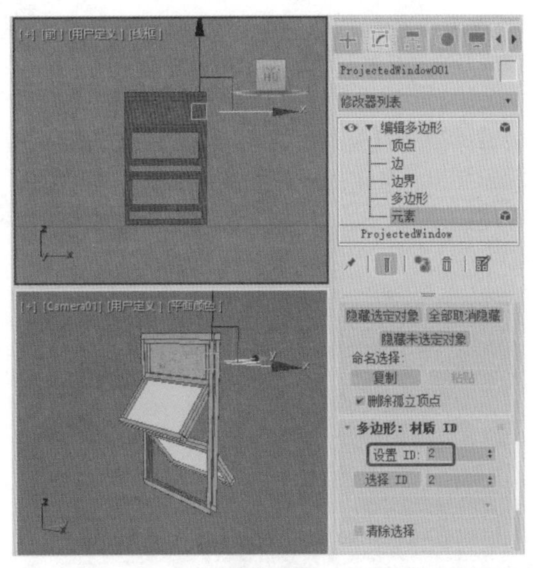


图3-69

Step 05 退出当前选择集，在场景中选择创建的窗户对象。按M键打开材质编辑器，选择【材质】材质球，单击【将材质指定给选定对象】按钮，为对象赋予材质，如图3-70所示。

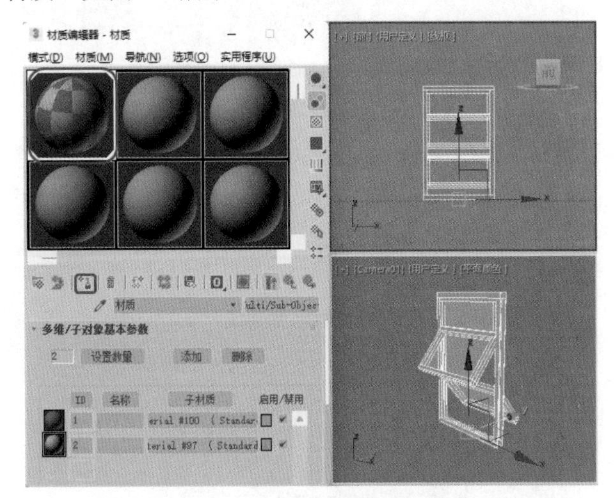


图3-70

Step 06 激活【摄影机】视图，按F9键渲染效果。

## 实例 124 创建推拉窗

下面讲解如何创建推拉窗，效果如图3-71所示。

图3-71

| 素材: | Scene\Cha03\推拉窗素材.max |
|---|---|
| 场景: | Scene\Cha04\实例124 创建推拉窗.max |
| 视频: | 视频\Cha03\实例124 创建推拉窗.mp4 |

Step 01 按Ctrl+O组合键，打开“Scene\Cha03\推拉窗素材.max”素材文件，如图3-72所示。

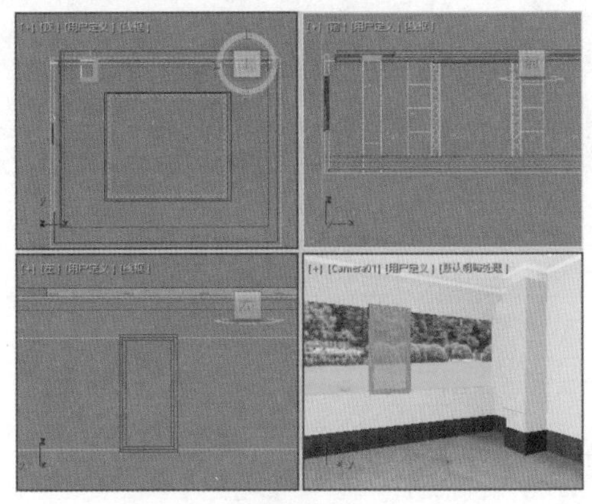

图3-72

Step 02 选择【创建】 |【几何体】 |【窗】选项，在【对象类型】中选择【推拉窗】工具，在【前】视图中创建推拉窗模型，如图3-73所示。

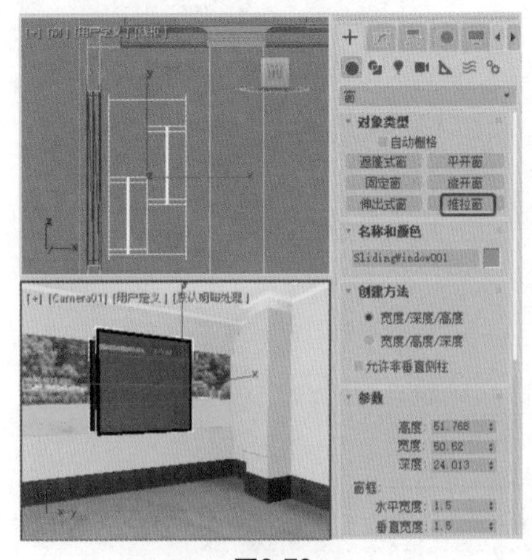


图3-73

**Step 03** 切换至【修改】命令面板，将【参数】卷展栏中的【高度】设置为56，将【宽度】设置为75，将【深度】设置为5，在【窗框】选项组中将【水平宽度】和【垂直宽度】均设置为1.5，【厚度】设置为0，在【玻璃】选项组中将【厚度】设置为0.5，将【窗格】选项组中的【窗格宽度】设置为1.5，取消勾选【悬挂】复选框，将【打开】设置为35%，如图3-74所示。

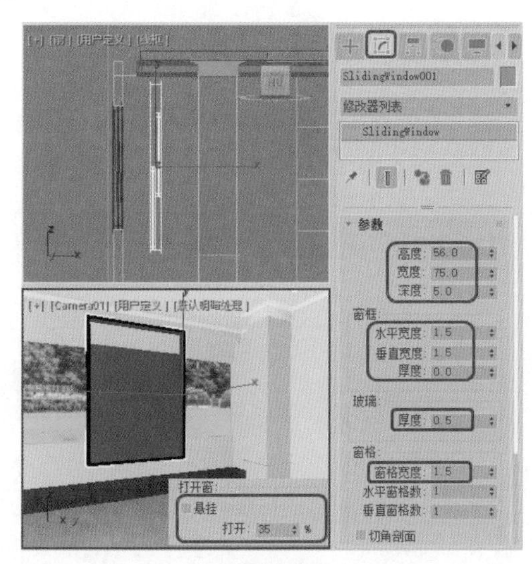


图3-74

**Step 04** 使用【选择并旋转】工具在【左】视图中对窗户进行旋转，将窗户调整至合适的位置，如图3-75所示。

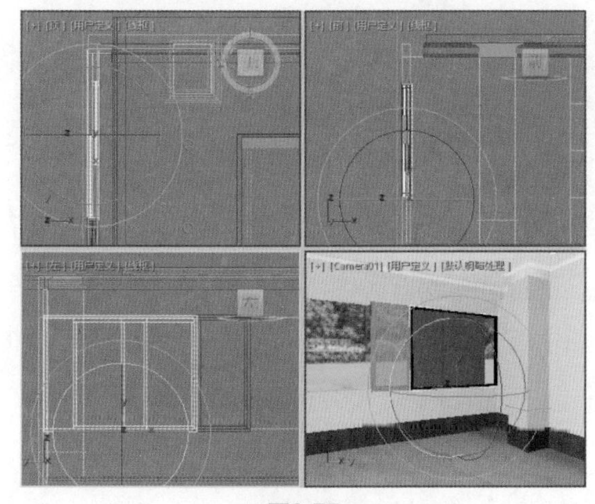

图3-75

**Step 05** 当创建的窗户处于选中的状态时，在【修改器列表】中为其添加【编辑多边形】修改器，将当前选择集定义为【元素】，在视图中选择如图3-76所示的元素。

**Step 06** 在【编辑几何体】卷展栏中单击【分离】按钮，将选择的玻璃元素分离，如图3-77所示。

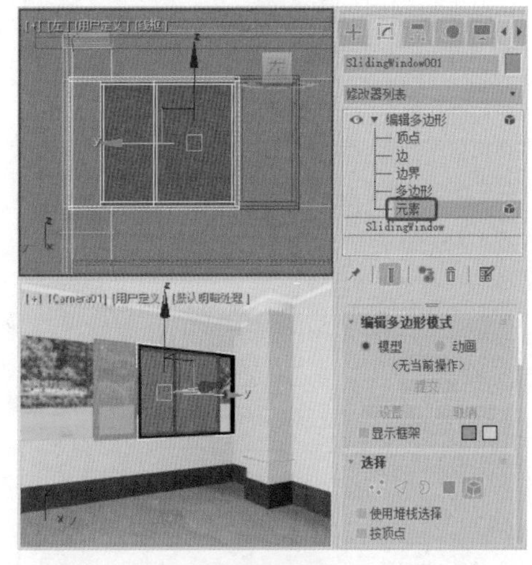


图3-76

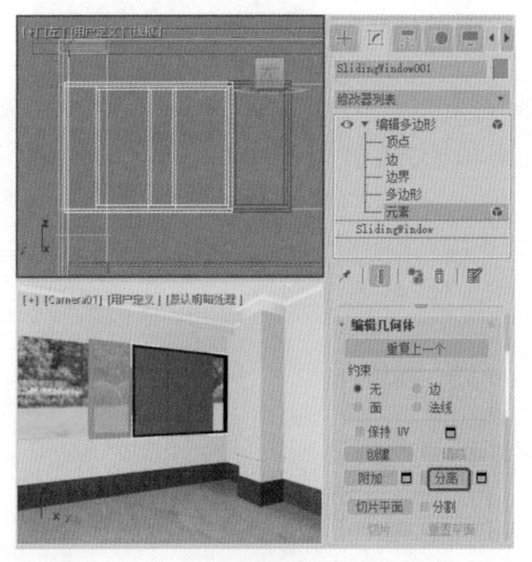


图3-77

**Step 07** 退出当前选择集，然后分别为窗框和玻璃赋予不同的材质，如图3-78所示。

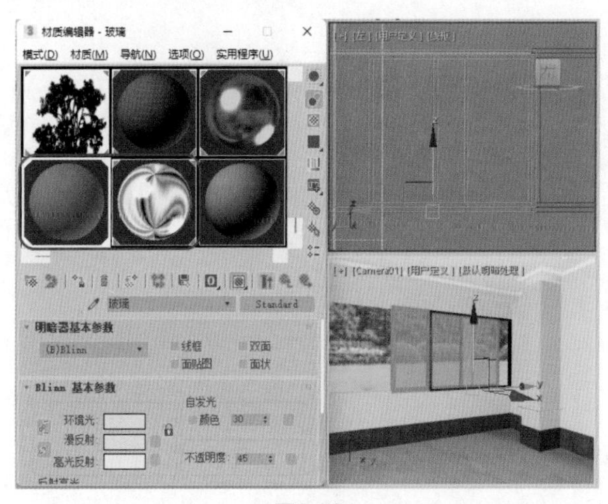


图3-78

Step 08 在场景中选择赋予材质的对象，在【左】视图中按住Shift键的同时沿X轴向右拖动鼠标，在弹出的对话框中保持其默认设置，并将其调整至合适的位置，如图3-79所示。

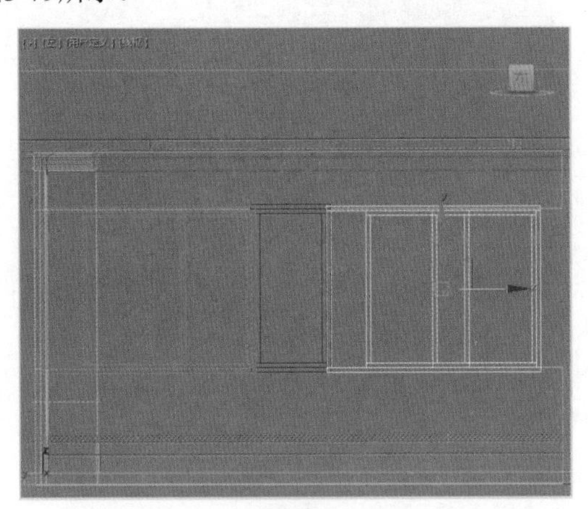

图3-79

Step 09 单击【确定】按钮，激活【摄影机】视图，按F9键渲染效果。

# 第4章 材质纹理的设置与表现

本章导读

材质在表现模型对象时起着至关重要的作用。材质的调试主要在材质编辑器中完成，通过设置不同的材质通道，可以调试出逼真的材质效果，使模型对象能够被完美地表现。

## 实例125 为桌子添加木质材质

本例将介绍如何为桌子添加木质材质。首先为【漫反射颜色】通道添加【位图】贴图来设置木纹材质，然后将设置好的材质指定给选定对象，如图4-1所示。

图4-1

| 素材： | Scene\Cha04\为桌子添加木质材质.max<br>Map\ 009.jpg |
|---|---|
| 场景： | Scene\Cha04\实例125 为桌子添加木质材质.max |
| 视频： | 视频教学\Cha04\实例125 为桌子添加木质材质.mp4 |

**Step 01** 按Ctrl+O组合键，打开“Scene\Cha04\为桌子添加木质材质.max”素材文件，在【顶】视图中选择【桌子】对象，如图4-2所示。

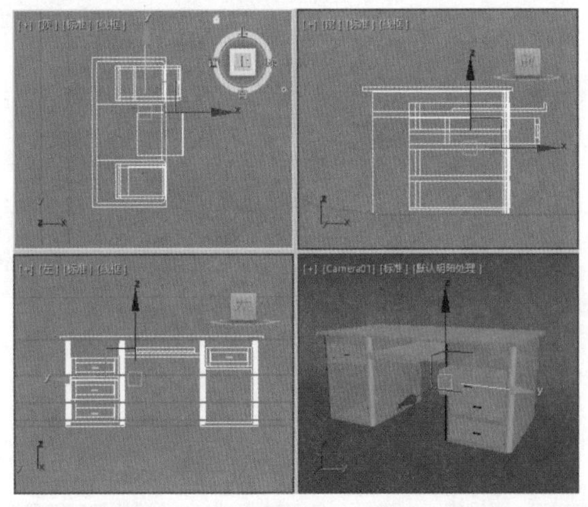

图4-2

**Step 02** 按M键，在弹出的对话框中选择一个材质样本球，将其命名为“桌子”，将【明暗器的类型】设置为Phong，将【环境光】的RGB值设置为217、133、0，将【自发光】选项组中的【颜色】设置为10，将【反射高光】选项组中的【高光级别】、【光泽度】分别设置为43、40，如图4-3所示。

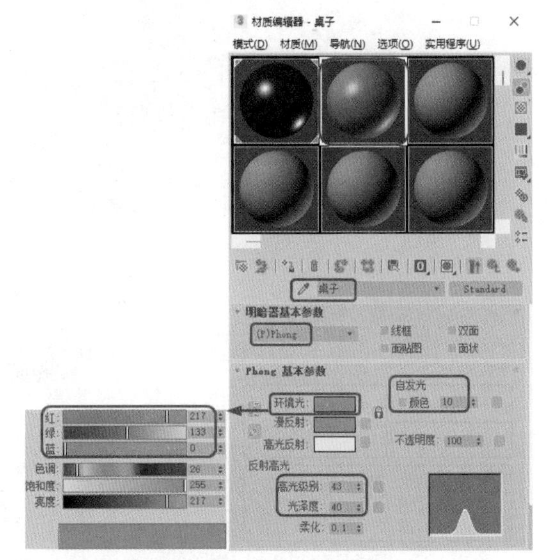


图4-3

**Step 03** 在【贴图】卷展栏中单击【漫反射颜色】右侧的【无贴图】按钮，在弹出的对话框中选择【位图】选项，单击【确定】按钮，在弹出的对话框中选择009.jpg贴图文件，单击【打开】按钮，如图4-4所示。

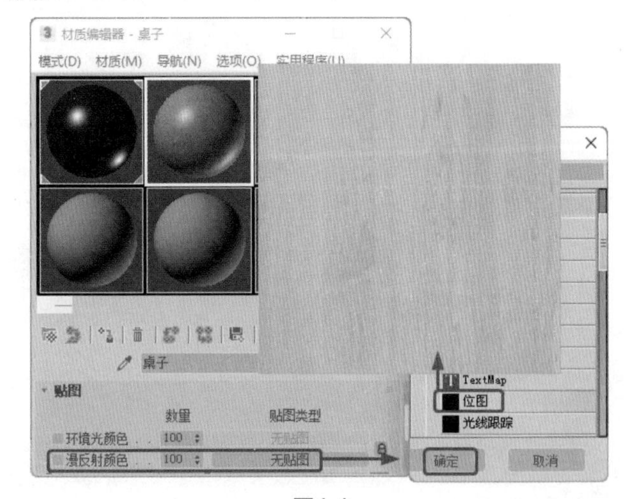


图4-4

**Step 04** 单击【将材质指定给选定对象】和【视口中显示明暗处理材质】按钮，如图4-5所示。将材质编辑器关闭，激活【摄影机】视图，按F9键进行渲染即可。

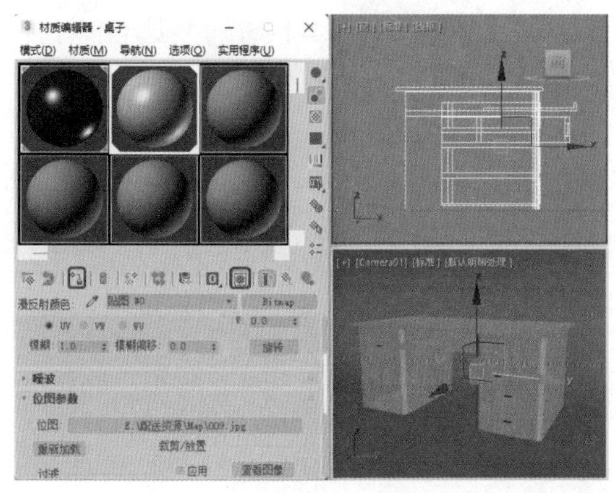

图4-5

# 实例126 为植物添加渐变材质

本例将介绍如何利用渐变材质制作出栩栩如生的植物。本例的重点是渐变色的选择，合理的渐变色的搭配能获得意想不到的效果，如图4-6所示。

图4-6

| 素材： | Scene\Cha04\为植物添加渐变材质.max |
|---|---|
| 场景： | Scene\Cha04\实例126 为植物添加渐变材质.max |
| 视频： | 视频教学\Cha04\实例126 为植物添加渐变材质.mp4 |

**Step 01** 按Ctrl+O组合键，打开“Scene\Cha04\为植物添加渐变材质.max”素材文件，如图4-7所示。

**Step 02** 按M键打开材质编辑器，选择一个空的样本球，将其命名为“花朵”，在【明暗器基本参数】卷展栏中将【明暗器的类型】设置为Blinn，在【Blinn基本参数】卷展栏中将【自发光】选项组中的【颜色】设置为50，如图4-8所示。

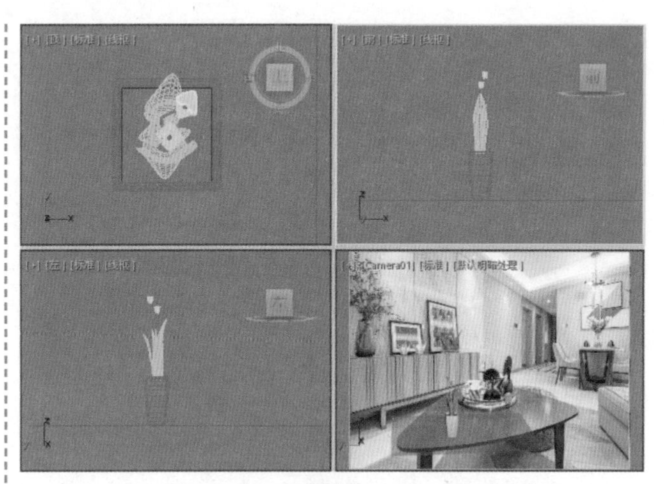
图4-7

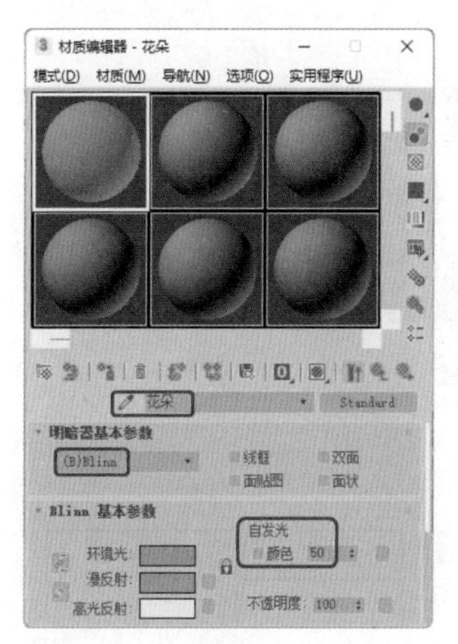

图4-8

**Step 03** 在【贴图】卷展栏中单击【漫反射颜色】右侧的【无贴图】按钮，弹出【材质/贴图浏览器】对话框，选择【渐变】选项，单击【确定】按钮。打开【渐变参数】卷展栏，将【颜色1】的RGB值设置为49、137、233，将【颜色2】的RGB值设置为240、235、152，将【颜色2位置】设置为0.3，如图4-9所示。

**Step 04** 单击【转到父对象】按钮，选择一个空的样本球，并将其命名为“叶子”，确认【明暗器的类型】为Blinn，切换到【贴图】卷展栏，单击【漫反射颜色】右侧的【无贴图】按钮，弹出【材质/贴图浏览器】对话框，选择【贴图】|【通用】|【渐变】选项，如图4-10所示。

**Step 05** 单击【确定】按钮，切换到【渐变参数】卷展栏，将【颜色1】的RGB值设置为22、119、0，将【颜色2】的RGB值设置为223、220、172，将【颜色3】的RGB值设置为168、164、101，将【颜色2位置】设置为0.2，如图4-11所示。

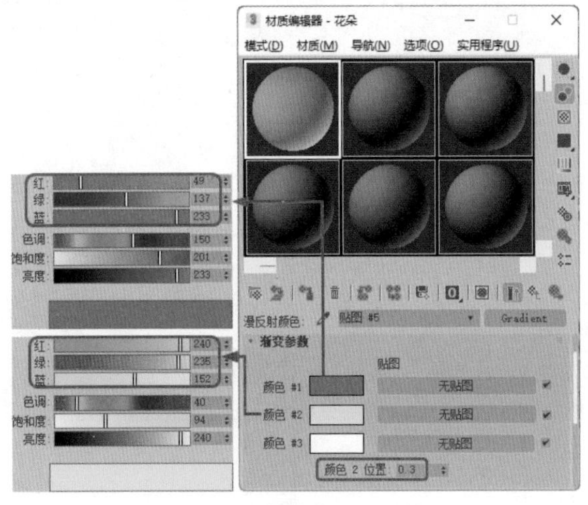

图4-9

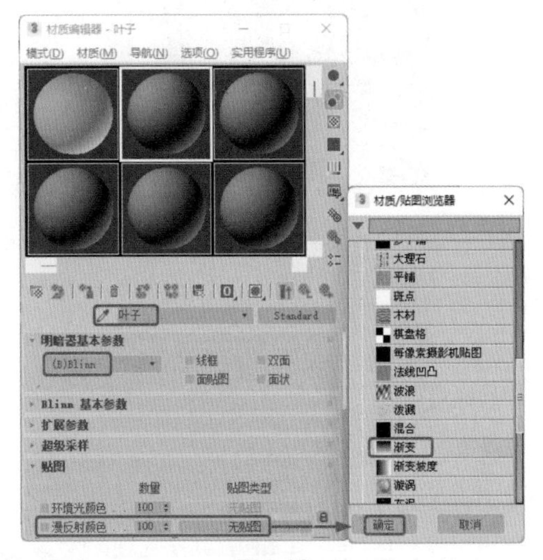

图4-10

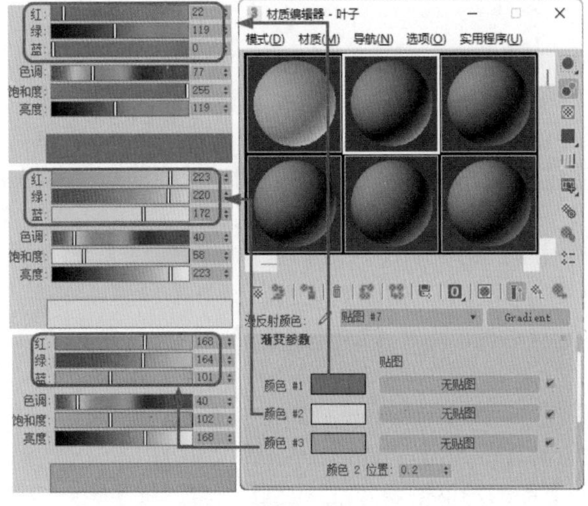

图4-11

**Step 06** 单击【转到父对象】按钮，将创建的材质分别指定给场景中的对象。

## 实例127 为咖啡杯添加瓷器材质

本案例将介绍如何为咖啡杯添加瓷器材质。该案例主要通过为选中的咖啡杯设置环境光、自发光以及反射高光参数，从而创建瓷器效果，如图4-12所示。

图4-12

| 素材： | Scene\Cha04\为咖啡杯添加瓷器材质.max |
| --- | --- |
| 场景： | Scene\Cha04\实例127 为咖啡杯添加瓷器材质.max |
| 视频： | 视频教学\Cha04\实例127 为咖啡杯添加瓷器材质.mp4 |

**Step 01** 按Ctrl+O组合键，打开“Scene\Cha04\为咖啡杯添加瓷器材质.max”素材文件，如图4-13所示。

图4-13

**Step 02** 在场景文件中选择【咖啡杯】对象，按M键打开【材质编辑器】对话框，在该对话框中选择一个材质样本球，将其命名为“咖啡杯”。在【Blinn基本参数】卷展栏中将【环境光】的RGB值设置为255、255、255，将【自发光】选项组中的【颜色】设置为15，将【反射高光】选项组中的【高光级别】、【光泽度】分别设置为93、75，如图4-14所示。

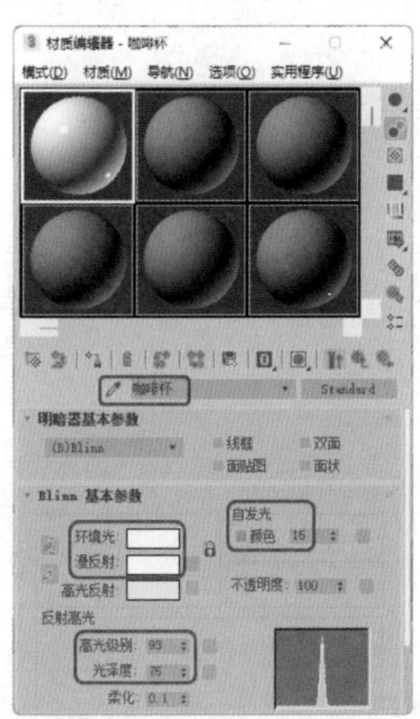


图4-14

**Step 03** 单击【将材质指定给选定对象】按钮，指定完成后的效果如图4-15所示。将材质编辑器关闭，激活【摄影机】视图，按F9键进行渲染即可。

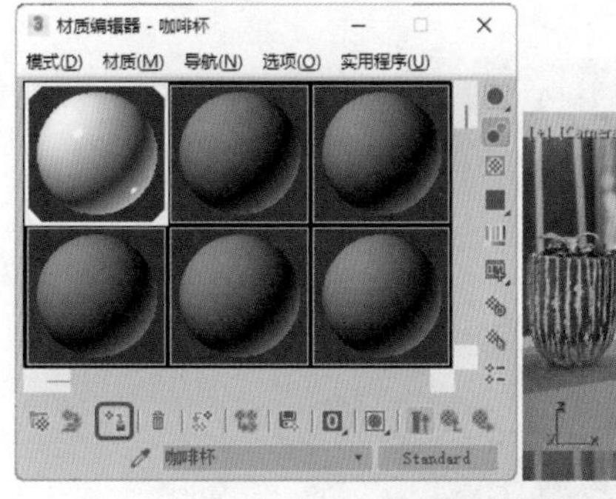

图4-15

## 实例 128 为勺子添加不锈钢材质

本案例将介绍如何为勺子添加不锈钢材质，该效果主要通过设置明暗器类型、添加反射贴图等来实现，如图4-16所示。

图4-16

| | |
|---|---|
| 素材： | Scene\Cha04\为勺子添加不锈钢材质.max<br>Map\Chromic.jpg |
| 场景： | Scene\Cha04\实例128 为勺子添加不锈钢材质.max |
| 视频： | 视频教学\Cha04\实例128 为勺子添加不锈钢材质.mp4 |

**Step 01** 按Ctrl+O组合键，打开“Scene\Cha04\为勺子添加不锈钢材质.max”素材文件，在场景文件中选择【勺子】对象，如图4-17所示。

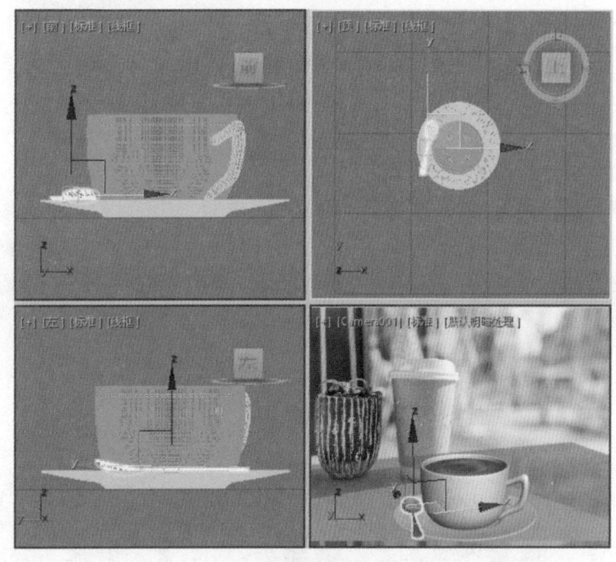

图4-17

**Step 02** 按M键，打开【材质编辑器】对话框，在该对话框中选择一个材质样本球，将其命名为“勺子”，在【明暗器基本参数】卷展栏中将【明暗器类型】设置为【金属】，在【金属基本参数】卷展栏中单击【环境光】左侧的按钮，取消【环境光】与【漫反射】的链接，将【环境光】的RGB值设置为0、0、0，将【漫反射】的RGB值设置为255、255、255，将【自发光】选项组中的【颜色】设置为5，在【反射高光】选项组中将【高光级别】和【光泽度】分别设置为100、80，如图4-18所示。

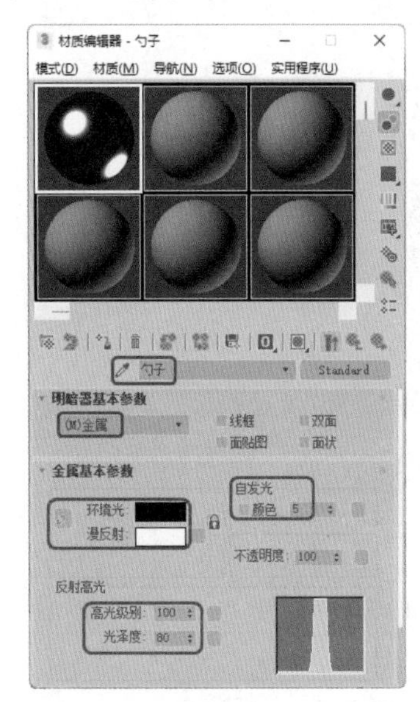


图4-18

◎提示·◦

制作中，没有严格地要求非要将漫反射贴图与环境光贴图锁定在一起，通过漫反射贴图和环境光贴图可以制作出很多有趣的融合效果。但如果漫反射贴图用于模拟单一的表面，就需要将漫反射贴图和环境光贴图锁定在一起。

Step 03 在【贴图】卷展栏中单击【反射】右侧的【无贴图】按钮，在弹出的对话框中选择【位图】选项，单击【确定】按钮，在弹出的对话框中选择“Map\Chromic.jpg”贴图文件，单击【打开】按钮，如图4-19所示。

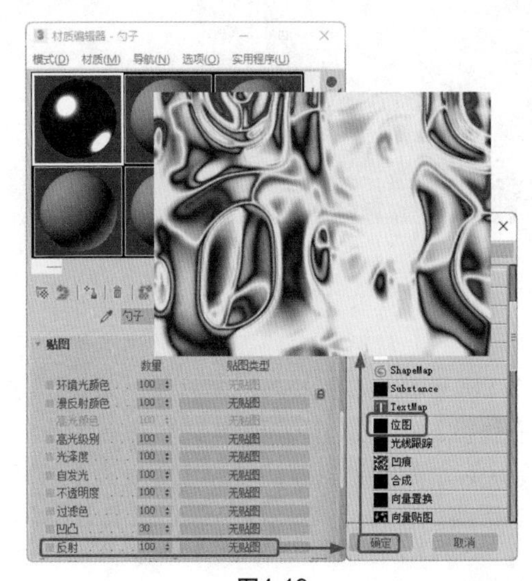


图4-19

Step 04 在【坐标】卷展栏中将【模糊偏移】设置为0.096，设置完成后单击【将材质指定给选定对象】按钮，如图4-20所示，对完成后的场景进行保存即可。

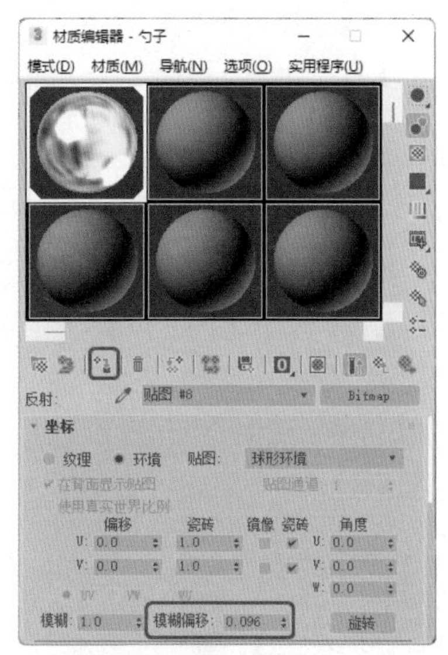


图4-20

## 实例129 为礼盒添加多维次物体材质

本例将介绍多维次物体材质的制作，首先设置模型的ID面，然后通过多维/子对象材质来表现其效果，如图4-21所示。

图4-21

| | |
|---|---|
| 素材： | Scene\Cha04\为礼盒添加多维次物体材质.max<br>Map\1副本.tif、2副本.tif、3副本. tif |
| 场景： | Scene\Cha04\实例129　为礼盒添加多维次物体材质.max |
| 视频： | 视频教学\Cha04\实例129　为礼盒添加多维次物体材质.mp4 |

Step 01 按Ctrl+O组合键，打开“Scene\Cha04\为礼

盒添加多维次物体材质.max”素材文件，如图4-22所示。

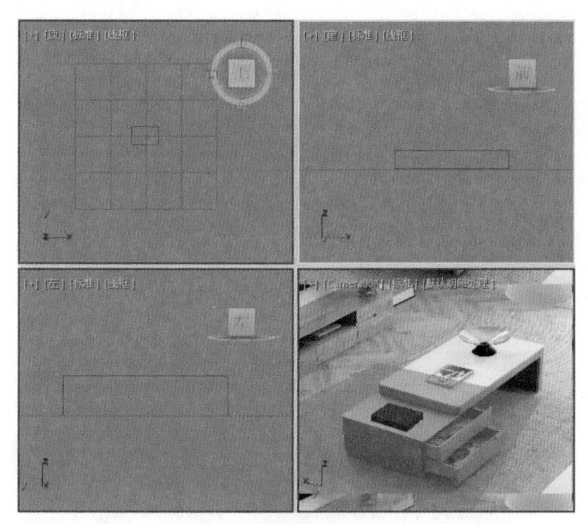

图4-22

Step 02 在场景中选择【礼盒】对象，切换到【修改】命令面板，在【修改器列表】中选择【编辑多边形】修改器，将当前选择集定义为【多边形】，在视图中选择正面和背面，在【多边形：材质ID】卷展栏的【设置ID】文本框中输入1，按Enter键确认，如图4-23所示。

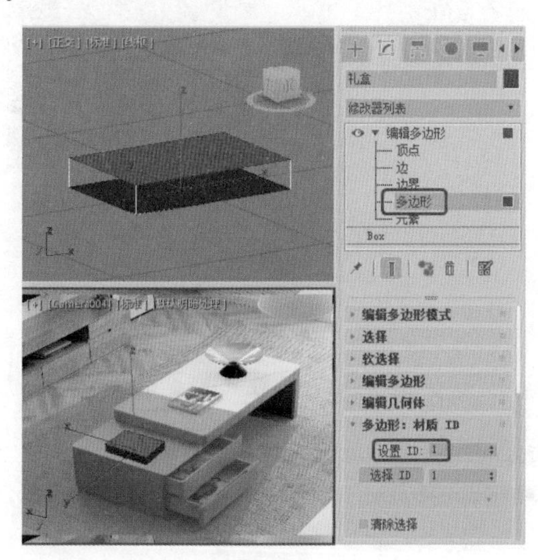

图4-23

◎提示·◦

【设置 ID】：用于向选定的多边形分配特殊的材质 ID 编号，以供与多维/子对象材质和其他应用一同使用。使用微调器或用键盘输入数字均可。

【选择 ID】：选择对象指定的【材质 ID】对应的多边形。可输入或使用该微调器指定ID，然后单击【选择ID】按钮。

Step 03 在视图中选择如图4-24所示的面，在【多边形：材质ID】卷展栏的【设置ID】文本框中输入2，按Enter键确认。

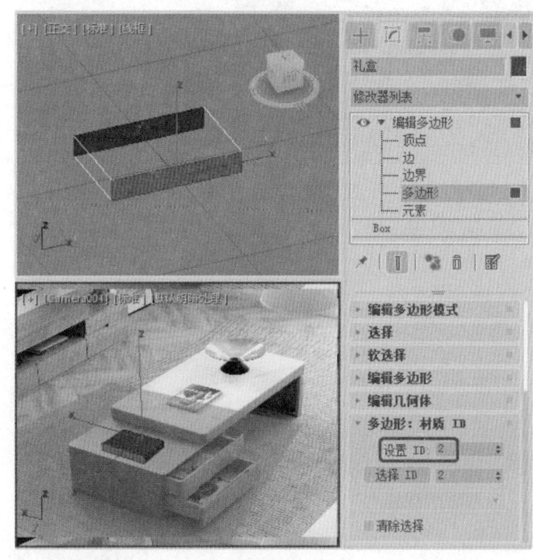

图4-24

Step 04 在视图中选择如图4-25所示的面，在【多边形：材质ID】卷展栏的【设置ID】文本框中输入3，按Enter键确认。

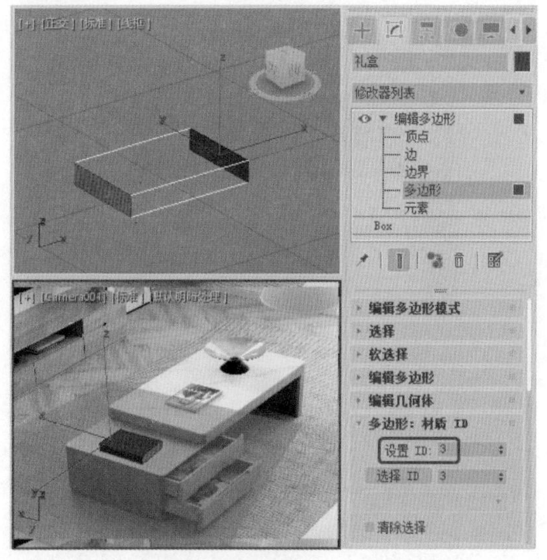

图4-25

Step 05 关闭当前选择集，按M键，打开【材质编辑器】对话框，选择一个新的材质样本球，并单击Standard按钮，在弹出的【材质/贴图浏览器】对话框中选择【多维/子对象】材质，如图4-26所示。

Step 06 单击【确定】按钮，在弹出的【替换材质】对话框中选中【将旧材质保存为子材质？】单选按钮，单击【确定】按钮，如图4-27所示。

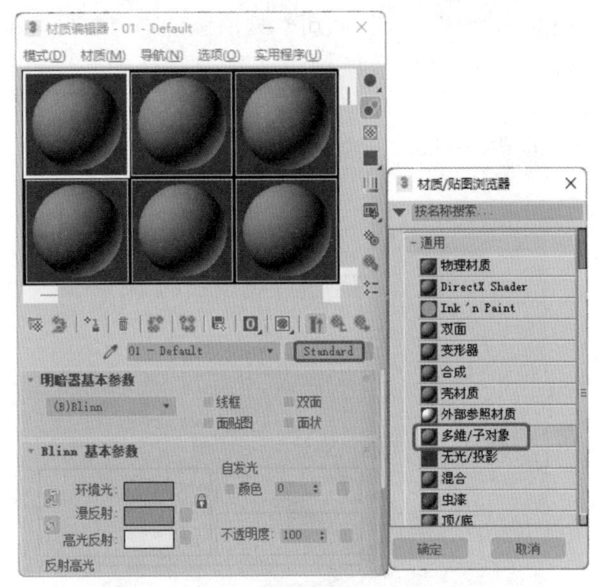


图4-26

◎提示·◦

【多维/子对象】材质用于将多种材质赋予物体的各个次对象，在物体表面的不同位置显示不同的材质。该材质是根据次对象的ID号进行设置的，使用该材质前，要给物体的各个次对象分配ID号。

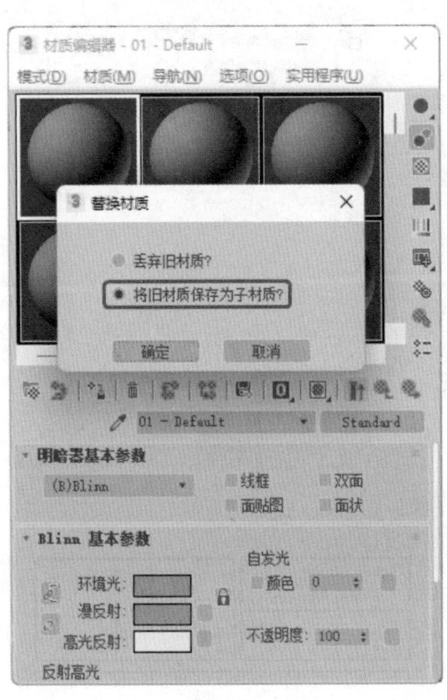


图4-27

**Step 07** 在【多维/子对象基本参数】卷展栏中单击【设置数量】按钮，在弹出的对话框中将【材质数量】设置为3，单击【确定】按钮，如图4-28所示。

**Step 08** 在【多维/子对象基本参数】卷展栏中单击ID1右侧的【子材质】按钮，在【Blinn基本参数】卷展栏中将【环境光】和【漫反射】的RGB值均设置为255、187、80，将【自发光】选项组中的【颜色】设置为80，在【反射高光】选项组中将【高光级别】和【光泽度】分别设置为20、10，如图4-29所示。

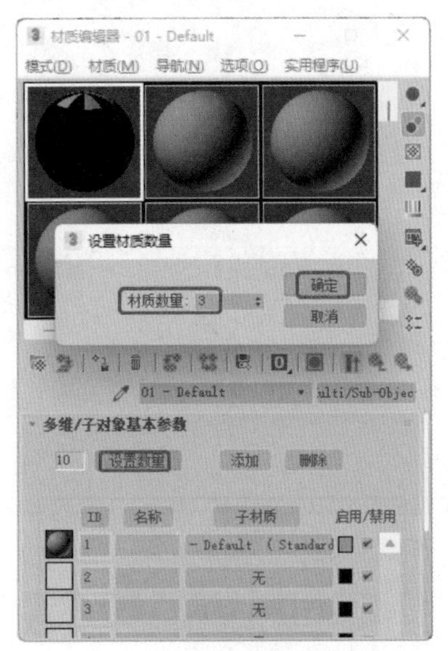


图4-28

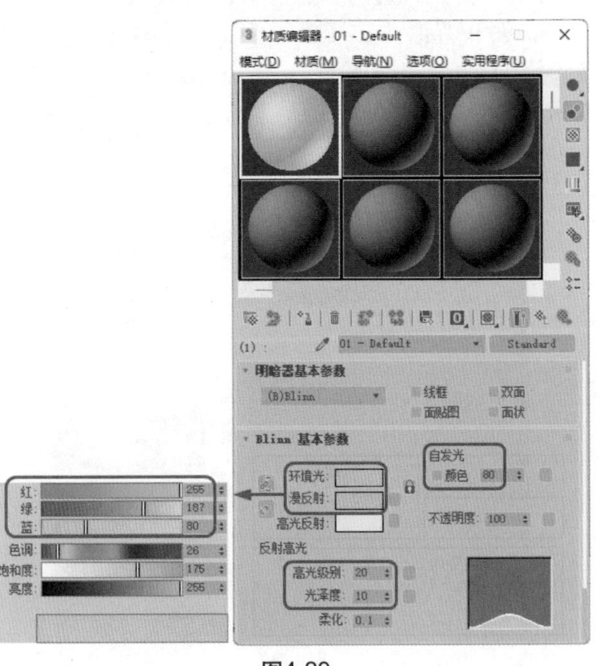


图4-29

**Step 09** 在【贴图】卷展栏中，单击【漫反射颜色】右侧的【无贴图】按钮，在弹出的【材质/贴图浏览器】对话框中选择【位图】贴图，单击【确定】按钮，如图4-30所示。

**Step 10** 在弹出的对话框中打开“Map\1副本.tif”文件，在【坐标】卷展栏中使用默认参数，如图4-31所示。

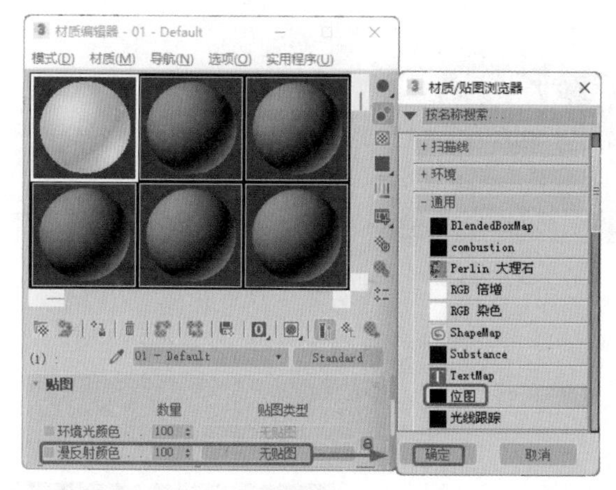

图4-30

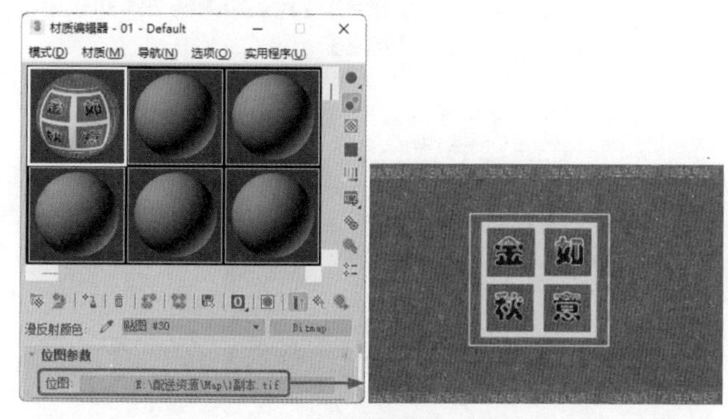

图4-31

Step 11 单击【转到父对象】按钮，在【贴图】卷展栏中，将【漫反射颜色】右侧的材质按钮拖曳到【凹凸】右侧的材质按钮上，在弹出的对话框中选中【复制】单选按钮，并单击【确定】按钮，如图4-32所示。

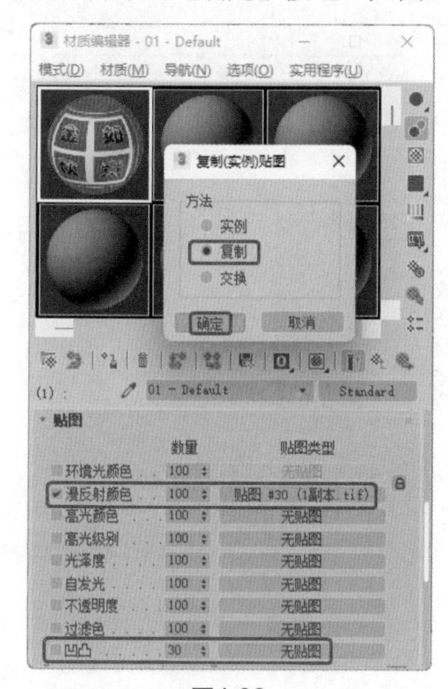

图4-32

Step 12 单击【视口中显示明暗处理材质】按钮和【将材质指定给选定对象】按钮，指定材质后的效果如图4-33所示。

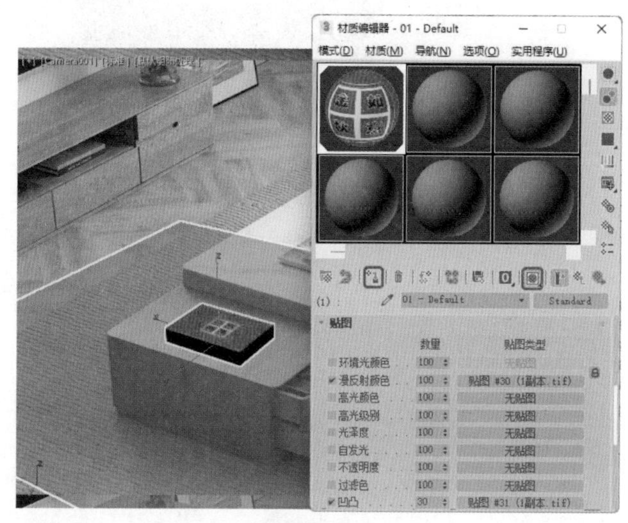

图4-33

Step 13 单击【转到父对象】按钮，在【多维/子对象基本参数】卷展栏中单击ID2右侧的【无】按钮，在弹出的【材质/贴图浏览器】对话框中选择【标准】材质，单击【确定】按钮，如图4-34所示。

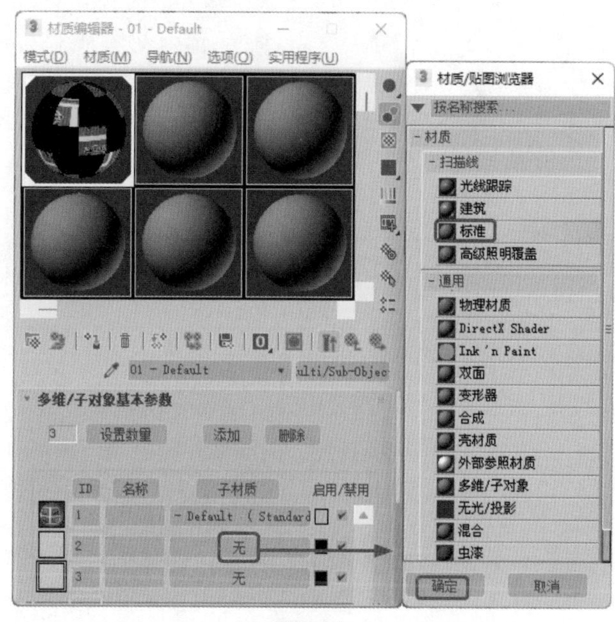

图4-34

Step 14 在【Blinn基本参数】卷展栏中将【环境光】和【漫反射】的RGB值均设置为255、186、0，将【自发光】选项组中【颜色】的值设置为80，在【反射高光】选项组中，将【高光级别】和【光泽度】分别设置为20、10，如图4-35所示。

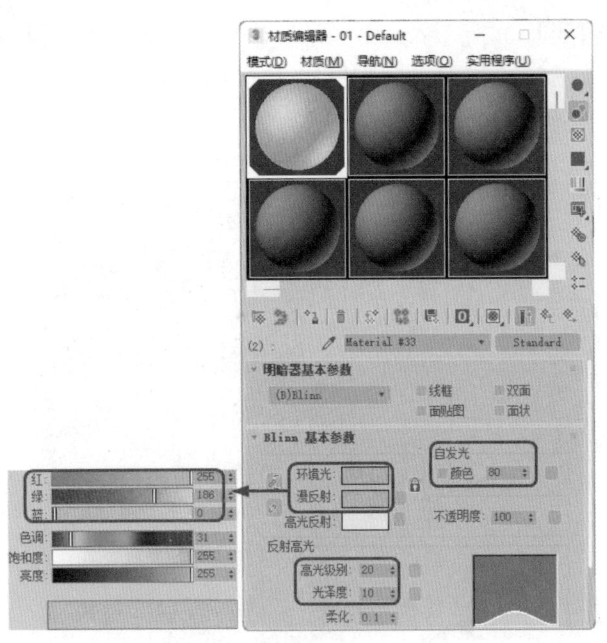

图4-35

**◎提示·◦**

【自发光】参数的设置可以使材质具备自身发光的效果，常用于制作灯泡、太阳等光源对象。100%的发光度使阴影色失效，对象在场景中不受到来自其他对象的投影影响，自身也不受灯光的影响，只表现出漫反射的纯色和一些反光，亮度值（HSV颜色值）保持与场景灯光一致。在3ds max 2018中，自发光颜色可以直接显示在视图中。

指定自发光有两种方式。一种是勾选【颜色】选项前面的复选框，使用带有颜色的自发光；另一种是取消勾选【颜色】复选框，使用可以调节数值的单一颜色的自发光，对数值的设置可以看作是对自发光颜色的灰度比例进行调节。

**Step 15** 在【贴图】卷展栏中单击【漫反射颜色】右侧的【无贴图】按钮，在弹出的对话框中双击【位图】贴图，再在弹出的对话框中选择"Map\2副本.tif"文件，在【坐标】卷展栏中，将【角度】下的W设置为180，如图4-36所示。

**Step 16** 单击【转到父对象】按钮，在【贴图】卷展栏中，将【漫反射颜色】右侧的材质按钮拖曳到【凹凸】右侧的材质按钮上，如图4-37所示。在弹出的对话框中选中【复制】单选按钮，并单击【确定】按钮。

**Step 17** 使用前面介绍的方法设置ID3的材质，如图4-38所示。

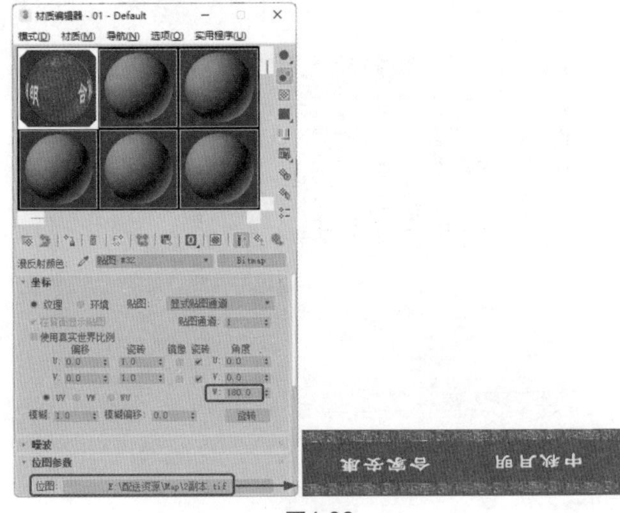

图4-36

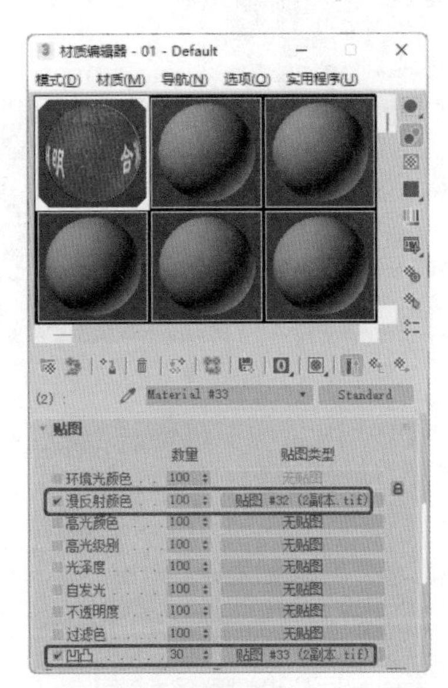

图4-37

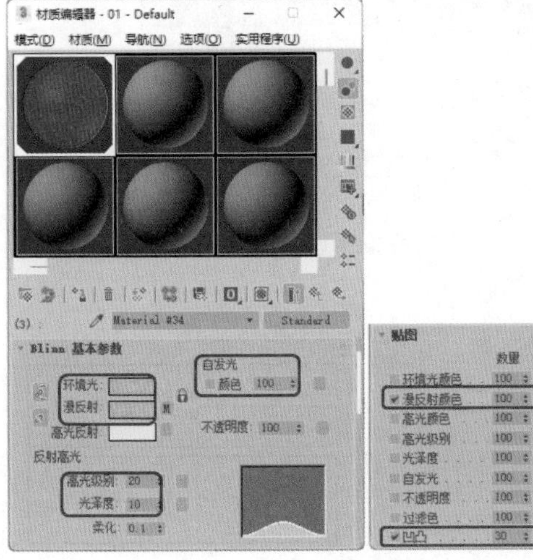

图4-38

## 实例130 为苹果添加复合材质

本例将介绍如何制作苹果的材质。苹果一般分为两部分，即苹果主体部分和把，主要利用【漫反射颜色】、【凹凸】贴图制作而成，效果如图4-39所示，具体的操作步骤如下。

图4-39

| | |
|---|---|
| 素材： | Scene\Cha04\为苹果添加复合材质.max<br>Map\ Apple-A.jpg、Apple-B. jpg、Stemcolr.TGA、Stembump.TGA |
| 场景： | Scene\Cha04\实例130 为苹果添加复合材质.max |
| 视频： | 视频教学\Cha04\实例130 为苹果添加复合材质.mp4 |

**Step 01** 按Ctrl+O组合键，打开“Scene\Cha04\为苹果添加复合材质.max”素材文件，如图4-40所示。

图4-40

**Step 02** 按M键，打开材质编辑器，选择一个空的材质样本球，并将其命名为“苹果”，将【环境光】和【漫反射】的RGB值均设置为137、50、50，将【自发光】选项组中的【颜色】设置为15，将【高光级别】设置为45，将【光泽度】设置为25，如图4-41所示。

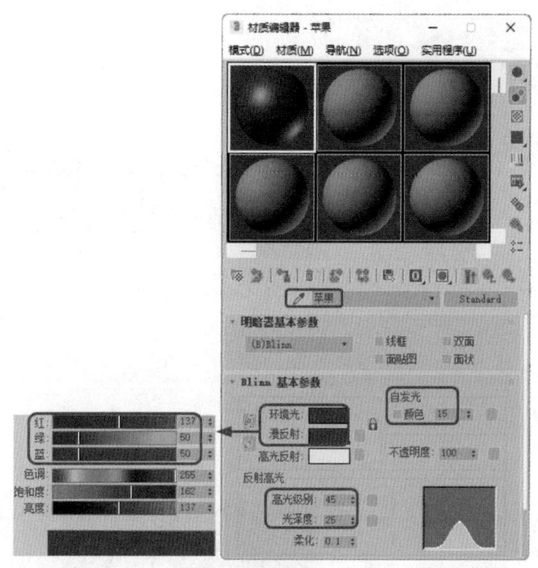


图4-41

> **◎提示·○**
>
> 直接在工具栏中单击【材质编辑器】按钮，或者在菜单栏中执行【渲染】|【材质编辑器】命令，在弹出的子菜单中选择相应的材质编辑器选项也可以打开材质编辑器。

**Step 03** 切换到【贴图】卷展栏，单击【漫反射颜色】右侧的【无贴图】按钮，弹出【材质/贴图浏览器】对话框，选择【贴图】|【通用】|【位图】选项，弹出【选择位图图像文件】对话框，选择“Map\Apple-A.jpg”贴图，单击【打开】按钮，返回到材质编辑器中，保存默认值。单击【转到父对象】按钮，单击【凹凸】右侧的【无贴图】按钮，弹出【材质/贴图浏览器】对话框，选择【贴图】|【通用】|【位图】选项，弹出【选择位图图像文件】对话框，选择“Map\Apple-B.jpg”贴图，返回到材质编辑器中，单击【转到父对象】按钮，并将【凹凸】设置为12，如图4-42所示。

**Step 04** 选择一个空的材质样本球，并将其命名为“把”，将【明暗器的类型】设置为Blinn，在【Blinn基本参数】卷展栏中取消【环境光】和【漫反射】的锁定，将【环境光】的RGB值设置为44、14、2，将【漫反射】的RGB值设置为100、44、22，将【高光反射】的RGB值设置为241、222、171，将【自发光】选项组中的【颜色】设置为9，将【反射高光】选项组中的【高光级别】设置为75，将【光泽度】设置为15，如图4-43所示。

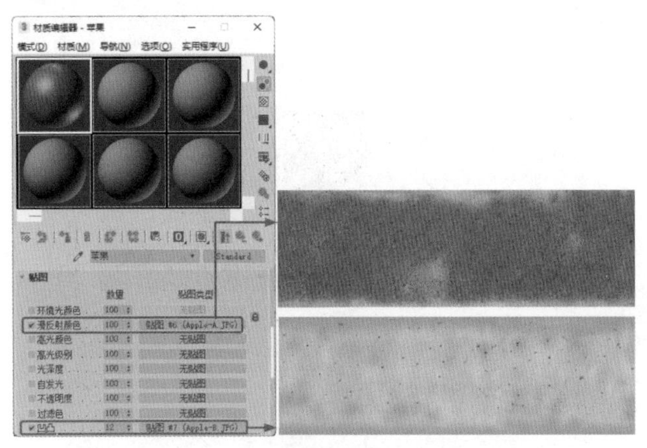

图4-42

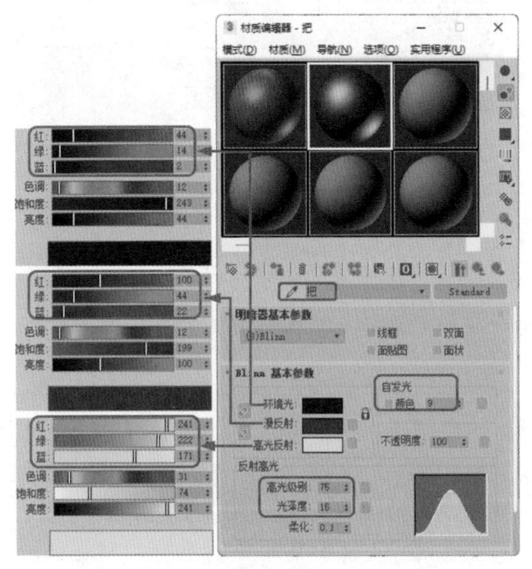

图4-43

> ◎提示·◦
>
> 在设置【自发光】选项组中的【颜色】时，可以通过勾选【颜色】左侧的复选框，然后通过其后面的色块设置不同的颜色，在渲染时系统会根据所选颜色的色相、明度等来调整物体自发光的亮度、颜色等。

**Step 05** 切换到【贴图】卷展栏，单击【漫反射颜色】右侧的【无贴图】按钮，弹出【材质/贴图浏览器】对话框，选择【贴图】|【通用】|【位图】选项，弹出【选择位图图像文件】对话框，选择“Map\Stemcolr.TGA”贴图，单击【打开】按钮，返回到材质编辑器中，展开【位图参数】卷展栏，在【裁剪/放置】选项组中勾选【应用】复选框，分别将U、V、W、H设置为0、0.099、1、0.901，单击【转到父对象】按钮，查看效果，如图4-44所示。

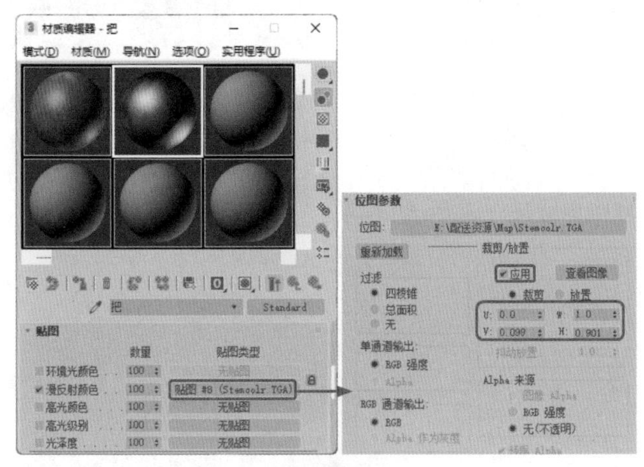

图4-44

**Step 06** 单击【高光级别】右侧的【无贴图】按钮，弹出【材质/贴图浏览器】对话框。选择【贴图】|【通用】|【位图】选项，弹出【选择位图图像文件】对话框，选择“Map\Stembump.TGA”贴图，单击【打开】按钮，返回到材质编辑器中，保持默认值。单击【转到父对象】按钮，将【高光级别】设置为78，单击【凹凸】右侧的【无贴图】按钮，选择【位图】选项，弹出【选择位图图像文件】对话框，选择“Map\Stembump.TGA”贴图，单击【打开】按钮，返回到材质编辑器中，保存默认值。单击【转到父对象】按钮查看效果，如图4-45所示。

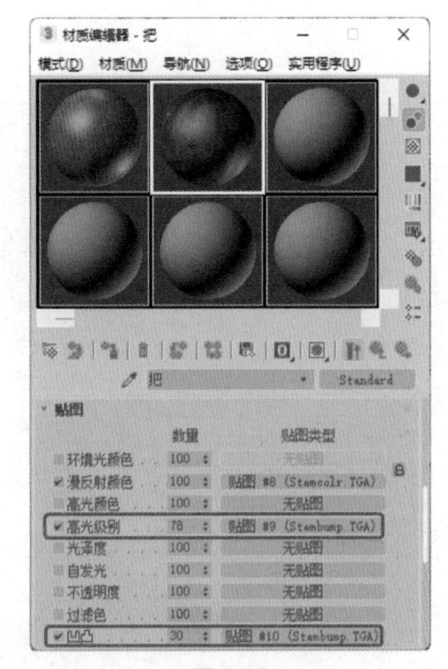

图4-45

**Step 07** 将制作好的材质分别指定给场景中的图形，按F9键进行渲染即可。

# 实例 131 为冰块添加材质

本例将介绍如何为冰块添加材质。首先设置材质的明暗器类型，为【反射】通道设置材质，来表现冰块的材质，然后为【折射】设置【光线跟踪】材质，使冰块具有透明的效果，最后对【摄影机】视图进行渲染，效果如图4-46所示。

图4-46

| 素材： | Scene\Cha04\为冰块添加材质.max<br>Map\ Chromic.jpg |
|---|---|
| 场景： | Scene\Cha04\实例131 为冰块添加材质.max |
| 视频： | 视频教学\Cha04\实例131 为冰块添加材质.mp4 |

**Step 01** 按Ctrl+O组合键，打开“Scene\Cha04\为冰块添加材质.max”素材文件，如图4-47所示。

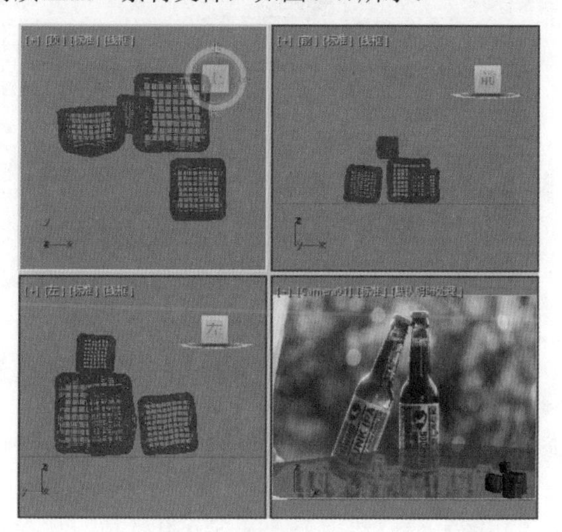

图4-47

**Step 02** 按M键，在打开的对话框中选择新的材质球，将【明暗器的类型】设置为【（M）金属】，将【高光级别】设置为66，将【光泽度】设置为76，将【反射】设置为60，单击其右侧的【无贴图】按钮，在弹出的对话框中选择【位图】选项，再在弹出的对话框中选择Chromic.jpg贴图文件，如图4-48所示。

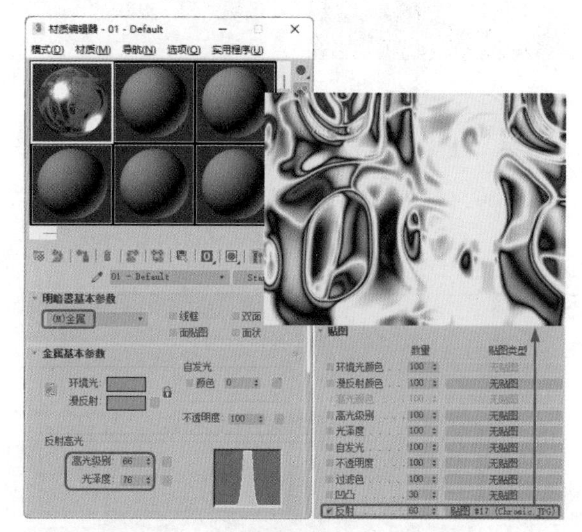


图4-48

**Step 03** 展开【位图参数】卷展栏，勾选【应用】复选框，将U、V、W、H分别设置为0.225、0.209、0.427、0.791，如图4-49所示。

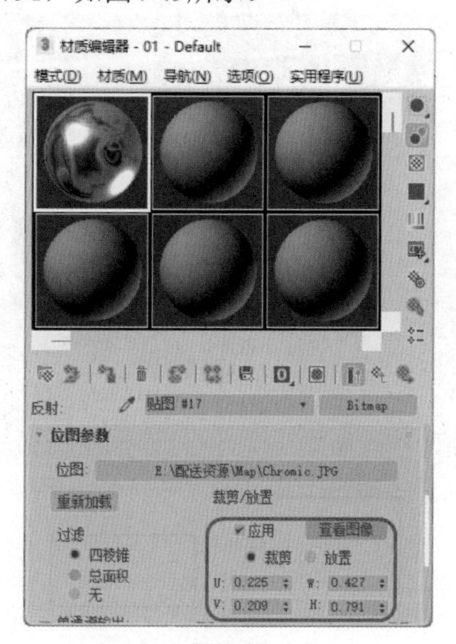


图4-49

**Step 04** 单击【转到父对象】按钮，将【折射】设置为70，单击右侧的【无贴图】按钮，在弹出的对话框中选择【光线跟踪】选项，单击【确定】按钮，然后单击【转到父对象】按钮，在场景中选择所有的冰块，单击【将材质指定给选定对象】按钮，如图4-50所示，最后对【摄影机】视图进行渲染即可。

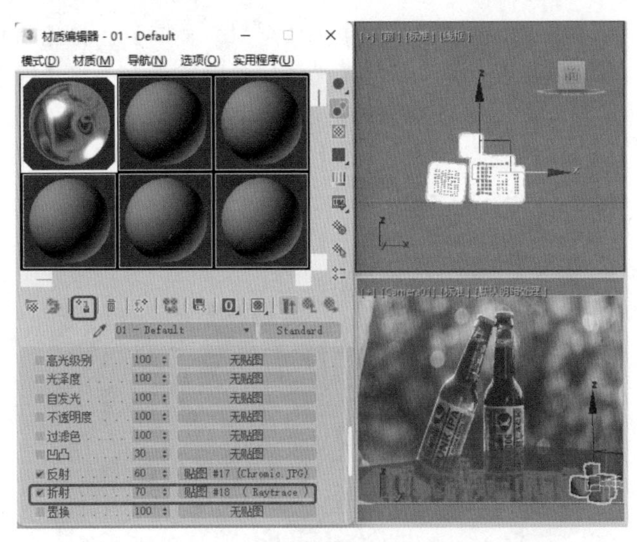


图4-50

## 实例 132 为青铜器添加材质

本例将介绍如何为青铜器添加材质。首先设置【环境光】、【漫反射】和【高光反射】参数，然后进行贴图设置，效果如图4-51所示。

图4-51

| 素材： | Scene\Cha04\为青铜器添加材质.max<br>Map\MAP03.JPG |
|---|---|
| 场景： | Scene\Cha04\实例132 为青铜器添加材质.max |
| 视频： | 视频教学\Cha04\实例132 为青铜器添加材质.mp4 |

**Step 01** 按Ctrl+O组合键，打开“Scene\Cha04\为青铜器添加材质.max”素材文件，如图4-52所示。

**Step 02** 按M键打开材质编辑器，选择一个空的样本球，并将其命名为“青铜”，将【明暗器的类型】设置为Blinn，在【Blinn基本参数】卷展栏中取消【环境光】和【漫反射】的锁定，将【环境光】的RGB值设置为166、47、15，将【漫反射】的RGB值设置为51、141、45，将【高光反射】的RGB值设置为255、242、188，在【自发光】选项组中将【颜色】设置为14，在【反射高光】选项组中将【高光级别】设置为65，将【光泽度】设置为25，如图4-53所示。

图4-52

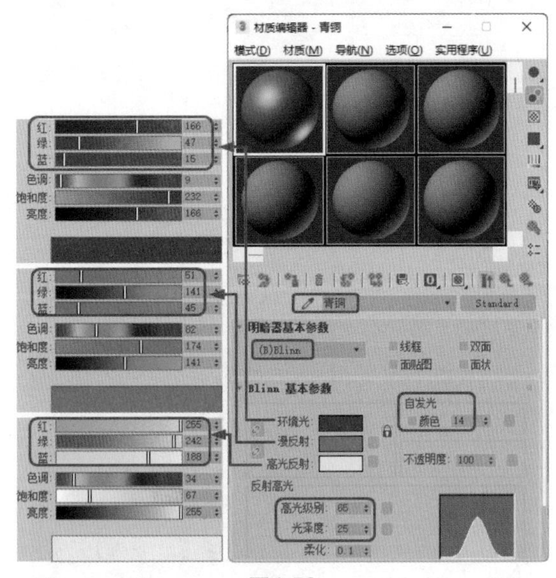


图4-53

**Step 03** 切换到【贴图】卷展栏，单击【漫反射颜色】右侧的【无贴图】按钮，弹出【材质/贴图浏览器】对话框，选择【贴图】|【通用】|【位图】选项，单击【确定】按钮，弹出【选择位图图像文件】对话框，选择“Map\MAP03.JPG”文件，单击【打开】按钮，进入【位图】材质编辑器中，保持默认值，单击【转到父对象】按钮，将【漫反射颜色】设置为75，如图4-54所示。

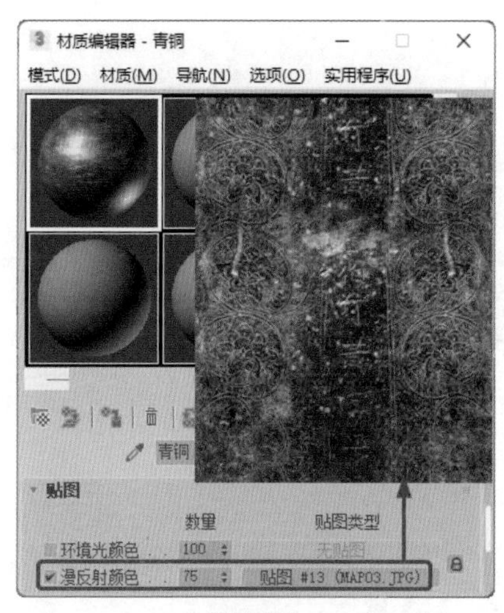


图4-54

**Step 04** 单击【凹凸】右侧的【无贴图】按钮，弹出【材质/贴图浏览器】对话框，选择【贴图】|【通用】|【位图】选项，单击【确定】按钮，弹出【选择位图图像文件】对话框，选择“Map\MAP03.JPG”文件，单击【打开】按钮，进入【位图】材质编辑器中，保持默认值，单击【转到父对象】按钮，在场景中选择【狮子】对象，单击【将材质指定给选定对象】按钮和【视口中显示明暗处理材质】按钮，如图4-55所示。

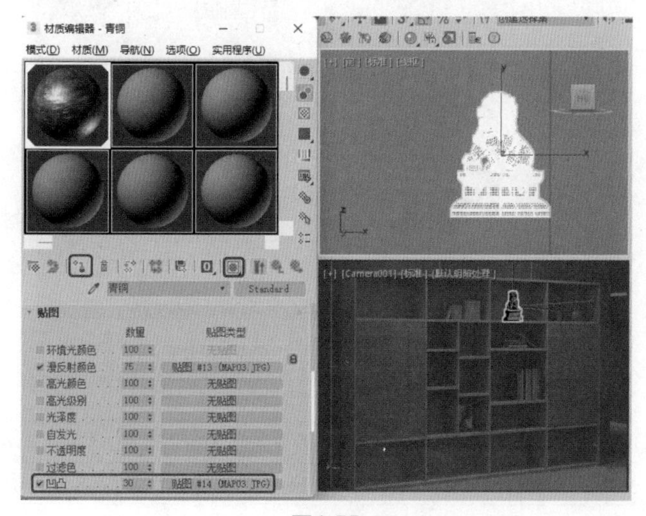

图4-55

## 实例133 为沙发添加材质

通过【材质编辑器】对话框中的【环境光】、【漫反射】、【自发光】制作出沙发皮革的材质，通过【反射高光】选项组中的【高光级别】、【光泽度】制作出沙发皮革的光泽质感，然后将材质指定给沙发对象，效果如图4-56所示。

图4-56

| 素材： | Scene\Cha04\为沙发添加材质.max<br>Map\ A-B-044.jpg |
|---|---|
| 场景： | Scene\Cha04\实例133 为沙发添加材质.max |
| 视频： | 视频教学\Cha04\实例133 为沙发添加材质.mp4 |

**Step 01** 按Ctrl+O组合键，打开“Scene\Cha04\为沙发添加材质.max”素材文件，如图4-57所示。

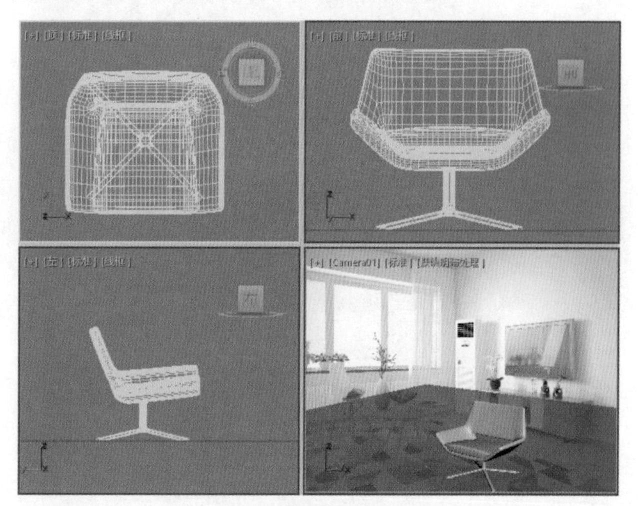

图4-57

**Step 02** 选择新的样本球，将其重命名为“皮革”，在【明暗器基本参数】卷展栏中将【明暗器的类型】定义为Phong，在【Phong基本参数】卷展栏中将【环境光】和【漫反射】的RGB值设置为255、255、255，将【自发光】选项组中的【颜色】设置为20，在【反射高光】选项组中将【高光级别】和【光泽度】均设置为0，如图4-58所示。

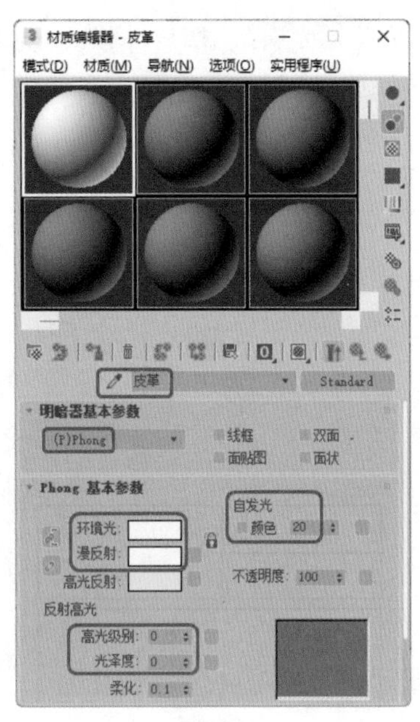

图4-58

**Step 03** 展开【贴图】卷展栏，单击【漫反射颜色】右侧的【无贴图】按钮，弹出【材质/贴图浏览器】对话框，选择【位图】贴图，单击【确定】按钮，再在弹出的对话框中选择“Map\A-B-044.jpg”素材图片，如图4-59所示。

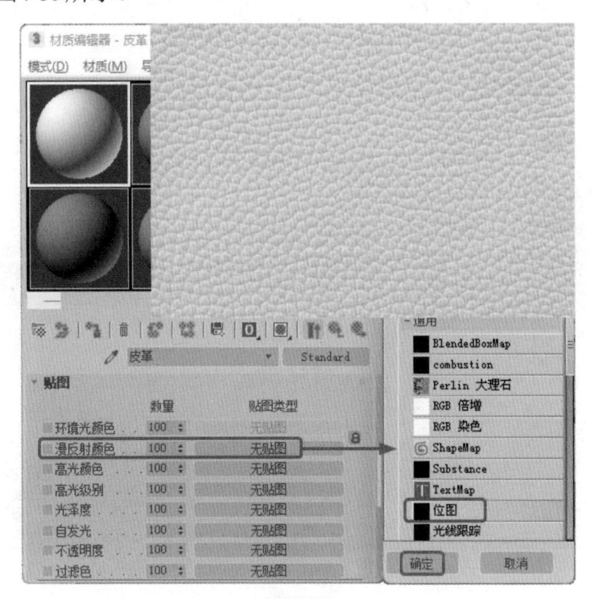

图4-59

**Step 04** 单击【转到父对象】按钮，按H键，弹出【从场景选择】对话框，选择如图4-60所示的图形对象，单击【确定】按钮。

**Step 05** 单击【将材质指定给选定对象】按钮，将材质指定给选定对象，并渲染【摄影机】视图查看效果，最后将场景文件保存即可。

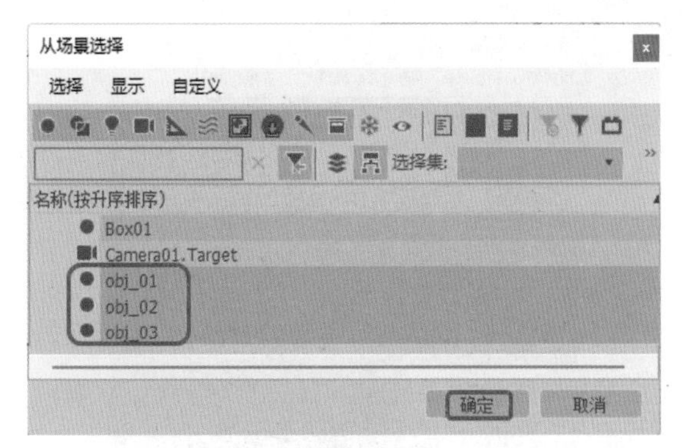

图4-60

## 实例134 为鞭炮添加材质

无论是过节，还是结婚嫁娶、进学升迁，以至大厦落成、商店开张，等等，只要有喜事，人们都习惯以放鞭炮来庆祝。本例将介绍如何导入材质库为鞭炮指定材质，完成后的效果如图4-61所示。

图4-61

| 素材： | Scene\Cha06\为鞭炮添加材质.max、鞭炮材质.mat |
|---|---|
| 场景： | Scene\Cha06\实例134 为鞭炮添加材质.max |
| 视频： | 视频教学\Cha06\实例134 为鞭炮添加材质.mp4 |

**Step 01** 按Ctrl+O组合键，打开“Scene\Cha04\为鞭炮添加材质.max”素材文件，如图4-62所示。

**Step 02** 按M键，打开【材质编辑器】对话框，单击【获取材质】按钮，打开【材质/贴图浏览器】对话框，单击【材质/贴图浏览器选项】按钮，在弹出的下拉菜单中选择【打开材质库】命令，如图4-63所示。

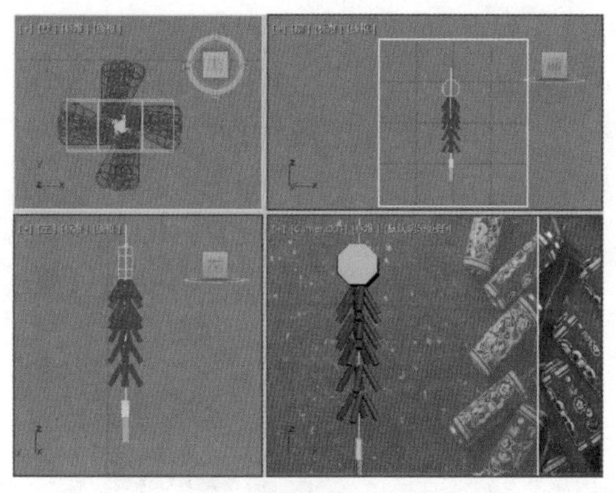

图4-62

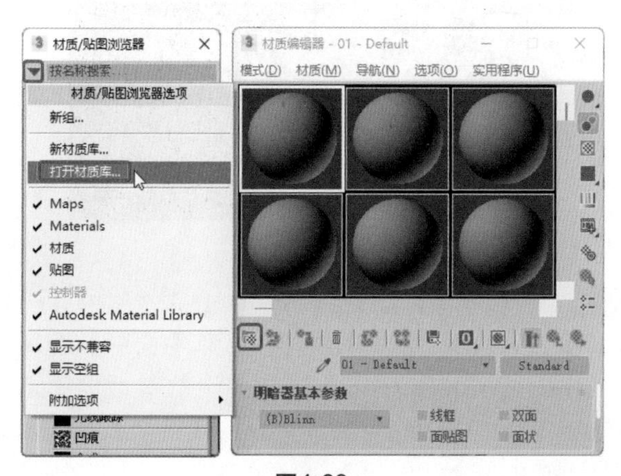


图4-63

**Step 03** 在打开的【导入材质库】对话框中选择“Scene\Cha04\鞭炮材质.mat”文件，单击【打开】按钮，将【鞭炮材质】卷展栏中的材质添加至材质编辑器中的样本球，如图4-64所示。

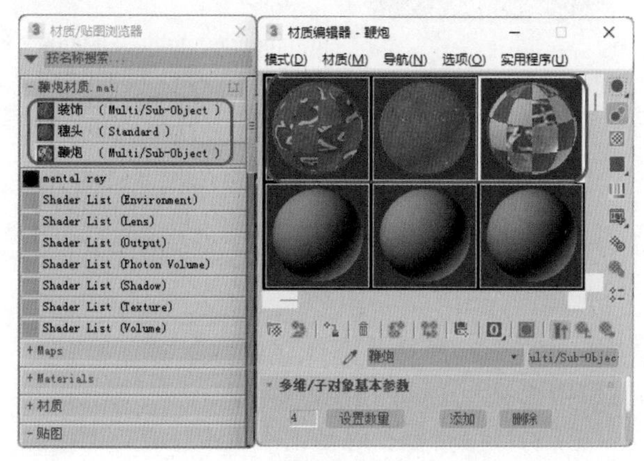


图4-64

**Step 04** 在场景中按H键，在弹出的对话框中选择【装饰】对象，单击【确定】按钮。在材质编辑器中选择【装饰】材质样本球，单击【将材质指定给选定对象】按钮，将材质指定给场景中选择的对象，如图4-65所示。

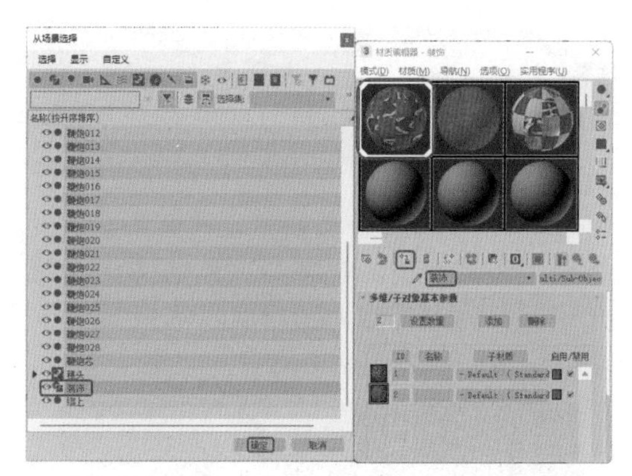

图4-65

**Step 05** 在场景中按H键，在弹出的对话框中选择【鞭炮01】、【鞭炮002~鞭炮028】、【缀上】对象，单击【确定】按钮。在材质编辑器中选择【鞭炮】材质样本球，单击【将材质指定给选定对象】按钮，将材质指定给场景中选择的对象，如图4-66所示。

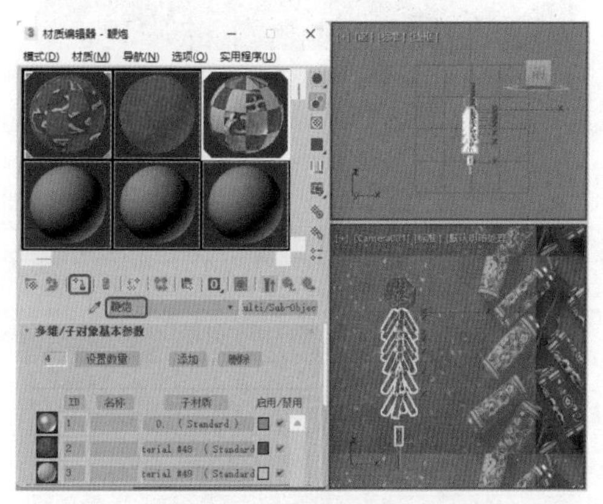

图4-66

**Step 06** 在场景中按H键，在弹出的对话框中选择【穗头】和【鞭炮芯】对象，单击【确定】按钮。在材质编辑器中选择【穗头】材质样本球，单击【将材质指定给选定对象】按钮，将材质指定给场景中选择的对象，如图4-67所示。

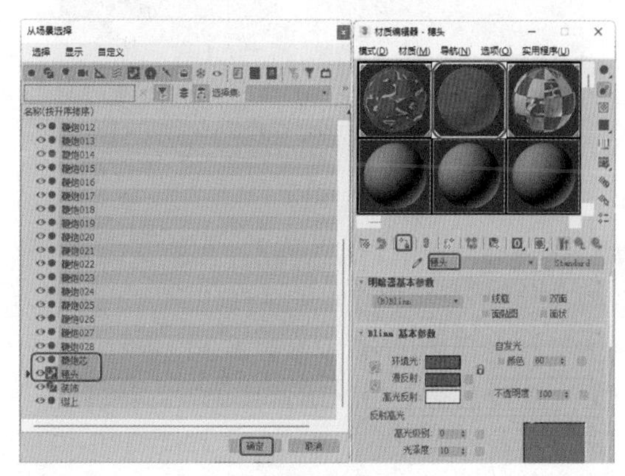

图4-67

# 实例135 为中国结添加材质

中国结以其独特的东方神韵、丰富多彩的变化，充分体现了中国人民的智慧和深厚的文化底蕴。本例将介绍如何为中国结添加材质，完成后的效果如图4-68所示。

图4-68

| 素材： | Scene\Cha06\为中国结添加材质.max<br>Map\ 41840332.jpg、27065127.jpg、huangjin.jpg、黄金02.jpg |
| --- | --- |
| 场景： | Scene\Cha04\实例135 为中国结添加材质.max |
| 视频： | 视频教学\Cha04\实例135 为中国结添加材质mp4 |

**Step 01** 按Ctrl+O组合键，打开“Scene\Cha04\为中国结添加材质.max”素材文件，如图4-69所示。

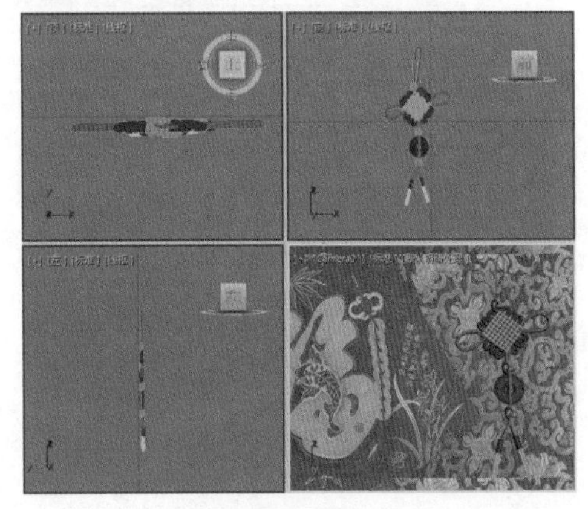

图4-69

**Step 02** 按M键，打开【材质编辑器】对话框，在该对话框中选择一个空白的材质样本球，将其命名为“主体”，在【Blinn基本参数】卷展栏中，将【环境光】、【漫反射】的RGB值均设置为190、0、0，将【自发光】选项组中的【颜色】设置为20，在【贴图】卷展栏中，单击【漫反射颜色】右侧的【无贴图】按钮，打开【材质/贴图浏览器】对话框，选择【位图】贴图，单击【确定】按钮。在【选择位图图像文件】对话框中选择“Map\41840332.jpg”文件，单击【打开】按钮，如图4-70所示。

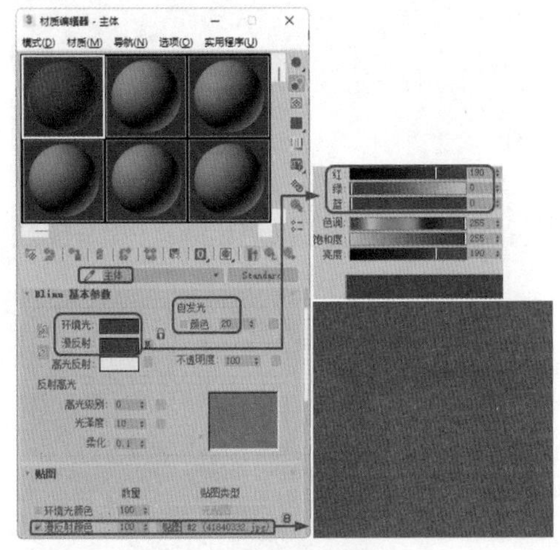

图4-70

**Step 03** 将【凹凸】设置为-5，单击其右侧的【无贴图】按钮，在弹出的对话框中选择【位图】选项，然后单击【确定】按钮，再在弹出的对话框中选择“Map\27065127.jpg”文件，单击【打开】按钮，如图4-71所示。

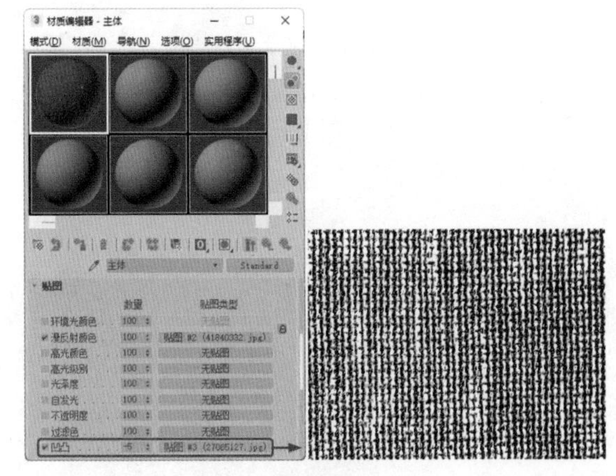

图4-71

**Step 04** 按H键，打开【从场景选择】对话框，在该对话框中选择如图4-72所示的对象，单击【确定】按钮。在【材质编辑器】对话框中单击【将材质指定给选定对象】按钮，如图4-73所示。

**Step 05** 选择一个空白的材质样本球，将其命名为“玉石”，将【明暗器的类型】设置为【半透明明暗器】，将【环境光】的RGB值设置为66、152、0，将【自发光】选项组中【颜色】设置为30，将【高光反射】的RGB值设置为174、198、172，将【反射高光】

选项组中的【高光级别】设置为406，将【光泽度】设置为68，如图4-74所示。

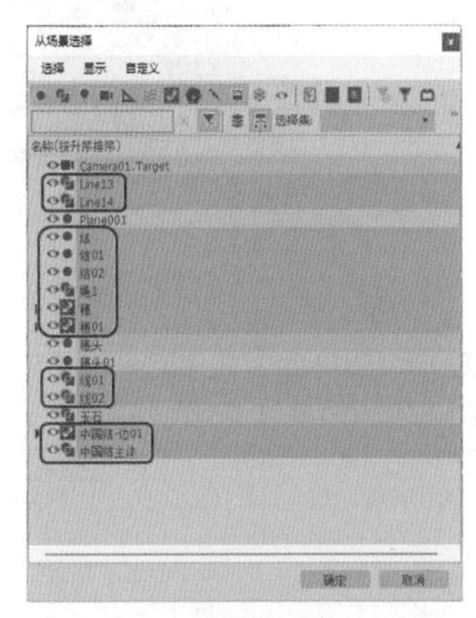

图4-72

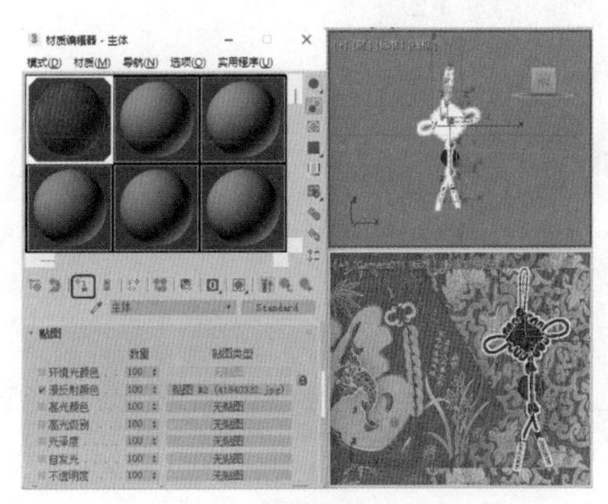

图4-73

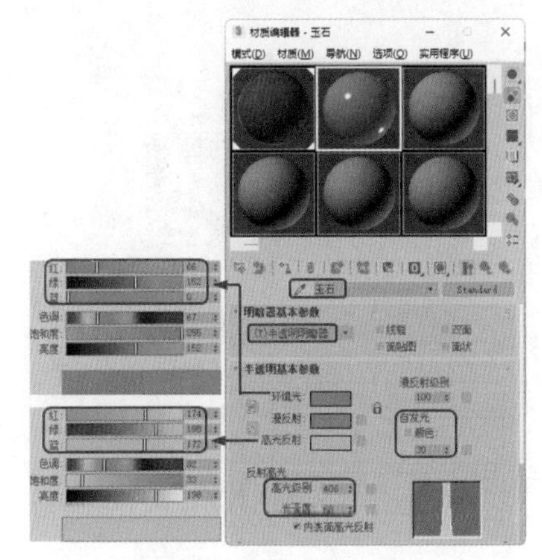

图4-74

Step 06 将【漫反射颜色】的【数量】设置为70，单击其右侧的【无贴图】按钮，在弹出的对话框中选择【烟雾】选项，单击【确定】按钮，如图4-75所示。

Step 07 在【烟雾参数】卷展栏中将【相位】设置为50，将【迭代次数】设置为7，将【指数】设置为3，单击【颜色#1】右侧的色块，将其RGB值设置为73、141、0，如图4-76所示。

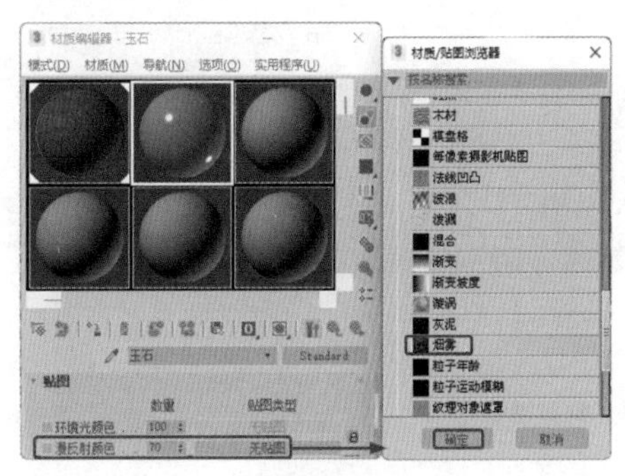

图4-75

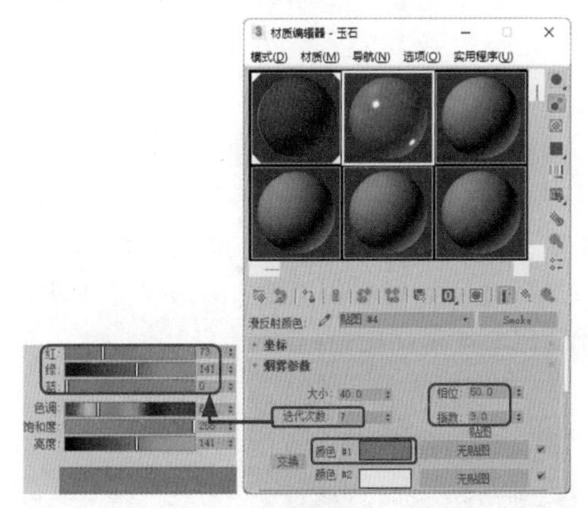

图4-76

◎知识链接

烟雾是生成无序、基于分形的湍流图案的 3D 贴图。其主要用于设置动画的不透明度贴图，以模拟一束光线中的烟雾效果或其他云状流动效果。

下面介绍【烟雾参数】卷展栏中各参数的作用。

- 【大小】：更改烟雾的比例。默认设置为 40。
- 【迭代次数】：设置应用分形函数的次数。该值越大，烟雾细节越丰富，但计算时间会更长。默认设置为 5。
- 【相位】：转移烟雾图案中的湍流。设置此参数的动画即可设置烟雾移动的动画。默认设置为 0.0。
- 【指数】：使代表烟雾的【颜色 #2】更清晰、更缭绕。随着该值的增加，烟雾“火舌”将在图案中变得更小。默认设置为 1.5。
- 【颜色#1】：表示效果的无烟雾部分。
- 【颜色#2】：表示烟雾。由于通常将此贴图用作不透明贴图，因此可以调整颜色值的亮度，以改变烟雾效果的对比度。

Step 08 单击【转到父对象】按钮，在场景中选择【玉石】对象，然后单击【将材质指定给选定对象】按钮，效果如图4-77所示。

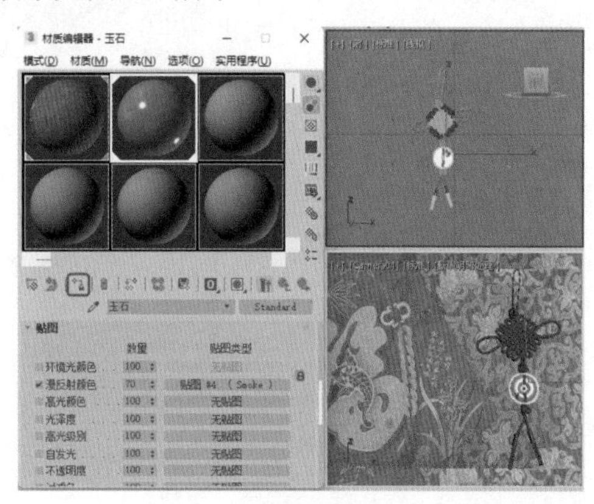

图4-77

**Step 09** 选择一个空白的材质样本球，将其命名为“穗头”，单击Standard按钮，弹出【材质/贴图浏览器】对话框，在该对话框中选择【多维/子对象】材质，单击【确定】按钮，弹出【替换材质】对话框，在该对话框中选中【将旧材质保存为子材质？】单选按钮，单击【确定】按钮，如图4-78所示。

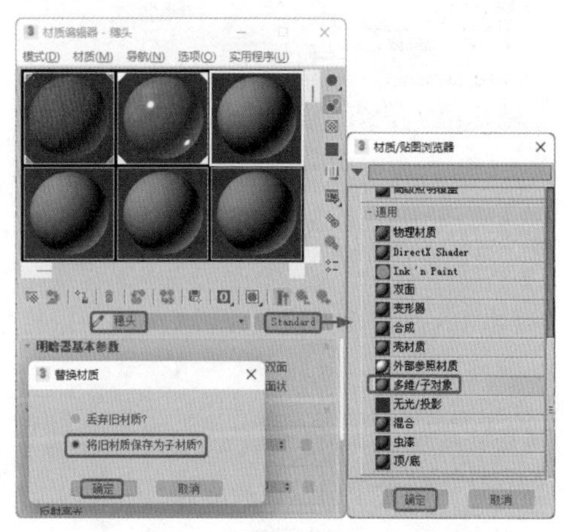

图4-78

**Step 10** 在【多维/子对象基本参数】卷展栏中单击【设置数量】按钮，在弹出的对话框中将【材质数量】设置为2，单击【确定】按钮。单击ID1右侧的【子材质】按钮，将【明暗器的类型】设置为【金属】，将【环境光】的RGB值设置为240、120、12，将【高光级别】、【光泽度】分别设置为100、70，如图4-79所示。

**Step 11** 展开【贴图】卷展栏，将【凹凸】的【数量】设置为-8，单击其右侧的【无贴图】按钮，在弹出的对话框中选择【位图】选项，单击【确定】按钮，再在弹出的对话框中选择“Map\huangjin.jpg”文件，单击【打开】按钮，如图4-80所示。

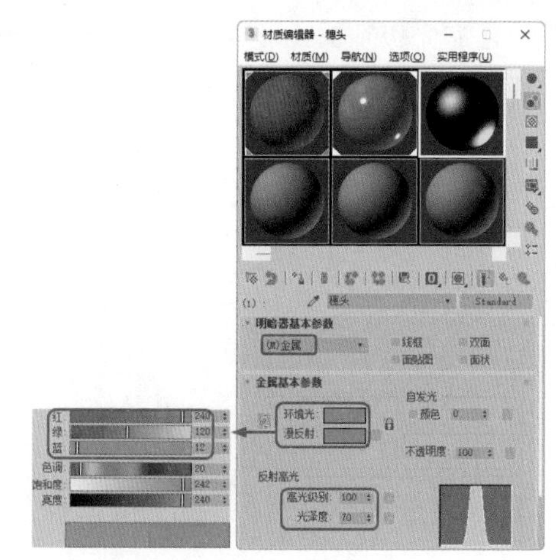

图4-79

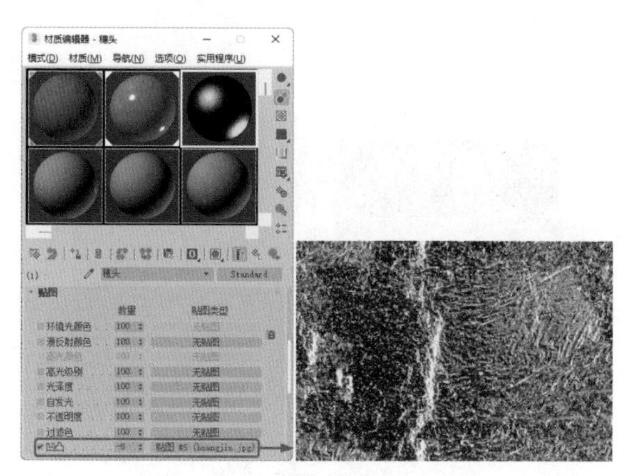

图4-80

**Step 12** 将【瓷砖】下的U、V均设置为2，如图4-81所示。

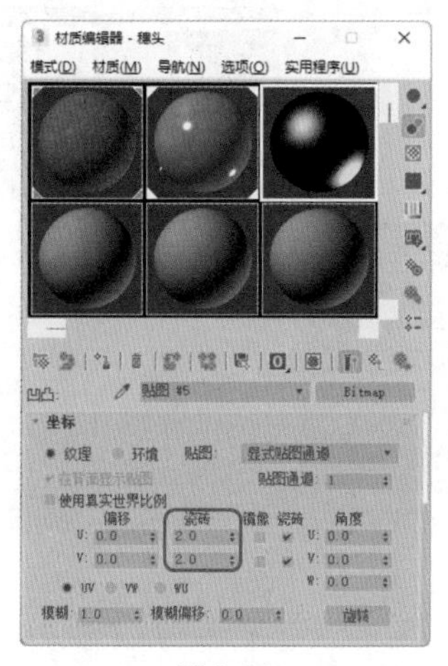

图4-81

**Step 13** 单击【转到父对象】按钮，在【贴图】卷展栏中，单击【反射】右侧的【无贴图】按钮，打开【材质/贴图浏览器】对话框，选择【混合】贴图，单击【确定】按钮。单击【混合参数】卷展栏中【颜色#1】右侧的【无贴图】按钮。进入【材质/贴图浏览器】对话框，选择【光线跟踪】贴图，单击【确定】按钮，保持默认的参数设置，单击【转到父对象】按钮。单击【混合参数】卷展栏中【颜色#2】右侧的【无贴图】按钮，进入【材质/贴图浏览器】对话框中，选择【位图】贴图，单击【确定】按钮。在打开的【选择位图图像文件】对话框中选择“Map\黄金02.jpg”文件，单击【打开】按钮。进入【坐标】卷展栏，将【模糊偏移】设置为0.05，单击【转到父对象】按钮，如图4-82所示。

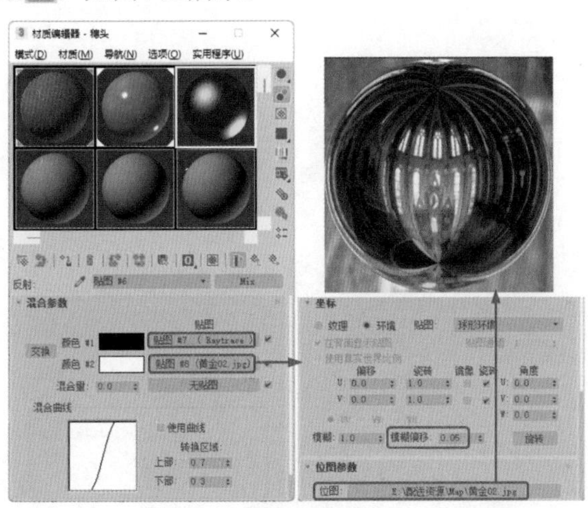

图4-82

**Step 14** 单击两次【转到父对象】按钮，在【多维/子对象基本参数】卷展栏中单击ID2右侧的【无】按钮，在弹出的对话框中选择【标准】选项，如图4-83所示。

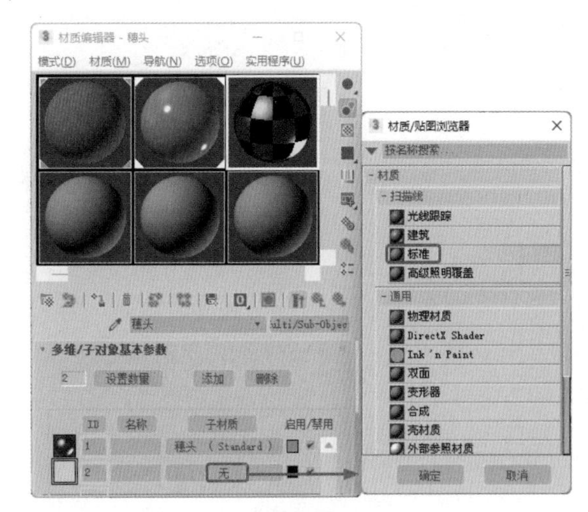

图4-83

**Step 15** 单击【确定】按钮，将【环境光】的RGB值设置为214、0、0，单击【转到父对象】按钮，然后在场景中选择【穗头】、【穗头01】对象，最后单击【将材质指定给选定对象】按钮，如图4-84所示。

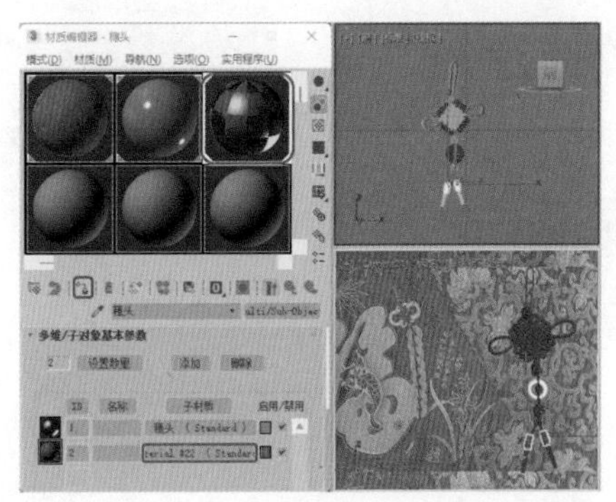

图4-84

# 第5章 基本模型的制作与表现

本章导读

学习创建基本模型可以进一步了解3ds max的一些基本操作方法。本章将介绍多个基本模型的创建方法，使读者学习并掌握3ds max中一些基本建模工具与修改器的使用方法。

# 实例136 制作花瓶

本例将介绍花瓶的具体制作方法。首先利用【线】工具绘制出花瓶的剖面图形，然后使用【修改器列表】中的【车削】修改器旋转出花瓶的最终造型，最后为其添加【UVW贴图】修改器并设置其材质，效果如图5-1所示。

图5-1

| 素材： | Scene\Cha05\花瓶素材.max<br>Map\200710189629479_2.jpg |
|---|---|
| 场景： | Scene\Cha05\实例136 制作花瓶.max |
| 视频： | 视频教学\Cha05\实例136 制作花瓶.mp4 |

Step 01 按Ctrl+O组合键，打开“Scene\Cha05\花瓶素材.max”素材文件，如图5-2所示。

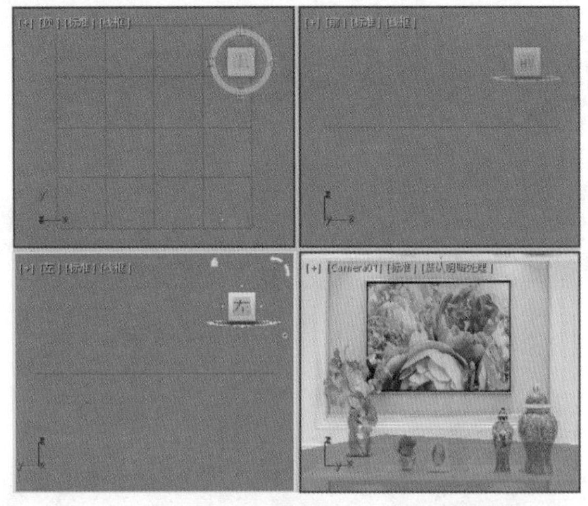

图5-2

Step 02 选择【创建】 |【图形】 |【线】工具，在【前】视图中绘制图5-3所示花瓶的截面轮廓线。

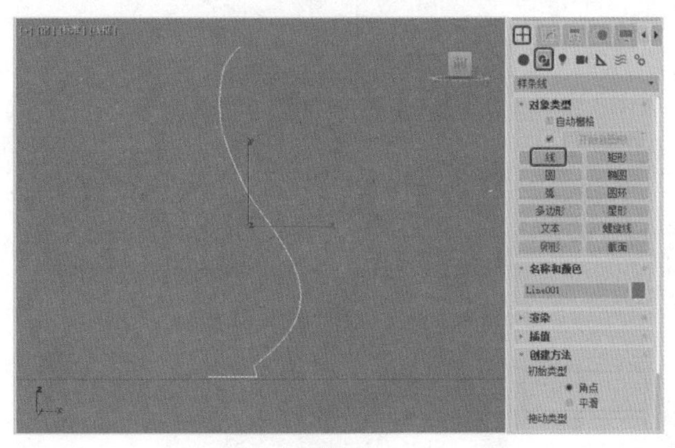

图5-3

Step 03 切换至【修改】命令面板，将当前选择集定义为【样条线】，并在【几何体】卷展栏中将【轮廓】设置为-4，按Enter键确认，如图5-4所示。

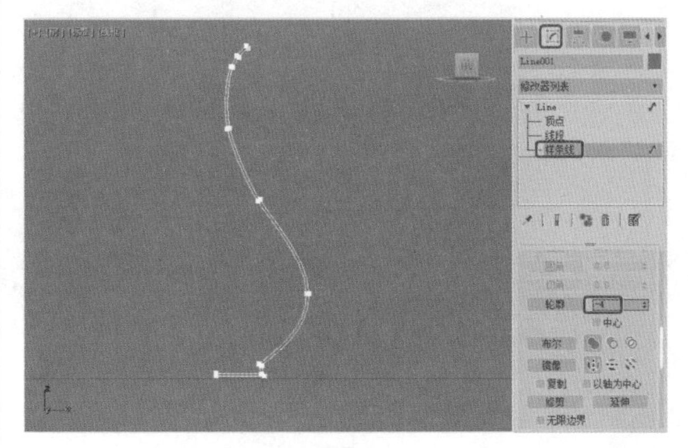

图5-4

◎提示·◦

用【线】工具可以绘制任何形状的封闭或开放型曲线（包括直线），可以通过直接点取画直线，也可以通过拖动鼠标绘制曲线，对曲线的弯曲方式有【角点】、【平滑】和【Bezier（贝塞尔）】三种。

Step 04 退出【样条线】选择集，在【修改器列表】中选择【车削】修改器，在【参数】卷展栏中，将【分段】设置为100，单击【方向】选项组中的Y按钮，在【对齐】选项组中单击【最小】按钮，如图5-5所示。

◎提示·◦

为一个二维图形添加【车削】修改器，可以产生三维造型，这是一款非常实用的造型工具，大多数中心放射物体都可以用这种方法完成，而且还可以将完成后的造型输出成面片造型或NURBS造型。

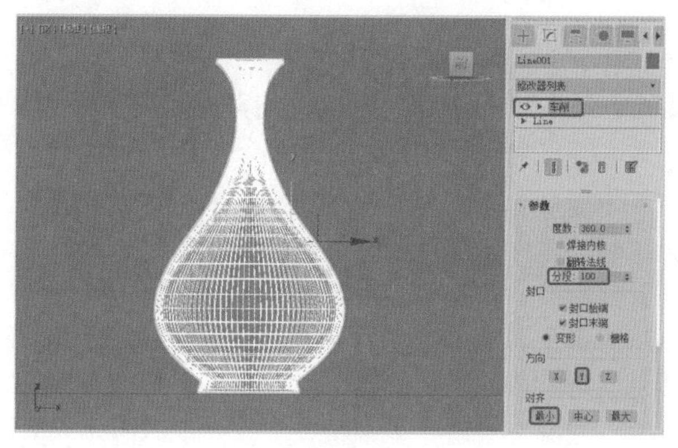

图5-5

Step 05 在【修改器列表】中选择【编辑网格】修改器，定义当前选择集为【多边形】，依照图5-6所示在视图中选择花瓶的瓶口与瓶底之间的区域，在【曲面属性】卷展栏中将【材质】选项组中的【设置ID】设置为1，如图5-6所示。

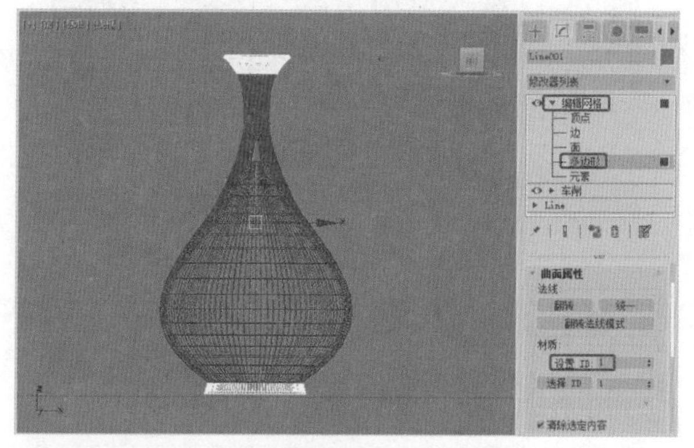

图5-6

Step 06 在菜单中选择【编辑】|【反选】命令，将当前选择范围进行反选，在【曲面属性】卷展栏中将【材质】选项组中的【设置ID】设置为2，如图5-7所示。

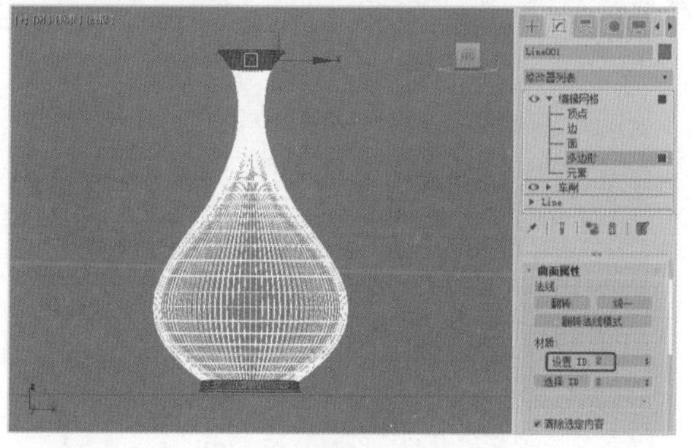

图5-7

Step 07 退出当前选择集，在【修改器列表】中选择【UVW贴图】修改器，在【参数】卷展栏中，将【贴图】设置为【柱形】，在【对齐】选项组中选中X单选按钮并单击【适配】按钮，进行贴图适配，如图5-8所示。

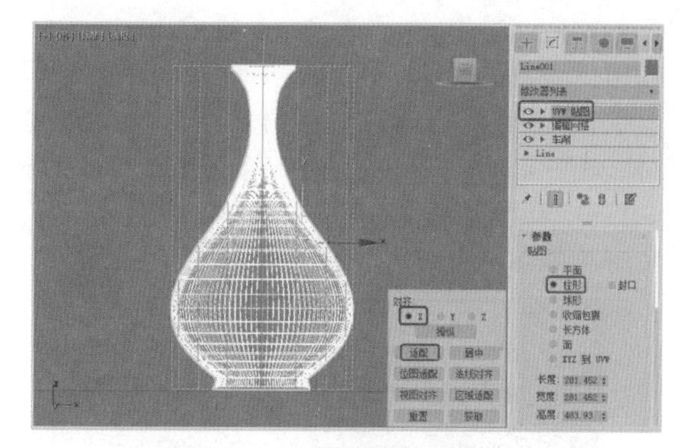

图5-8

Step 08 选中花瓶对象，按M键打开材质编辑器，选择第一个样本球，将名称设置为“花瓶”，单击Standard按钮，在弹出的【材质/贴图浏览器】对话框中选择【标准】|【多维/子对象】选项，单击【确定】按钮。在弹出的【替换材质】对话框中，选中【丢弃旧材质？】单选按钮，单击【确定】按钮。在【多维/子对象基本参数】卷展栏中，单击【设置数量】按钮，在弹出的【设置材质数量】对话框中将【材质数量】设置为2，单击【确定】按钮。单击材质ID1右侧的【无】按钮，在弹出的【材质/贴图浏览器】对话框中选择【标准】选项，单击【确定】按钮，进入子级材质面板中。在【明暗器基本参数】卷展栏中，将【明暗器的类型】设置为Phong，在【Phong基本参数】卷展栏中，将【环境光】和【漫反射】的RGB值设置为255、255、255，将【自发光】选项组中的【颜色】设置为30，将【反射高光】选项组中的【高光级别】设置为50，【光泽度】设置为42，【柔化】设置为0.55，如图5-9所示。

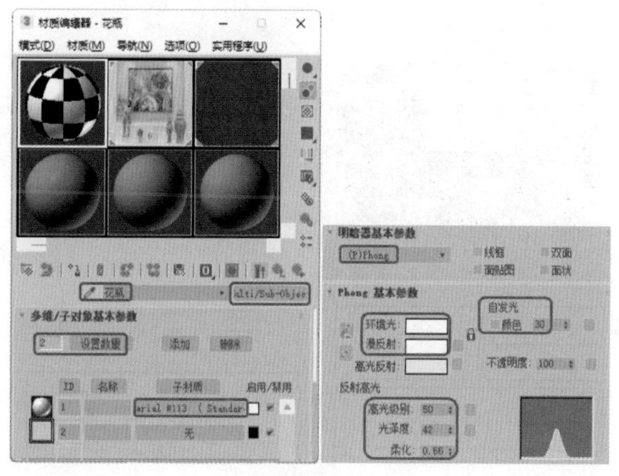

图5-9

Step 09 打开【贴图】卷展栏，将【漫反射颜色】的【数量】设置为85，单击【漫反射颜色】右侧的【无贴图】按钮，在弹出的【材质/贴图浏览器】对话框中选择【位图】选项，单击【确定】按钮，选择“Map\200710189629479_2.jpg”文件。在【坐标】卷展栏中，将【偏移】的V值设置为-0.1，将【瓷砖】的U、V值都设置为2 并取消勾选【瓷砖】，将【角度】的U值和W值均设置为180，如图5-10所示。

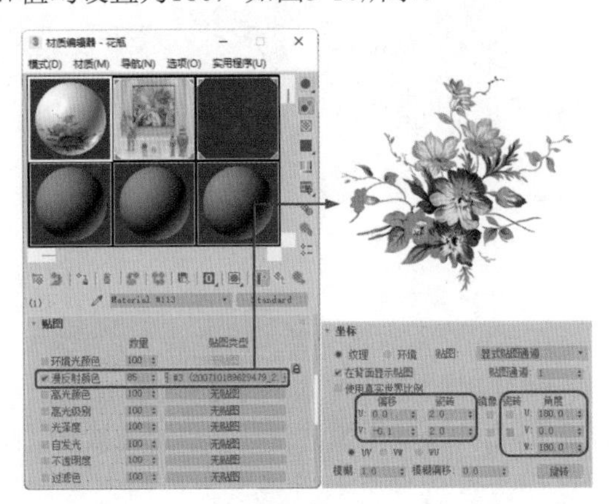

图5-10

Step 10 双击【转到父对象】按钮，返回至顶层面板，单击ID2右侧的【无】按钮，在弹出的【材质/贴图浏览器】对话框中选择【标准】选项，单击【确定】按钮，进入子级材质面板中。在【明暗器基本参数】卷展栏中，将【明暗器的类型】设置为Phong，在【Phong基本参数】卷展栏中，将【环境光】和【漫反射】的RGB值设置为255、255、255，将【自发光】选项组中的【颜色】设置为30，将【反射高光】选项组中的【高光级别】设置为50，【光泽度】设置为42，【柔化】设置为0.55，如图5-11所示。双击【转到父对象】按钮，返回至顶层面板，单击【将材质指定给选定对象】按钮，将材质指定给场景中的花瓶对象。

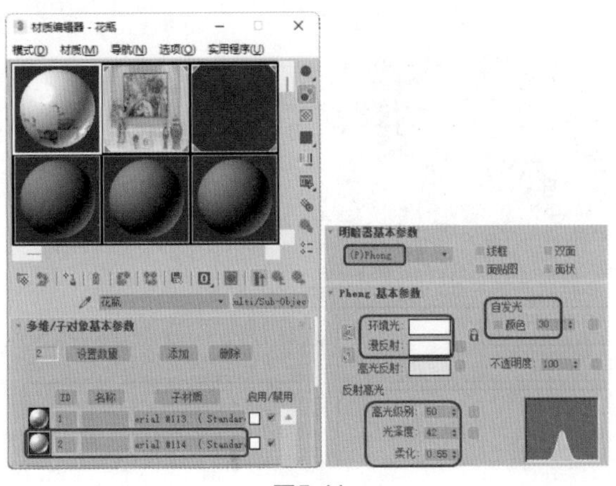

图5-11

## 实例137 制作隔离墩

本案例将介绍如何制作塑料路锥，即隔离墩。首先绘制一条样条线作为路障的截面，再为其添加【车削】修改器，使其由二维图形转换为三维对象，然后创建圆形及圆角矩形并为其添加【挤出】修改器，最后为圆角矩形与车削的对象进行布尔运算，为其指定材质，并创建平面、摄影机、灯光等，从而完成最终效果，如图5-12所示。

图5-12

| 素材： | Map\马路.jpg、隔离墩.jpg |
|---|---|
| 场景： | Scene\Cha05\实例137 制作隔离墩.max |
| 视频： | 视频教学\Cha05\实例137 制作隔离墩.mp4 |

Step 01 选择【创建】|【图形】|【线】工具，在【前】视图中绘制一条样条线，如图5-13所示。

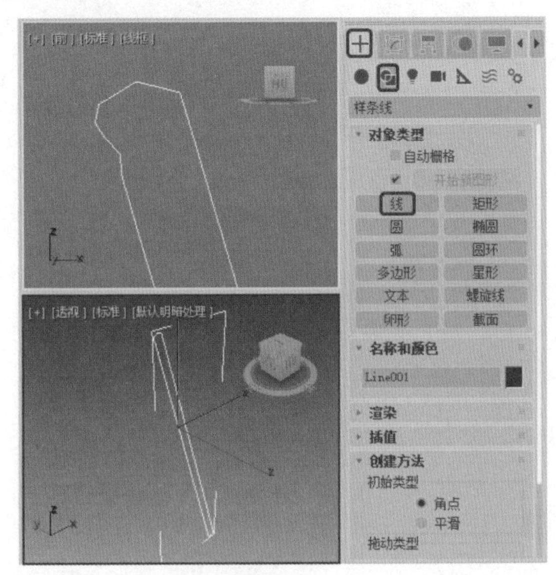

图5-13

Step 02 切换至【修改】命令面板，将当前选择集定义为【顶点】，在【前】视图中选择样条线上方的顶点，右击鼠标，在弹出的快捷菜单中选择【Bezier角点】命令，如图5-14所示。

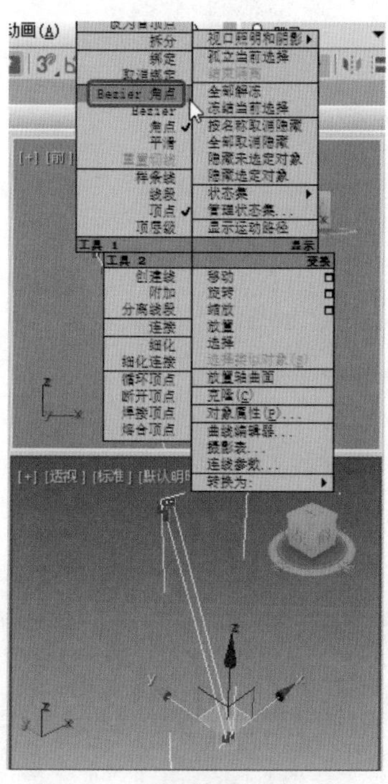

图5-14

Step 03 转换完成后，使用【选择并移动】工具在视图中对顶点进行调整，调整完成后，在【插值】卷展栏中将【步数】设置为20，效果如图5-15所示。

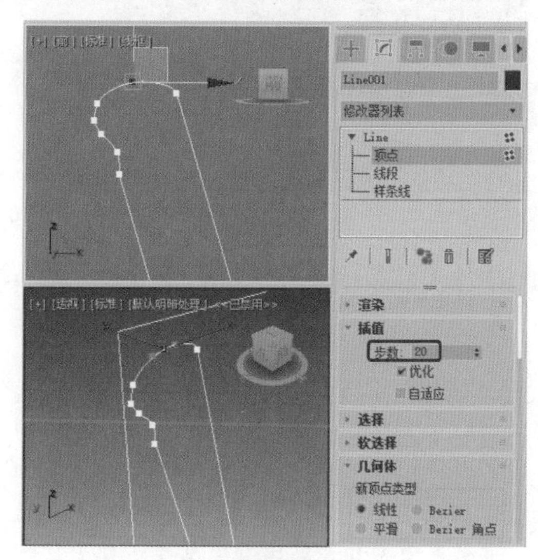

图5-15

Step 04 关闭当前选择集，在【修改器列表】中选择【车削】修改器，在【参数】卷展栏中设置【分段】参数为55，单击【方向】选项组中的Y按钮，在【对齐】选项组中单击【最小】按钮，如图5-16所示。

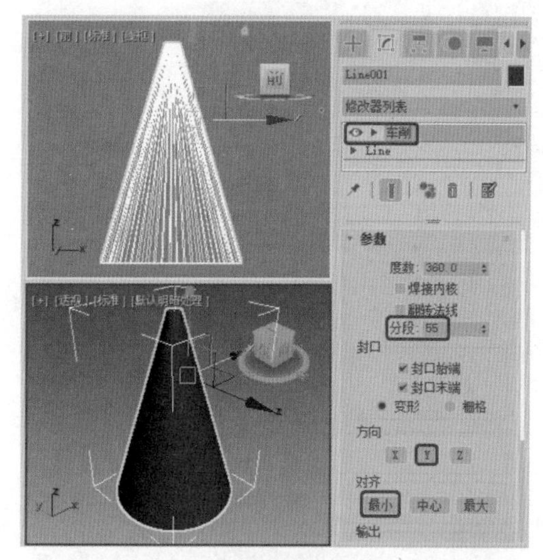

图5-16

Step 05 将当前选择集定义为【轴】，在【前】视图中对【车削】修改器的轴进行调整，调整后的效果如图5-17所示。

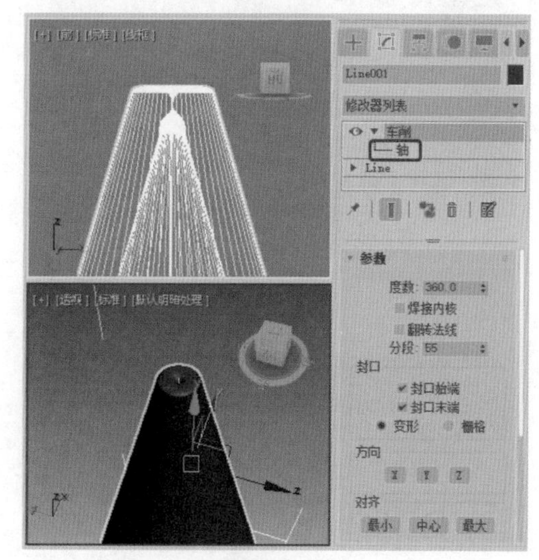

图5-17

Step 06 关闭当前选择集，在【修改器列表】中选择【UVW 贴图】修改器，在【参数】卷展栏中选中【柱形】单选按钮，在【对齐】选项组中选中X单选按钮，并单击【适配】按钮，如图5-18所示。

Step 07 继续选中该对象，切换至【层次】命令面板，在【调整轴】卷展栏中单击【仅影响轴】按钮，在【对齐】选项组中单击【居中到对象】按钮，如图5-19所示。

Step 08 单击【仅影响轴】按钮，将其关闭，打开捕捉开关，在工具栏中右击【捕捉开关】按钮，在弹出的对话框中仅勾选【轴心】复选框，如图5-20所示。

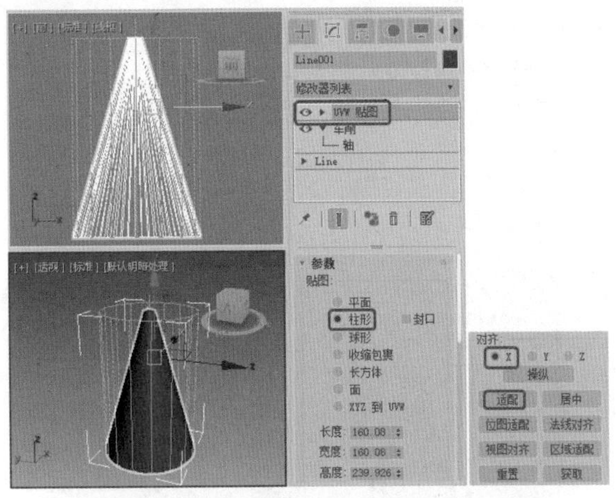

图5-18

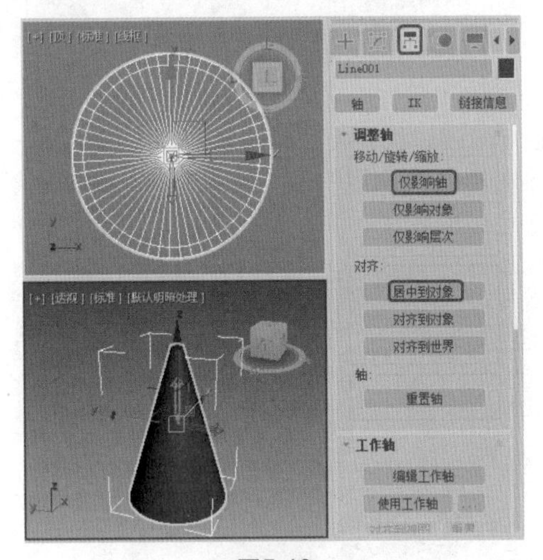

图5-19

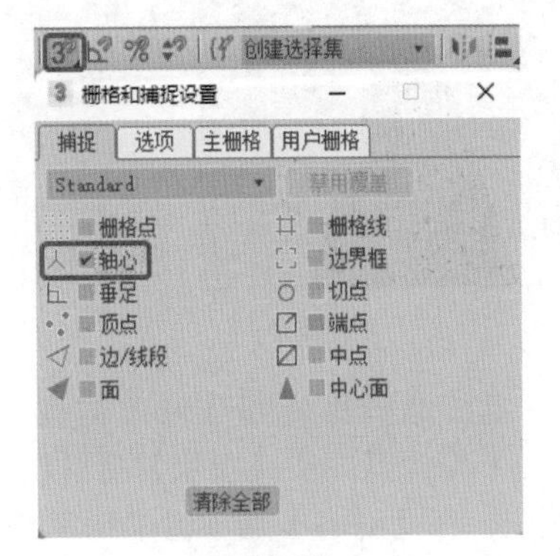

图5-20

Step 09 将该对话框关闭，选择【创建】 |【图形】 |【圆】工具，在【顶】视图中拾取车削对象的轴心作为圆心创建一个圆形，切换到【修改】命令面板，在【插值】卷展栏中将【步数】设置为20，在【参数】卷展栏中将【半径】设置为100，如图5-21所示。

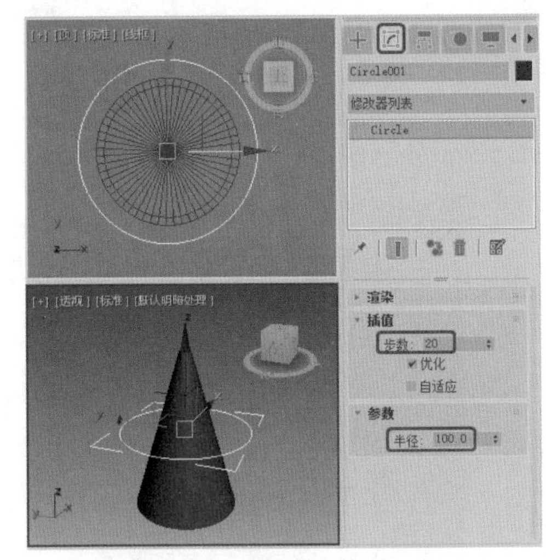

图5-21

Step 10 按S键关闭捕捉开关，在【修改器列表】中选择【挤出】修改器，在【参数】卷展栏中将【数量】设置为5，将【分段】设置为20，如图5-22所示。

图5-22

Step 11 选择【创建】 |【图形】 |【矩形】工具，在【顶】视图中创建矩形，切换到【修改】命令面板，在【参数】卷展栏中将【长度】和【宽度】均设置为220，将【角半径】设置为40，如图5-23所示。

Step 12 使用【选择并移动】工具 调整矩形的位置，切换至【修改】命令面板，在【修改器列表】中选择【编辑样条线】修改器，将当前选择集定义为【顶点】，在【几何体】卷展栏中单击【优化】按钮，在视图中对样条线进行优化，效果如图5-24所示。

Step 13 再次单击【优化】按钮，将其关闭，在视图中对添加的顶点进行调整，调整后的效果如图5-25所示。

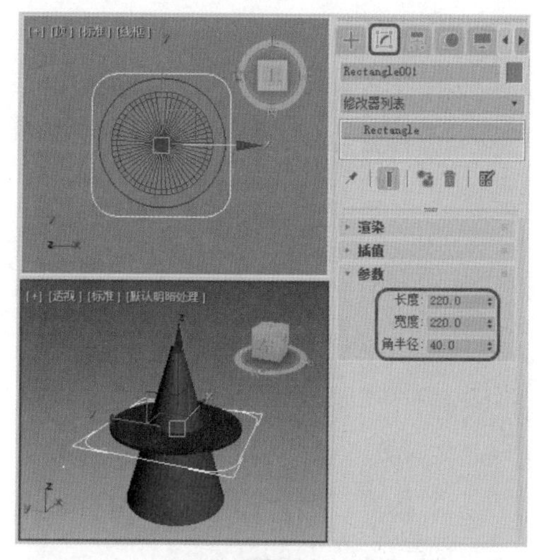

图5-23

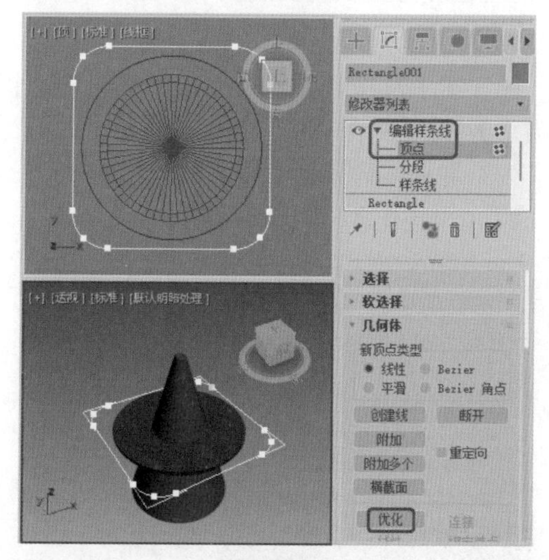

图5-24

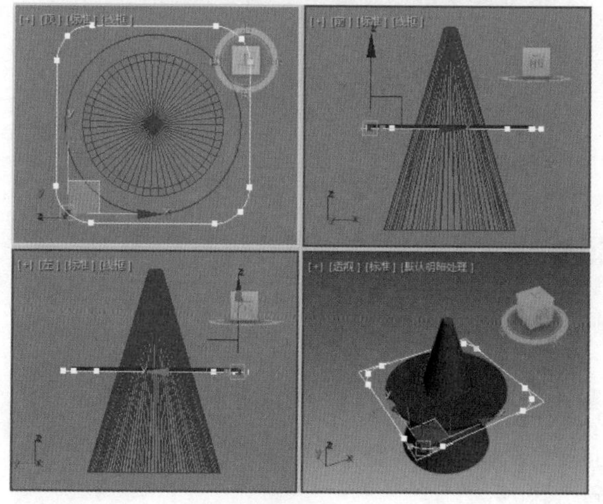

图5-25

**Step 14** 调整完成后，关闭当前选择集，在【修改器列表】中选择【挤出】修改器，在【参数】卷展栏中将【数量】设置为10，将【分段】设置为20，如图5-26所示。

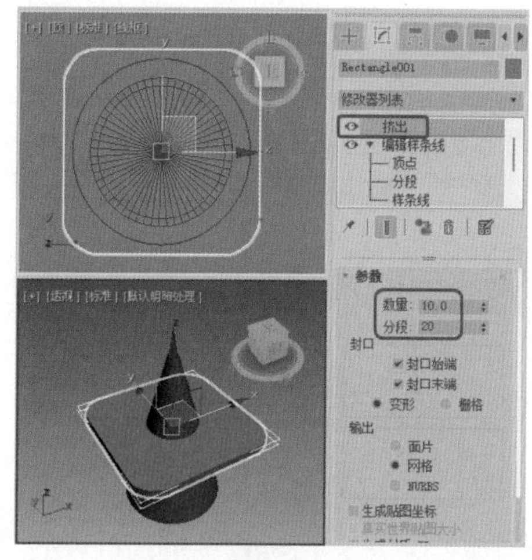

图5-26

**Step 15** 在视图中调整圆角矩形与圆形的位置，调整后的效果如图5-27所示。

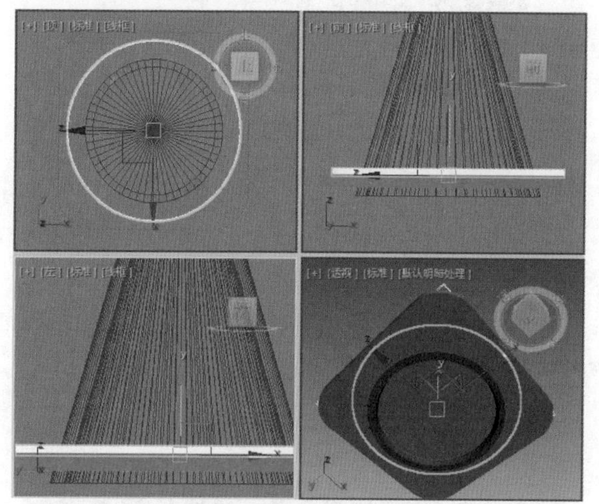

图5-27

> **提示**
>
> 为了方便后面的操作，在此调整对象位置时，需要将圆角矩形的底部高于Line001对象的底部。

**Step 16** 在视图中选择圆角矩形对象，右击鼠标，在弹出的快捷菜单中选择【转换为】|【转换为可编辑多边形】命令，如图5-28所示。

**Step 17** 在【编辑几何体】卷展栏中单击【附加】按钮，在视图中单击选择圆形对象，将其附加在一起，如图5-29所示。

**Step 18** 附加完成后，再次单击【附加】按钮，将其关闭。在场景中选择Line001对象，按Ctrl+V组合键，在弹出的对话框中选中【复制】单选按钮，单击【确定】按钮，如图5-30所示。

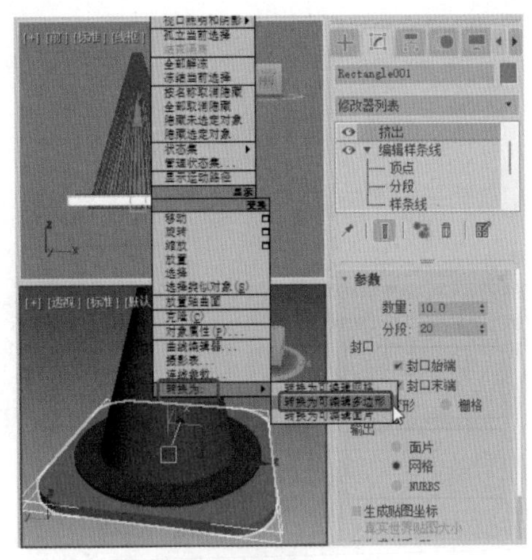

图5-28

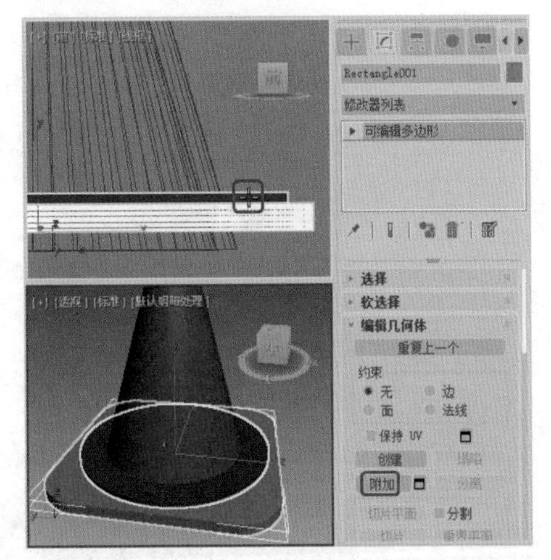

图5-29

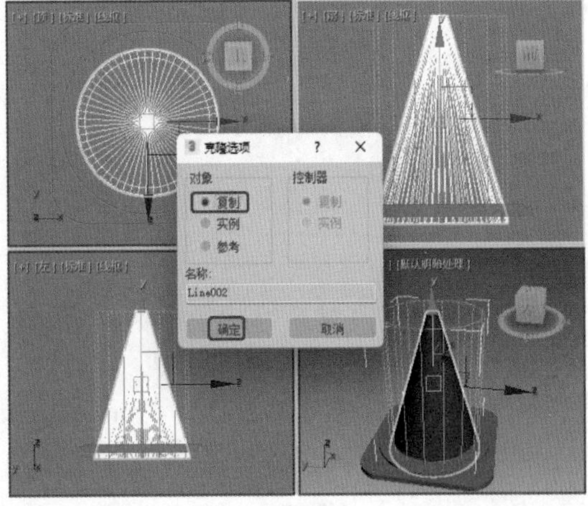

图5-30

Step 19 在视图中选择Line001对象，右击鼠标，在弹出的快捷菜单中选择【隐藏选定对象】命令，如图5-31所示。

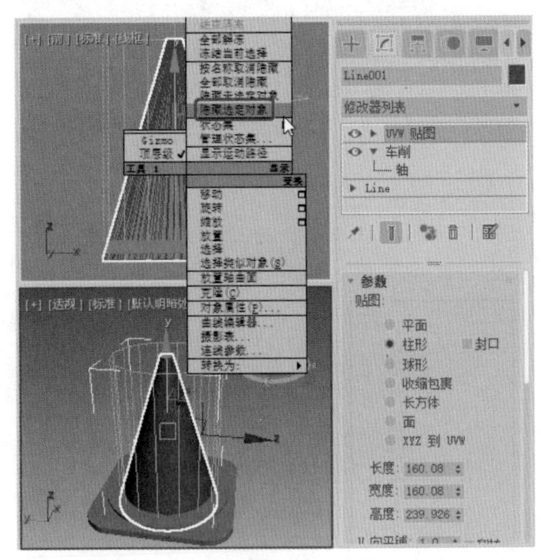

图5-31

Step 20 在视图中选择附加后的对象，选择【创建】 |【几何体】 |【复合对象】|ProBoolean工具，在【拾取布尔对象】卷展栏中单击【开始拾取】按钮，在场景中拾取Line002对象，如图5-32所示。

图5-32

Step 21 切换至【修改】命令面板，在【修改器列表】中选择【编辑网格】修改器，将当前选择集定义为【元素】，在【顶】视图中选择图5-33所示的元素并按Delete键将其删除。

Step 22 关闭当前选择集，在视图中右击鼠标，在弹出的快捷菜单中选择【全部取消隐藏】命令，如图5-34所示。

Step 23 取消隐藏Line001对象，适当调整位置，再次在视图中选择圆角矩形对象，在【编辑几何体】卷展栏中单击【附加】按钮，在场景中拾取Line001对象，如

图5-35所示。

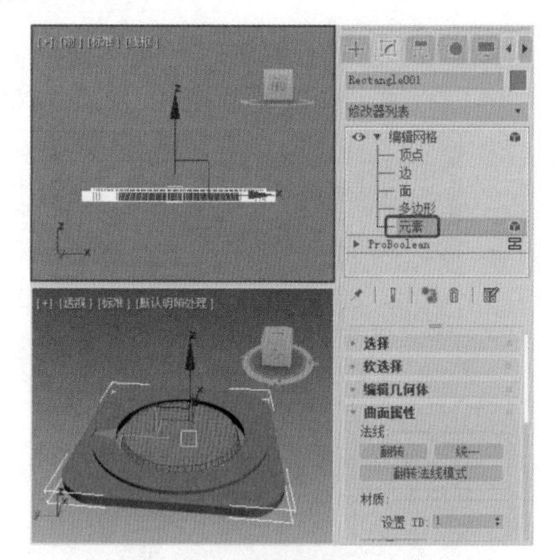


图5-33

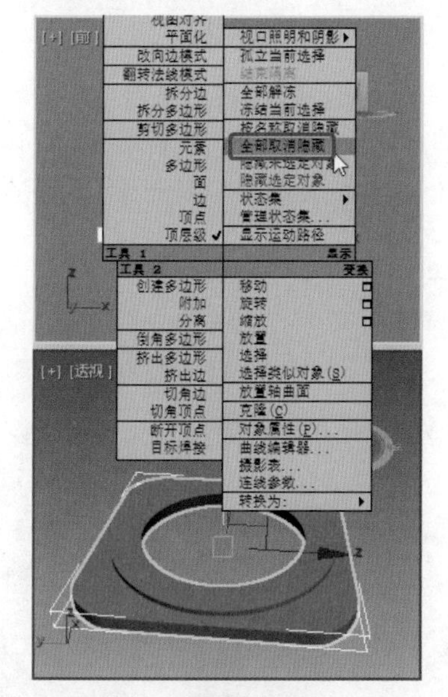

图5-34

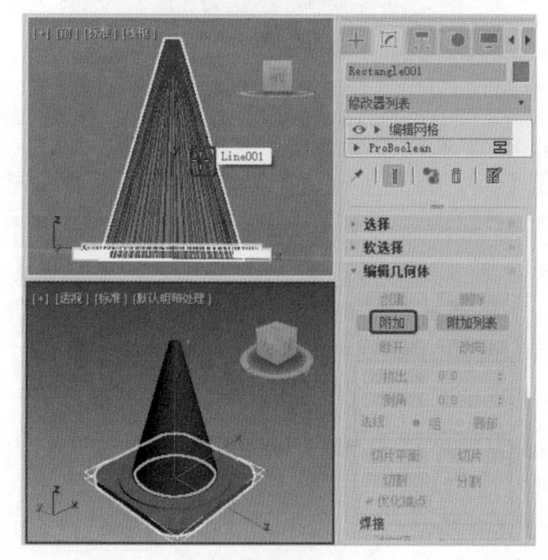


图5-35

Step 24 再次单击【附加】按钮，将其关闭，确认该对象处于选中状态，将其命名为“塑料路锥001”，如图5-36所示。

图5-36

Step 25 继续选中该对象，按M键，在弹出的对话框中选择一个新的材质样本球，将其命名为“塑料路障”，在【Blinn基本参数】卷展栏中将【自发光】选项组中的【颜色】设置为30，在【反射高光】选项组中将【高光级别】和【光泽度】分别设置为51、52，如图5-37所示。

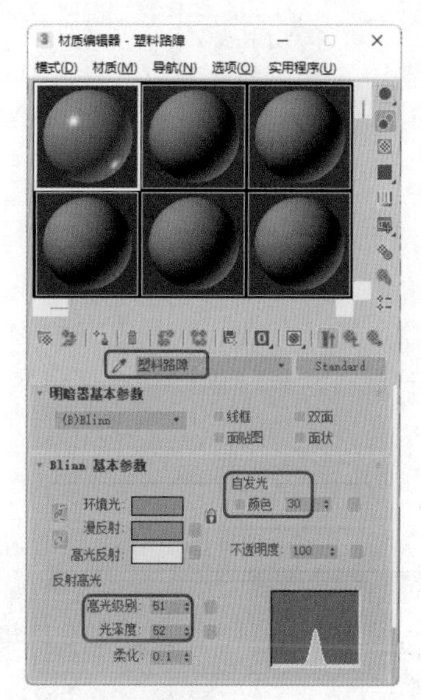


图5-37

Step 26 在【贴图】卷展栏中单击【漫反射颜色】右侧的【无贴图】按钮，在弹出的对话框中选择【位图】选项，如图5-38所示。

Step 27 单击【确定】按钮，在弹出的对话框中选择“Map\隔离墩.jpg”文件，单击【打开】按钮，单击

【将材质指定给选定对象】按钮和【视口中显示明暗处理材质】按钮，将该对话框关闭，按8键，在弹出的对话框中切换到【环境】选项卡，在【公用参数】卷展栏中单击【环境贴图】下的【无】按钮，在弹出的对话框中选择【位图】选项，如图5-39所示。

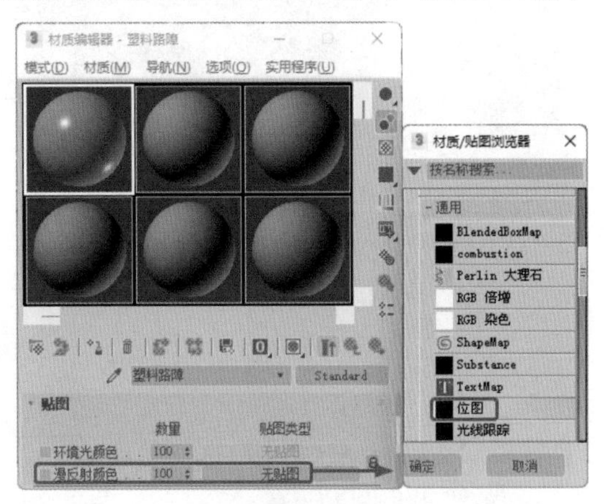

图5-38

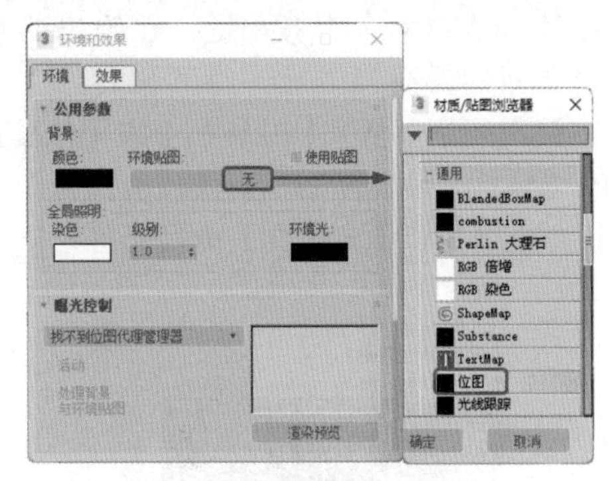

图5-39

**Step 28** 单击【确定】按钮，在弹出的对话框中选择"Map\马路.jpg"文件，单击【打开】按钮。按M键打开材质编辑器，在【环境和效果】对话框中选择【环境贴图】下的材质，按住鼠标将其拖曳至一个新的材质样本球上，在弹出的对话框中选中【实例】单选按钮，如图5-40所示。

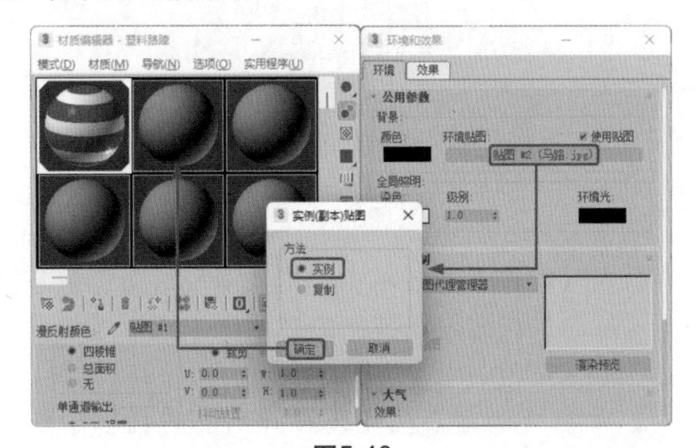

图5-40

**Step 29** 单击【确定】按钮，在【坐标】卷展栏中将【贴图】设置为【屏幕】，如图5-41所示。

图5-41

**Step 30** 设置完成后，将【材质编辑器】对话框与【环境和效果】对话框关闭，激活【透视】视图，在菜单栏中选择【视图】|【视口背景】|【环境背景】命令，如图5-42所示。

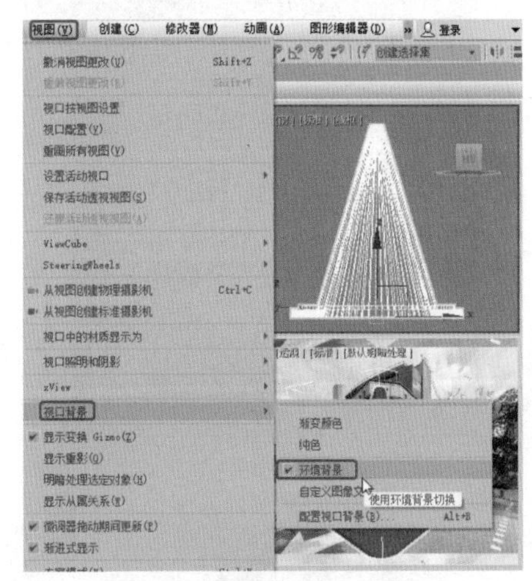

图5-42

**Step 31** 选择【创建】|【摄影机】|【目标】工具，在【顶】视图中创建一架摄影机，激活【透视】视图，按C键将其转换为【摄影机】视图。切换至【修改】命令面板，在【参数】卷展栏中将【镜头】设置为20，【视野】设置为61.928度，在其他视图中调整摄影机的位置，效果如图5-43所示。

**Step 32** 按Shift+C组合键将摄影机进行隐藏，选择【创建】|【几何体】|【平面】工具，在【顶】视图中绘制一个平面，将其命名为"地面"，在【参数】卷展栏中将【长度】、【宽度】都设置为1200，如图5-44所示。

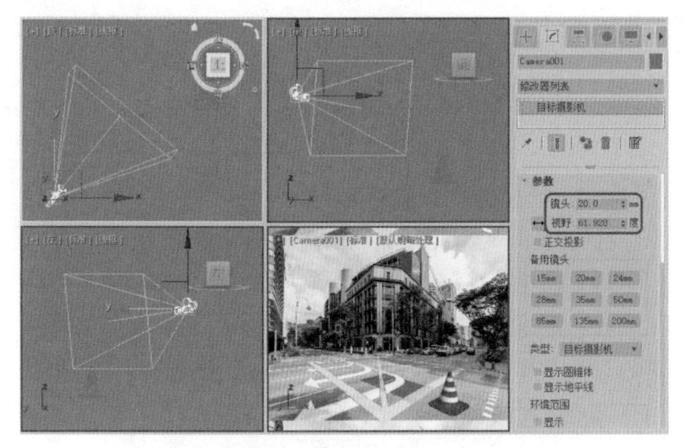

图5-43

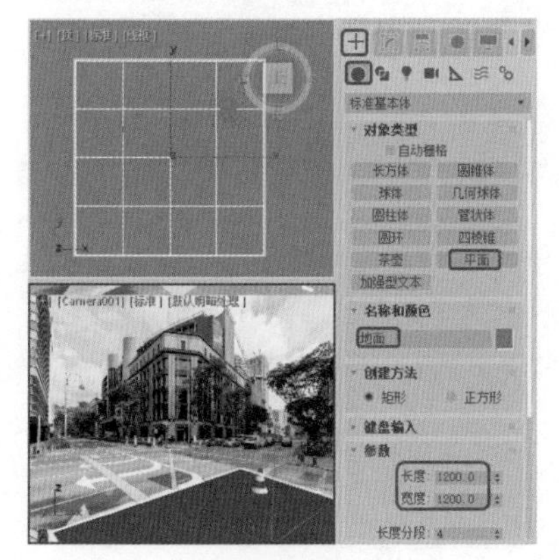

图5-44

Step 33 选中【地面】对象，使用【选择并移动】工具在视图中调整其位置，在该对象上右击鼠标，在弹出的快捷菜单中选择【对象属性】命令，如图5-45所示。

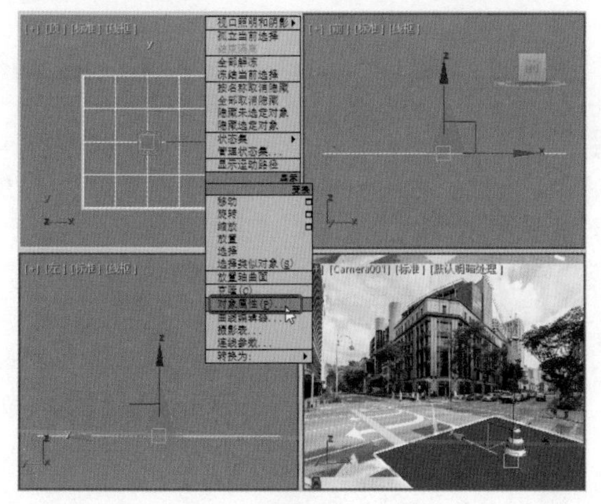

图5-45

Step 34 在弹出的对话框中切换到【常规】选项卡，在【显示属性】选项组中勾选【透明】复选框，如图5-46所示。

Step 35 单击【确定】按钮，确认【地面】对象处于选中状态。按M键，在弹出的对话框中选择一个空白的材质样本球，将其命名为“地面”，单击Standard按钮，在弹出的对话框中选择【无光/投影】选项，如图5-47所示。

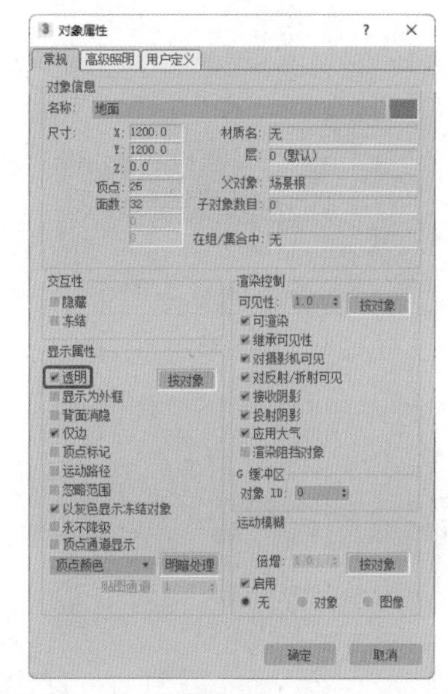

图5-46

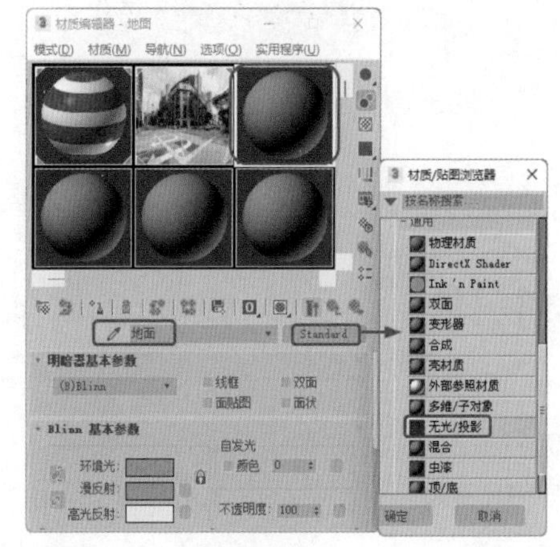

图5-47

Step 36 单击【确定】按钮，将该材质指定给选定对象即可。选择【创建】|【灯光】|【标准】|【泛光】工具，在【顶】视图中创建泛光灯，并在其他视图中调整灯光的位置。切换至【修改】命令面板，在【强度/颜色/衰减】卷展栏中将【倍增】设置为0.35，如图5-48所示。

Step 37 选择【创建】|【灯光】|【标准】|【天光】工具，在【顶】视图中创建天光，切换到【修改】命令面板，在【天光参数】卷展栏中勾选【投射阴影】复选框，如图5-49所示。

Step 38 至此，隔离墩就制作完成了，激活【摄影机】视图，对视图进行渲染即可。

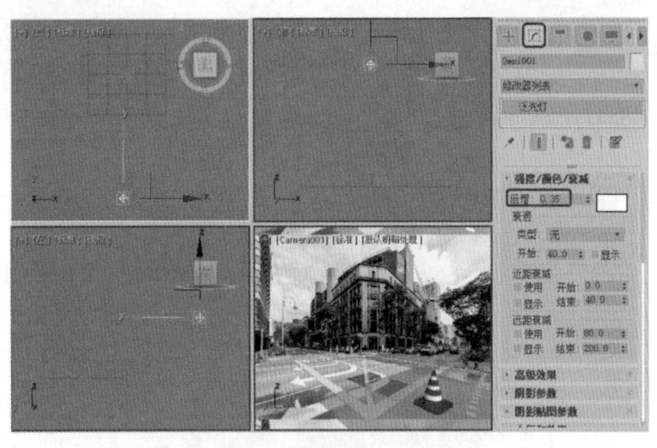

图5-48

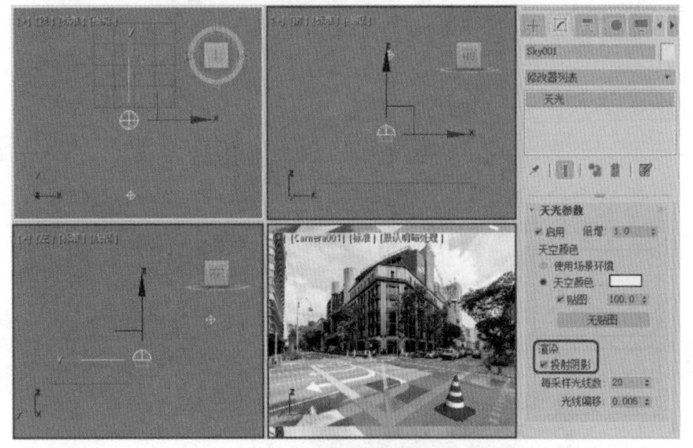

图5-49

## 实例 138 制作餐具

本例将介绍餐具的制作方法，主要通过【线】工具绘制盘子的轮廓图形，并为其添加【车削】修改器，制作出盘子效果，使用【长方体】工具和【线】工具制作支架，效果如图5-50所示。

图5-50

| 素材： | Map\室内环境.jpg、009.jpg、厨房.jpg |
|---|---|
| 场景： | Scene\Cha05\实例138 制作餐具.max |
| 视频： | 视频教学\Cha05\实例138 制作餐具.mp4 |

Step 01 选择【创建】|【图形】|【线】工具，在【左】视图中绘制样条线。切换到【修改】命令面板，在【插值】卷展栏中将【步数】设置为20，将当前选择集定义为【顶点】，在场景中调整盘子截面的形状，并将其命名为“盘子001”，如图5-51所示。

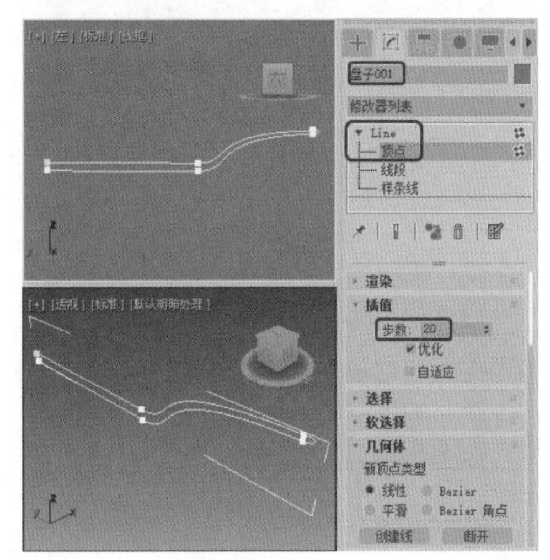

图5-51

◎提示

在创建线形样条线时，可以使用鼠标平移和环绕视口。要平移视口，可按住鼠标中键或鼠标滚轮进行拖动。要环绕视口，可同时按住Alt键和鼠标中键（或鼠标滚轮）进行拖动。

Step 02 在【修改器列表】中选择【车削】修改器，在【参数】卷展栏中勾选【焊接内核】复选框，将【分段】设置为50，在【方向】选项组中单击Y按钮，在【对齐】选项组中单击【最小】按钮，如图5-52所示。

◎提示

【焊接内核】：通过焊接旋转轴中的顶点来简化网格。如果要创建一个变形目标，需禁用此选项。

◎提示

由于盘子的质感比较细腻，所以必须将【插值】卷展栏中的【步数】参数设置为一个比较高的值。

Step 03 选择【创建】|【几何体】|【长方体】工具，在【顶】视图中创建长方体，将其命名为“支架

001”。切换到【修改】命令面板，在【参数】卷展栏中将【长度】设置为600，将【宽度】设置为30，将【高度】设置为15，如图5-53所示。

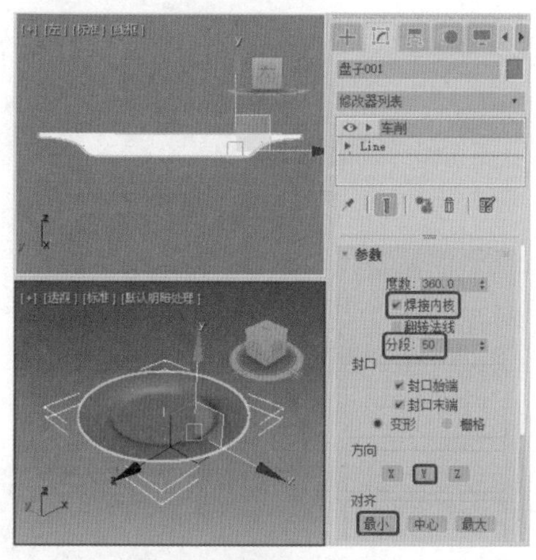


图5-52

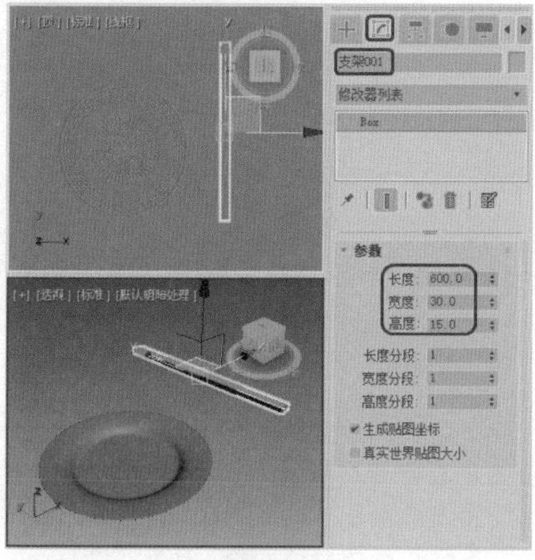


图5-53

**Step 04** 在【顶】视图中按住Shift键沿X轴移动复制模型，在弹出的对话框中选中【实例】单选按钮，再单击【确定】按钮，如图5-54所示。

**Step 05** 选择【创建】 |【图形】 |【线】工具，在【顶】视图中绘制样条线，将其命名为“支架003”，切换到【修改】命令面板，在【渲染】卷展栏中勾选【在渲染中启用】和【在视口中启用】复选框，设置【厚度】为5，如图5-55所示。

**Step 06** 在【顶】视图中按住Shift键沿Y轴移动复制【支架003】对象，在弹出的对话框中选中【复制】单选按钮，将【副本数】设置为10，单击【确定】按钮，如图5-56所示。

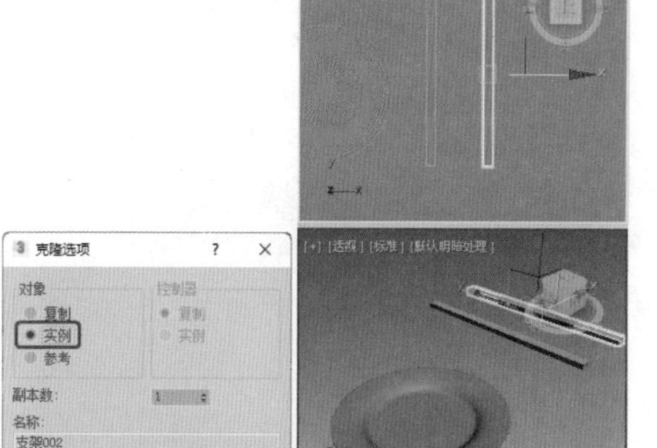


图5-54

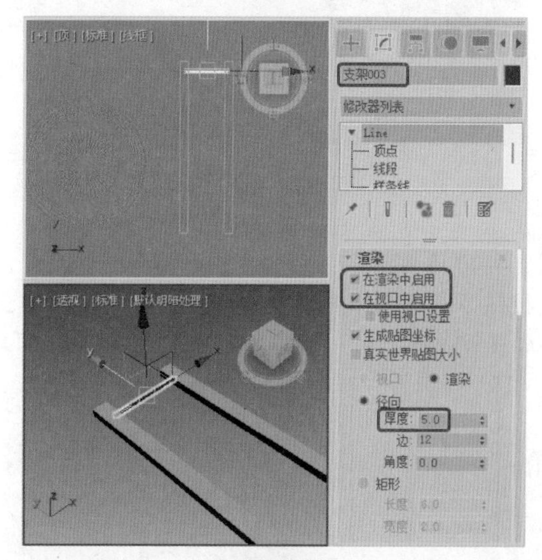


图5-55

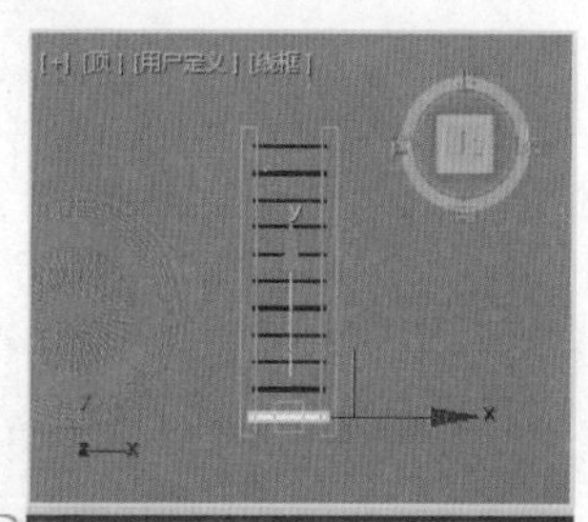

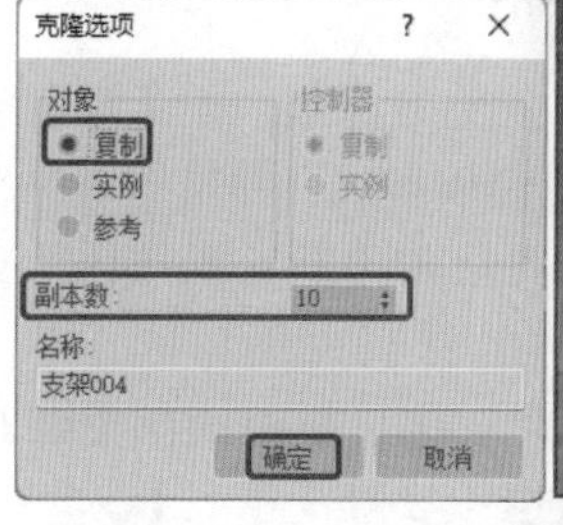

图5-56

**Step 07** 选择【创建】 | 【图形】 | 【线】工具，在【前】视图中绘制样条线，将其命名为“竖支架001”。切换到【修改】命令面板，在【渲染】卷展栏中勾选【在渲染中启用】和【在视口中启用】复选框，设置【厚度】为5，如图5-57所示。

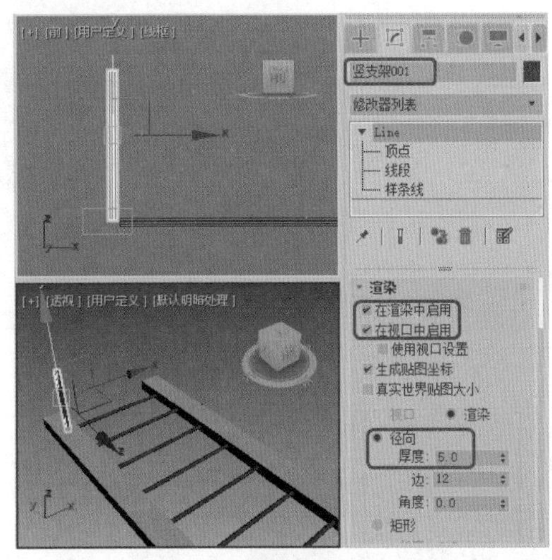


图5-57

**Step 08** 在【顶】视图中按住Shift键沿Y轴移动复制【竖支架001】对象，在弹出的对话框中选中【复制】单选按钮，将【副本数】设置为10，单击【确定】按钮，如图5-58所示。

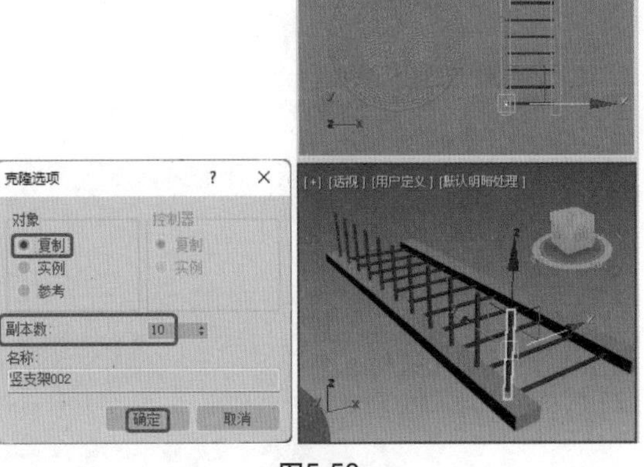


图5-58

**Step 09** 在场景中选择所有的竖支架对象，在【顶】视图中按住Shift键沿X轴移动复制模型，在弹出的对话框中选中【复制】单选按钮，再单击【确定】按钮，如图5-59所示。

**Step 10** 选择所有的支架对象，在菜单栏中选择【组】|【组】命令，在弹出的对话框中设置【组名】为“支架”，单击【确定】按钮，如图5-60所示。

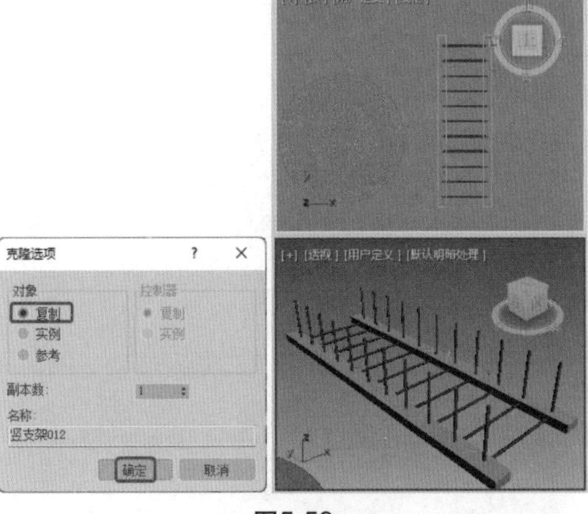


图5-59

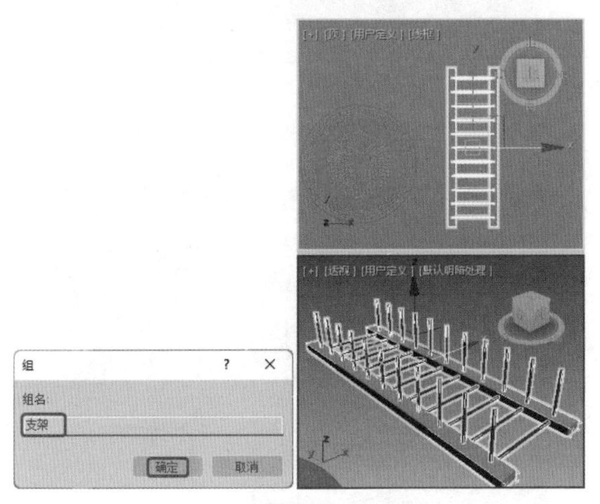


图5-60

◎提示

将对象成组后，可以将其视为场景中的单个对象。可以单击组中任一对象来选择组对象。可将组作为单个对象进行变换，也可为其应用修改器。组还可以包含其他组，包含的层次不限。

**Step 11** 选择盘子对象，使用【选择并移动】工具 和【选择并旋转】工具 在视图中调整盘子，效果如图5-61所示。

**Step 12** 在【左】视图中按住Shift键沿X轴移动复制盘子模型，在弹出的对话框中选中【实例】单选按钮，设置【副本数】为4，单击【确定】按钮，并在视图中调整盘子的位置，效果如图5-62所示。

**Step 13** 在场景中选择【盘子001】和【盘子004】对象，按M键打开【材质编辑器】对话框，选择一个新的材质样本球，将其命名为“橙色瓷器”，在【Blinn基本参数】卷展栏中，将【环境光】和【漫反射】的RGB值均设置为255、102、0，将【自发光】选项组中的【颜色】设置为40，在【反射高光】选项组中，将【高光级别】和【光泽度】分别设置为48和51，如图5-63所示。

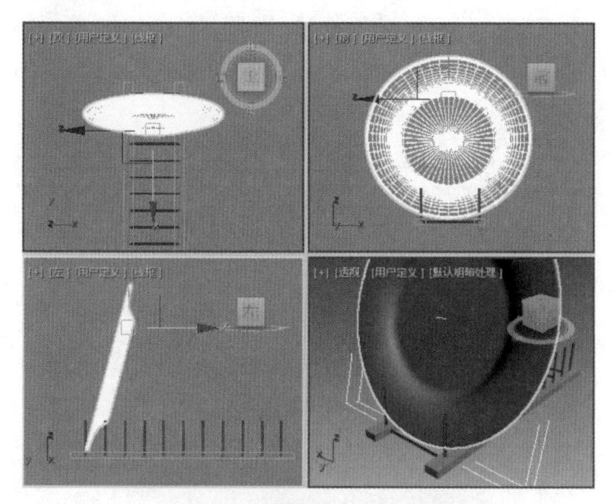

图5-61

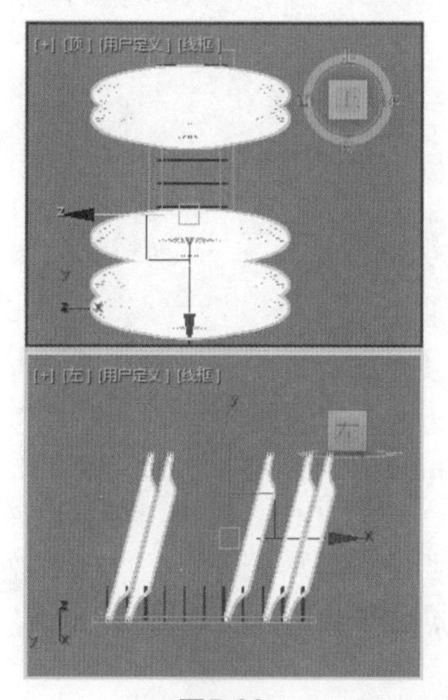

图5-62

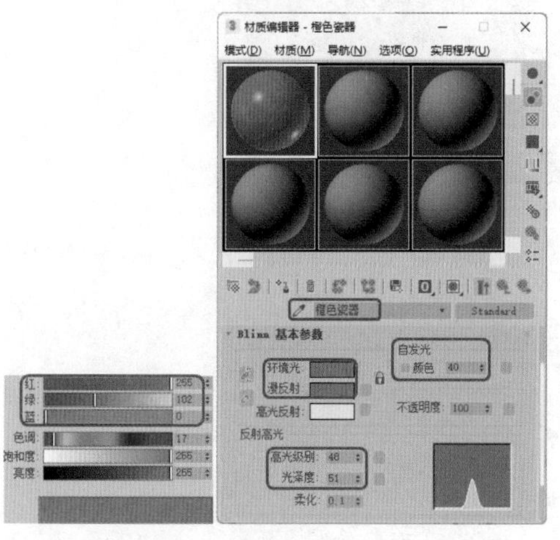


图5-63

**Step 14** 打开【贴图】卷展栏，将【反射】的【数量】设置为8，并单击【无贴图】按钮，在弹出的【材质/贴图浏览器】对话框中选择【光线跟踪】贴图，单击【确定】按钮，如图5-64所示。

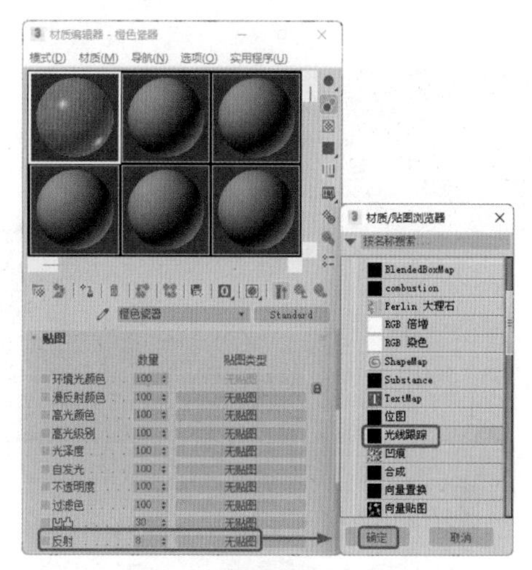


图5-64

**◎提示·◎**

【光线跟踪】贴图：使用【光线跟踪】贴图可以创建高度反射和折射的曲面。渲染光线跟踪对象的速度比使用反射/折射贴图速度低。

**Step 15** 在【光线跟踪器参数】卷展栏中，单击【背景】选项组中的【无】按钮，在弹出的【材质/贴图浏览器】对话框中选择【位图】贴图，单击【确定】按钮，如图5-65所示。

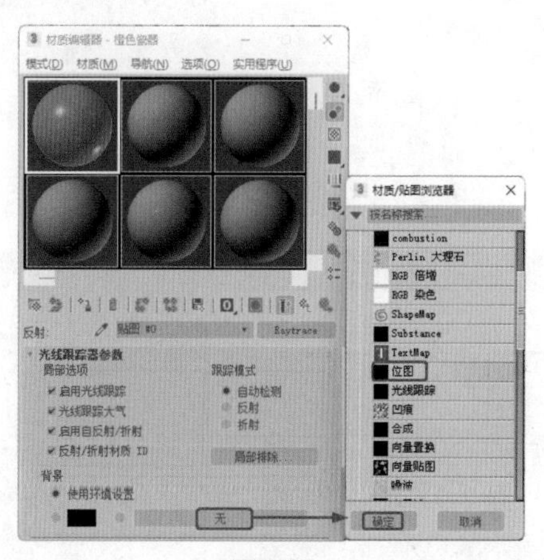


图5-65

**◎提示·◎**

如果仅选中贴图按钮左侧的单选按钮，则会将场景的环境贴图作为整体进行覆盖，反射和折射也使用场景范围的环境贴图。

Step 16 在弹出的对话框中选择“室内环境.jpg”素材文件，在【位图参数】卷展栏中，勾选【裁剪/放置】选项组中的【应用】复选框，并将W和H分别设置为0.461和0.547，如图5-66所示。

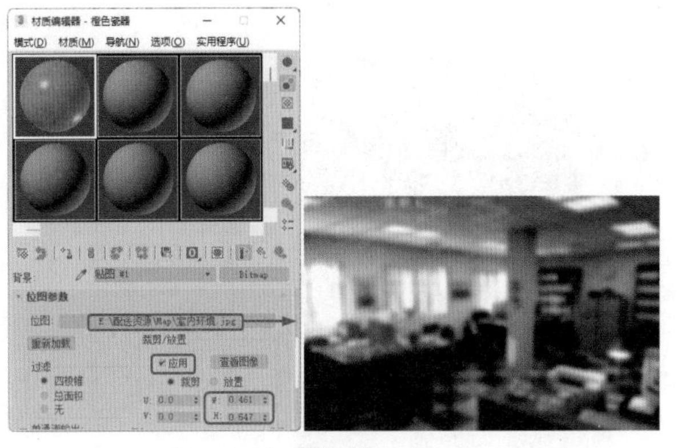

图5-66

Step 17 单击两次【转到父对象】按钮，单击【将材质指定给选定对象】按钮，效果如图5-67所示。

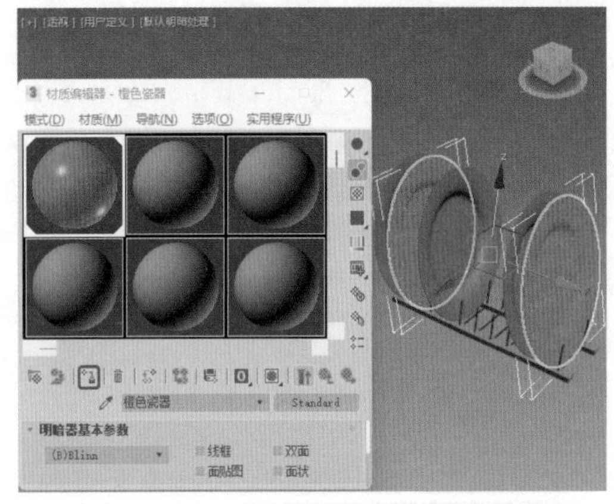

图5-67

Step 18 使用同样的方法为其他盘子设置材质，设置材质后的效果如图5-68所示。

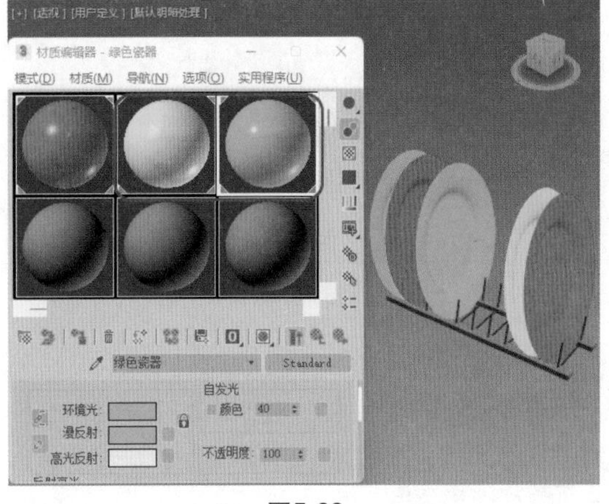

图5-68

Step 19 在场景中选择【支架】对象，在【材质编辑器】对话框中选择一个新的材质样本球，将其命名为“支架材质”，在【Blinn基本参数】卷展栏中将【自发光】选项组中的【颜色】设置为20，在【反射高光】选项组中，将【高光级别】和【光泽度】分别设置为42和62，如图5-69所示。

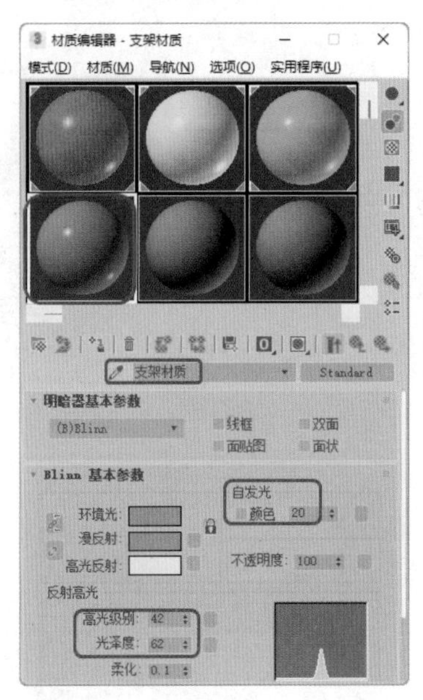

图5-69

Step 20 打开【贴图】卷展栏，单击【漫反射颜色】右侧的【无贴图】按钮，在弹出的【材质/贴图浏览器】对话框中双击【位图】贴图，再在弹出的对话框中选择“009.jpg”素材文件。在【坐标】卷展栏中，勾选【使用真实世界比例】复选框，将【大小】选项组下的【宽度】和【高度】都设置为48，如图5-70所示。

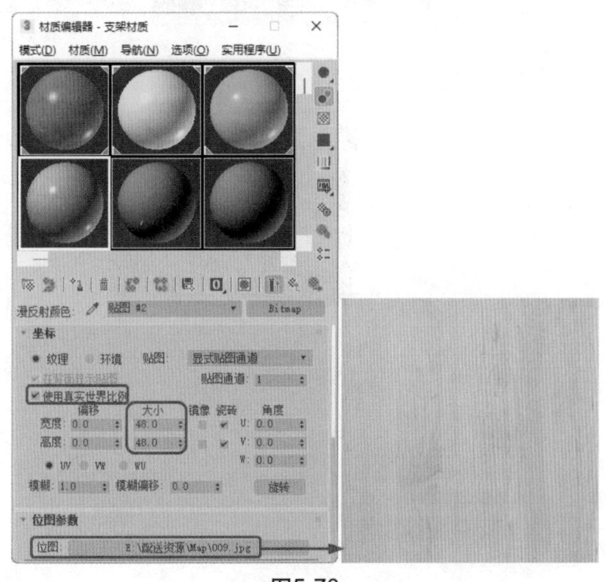

图5-70

◎提示·◦

勾选【使用真实世界比例】复选框后，将使用真实的【宽度】和【高度】值，而不是UV值将贴图应用于对象。对于3ds max，默认设置为禁用状态。

**Step 21** 单击【转到父对象】按钮，在【贴图】卷展栏中，将【反射】的【数量】设置为5，并单击【无贴图】按钮，在弹出的【材质/贴图浏览器】对话框中双击【光线跟踪】贴图，在【光线跟踪器参数】卷展栏中，单击【背景】选项组中的【无】按钮，在弹出的【材质/贴图浏览器】对话框中选择【位图】贴图，单击【确定】按钮，如图5-71所示。

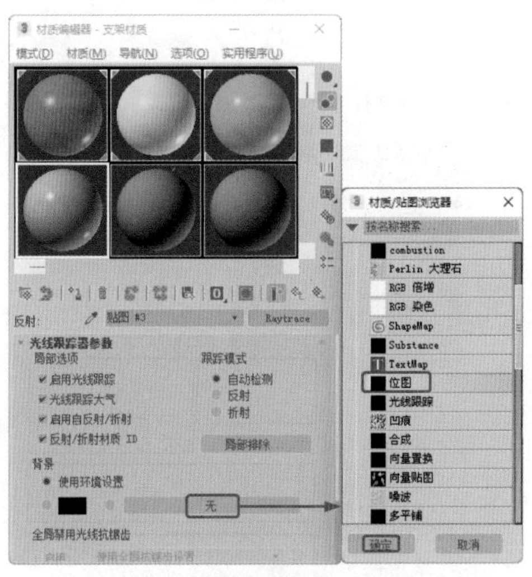

图5-71

**Step 22** 在弹出的对话框中选择“室内环境.jpg”素材文件，在【位图参数】卷展栏中，勾选【裁剪/放置】选项组中的【应用】复选框，并将W和H分别设置为0.461和0.547，单击两次【转到父对象】按钮，并单击【将材质指定给选定对象】按钮和【视口中显示明暗处理材质】按钮，将材质指定给【支架】对象，效果如图5-72所示。

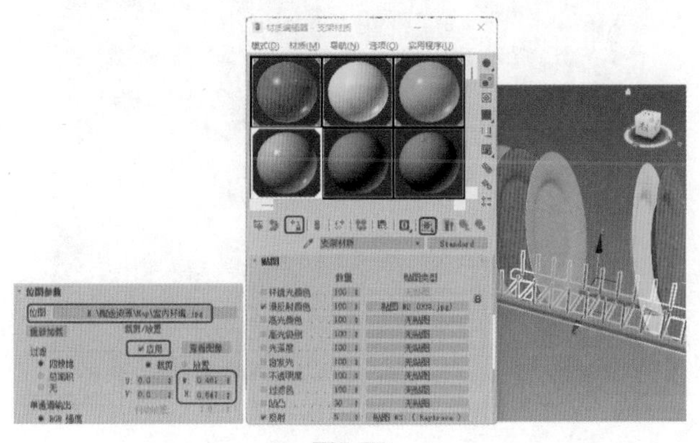

图5-72

**Step 23** 选择【创建】|【几何体】|【标准基本体】|【平面】工具，在【顶】视图中创建平面。切换到【修改】命令面板，在【参数】卷展栏中，将【长度】和【宽度】均设置为5000，如图5-73所示。

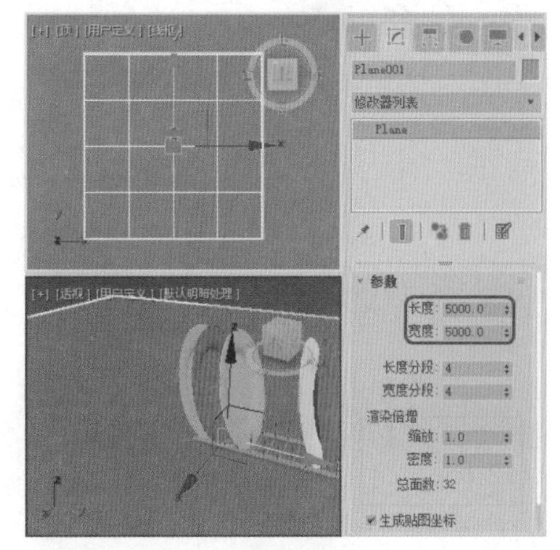

图5-73

**Step 24** 右键单击创建的平面对象，在弹出的快捷菜单中选择【对象属性】命令，弹出【对象属性】对话框，在【显示属性】选项组中勾选【透明】复选框，单击【确定】按钮，效果如图5-74所示。

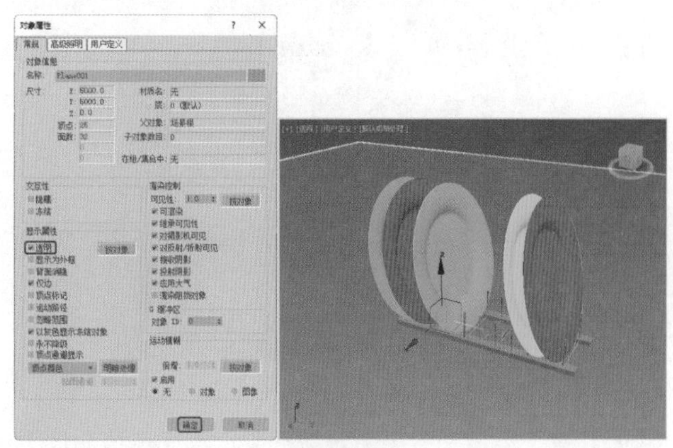

图5-74

**Step 25** 确定创建的平面对象处于选中状态，按M键打开【材质编辑器】对话框，激活一个新的材质样本球，并单击Standard按钮，在弹出的【材质/贴图浏览器】对话框中双击【无光/投影】材质，打开【无光/投影基本参数】卷展栏，在【阴影】选项组中，将【颜色】的RGB值设置为176、176、176，单击【将材质指定给选定对象】按钮，将材质指定给平面对象，如图5-75所示。

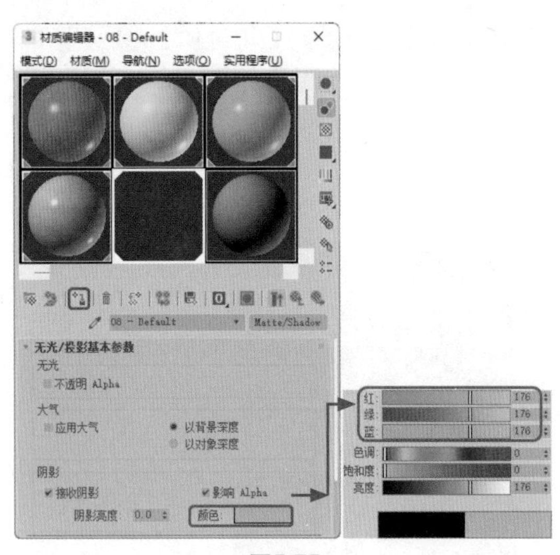

图5-75

Step 26 按8键弹出【环境和效果】对话框，在【公用参数】卷展栏中单击【无】按钮，在弹出的【材质/贴图浏览器】对话框中双击【位图】贴图，再在弹出的对话框中选择“厨房.jpg”素材文件，如图5-76所示。

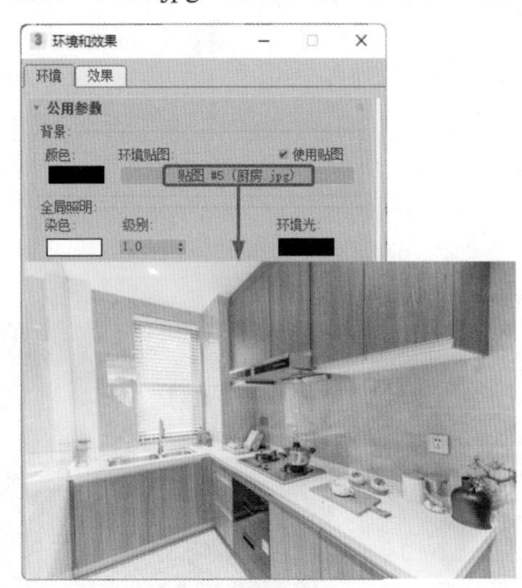

图5-76

Step 27 在【环境和效果】对话框中，将【环境贴图】按钮拖曳至新的材质样本球上，在弹出的【实例（副本）贴图】对话框中选中【实例】单选按钮，并单击【确定】按钮，如图5-77所示。

Step 28 在【坐标】卷展栏中，将贴图设置为【屏幕】，如图5-78所示。

Step 29 激活【透视】视图，在菜单栏中选择【视图】|【视口背景】|【环境背景】命令，如图5-79所示。

Step 30 即可在【透视】视图中显示环境背景，如图5-80所示。

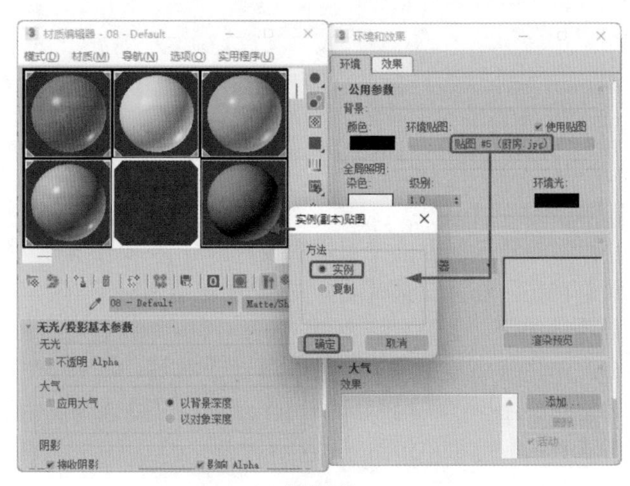

图5-77

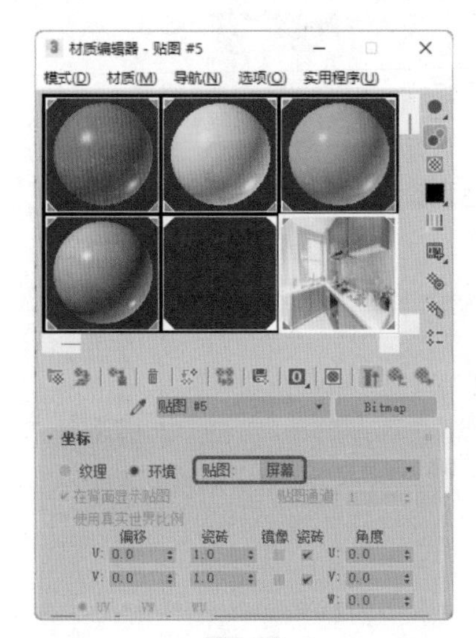

图5-78

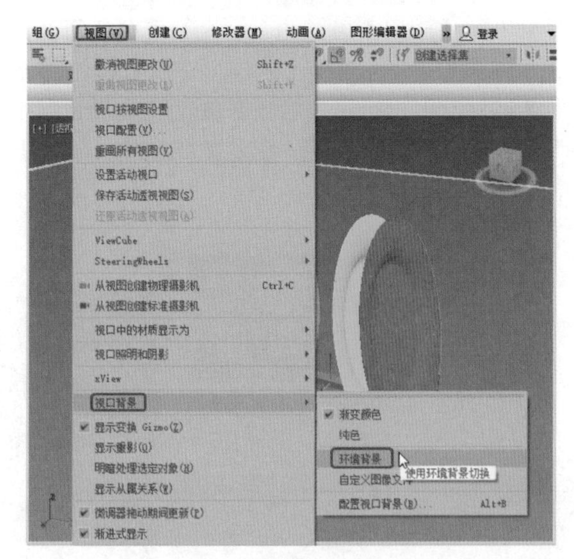

图5-79

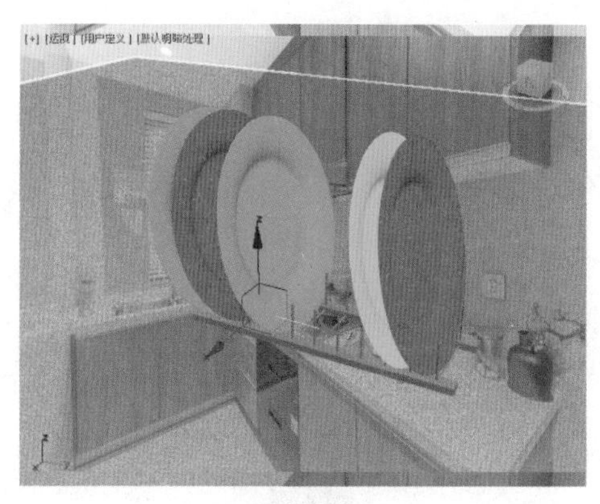

图5-80

**Step 31** 选择【创建】|【摄影机】|【目标】工具，在视图中创建摄影机，激活【透视】视图，按C键将其转换为【摄影机】视图。切换到【修改】命令面板，在【参数】卷展栏中，将【镜头】设置为29，并在其他视图中调整摄影机位置，效果如图5-81所示。

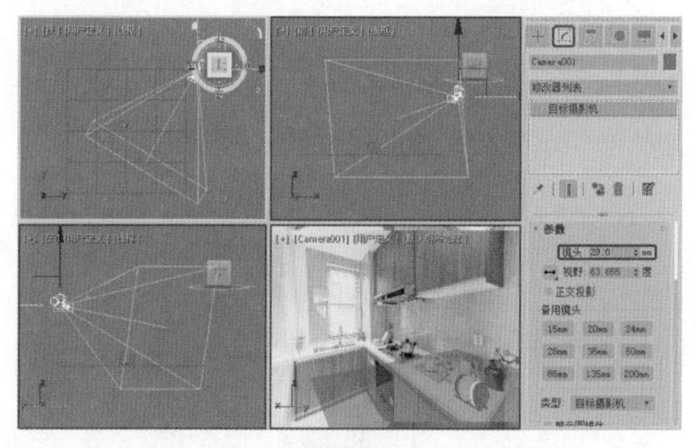

图5-81

**Step 32** 选择【创建】|【灯光】|【标准】|【泛光】工具，在【顶】视图中创建泛光灯，并在其他视图中调整灯光的位置。切换至【修改】命令面板，在【常规参数】卷展栏中，勾选【阴影】选项组中的【启用】复选框，将阴影模式定义为【光线跟踪阴影】，在【强度/颜色/衰减】卷展栏中将【倍增】设置为1，如图5-82所示。

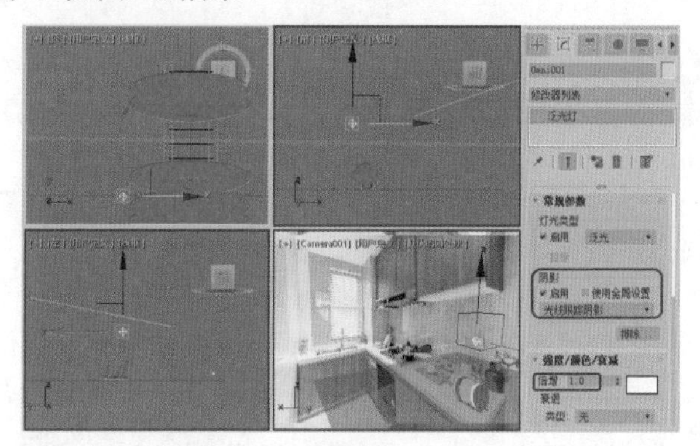

图5-82

**Step 33** 选择【创建】|【灯光】|【标准】|【天光】工具，在【顶】视图中创建天光，适当调整灯光的位置，效果如图5-83所示。

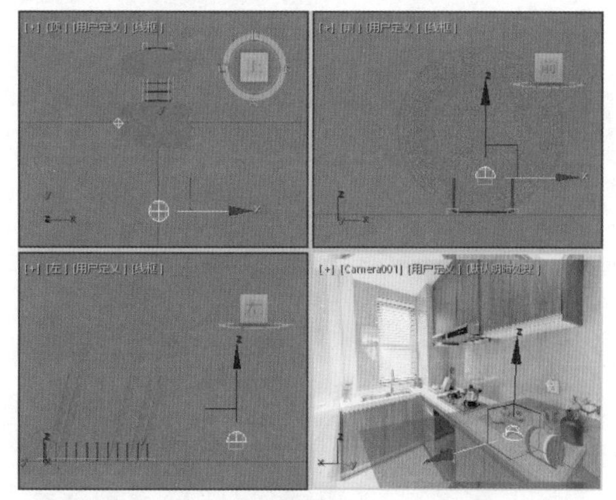

图5-83

**Step 34** 在工具栏中单击【渲染设置】按钮，弹出【渲染设置：扫描线渲染器】对话框，选择【高级照明】选项卡，在【选择高级照明】卷展栏中选择【光跟踪器】，如图5-84所示。

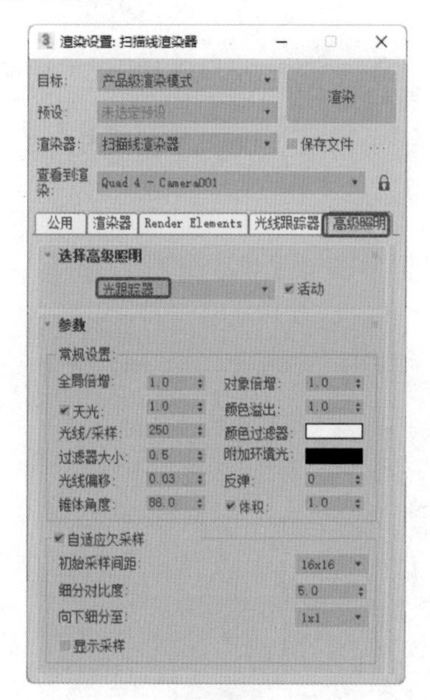


图5-84

**◎提示·◦**

【光跟踪器】为明亮场景（比如室外场景）提供柔和边缘的阴影和映色。它通常与天光结合使用。

**Step 35** 选择【公用】选项卡，在【公用参数】卷展栏中可以设置文件的输出大小和输出位置等，设置完成后，单击【渲染】按钮，即可渲染场景。

## 实例139 制作笔记本

本案例将介绍如何利用长方体制作笔记本，该案例主要通过为创建的长方体添加修改器及材质来体现笔记本的真实效果，如图5-85所示。

图5-85

| 素材: | Map\桌面.jpg、笔记本皮.jpg |
| --- | --- |
| 场景: | Scene\Cha05\实例139 制作笔记本.max |
| 视频: | 视频教学\Cha05\实例139 制作笔记本.mp4 |

Step 01 选择【创建】+|【图形】|【矩形】工具，在【顶】视图中创建矩形，并命名为“笔记本皮01”，在【参数】卷展栏中将【长度】设置为220，【宽度】设置为155，如图5-86所示。

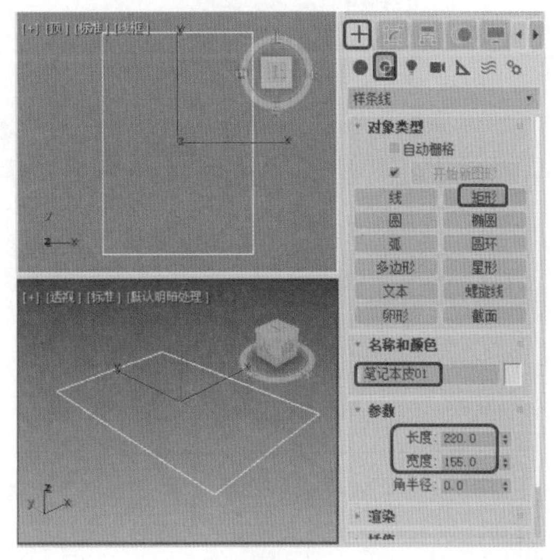


图5-86

Step 02 切换至【修改】命令面板，在【修改器列表】中选择【挤出】修改器，在【参数】卷展栏中将【数量】设置为0.1，如图5-87所示。

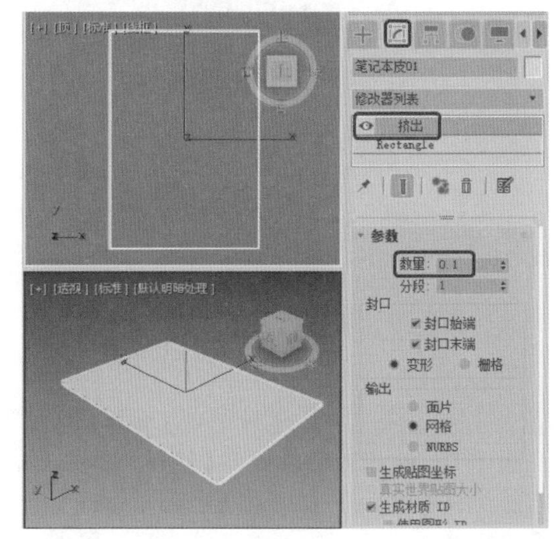


图5-87

Step 03 在【修改器列表】中选择【UVW贴图】修改器，在【参数】卷展栏中选中【长方体】单选按钮，在【对齐】选项组中单击【适配】按钮，如图5-88所示。

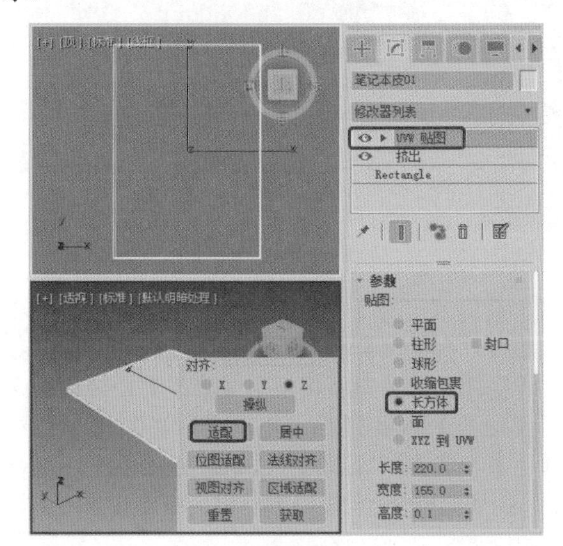


图5-88

Step 04 按M键，在弹出的对话框中选择一个材质样本球，将其命名为“笔记本皮”，在【Blinn基本参数】卷展栏中将【环境光】和【漫反射】的RGB值设置为22、56、94，将【自发光】选项组中的【颜色】设置为50，将【高光级别】和【光泽度】分别设置为54、25，如图5-89所示。

Step 05 在【贴图】卷展栏中单击【漫反射颜色】右侧的【无贴图】按钮，在弹出的对话框中双击【位图】选项，再在弹出的对话框中选择“Map\笔记本皮.jpg”

贴图文件，如图5-90所示。

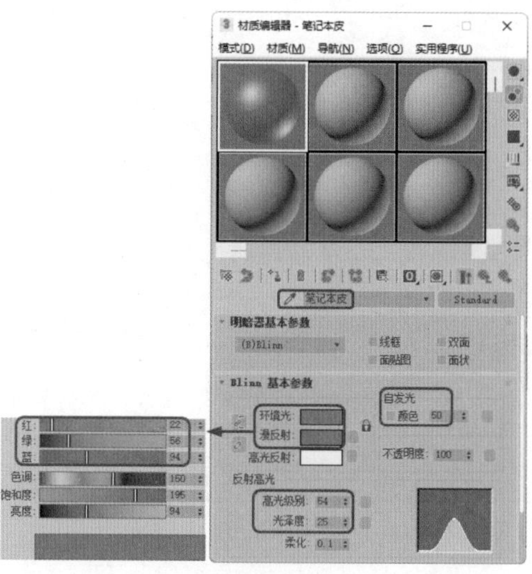

图5-89

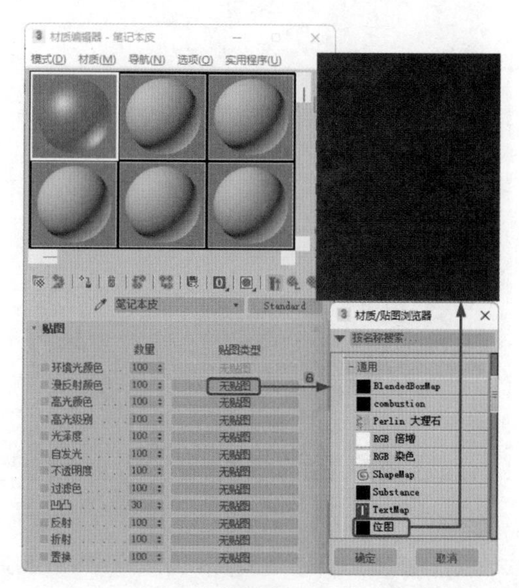

图5-90

**Step 06** 单击【转到父对象】按钮，在【贴图】卷展栏中单击【凹凸】右侧的【无贴图】按钮，在弹出的对话框中双击【噪波】选项，在【坐标】卷展栏中将【瓷砖】下的X、Y、Z分别设置为1.5、1.5、3，在【噪波参数】卷展栏中将【大小】设置为1，如图5-91所示。

**Step 07** 将设置完成的材质指定给【笔记本皮01】对象即可，激活【前】视图，在工具栏中单击【镜像】按钮，在弹出的对话框中选中Y单选按钮，将【偏移】设置为-6，选中【复制】单选按钮，如图5-92所示。

**Step 08** 单击【确定】按钮，选择【创建】|【图形】|【矩形】工具，在【顶】视图中绘制一个【长度】、【宽度】分别为220、155的矩形，将其命名为“本”，如图5-93所示。

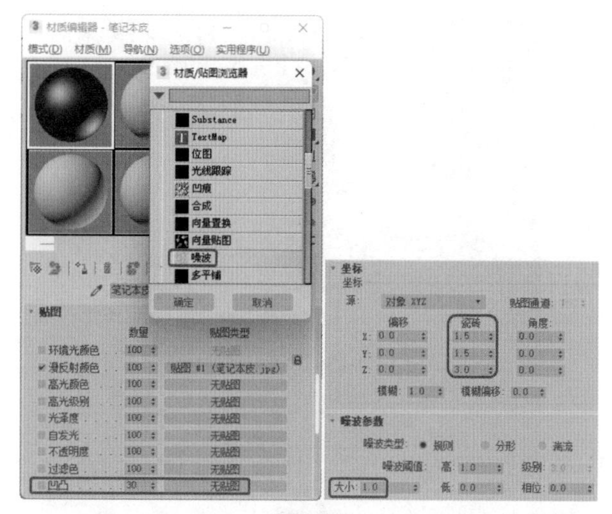

图5-91

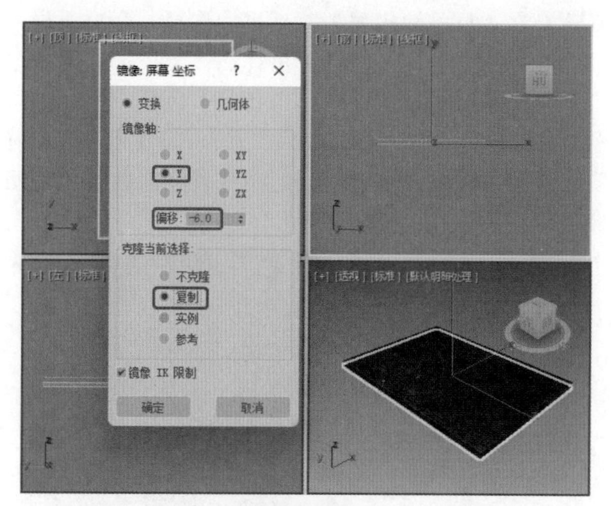

图5-92

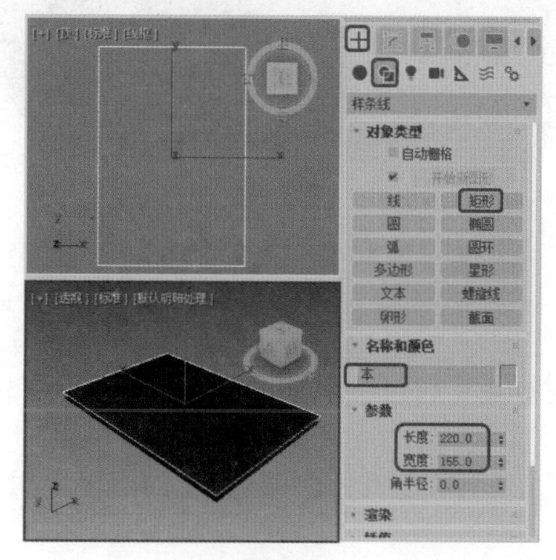

图5-93

**Step 09** 切换至【修改】命令面板，在【修改器列表】中选择【挤出】修改器，在【参数】卷展栏中将【数量】设置为5，并在视图中调整其位置，如图5-94所示。

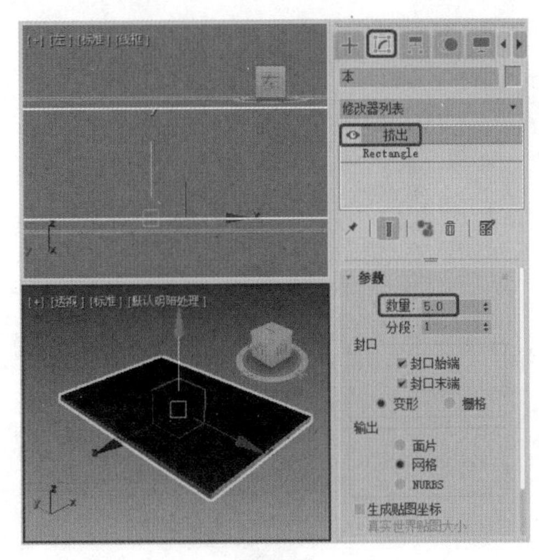

图5-94

**Step 10** 在【材质编辑器】对话框中选择一个材质样本球，将其命名为“本”，单击【高光反射】左侧的按钮，在弹出的对话框中单击【是】按钮，将【环境光】的RGB值设置为255、255、255，将【自发光】选项组中的【颜色】设置为30，将设置完成的材质指定给【本】对象即可，如图5-95所示。

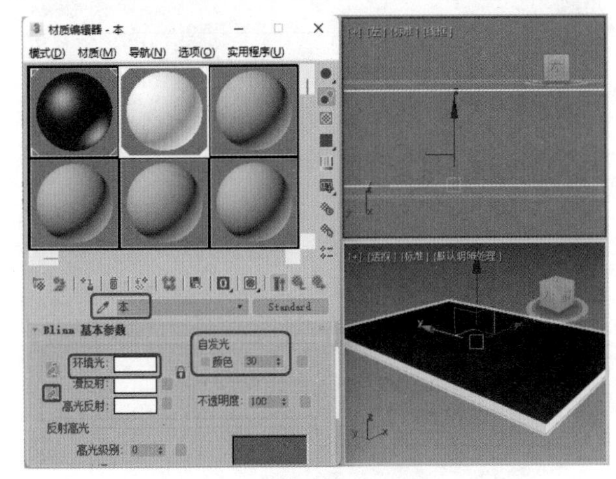

图5-95

**Step 11** 选择【创建】|【图形】|【圆】工具，在【前】视图中绘制一个半径为5.6的圆，并将其命名为“圆环001”，如图5-96所示。

**Step 12** 切换至【修改】命令面板，在【渲染】卷展栏中勾选【在渲染中启用】和【在视口中启用】复选框，并在【顶】视图中调整圆形的位置，如图5-97所示。

**Step 13** 在【顶】视图中按住Shift键的同时向下拖动鼠标，弹出【克隆选项】对话框，将【副本数】设置为13，单击【确定】按钮，复制圆环后的效果如图5-98所示。

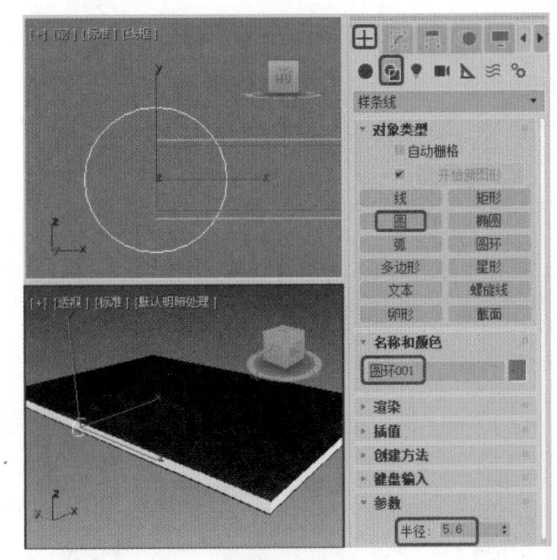

图5-96

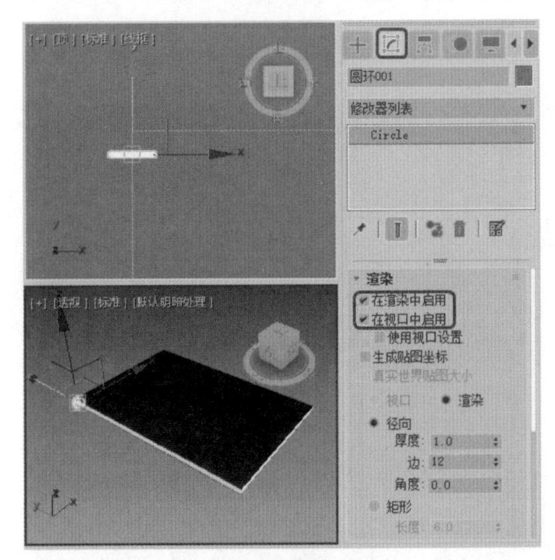

图5-97

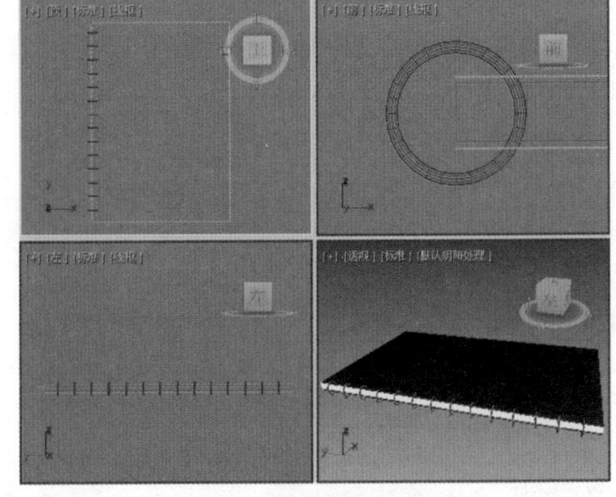

图5-98

**Step 14** 选中所有的圆环，将其颜色设置为黑色，再在视图中选择所有对象，在菜单栏中选择【组】|【组】

命令，在弹出的对话框中将【组名】设置为“笔记本”，如图5-99所示。

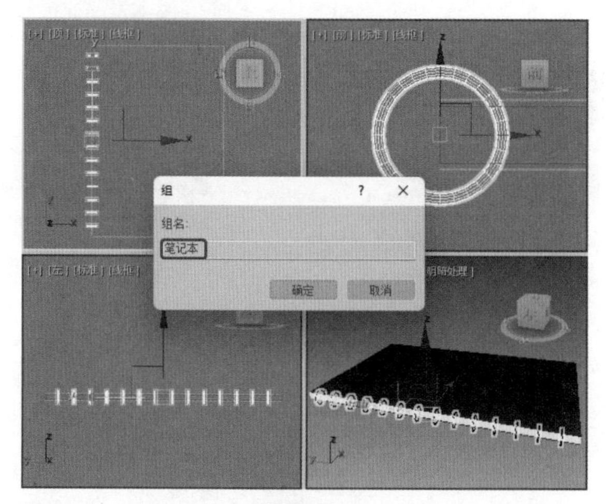

图5-99

**Step 15** 单击【确定】按钮，选择【创建】 | 【几何体】 | 【标准基本体】|【平面】工具，在【顶】视图中创建平面。切换到【修改】命令面板，在【参数】卷展栏中，将【长度】和【宽度】分别设置为1987、2432，将【长度分段】、【宽度分段】都设置为1，在视图中调整其位置，如图5-100所示。

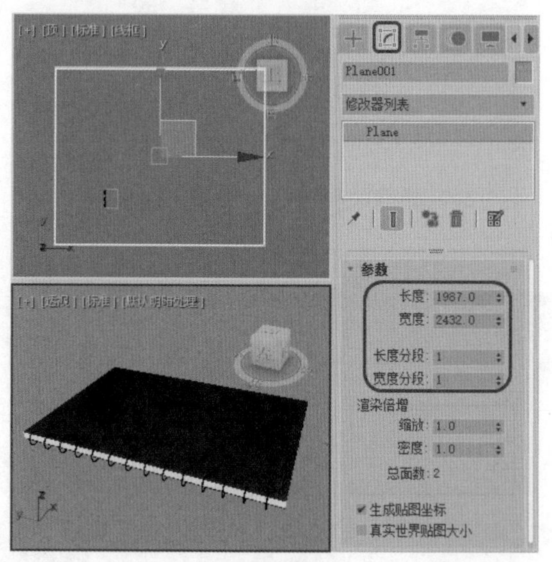

图5-100

**Step 16** 在【修改器列表】中选择【壳】修改器，使用其默认参数即可，如图5-101所示。

**Step 17** 继续选中平面对象，右击鼠标，在弹出的快捷菜单中选择【对象属性】命令，弹出【对象属性】对话框，在弹出的对话框中勾选【透明】复选框，如图5-102所示。

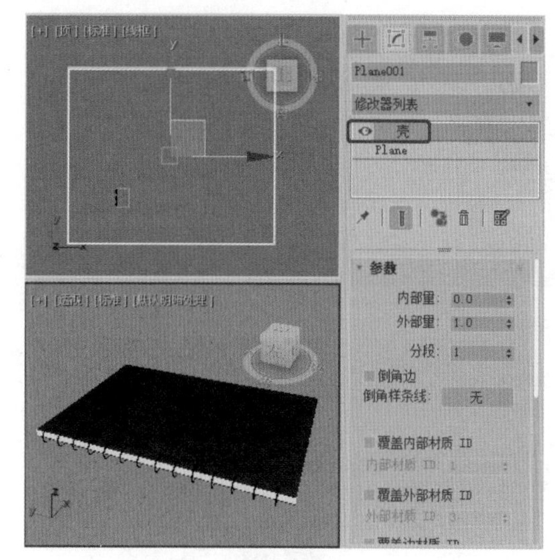

图5-101

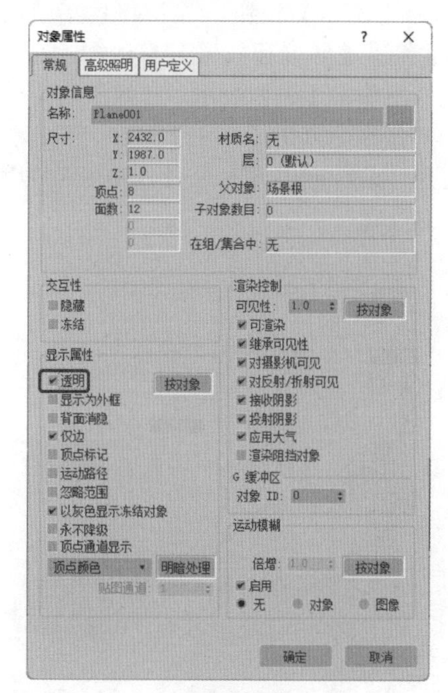

图5-102

> **提示**
>
> 【透明】复选框可使视口中的对象呈半透明状态。此设置对于渲染没有影响，只是让用户看到拥挤的场景中隐藏在其他对象后面的对象，以方便调整透明对象后面的对象的位置。默认设置为禁用状态。

**Step 18** 单击【确定】按钮，继续选中该对象，按M键打开【材质编辑器】对话框，在该对话框中选择一个材质样本球，将其命名为“地面”，单击Standard按钮，在弹出的对话框中选择【无光/投影】选项，如图5-103所示。

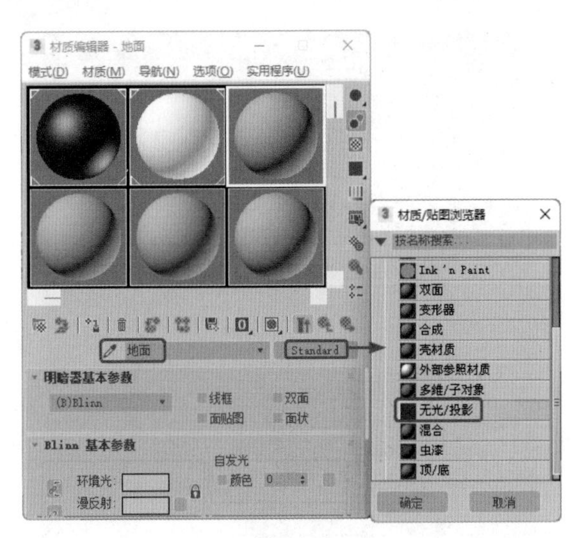

图5-103

Step 19 单击【确定】按钮，将该材质指定给选定对象。按8键弹出【环境和效果】对话框，在【公用参数】卷展栏中单击【无】按钮，在弹出的【材质/贴图浏览器】对话框中双击【位图】贴图，再在弹出的对话框中选择“桌面.jpg”素材文件，如图5-104所示。

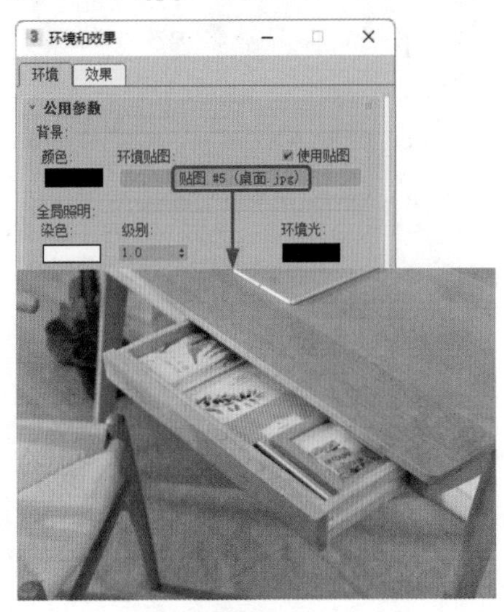

图5-104

Step 20 在【环境和效果】对话框中将环境贴图拖曳至新的材质样本球上，在弹出的【实例（副本）贴图】对话框中选中【实例】单选按钮，并单击【确定】按钮，在【坐标】卷展栏中，将贴图设置为【屏幕】，如图5-105所示。

Step 21 激活【透视】视图，按Alt+B组合键，在弹出的对话框中选中【使用环境背景】单选按钮，单击【确定】按钮，如图5-106所示。

Step 22 选择【创建】+|【摄影机】|【目标】工具，在视图中创建摄影机，激活【透视】视图，按C键将其转换为【摄影机】视图，在其他视图中调整摄影机位置，效果如图5-107所示。

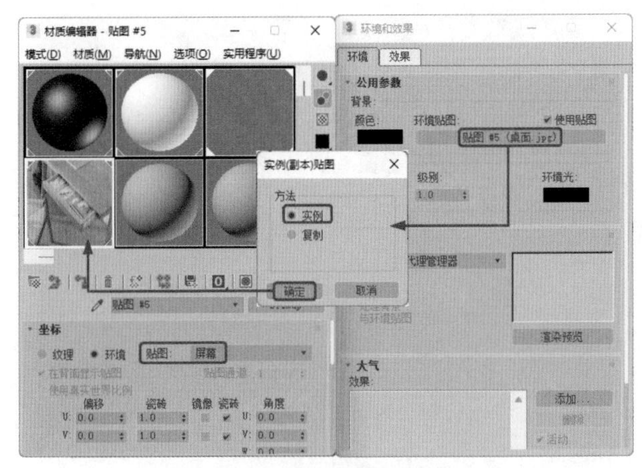

图5-105

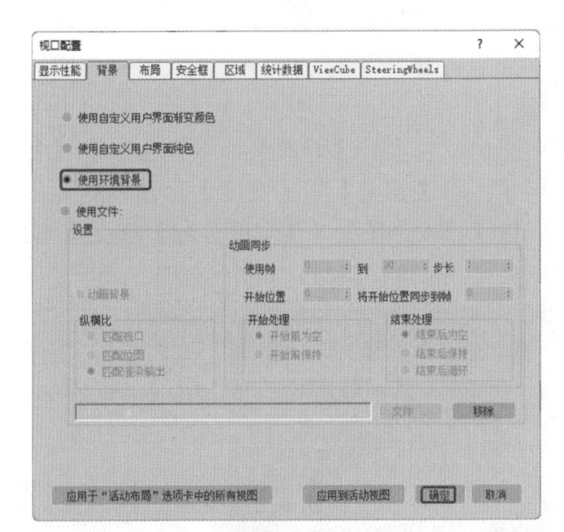

图5-106

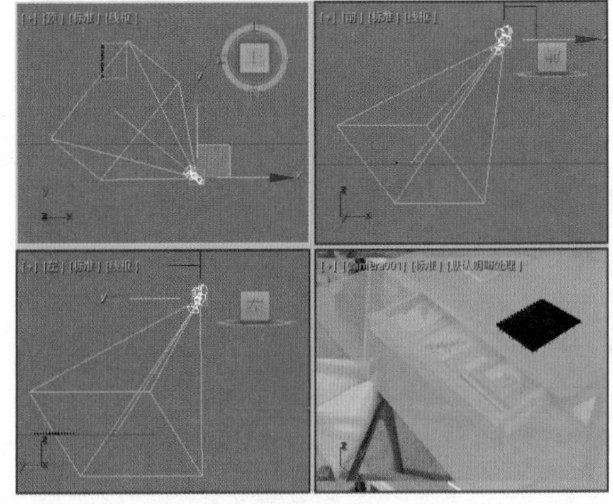

图5-107

Step 23 选择【创建】+|【灯光】|【标准】|【泛光】工具，在【顶】视图中创建泛光灯，并在其他视

图中调整灯光的位置。切换至【修改】命令面板，在【强度/颜色/衰减】卷展栏中将【倍增】设置为0.35，如图5-108所示。

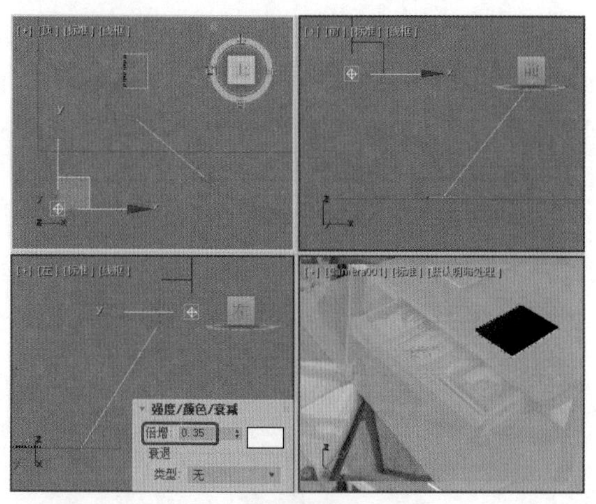


图5-108

**Step 24** 选择【创建】+|【灯光】|【标准】|【天光】工具，在【顶】视图中创建天光。切换到【修改】命令面板，在【天光参数】卷展栏中勾选【投射阴影】复选框，如图5-109所示。按F9键对完成后的场景进行渲染保存即可。

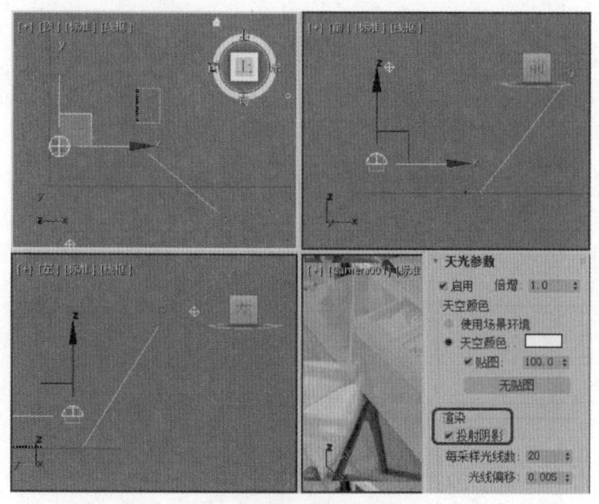


图5-109

## 实例140 制作排球

本例将介绍如何制作排球，首先使用【长方体】工具绘制长方体，为其添加【编辑网格】修改器，设置ID，将长方体炸开，再通过【网格平滑】、【球形化】修改器对长方体进行平滑剂球形化处理，通过【面挤出】和【网格平滑】修改器对长方体进行挤压、平滑处理得到排球模型，最后为排球添加【多维/子对象】材质，效果如图5-110所示。

图5-110

| 素材： | Scene\Cha05\排球素材.max |
| --- | --- |
| 场景： | Scene\Cha05\实例140 制作排球.max |
| 视频： | 视频教学\Cha05\实例140 制作排球.mp4 |

**Step 01** 按Ctrl+O组合键，打开“Scene\Cha05\排球素材.max”素材文件，如图5-111所示。

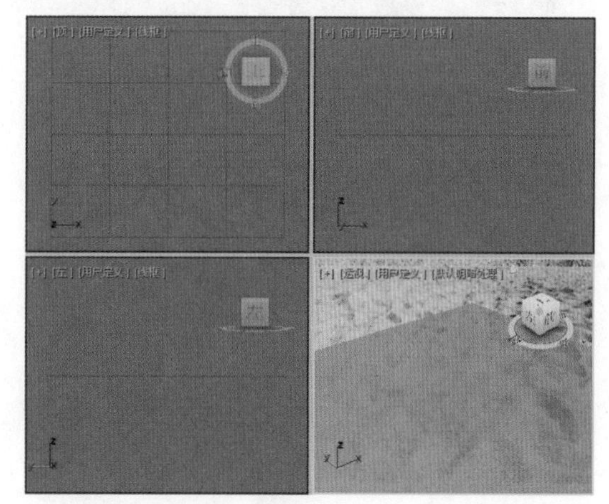

图5-111

**Step 02** 选择【创建】+|【几何体】|【长方体】工具，在【前】视图中创建一个长方体，在【参数】卷展栏中将【长度】、【宽度】、【高度】均设置为150，【长度分段】、【宽度分段】、【高度分段】均设置为3，并将其命名为“排球”，如图5-112所示。

**Step 03** 切换至【修改】命令面板，在【修改器列表】中选择【编辑网格】修改器，将当前选择集定义为【多边形】，选择多边形，在【曲面属性】卷展栏中将【材质】选项组中的【设置ID】设置为1，如图5-113所示。

**Step 04** 在菜单栏中选择【编辑】|【反选】命令，在【曲面属性】卷展栏中将【材质】选项组中的【设置

ID】设置为2，再选择【反选】命令，在【编辑几何体】卷展栏中单击【炸开】按钮，在弹出的对话框中将【对象名】设置为“排球”，单击【确定】按钮，如图5-114所示。

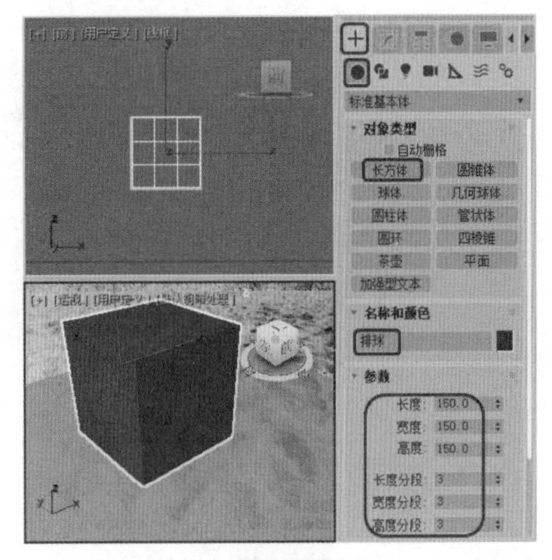

图5-112

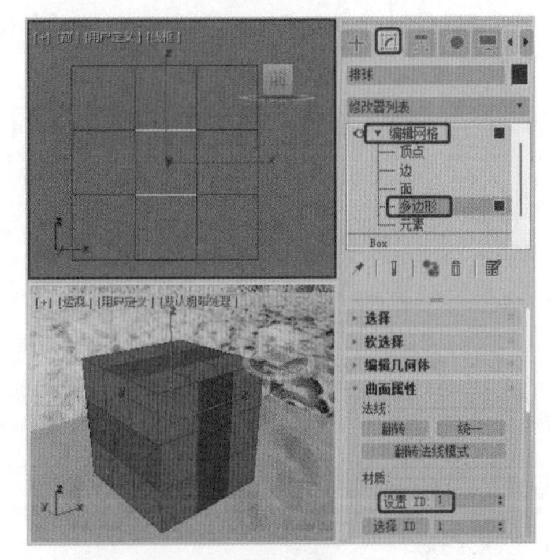

图5-113

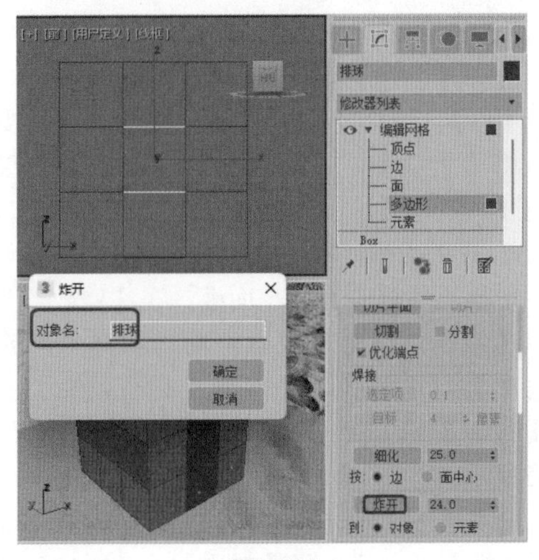

图5-114

◎提示

为对象设置ID可以将一个对象分开进行编辑，方便以后对其设置材质，一般设置【多维/子对象】材质首先要给对象设置相应的ID。

Step 05 退出当前选择集，选择【排球】对象，在【修改器列表】中选择【网格平滑】修改器，再选择【球形化】修改器，如图5-115所示。

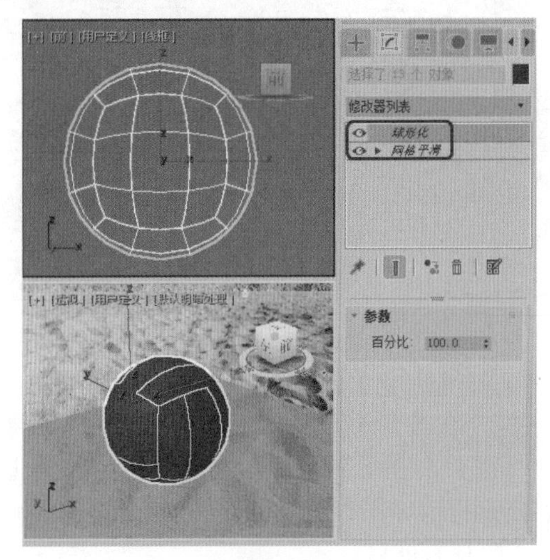

图5-115

Step 06 为【排球】对象添加【编辑网格】修改器，将当前选择集定义为【多边形】，按Ctrl+A组合键选择所有的多边形，如图5-116所示。

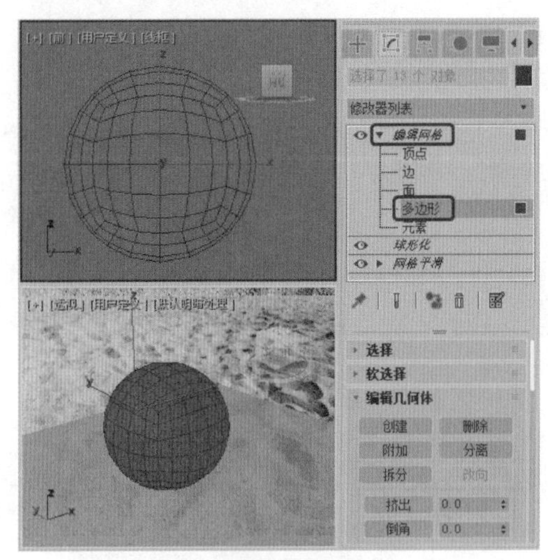

图5-116

Step 07 选择多边形后，在【修改器列表】中选择【面挤出】修改器，在【参数】卷展栏中将【数量】、【比例】分别设置为1、99，如图5-117所示。

Step 08 在【修改器列表】中选择【网格平滑】修改器，在【细分方法】卷展栏中将【细分方法】设置为

【四边形输出】，在【细分量】卷展栏中将【迭代次数】设置为2，如图5-118所示。

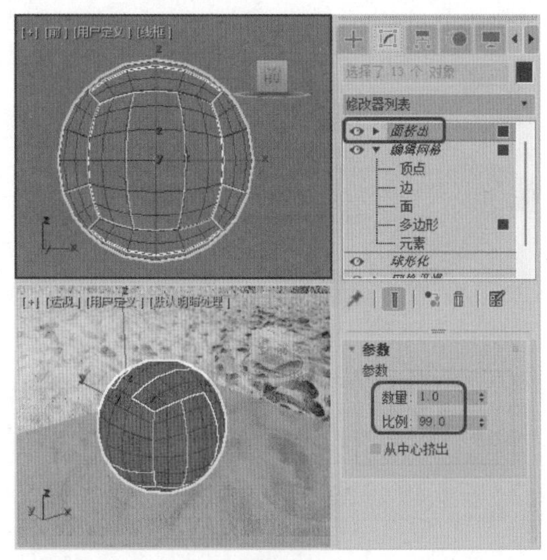

图5-117

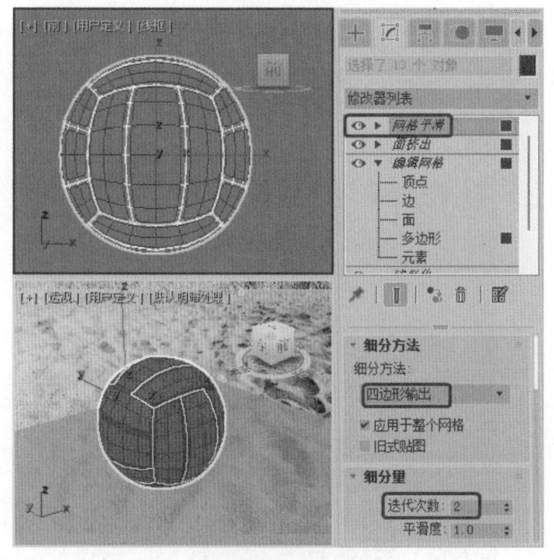

图5-118

◎知识链接◦

【面挤出】修改器可对其下的选择面集合进行积压成型，从原物体表面长出或陷入。

- 【数量】：设置挤出的数量，当设置为负值时，表现为凹陷效果。
- 【比例】：对挤出的选择面进行尺寸缩放。

**Step 09** 按M键弹出【材质编辑器】对话框，选择空白的材质球，将其命名为“排球”，单击Standard按钮，在弹出的对话框中双击【通用】选项组下的【多维/子对象】材质，如图5-119所示。

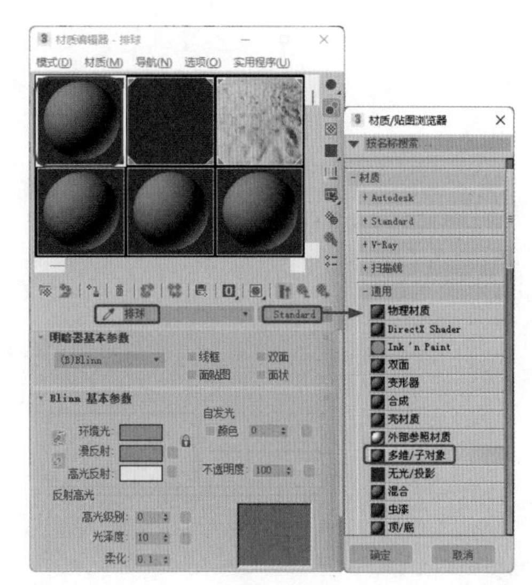

图5-119

**Step 10** 在弹出的【替换材质】对话框中确认【将旧材质保存为子材质？】单选按钮为默认选定状态，单击【确定】按钮。单击【设置数量】按钮，在弹出的对话框中将【材质数量】设置为2，单击【确定】按钮。单击ID1右侧【子材质】下的按钮，进入下一层级中，将其命名为“绿”，将【环境光】的RGB值设置为0、111、94，将【高光级别】设置为75，将【光泽度】设置为15，单击【转到父对象】按钮。单击ID2右侧的【无】按钮，在弹出的对话框中选择【标准】选项，单击【确定】按钮，将其命名为“黄”，将【环境光】的RGB值设置为251、253、0，将【高光级别】设置为75，将【光泽度】设置为15，单击【转到父对象】按钮，确定【排球】对象处于选择状态，单击【将材质指定给选定对象】按钮，如图5-120所示。

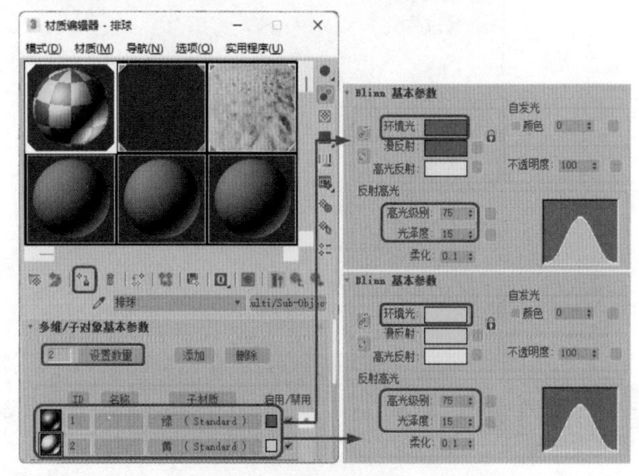

图5-120

**Step 11** 选中所有排球对象，在菜单栏中选择【组】|【组】命令，将其编组，在弹出的【组】对话框中将

【组名】设置为“排球”，单击【确定】按钮。激活【透视】视图，按C键将其转换为【摄影机】视图，并在其他视图中调整排球的位置，如图5-121所示。

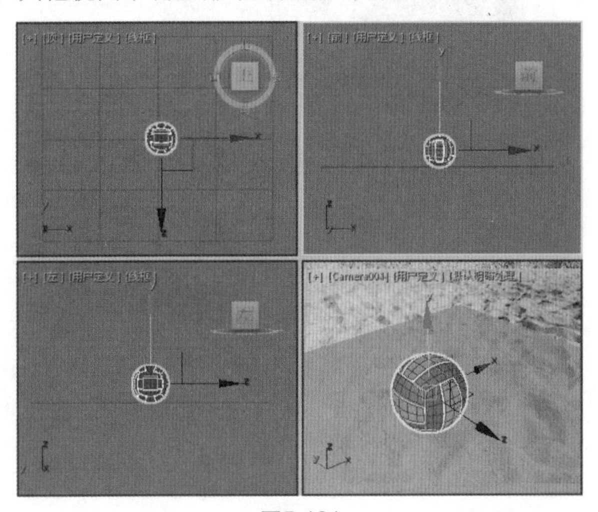

图5-121

Step 12 在工具栏中右击【选择并旋转】按钮，在弹出的对话框中将【绝对：世界】选项组下的Z设置为5，如图5-122所示。

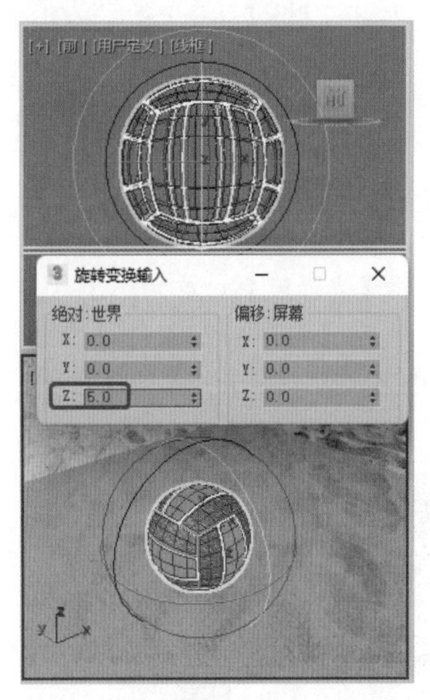

图5-122

## 实例141 制作魔方

魔方又称为鲁比克方块，本案例将介绍魔方的制作方法，完成后的效果如图5-123所示。

图5-123

| 素材： | Map\魔方背景.jpg |
|---|---|
| 场景： | Scene\Cha05\实例141 制作魔方.max |
| 视频： | 视频教学\Cha05\实例141 制作魔方.mp4 |

Step 01 选择【创建】|【几何体】|【标准基本体】|【长方体】工具，在【顶】视图中创建一个长方体，将其重命名为“魔方”，在【参数】卷展栏中，将【长度】、【宽度】和【高度】的值均设置为100，将【长度分段】、【宽度分段】和【高度分段】的值均设置为3，如图5-124所示。

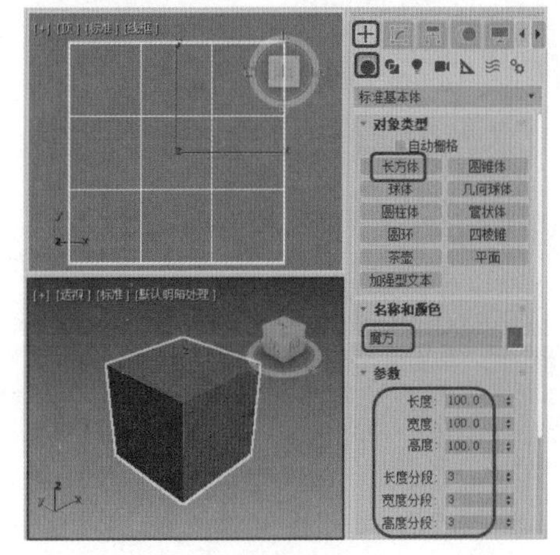

图5-124

Step 02 切换到【修改】命令面板，在【修改器列表】中选择【编辑多边形】选项，添加【编辑多边形】修改器，将当前选择集定义为【多边形】，按Ctrl+A组合键选中所有的多边形，在【编辑多边形】卷展栏中单击【倒角】右侧的【设置】按钮，在弹出的小盒控件中将倒角方式设置为【按多边形】，将【高度】设置为2，将【轮廓】设置为-1，单击【确定】按钮，如图5-125所示。

Step 03 在【顶】视图中，按住Ctrl键的同时选中图5-126所示的多边形，在【多边形：材质ID】卷展栏中，将【设置ID】设置为1。

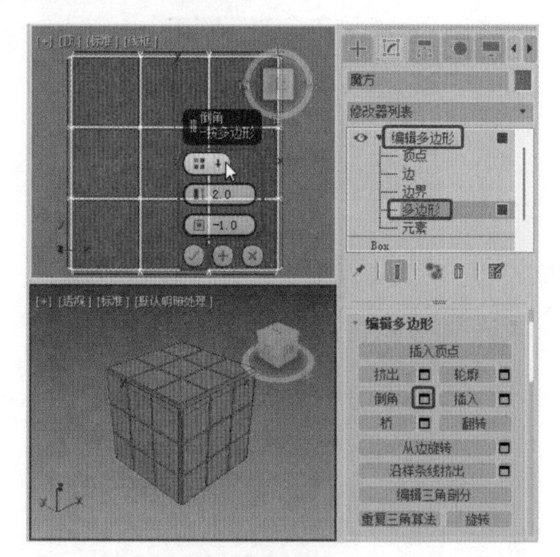

图5-125

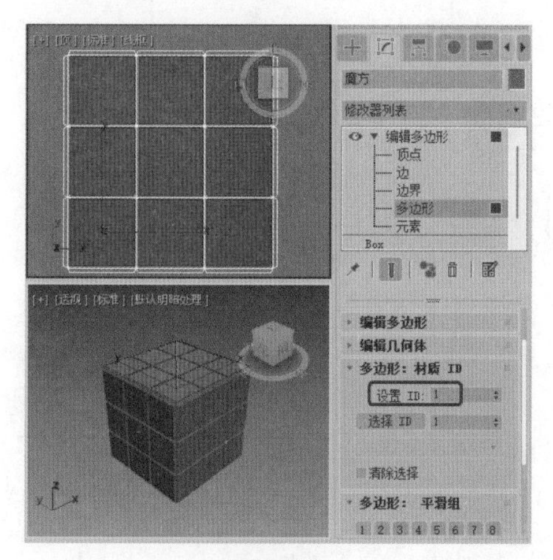

图5-126

Step 04 在【顶】视图中按B键，切换为【底】视图，在【底】视图中选中图5-127所示的多边形，在【多边形：材质ID】卷展栏中，将【设置ID】设置为2。

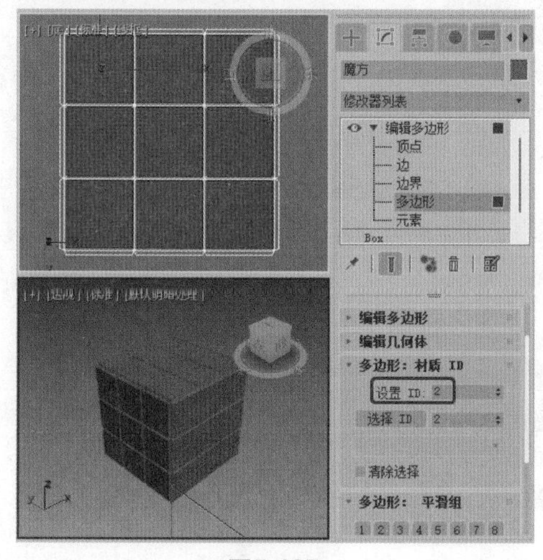

图5-127

Step 05 使用同样的方法为其他多边形设置ID，图5-128所示为ID为7的多边形。

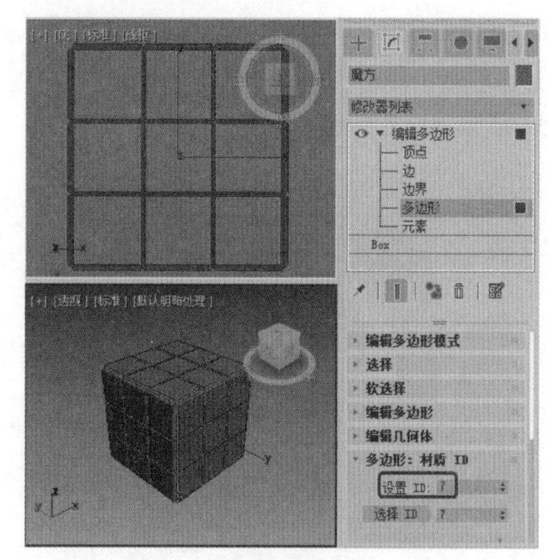

图5-128

Step 06 退出当前选择集，确认【魔方】对象处于被选中状态，按M键打开【材质编辑器】对话框，选择一个新的材质球。单击Standard按钮，在弹出的【材质/贴图浏览器】对话框中选择【材质】|【通用】|【多维/子对象】选项，如图5-129所示。

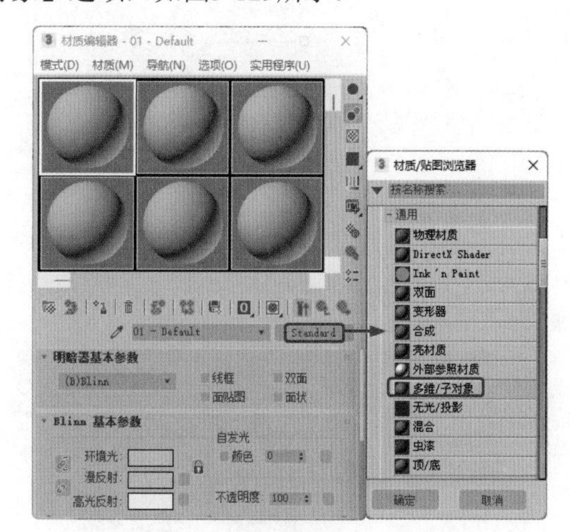

图5-129

Step 07 单击【确定】按钮，弹出【替换材质】对话框，选中【丢弃旧材质？】单选按钮，单击【确定】按钮。在【多维/子对象基本参数】卷展栏中单击【设置数量】按钮，弹出【设置材质数量】对话框，将【材质数量】设置为7，单击【确定】按钮，如图5-130所示。

Step 08 单击ID1右侧的【无】按钮，在弹出的【材质/贴图浏览器】对话框中双击【材质】|【扫描线】|【标准】选项，进入子级材质面板。在【明暗器基本参数】卷展栏中，将【明暗器的类型】设置为【各向异性】，在【各向异性基本参数】卷展栏中，将【环境

光】和【漫反射】的RGB值都设置为255、0、0，将【自发光】选项组中【颜色】的值设置为30，将【漫反射级别】设置为105，在【反射高光】选项组中将【高光级别】、【光泽度】和【各向异性】分别设置为95、65和85，如图5-131所示。

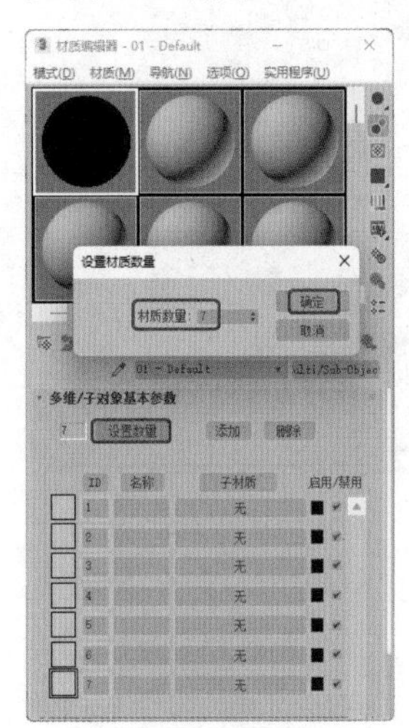

图5-130

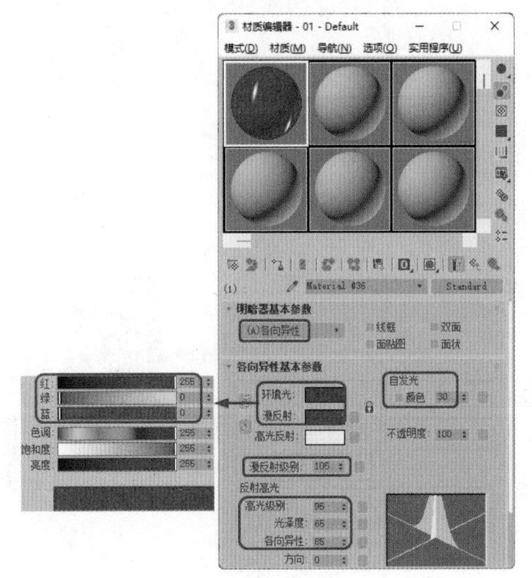

图5-131

**Step 09** 单击【转到父对象】按钮，返回父级材质设置面板。在ID1右侧的子材质按钮上，按住鼠标左键向下拖动，拖至ID2右侧的子材质按钮上，释放鼠标左键，在弹出的【实例（副本）材质】对话框中选中【复制】单选按钮，单击【确定】按钮，如图5-132所示。

**Step 10** 单击ID2材质按钮右侧的色块按钮，在弹出的对话框中将RGB值设置为0、230、255，如图5-133所示。

**Step 11** 单击【确定】按钮，使用同样的方法设置其他材质，设置完成后单击【将材质指定给选定对象】按钮，将该材质指定给【魔方】对象，如图5-134所示。

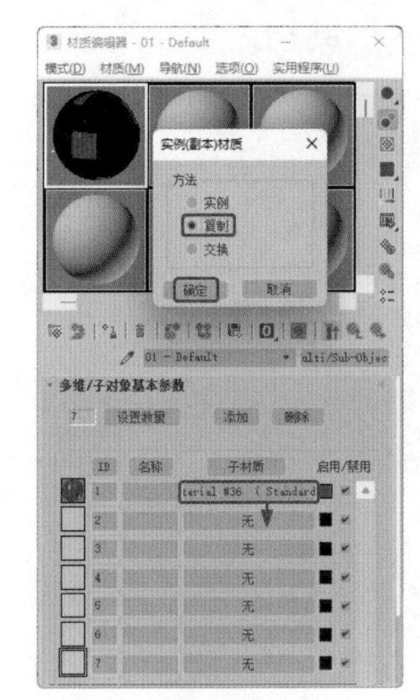

图5-132

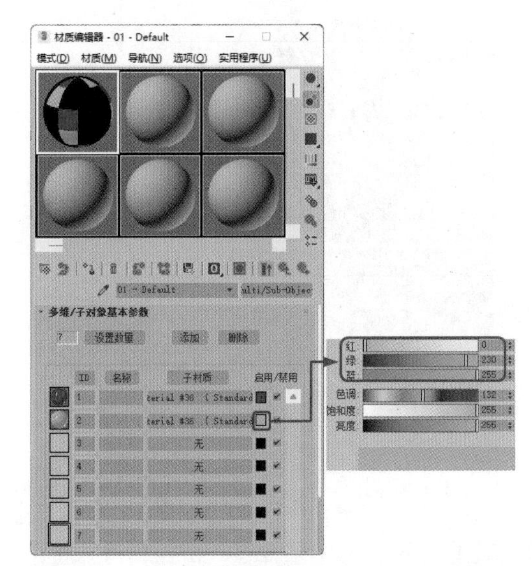

图5-133

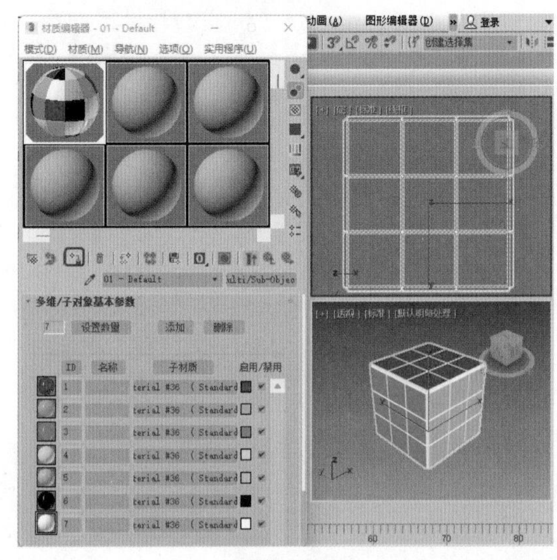

图5-134

**Step 12** 在命令面板中选择【创建】|【几何体】|【标准基本体】|【平面】命令，在【顶】视图中创建一个平面，在【参数】卷展栏中，将【长度】和【宽度】均设置为2000，并且在视图中调整其位置，如图5-135所示。

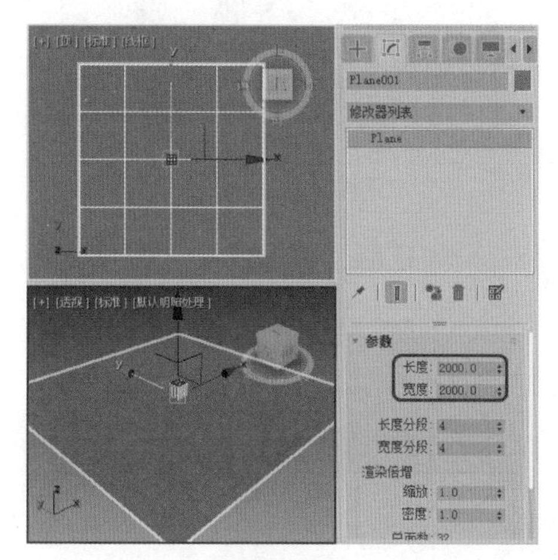

图5-135

**Step 13** 确认创建的平面处于选中状态，按M键打开【材质编辑器】对话框，选择一个新的材质球。单击Standard按钮，在弹出的【材质/贴图浏览器】对话框中单击【材质/贴图浏览器选项】按钮▼，在弹出的下拉列表中选择【显示不兼容】选项，如图5-136所示。

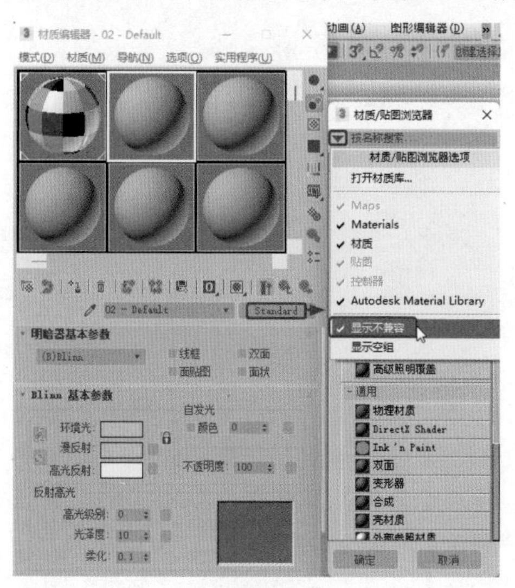

图5-136

**Step 14** 双击【材质】|【通用】|【无光/投影】选项，在【无光/投影基本参数】卷展栏的【反射】选项组中，单击【贴图】右侧的【无贴图】按钮，在弹出的【材质/贴图浏览器】对话框中选择【贴图】|【扫描线】|【平面镜】选项，单击【确定】按钮，如图5-137所示。

**Step 15** 在【平面镜参数】卷展栏中勾选【应用于带ID的面】复选框，并且单击【转到父对象】按钮，如图5-138所示。

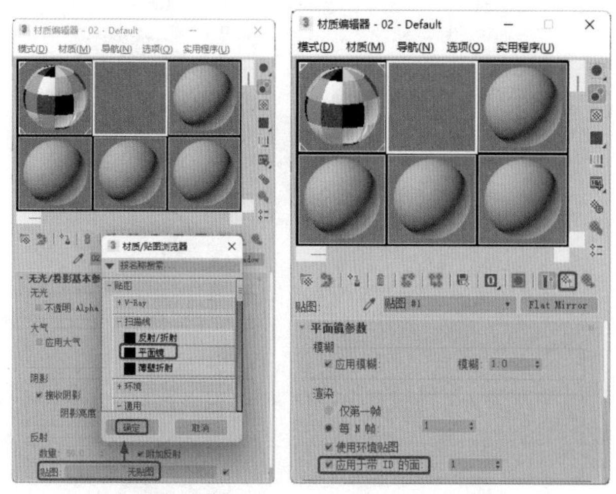

图5-137　　图5-138

**Step 16** 在【反射】选项组中将【数量】设置为1，在【阴影】选项组中取消勾选【接收阴影】复选框，将【颜色】的RGB值设置为55、55、55，如图5-139所示。单击【将材质指定给选定对象】按钮，将该材质指定给平面对象。

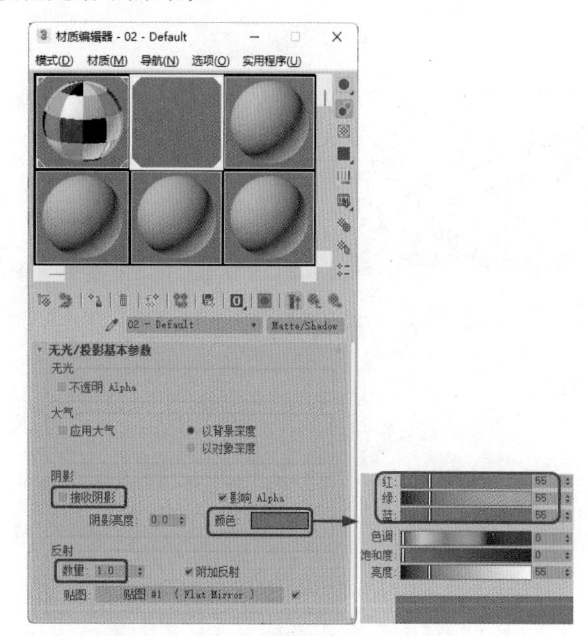

图5-139

**Step 17** 按8键打开【环境和效果】对话框，选择【环境】选项卡，在【公用参数】卷展栏中单击【环境贴图】下的【无】按钮，弹出【材质/贴图浏览器】对话框，选择【贴图】|【通用】|【位图】选项，单击【确定】按钮，在弹出的【选择位图图像文件】对话框中

选择“Map\魔方背景.jpg”贴图文件，单击【打开】按钮，如图5-140所示。

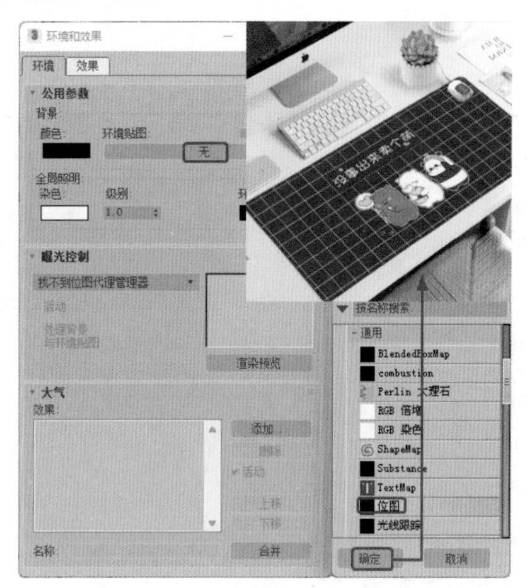

图5-140

**Step 18** 按M键弹出【材质编辑器】对话框，在【环境和效果】对话框中，将【环境贴图】下的贴图拖至一个新的材质球上，在弹出的【实例（副本）贴图】对话框中选中【实例】单选按钮，单击【确定】按钮，如图5-141所示。

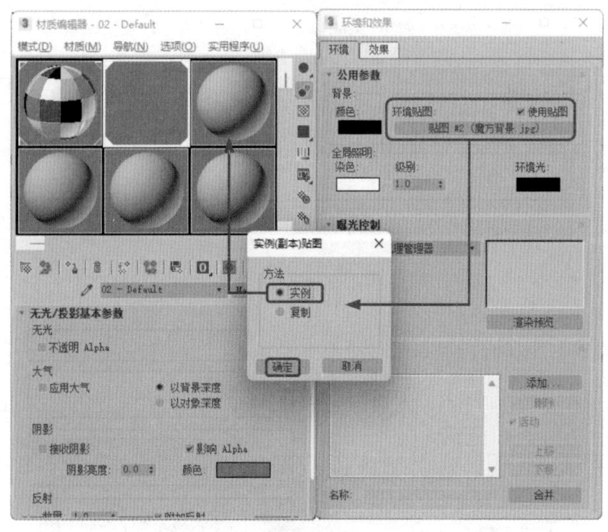

图5-141

**Step 19** 在【坐标】卷展栏中选中【环境】单选按钮，在【贴图】下拉列表中选择【屏幕】选项，如图5-142所示。

**Step 20** 关闭【环境和效果】对话框与【材质编辑器】对话框，切换到【透视】视图，按Alt+B组合键，在弹出的【视口配置】对话框中选中【使用环境背景】单选按钮，单击【确定】按钮，如图5-143所示。

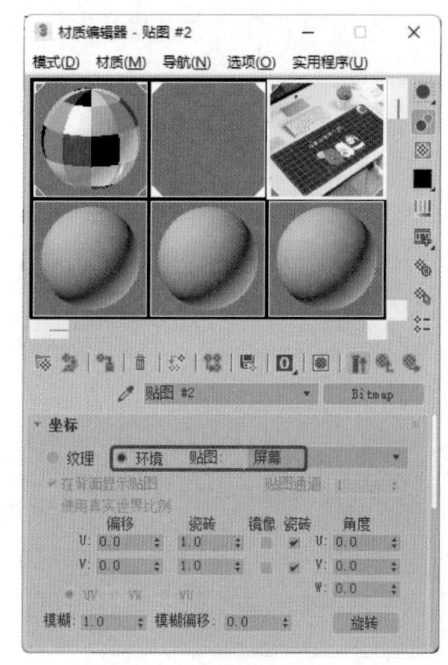

图5-142

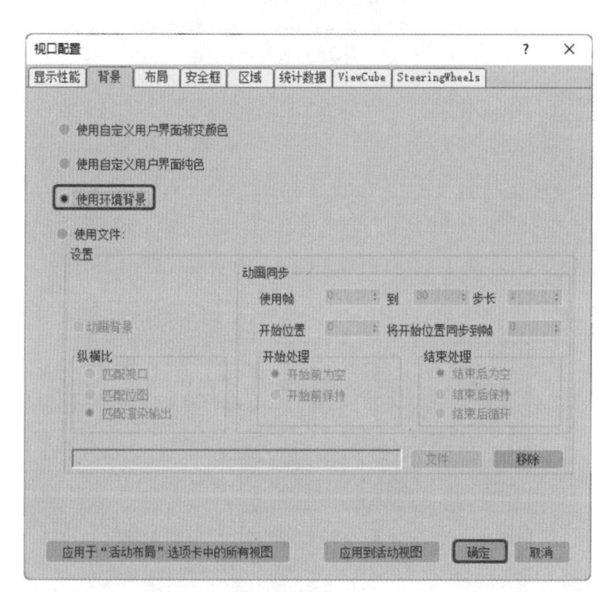

图5-143

**Step 21** 选择平面对象，单击鼠标右键，在弹出的快捷菜单中执行【对象属性】命令，弹出【对象属性】对话框，勾选【透明】复选框，单击【确定】按钮，如图5-144所示。

**Step 22** 选择【创建】|【摄影机】|【标准】|【目标】命令，在【参数】卷展栏中，将【镜头】设置为42mm，在【顶】视图中创建一架目标摄影机，切换到【透视】视图，按C键将其转换为【摄影机】视图，在其他视图中调整摄影机的位置，如图5-145所示。

**Step 23** 选择【创建】|【灯光】|【标准】|【天光】命令，在【顶】视图中创建天光，如图5-146所示。

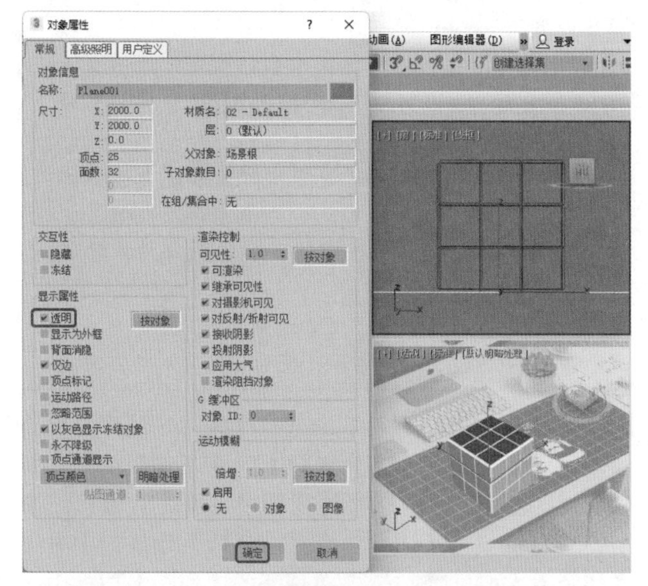

图5-144

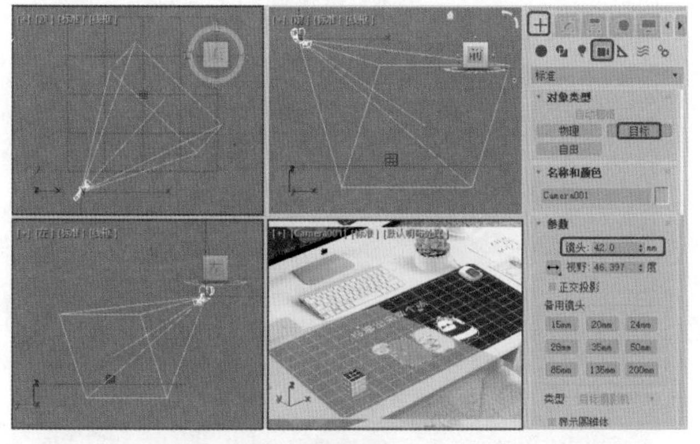

图5-145

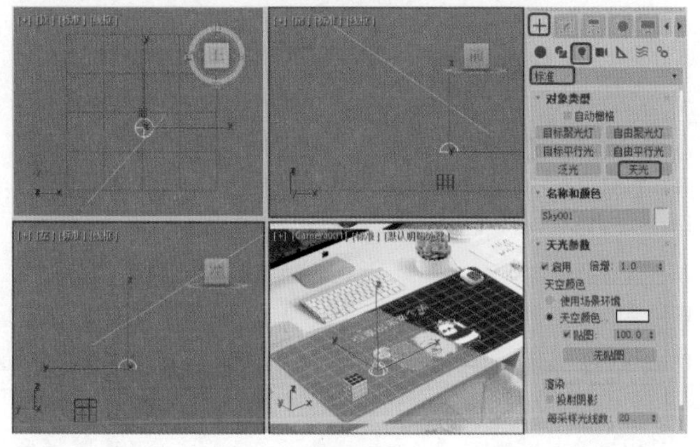

图5-146

Step 24 切换到【摄影机】视图，按F9键对【摄影机】视图进行渲染，渲染完成后将场景文件保存即可。

## 实例142 制作篮球

本例介绍篮球的制作，首先使用【球体】工具创建一个球体，再使用【编辑网格】修改器删除球体的一半，然后使用【对称】、【编辑多边形】等命令对球体进行编辑，最后为球体添加背景，并使用【摄影机】视图渲染效果，完成后效果如图5-147所示。

图5-147

| 素材： | Map\篮球背景.jpg |
|---|---|
| 场景： | Scene\Cha05\实例142 制作篮球.max |
| 视频： | 视频教学\Cha05\实例142 制作篮球.mp4 |

Step 01 激活【顶】视图，选择【创建】|【几何体】|【球体】工具，在视图中创建一个【半径】为100的球体，并将其命名为“篮球”，如图5-148所示。

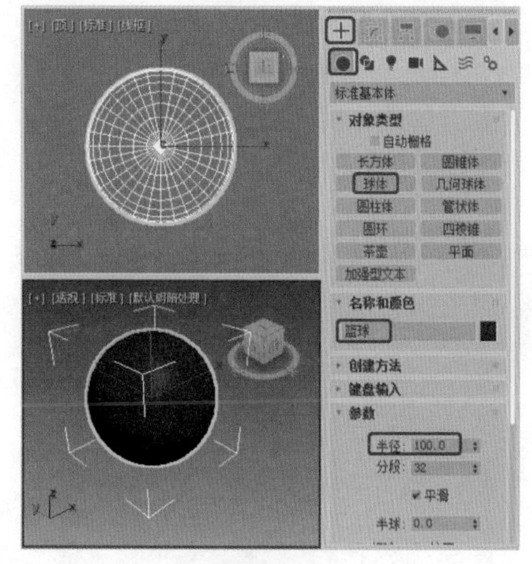

图5-148

Step 02 单击【修改】按钮，进入【修改】命令面板，在【修改器列表】中选择【编辑网格】修改器，将当前选择集定义为【多边形】，拖动鼠标选取球体的一半，如图5-149所示。

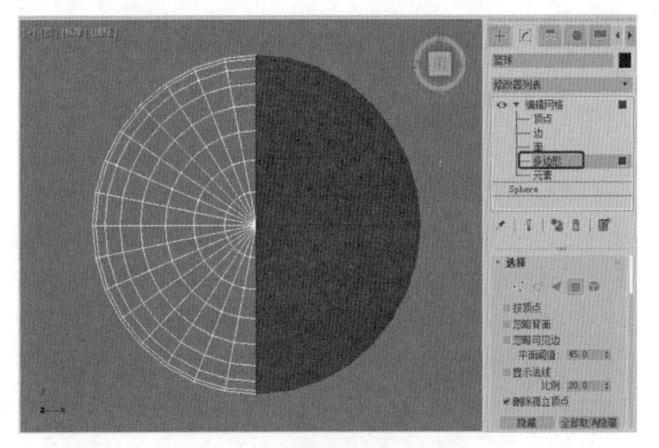

图5-149

Step 03 按Delete键，将其删除，重新定义当前选择集为【顶点】，在工具栏中选择【选择并移动】工具，在【顶】视图中用鼠标框选圆球体的中心点并拖动，如图5-150所示。

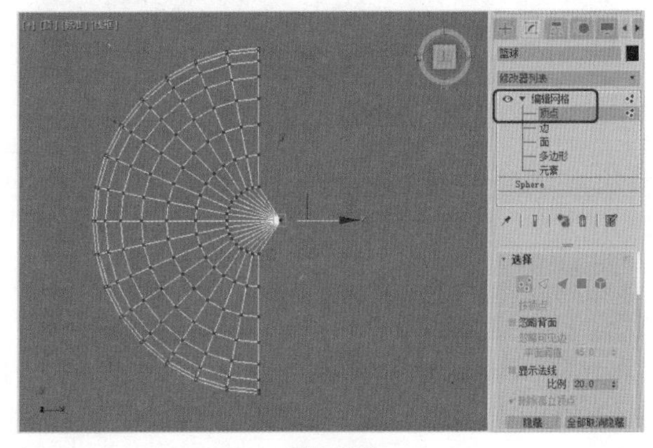

图5-150

Step 04 在【修改器列表】中选择【对称】修改器，使用【对称】修改器上的【镜像】命令，在【参数】卷展栏中将【镜像轴】定义为X轴，并勾选【翻转】复选框，将两个球合在一起，如图5-151所示。

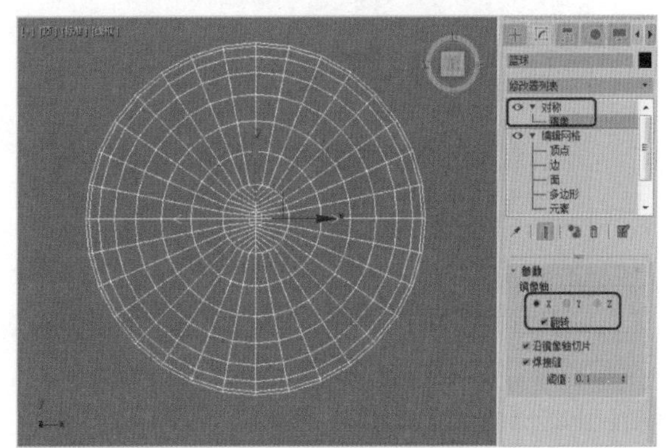

图5-151

◎知识链接

【对称】修改器可以应用到任何类型的模型上，变换镜像线框时，会改变镜像或切片对物体的影响，对此过程也可以记录动画。

- 【镜像】：用于设置对称修改器影响物体的程度，在视图中显示为黄色带双向箭头的线框，拖动这个线框时，镜像或切角对物体的影响也会改变。
- 【镜像轴】：用于指定镜像的作用轴向。
- 【翻转】：勾选时，使对象翻转对称方向。

Step 05 在【修改器列表】中选择【编辑多边形】修改器，将当前选择集定义为【边】，在【顶】视图中结合Ctrl键选取边，并在其他视图中查看是否漏选。确定当前选择集为【边】，在【编辑边】卷展栏中单击【切角】右侧的□按钮，在打开的【切角】控件中将【切角量】设置为1，最后单击【确定】按钮，结果如图5-152所示。

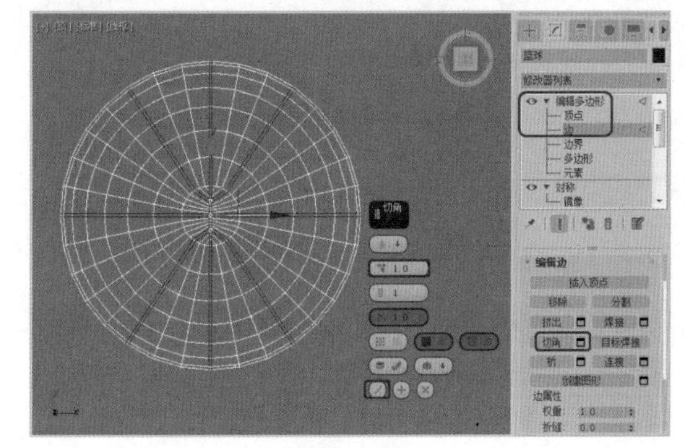

图5-152

Step 06 将当前选择集定义为【多边形】，选择前面编辑的边。在【编辑多边形】卷展栏中单击【挤出】右侧的□按钮，在打开的【挤出多边形】控件中将【挤出类型】设置为【本地法线】，将【挤出高度】设置为-2，最后单击【确定】按钮，如图5-153所示。

Step 07 确定当前选择集为【多边形】，在【多边形：材质ID】卷展栏中将【设置ID】设置为2，如图5-154所示。

Step 08 选择【编辑】|【反选】菜单命令，将其进行反选，选中剩余的部分，在【多边形：材质ID】卷展栏中将【设置ID】设置为1，如图5-155所示。

Step 09 在【修改器列表】中为篮球指定一个【网格平滑】修改器，在【细分量】卷展栏中将【迭代次数】设置为2，如图5-156所示。

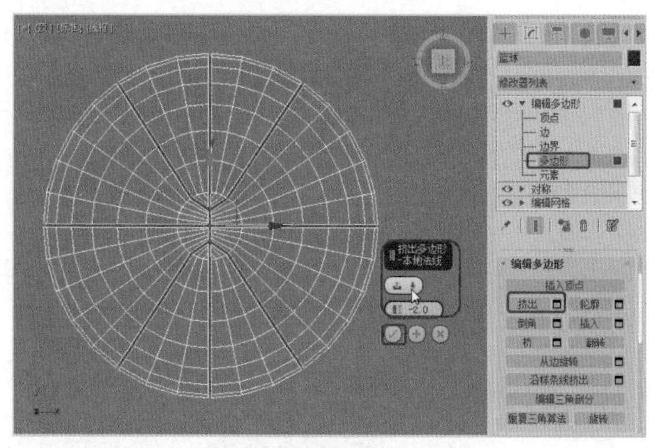
图5-153

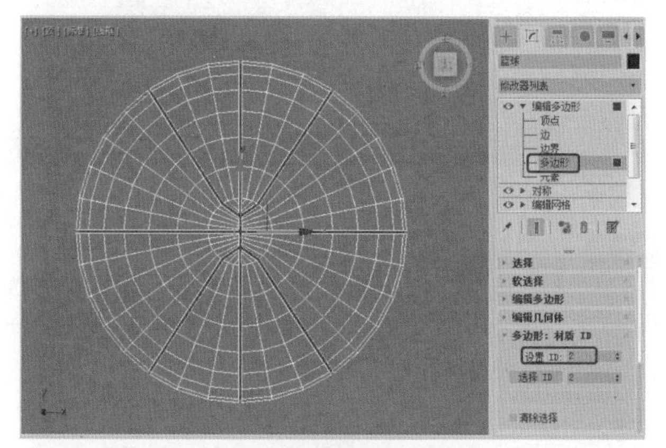
图5-154

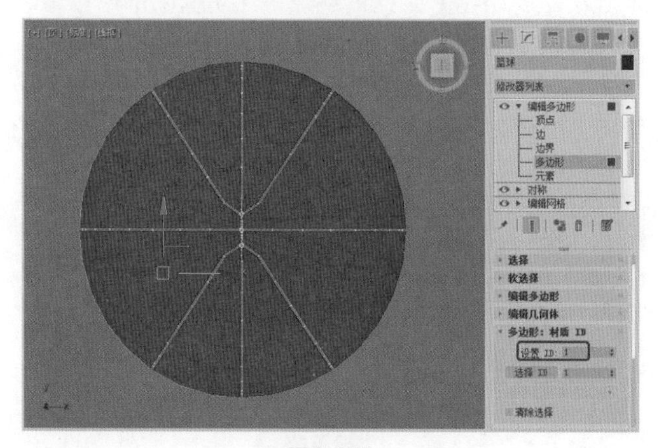
图5-155

**Step 10** 按M键打开材质编辑器，激活一个样本球，单击Standard按钮，在打开的【材质/贴图浏览器】对话框中选择【多维/子对象】材质，弹出【替换材质】对话框，选中【将旧材质保存为子材质？】单选按钮，在【多维/子对象基本参数】卷展栏中单击【设置数量】按钮，在打开的【设置材质数量】对话框中将【材质数量】设置为2，单击【确定】按钮，如图5-157所示。

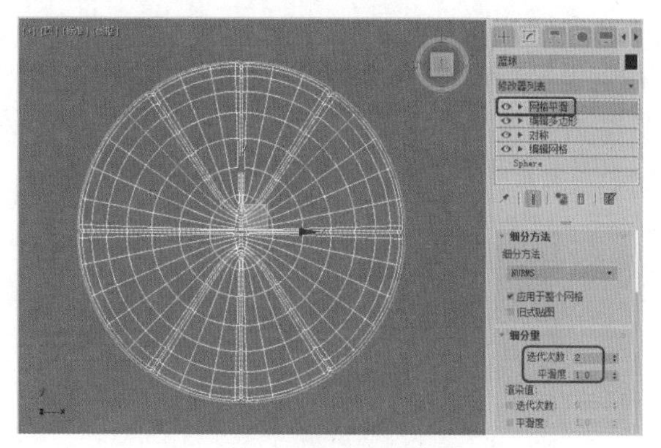
图5-156

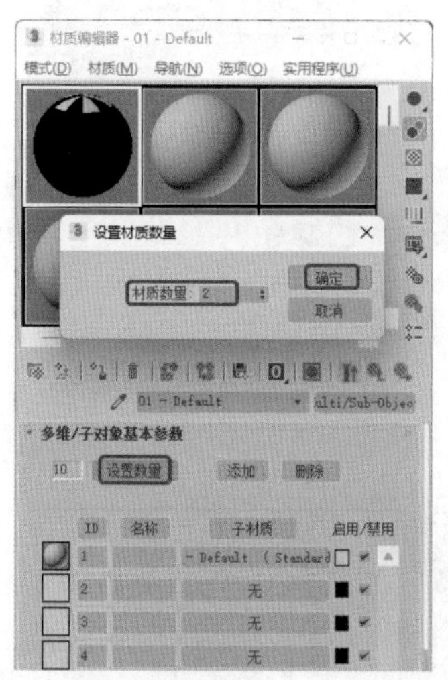
图5-157

**Step 11** 按照ID的排列单击1号材质后面的材质按钮，进入该子级材质面板，在【明暗器基本参数】卷展栏中将阴影模式定义为Blinn。在【Blinn基本参数】卷展栏中将锁定的【环境光】和【漫反射】设置为82、15、8，将【自发光】选项组中的【颜色】设置为13，将【反射高光】选项组中的【高光级别】和【光泽度】分别设置为27、16。在【贴图】卷展栏中，将【凹凸】右侧的【数量】设置为50，单击【凹凸】后面的【无贴图】按钮，在打开的【材质/贴图浏览器】对话框中选择【噪波】贴图，单击【确定】按钮。进入【凹凸】材质层级，在【坐标】卷展栏中将【瓷砖】下的X、Y、Z都设置为6。在【噪波参数】卷展栏中将【大小】设置为11，如图5-158所示。

**Step 12** 单击【转到父对象】按钮，回到顶层面板中。单击2号材质后面的【无】材质按钮，进入【材质/贴图浏览器】对话框，选择【标准】选项，如图5-159所示。

**Step 13** 进入子级材质面板中，将【明暗器基本参数】卷展栏中的阴影模式定义为Blinn，在【Blinn基本参数】卷展栏中将锁定的【环境光】和【漫反射】的RGB值设置为0、0、0，将【自发光】选项组中的【颜色】设置为50，将【反射高光】选项组中的【高光级别】和【光泽度】分别设置为69、16，如图5-160所示。

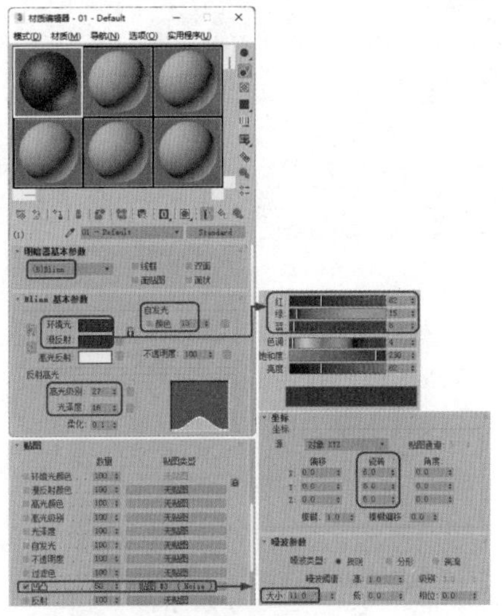

图5-158

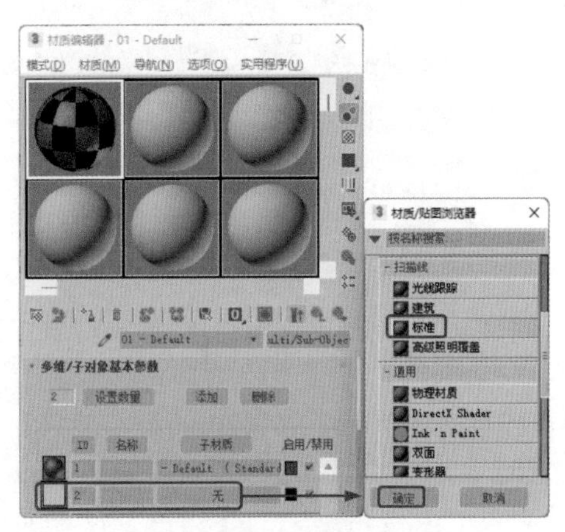

图5-159

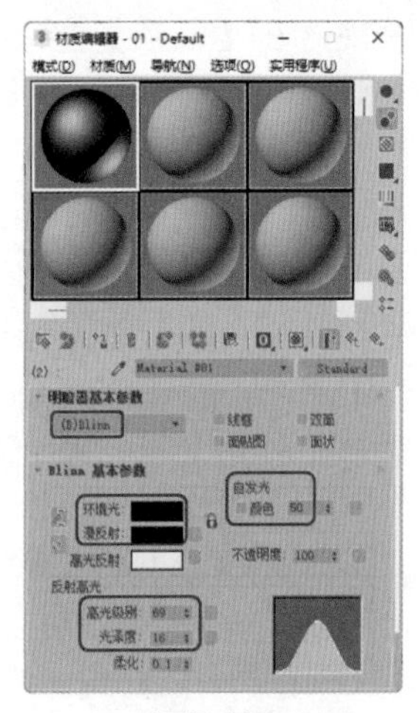

图5-160

**Step 14** 单击【转到父对象】按钮，回到顶层面板中，最后单击【将材质指定给选定对象】按钮，将当前材质赋予视图中的对象，如图5-161所示。

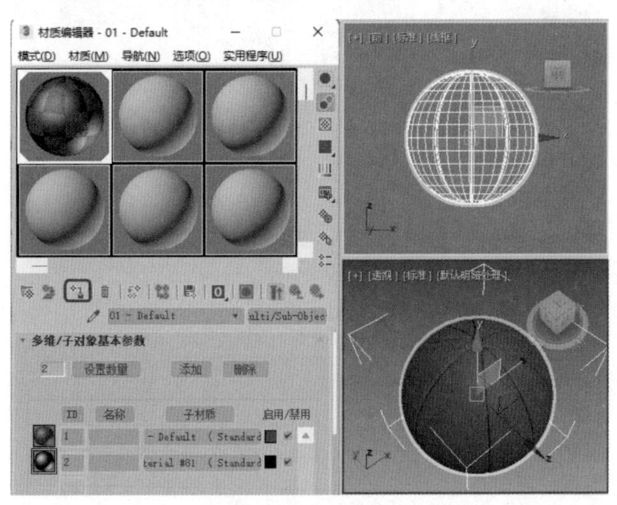

图5-161

**Step 15** 按8键打开【环境和效果】对话框，单击【公用参数】卷展栏【环境贴图】下的【无】按钮，在弹出的【材质/贴图浏览器】对话框中选择【位图】材质，在【选择位图图像文件】对话框中选择"Map\篮球背景.jpg"素材文件，将【环境和效果】对话框中的背景材质拖动到第二个材质样本球上，在弹出的【实例（副本）贴图】对话框中选中【实例】单选按钮，在【坐标】卷展栏中选中【环境】单选按钮，在【贴图】右侧的下拉列表中选择【屏幕】选项，如图5-162所示。

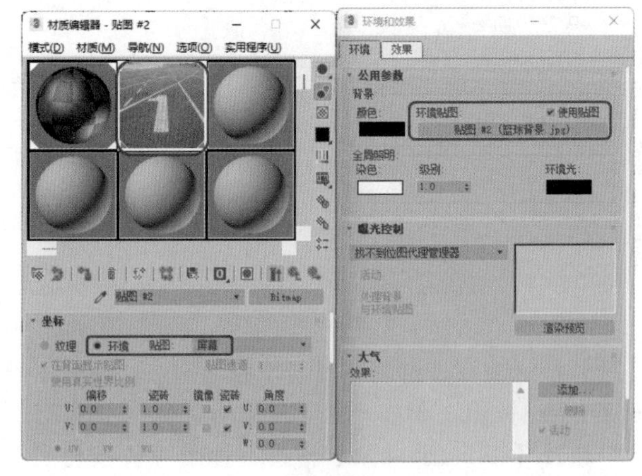

图5-162

**Step 16** 选择【透视】视图，在菜单栏中选择【视图】|【视口背景】|【环境背景】命令，使用同样的方法在场景中创建摄影机、天光、泛光、平面对象，最后对场景进行渲染即可，如图5-163所示。

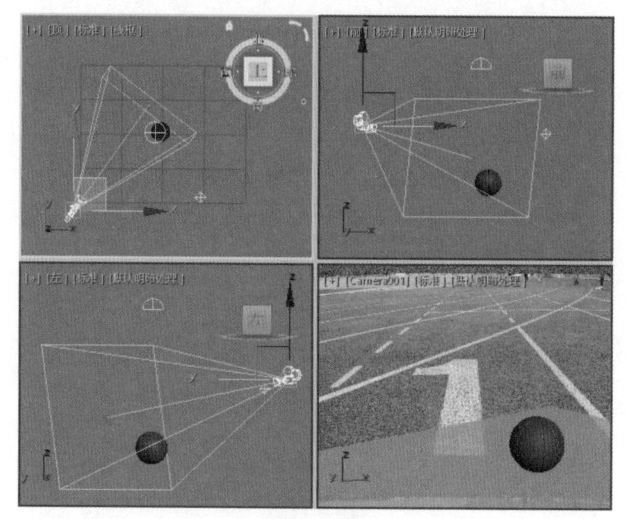

图5-163

## 实例143 制作鞋盒

本案例将讲解如何制作鞋盒，通过【切角长方体】工具制作鞋盒盖和鞋盒，为鞋盒添加【编辑多边形】和【UVW贴图】修改器，为对象添加贴图，从而达到想要的效果，如图5-164所示。

图5-164

| 素材： | Map\鞋柜.jpg、鞋盒材质1.jpg、鞋盒材质2.jpg |
|---|---|
| 场景： | Scene\Cha05\实例143 制作鞋盒.max |
| 视频： | 视频教学\Cha05\实例143 制作鞋盒.mp4 |

**Step 01** 选择【创建】|【几何体】|【扩展基本体】|【切角长方体】工具，在【顶】视图中创建切角长方体，将切角长方体的【名称】设置为“鞋盒盖”，在【参数】卷展栏中，将【长度】、【宽度】、【高度】、【圆角】分别设置为172、328、18、2，将【圆角分段】设置为3，如图5-165所示。

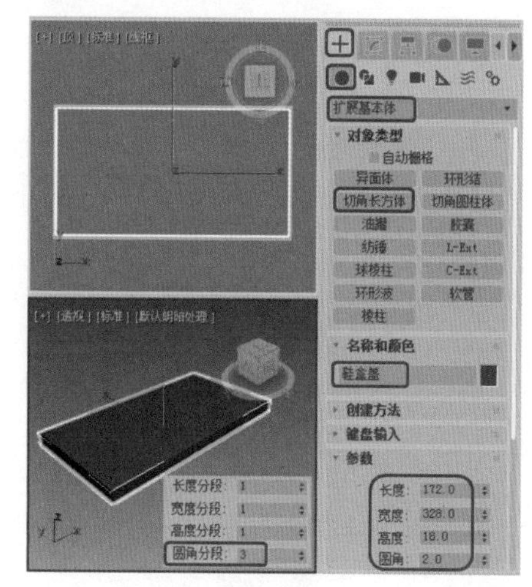

图5-165

**Step 02** 切换至【修改】命令面板，为图形添加【编辑多边形】修改器，将当前选择集定义为【多边形】，激活【透视】视图，旋转一下视图，选择底部的多边形，按Delete键删除，删除后的效果如图5-166所示。

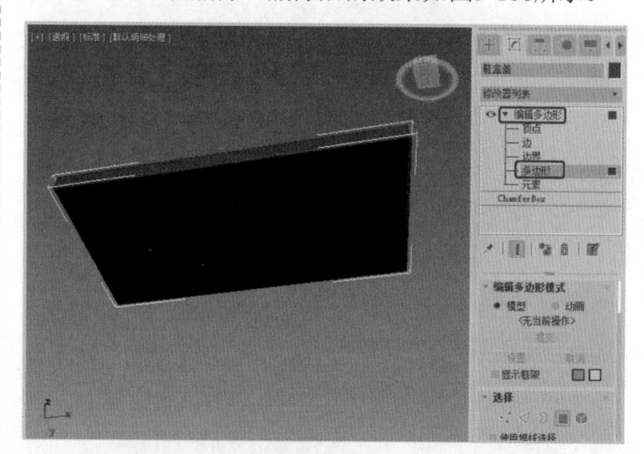

图5-166

**Step 03** 关闭当前选择集，选择【创建】|【几何体】|【扩展基本体】|【切角长方体】工具，在【顶】视图中绘制切角长方体，将切角长方体的【名称】设置为“鞋盒”，在【参数】卷展栏中，将【长度】、【宽度】、【高度】、【圆角】分别设置为172、328、110、2，如图5-167所示。

**Step 04** 切换至【修改】命令面板，为图形添加【编辑多边形】修改器，将当前选择集定义为【多边形】，激活【透视】视图，选择顶部的多边形，按Delete键删除，删除后的效果如图5-168所示。

**Step 05** 关闭当前选择集，使用【选择并移动】工具移动对象的位置，如图5-169所示。

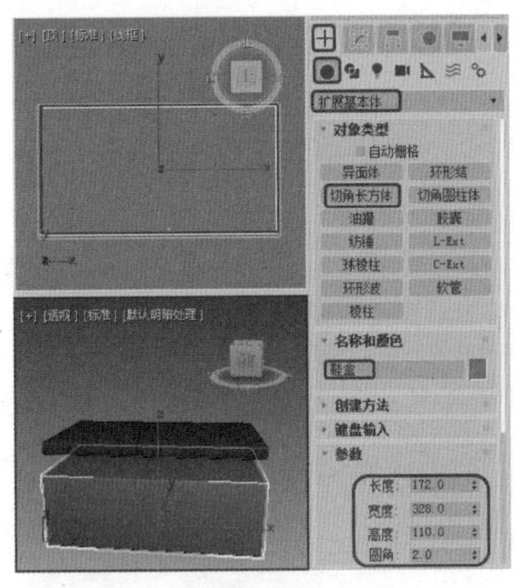


图5-167

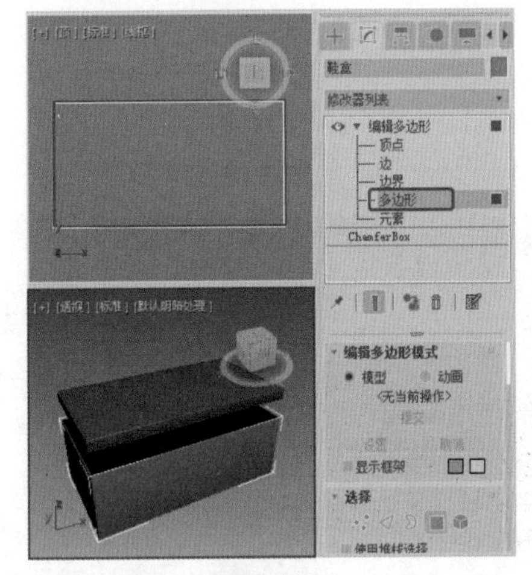


图5-168

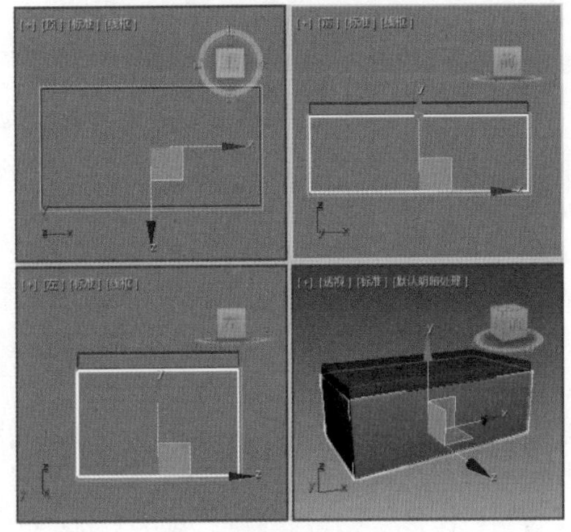

图5-169

Step 06 选择【鞋盒盖】对象，添加【UVW贴图】修改器，如图5-170所示。

Step 07 使用同样的方法，为【鞋盒】添加【UVW贴图】修改器，如图5-171所示。

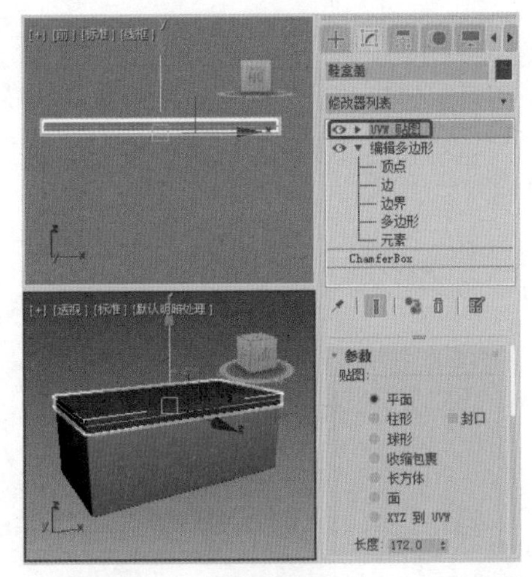


图5-170

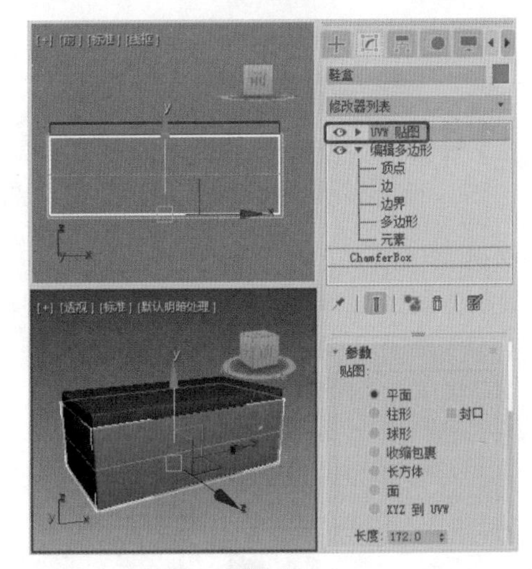


图5-171

Step 08 按M键弹出【材质编辑器】对话框，将【名称】设置为“鞋盒盖”，将【自发光】选项组中的【颜色】设置为30，如图5-172所示。

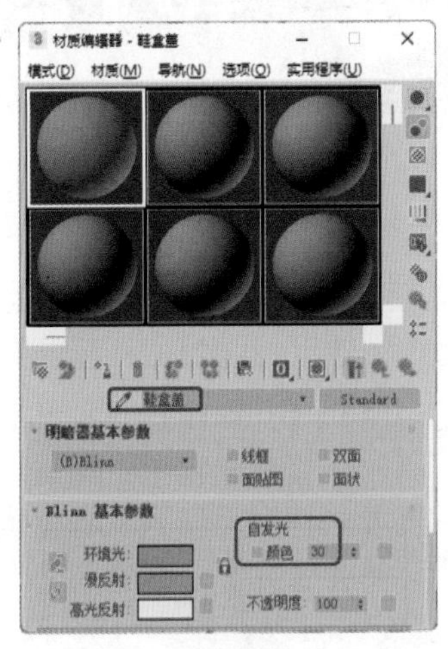


图5-172

Step 09 单击【漫反射】右侧的按钮，弹出【材质/贴图浏览器】对话框，选择【位图】选项，单击【确定】按钮，弹出【选择位图图像文件】对话框，选择“鞋盒材质1.jpg”贴图文件，如图5-173所示。

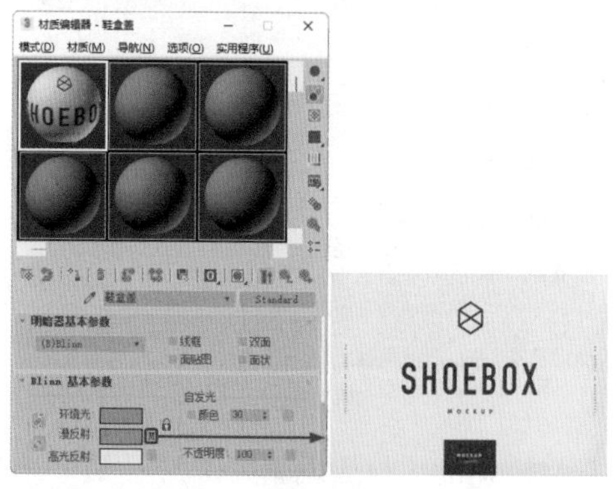


图5-173

Step 10 单击【转到父对象】按钮，选择【鞋盒盖】对象，单击【将材质指定给选定对象】按钮和【视口中显示明暗处理材质】按钮，如图5-174所示。

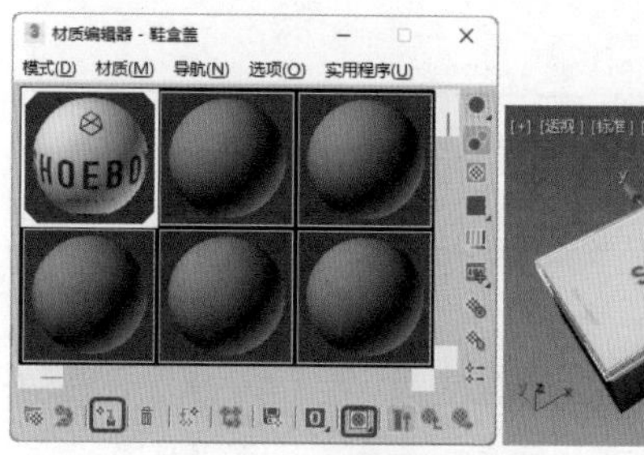

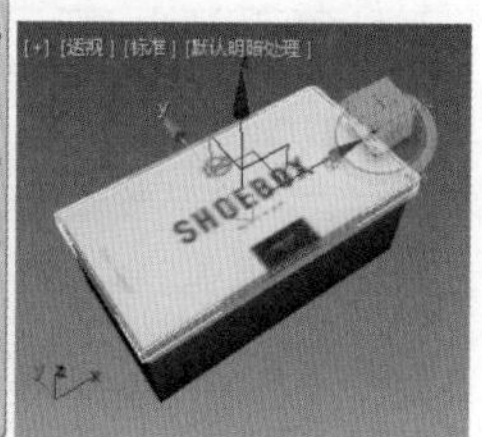

图5-174

Step 11 选择一个新的材质样本球，将【名称】设置为“鞋盒”，将【环境光】和【漫反射】的颜色设置为【白色】，将【自发光】选项组中的【颜色】设置为30，如图5-175所示。

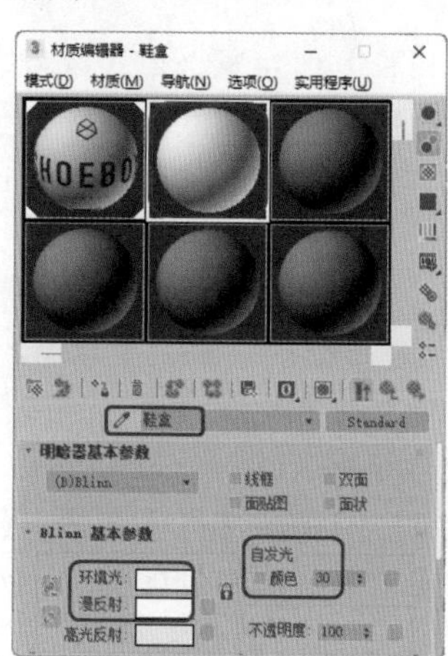


图5-175

Step 12 单击【漫反射】右侧的按钮，弹出【材质/贴图浏览器】对话框，选择【位图】选项，单击【确定】按钮，弹出【选择位图图像文件】对话框，选择“鞋盒材质2.jpg”贴图文件，如图5-176所示。

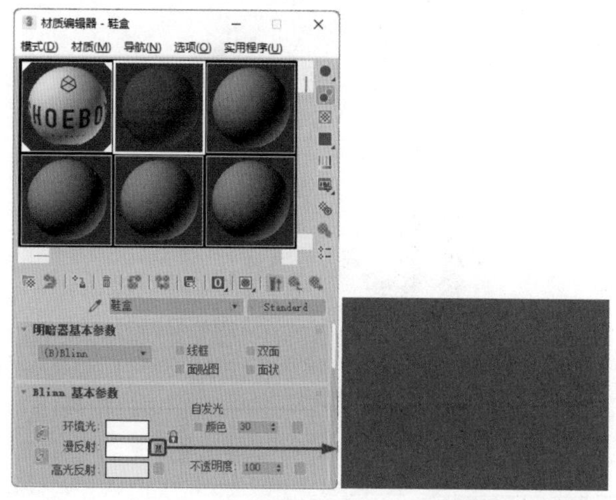


图5-176

Step 13 单击【转到父对象】按钮，选择【鞋盒】对象，单击【将材质指定给选定对象】按钮和【视口中显示明暗处理材质】按钮，如图5-177所示。

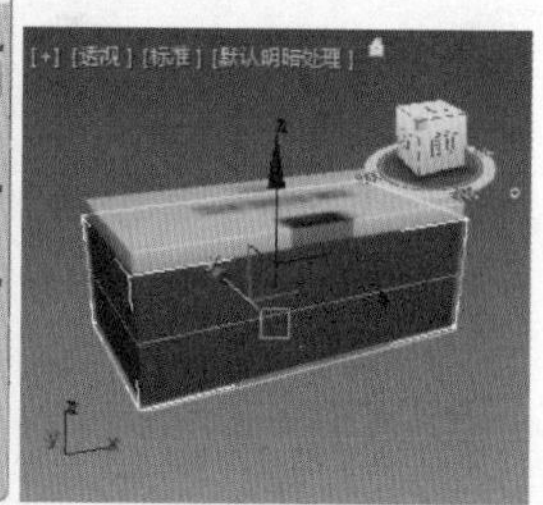

图5-177

Step 14 按8键弹出【环境和效果】对话框，在【公用参数】卷展栏中单击【无】按钮，在弹出的【材质/贴图浏览器】对话框中双击【位图】贴图，再在弹出的对话框中选择“鞋柜.jpg”素材文件，如图5-178所示。

Step 15 在【环境和效果】对话框中将环境贴图拖曳至新的材质样本球上，在弹出的【实例（副本）贴图】对话框中选中【实例】单选按钮，并单击【确定】按钮，在【坐标】卷展栏中，将贴图设置为【屏幕】，如图5-179所示。

Step 16 激活【透视】视图，按Alt+B组合键，在弹出的对话框中选中【使用环境背景】单选按钮，设置完成后，单击【确定】按钮，设置背景后的效果如图5-180所示。

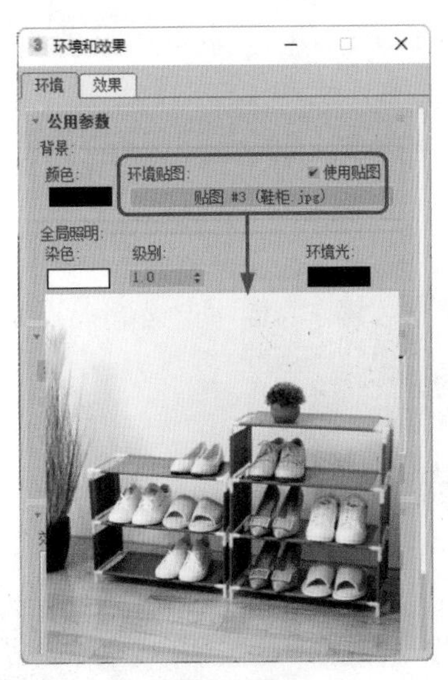

图5-178

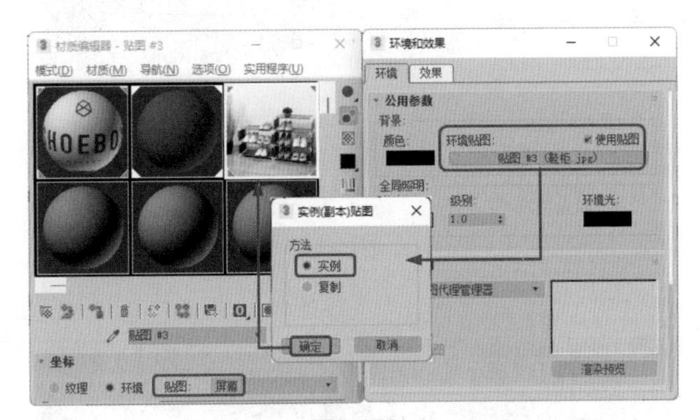

图5-179

图5-180

Step 17 选择【创建】|【几何体】|【标准基本体】|【长方体】工具，在【顶】视图中绘制长方体。切换至【修改】命令面板，将【颜色】设置为白色，将【参数】卷展栏下方的【长度】、【宽度】、【高度】分别设置为2255、1870、1，将【长度分段】、【宽度分段】、【高度分段】均设置为1，适当调整对象的位置，如图5-181所示。

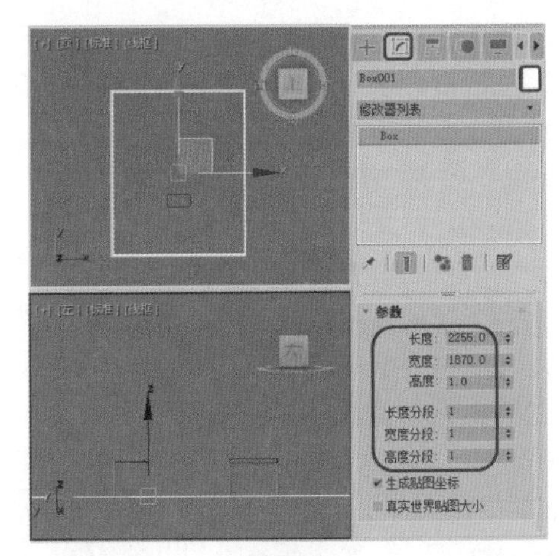

图5-181

Step 18 按M键弹出【材质编辑器】对话框，选择新的材质样本球，单击Standard按钮，弹出【材质/贴图浏览器】对话框，选择【无光/投影】材质，单击【确定】按钮，选择绘制的长方体，单击【将材质指定给选定对象】按钮，如图5-182所示。

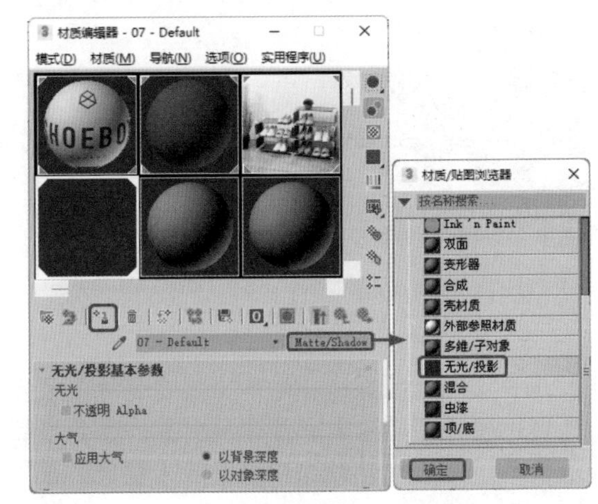

图5-182

Step 19 继续选择长方体对象，单击鼠标右键，在弹出的快捷菜单中执行【对象属性】命令，弹出【对象属性】对话框，勾选【透明】复选框，单击【确定】按钮，如图5-183所示。

Step 20 选择【创建】 |【摄影机】 |【目标】工具，在视图中创建摄影机，激活【透视】视图，按C键将其转换为【摄影机】视图，在其他视图中调整摄影机位置，如图5-184所示。

Step 21 选择【创建】 |【灯光】 |【标准】|【泛光】工具，在【顶】视图中创建泛光，适当调整泛光的位置。切换至【修改】命令面板，展开【常规参数】卷展栏，勾选【阴影】选项组中的【启用】复选框，展开【强度/颜色/衰减】卷展栏，将【倍增】设置

为0.5，如图5-185所示。

图5-183

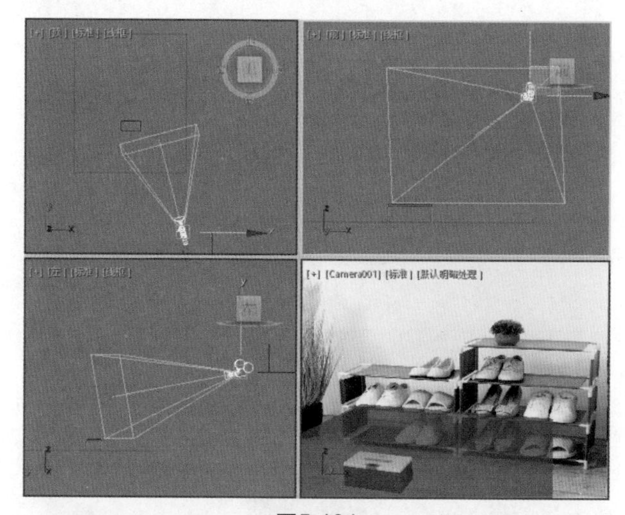

图5-184

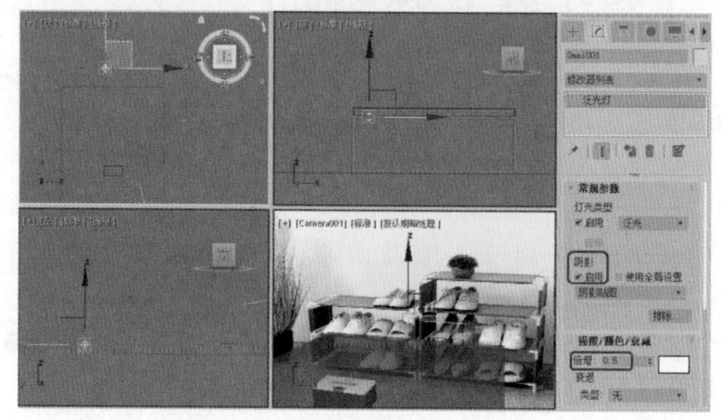

图5-185

Step 22 选择【创建】 | 【灯光】 | 【标准】|【天光】工具，在【顶】视图中创建天光，适当调整天光的位置。切换至【修改】命令面板，展开【天光参数】卷展栏，将【倍增】设置为1.2，勾选【渲染】选项组中的【投射阴影】复选框，如图5-186所示。至此，鞋盒就制作完成了。

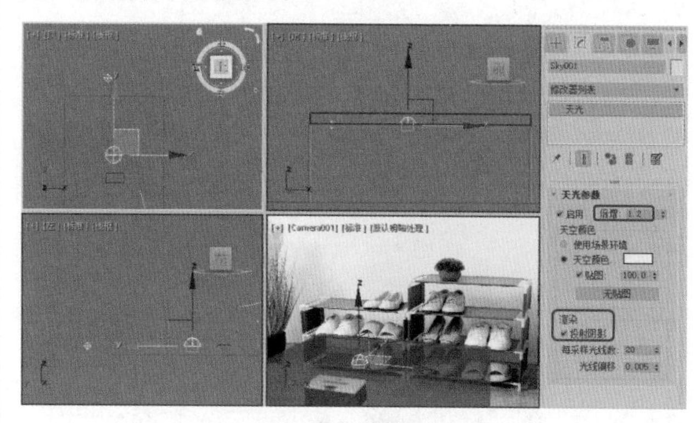

图5-186

## 实例144 制作足球

本例将讲解如何制作足球，重点是各种修改器的应用。其中主要应用了【编辑网格】、【网格平滑】和【面挤出】修改器，效果如图5-187所示，具体的操作步骤如下。

图5-187

| 素材： | Scene\Cha05\足球素材.max |
|---|---|
| 场景： | Scene\Cha05\实例144 制作足球.max |
| 视频： | 视频：视频教学\Cha05\实例144 制作足球.mp4 |

Step 01 启动软件后，打开“Scene\Cha05\足球素材.max”素材文件，选择【创建】|【几何体】|【扩展基本体】|【异面体】工具，在【顶】视图中创建对象，并将它命名为“足球”，在【参数】卷展栏中选中【系列】区域下的【十二面体/二十面体】单选按

钮，将【系列参数】区域下的P设置为0.35，将【半径】设置为50，如图5-188所示。

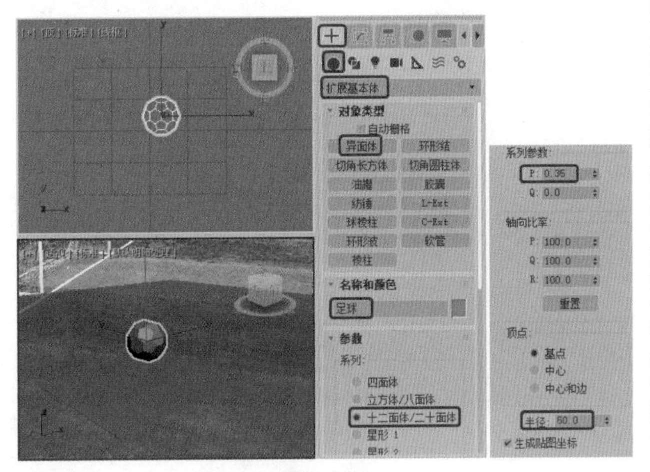


图5-188

**Step 02** 进入【修改】命令面板，在【修改器列表】中选择【编辑网格】修改器，将当前选择集定义为【多边形】，按Ctrl+A组合键选择所有的多边形面，在【编辑几何体】卷展栏中单击【炸开】按钮，在打开的【炸开】对话框中将【对象名】设置为“足球”，单击【确定】按钮，如图5-189所示。

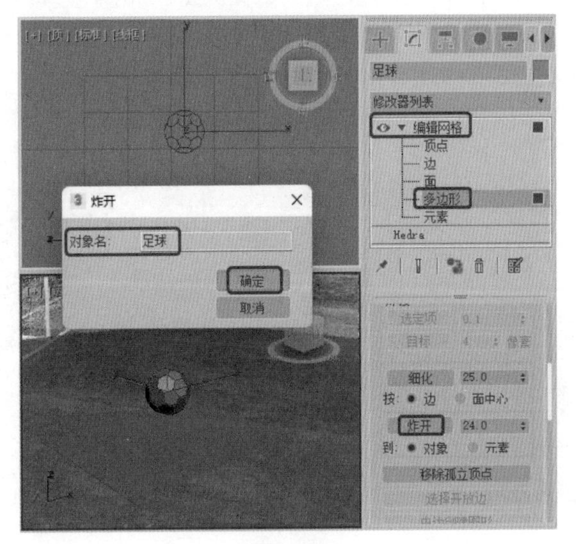


图5-189

> ◎提示
>
> 【炸开】功能用于将当前的选择面炸散后分离出各个物体，使它们成为独立的新个体。

**Step 03** 选择所有的足球对象，切换到【修改】命令面板，在【修改器列表】中选择【网格平滑】修改器，在【细分量】卷展栏中将【迭代次数】设置为2，如图5-190所示。

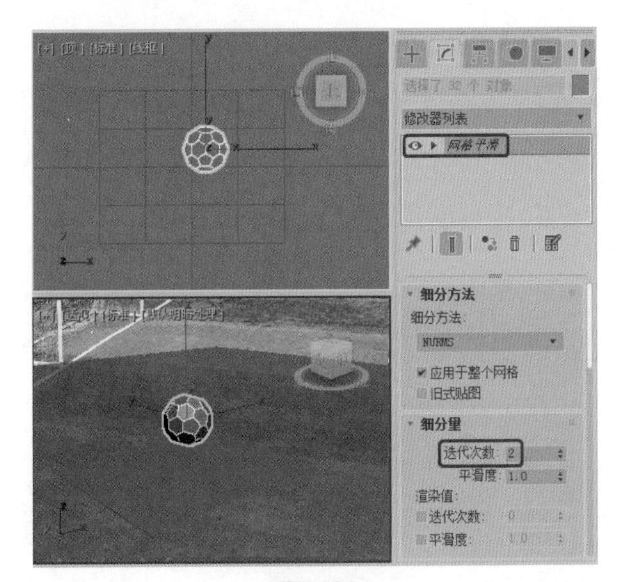


图5-190

**Step 04** 选择所有的足球对象，在【修改器列表】中选择【球形化】修改器，如图5-191所示。

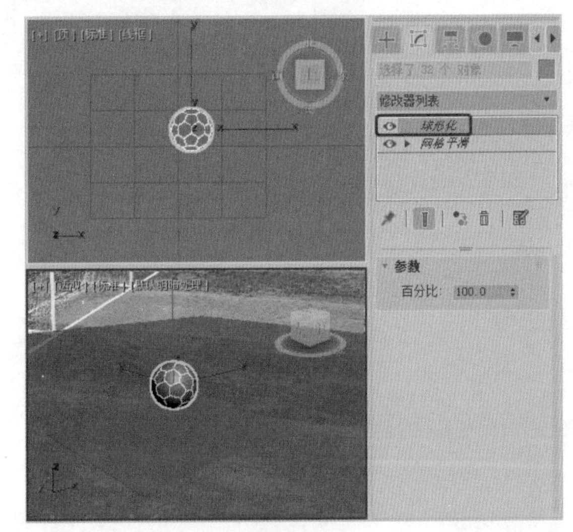


图5-191

**Step 05** 确认选择所有的足球对象，在【修改器列表】中选择【编辑网格】修改器，将当前选择集定义为【多边形】，打开【从场景选择】对话框，选择如图5-192所示的对象，在【曲面属性】卷展栏中将【材质】区域下的【设置ID】设置为1。

**Step 06** 再次打开【从场景选择】对话框，选择如图5-193所示的对象，将六边形选中，在【曲面属性】卷展栏中将【材质】区域下的【设置ID】设置为2。

**Step 07** 退出【编辑网格】修改器，选择所有的足球对象，在【修改器列表】中选择【面挤出】修改器，在【参数】卷展栏中将【数量】和【比例】分别设置为1、98，如图5-194所示。

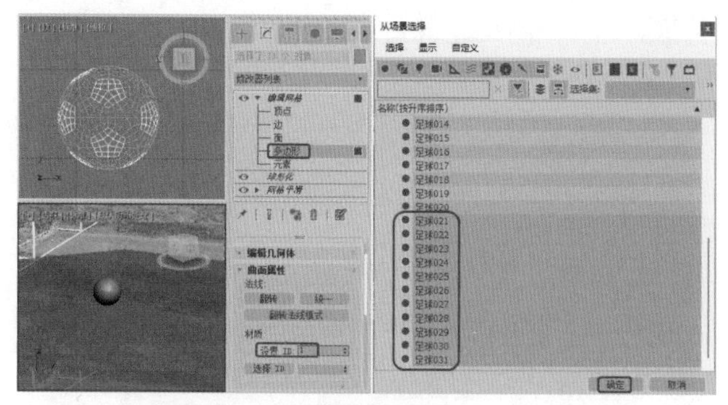

图5-192

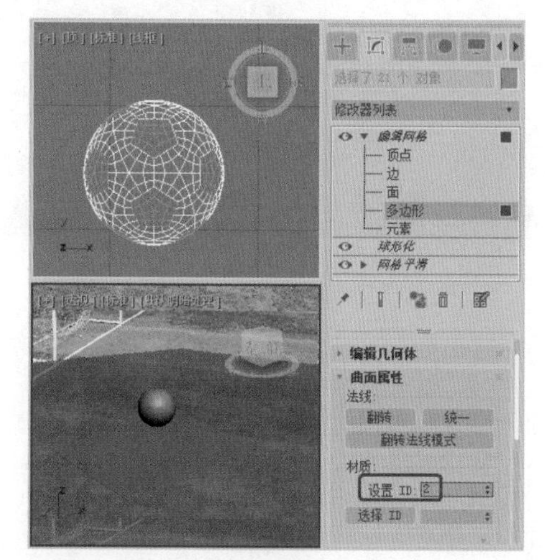


图5-193

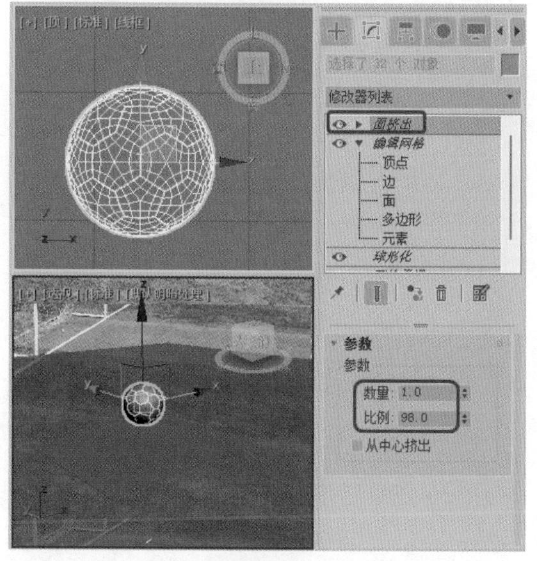


图5-194

Step 08 选择所有的足球对象，再次添加一个【网格平滑】修改器，在【细分方法】卷展栏中选择【四边形输出】类型，如图5-195所示。

图5-195

Step 09 按M键打开【材质编辑器】对话框，激活一个样本球，单击Standard按钮，在打开的【材质/贴图浏览器】对话框中选择【多维/子对象】材质，弹出【替换材质】对话框，选中【将旧材质保存为子材质？】单选按钮，设置材质数量为2，单击ID1右侧的材质按钮，进入该子级材质面板中，将明暗器的类型设置为Phong， 在【Phong基本参数】卷展栏中，将【环境光】和【漫反射】均设置为黑色，将【反射高光】选项组下的【高光级别】和【光泽度】分别设置为98、40，回到父级材质层级，如图5-196所示。

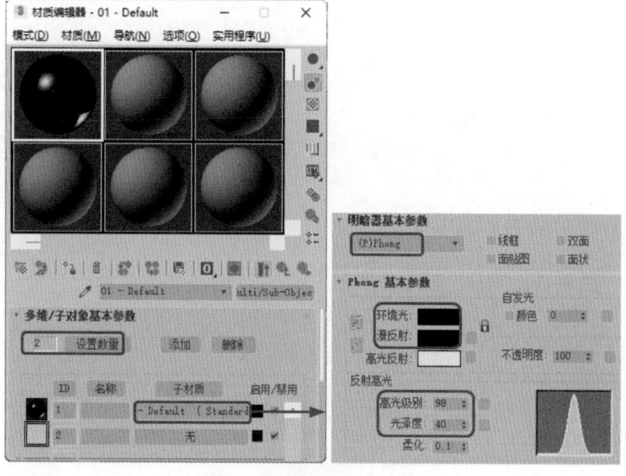


图5-196

Step 10 单击ID2右侧的材质按钮，在弹出的对话框中双击【标准】选项，进入该子级材质面板中。在【明暗器基本参数】卷展栏中，将明暗器类型定义为Phong，在【Phong基本参数】卷展栏中，将【环境光】和【漫反射】均设置为白色，将【自发光】选项组中的【颜色】设置为5，将【反射高光】选项组中的【高光级别】和【光泽度】分别设置为25、30，回到父级材质层级，最后单击【将材质指定给选定对象】按钮，将当前材质赋予视图中的对象，如图5-197所示。

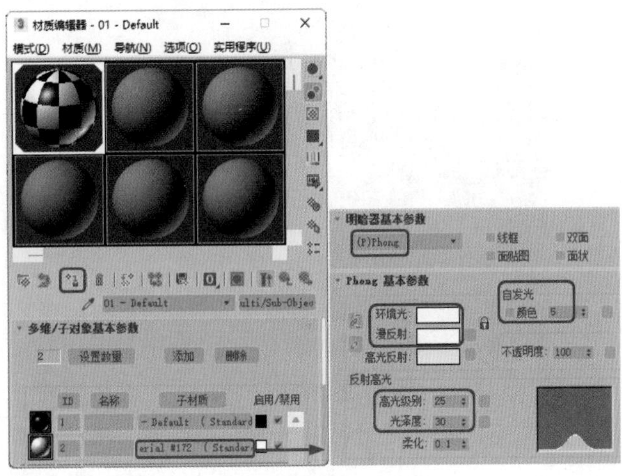

图5-197

Step 11 选择所有的足球对象，进行适当调整并渲染查看效果，如图5-198所示。

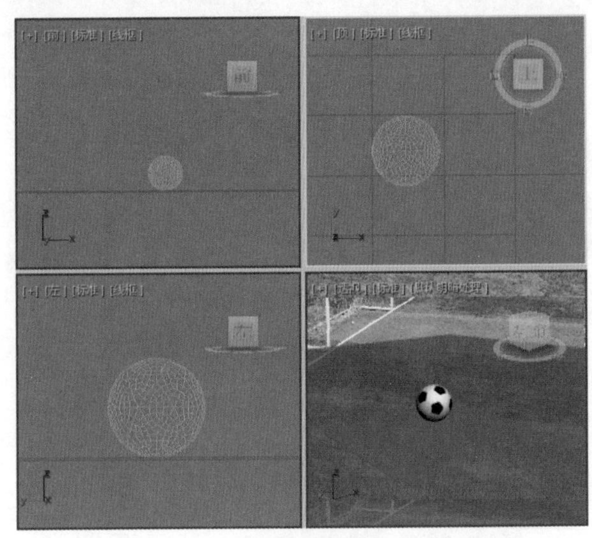

图5-198

3ds max+VRay室内外效果图制作完全实训手册

# 第6章 公共空间家具的制作与表现

本章导读

本章将介绍公共空间家具的制作，读者可以掌握一般家具模型的制作思路。通过【编辑多边形】等修改器的应用，使模型更具真实性。

# 实例145 制作引导提示板

本例将介绍引导提示板的制作方法，首先使用【长方体】工具和【编辑多边形】修改器来制作提示板，使用【圆柱体】、【星形】、【线】和【长方体】等工具来制作提示板支架，最后添加背景贴图即可，完成后的效果如图6-1所示。

图6-1

| 素材： | Map\引导提示板背景.jpg、引导图.jpg |
|---|---|
| 场景： | Scene\Cha06\实例145 制作引导提示板.max |
| 视频： | 视频教学\Cha06\实例145 制作引导提示板.mp4 |

**Step 01** 选择【创建】 |【几何体】 |【长方体】工具，在【前】视图中创建长方体，将其命名为“提示板”，切换到【修改】命令面板，在【参数】卷展栏中，设置【长度】为100、【宽度】为150、【高度】为8，设置【长度分段】为3、【宽度分段】为3、【高度分段】为1，如图6-2所示。

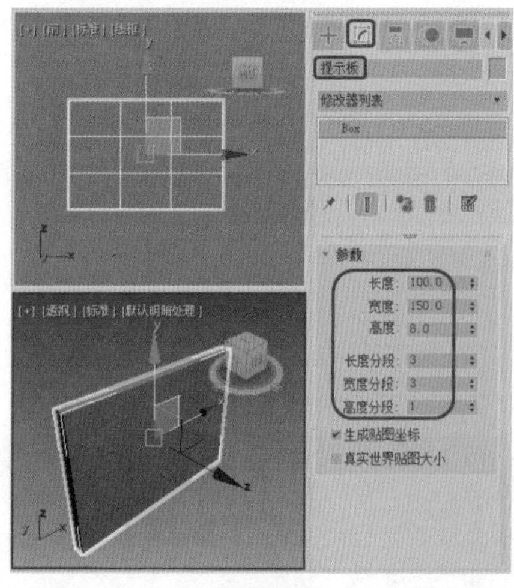


图6-2

**Step 02** 在【修改器列表】中选择【编辑多边形】修改器，将当前选择集定义为【顶点】，在【前】视图中调整顶点的位置，如图6-3所示。

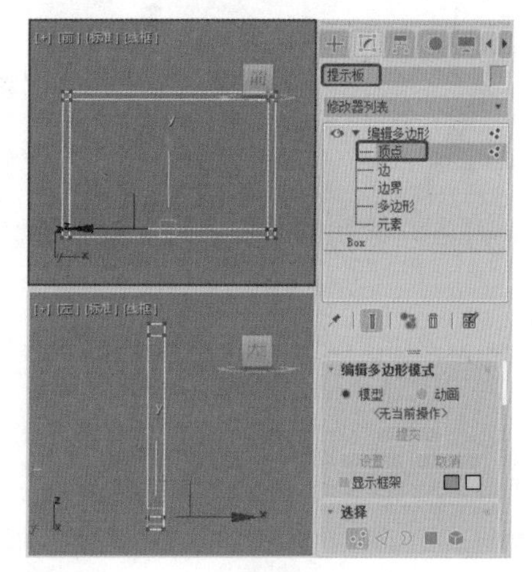


图6-3

**◎提示**

顶点是位于相应位置的点，它们定义构成多边形对象的其他子对象的结构。当移动或编辑顶点时，它们形成的几何体也会受影响。顶点也可以独立存在；这些孤立顶点可以用来构建其他几何体，但在渲染时，它们是不可见的。

**Step 03** 将当前选择集定义为【多边形】，在【前】视图中选择多边形，在【编辑多边形】卷展栏中单击【挤出】后面的【设置】按钮，在弹出的【挤出多边形】对话框中，将【挤出高度】设置为-5.25，单击【确定】按钮，如图6-4所示。

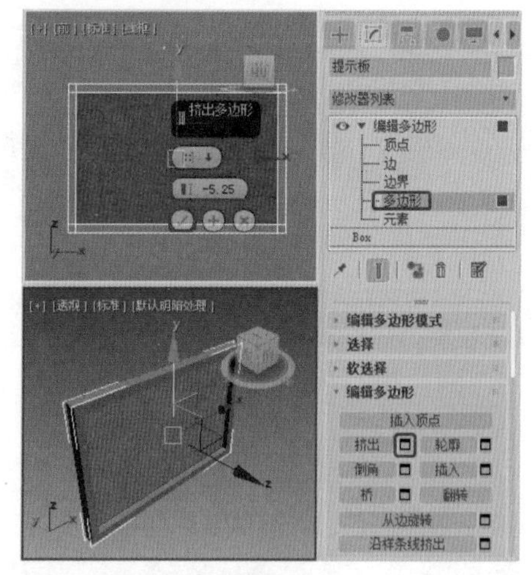


图6-4

**Step 04** 确定多边形处于选中状态，在【多边形：材质ID】卷展栏中将【设置ID】设置为1，如图6-5所示。

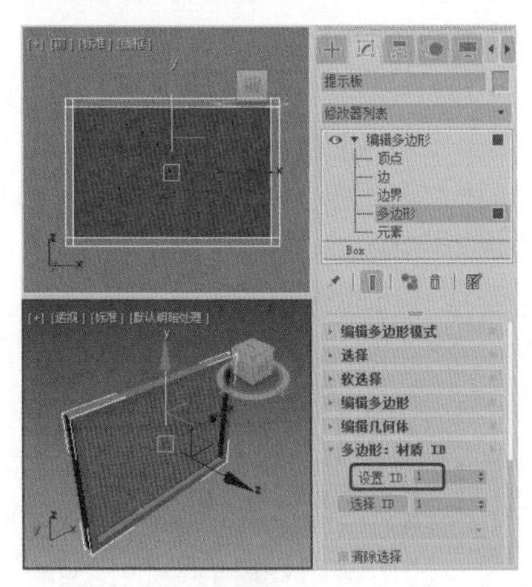

图6-5

**Step 05** 在菜单栏中选择【编辑】|【反选】命令，反选多边形，在【多边形：材质 ID】卷展栏中将【设置ID】设置为2，如图6-6所示。

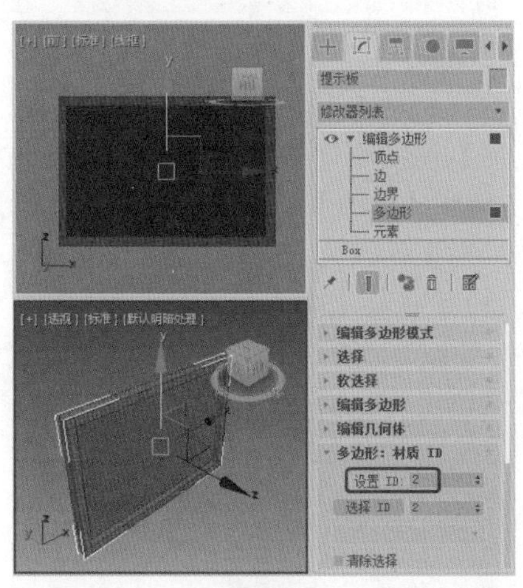

图6-6

**Step 06** 关闭当前选择集，按M键打开【材质编辑器】对话框，选择一个新的材质样本球，将其命名为“提示板”。单击Standard按钮，在弹出的【材质/贴图浏览器】对话框中选择【多维/子对象】材质，单击【确定】按钮，如图6-7所示。

**Step 07** 弹出【替换材质】对话框，在该对话框中选中【将旧材质保存为子材质？】单选按钮，单击【确定】按钮，如图6-8所示。

**Step 08** 在【多维/子对象基本参数】卷展栏中单击【设置数量】按钮，在弹出的对话框中设置【材质数量】为2，单击【确定】按钮，如图6-9所示。

**Step 09** 在【多维/子对象基本参数】卷展栏中单击ID1右侧的子材质按钮，进入ID1材质的设置面板，在【贴图】卷展栏中，单击【漫反射颜色】右侧的【无贴图】按钮，在弹出的【材质/贴图浏览器】对话框中选择【位图】贴图，单击【确定】按钮，如图6-10所示。

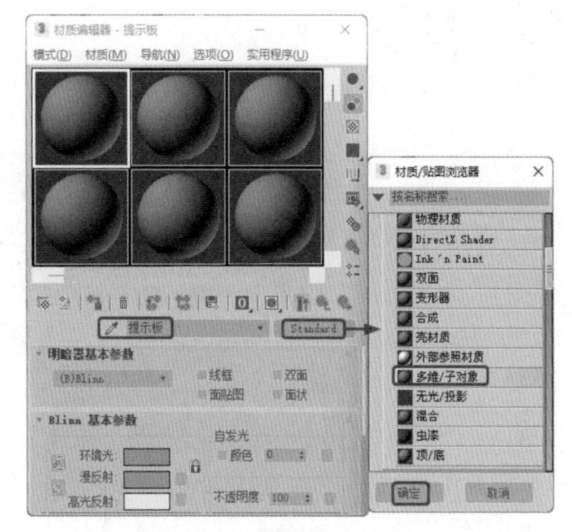

图6-7

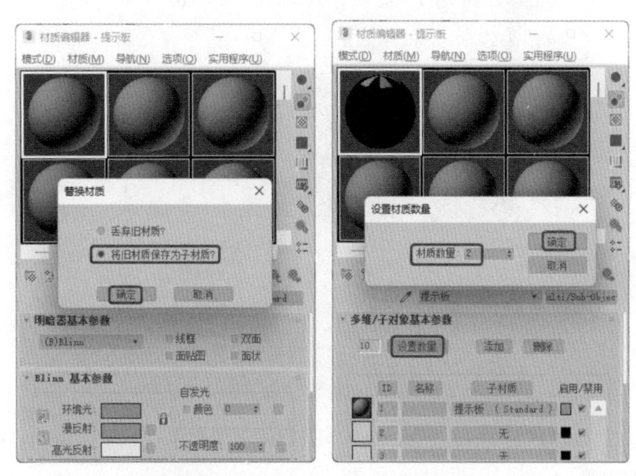

图6-8　　图6-9

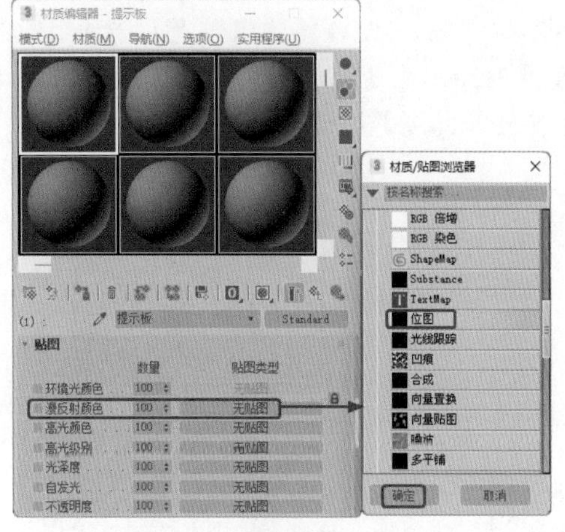

图6-10

**Step 10** 在弹出的对话框中打开“引导图.jpg”素材文件，在【坐标】卷展栏中，将【瓷砖】下的U、V均设置为3，如图6-11所示。

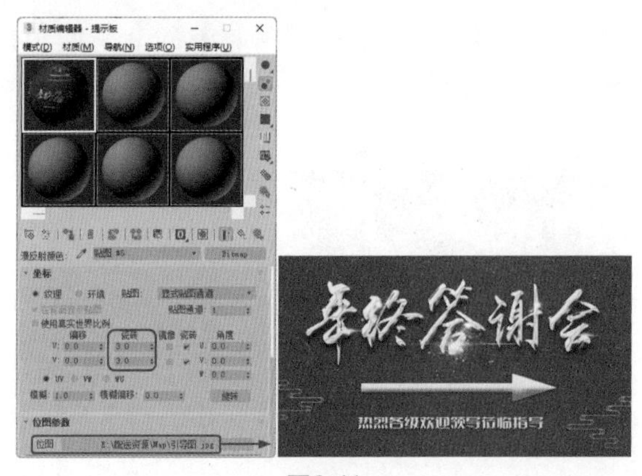

图6-11

**Step 11** 单击两次【转到父对象】按钮，在【多维/子对象基本参数】卷展栏中单击ID2右侧的【无】按钮，在弹出的【材质/贴图浏览器】对话框中选择【标准】材质，单击【确定】按钮，如图6-12所示。

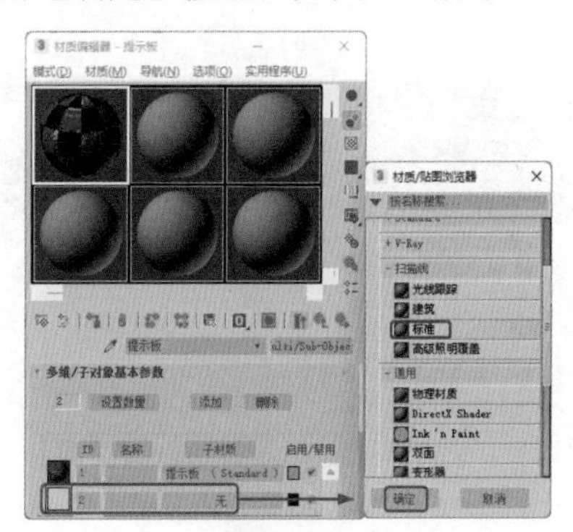
图6-12

**Step 12** 进入ID2材质的设置面板，在【Blinn基本参数】卷展栏中，将【环境光】和【漫反射】的RGB值设置为240、255、255，将【自发光】选项组中的【颜色】设置为20，在【反射高光】选项组中，将【高光级别】和【光泽度】均设置为0，如图6-13所示。

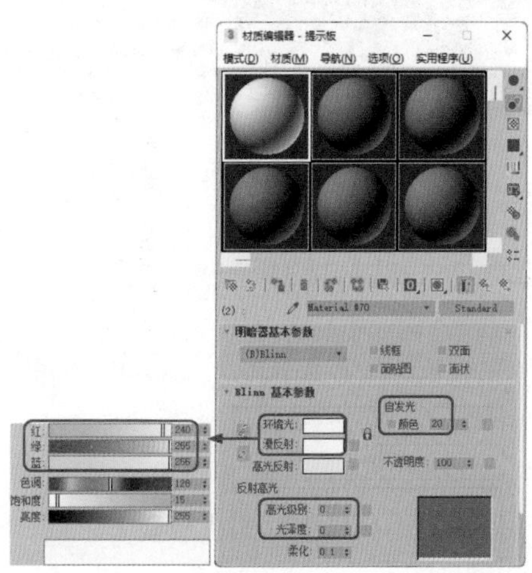

图6-13

**Step 13** 单击【转到父对象】按钮，返回到主材质面板，并单击【将材质指定给选定对象】按钮，将材质指定给场景中的【提示板】对象，在工具栏中单击【选择并旋转】按钮，在【左】视图中调整模型的角度，如图6-14所示。

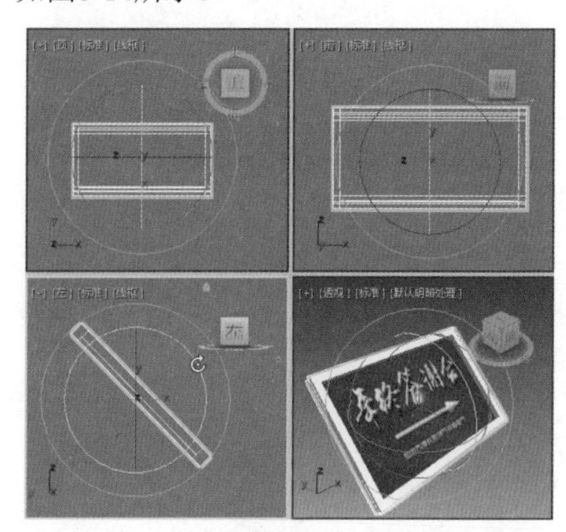
图6-14

**Step 14** 选择【创建】|【几何体】|【圆柱体】工具，在【顶】视图中创建圆柱体，将其命名为"支架001"，切换到【修改】命令面板，在【参数】卷展栏中，将【半径】设置为3、【高度】设置为200、【高度分段】设置为1、【端面分段】设置为1、【边数】设置为18，如图6-15所示。

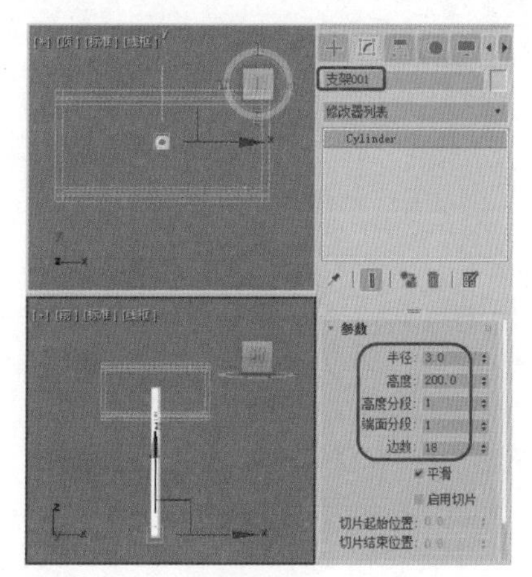

图6-15

**Step 15** 按M键打开【材质编辑器】对话框，选择一个新的材质样本球，将其命名为"塑料"。在【Blinn基本参数】卷展栏中，将【环境光】和【漫反射】的RGB值设置为240、255、255，将【自发光】选项组中的【颜色】设置为20，在【反射高光】选项组中，将【高光级别】和【光泽度】均设置为0，并单击【将材质指定给选定对象】按钮，将材质指定给【支架001】对象，如图6-16所示。

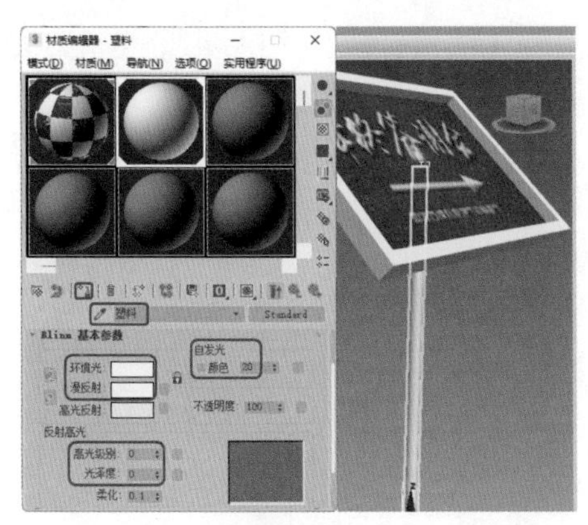

图6-16

**Step 16** 选择【创建】 |【几何体】 |【扩展基本体】|【切角圆柱体】工具，在【顶】视图中创建切角圆柱体，将其命名为“支架塑料001”。切换到【修改】命令面板，在【参数】卷展栏中设置【半径】为3.5、【高度】为10、【圆角】为0.5，设置【高度分段】为1、【圆角分段】为2、【边数】为18、【端面分段】为1，如图6-17所示。

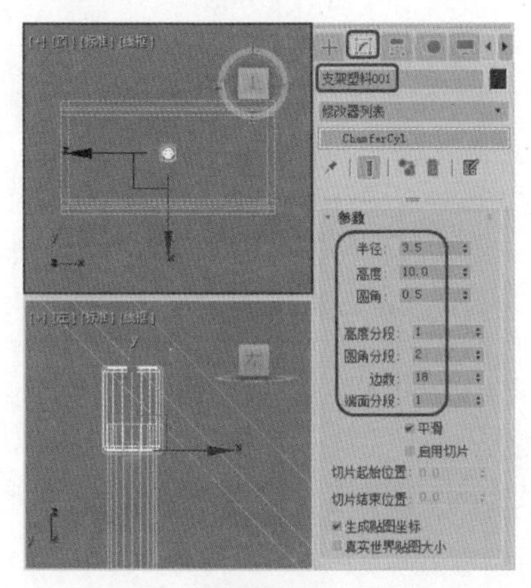

图6-17

◎提示·◦

【半径】：设置切角圆柱体的半径。

【高度】：设置沿着中心轴的维度。若为负数，将在构造平面下面创建切角圆柱体。

【圆角】：设置圆角大小。

【高度分段】：设置沿着相应轴的分段数量。

【圆角分段】：设置圆柱体圆角边的分段数。该值越大，切角圆柱体越平滑。

【边数】：设置切角圆柱体的边数。启用【平滑】时，较大的数值将着色和渲染为真正的圆。禁用【平滑】时，较小的数值将创建规则的多边形对象。

【端面分段】：设置沿着切角圆柱体顶部和底部的中心，切角圆柱体同心分段的数量。

**Step 17** 在【修改器列表】中选择FFD 2×2×2修改器，将当前选择集定义为【控制点】，在【左】视图中调整模型的形状，如图6-18所示。

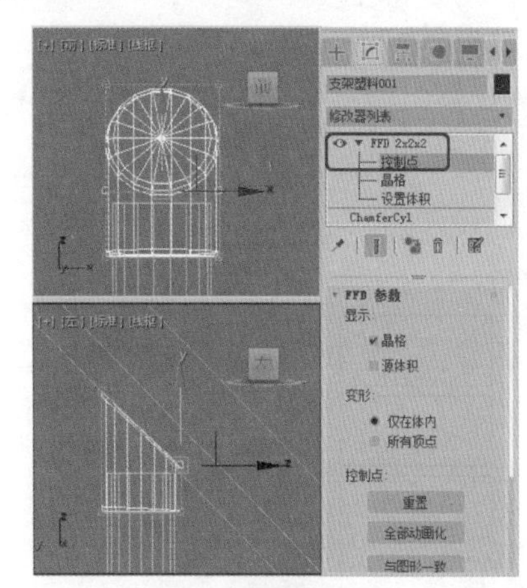

图6-18

**Step 18** 关闭当前选择集，按M键打开【材质编辑器】对话框，选择一个新的材质样本球，将其命名为“黑色塑料”。在【Blinn 基本参数】卷展栏中将【环境光】和【漫反射】的RGB值设置为37、37、37，在【反射高光】选项组中，将【高光级别】设置为57、【光泽度】设置为23。单击【将材质指定给选定对象】按钮，将设置的材质指定给【支架塑料001】对象，如图6-19所示。

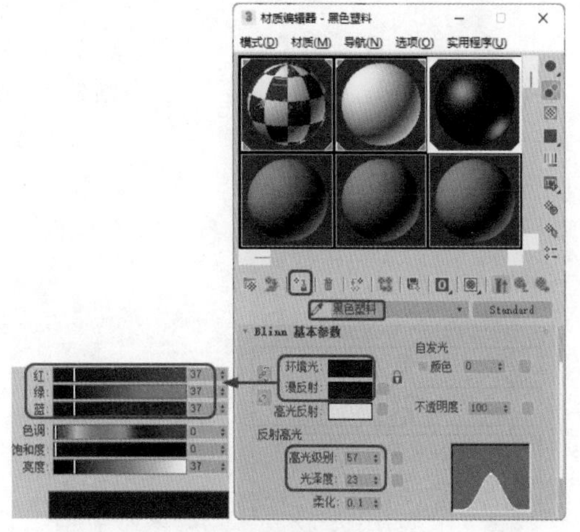

图6-19

**Step 19** 确定【支架塑料001】对象处于选中状态，在【前】视图中按住Shift键沿Y轴向下移动对象，在弹出的对话框中选中【复制】单选按钮，并单击【确定】按钮，如图6-20所示。

**Step 20** 确定【支架塑料002】对象处于选中状态，在【修改】命令面板中删除【FFD 2×2×2】修改器，如图6-21所示。

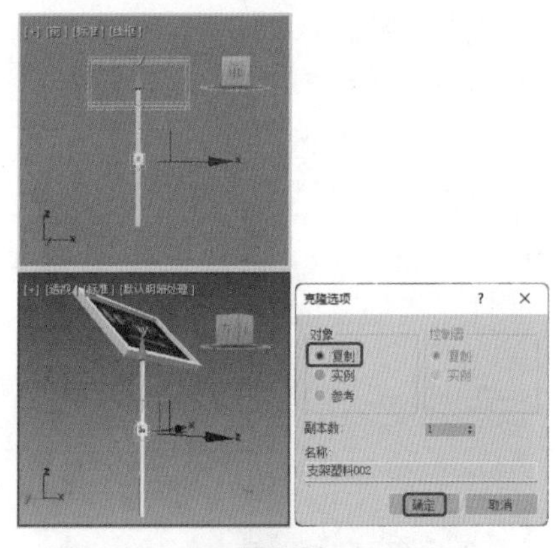

图6-20

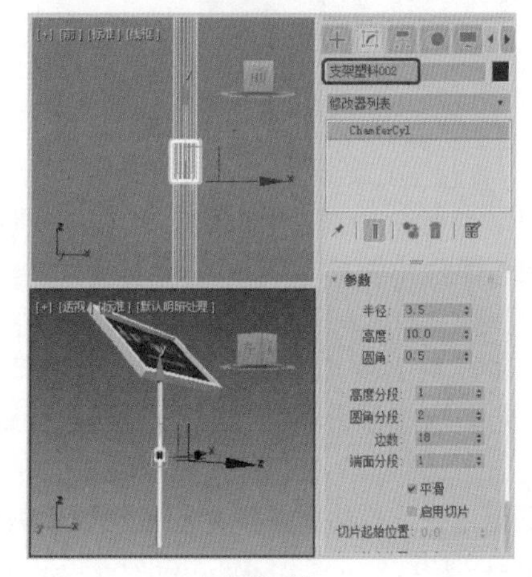

图6-21

**Step 21** 选择【创建】 |【几何体】 |【标准基本体】|【圆柱体】工具，在【前】视图中创建圆柱体，将其命名为“支架塑料003”。切换到【修改】命令面板，在【参数】卷展栏中设置【半径】为2.8、【高度】为5、【高度分段】为1、【端面分段】为1、【边数】为18，如图6-22所示。

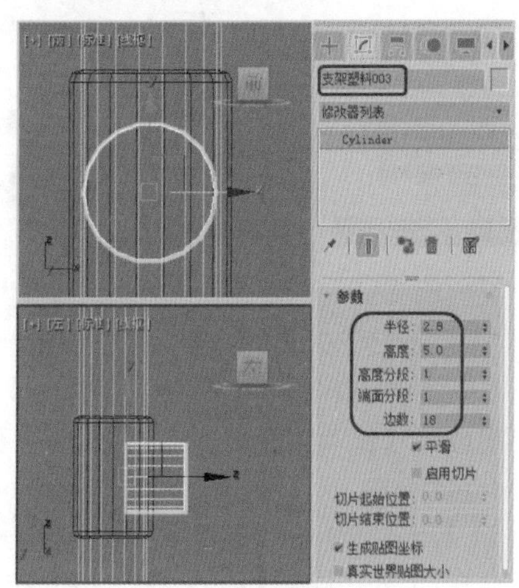

图6-22

**Step 22** 选择【创建】 |【图形】 |【星形】工具，在【前】视图中创建星形，切换到【修改】命令面板，在【参数】卷展栏中设置【半径1】为4.2、【半径2】为3.8、【点】为15、【圆角半径1】为0.3，如图6-23所示。

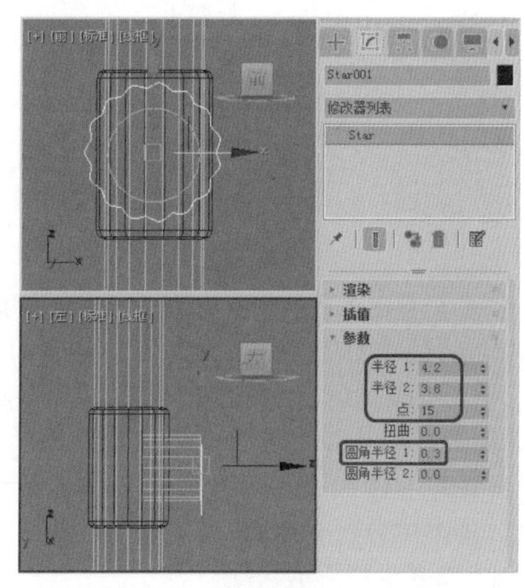

图6-23

> **提示**
>
> 在创建星形样条线时，可以使用鼠标在步长之间平移和环绕视口。要平移视口，请按住鼠标中键或鼠标滚轮进行拖动。要环绕视口，请同时按住Alt键和鼠标中键（或鼠标滚轮）进行拖动。

**Step 23** 在【修改器列表】中选择【挤出】修改器，在【参数】卷展栏中设置【数量】参数为2，如图6-24所示。为【支架塑料003】对象和星形对象指定【黑色塑料】材质。

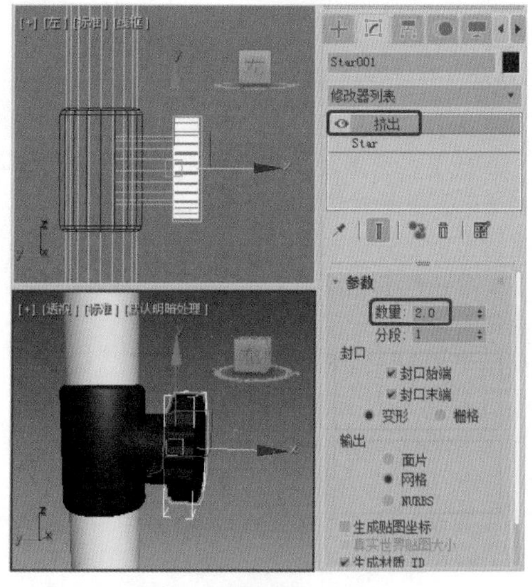

图6-24

**Step 24** 选择【创建】 |【几何体】 |【长方体】工具，在【顶】视图中创建长方体，将其命名为“底座001”。切换到【修改】命令面板，在【参数】卷展栏中设置【长度】为20、【宽度】为120、【高度】为6、【长度分段】为1、【宽度分段】为1、【高度分段】为1，如图6-25所示。

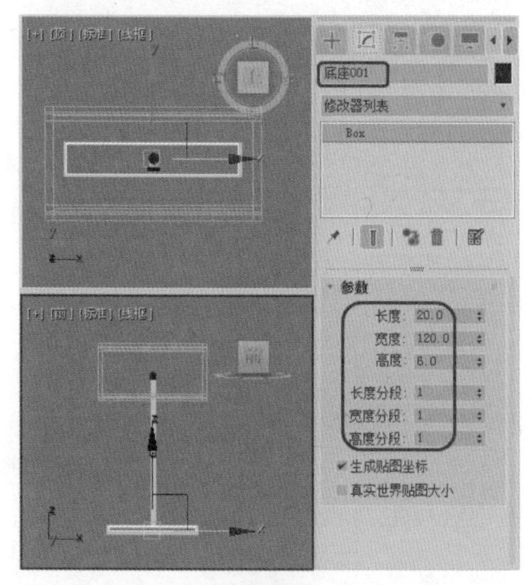


图6-25

**Step 25** 在【顶】视图中复制【底座001】对象，并将其命名为“底座002”。在【参数】卷展栏中，设置【长度】为65、【宽度】为6、【高度】为6，并在场景中调整对象的位置，如图6-26所示。为【底座001】和【底座002】对象指定【塑料】材质。

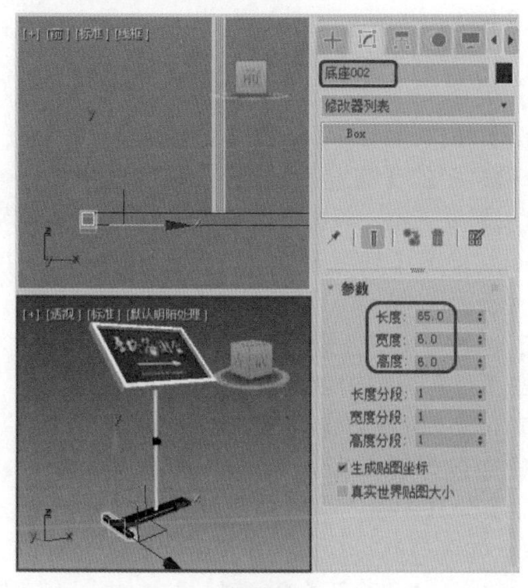


图6-26

**Step 26** 在场景中复制【底座002】对象，并将其命名为“底座塑料001”，在【参数】卷展栏中修改【长度】为8、【宽度】为7、【高度】为7，并在场景中调整模型的位置，如图6-27所示。

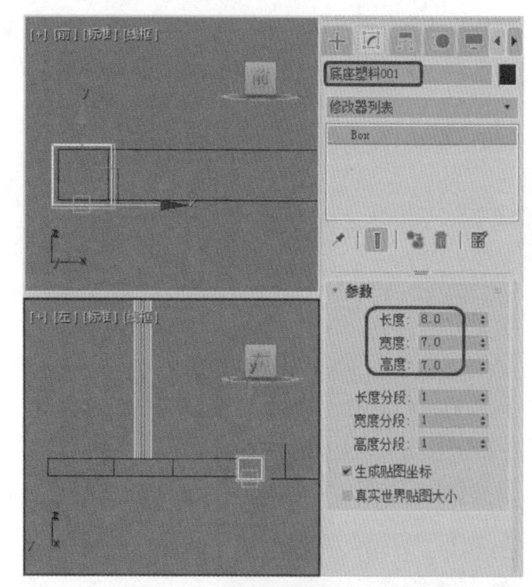


图6-27

**Step 27** 在场景中复制【底座塑料001】，将其命名为“底座塑料002”，并在【顶】视图中将其调整至【底座002】的另一端，如图6-28所示。为【底座塑料001】和【底座塑料002】对象指定【黑色塑料】材质。

**Step 28** 同时选择【底座002】、【底座塑料001】和【底座塑料002】对象，并对其进行复制，在场景中调整其位置，效果如图6-29所示。

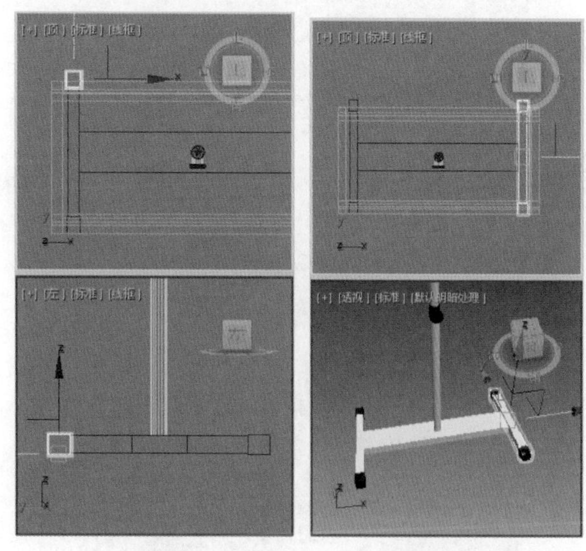

图6-28　　图6-29

**Step 29** 选择【创建】 |【图形】 |【线】工具，在【左】视图中创建截面图形，将其命名为“轮子001”，切换到【修改】命令面板，将当前选择集定义为【顶点】，在场景中调整截面的形状，如图6-30所示。

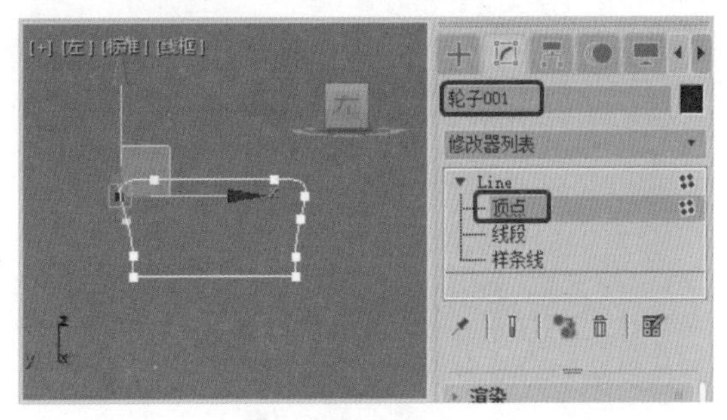

图6-30

**Step 30** 关闭当前选择集，在【修改器列表】中选择【车削】修改器，在【参数】卷展栏中单击【方向】选项组中的X按钮，并将当前选择集定义为【轴】，在场景中调整轴，如图6-31所示。

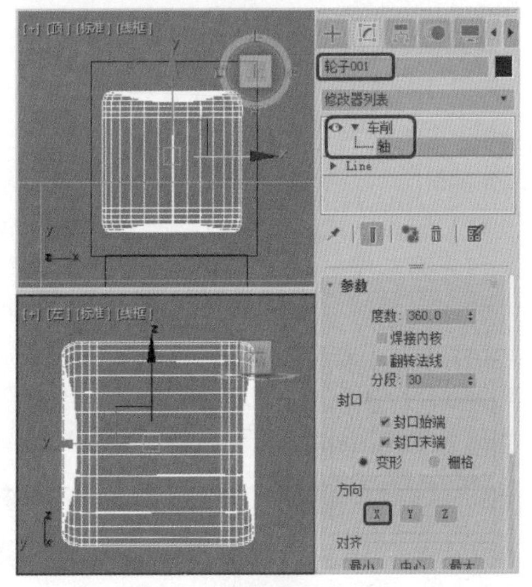

图6-31

**Step 31** 关闭当前选择集，选择【创建】|【图形】|【弧】工具，在【前】视图中创建弧，如图6-32所示。

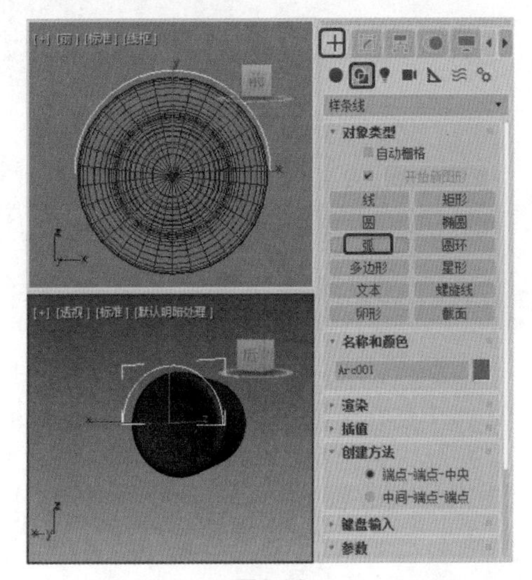

图6-32

**Step 32** 切换到【修改】命令面板，在【修改器列表】中选择【编辑样条线】修改器，将当前选择集定义为【样条线】，在场景中选择弧，在【几何体】卷展栏中设置【轮廓】为-0.5，按Enter键设置出轮廓，如图6-33所示。

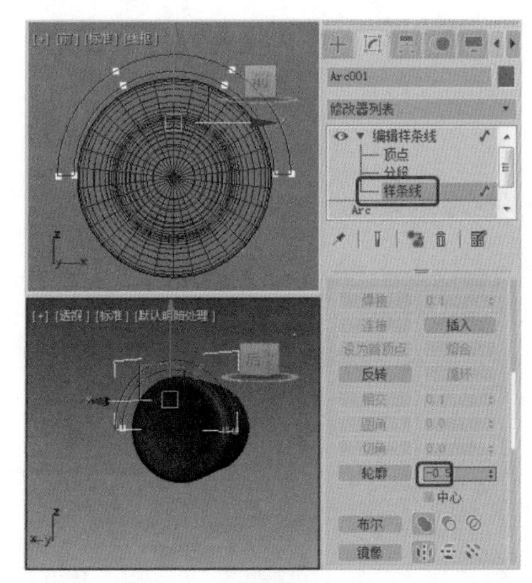

图6-33

**提示**

【轮廓】：制作样条线的副本，所有侧边上的距离偏移量由【轮廓宽度】微调器（在【轮廓】按钮的右侧）指定。选择一个或多个样条线，使用微调器动态地调整轮廓位置，或单击【轮廓】按钮拖动样条线。如果样条线是开口的，生成的样条线及其轮廓将是一个闭合的样条线。

**Step 33** 关闭当前选择集，在【修改器列表】中选择【倒角】修改器，在【倒角值】卷展栏中设置【级别1】选项组中的【高度】为0.1、【轮廓】为0.1，勾选【级别2】复选框，设置【高度】为5；勾选【级别3】复选框，设置【高度】为0.1、【轮廓】为-0.1，如图6-34所示。

**Step 34** 选择【创建】|【几何体】|【圆柱体】工具，在【顶】视图中创建圆柱体，将其命名为“轱辘支架001”，切换到【修改】命令面板，在【参数】卷展栏中设置【半径】为1.4、【高度】为3，【高度分段】、【端面分段】、【边数】分别设置为5、1、12，如图6-35所示。为【轮子001】、【轱辘支架001】和圆弧对象指定【黑色塑料】材质，调整对象的位置。

**Step 35** 在场景中同时选择【轮子001】、【轱辘支架001】和圆弧对象，对其进行复制并调整位置，效果如

图6-36所示。

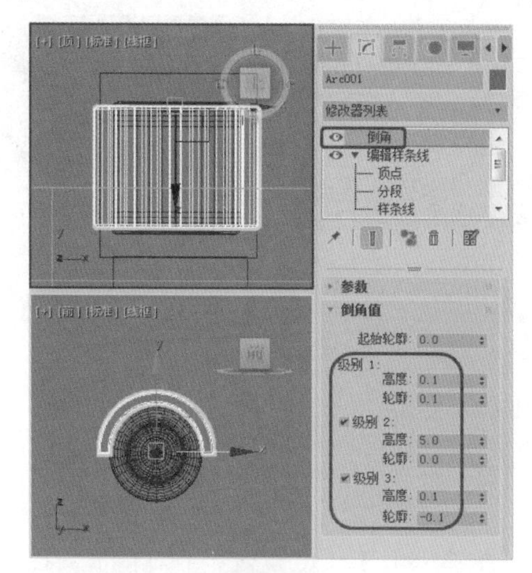

图6-34

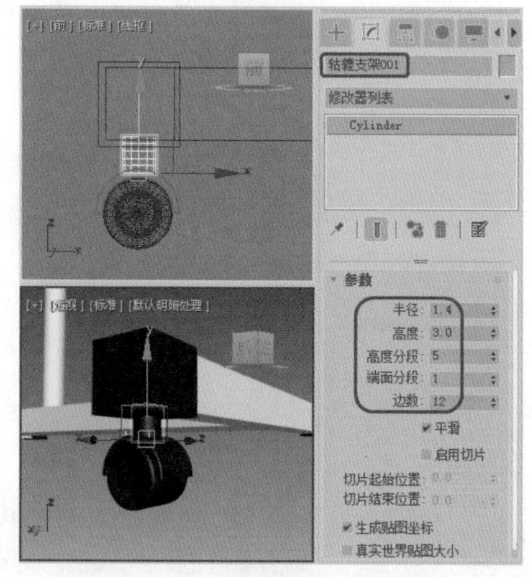

图6-35

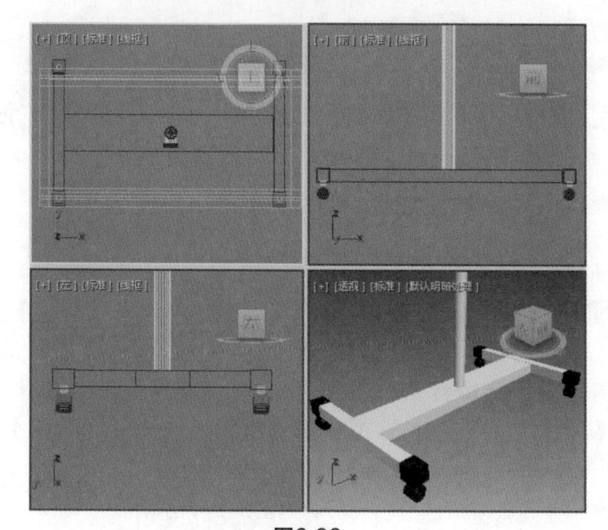

图6-36

**Step 36** 选择【创建】 |【几何体】 【平面】工具，在【顶】视图中创建平面，切换到【修改】命令面板，在【参数】卷展栏中，将【长度】和【宽度】均设置为5000，如图6-37所示。

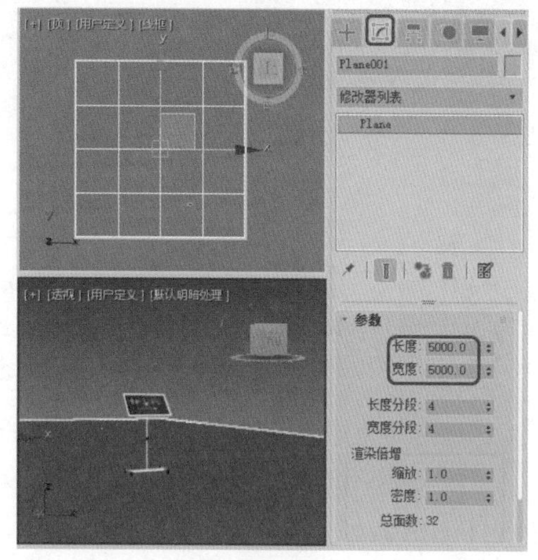

图6-37

**Step 37** 右击平面对象，在弹出的快捷菜单中选择【对象属性】命令，弹出【对象属性】对话框，在【显示属性】选项组中勾选【透明】复选框，单击【确定】按钮，如图6-38所示。

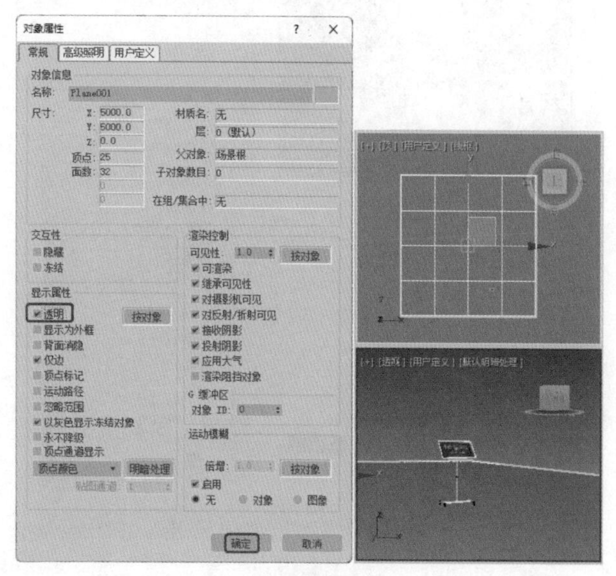

图6-38

**Step 38** 按M键打开【材质编辑器】对话框，选择一个新的材质样本球，并单击Standard按钮，在弹出的【材质/贴图浏览器】对话框中选择【无光/投影】材质，单击【确定】按钮，如图6-39所示。

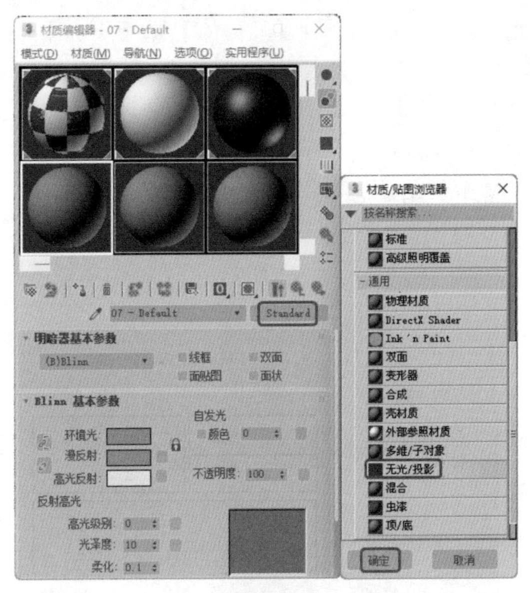


图6-39

Step 39 在【无光/投影基本参数】卷展栏中，单击【反射】选项组中【贴图】右侧的【无贴图】按钮，在弹出的【材质/贴图浏览器】对话框中选择【平面镜】材质，单击【确定】按钮，如图6-40所示。

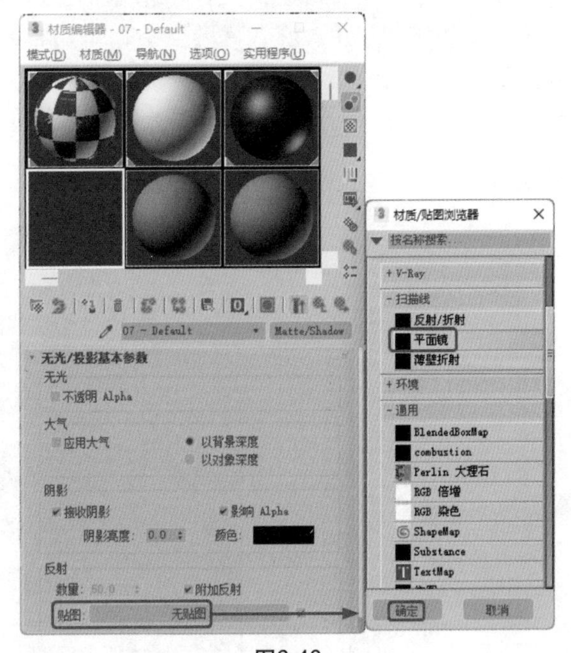


图6-40

Step 40 在【平面镜参数】卷展栏中勾选【应用于带ID的面】复选框，如图6-41所示。

Step 41 单击【转到父对象】按钮，在【无光/投影基本参数】卷展栏中，将【反射】选项组中的【数量】设置为10，单击【将材质指定给选定对象】按钮，将材质指定给平面对象，如图6-42所示。

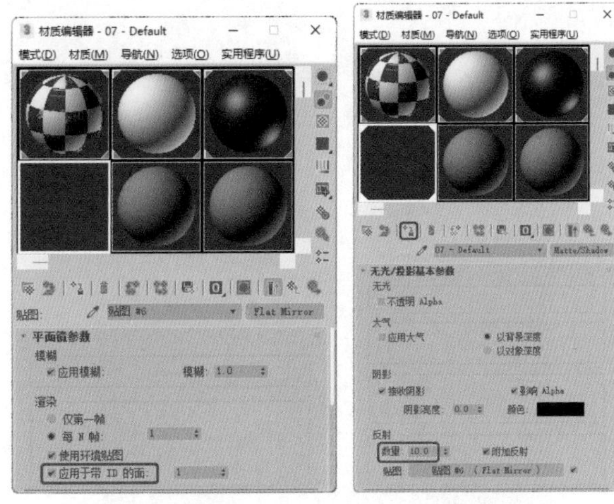


图6-41　　图6-42

Step 42 按8键弹出【环境和效果】对话框，在【公用参数】卷展栏中单击【无】按钮，在弹出的【材质/贴图浏览器】对话框中双击【位图】贴图，再在弹出的对话框中打开“引导提示板背景.jpg”素材文件，如图6-43所示。

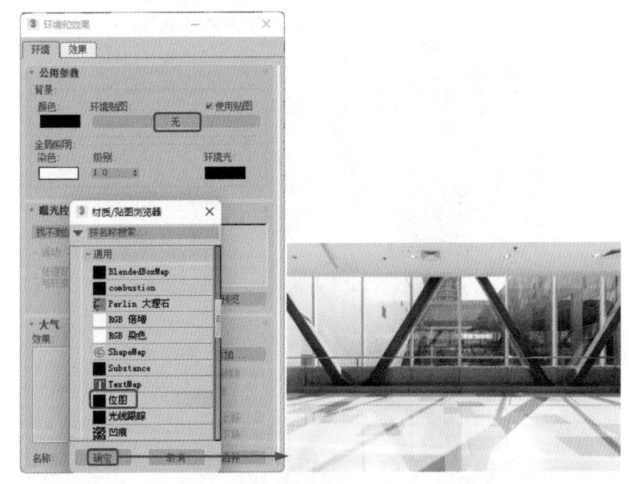


图6-43

Step 43 在【环境和效果】对话框中，将环境贴图按钮拖曳至新的材质样本球上，在弹出的【实例（副本）贴图】对话框中选中【实例】单选按钮，并单击【确定】按钮，在【坐标】卷展栏中，将贴图设置为【屏幕】，如图6-44所示。

Step 44 激活【透视】视图，在菜单栏中选择【视图】|【视口背景】|【环境背景】命令，即可在【透视】视图中显示环境背景。选择【创建】|【摄影机】|【目标】工具，在视图中创建摄影机，激活【透视】视图，按C键将其转换为【摄影机】视图，在其他视图中调整摄影机的位置，效果如图6-45所示。

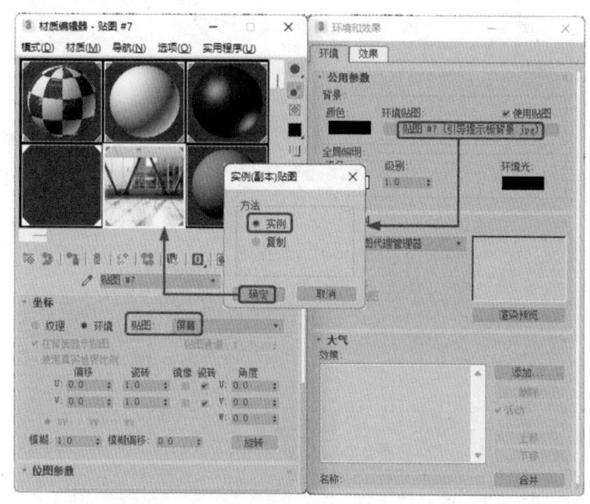

图6-44

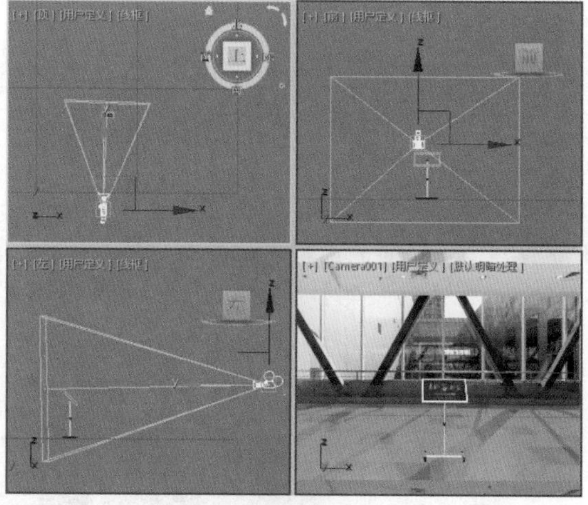

图6-45

**Step 45** 选择【创建】 | 【灯光】 | 【标准】|【泛光】工具，在【顶】视图中创建泛光灯，并在其他视图中调整灯光的位置。切换至【修改】命令面板，在【常规参数】卷展栏中，取消勾选【阴影】选项组中的【启用】复选框，将【倍增】设置为1，如图6-46所示。

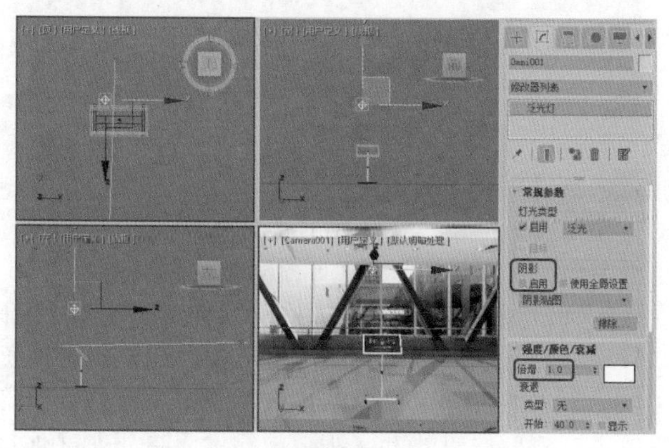

图6-46

◎提示·∘

阴影贴图是一种渲染器在预渲染场景通道时生成的位图。阴影贴图不会显示透明或半透明对象投射的颜色。另一方面，阴影贴图可以拥有边缘模糊的阴影，但光线跟踪阴影无法做到这一点。与光线跟踪阴影相比，阴影贴图所需的计算时间较少，但精确性较低。

**Step 46** 选择【创建】 | 【灯光】 | 【标准】|【天光】工具，在【顶】视图中创建天光，切换到【修改】命令面板，在【天光参数】卷展栏中将【倍增】设置为1.2，勾选【投射阴影】复选框，如图6-47所示。

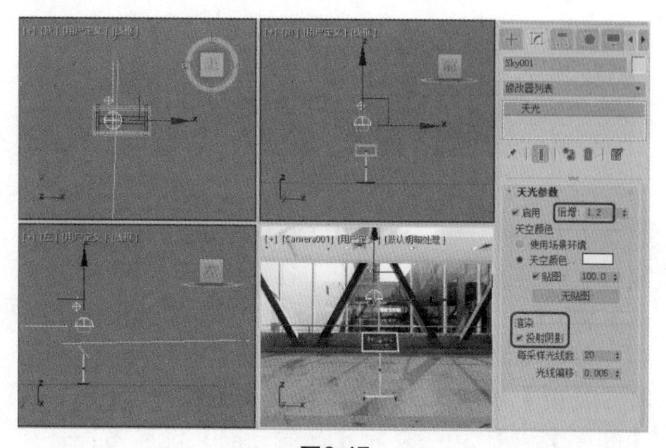

图6-47

**Step 47** 至此，引导提示板就制作完成了，激活【摄影机】视图，对视图进行渲染即可。

◎提示·∘

当使用光能传递或光线跟踪时，天光的投射阴影选项无效果。

## 实例 146 制作支架式展板

本例将介绍支架式展板的制作，首先使用【长方体】工具制作展示板，使用【弧】、【球体】和【圆柱体】等工具制作展板支架，然后添加背景贴图即可，效果如图6-48所示。

图6-48

| 素材： | Scene\Cha06\支架式展板素材.max<br>Map\支架式展板背景.jpg、广告.jpg、Metal01.jpg |
|---|---|
| 场景： | Scene\Cha06\实例146 制作支架式展板.max |
| 视频： | 视频教学\Cha06\实例146 制作支架式展板.mp4 |

**Step 01** 按Ctrl+O组合键，打开“Scene\Cha06\支架式展板素材.max”素材文件，选择【创建】 |【几何体】 |【长方体】工具，在【前】视图中创建长方体，并将其命名为“展示板”，在【参数】卷展栏中将【长度】设置为230，将【宽度】设置为170，将【高度】设置为0.3，将【高度分段】设置为18，如图6-49所示。

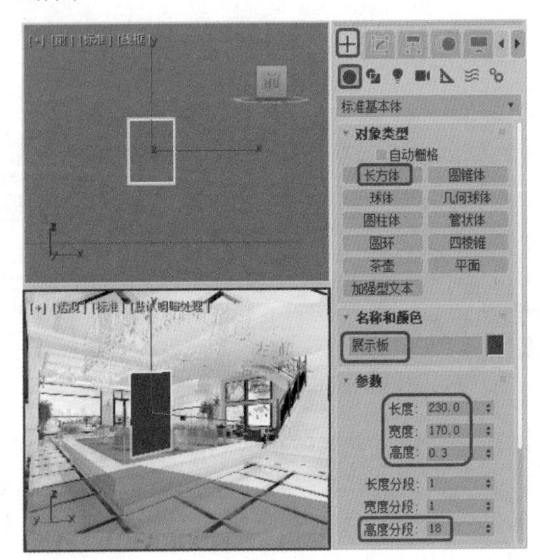


图6-49

**Step 02** 切换至【修改】命令面板，在【修改器列表】中选择【UVW贴图】修改器，在【参数】卷展栏中选中【平面】单选按钮，再单击【适配】按钮，如图6-50所示。

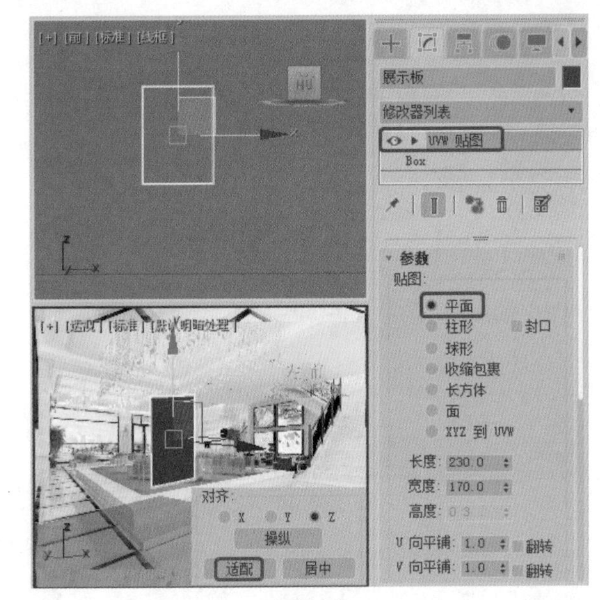


图6-50

**Step 03** 确认【展示板】对象处于选中状态，按M键打开【材质编辑器】对话框，选择一个新的材质样本球，并将其命名为“展示板”，在【Blinn基本参数】卷展栏中，将【高光反射】的RGB值设置为255、255、255，将【自发光】选项组中的【颜色】设置为30，如图6-51所示。

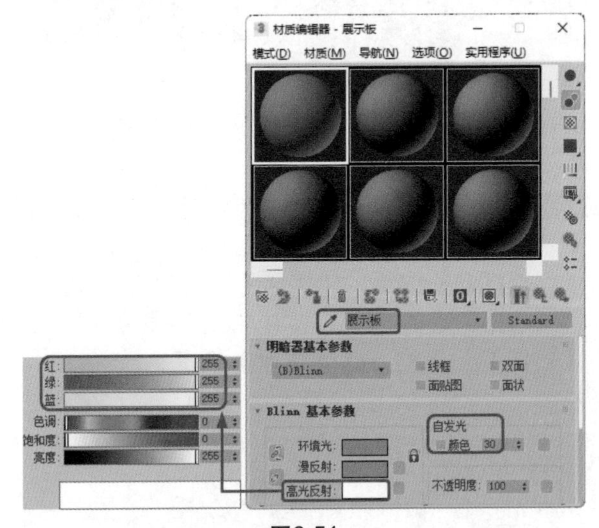


图6-51

**Step 04** 在【贴图】卷展栏中单击【漫反射颜色】右侧的【无贴图】按钮，在弹出的【材质/贴图浏览器】对话框中选择【位图】贴图，如图6-52所示。

**Step 05** 单击【确定】按钮，在弹出的对话框中选择“Map\广告.jpg”素材文件，单击【打开】按钮，在【坐标】卷展栏中使用默认参数，单击【将材质指定给选定对象】按钮 和【视口中显示明暗处理材质】

按钮，将材质指定给【展示板】对象，指定材质后的效果如图6-53所示。

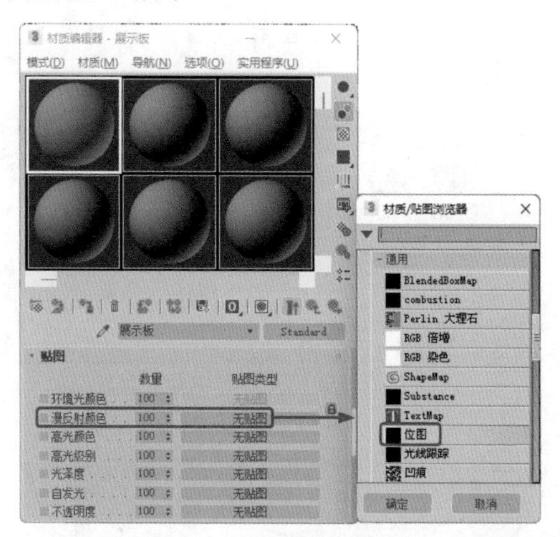

图6-52

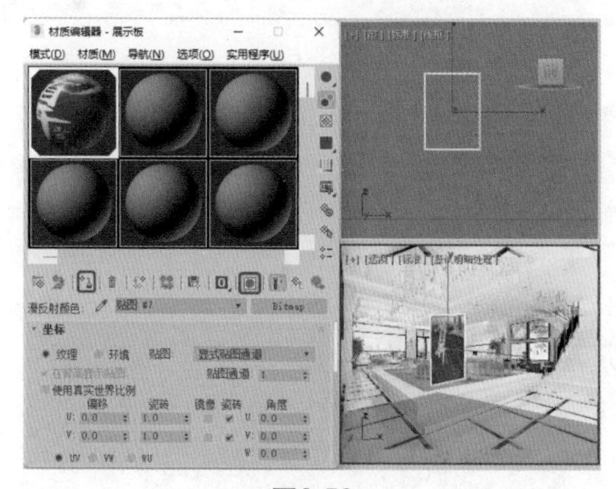

图6-53

**Step 06** 选择【创建】|【图形】|【样条线】|【弧】工具，在【左】视图中创建弧，切换至【修改】命令面板，在【参数】卷展栏中将【半径】设置为1，将【从】设置为278，将【到】设置为260，并在视图中调整其位置，如图6-54所示。

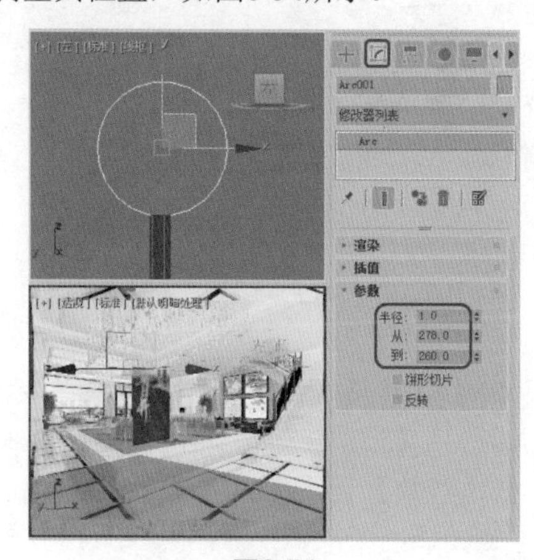

图6-54

**Step 07** 在【修改器列表】中选择【挤出】修改器，在【参数】卷展栏中设置【数量】为180，如图6-55所示。

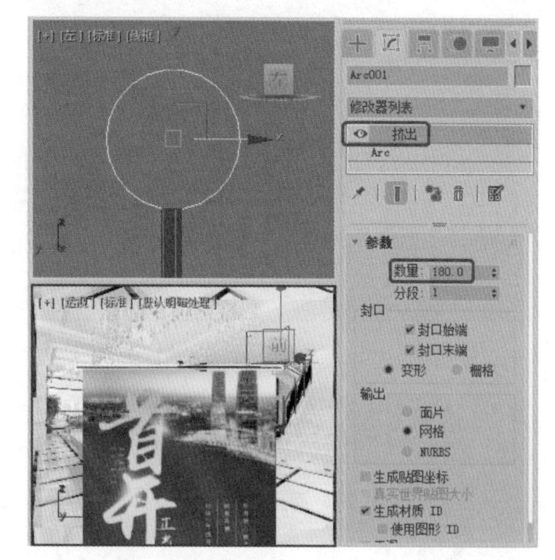

图6-55

**Step 08** 选择【创建】|【几何体】|【球体】工具，在【左】视图中创建球体，切换至【修改】命令面板，在【参数】卷展栏中将【半径】设置为1.3，将【分段】设置为16，并在场景中调整其位置，如图6-56所示。

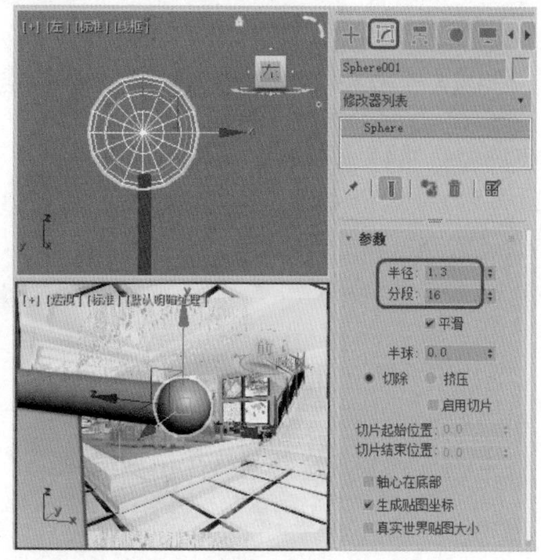

图6-56

**Step 09** 在【前】视图中按住Shift键沿X轴移动复制球体，在弹出的对话框中选中【复制】单选按钮，如图6-57所示。

**Step 10** 单击【确定】按钮，在视图中选择创建的弧和两个球体对象，在菜单栏中选择【组】|【组】命令，在弹出的对话框中设置【组名】为“支架001”，如图6-58所示。

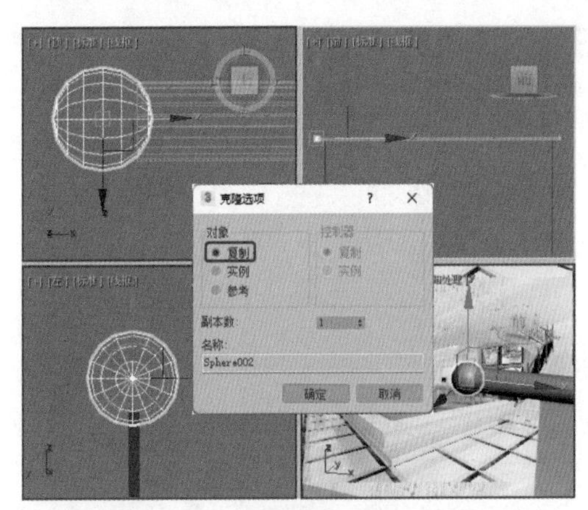

图6-57

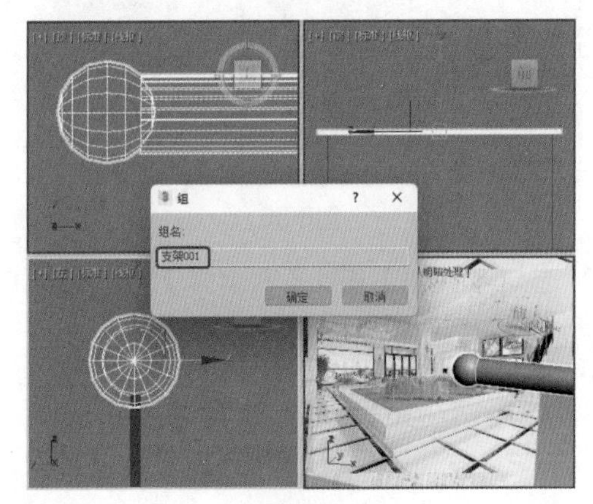

图6-58

Step 11 单击【确定】按钮，确定【支架001】对象处于选中状态，按M键打开【材质编辑器】对话框，选择一个新的材质样本球，将其命名为“塑料”，在【Blinn基本参数】卷展栏中将【环境光】的RGB值设置为50、50、50，将【高光级别】和【光泽度】分别设置为51、53，如图6-59所示。

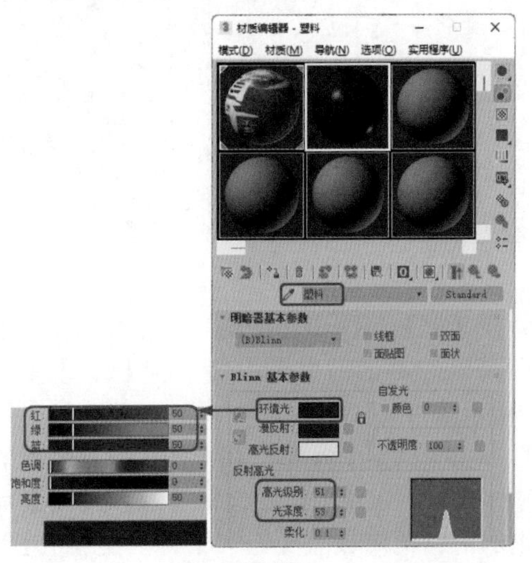

图6-59

Step 12 单击【将材质指定给选定对象】按钮，将材质指定给【支架001】对象，在【前】视图中按住Shift键沿Y轴移动复制模型【支架001】，在弹出的对话框中选中【实例】单选按钮，如图6-60所示。

图6-60

Step 13 单击【确定】按钮，选择【创建】|【几何体】|【圆柱体】工具，在【顶】视图中创建圆柱体，将其命名为“支架003”，切换至【修改】命令面板，在【参数】卷展栏中将【半径】设置为2，将【高度】设置为380，将【高度分段】设置为1，并在视图中调整其位置，如图6-61所示。

图6-61

Step 14 在【前】视图中按住Shift键沿Y轴移动复制模型【支架003】，将复制出的模型命名为“支架004”并选中，切换至【修改】命令面板，单击【使唯一】按钮，在【参数】卷展栏中将【半径】设置为3，将【高度】设置为5，在视图中调整其位置，并为【支架004】对象指定【塑料】材质，效果如图6-62所示。

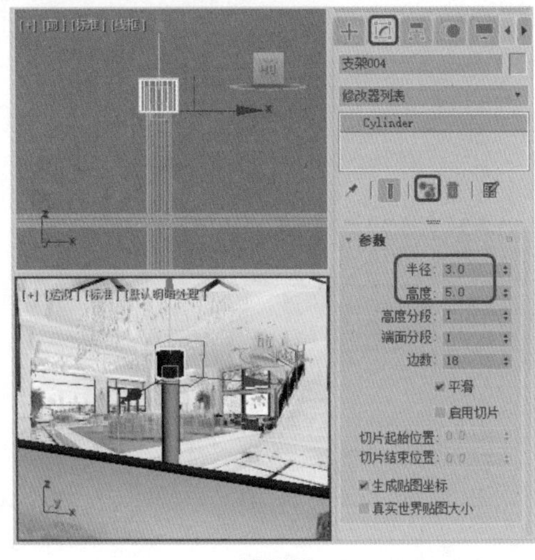


图6-62

Step 15 选择【创建】 | 【图形】 | 【样条线】 | 【线】工具，在【前】视图中创建样条线，将其命名为“线”，切换至【修改】命令面板，将当前选择集定义为【顶点】，在视图中调整样条线，如图6-63所示。

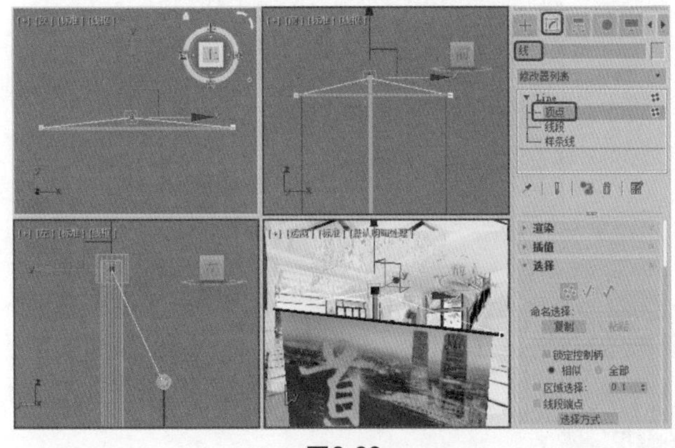

图6-63

Step 16 关闭当前选择集，在【渲染】卷展栏中勾选【在渲染中启用】和【在视图中启用】复选框，将【厚度】设置为0.3，并将其颜色更改为黑色，如图6-64所示。

Step 17 在视图中选择【支架003】，按M键打开【材质编辑器】对话框，选择一个新的材质样本球，将其命名为“金属”，在【明暗器基本参数】卷展栏中将【明暗器的类型】设置为【金属】，在【金属基本参数】卷展栏中单击【环境光】与【漫反射】左侧的 按钮，将其取消链接，将【环境光】的RGB值设置为0、0、0，将【漫反射】的RGB值设置为255、255、255，将【高光级别】和【光泽度】分别设置为100、86，如图6-65所示。

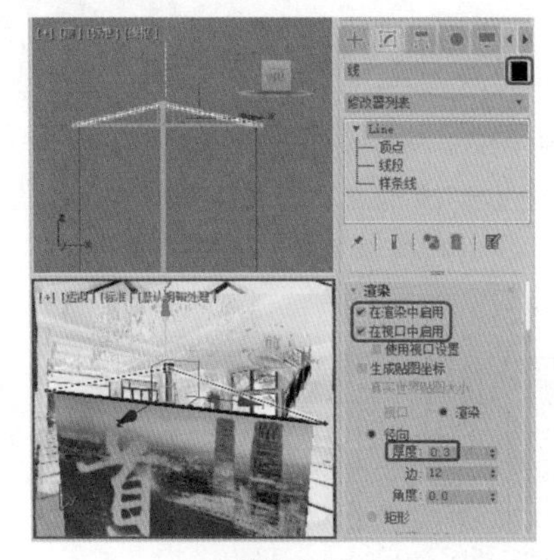

图6-64

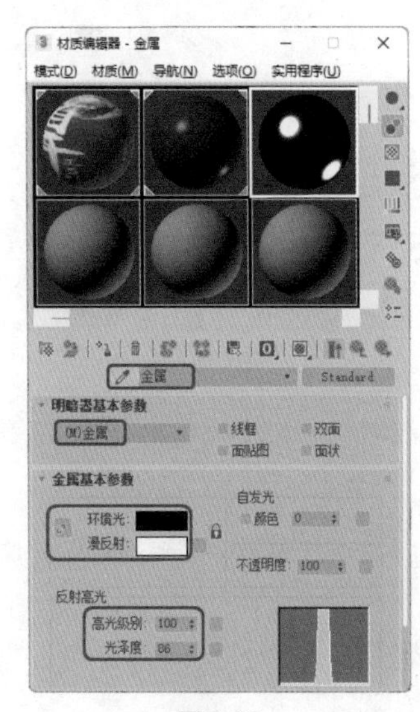


图6-65

Step 18 在【贴图】卷展栏中单击【反射】右侧的【无贴图】按钮，在弹出的【材质/贴图浏览器】对话框中选择【位图】贴图，如图6-66所示。

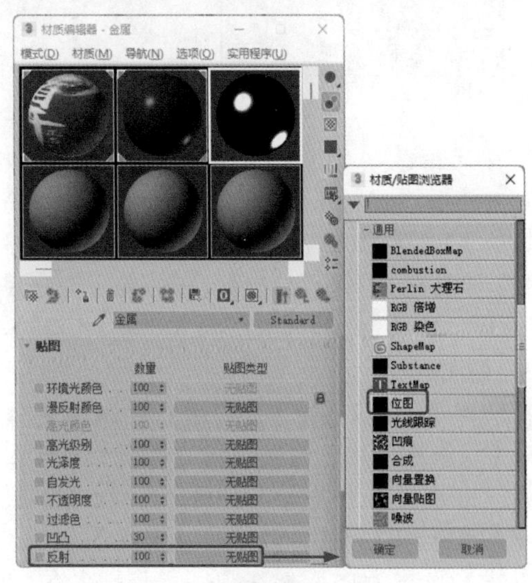


图6-66

**Step 19** 单击【确定】按钮，在弹出的对话框中双击“Metal01.jpg”素材文件，在【坐标】卷展栏中，将【瓷砖】下的U、V均设置为0.5，将【模糊偏移】设置为0.09，如图6-67所示。单击【将材质指定给选定对象】按钮，将材质指定给选定对象，效果如图6-68所示。

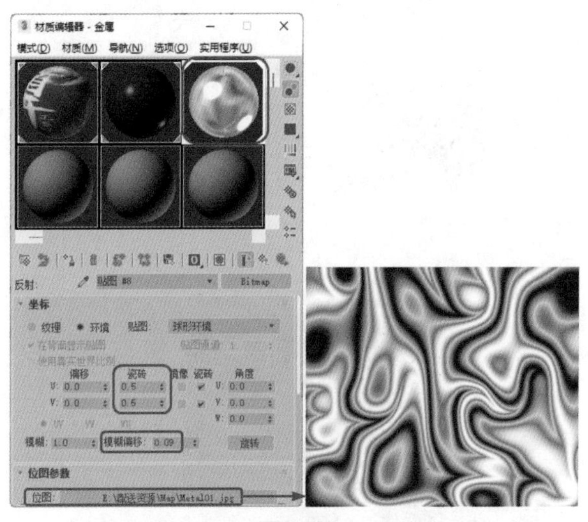

图6-67

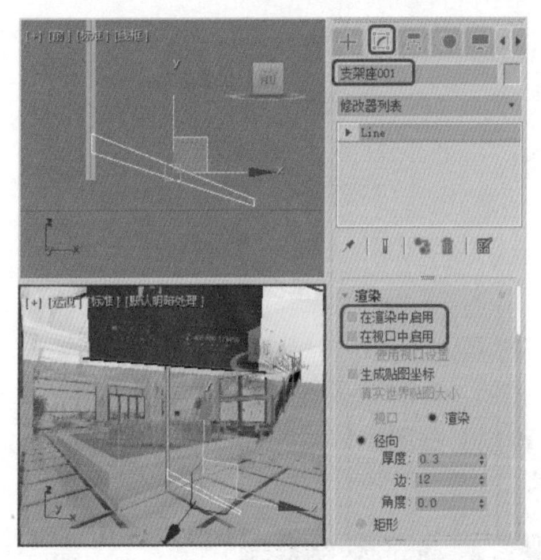

图6-68

**Step 20** 在【修改器列表】中选择【倒角】修改器，在【倒角值】卷展栏中，将【级别1】下的【高度】和【轮廓】设置为0.5，勾选【级别2】复选框，将【高度】设置为1，将【轮廓】设置为0，勾选【级别3】复选框，将【高度】设置为0.5，将【轮廓】设置为-0.5，如图6-69所示。

**Step 21** 选择【创建】|【几何体】|【圆柱体】工具，在【顶】视图中创建圆柱体，切换至【修改】命令面板，将其命名为“支架座002”，在【参数】卷展栏中将【半径】设置为2，将【高度】设置为1，将【边数】设置为15，并在视图中调整其位置，如图6-70所示。

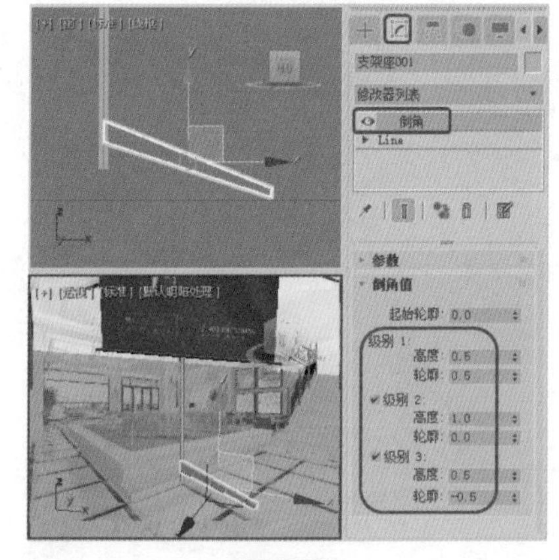

图6-69

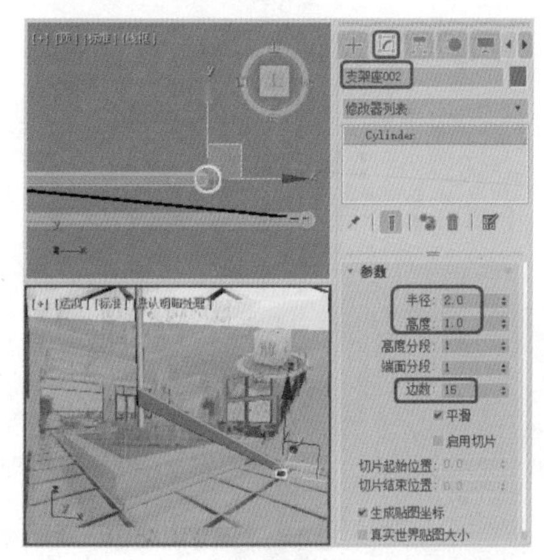

图6-70

**Step 22** 选择【创建】|【图形】|【样条线】|【线】工具，在【前】视图中创建样条线，切换至【修改】命令面板，将其命名为“支架座003”，效果如图6-71所示。

图6-71

**Step 23** 在【修改器列表】中选择【倒角】修改器，在【倒角值】卷展栏中，将【级别1】下的【高度】和【轮廓】均设置为0.5，勾选【级别2】复选框，将【高度】设置为1，将【轮廓】设置为0，勾选【级别3】复选框，将【高度】设置为0.5，将【轮廓】设置为-0.5，如图6-72所示。

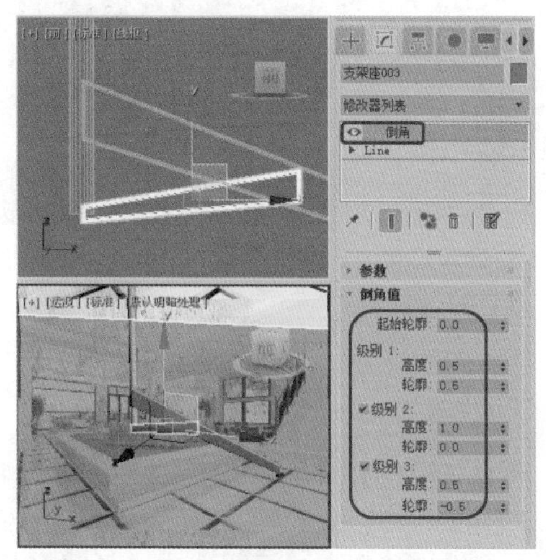

图6-72

**Step 24** 在场景中选择所有的支架座对象，适当调整位置，在菜单栏中选择【组】|【组】命令，在弹出的对话框中设置【组名】为“底座001”，如图6-73所示。

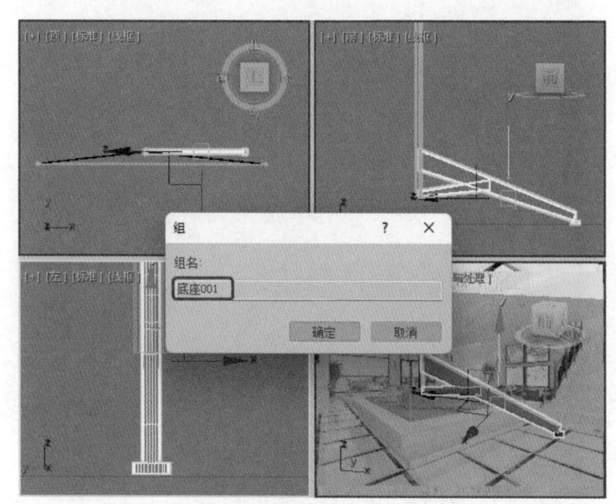

图6-73

**Step 25** 单击【确定】按钮，在视图中选择【底座001】对象，切换至【层次】命令面板，在【调整轴】卷展栏中单击【仅影响轴】按钮，在视图中调整轴的位置，效果如图6-74所示。

**Step 26** 调整完成后再次单击【仅影响轴】按钮将其关闭，激活【顶】视图，在菜单栏中选择【工具】|【阵列】命令，如图6-75所示。

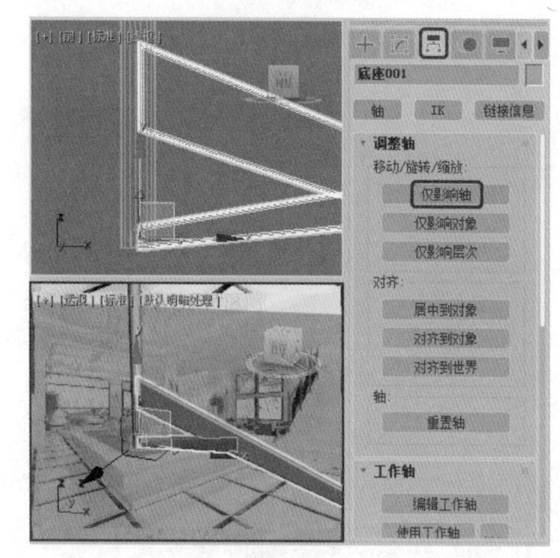

图6-74

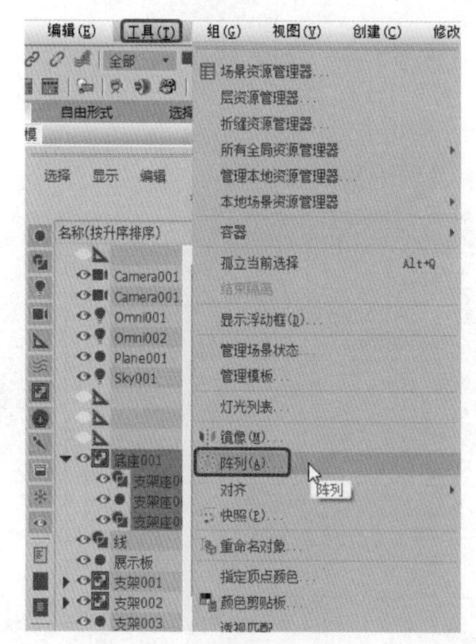

图6-75

**Step 27** 弹出【阵列】对话框，将Z轴下的【旋转】设置为120，在【对象类型】选项组中选中【实例】单选按钮，在【阵列维度】选项组中将1D的数量设置为3，如图6-76所示。

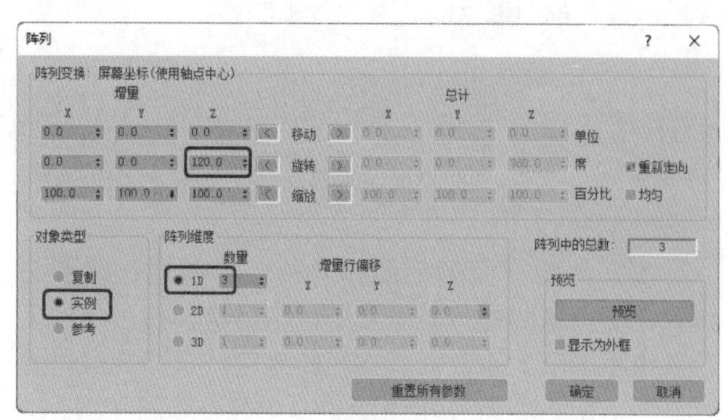

图6-76

Step 28 单击【确定】按钮，即可将选中的对象进行阵列，阵列后的效果如图6-77所示。

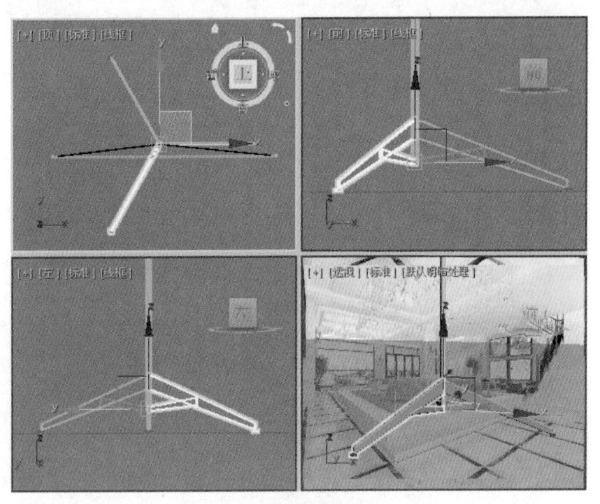

图6-77

Step 29 在视图中选中阵列的对象，为其指定【金属】材质，激活【透视】视图，按C键将其转换为【摄影机】视图，如图6-78所示。

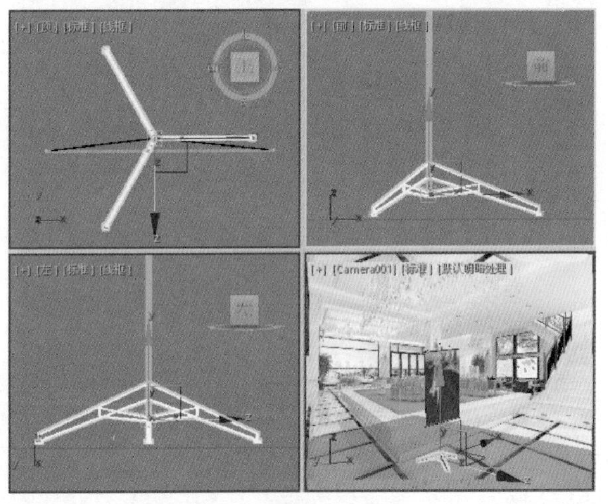

图6-78

Step 30 至此，支架式展板就制作完成了，按F9键对【摄影机】视图进行渲染查看效果即可。

## 实例147 制作吧椅

本案例将介绍如何制作吧椅，主要通过【长方体】、【切角圆柱体】工具制作吧椅座，使用【线】工具和【车削】修改器制作吧椅底座，从而完成吧椅的制作，效果如图6-79所示，具体的操作步骤如下。

图6-79

| 素材： | Map\吧椅背景.jpg、Chromic.JPG |
| --- | --- |
| 场景： | Scene\Cha06\实例147 制作吧椅.max |
| 视频： | 视频教学\Cha06\实例147 制作吧椅.mp4 |

Step 01 选择【创建】|【几何体】|【长方体】工具，在【前】视图中创建长方体，在【参数】卷展栏中将【长度】、【宽度】、【高度】、【长度分度】、【宽度分段】、【高度分段】分别设置为100、300、25、3、12、3，将其命名为“靠背”，如图6-80所示。

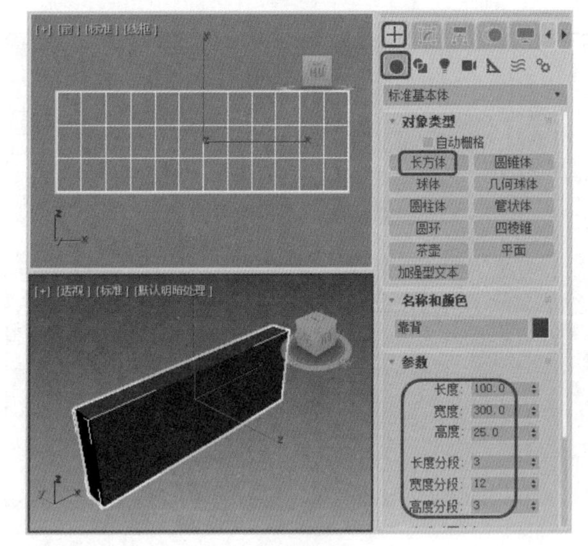

图6-80

Step 02 切换到【修改】命令面板，在【修改器列表】中选择【编辑网格】修改器，将当前选择集定义为【顶点】，在视图中对顶点进行调整，效果如图6-81所示。

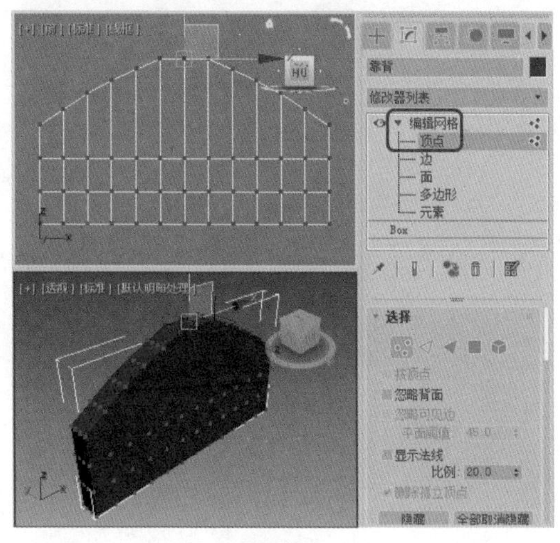


图6-81

**Step 03** 在【修改器列表】中选择【松弛】修改器，在【参数】卷展栏中将【松弛值】和【迭代次数】分别设置为0.88、21，如图6-82所示。

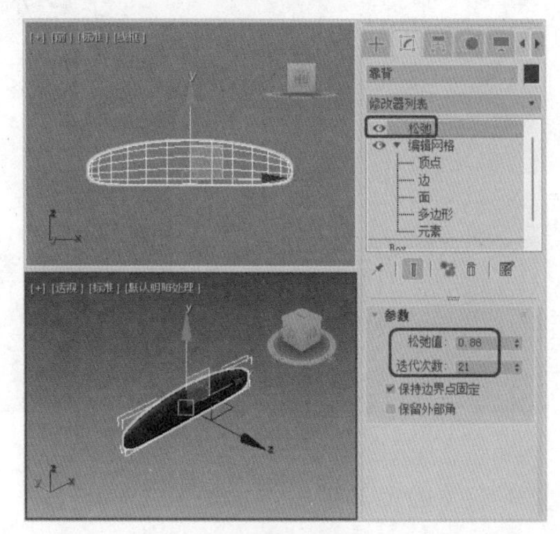


图6-82

◎提示

【松弛】修改器通过将顶点移近和移远其相邻顶点来更改网格的外观曲面张力。当顶点朝平均中点移动时，典型的结果是对象变得更平滑、更小一些。可以在具有锐角转角和边的对象上看到最显著的效果。

【松弛值】：控制迭代次数的松弛程度。范围为 -1.0 至 1.0；默认为 0.5。正的【松弛】值将每一个顶点向其相邻顶点移近。对象变得更平滑、更小。当【松弛】值为 0.0 时，顶点不再移动，【松弛】不会影响对象。负的【松弛】值将每一个顶点远离其相邻顶点移动。对象会变得更不规则、更大。

◎提示

【迭代次数】：设置重复迭代过程的次数。对每次迭代来说，需要重新计算平均位置，重新将【松弛值】应用到每一个顶点。默认值为 1。当迭代次数为 0 时，不应用松弛。迭代次数值非常大时，对象会缩小到一个点。使用相对较少的迭代次数，对象会变得混乱，几乎无法使用。

【保持边界点固定】：控制是否移动打开网格边上的顶点。默认设置为启用。当启用【保持边界点固定】时，边界顶点不再移动，其他对象处于松弛状态。当使用共享开放边的多个对象或者一个对象内的多个元素时，此选项特别有用。

【保留外部角】：将顶点的原始位置保持为距对象中心最远的距离。

**Step 04** 在【修改器列表】中选择【弯曲】修改器，在【参数】卷展栏中将【角度】设置为-200，选中X单选按钮，如图6-83所示。

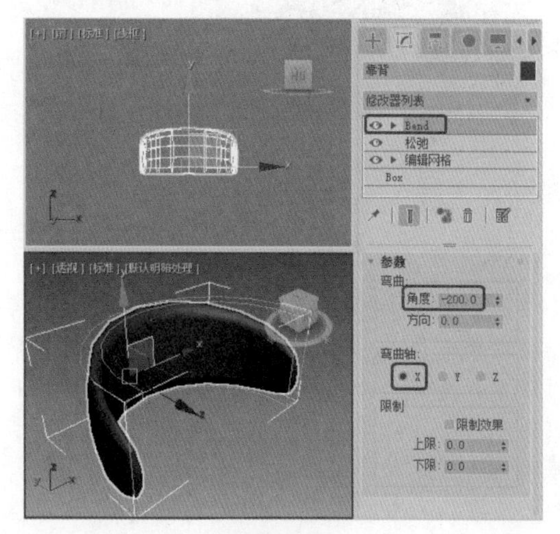


图6-83

◎提示

【弯曲】修改器可以将当前选中对象围绕单独轴弯曲 360°，在对象几何体中产生均匀弯曲。可以在任意三个轴上控制弯曲的角度和方向，也可以对几何体的一段限制弯曲。

【角度】：从顶点平面设置要弯曲的角度。

【方向】：设置弯曲相对于水平面的方向。

X/Y/Z：指定要弯曲的轴。注意弯曲 Gizmo 轴与选择项不相关。默认为 Z 轴。

【限制效果】：将限制约束应用于弯曲效果。默认设置为禁用状态。

◎提示·◦

【上限】：以世界单位设置上部边界，此边界位于弯曲中心点上方，超出此边界弯曲不再影响几何体。默认值为0。

【下限】：以世界单位设置下部边界，此边界位于弯曲中心点下方，超出此边界弯曲不再影响几何体。默认值为0。

**Step 05** 在【修改器列表】中选择【网格平滑】修改器，使用其默认参数即可，如图6-84所示。

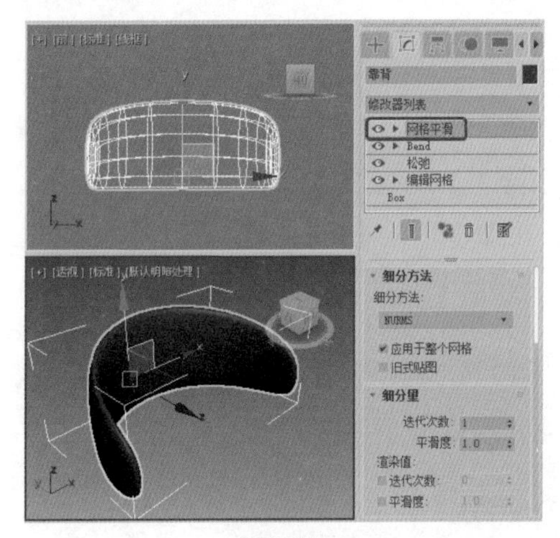

图6-84

◎提示·◦

【网格平滑】修改器可以通过多种不同方法平滑场景中的几何体。它可以细分几何体，同时在角和边插补新面以及将单个平滑组应用于对象中的所有面。【网格平滑】的效果是使角和边变圆，就像它们被锉平或刨平一样。使用【网格平滑】参数可控制新面的大小和数量，以及它们如何影响对象曲面。

◎提示·◦

网格平滑的效果在锐角上最明显，而在弧形曲面上最不明显。尽量在长方体和具有尖锐角度的几何体上使用【网格平滑】，避免在球体和与其相似的对象上使用。

**Step 06** 选择【创建】|【几何体】|【扩展基本体】|【切角圆柱体】工具，在【顶】视图中创建一个切角圆柱体，将其命名为“坐垫001”，在【参数】卷展栏中将【半径】、【高度】、【圆角】、【高度分段】、【圆角分段】、【边数】分别设置为50、10、4.53、1、3、36，适当调整对象的位置，如图6-85所示。

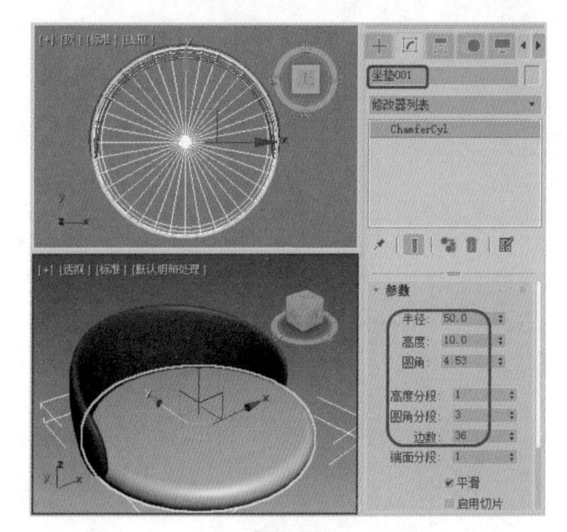

图6-85

**Step 07** 继续选中该对象，按Ctrl+V组合键，在弹出的对话框中选中【复制】单选按钮，如图6-86所示。

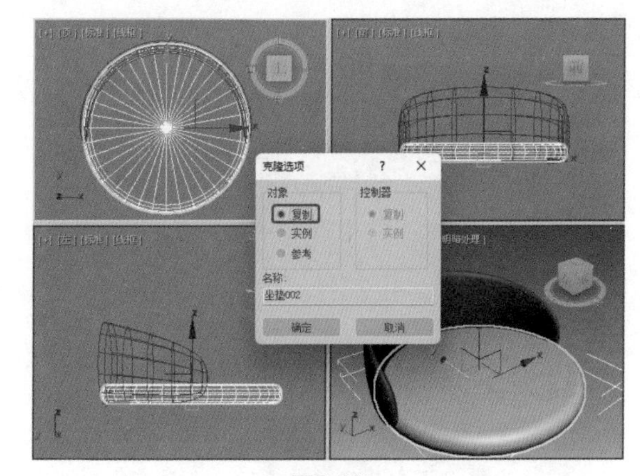

图6-86

**Step 08** 单击【确定】按钮，切换至【修改】命令面板，在【参数】卷展栏中将【半径】、【高度】、【圆角】分别设置为47、10、5，并在视图中调整对象的位置，如图6-87所示。

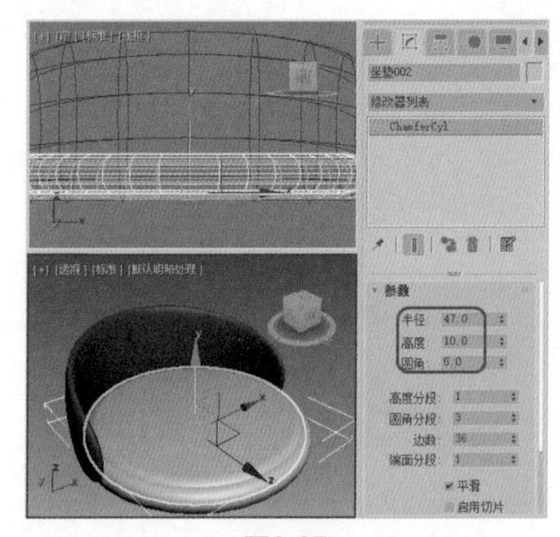

图6-87

**Step 09** 在视图中选中所有对象，按M键，在弹出的对话框中选择一个材质样本球，将其命名为“红色坐垫”，在【明暗器基本参数】卷展栏中将【明暗器的类型】设置为【各向异性】，在【各向异性基本参数】卷展栏中将【环境光】的RGB值设置为255、0、0，将【自发光】选项组中的【颜色】设置为15，在【反射高光】选项组中将【高光级别】、【光泽度】、【各向异性】分别设置为202、60、82，如图6-88所示。

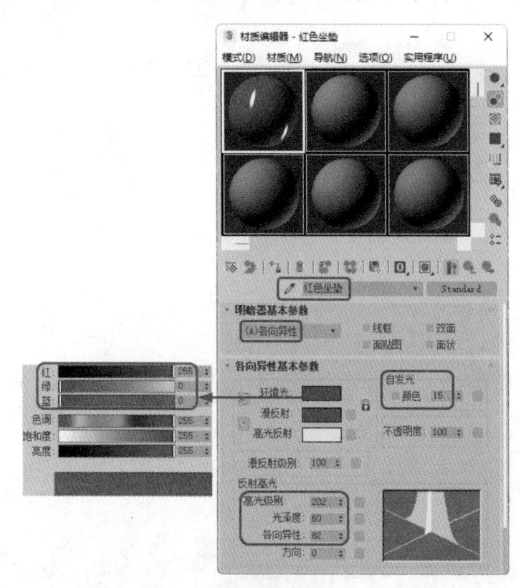

图6-88

**Step 10** 将设置完成后的材质指定给选定对象，选择【创建】|【图形】|【线】工具，在【前】视图中绘制一个如图6-89所示的图形，切换至【修改】命令面板，将当前选择集定义为【顶点】，在视图中对顶点进行调整。

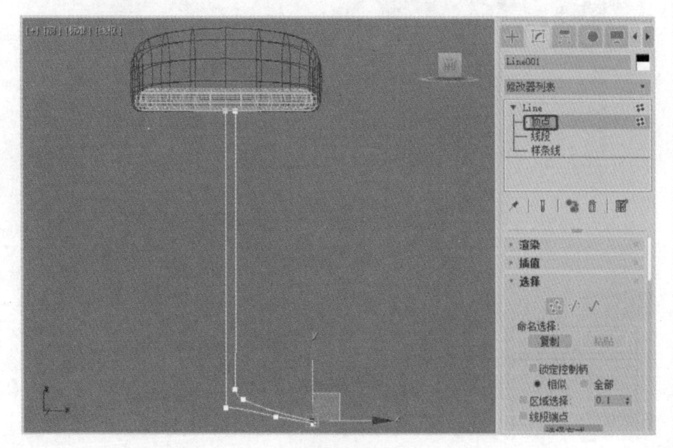

图6-89

**Step 11** 关闭当前选择集，在【修改器列表】中选择【车削】修改器，在【参数】卷展栏中将【度数】和【分段】分别设置为360、200，单击Y按钮，再单击【对齐】选项组中的【最小】按钮，如图6-90所示。

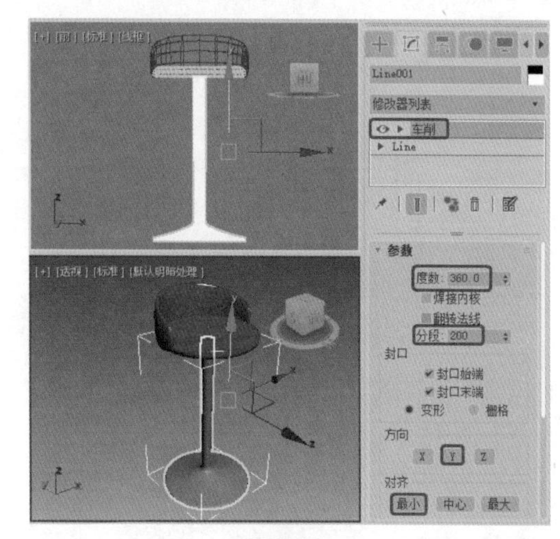

图6-90

**Step 12** 选中车削后的对象，按M键，在弹出的对话框中选择一个材质样本球，将其命名为“金属”，在【明暗器基本参数】卷展栏中将【明暗器的类型】设置为【金属】，在【金属基本参数】卷展栏中单击按钮，取消【环境光】和【漫反射】的锁定，将【环境光】的RGB值设置为64、64、64，将【漫反射】的RGB值设置为255、255、255，在【反射高光】选项组中将【高光级别】和【光泽度】分别设置为100、80，如图6-91所示。

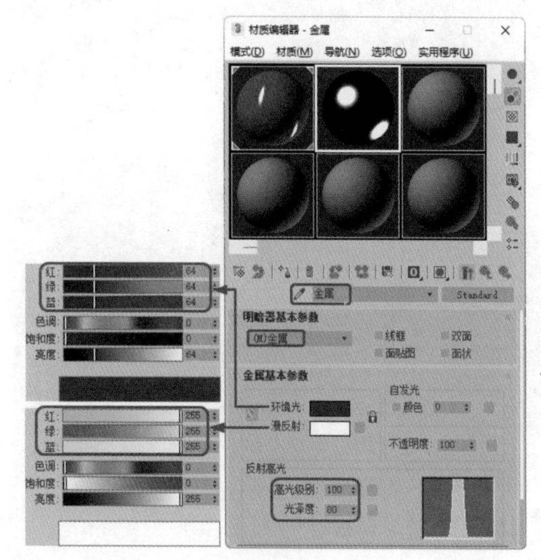

图6-91

**Step 13** 在【贴图】卷展栏中单击【反射】右侧的【无贴图】按钮，在弹出的对话框中双击【位图】选项，再在弹出的对话框中选择“Chromic.JPG”贴图文件，单击【打开】按钮，在【坐标】卷展栏中将【瓷砖】下的U、V分别设置为3.8、0.2，在【位图参数】卷展栏中勾选【裁剪/放置】选项组中的【应用】复选框，将U、W分别设置为0.225、0.256，如图6-92所示。

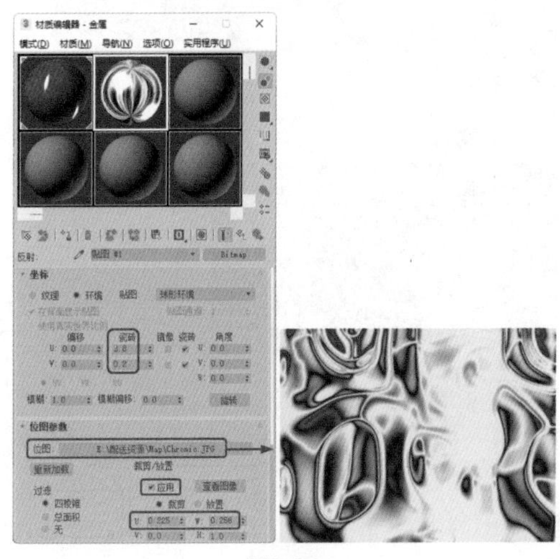

图6-92

**Step 14** 将设置完成后的材质指定给选定对象，选择【创建】|【几何体】|【标准基本体】|【圆柱体】工具，在【顶】视图中创建圆柱体，将其命名为“接头”，在【参数】卷展栏中将【半径】、【高度】、【高度分段】、【端面分段】、【边数】分别设置为7、12、1、1、69，如图6-93所示。

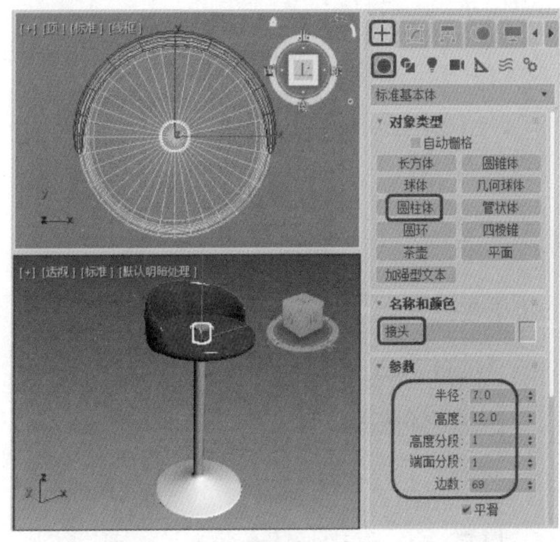

图6-93

**Step 15** 选中【接头】对象，按M键，在弹出的对话框中选择一个新的材质样本球，将其命名为“黑色塑料”，在【明暗器基本参数】卷展栏中将【明暗器的类型】设置为Phong，在【Phong基本参数】卷展栏中将【环境光】的RGB值设置为35、35、35，在【反射高光】选项组中将【高光级别】和【光泽度】分别设置为80、39，设置完成后将材质指定给选定的对象，如图6-94所示。

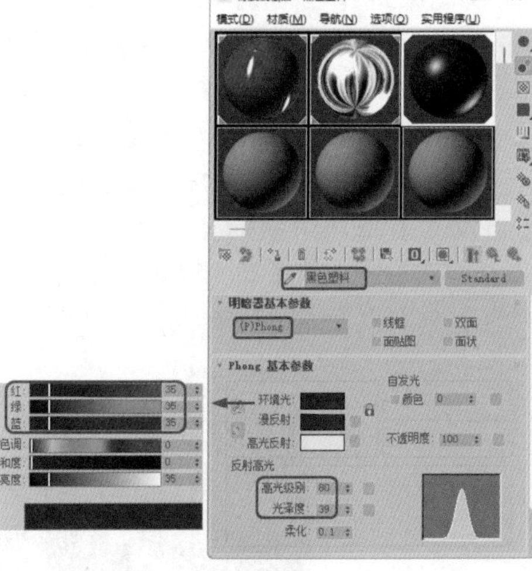

图6-94

**Step 16** 选择【创建】|【几何体】|【标准基本体】|【圆环】工具，在【顶】视图中创建一个圆环，将其命名为“脚架环”，在【参数】卷展栏中将【半径1】、【半径2】、【旋转】、【扭曲】、【分段】、【边数】分别设置为35、3、0、0、200、12，如图6-95所示。

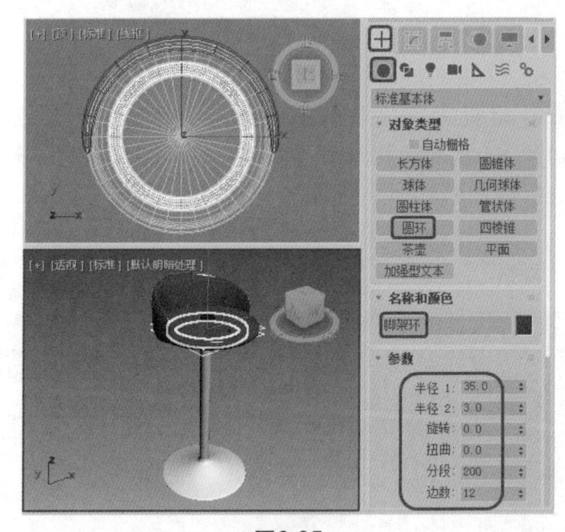

图6-95

**Step 17** 选中【脚架环】对象，在工具栏中右击【选择并均匀缩放】按钮，在弹出的对话框中将【绝对：局部】选项组中的Y设置为64.6，如图6-96所示。

**Step 18** 缩放完成后，将对话框关闭，在视图中调整该对象的位置，并为其指定【金属】材质，如图6-97所示。

**Step 19** 选中视图中的所有对象，在菜单栏中选择【组】|【组】命令，在弹出的对话框中将【组名】设置为“吧椅”，根据前面介绍的方法创建一个无光投

影背景，并添加“吧椅背景.jpg”文件作为背景图，如图6-98所示。

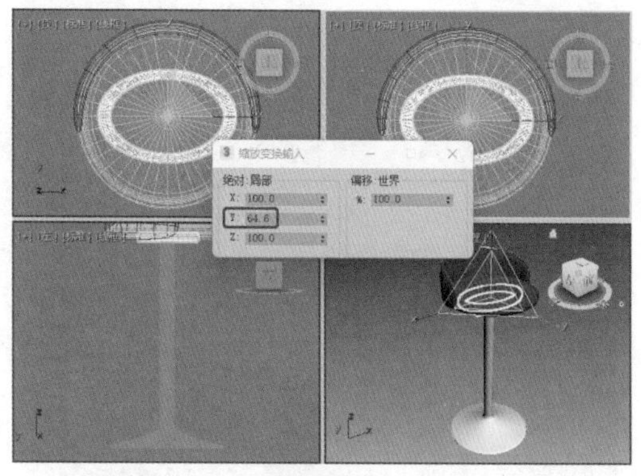
图6-96

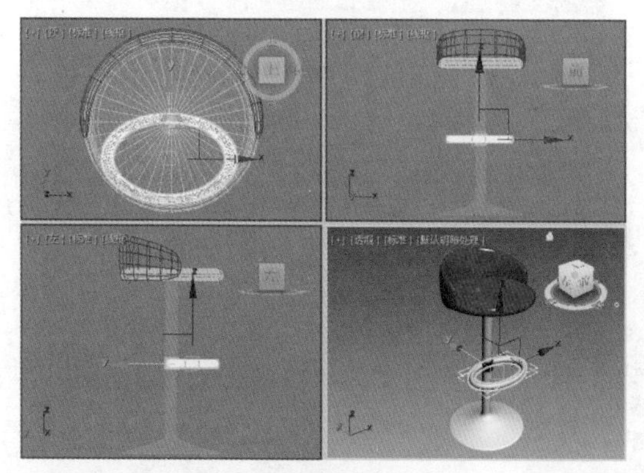
图6-97

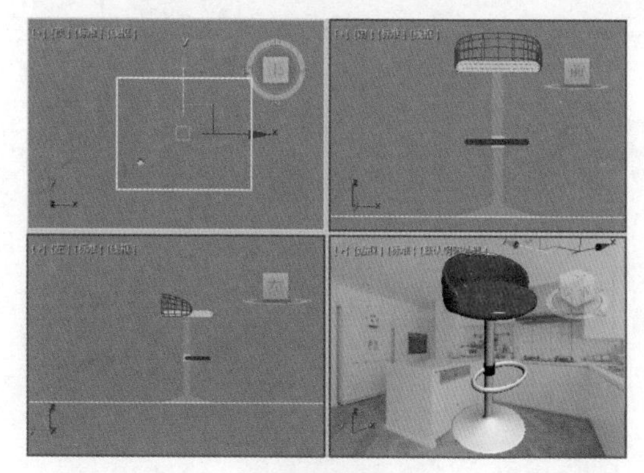
图6-98

**Step 20** 选择【创建】|【摄影机】|【目标】工具，在视图中创建摄影机，激活【透视】视图，按C键将其转换为【摄影机】视图，在其他视图中调整摄影机的位置，效果如图6-99所示。

**Step 21** 选择【创建】|【灯光】|【标准】|【天光】工具，在【顶】视图中创建天光，切换到【修改】命令面板，在【天光参数】卷展栏中勾选【投射阴影】复选框，如图6-100所示。

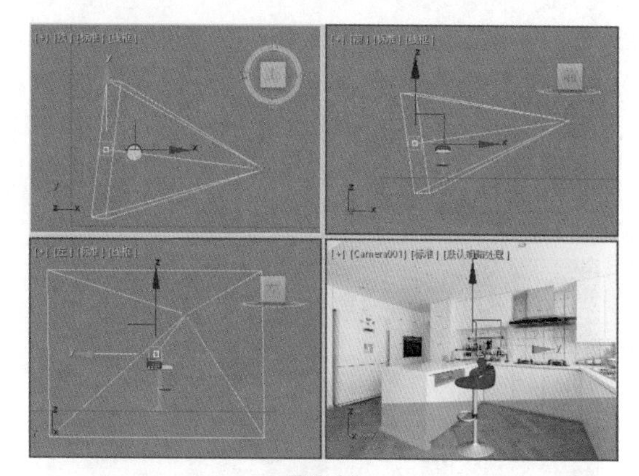
图6-99

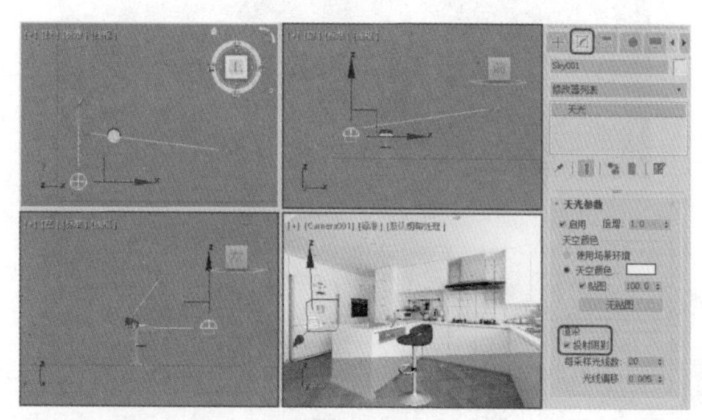
图6-100

**Step 22** 选择【创建】|【灯光】|【标准】|【泛光】工具，在【顶】视图中创建泛光灯，并在其他视图中调整灯光的位置，切换至【修改】命令面板，在【强度/颜色/衰减】卷展栏中将【倍增】设置为0.35，如图6-101所示。

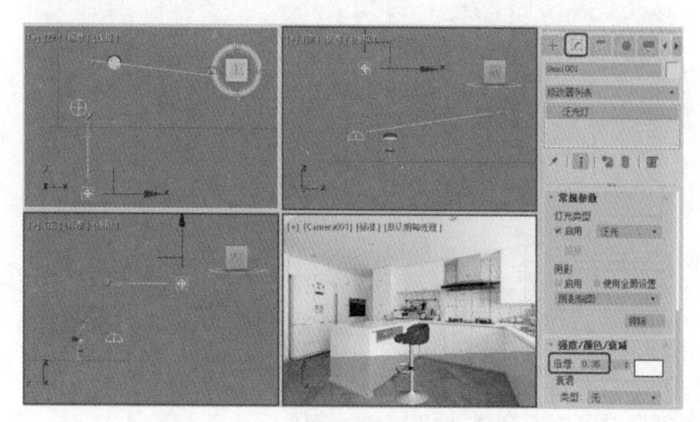
图6-101

## 实例148 制作垃圾箱

本例将介绍如何使用【切角长方体】工具制作垃圾箱。首先使用【切角长方体】工具创建垃圾桶的

主体，使用【线】工具绘制垃圾桶的顶盖轮廓，通过设置【挤出】和【编辑多边形】修改器调整出顶盖模型；然后创建一个切角长方体，通过【布尔】工具创建垃圾桶的洞口。最后为垃圾桶设置材质并进行场景合并，效果如图6-102所示。

图6-102

| 素材： | Scene\Cha06\垃圾箱素材.max<br>Map\Chromic.JPG |
| --- | --- |
| 场景： | Scene\Cha06\实例148 制作垃圾箱.max |
| 视频： | 视频教学\Cha06\实例148 制作垃圾箱.mp4 |

**Step 01** 按Ctrl+O组合键，打开“Scene\Cha06\垃圾箱素材.max”素材文件，如图6-103所示。

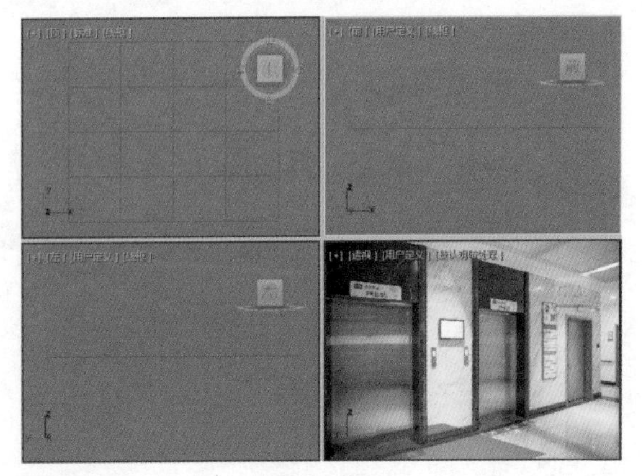

图6-103

**Step 02** 激活【顶】视图，选择【创建】|【几何体】|【扩展基本体】|【切角长方体】工具，在【顶】视图中创建一个切角长方体，将其命名为“垃圾箱”，在【参数】卷展栏中将【长度】、【宽度】、【高度】、【圆角】的值分别设置为350、204、711、20，将【圆角分段】设置为1，如图6-104所示。

**Step 03** 选择【创建】|【图形】|【线】工具，将【捕捉开关】按钮打开，用鼠标右键单击【捕捉开关】按钮，在弹出的对话框中勾选【顶点】复选框。在【顶】视图中，通过捕捉顶点沿逆时针方向绘制如图6-105所示的闭合轮廓线。

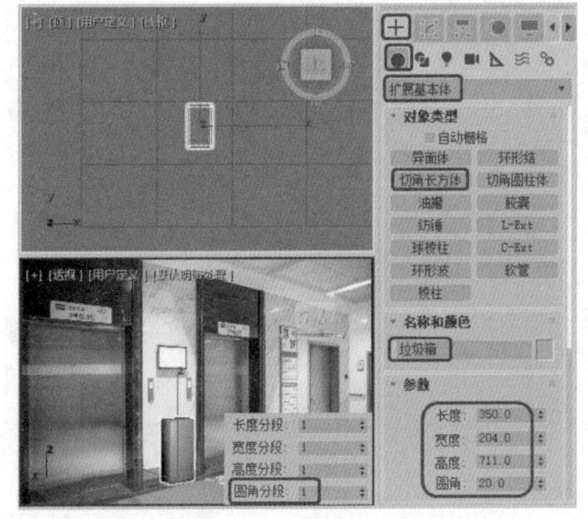

图6-104

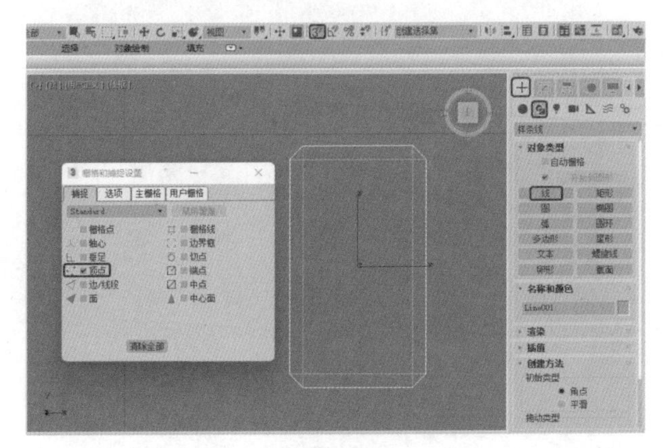

图6-105

**Step 04** 切换至【修改】命令面板，将当前选择集定义为【样条线】，在【几何体】卷展栏中，将【轮廓】的数值设置为-20，按Enter键确定，如图6-106所示。

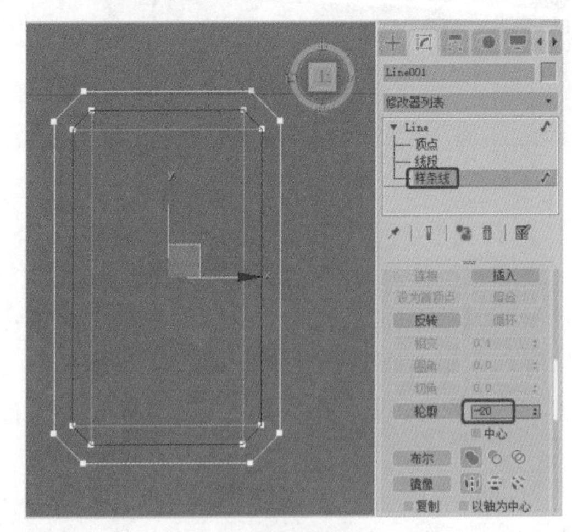

图6-106

Step 05 退出当前选择集，在【修改器列表】中添加【挤出】修改器，在【参数】卷展栏中，将【数量】设置为40，如图6-107所示。

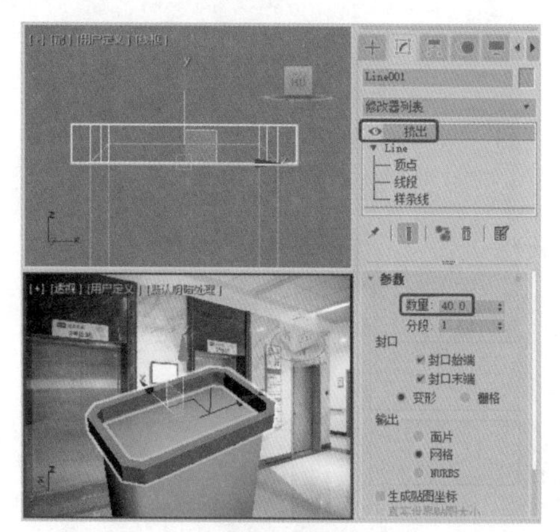

图6-107

Step 06 将【捕捉开关】按钮关闭，激活【前】视图，在场景中选择Line001对象，使用【选择并移动】工具，配合Shift键，将其向下移动复制，在弹出的【克隆选项】对话框中选中【对象】选项组下的【复制】单选按钮，将【副本数】设置为1，最后单击【确定】按钮，调整复制得到的模型位置，如图6-108所示。

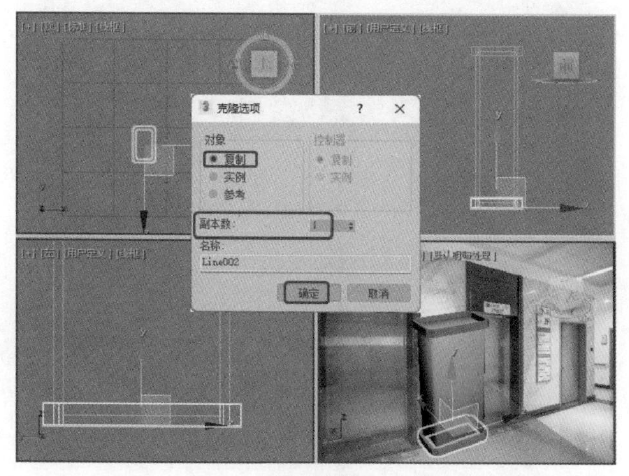

图6-108

Step 07 选中Line001对象，为其添加【编辑多边形】修改器，将当前选择集定义为【多边形】，选择如图6-109所示的多边形，在【编辑多边形】卷展栏中，单击【挤出】右侧的【设置】按钮，在弹出的【挤出多边形】控件中，将【挤出高度】设置为10，如图6-109所示。

Step 08 使用【选择并均匀缩放】工具，在【顶】视图中将如图6-110所示的多边形进行适当缩放。

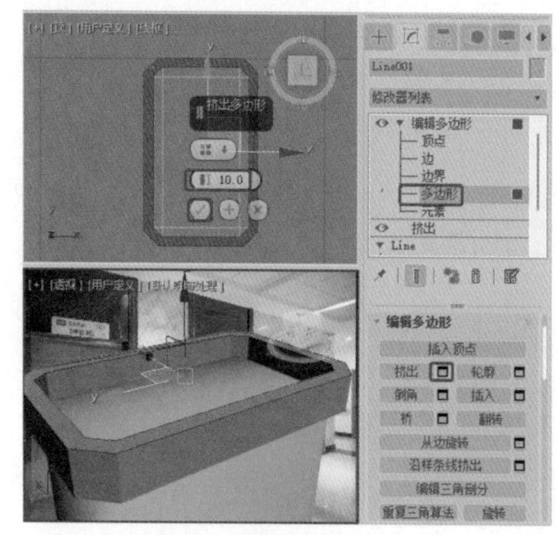

图6-109

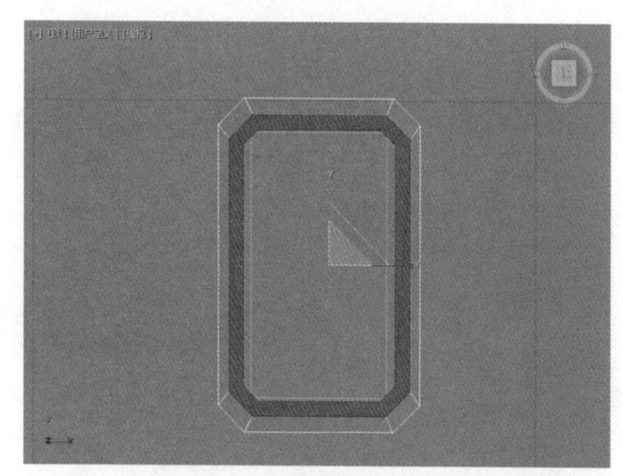

图6-110

Step 09 使用【选择并移动】工具，在【前】视图中向下调整多边形的位置，如图6-111所示。

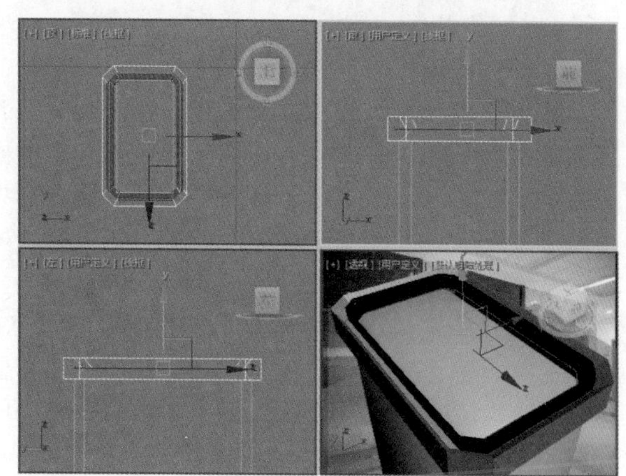

图6-111

Step 10 选择【创建】|【几何体】|【扩展基本体】|【切角长方体】工具，在【左】视图中创建一个切角长方体，在【参数】卷展栏中将【长度】、【宽度】、【高度】、【圆角】的值分别设置为150、220、30、5，然后调整其位置，如图6-112所示。

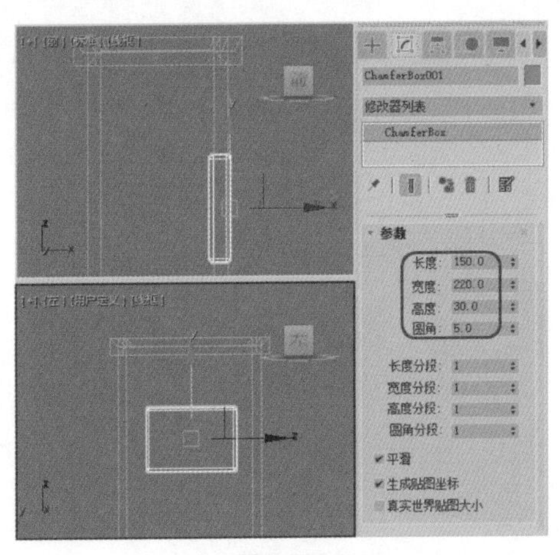

图6-112

**Step 11** 选中【垃圾箱】对象，选择【创建】 |【几何体】 |【复合对象】| ProBoolean工具，在【拾取布尔对象】卷展栏中，单击【开始拾取】按钮，选择创建的切角长方体对象，如图6-113所示。

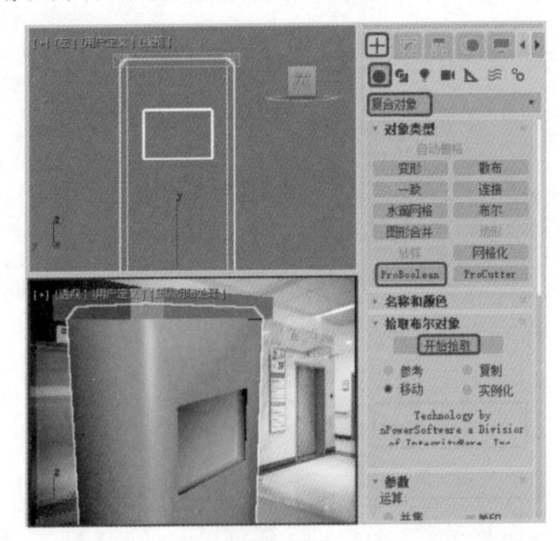

图6-113

**Step 12** 选择【垃圾箱】对象，切换至【修改】命令面板，为其添加【编辑多边形】修改器，将当前选择集定义为【多边形】，在【右】视图中选择如图6-114所示的多边形，按Delete键将其删除。

**Step 13** 将选择集关闭，选择【创建】 |【图形】 |【线】工具，将【捕捉开关】按钮 打开，在【右】视图中，通过捕捉顶点沿逆时针方向绘制如图6-115所示的闭合轮廓线。

**Step 14** 切换至【修改】命令面板，将当前选择集定义为【样条线】，在【几何体】卷展栏中，将【轮廓】的数值设置为8，按Enter键确定，如图6-116所示。

**Step 15** 关闭选择集，为其添加【挤出】修改器，在【参数】卷展栏中，将【数量】设置为30，如图6-117所示。

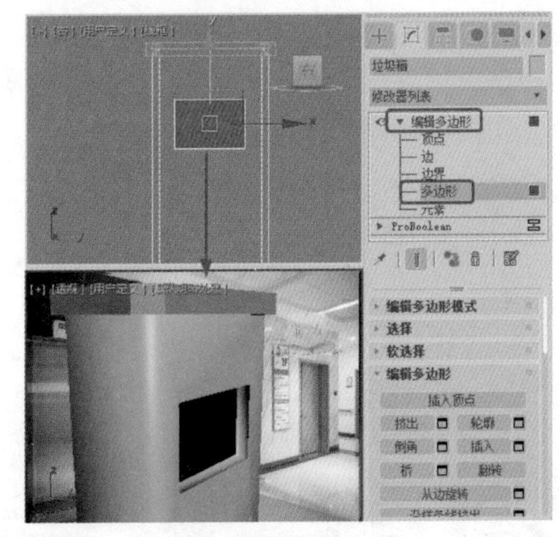

图6-114

图6-115

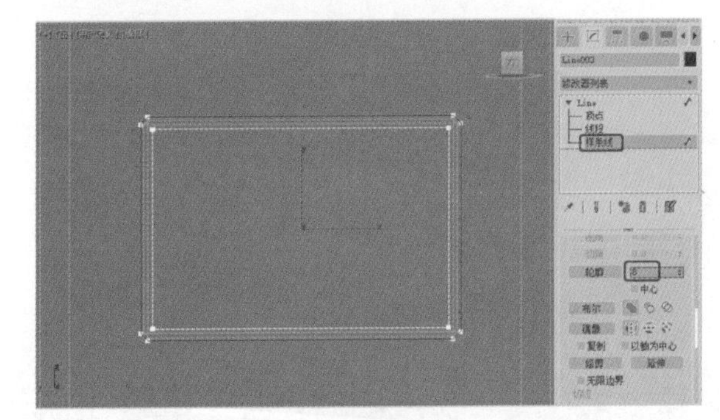

图6-116

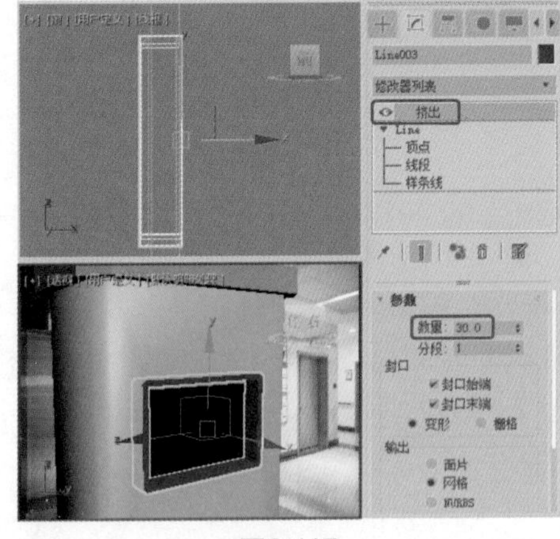

图6-117

**Step 16** 选中【垃圾桶】对象，打开材质编辑器，选择一个材质样本球，将其命名为“垃圾箱”。在【明暗器基本参数】卷展栏中，将【明暗器的类型】设置为Phong并勾选【双面】复选框。在【Phong基本参数】卷展栏中，将【反射高光】选项组中的【高光级别】和【光泽度】分别设置为80、40。在【贴图】卷展栏中单击【漫反射颜色】通道右侧的【无贴图】按钮，在弹出的【材质/贴图浏览器】对话框中选择【噪波】贴图，单击【确定】按钮。进入【漫反射颜色】通道后，在【噪波参数】卷展栏中将【噪波类型】设置为【湍流】、【大小】设置为1。在【坐标】卷展栏中，将【模糊】设置为1.21、【模糊偏移】设置为5.2，如图6-118所示。单击【将材质指定给选定对象】按钮，将设置好的材质指定给场景中的对象。

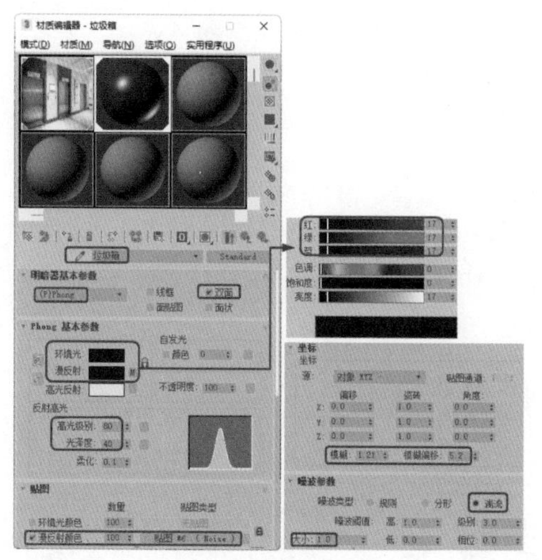

图6-118

**Step 17** 按Ctrl+I组合键，反选场景中的对象。选择一个新的材质样本球，将其命名为“金属”。在【明暗器基本参数】卷展栏中，将【明暗器的类型】设置为【金属】。在【金属基本参数】卷展栏中，将【环境光】的RGB值设置为64、64、64，将【漫反射】的RGB值设置为255、255、255，将【反射高光】选项组中的【高光级别】和【光泽度】均设置为80，如图6-119所示。

**Step 18** 在【贴图】卷展栏中单击【反射】通道右侧的【无贴图】按钮，在弹出的【材质/贴图浏览器】对话框中选择【位图】贴图，单击【确定】按钮，再在打开的对话框中选择“Map\Chromic.JPG”文件，单击【打开】按钮，如图6-120所示。

**Step 19** 进入【漫反射颜色】通道后，在【坐标】卷展栏中将【瓷砖】的U、V值分别设置为0.8、0.2，在【位图参数】卷展栏中，将【裁剪/放置】选项组中的W值设置为0.481，勾选【应用】复选框，如图6-121所示。单击【将材质指定给选定对象】按钮，将设置好的材质指定给场景中的对象。

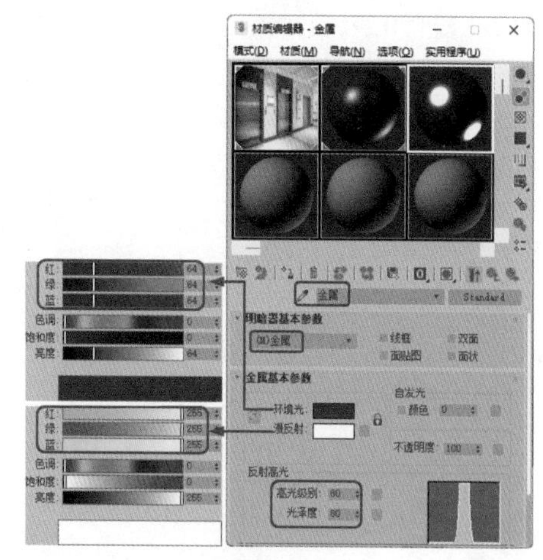

图6-119

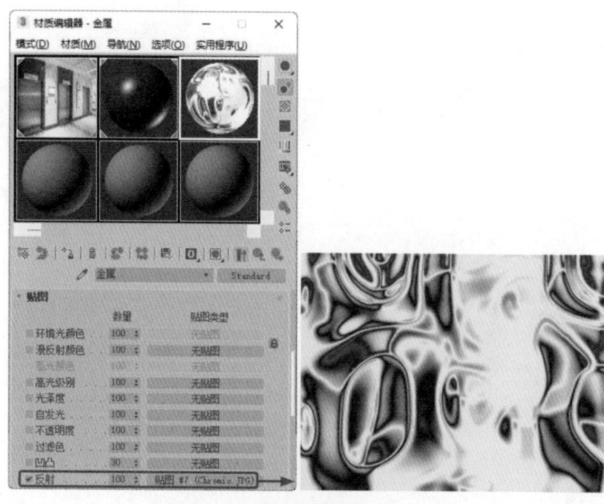

图6-120

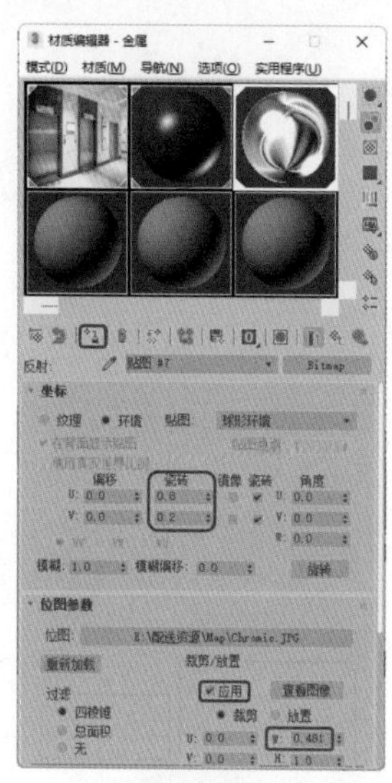

图6-121

**Step 20** 按C键，将【透视】视图转换为【摄影机】视图，选择所有对象，在【前】视图中沿Y轴旋转180°，调整模型的位置，如图6-122所示。最后将场景进行渲染，并将渲染满意的效果和场景进行存储。

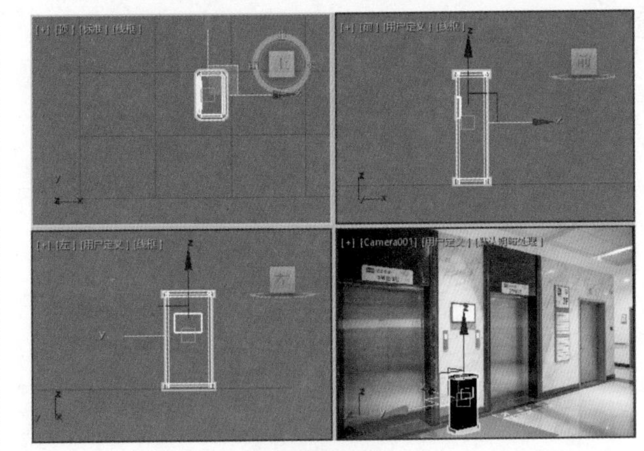

图6-122

# 第7章 居室家具及饰物的制作与表现

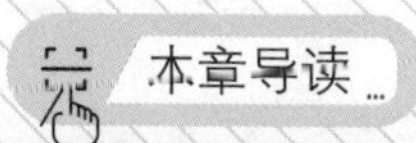

在我们的居室装饰中，家具的色彩具有举足轻重的作用。经常以家具织物的调配营造整个房间的和谐氛围，创造宁静、舒适的色彩环境。本章将介绍如何制作居室家具及饰物，其中包括茶几、造型椅、坐墩、抱枕、画框、卷轴画、屏风等的制作方法。

# 实例 149 制作茶几

本例将介绍如何使用【矩形】工具制作茶几，主要通过创建圆角矩形、添加【挤出】修改器等操作进行制作，如图7-1所示。

图7-1

| 素材： | Map\茶几背景.jpg、Metal01. jpg |
|---|---|
| 场景： | Scene\Cha07\实例149 制作茶几.max |
| 视频： | 视频教学\Cha07\实例149 制作茶几.mp4 |

**Step 01** 新建一个空白场景文件，将单位设置为厘米，选择【创建】|【图形】|【矩形】工具，在【左】视图中绘制一个矩形，将其命名为“茶几框”，在【参数】卷展栏中将【长度】、【宽度】、【角半径】分别设置为40、130、3，如图7-2所示。

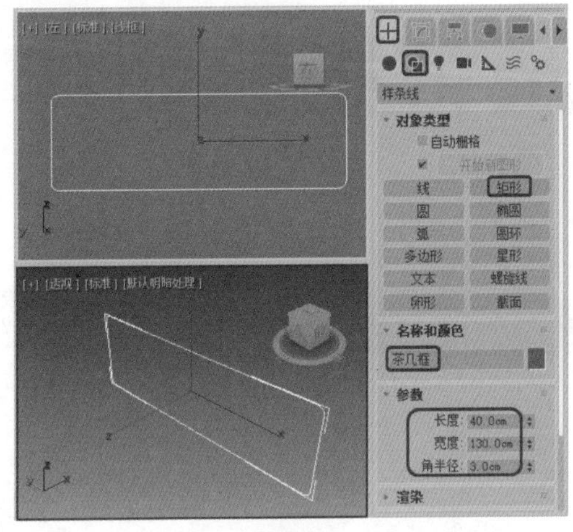


图7-2

**Step 02** 选中矩形图形，切换至【修改】命令面板，在【修改器列表】中选择【编辑样条线】修改器，将当前选择集定义为【样条线】。在视图中选中绘制的图形，在【几何体】卷展栏中将【轮廓】设置为2.5，如图7-3所示。

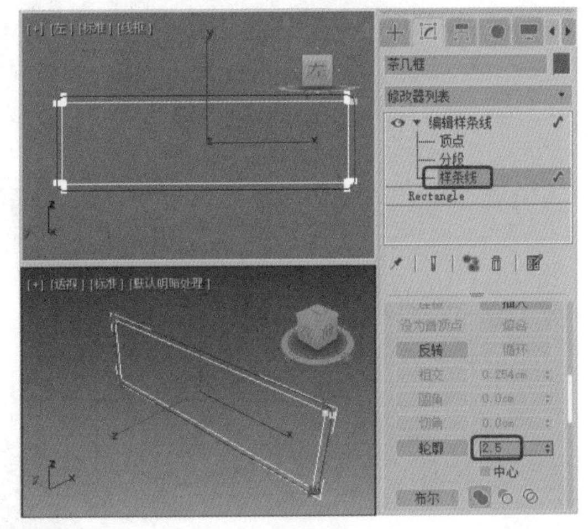


图7-3

**Step 03** 添加完轮廓后，关闭当前选择集，在【修改器列表】中选择【挤出】修改器，在【参数】卷展栏中将【数量】设置为70，如图7-4所示。

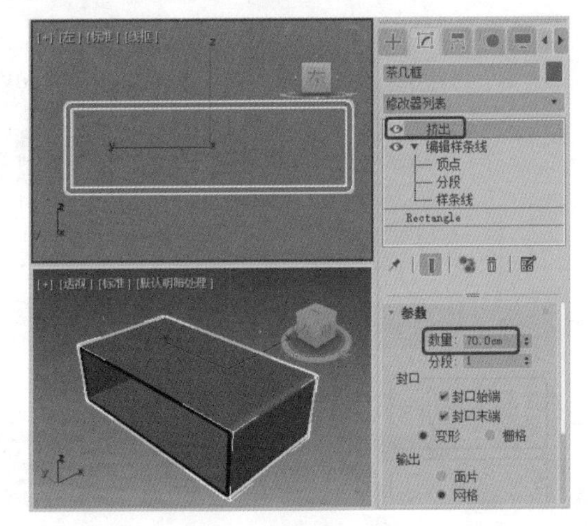


图7-4

**Step 04** 选择【创建】|【图形】|【矩形】工具，在【左】视图中绘制一个矩形，将其命名为“抽屉001”，在【参数】卷展栏中将【长度】、【宽度】、【角半径】分别设置为14、61.5、0.5，如图7-5所示。

**Step 05** 切换至【修改】命令面板，在【修改器列表】中选择【挤出】修改器，在【参数】卷展栏中将【数量】设置为34，并在视图中调整该对象的位置，效果如图7-6所示。

**Step 06** 选择【创建】|【图形】|【矩形】工具，在【左】视图中绘制一个矩形，将其命名为“抽屉-挡板001”，在【参数】卷展栏中将【长度】、【宽度】、【角半径】分别设置为14、28、0.5，如图7-7所示。

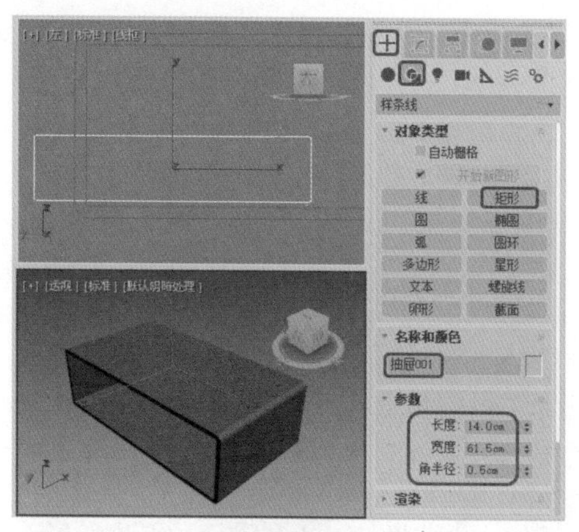

图7-5

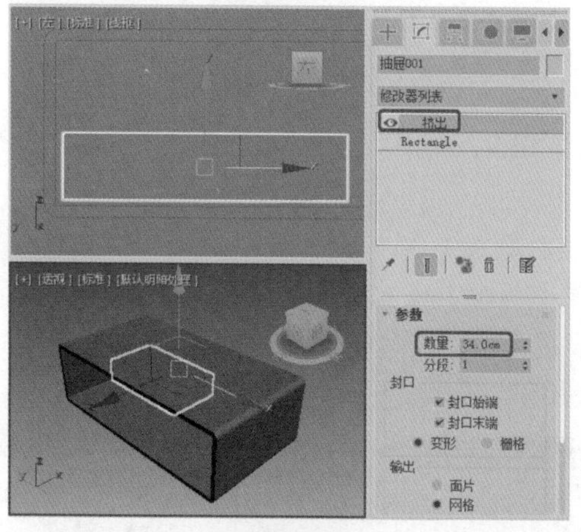

图7-6

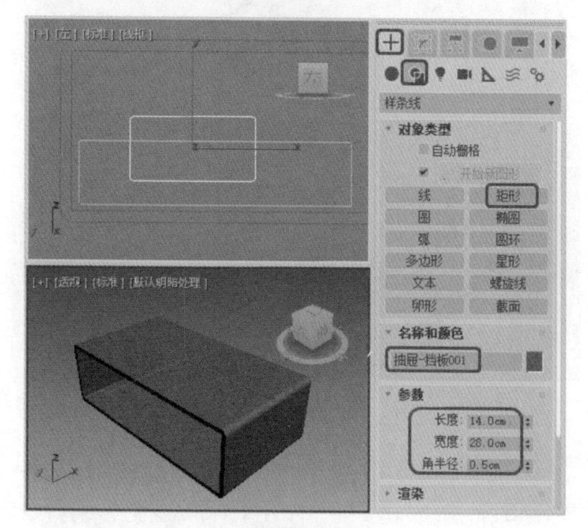

图7-7

Step 07 切换至【修改】命令面板，在【修改器列表】中选择【编辑样条线】修改器，将当前选择集定义为【顶点】，对圆角矩形右上角的顶点进行调整，效果如图7-8所示。

Step 08 继续选中右上角的顶点，在【几何体】卷展栏中将【圆角】设置为7，如图7-9所示。

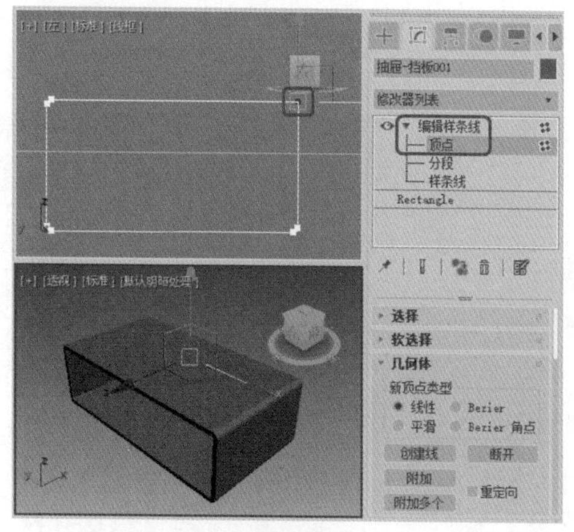

图7-8

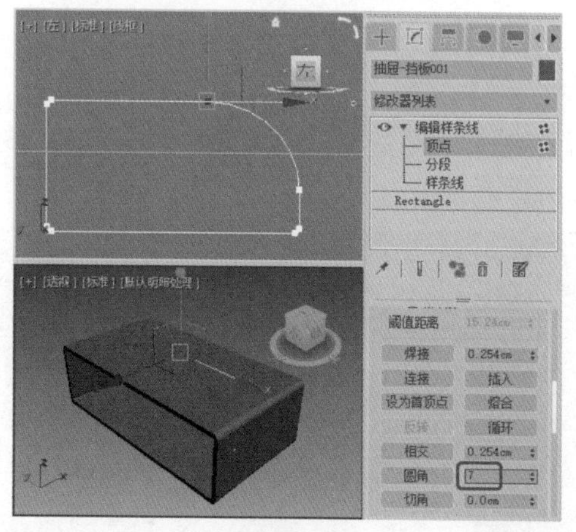

图7-9

Step 09 设置完成后，关闭当前选择集，在【修改器列表】中选择【挤出】修改器，在【参数】卷展栏中将【数量】设置为0.5，并在视图中调整【抽屉-挡板001】对象的位置，如图7-10所示。

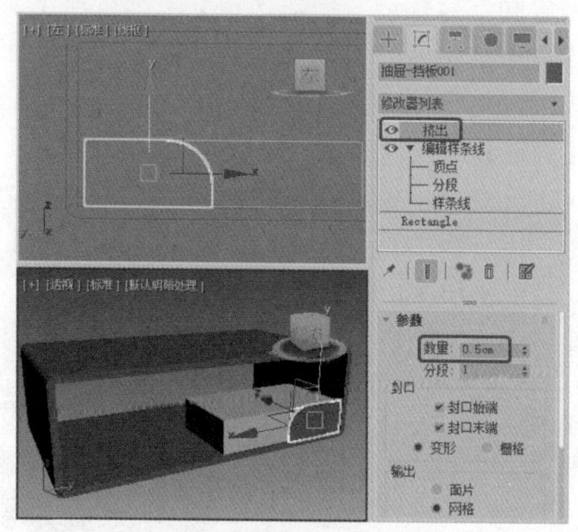

图7-10

Step 10 继续选中【抽屉-挡板001】对象并激活【左】视图，在工具栏中单击【镜像】按钮，在弹出的对话框中选中【实例】单选按钮，将【偏移】设置为33.6，如图7-11所示。

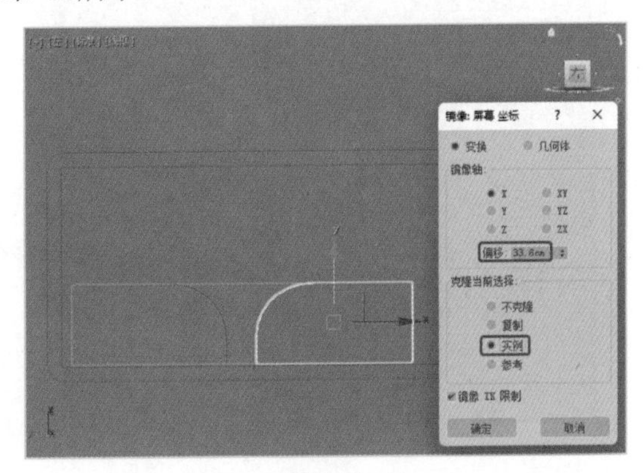

图7-11

**Step 11** 单击【确定】按钮，在视图中选中抽屉和抽屉挡板，在【左】视图中按住Shift键沿X轴向右进行拖动，在弹出的对话框中选中【实例】单选按钮，如图7-12所示。

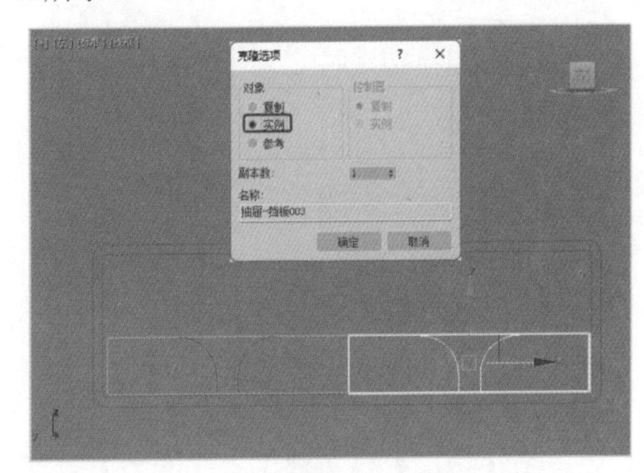

图7-12

**Step 12** 设置完成后，单击【确定】按钮。再次选中所有的抽屉和抽屉挡板，激活【顶】视图，在工具栏中单击【镜像】按钮，在弹出的对话框中选中【实例】单选按钮，将【偏移】设置为-57.5，如图7-13所示，单击【确定】按钮。

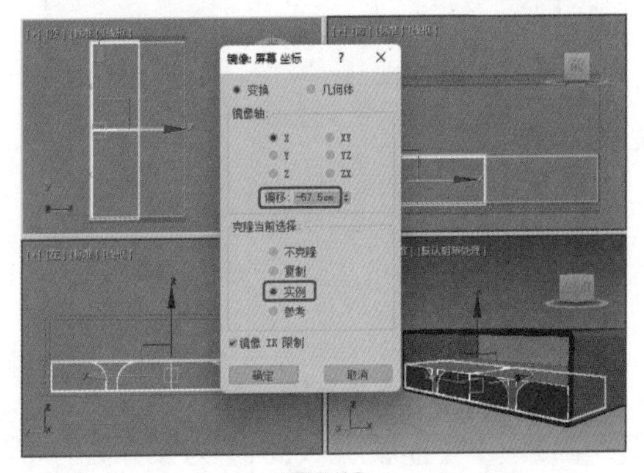

图7-13

**Step 13** 选择【创建】|【图形】|【矩形】工具，在【顶】视图中绘制一个矩形，将其命名为“茶几-横板”，在【参数】卷展栏中将【长度】、【宽度】、【角半径】分别设置为125、70、1，如图7-14所示。

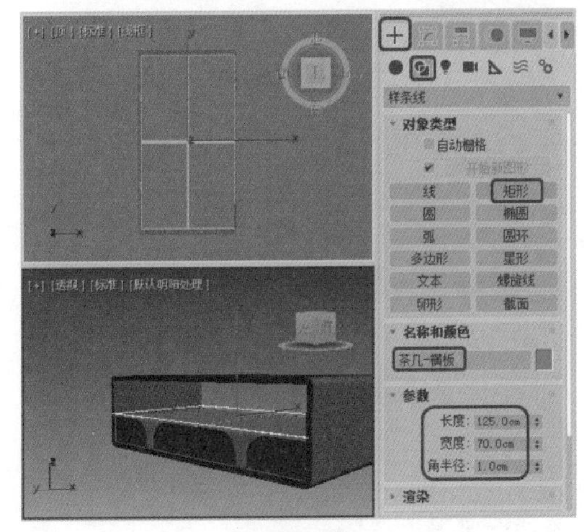

图7-14

**Step 14** 切换至【修改】命令面板，在【修改器列表】中选择【挤出】修改器，在【参数】卷展栏中将【数量】设置为1，并在视图中调整该对象的位置，效果如图7-15所示。

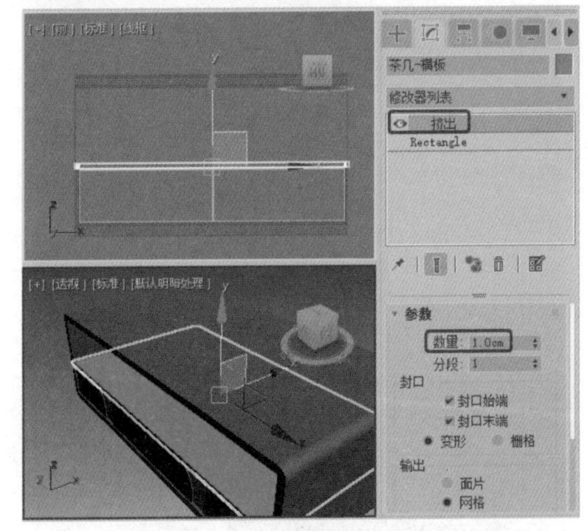

图7-15

**Step 15** 在视图中选中所有的抽屉挡板、茶几横板、茶几框对象，按M键，在弹出的对话框中选择一个材质样本球，将其命名为“白色”，在【明暗器基本参数】卷展栏中将【明暗器的类型】设置为Phong，在【Phong基本参数】卷展栏中将【环境光】的RGB值设置为251、248、234，将【自发光】选项组中的【颜色】设置为60，将【反射高光】选项组中的【高光级别】、【光泽度】分别设置为98、87，如图7-16所示。

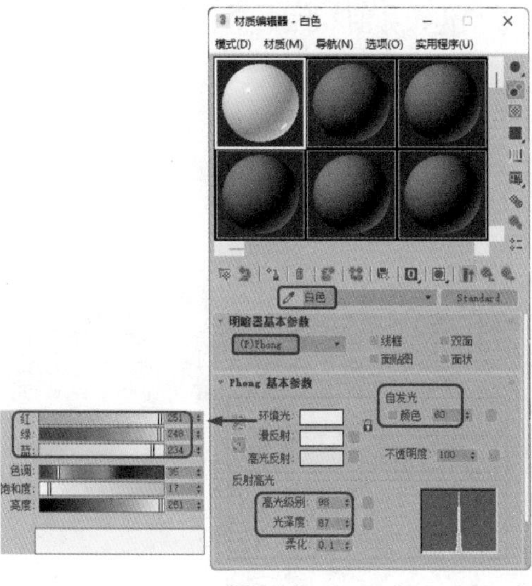

图7-16

**Step 16** 将设置完成后的材质指定给选定对象，再在视图中选择所有的抽屉对象，在【材质编辑器】对话框中选择一个新的材质样本球，将其命名为“抽屉”，在【Blinn基本参数】卷展栏中将【环境光】的RGB值设置为187、76、115，如图7-17所示。

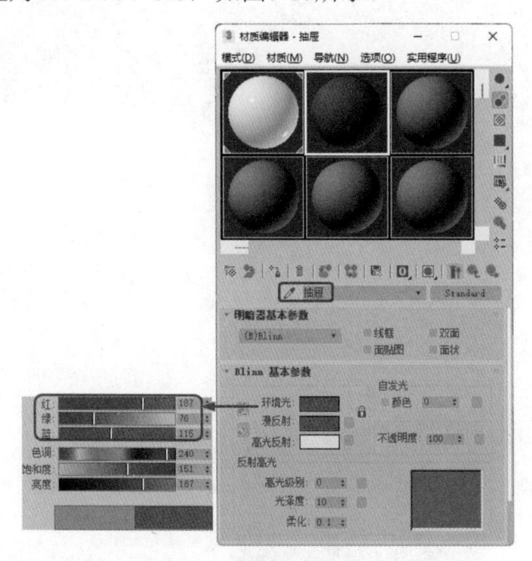

图7-17

**Step 17** 设置完成后，将材质指定给选定对象，然后选择【创建】 |【几何体】 |【圆柱体】工具，在【顶】视图中创建圆柱体，将其命名为“支架001”，切换到【修改】命令面板，在【参数】卷展栏中设置【半径】为1.65、【高度】为6、【高度分段】为2，并在视图中调整其位置，如图7-18所示。

**Step 18** 在【修改器列表】中选择【编辑多边形】修改器，将当前选择集定义为【顶点】，在【前】视图中选择如图7-19所示的顶点，并向下调整其位置。

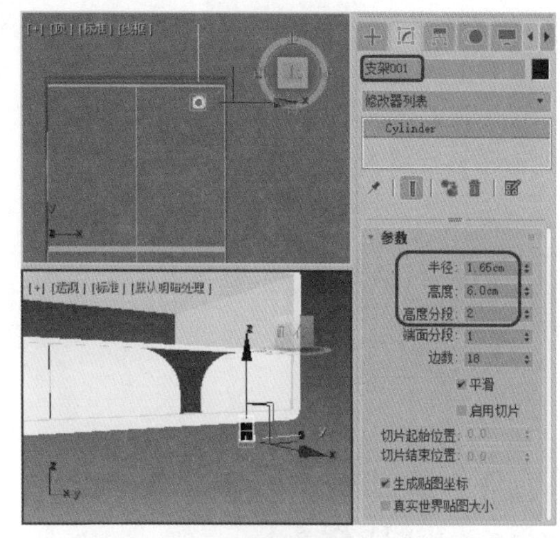

图7-18

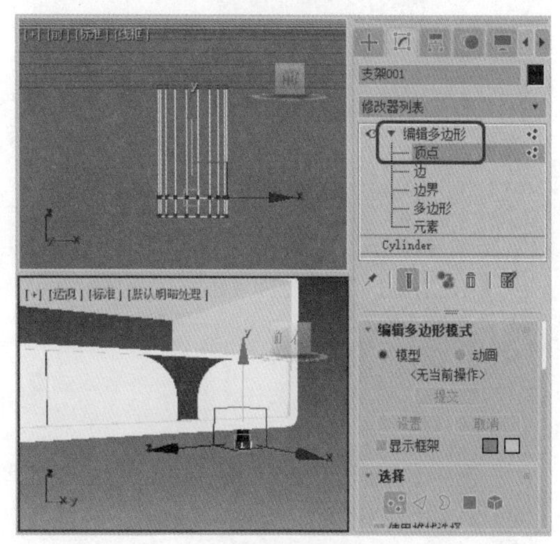

图7-19

**Step 19** 将当前选择集定义为【多边形】，在视图中选择如图7-20所示的多边形。

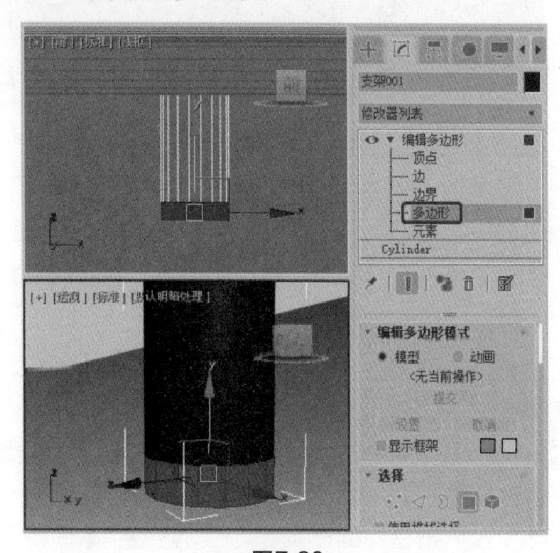

图7-20

Step 20 在【编辑多边形】卷展栏中单击【挤出】右侧的【设置】按钮，将【挤出类型】设置为【本地法线】，将【挤出高度】设置为0.455，挤出后的效果如图7-21所示。

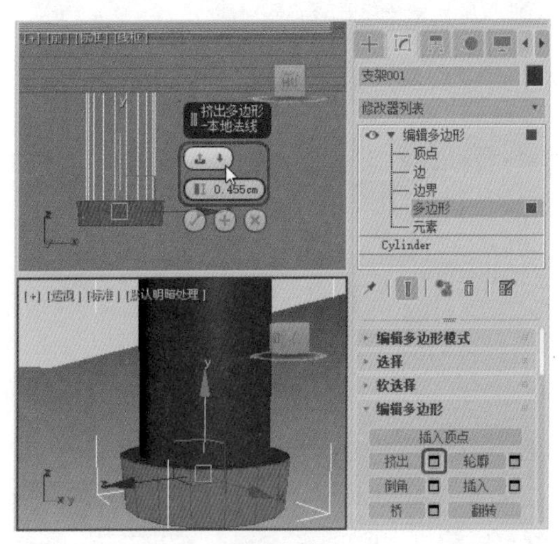

图7-21

Step 21 设置完成后，单击【确定】按钮，在视图中选中如图7-22所示的多边形，在【多边形：材质ID】卷展栏中将【设置ID】设置为1，如图7-22所示。

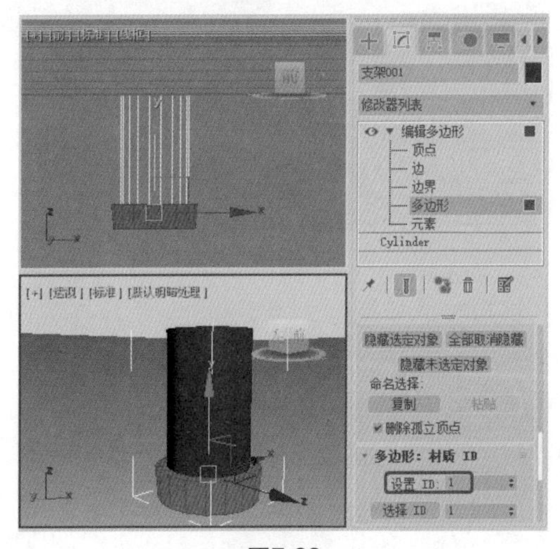

图7-22

Step 22 在菜单栏中选择【编辑】|【反选】命令，反选多边形，然后在【多边形：材质ID】卷展栏中，将【设置ID】设置为2，如图7-23所示。

Step 23 关闭当前选择集，在视图中移动复制3个【支架001】对象，并调整支架的位置，如图7-24所示。

Step 24 在场景中选择所有的支架对象，在【材质编辑器】对话框中选择一个新的材质样本球，将其命名为“支架”。单击Standard按钮，在弹出的【材质/贴图浏览器】对话框中选择【多维/子对象】材质，单击【确定】按钮，如图7-25所示。

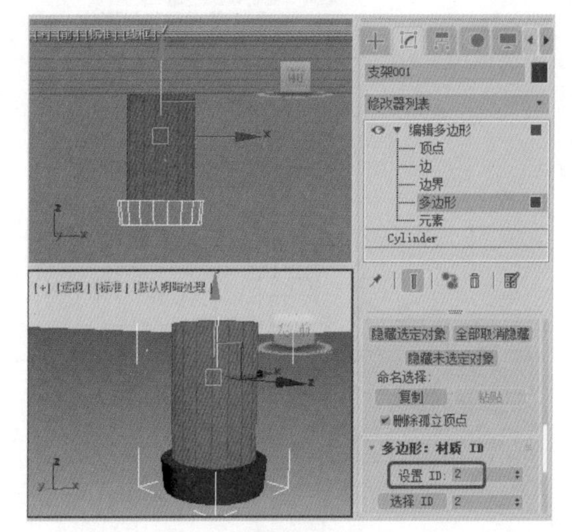

图7-23

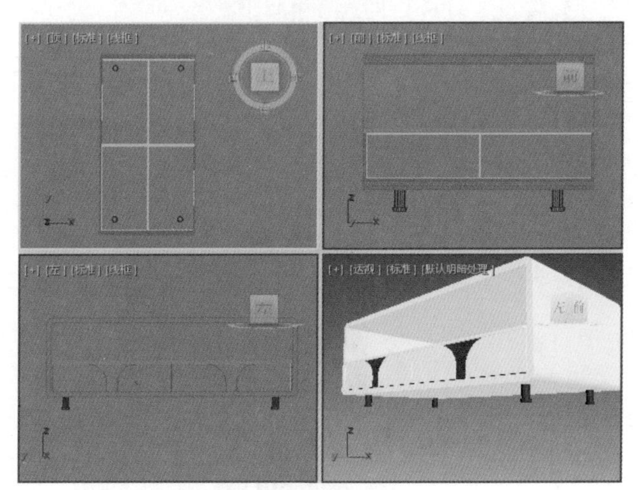

图7-24

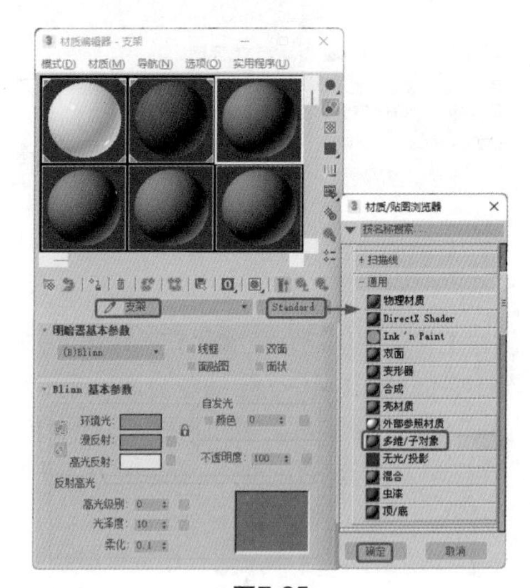

图7-25

Step 25 在弹出的【替换材质】对话框中选中【将旧材

质保存为子材质？】单选按钮，单击【确定】按钮，如图7-26所示。

**Step 26** 在【多维/子对象基本参数】卷展栏中单击【设置数量】按钮，在弹出的对话框中将【材质数量】设置为2，单击【确定】按钮，如图7-27所示。

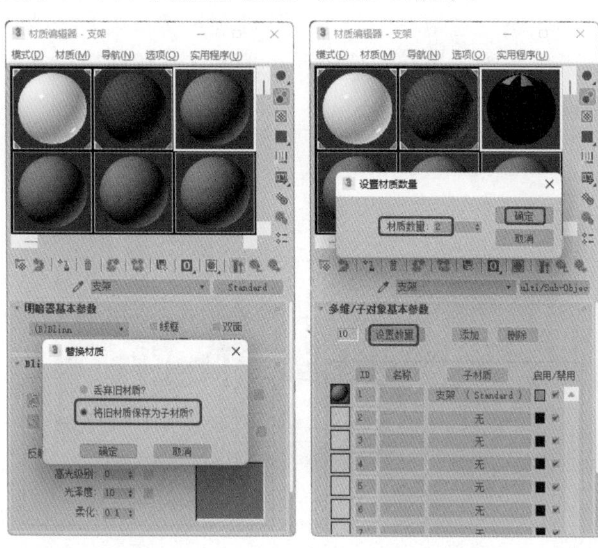

图7-26　　　　图7-27

**Step 27** 在【多维/子对象基本参数】卷展栏中单击ID1右侧的子材质按钮，在【明暗器基本参数】卷展栏中将【明暗器的类型】设置为【金属】，取消【环境光】和【漫反射】的锁定，在【金属基本参数】卷展栏中将【环境光】的RGB值设置为0、0、0，将【漫反射】的RGB值设置为255、255、255，在【反射高光】选项组中将【高光级别】和【光泽度】分别设置为100、86，如图7-28所示。

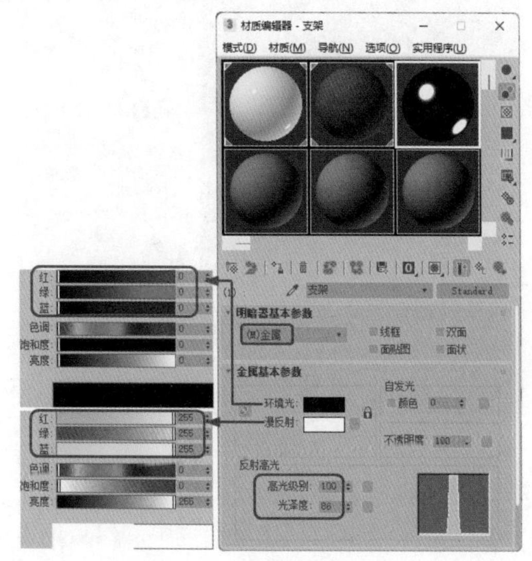

图7-28

**Step 28** 在【贴图】卷展栏中，将【反射】右侧的【数量】设置为70，并单击右侧的【无贴图】按钮，在弹出的【材质/贴图浏览器】对话框中选择【位图】贴图，单击【确定】按钮，如图7-29所示。

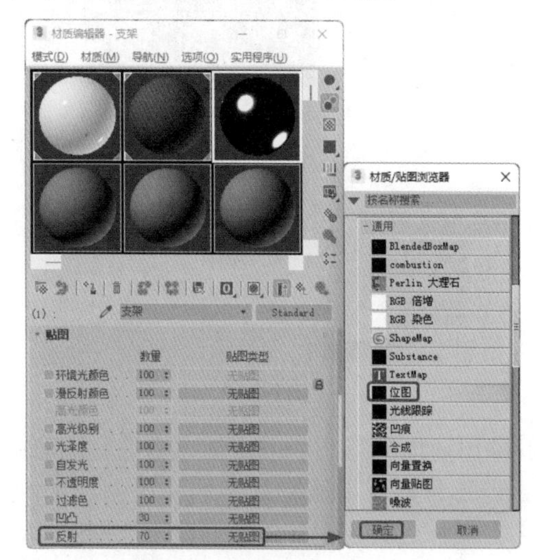

图7-29

**Step 29** 在弹出的对话框中选择“Map\Metal01.jpg”文件，在【坐标】卷展栏中将【瓷砖】下的U、V分别设置为0.4、0.1，将【模糊偏移】设置为0.05，在【输出】卷展栏中将【输出量】设置为1.15，如图7-30所示。

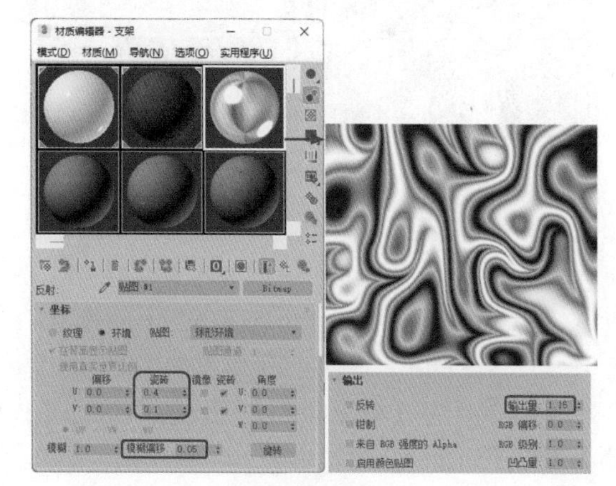

图7-30

**Step 30** 单击两次【转到父对象】按钮，在【多维/子对象基本参数】卷展栏中单击ID2右侧的子材质按钮，在弹出的【材质/贴图浏览器】对话框中双击【标准】材质，然后在【Blinn基本参数】卷展栏中将【环境光】和【漫反射】的RGB值设置为20、20、20，在【反射高光】选项组中将【高光级别】和【光泽度】分别设置为51、50，如图7-31所示。然后单击【转到父对象】按钮和【将材质指定给选定对象】按钮，将材质指定给选定对象。

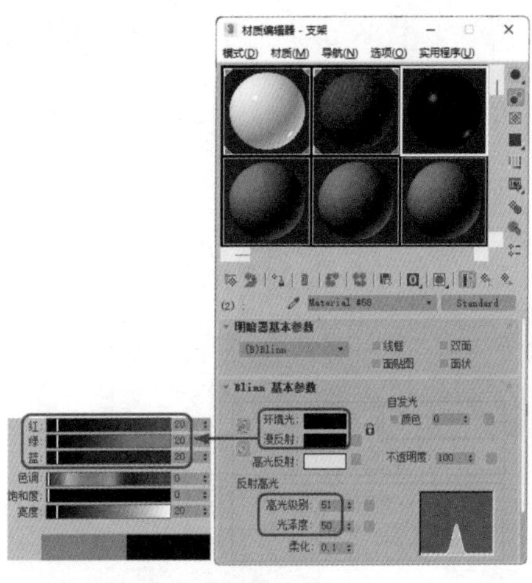

图7-31

**Step 31** 使用前面所介绍的方法创建桌面、地面并添加背景，然后为桌面添加材质。选择【创建】|【摄影机】|【目标】工具，在视图中创建一个摄影机，激活【透视】视图，按C键将其转换为【摄影机】视图，在其他视图中调整摄影机，如图7-32所示。

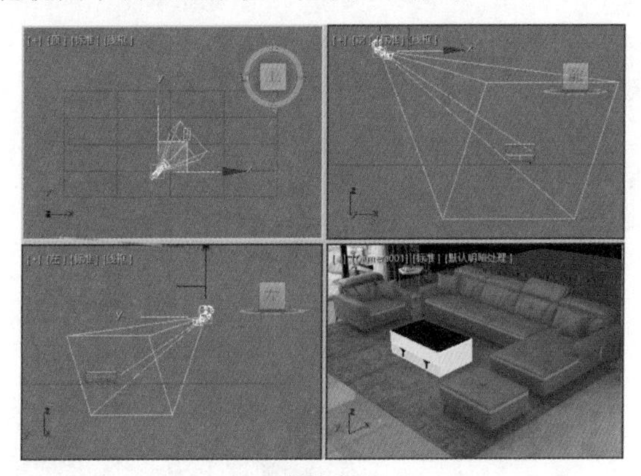

图7-32

**Step 32** 选择【创建】 |【灯光】 |【标准】|【天光】工具，在【顶】视图中创建天光，切换到【修改】命令面板，在【天光参数】卷展栏中勾选【投射阴影】复选框，如图7-33所示。

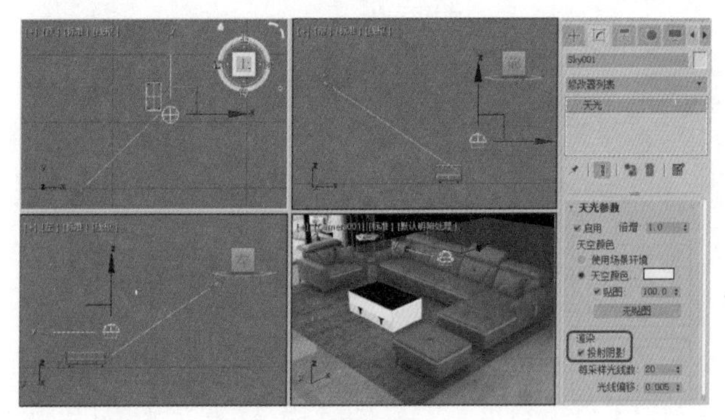

图7-33

## 实例150 制作造型椅

本例将介绍如何制作造型椅，首先使用【线】工具绘制出造型椅的截面，然后利用【挤出】修改器设置出三维效果，再使用【矩形】工具绘制出金属底座，如图7-34所示。

图7-34

| 素材： | Map\造型椅背景.jpg、HOUSE.JPG |
|---|---|
| 场景： | Scene\Cha07\实例150 制作造型椅.max |
| 视频： | 视频教学\Cha07\实例150 制作造型椅.mp4 |

**Step 01** 选择【创建】|【图形】|【线】工具，在【前】视图中绘制一个闭合图形，并将其命名为“主体”，如图7-35所示。

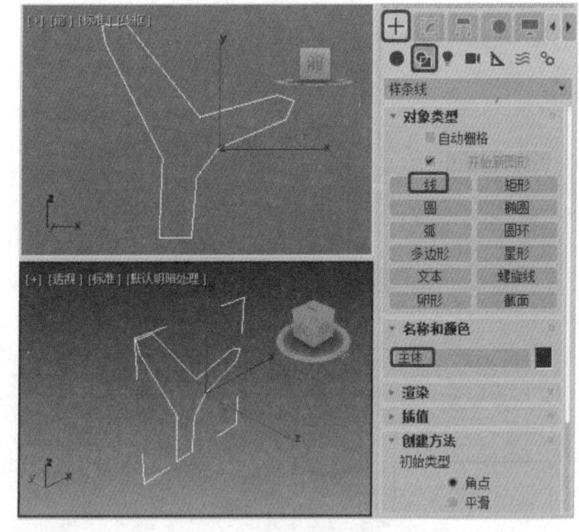

图7-35

**Step 02** 进入【修改】命令面板，将当前选择集定义为【顶点】，将场景中的顶点全部选中，然后单击鼠标右键，在弹出的快捷菜单中选择【Bezier角点】命令，并使用工具栏中的【选择并移动】工具调整点的位置，调整后的效果如图7-36所示。

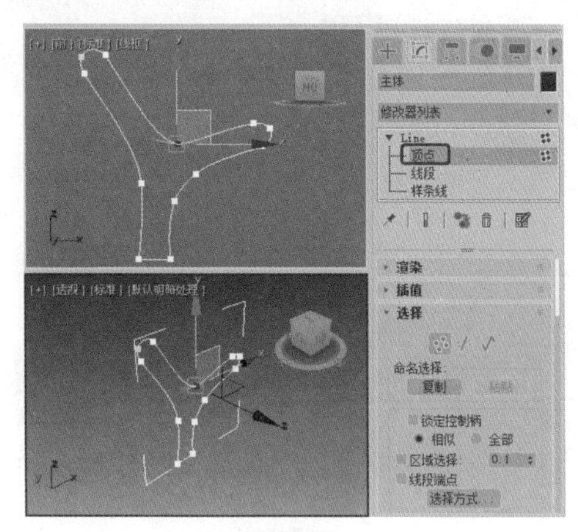

图7-36

◎提示

图形中的每个顶点可能属于下面四种类型之一。

【平滑】：使线段成为一条与顶点相切的平滑曲线。

【角点】：使顶点任意一侧的线段可以与之形成任何角度。

Bezier：提供控制柄，使线段成为一条通过顶点的切线。

【Bezier角点】：提供控制柄，且允许顶点任意一侧的线段与之形成任何角度。

**Step 03** 将当前选择集关闭，然后在【修改器列表】中选择【倒角】修改器，在【倒角值】卷展栏中将【级别1】区域下的【高度】和【轮廓】分别设置为2、0.7，勾选【级别2】复选框，将【级别2】区域下的【高度】设置为115，勾选【级别3】复选框，将【级别3】区域下的【高度】和【轮廓】分别设置为2、-0.7，如图7-37所示。

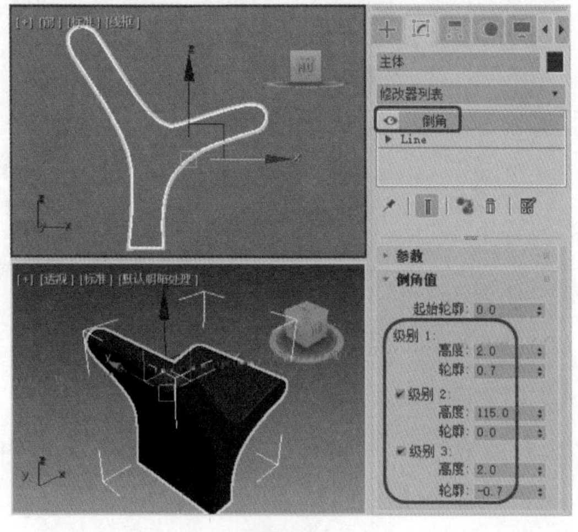

图7-37

**Step 04** 激活【顶】视图，选择【创建】|【图形】|【矩形】工具，在【顶】视图中创建一个【长度】、【宽度】和【角半径】分别为129、132、15的矩形，并将其命名为“支架”，在【渲染】卷展栏中选择【在渲染中启用】和【在视口中启用】复选框，并将【厚度】设置为8，然后在【前】视图中将其调整至椅子的下方，如图7-38所示。

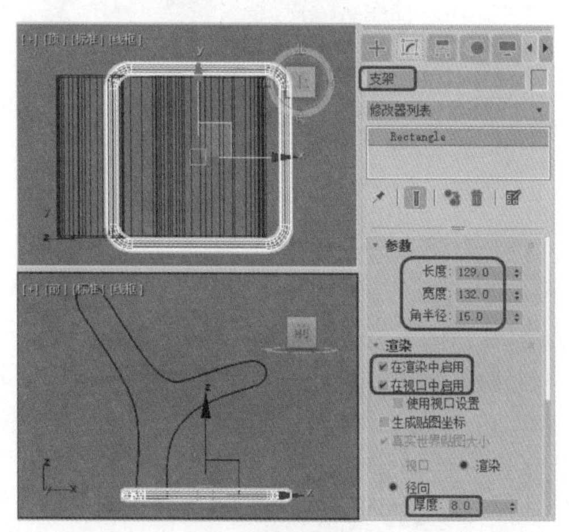

图7-38

**Step 05** 按M键打开【材质编辑器】对话框，选择一个空白的材质样本球，将其命名为“主体”，单击【环境光】右侧的色块，在弹出的对话框中将【红】、【绿】、【蓝】分别设置为255、132、0，将【自发光】选项组中的【颜色】设置为30，将【高光级别】、【光泽度】分别设置为10、0，如图7-39所示。

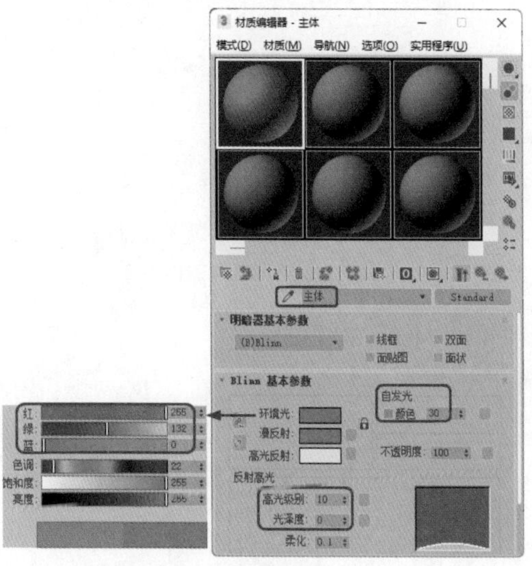

图7-39

**Step 06** 在场景中选择【主体】对象，然后单击【将材质指定给选定对象】按钮，对【透视】视图进行渲染，效果如图7-40所示。

图7-40

Step 07 选择一个空白的材质，将其命名为“支架”，将【明暗器的类型】设置为【金属】，在【金属基本参数】卷展栏中，将【环境光】的RGB值设置为4、4、4，将【漫反射】的RGB值设置为255、255、255，将【反射高光】选项组下的【高光级别】和【光泽度】分别设置为100、80，如图7-41所示。

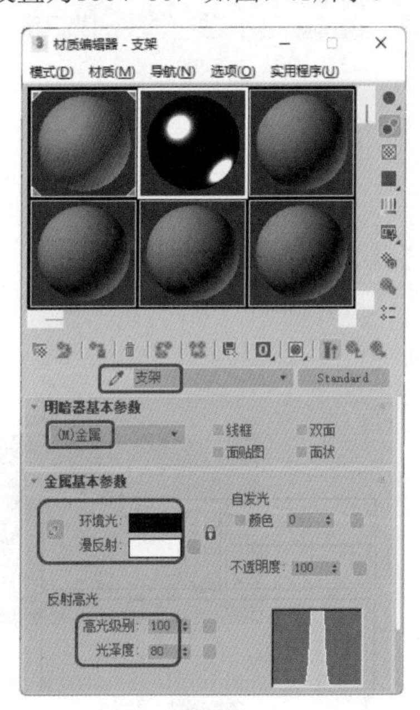

图7-41

Step 08 打开【贴图】卷展栏，单击【反射】通道右侧的【无贴图】按钮，在打开的【材质/贴图浏览器】对话框中选择【位图】贴图，单击【确定】按钮。再在打开的对话框中选择“Map\HOUSE.JPG”文件，单击【打开】按钮。进入【位图】贴图层级，在【坐标】卷展栏中将【模糊偏移】设置为0.1，如图7-42所示。

Step 09 单击【转到父对象】按钮，然后在场景中选择【支架】对象，单击【将材质指定给选定对象】按钮，对【透视】视图进行渲染，效果如图7-43所示。

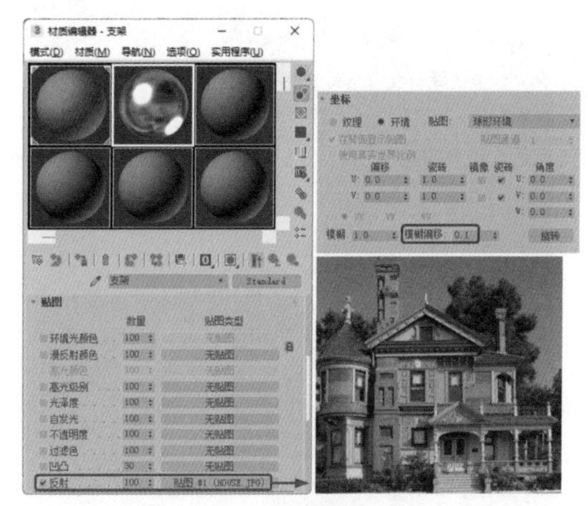

图7-42

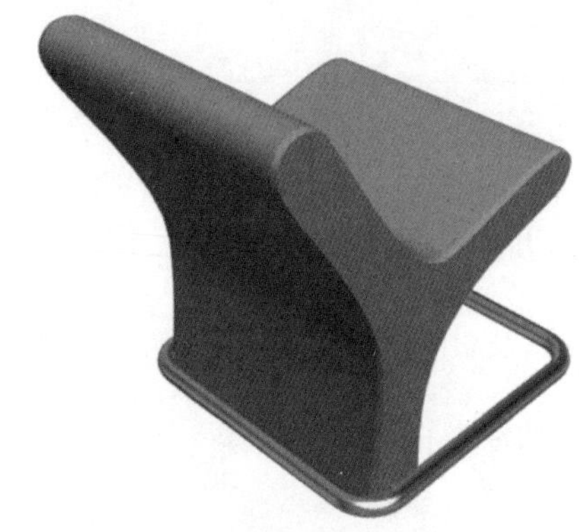

图7-43

Step 10 按8键打开【环境和效果】对话框，在该对话框中单击【环境贴图】下的【无】按钮，在弹出的对话框中选择【位图】选项，单击【确定】按钮，打开【选择位图图像文件】对话框，在该对话框中选择“Map\造型椅背景.jpg”素材文件，如图7-44所示。

图7-44

Step 11 将环境贴图拖曳至空白的材质球上，在弹出的对话框中选中【实例】单选按钮，单击【确定】按钮，将【贴图】设置为【屏幕】，如图7-45所示。

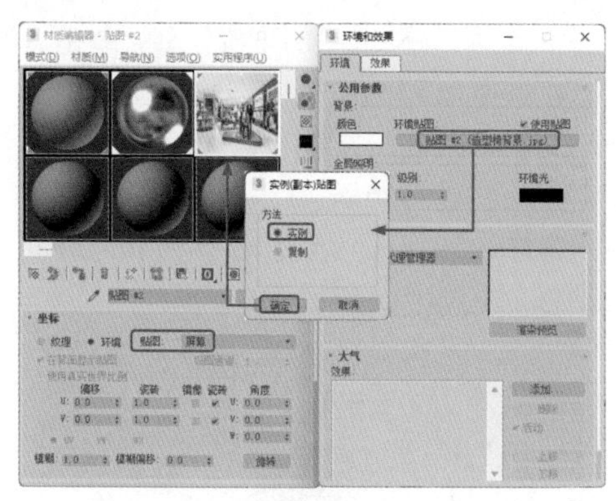

图7-45

**Step 12** 将【透视】视图的视口背景设置为【环境背景】，选择【创建】|【摄影机】|【目标】工具，在【顶】视图中创建一架摄影机，将【透视】视图转换为【摄影机】视图，然后在视图中调整摄影机，效果如图7-46所示。

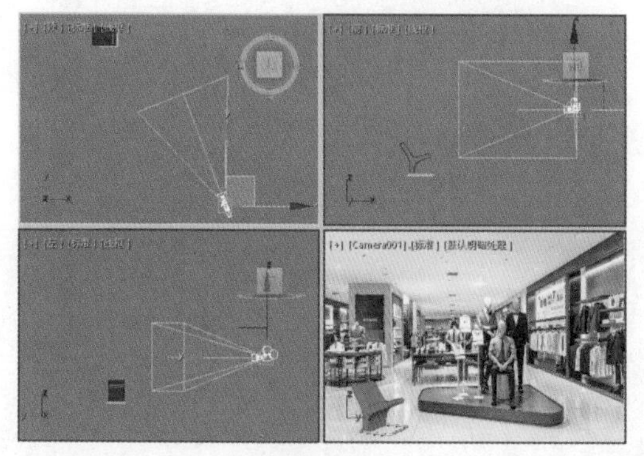

图7-46

**Step 13** 选择【创建】|【灯光】|【目标聚光灯】工具，在【常规参数】卷展栏中勾选【阴影】选项组中的【启用】复选框，将【阴影类型】设置为【光线跟踪阴影】，在【强度/颜色/衰减】卷展栏中将【倍增】设置为0.8，然后在视图中调整聚光灯的位置，效果如图7-47所示。

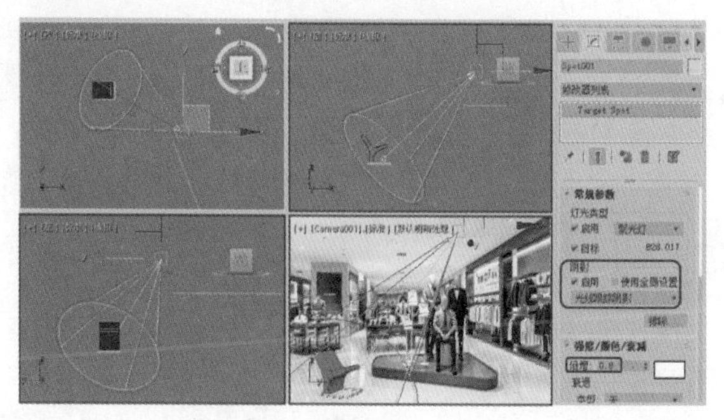

图7-47

**Step 14** 选择【创建】|【灯光】|【泛光】工具，在【顶】视图中创建泛光灯，然后在视图中调整泛光灯的位置，效果如图7-48所示。

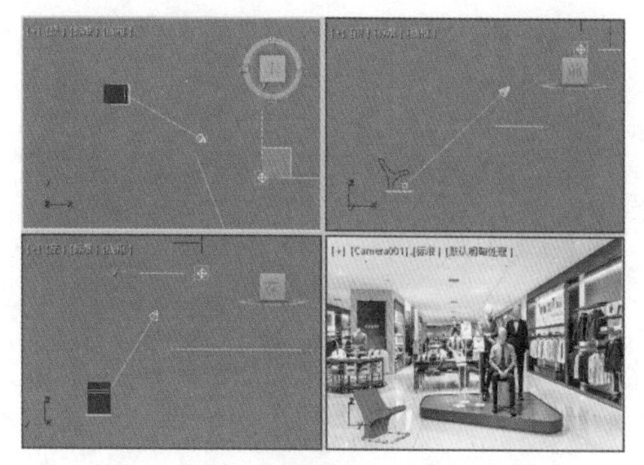

图7-48

**Step 15** 选择【创建】|【几何体】|【平面】工具，在【顶】视图中创建平面，将【长度】、【宽度】均设置为2000，如图7-49所示。

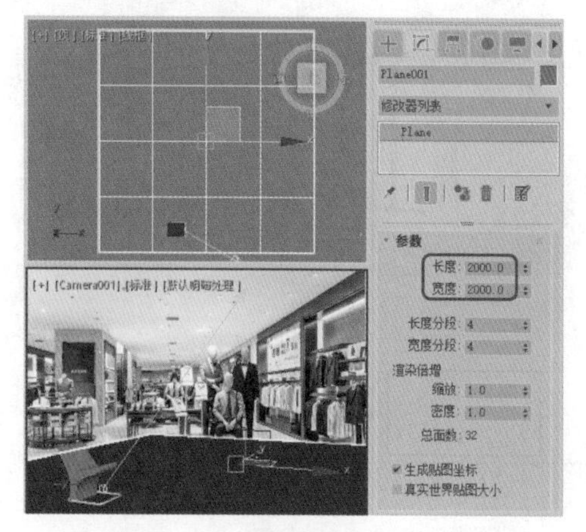

图7-49

**Step 16** 按M键打开【材质编辑器】对话框，选择空白的材质样本球，单击Standard按钮，在弹出的对话框中选择【无光/投影】选项，如图7-50所示。

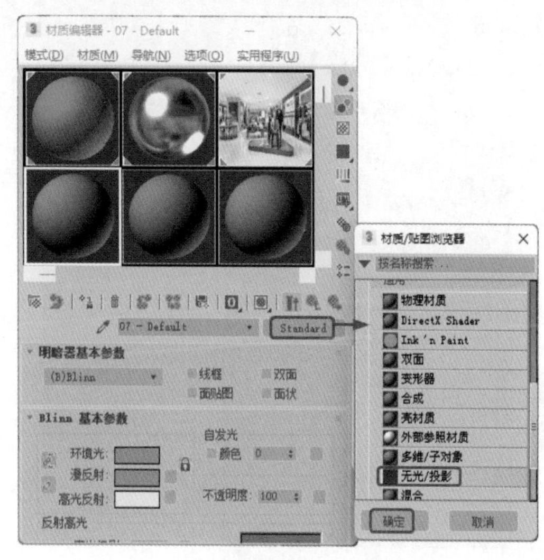

图7-50

**Step 17** 单击【将材质指定给选定对象】按钮，将材质指定给平面对象，然后对【摄影机】视图进行渲染，观看效果。

## 实例151 制作坐墩

本例将介绍如何制作坐墩，首先用【球体】工具绘制球体，然后通过创建圆柱体并进行布尔运算来制作墩身，再使用【车削】修改器制作坐垫，最后将材质指定给对象，效果如图7-51所示。

图7-51

| 素材： | Map\坐墩背景.jpg |
| --- | --- |
| 场景： | Scene\Cha07\实例151 制作坐墩.max |
| 视频： | 视频教学\Cha07\实例151 制作坐墩.mp4 |

**Step 01** 选择【创建】|【几何体】|【标准基本体】选项，在【对象类型】卷展栏中选择【球体】工具，在【顶】视图中创建一个球体，在【名称和颜色】卷展栏中将其重命名为“墩身”，在【参数】卷展栏中将【半径】设置为300、【分段】设置为60，如图7-52所示。

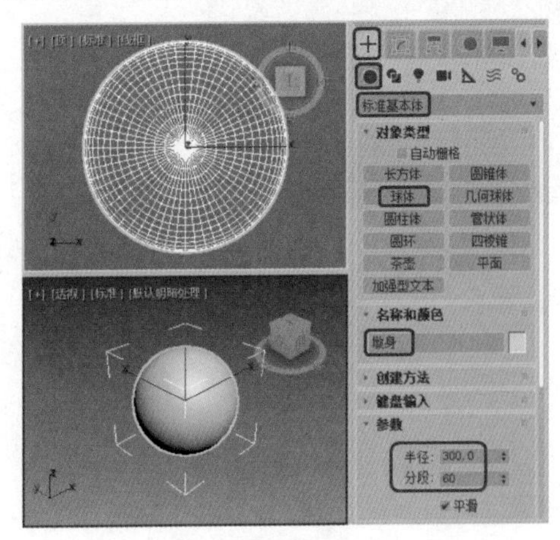

图7-52

**Step 02** 选择【创建】|【几何体】|【标准基本体】选项，在【对象类型】卷展栏中选择【圆柱体】工具，在【顶】视图中创建一个圆柱体，在【参数】卷展栏中将【半径】设置为169、【高度】设置为630、【高度分段】设置为50、【边数】设置为50，并将其重命名为“圆柱1”，如图7-53所示。

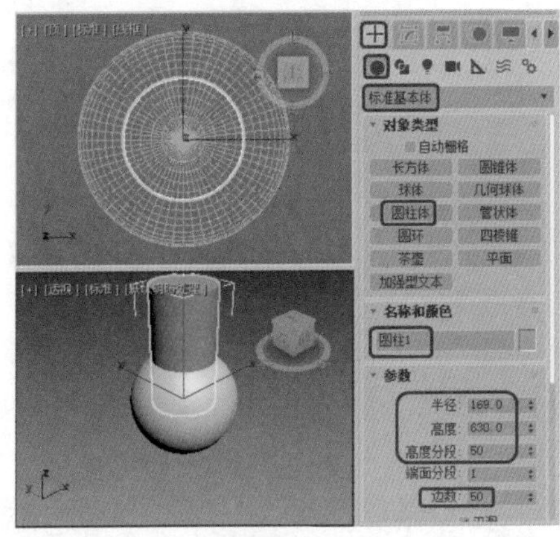

图7-53

**Step 03** 使用【选择并移动】工具将创建的圆柱调整至合适的位置，如图7-54所示。

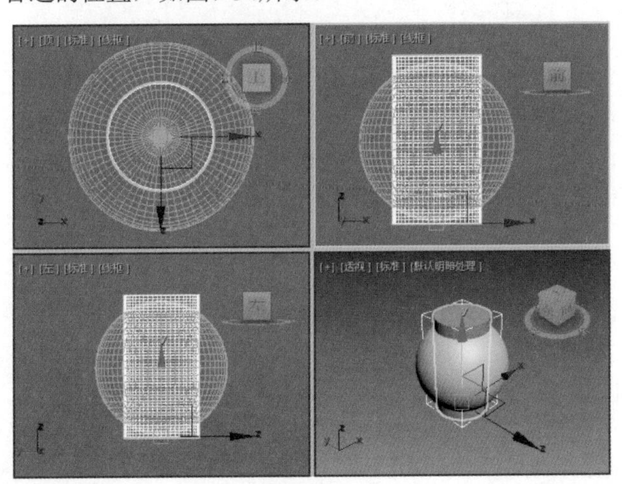

图7-54

**Step 04** 选择创建的【墩身】对象，选择【创建】|【几何体】|【复合对象】| ProBoolean工具，在【拾取布尔对象】卷展栏中，单击【开始拾取】按钮，在视图中单击【圆柱1】对象，如图7-55所示。

**Step 05** 选择【创建】|【几何体】|【标准基本体】选项，在【对象类型】卷展栏中选择【圆柱体】工具，在【左】视图中创建一个圆柱体，在【参数】卷展栏中将【半径】设置为169、【高度】设置为630、【高度分段】设置为50、【边数】设置为50，并将其重命名为“圆柱2”，如图7-56所示。

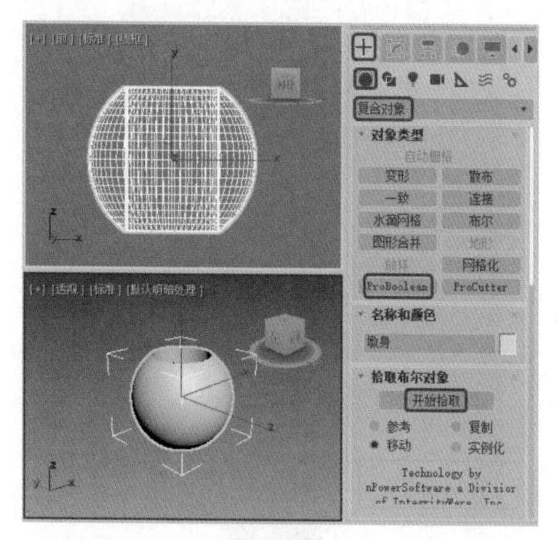

图7-55

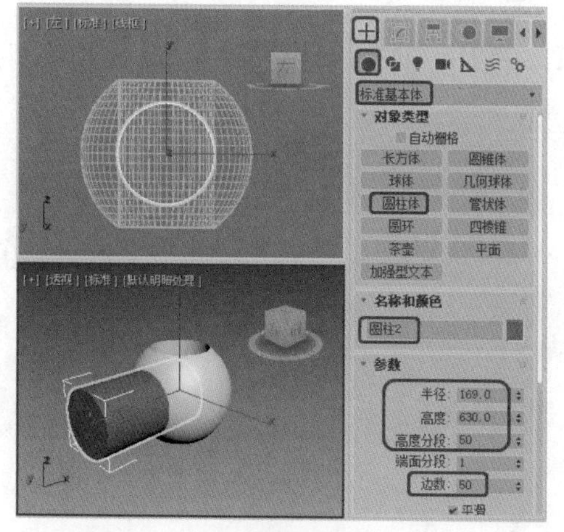

图7-56

**Step 06** 使用【选择并移动】工具将【圆柱2】对象调整至合适的位置，选择【墩身】对象，选择【创建】 |【几何体】 |【复合对象】| ProBoolean工具，在【拾取布尔对象】卷展栏中，单击【开始拾取】按钮，在视图中单击【圆柱2】对象，如图7-57所示。

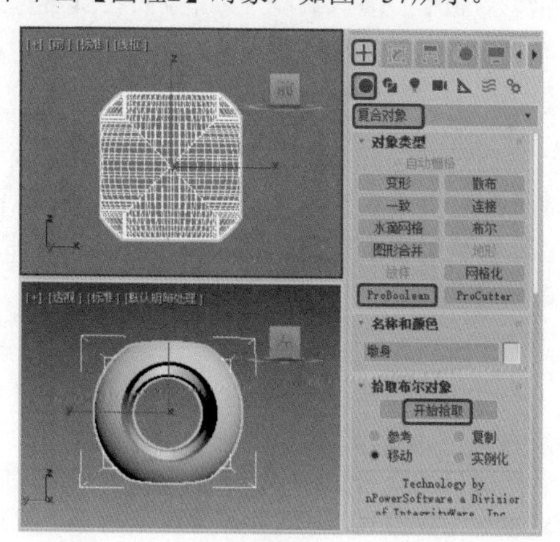

图7-57

**Step 07** 选择【创建】|【几何体】|【标准基本体】选项，在【对象类型】卷展栏中选择【圆柱体】工具，在【前】视图中创建一个圆柱体，在【参数】卷展栏中将【半径】设置为169、【高度】设置为630、【高度分段】设置为50、【边数】设置为50，并将其重命名为“圆柱3”，如图7-58所示。

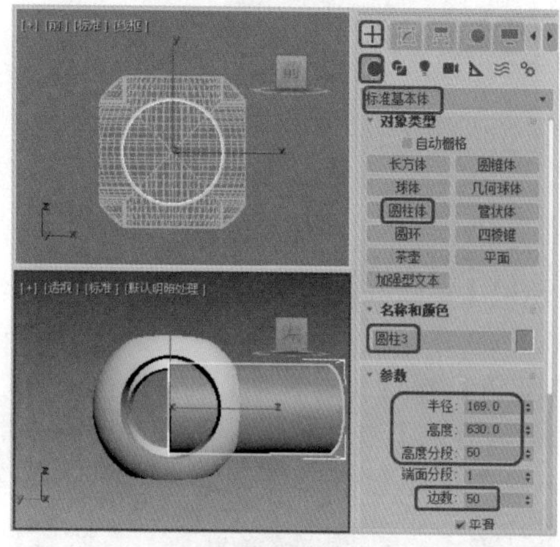

图7-58

**Step 08** 使用【选择并移动】工具将【圆柱3】对象调整至合适的位置，选择【墩身】对象，选择【创建】 |【几何体】 |【复合对象】| ProBoolean工具，在【拾取布尔对象】卷展栏中，单击【开始拾取】按钮，在视图中单击【圆柱3】对象，如图7-59所示。

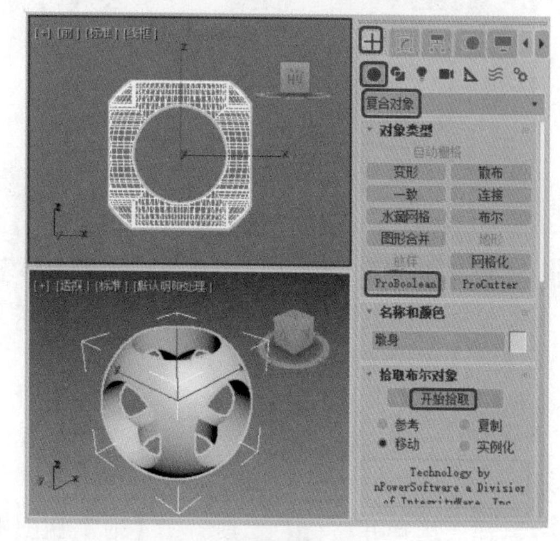

图7-59

**Step 09** 选择【创建】|【几何体】|【标准基本体】选项，在【对象类型】卷展栏中选择【球体】工具，在【顶】视图中创建一个球体，在【参数】卷展栏中将【半径】设置为285、【分段】设置为60，并将其重命名为“内轮廓”，如图7-60所示。

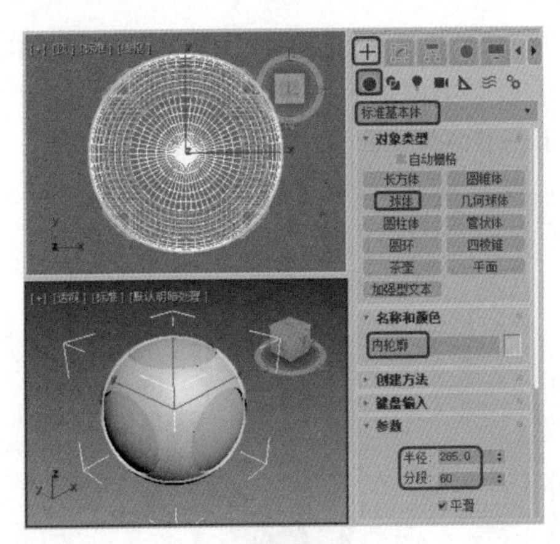

图7-60

**Step 10** 使用【移动并选择】工具将【内轮廓】对象调整至合适的位置，选择【墩身】对象，选择【创建】|【几何体】|【复合对象】| ProBoolean工具，在【拾取布尔对象】卷展栏中，单击【开始拾取】按钮，在视图中单击【内轮廓】对象，如图7-61所示。

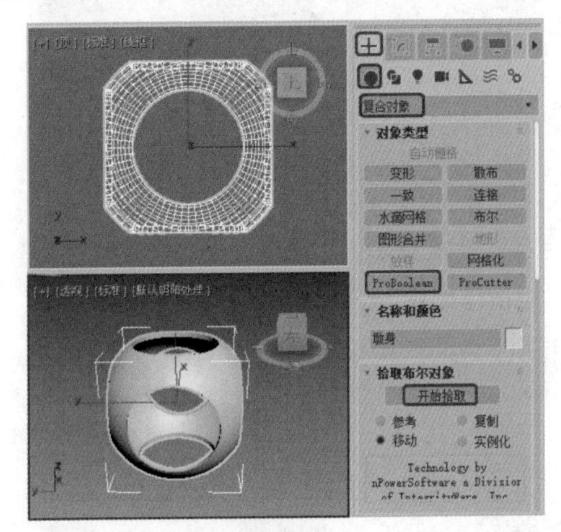

图7-61

**Step 11** 选择【创建】|【几何体】|【扩展基本体】选项，在【对象类型】卷展栏中选择【切角圆柱体】工具，在【顶】视图中创建一个切角圆柱体，在【参数】卷展栏中将【半径】设置为186，【高度】设置为27，【圆角】设置为11，【边数】设置为50，并将其重命名为“夹板”，如图7-62所示。

**Step 12** 选择【选择并移动】工具，在【前】视图中将【夹板】对象调整至合适的位置，按M键，打开【材质编辑器】对话框，在该对话框中选择一个空白材质球，并将其重命名为“墩身”，在【明暗器基本参数】卷展栏中将【明暗器的类型】设置为Blinn，勾选【双面】复选框和【面贴图】复选框，在【Blinn基本参数】卷展栏中将【环境光】和【漫反射】的RGB值分别设置为241、241、241，并将【自发光】选项组中的【颜色】设置为43，如图7-63所示。

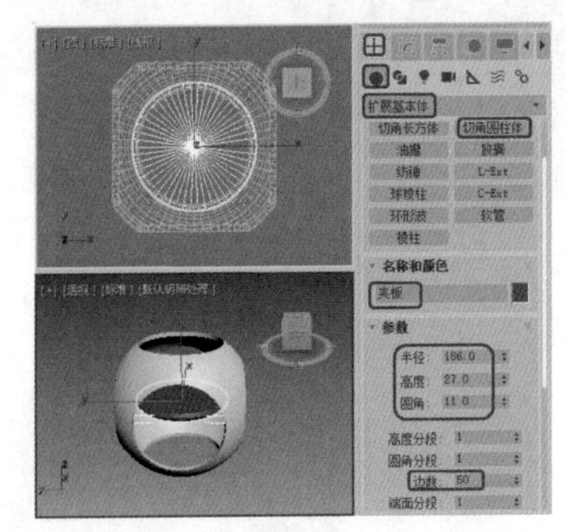

图7-62

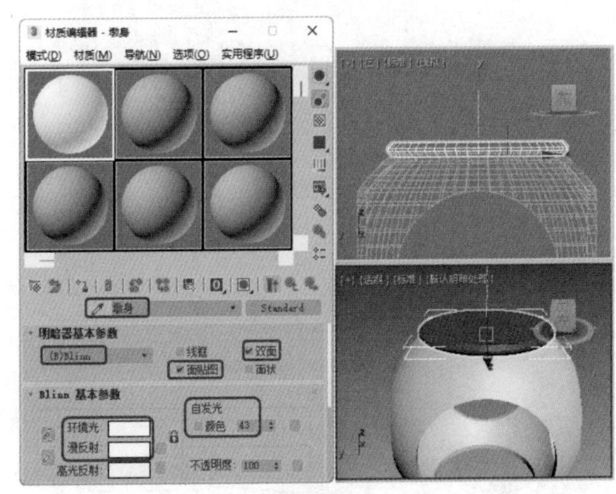

图7-63

**提示**

【双面】：将对象法线为负方向的一面也进行渲染，通常计算机为了简化计算，只渲染对象法线为正方向的表面（即可视的外表面），这对大多数对象都适用，但有些敞开面的对象，其内壁看不到任何材质效果，这时就必须打开【双面】设置。

【面贴图】：将材质指定给造型的全部面，如果含有贴图的材质，在没有指定贴图坐标的情况下，贴图会均匀分布在对象的每一个表面上。

**Step 13** 在场景中选择【墩身】、【夹板】对象，单击【将材质指定给选定对象】按钮，然后单击【视口中显示明暗处理材质】按钮，即可为选择的对象赋予材质，如图7-64所示。

**提示**

【视口中显示明暗处理材质】：在贴图材质的贴图层级中此按钮可用。单击该按钮，可以在场景中显示出材质的贴图效果，如果是同步材质，对贴图的各种设置也会同步影响场景中的对象，这样就可以轻松地进行贴图材质的编辑工作。

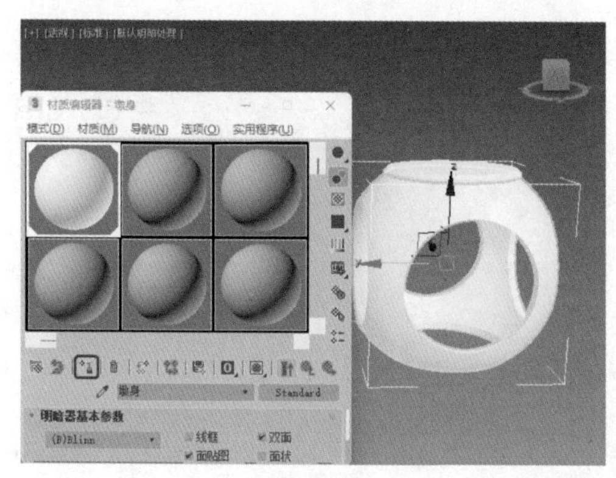

图7-64

**Step 14** 将【材质编辑器】对话框关闭，选择【创建】|【图形】|【样条线】工具，在【对象类型】卷展栏中选择【线】工具，在【前】视图中创建一个图形，将其重命名为“坐垫”，切换至【修改】命令面板，将当前选择集定义为【顶点】，使用【选择并移动】工具，将【坐垫】对象调整至如图7-65所示的形状。

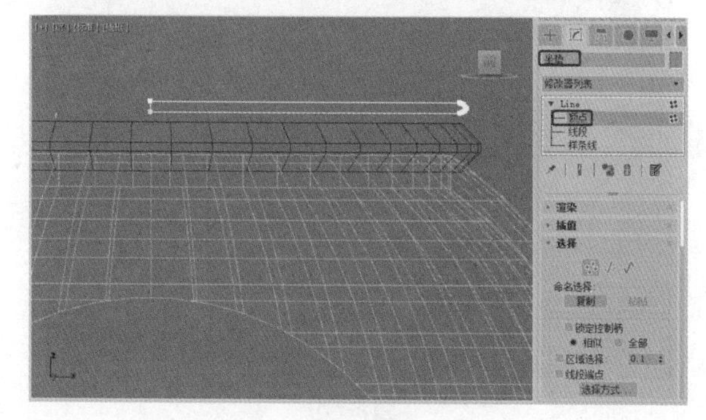

图7-65

**Step 15** 在【修改器列表】中选择【车削】修改器，将【分段】设置为33，单击【对齐】选项组下的【最小】按钮，如图7-66所示。

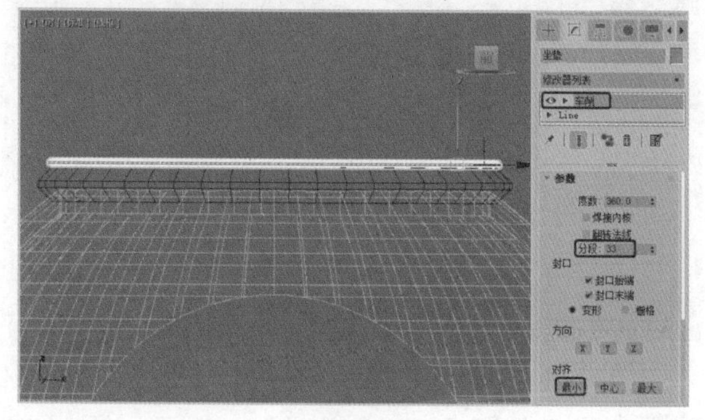

图7-66

**Step 16** 选择创建的坐垫，按M键打开【材质编辑器】对话框，选择一个空白材质球，将其重命名为“坐垫”，在【Blinn基本参数】卷展栏中将【环境光】和【漫发射】的红、绿、蓝分别设置为0、78、255，在【反射高光】选项组下将【高光级别】设置为56、【光泽度】设置为35，如图7-67所示。

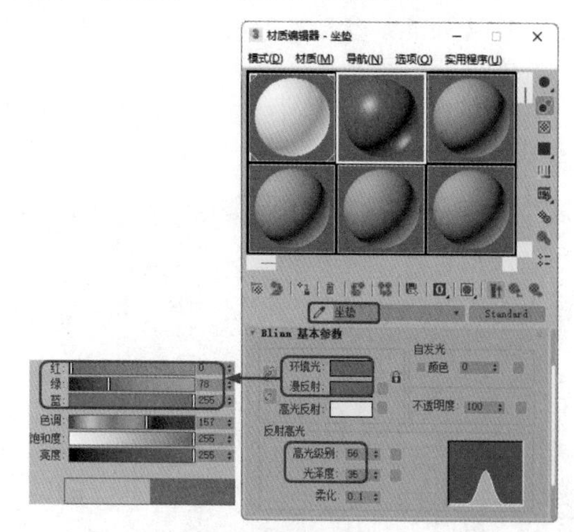

图7-67

**Step 17** 单击【将材质指定给选定对象】按钮，为选定的对象赋予材质。选择【创建】|【几何体】|【标准基本体】选项，在【对象类型】卷展栏中选择【长方体】工具，在【顶】视图中创建一个长方体，在【参数】卷展栏中将【长度】设置为5000，【宽度】设置为5000，【高度】设置为0，并将其重命名为“地面”，颜色设置为白色，如图7-68所示。

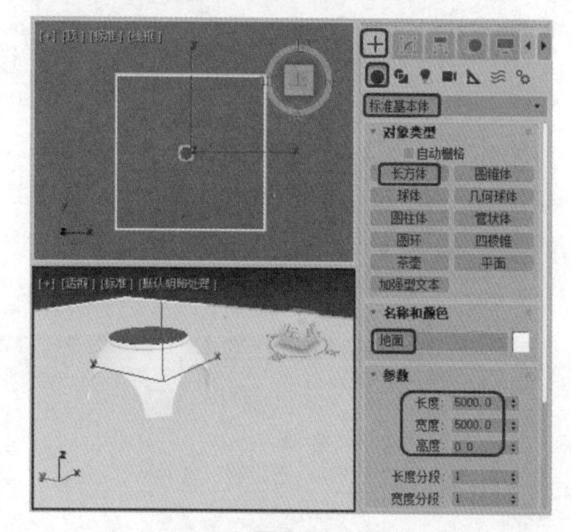

图7-68

**Step 18** 使用【选择并移动】工具，将【地面】对象移动至合适的位置，选择【创建】|【摄影机】|【标准】选项，在【对象类型】卷展栏中选择【目标】工具，在【顶】视图中创建一架摄影机，将【镜头】设置为30mm，并调整其位置，然后将【透视】视图转换为【摄影机】视图，如图7-69所示。

**Step 19** 选择【创建】|【灯光】|【标准】选项，在【对象类型】卷展栏中选择【目标聚光灯】工具，在视图

中创建一个聚光灯，并调整其位置，切换至【修改】命令面板，在【常规参数】卷展栏中勾选【阴影】选项组下的【启用】复选框，将类型设置为【光线跟踪阴影】，在【聚光灯参数】卷展栏中勾选【泛光化】复选框，在【阴影参数】卷展栏中将【颜色】的红、绿、蓝分别设置为18、18、18，将【强度/颜色/衰减】卷展栏中的【倍增】设置为0.8，如图7-70所示。

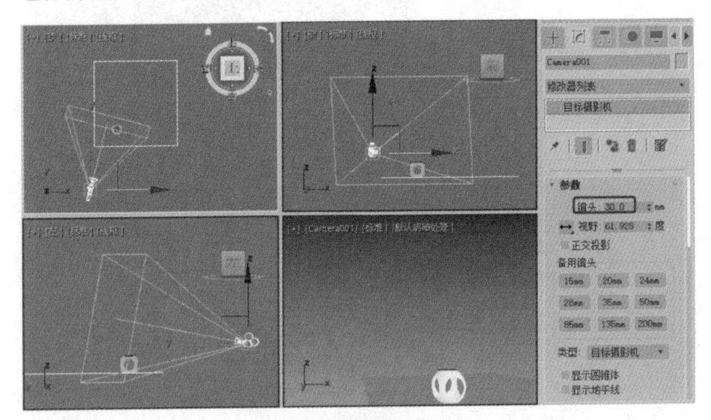

图7-69

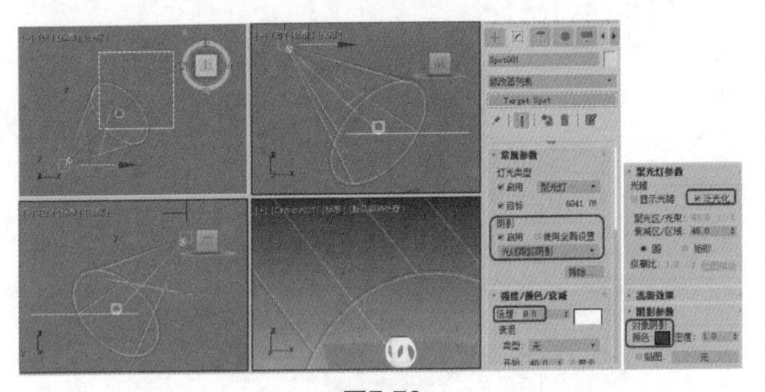

图7-70

**Step 20** 使用同样的方法，在视图中创建一个泛光灯，在【强度/颜色/衰减】卷展栏中将【倍增】设置为0.2，如图7-71所示。

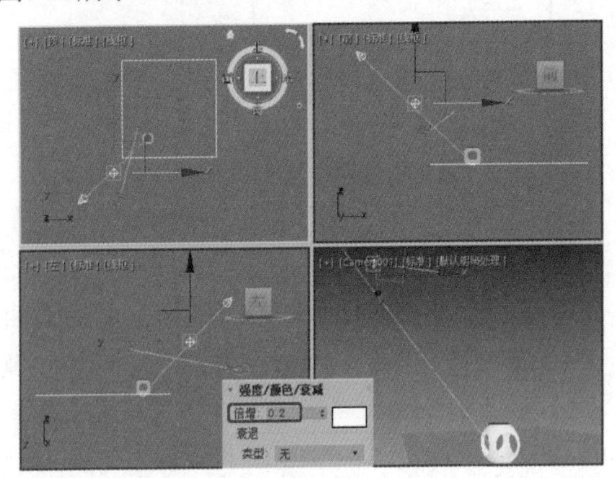

图7-71

**Step 21** 使用同样的方法，在图7-72所示的位置创建一个泛光灯，并将其【倍增】设置为0.5。

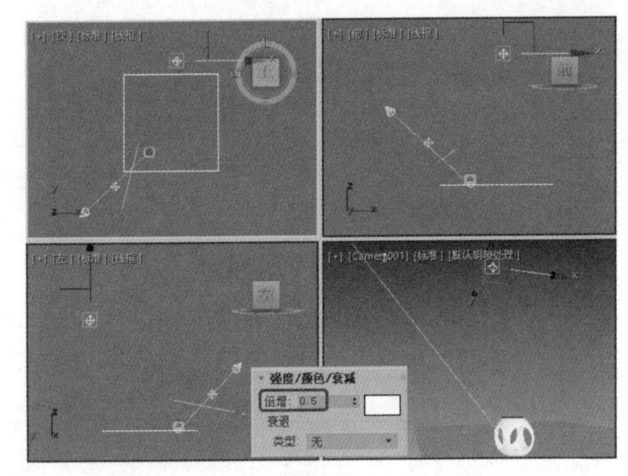

图7-72

**Step 22** 在场景中创建如图7-73所示的泛光灯，并调整至合适的位置，将其【倍增】设置为0.3，如图7-73所示。

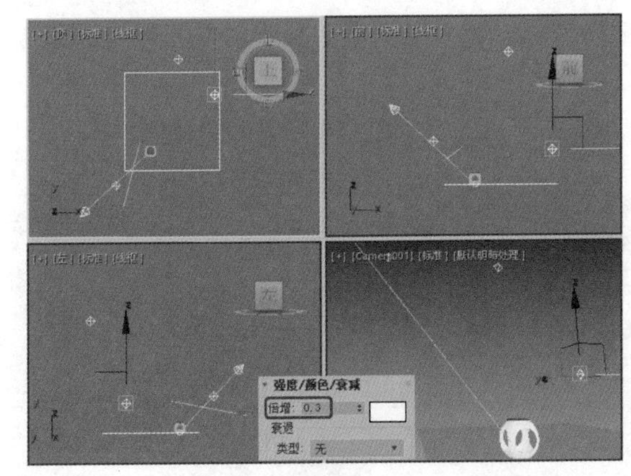

图7-73

**Step 23** 使用前面讲过的办法创建一个聚光灯，并将其调整至合适的位置，其参数设置如图7-74所示。

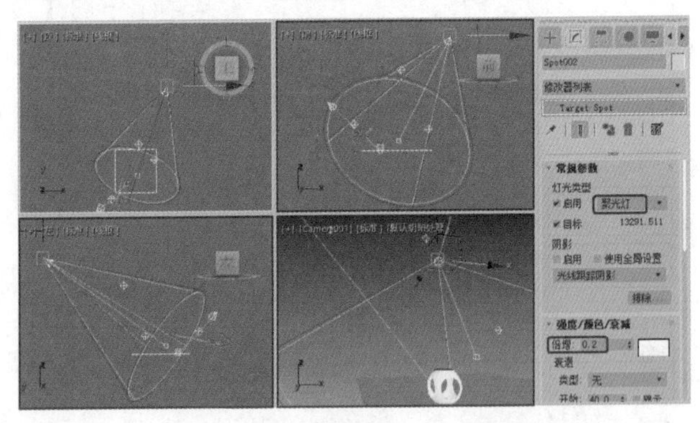

图7-74

**Step 24** 按8键打开【环境和效果】对话框，在对话框中单击【环境贴图】下的【无】按钮，在弹出的对话框中选择【位图】选项，然后单击【确定】按钮，如图7-75所示，在弹出的对话框中选择“坐墩背景.jpg”素材文件并打开。

图7-75

**Step 25** 将环境贴图拖曳至空白的材质样本球上，在弹出的对话框中选中【实例】单选按钮，将【坐标】卷展栏中的【贴图】设置为【屏幕】，如图7-76所示。

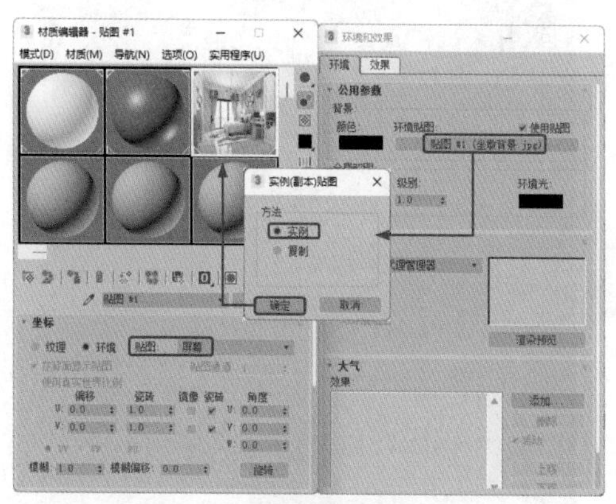

图7-76

**Step 26** 将【摄影机】视图的视口背景设置为环境背景，选择【创建】 |【灯光】 |【标准】|【天光】工具，在【顶】视图中创建天光，切换到【修改】命令面板，在【天光参数】卷展栏中勾选【投射阴影】复选框，效果如图7-77所示。

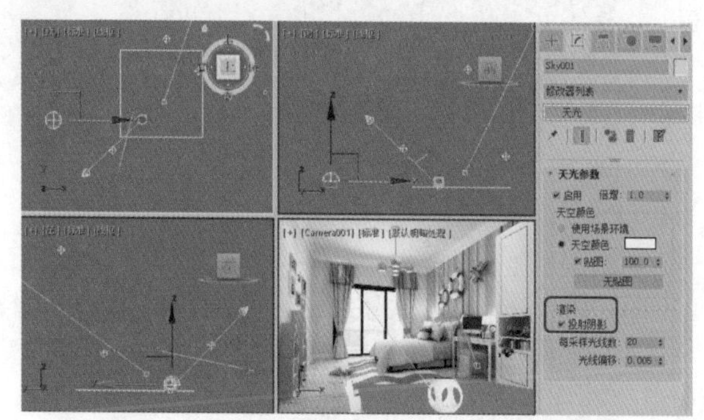

图7-77

**Step 27** 选择一个空白的材质样本球，单击Standard按钮，在弹出的对话框中选择【无光/投影】选项，单击【确定】按钮，将材质指定给【地面】对象，效果如图7-78所示。

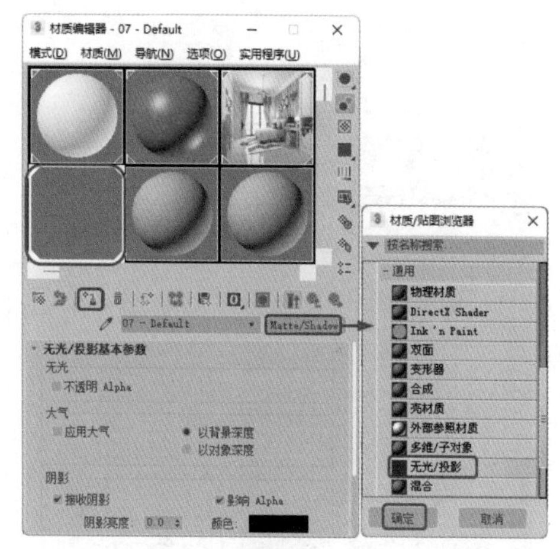

图7-78

**Step 28** 激活【摄影机】视图，对该视图进行渲染即可。

## 实例152 制作抱枕

本例将介绍抱枕的制作方法，首先使用【切角长方体】工具和【FFD（长方体）】修改器来制作抱枕，然后添加背景贴图，完成后的效果如图7-79所示。

图7-79

| 素材: | Map\抱枕背景.jpg、抱枕贴图.jpg |
|---|---|
| 场景: | Scene\Cha07\实例152 制作抱枕.max |
| 视频: | 视频教学\Cha07\实例152 制作抱枕.mp4 |

**Step 01** 选择【创建】 |【几何体】 |【扩展基本体】|【切角长方体】工具，在【顶】视图中创建一个切角长方体，将其命名为“抱枕001”，切换到【修改】命令面板，在【参数】卷展栏中将【长度】、

【宽度】、【高度】、【圆角】、【长度分段】、【宽度分段】、【圆角分段】分别设置为400、400、100、50、5、6、3，如图7-80所示。

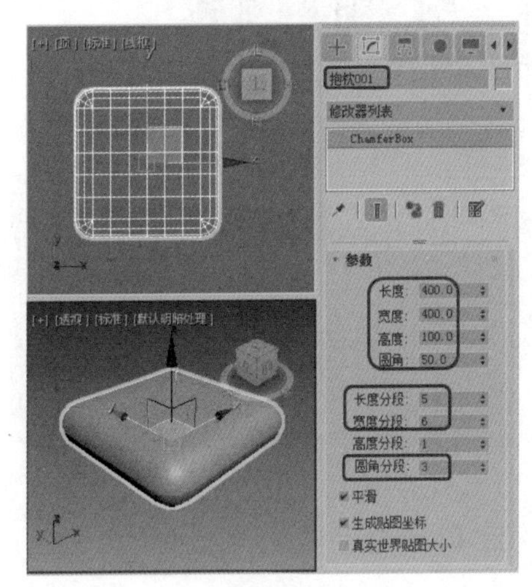

图7-80

**Step 02** 在【修改器列表】中选择【FFD（长方体）】修改器，在【FFD参数】卷展栏中单击【设置点数】按钮，在弹出的对话框中将【长度】、【宽度】和【高度】分别设置为5、6、2，单击【确定】按钮，如图7-81所示。

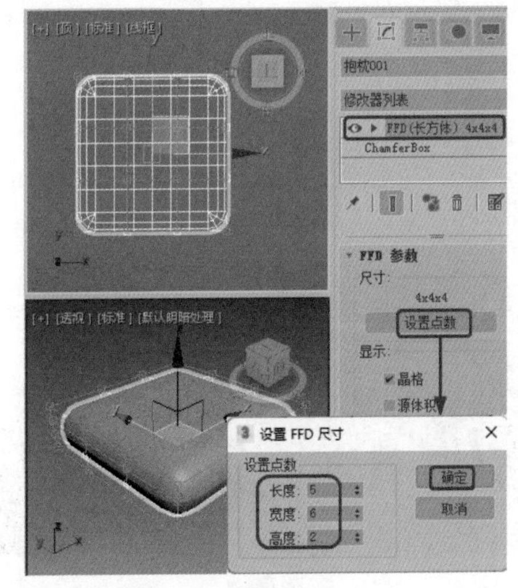

图7-81

**Step 03** 将当前选择集定义为【控制点】，在【顶】视图中选择最外围的所有控制点，在工具栏中选择【选择并均匀缩放】工具，在【前】视图中沿Y轴向下拖动，如图7-82所示。

**Step 04** 在【顶】视图中选择最外围除每个角外的所有控制点，将鼠标指针移至X、Y轴中心处并按住鼠标左键拖动，如图7-83所示。

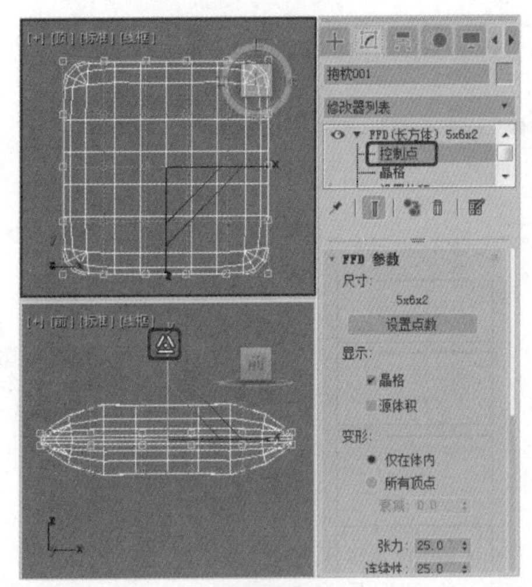

图7-82

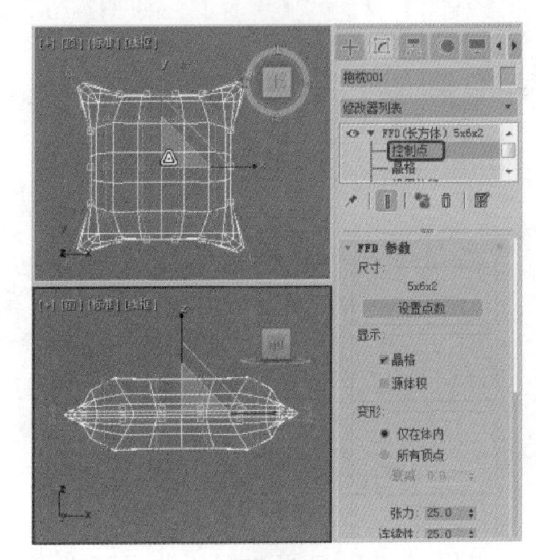

图7-83

**Step 05** 选择【选择并移动】工具，在【前】视图和【左】视图中沿Y轴调整上下两边上的控制点，调整后的效果如图7-84所示。

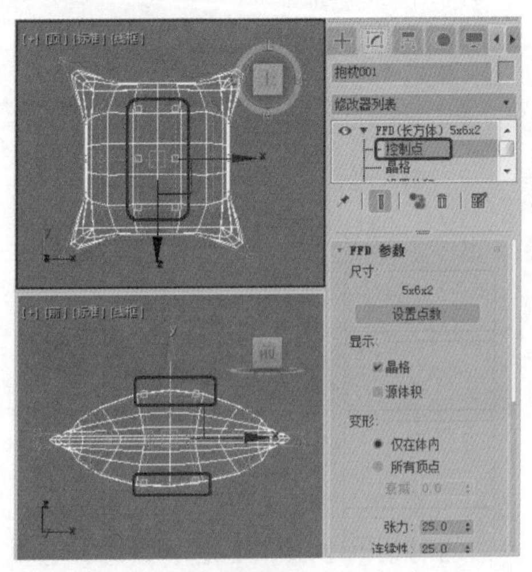

图7-84

**Step 06** 关闭当前选择集，在【修改器列表】中选择【网格平滑】修改器，如图7-85所示。

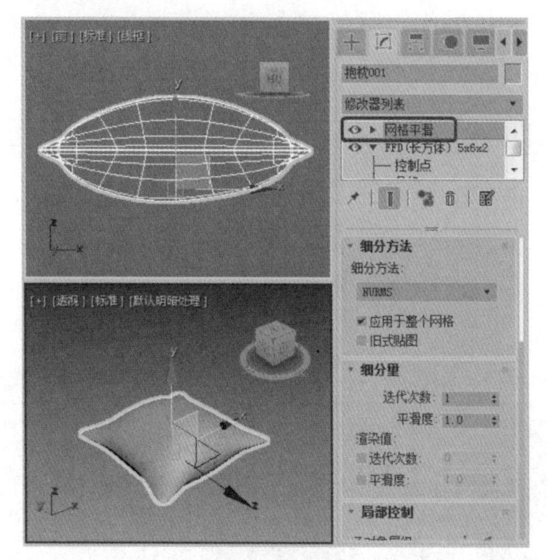

图7-85

**◎提示·◦**

【网格平滑】修改器可使物体的棱角变得平滑，使外观更符合现实中的真实物体。其中【迭代次数】决定了平滑的程度，不过该值太大会造成面数过多，一般情况下不宜超过4。

**Step 07** 在场景中选择【抱枕001】对象，按M键打开【材质编辑器】对话框，选择一个新的材质样本球，将其命名为“布料材质”，在【Blinn基本参数】卷展栏中，将【自发光】选项组中的【颜色】设置为50，如图7-86所示。

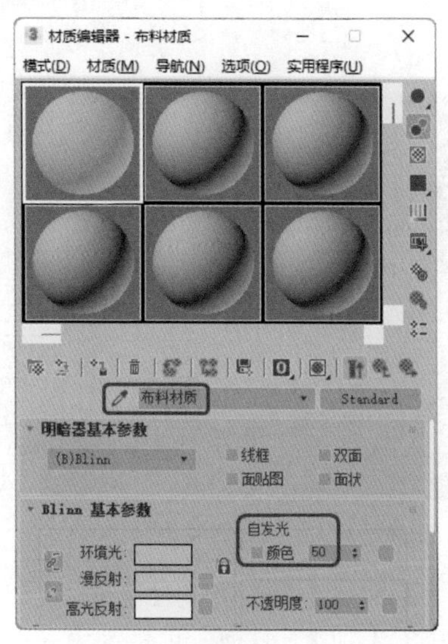

图7-86

**Step 08** 在【贴图】卷展栏中单击【漫反射颜色】右侧的【无贴图】按钮，在弹出的【材质/贴图浏览器】对话框中选择【位图】贴图，单击【确定】按钮，如图7-87所示。

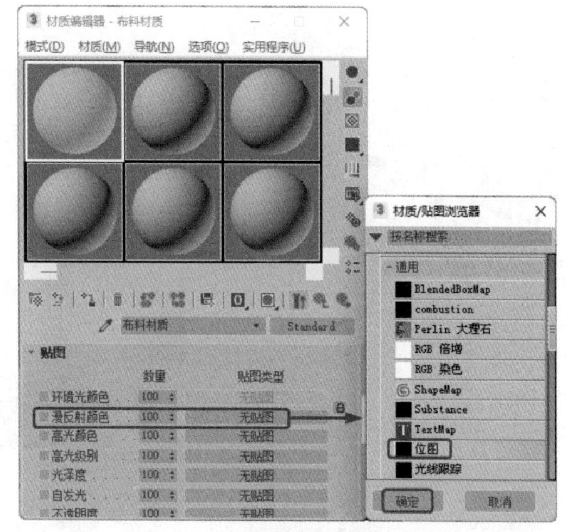

图7-87

**Step 09** 在弹出的对话框中选择“Map\抱枕贴图.jpg”贴图文件，单击【打开】按钮，在【坐标】卷展栏中将【角度】下的U、V、W分别设置为-7、-10、50，将【模糊】设置为0.05，如图7-88所示。设置完成后，单击【转到父对象】按钮和【将材质指定给选定对象】按钮，将材质指定给【抱枕001】对象。

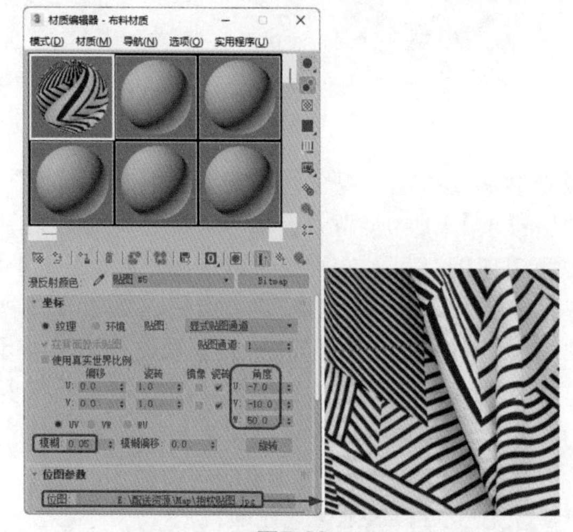

图7-88

**Step 10** 按8键弹出【环境和效果】对话框，在【公用参数】卷展栏中单击【无】按钮，在弹出的【材质/贴图浏览器】对话框中选择【位图】贴图，单击【确定】按钮，再在弹出的对话框中打开“抱枕背景.jpg”素材文件，如图7-89所示。

**Step 11** 在【环境和效果】对话框中，将环境贴图按钮拖曳至新的材质样本球上，在弹出的【实例（副本）贴图】对话框中选中【实例】单选按钮，并单击【确定】按钮，然后在【坐标】卷展栏中将【贴图】设置为【屏幕】，如图7-90所示。

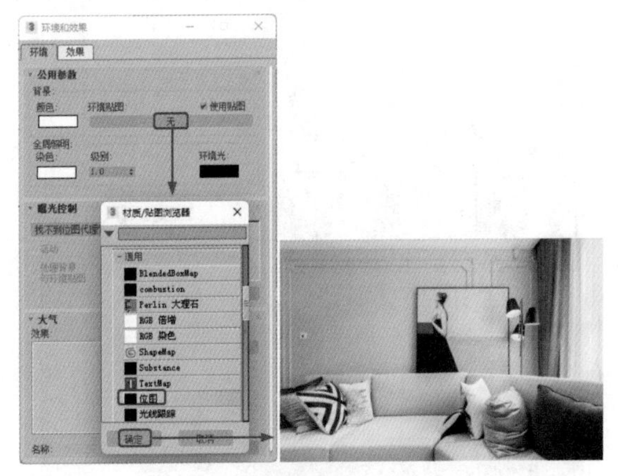
图7-89

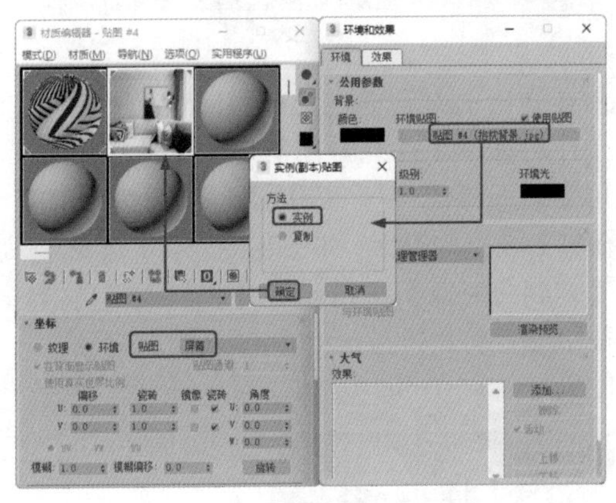
图7-90

**Step 12** 激活【透视】视图，在菜单栏中选择【视图】|【视口背景】|【环境背景】命令，即可在【透视】视图中显示环境背景。选择【创建】 |【摄影机】 |【目标】工具，在视图中创建摄影机，激活【透视】视图，按C键将其转换为【摄影机】视图。切换到【修改】命令面板，在【参数】卷展栏中，将【镜头】设置为35，并在其他视图中调整摄影机的位置，适当地旋转抱枕的旋转角度和位置，如图7-91所示。

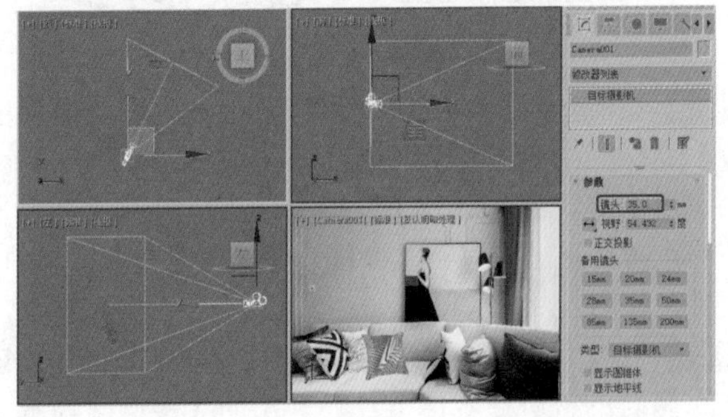
图7-91

**Step 13** 选择【创建】 |【几何体】 |【平面】工具，在【顶】视图中绘制一个平面，在【参数】卷展栏中将【长度】、【宽度】分别设置为1195、1377。选中该对象，使用【选择并移动】工具 在视图中调整其位置，在该对象上右击鼠标，在弹出的快捷菜单中选择【对象属性】命令，在【显示属性】选项组中勾选【透明】复选框，按M键，在弹出的对话框中选择一个空白的材质样本球，单击Standard按钮，在弹出的对话框中选择【无光/投影】选项，将材质指定给平面对象，如图7-92所示。

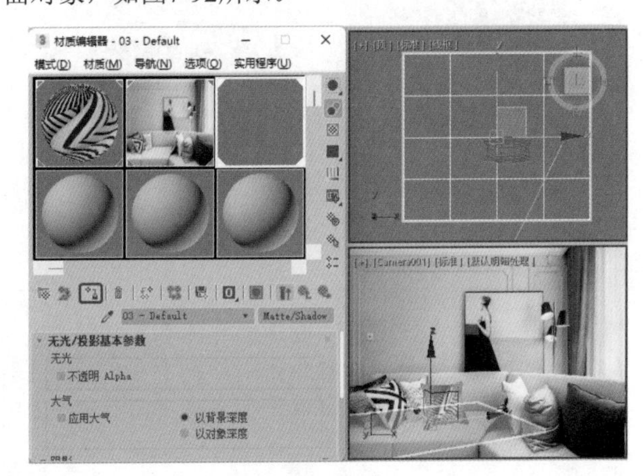
图7-92

**Step 14** 选择【创建】 |【灯光】 |【标准】|【泛光】工具，在【顶】视图中创建泛光灯，并在其他视图中调整灯光的位置。切换至【修改】命令面板，在【常规参数】卷展栏中，勾选【阴影】选项组中的【启用】复选框，将【倍增】设置为0.2，将颜色设置为黑色，如图7-93所示。

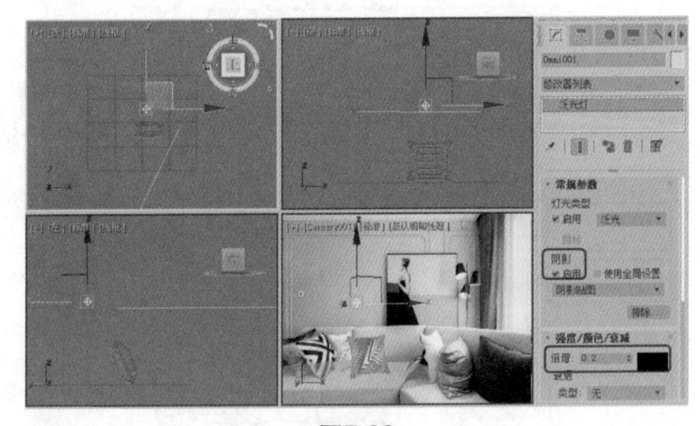
图7-93

**Step 15** 选择【创建】 |【灯光】 |【标准】|【天光】工具，在【顶】视图中创建天光，切换到【修改】命令面板，在【天光参数】卷展栏中将【倍增】设置为1.2，勾选【投射阴影】复选框，如图7-94所示。

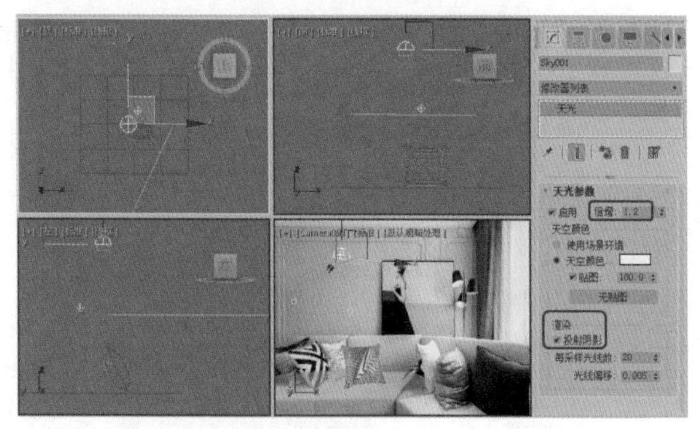

图7-94

**Step 16** 至此，抱枕就制作完成了，激活【摄影机】视图，对视图进行渲染即可。

## 实例153 制作画框

本例将介绍木质画框的制作方法，首先使用【线】工具绘制画框的截面图形，然后通过【车削】修改器并移动轴心点的位置来实现画框的造型，画面部分直接使用【长方体】工具创建，效果如图7-95所示。

图7-95

| 素材： | Map\背景2.jpg、画框壁纸1、画框壁纸2.jpg、画框壁纸3.jpg、B-e-015B.jpg |
|---|---|
| 场景： | Scene\Cha07\实例153 制作画框.max |
| 视频： | 视频教学\Cha07\实例153 制作画框.mp4 |

**Step 01** 选择【创建】 |【图形】 |【样条线】|【线】工具，在【顶】视图中绘制一个闭合的样条曲线，并将其命名为“画框1”，切换至【修改】命令面板，在【插值】卷展栏中将【步数】设置为12，将当前选择集定义为【顶点】，然后在视图中调整样条线，调节效果如图7-96所示。

**Step 02** 关闭当前选择集，在工具栏中右击【选择并旋转】工具 ，在弹出的【旋转变换输入】对话框中将【绝对：世界】选项组下的Y值设置为45，旋转效果如图7-97所示。

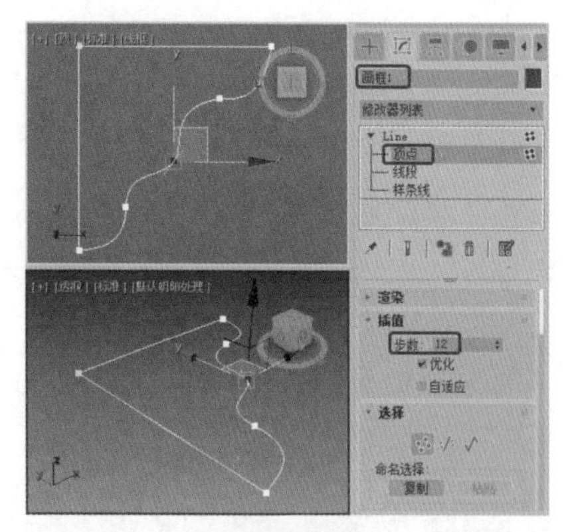

图7-96

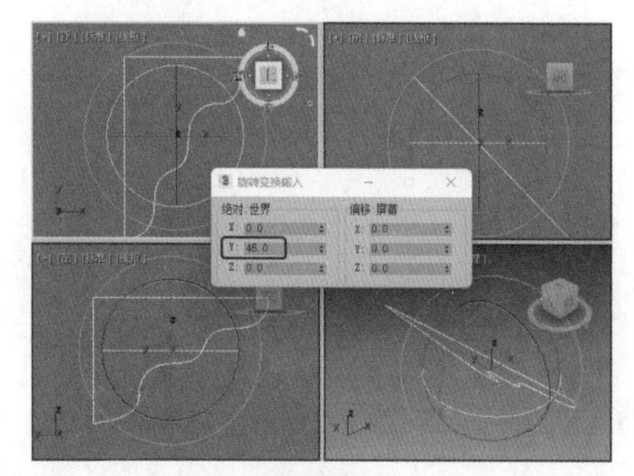

图7-97

**提示**

所有样条线曲线将划分为近似真实曲线的较小直线。样条线上每个顶点之间的划分数量称为步数，步数越多，曲线越平滑。

**Step 03** 在【修改器列表】中选择【车削】修改器，在【参数】卷展栏中将【分段】设置为4，如图7-98所示。

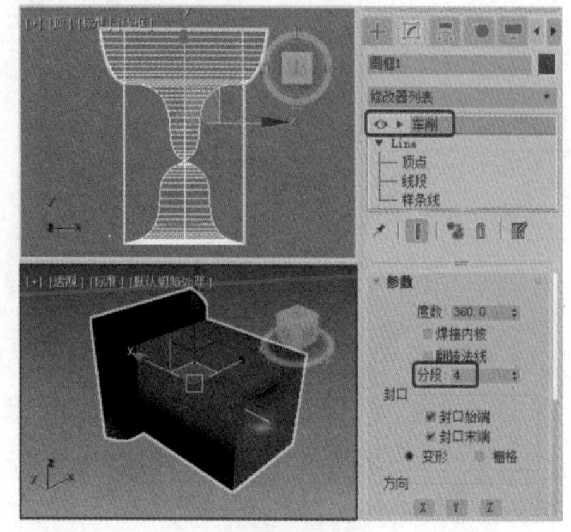

图7-98

**Step 04** 将当前选择集定义为【轴】，使用【选择并移动】工具在【前】视图中沿X轴向右移动轴心点的位置，沿Y轴向下移动轴心点的位置，如图7-99所示。

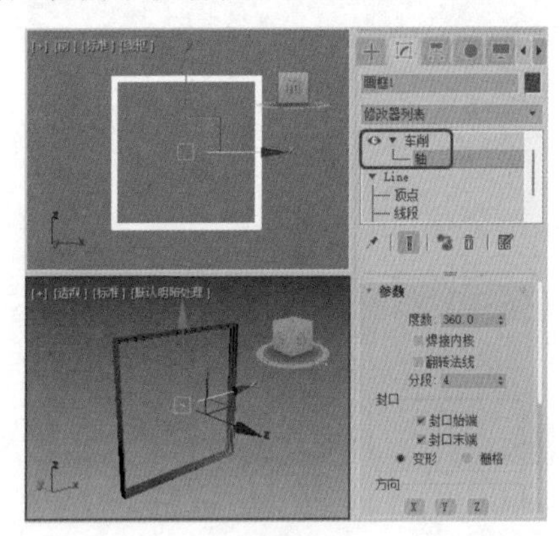

图7-99

**Step 05** 关闭当前选择集，确认【画框1】对象处于选中状态，按M键打开【材质编辑器】对话框，选择一个新的材质样本球，将其命名为“画框”，在【明暗器基本参数】卷展栏中将【明暗器的类型】设置为Phong，在【Phong基本参数】卷展栏中将【环境光】和【漫反射】的颜色参数设置为255、255、255，将【自发光】选项组中的【颜色】设置为10，在【反射高光】选项组中，将【高光级别】和【光泽度】分别设置为60、50，在【贴图】卷展栏中单击【漫反射颜色】右侧的【无贴图】按钮，在弹出的【材质/贴图浏览器】对话框中选择【位图】贴图，单击【确定】按钮，在弹出的对话框中选择“Map\ B-e-015B.jpg”贴图文件，单击【将材质指定给选定对象】按钮，将材质指定给【画框】对象，如图7-100所示。

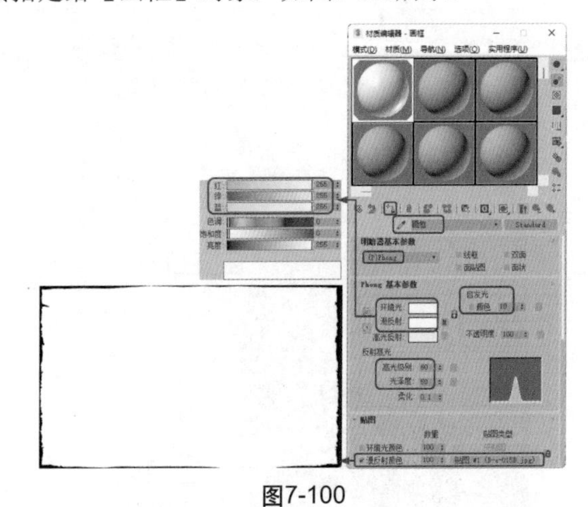

图7-100

**Step 06** 选择【创建】|【几何体】|【长方体】工具，在【前】视图中创建一个长方体，将其命名为“画1”，切换到【修改】命令面板，在【参数】卷展栏中将【长度】和【宽度】均设置为1200，将【高度】设置为1，如图7-101所示。

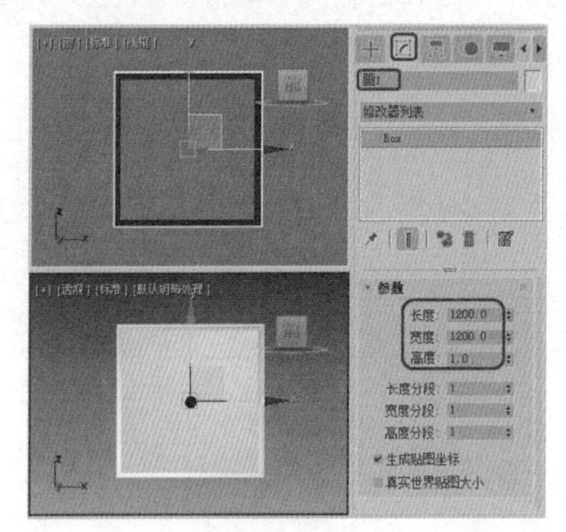

图7-101

**Step 07** 在场景中调整【画1】对象的位置，如图7-102所示。

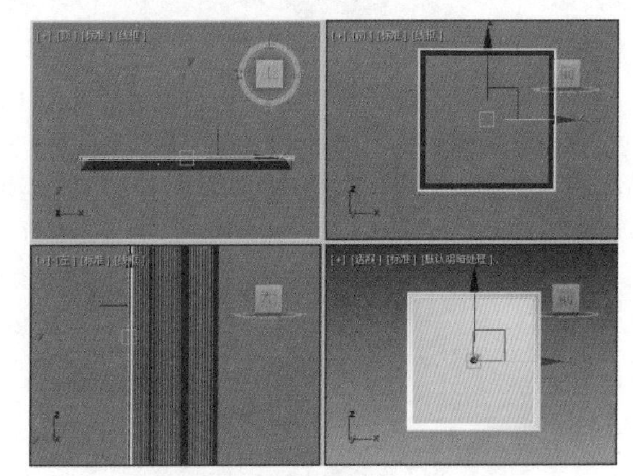

图7-102

**Step 08** 调整完成后，按M键打开【材质编辑器】对话框，选择一个新的材质样本球，将其命名为“画1”，在【Blinn基本参数】卷展栏中，将【反射高光】选项组中的【高光级别】和【光泽度】分别设置为14、24，如图7-103所示。

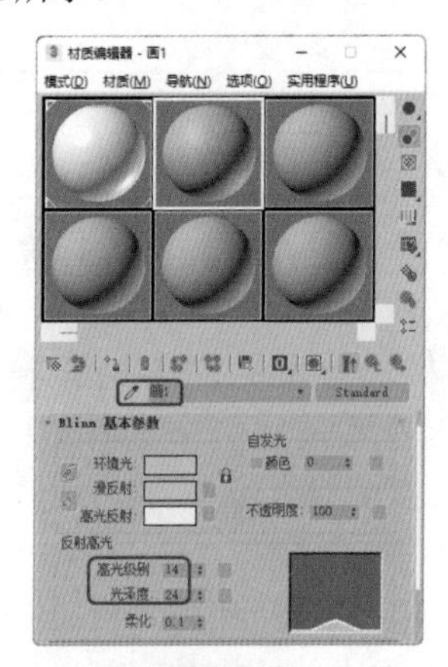

图7-103

**Step 09** 打开【贴图】卷展栏，单击【漫反射颜色】右侧的【无贴图】按钮，在弹出的【材质/贴图浏览器】对话框中选择【位图】贴图，单击【确定】按钮，在弹出的对话框中选择“画框壁纸1.jpg”素材文件，如图7-104所示。

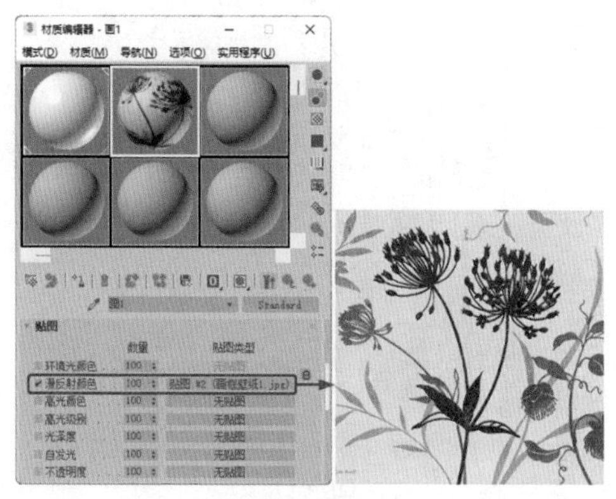

图7-104

**Step 10** 调整完成后，单击【转到父对象】按钮和【将材质指定给选定对象】按钮，将材质指定给【画1】对象，单击【视口中显示明暗处理材质】按钮，指定材质显示效果，如图7-105所示。

图7-105

**Step 11** 按Ctrl+A组合键选择所有的对象，在【前】视图中按住Shift键沿X轴移动复制对象，在弹出的对话框中选中【实例】单选按钮，将【副本数】设置为2，单击【确定】按钮，如图7-106所示。

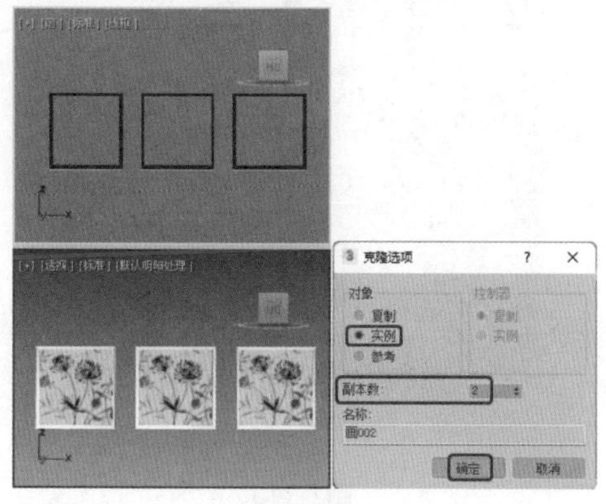

图7-106

**Step 12** 选择复制出的【画002】对象，按M键打开【材质编辑器】对话框，选择一个新的材质样本球，并将其命名为“画2”，在【Blinn基本参数】卷展栏中，将【反射高光】选项组中的【高光级别】和【光泽度】分别设置为14、24，如图7-107所示。

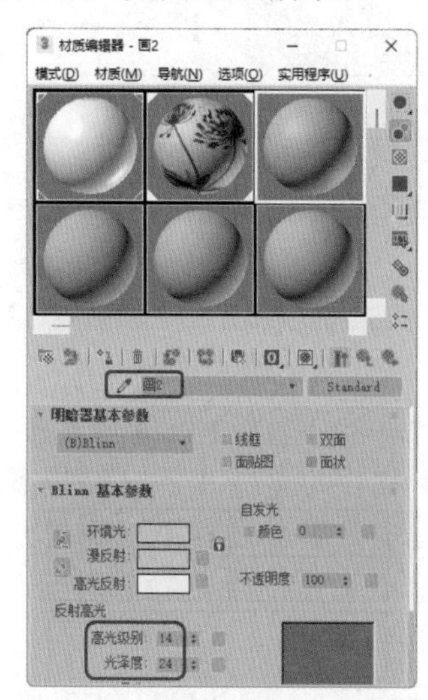

图7-107

**Step 13** 在【贴图】卷展栏中单击【漫反射颜色】右侧的【无贴图】按钮，在弹出的【材质/贴图浏览器】对话框中双击【位图】贴图，再在弹出的对话框中选择“画框壁纸2.jpg”素材文件，单击【转到父对象】按钮和【将材质指定给选定对象】按钮，将材质指定给【画002】对象，单击【视口中显示明暗处理材质】按钮，如图7-108所示。

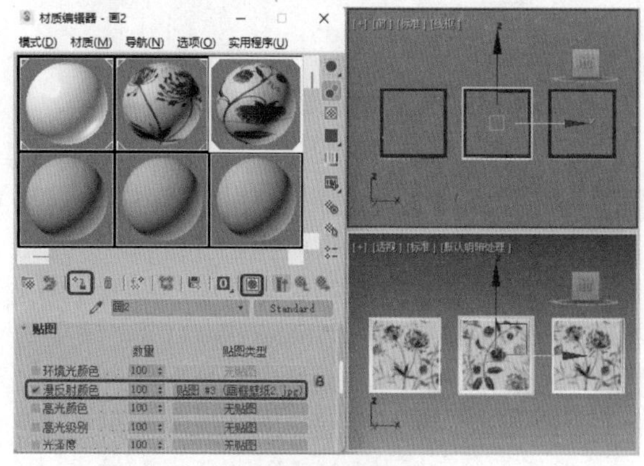

图7-108

**Step 14** 使用同样的方法，为【画003】对象设置材质，将【反射高光】选项组中的【高光级别】和【光泽度】分别设置为14、24，在【位图参数】卷展栏中勾选【裁剪/放置】选项组中的【应用】复选框，将U、V、W、H分别设置为0.188、0、0.812、0.703，设置材质后的效果如图7-109所示。

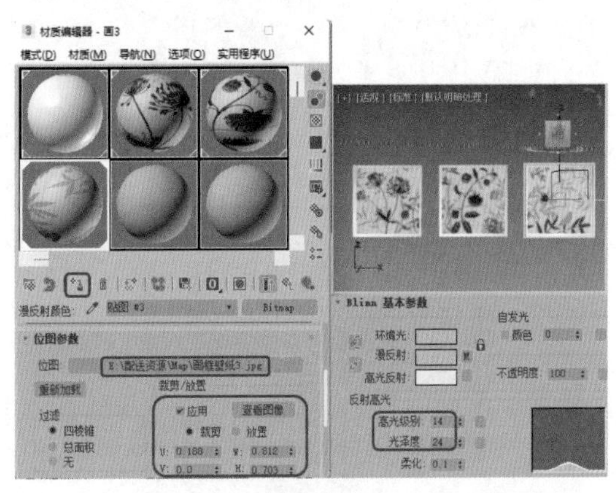

图7-109

**Step 15** 选择【创建】![]|【几何体】![]|【平面】工具，在【前】视图中创建平面，切换到【修改】命令面板，在【参数】卷展栏中，将【长度】设置为2600，将【宽度】设置为4500，适当调整平面的位置，如图7-110所示。

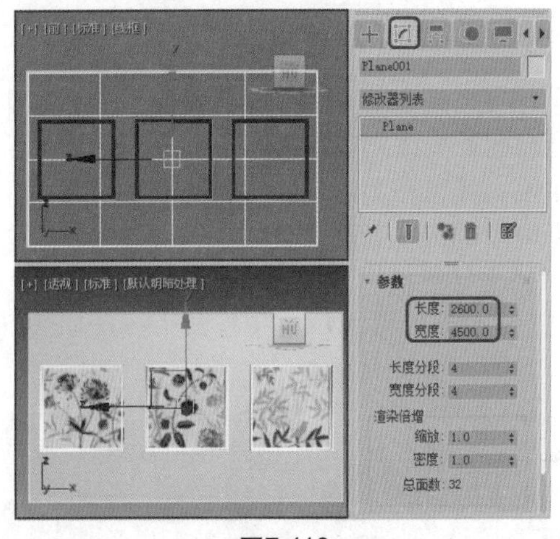

图7-110

**Step 16** 右击平面对象，在弹出的快捷菜单中选择【对象属性】命令，弹出【对象属性】对话框，在【显示属性】选项组中勾选【透明】复选框，单击【确定】按钮，如图7-111所示。

**Step 17** 按M键打开【材质编辑器】对话框，选择一个新的材质样本球，单击Standard按钮，在弹出的【材质/贴图浏览器】对话框中选择【无光/投影】材质，单击【确定】按钮，如图7-112所示。在【无光/投影基本参数】卷展栏中使用默认设置，直接单击【将材质指定给选定对象】按钮即可。

**Step 18** 按8键弹出【环境和效果】对话框，在【公用参数】卷展栏中单击【无】按钮，在弹出的【材质/贴图浏览器】对话框中双击【位图】贴图，再在弹出的对话框中选择“背景2.jpg”素材文件，如图7-113所示。

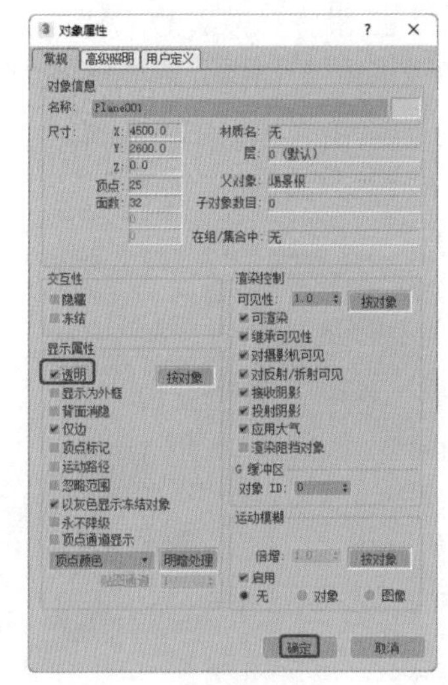

图7-111

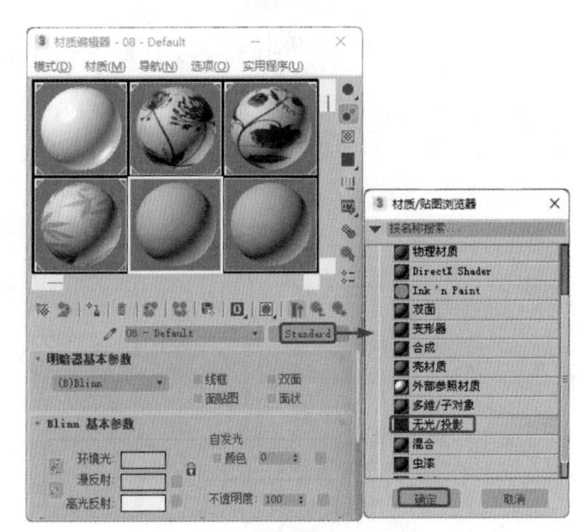

图7-112

图7-113

**Step 19** 在【环境和效果】对话框中，将环境贴图按钮拖曳至新的材质样本球上，在弹出的【实例（副本）贴图】对话框中选中【实例】单选按钮，并单击【确定】按钮，然后在【坐标】卷展栏中，将【贴图】设置为【屏幕】，如图7-114所示。

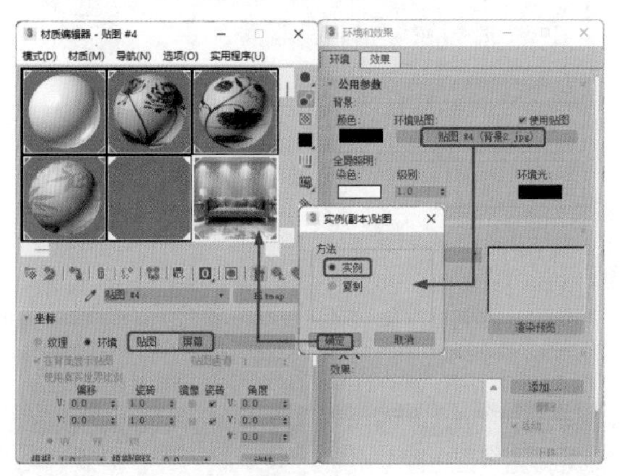

图7-114

**Step 20** 激活【透视】视图，按Alt+B组合键，弹出【视口配置】对话框，在【背景】选项卡中选中【使用环境背景】单选按钮，然后单击【确定】按钮，如图7-115所示。

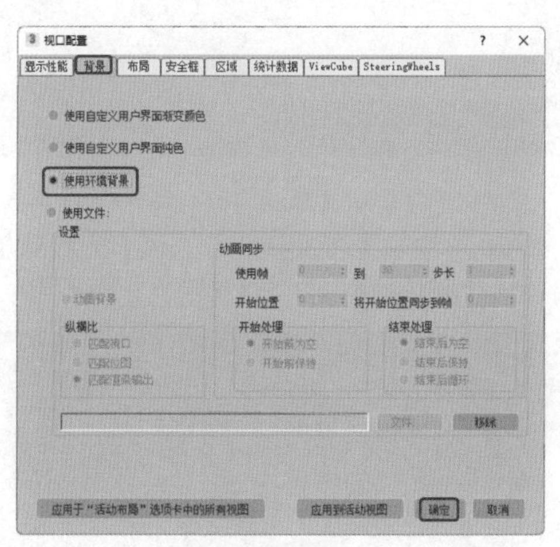

图7-115

**Step 21** 选择【创建】 |【摄影机】 |【目标】工具，在视图中创建一架摄影机，激活【透视】视图，按C键将其转换为【摄影机】视图，切换到【修改】命令面板，在【参数】卷展栏中，将【镜头】设置为35，在其他视图中调整摄影机位置，调整后的效果如图7-116所示。

**Step 22** 选择【创建】 |【灯光】 |【标准】|【泛光】工具，在【顶】视图中创建泛光灯，并在其他视图中调整灯光的位置，切换至【修改】命令面板，在【强度/颜色/衰减】卷展栏中将【倍增】设置为1.5，如图7-117所示。

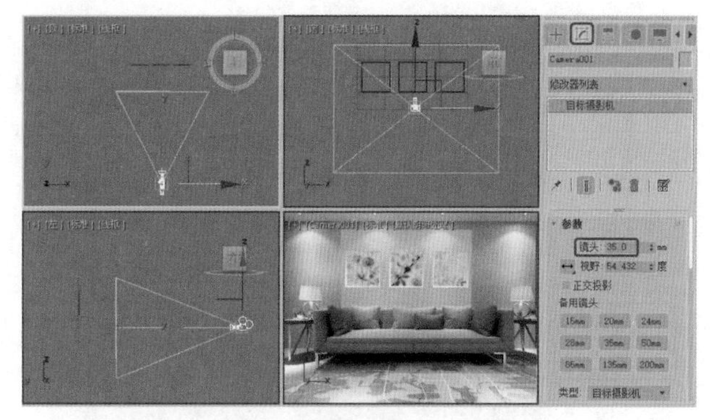

图7-116

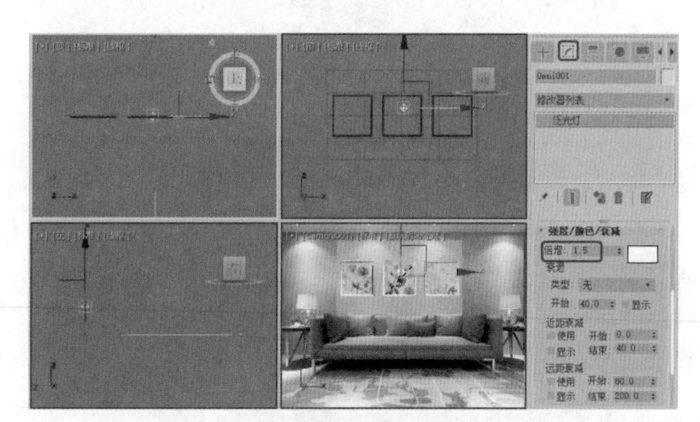

图7-117

**Step 23** 选择【创建】 |【灯光】 |【标准】|【天光】工具，在【顶】视图中创建天光，切换到【修改】命令面板，在【天光参数】卷展栏中勾选【投射阴影】复选框，如图7-118所示。至此，画框就制作完成了，将场景文件渲染保存即可。

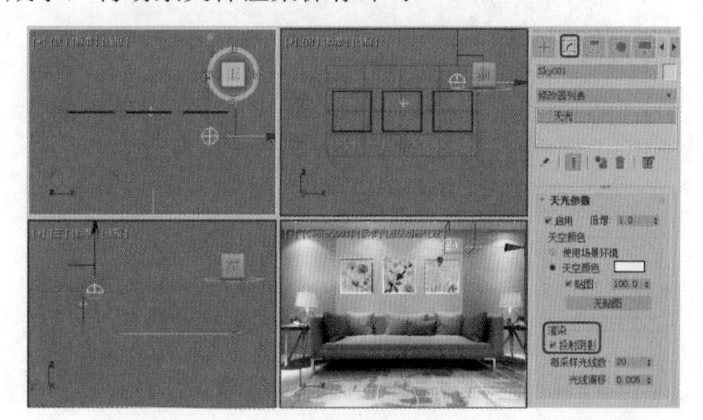

图7-118

## 实例154 制作卷轴画

本例将介绍如何制作卷轴画，利用样条线创建出卷轴画的截面，使用【挤出】修改器挤出卷轴画的厚度，然后使用【编辑网格】修改器调整模型，从而完成卷轴画的制作，效果如图7-119所示。

图7-119

| 素材： | Map\背景2.jpg、山水画.jpg、A-A-001.JPG |
|---|---|
| 场景： | Scene\Cha07\实例154 制作卷轴画.max |
| 视频： | 视频教学\Cha07\实例154 制作卷轴画.mp4 |

Step 01 选择【创建】|【图形】|【矩形】工具，在【顶】视图中创建一个【长度】为0.5、【宽度】为285的矩形，如图7-120所示。

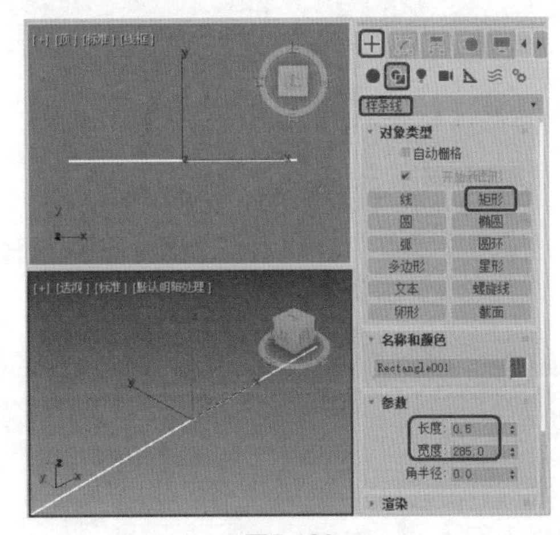

图7-120

Step 02 选择【创建】|【图形】|【圆环】工具，在【顶】视图中绘制一个圆环，在【参数】卷展栏中将【半径1】和【半径2】分别设置为3、2.5， 如图7-121所示。

Step 03 适当调整圆环的位置，继续选中该对象，切换至【层次】卷展栏，单击【仅影响轴】按钮，在工具栏中单击【对齐】按钮，在视图中单击Rectangle001对象，在弹出的对话框中勾选【X位置】、【Y位置】、【Z位置】复选框，分别选中【当前对象】和【目标对象】选项组中的【轴点】单选按钮，如图7-122所示，单击【确定】按钮。

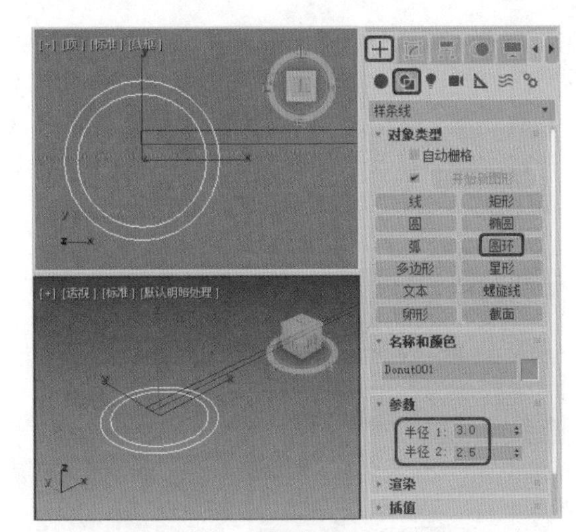

图7-121

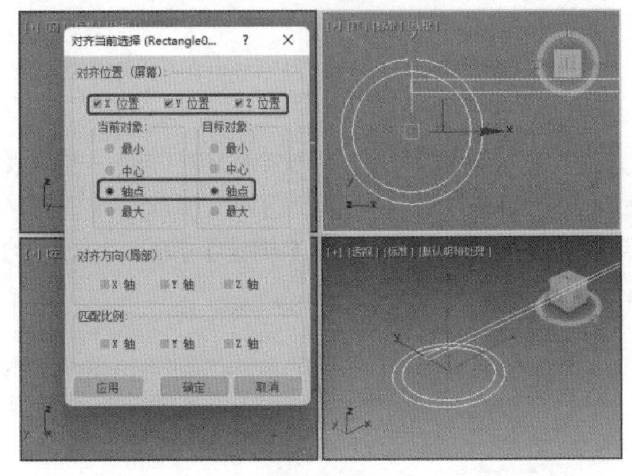

图7-122

Step 04 在【调整轴】卷展栏中单击【仅影响轴】按钮，调整轴后的效果如图7-123所示。

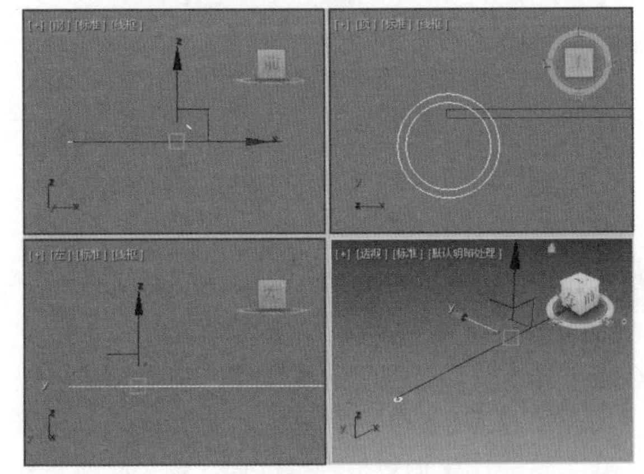

图7-123

Step 05 继续选中圆环，激活【前】视图，在工具栏中选择【镜像】工具，在弹出的对话框中选中【复制】单选按钮，如图7-124所示，单击【确定】按钮。

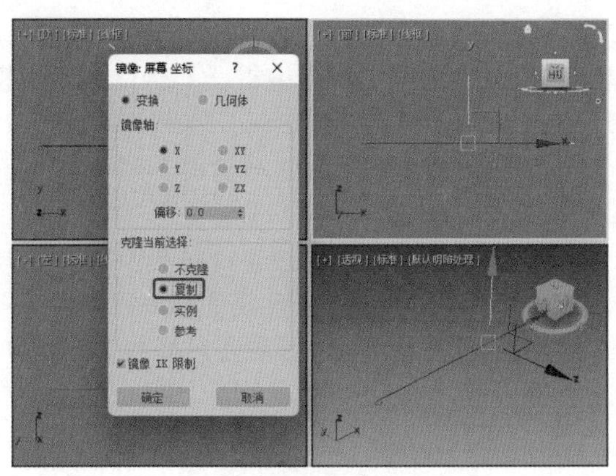

图7-124

**Step 06** 在视图中选择Rectangle001对象，切换至【修改】命令面板，在【修改器列表】中选择【编辑样条线】修改器，将当前选择集定义为【样条线】，在【几何体】卷展栏中单击【附加多个】按钮，在弹出的对话框中选择要附加的对象，如图7-125所示。

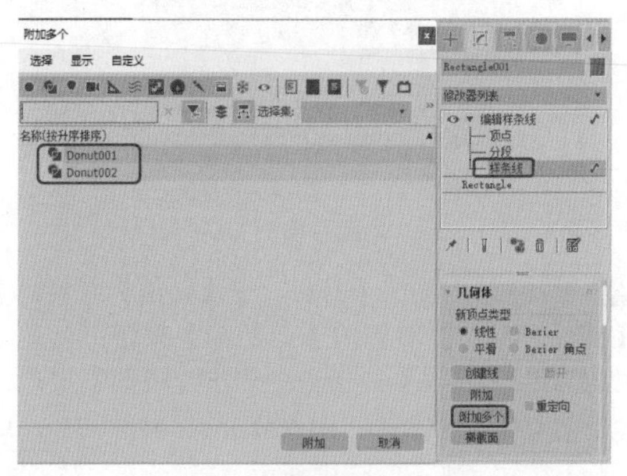

图7-125

**Step 07** 单击【附加】按钮，在【几何体】卷展栏中单击【修剪】按钮，对两端的圆环和矩形进行修剪，修剪后的效果如图7-126所示。

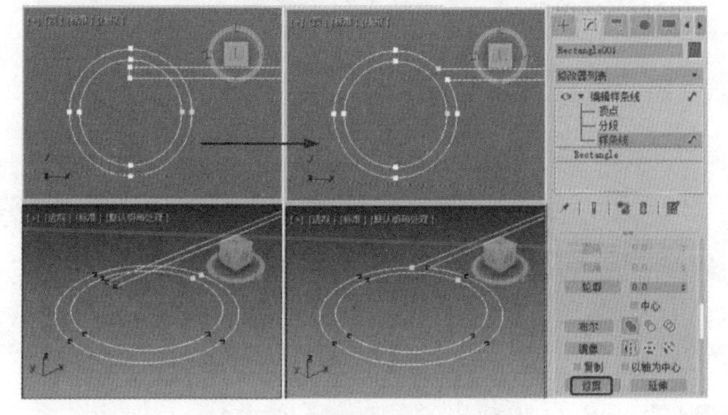

图7-126

**Step 08** 修剪完成后，关闭当前选择集。将当前选择集定义为【顶点】，按Ctrl+A组合键，全选顶点，在【几何体】卷展栏中单击【焊接】按钮，焊接顶点，如图7-127所示。

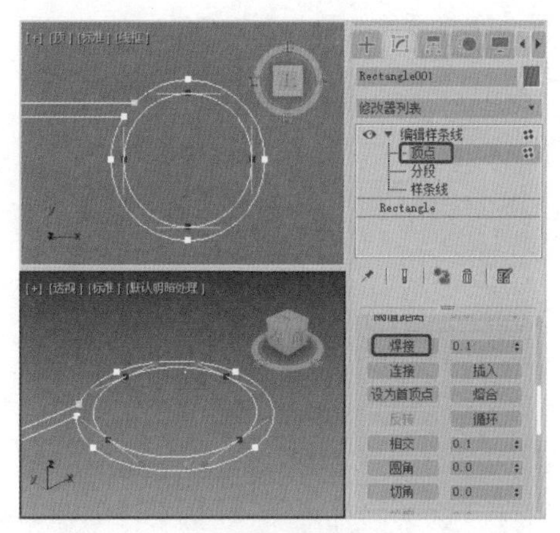

图7-127

**Step 09** 将当前选择集定义为【顶点】，在【几何体】卷展栏中单击【优化】按钮，在视图中对图形进行优化，效果如图7-128所示。

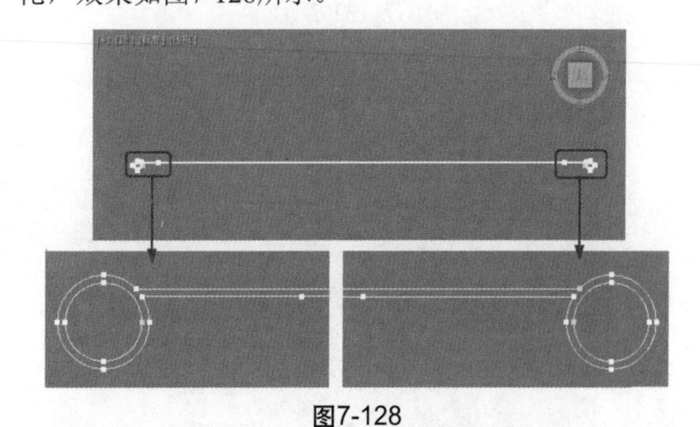

图7-128

**Step 10** 关闭当前选择集，切换至【修改】命令面板，在【修改器列表】中选择【挤出】修改器，在【参数】卷展栏中将【数量】设置为140、【分段】设置为3，如图7-129所示。

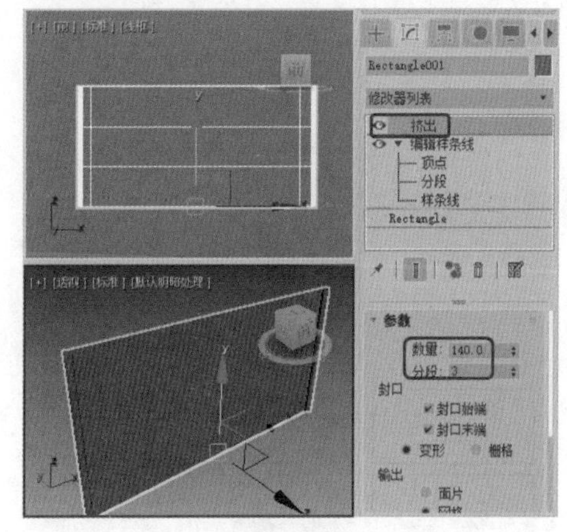

图7-129

Step 11 在【修改器列表】中选择【编辑网格】修改器，将当前选择集定义为【顶点】，在视图中调整顶点的位置，调整后的效果如图7-130所示。

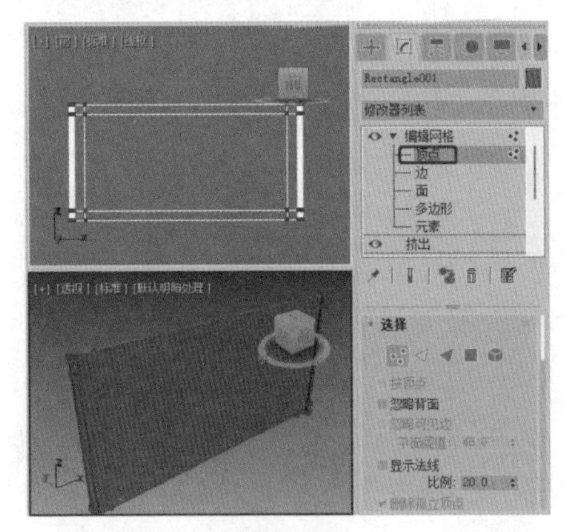

图7-130

Step 12 将当前选择集定义为【多边形】，在【前】视图中选择中间的多边形，在【曲面属性】卷展栏中设置【设置ID】为1，如图7-131所示。

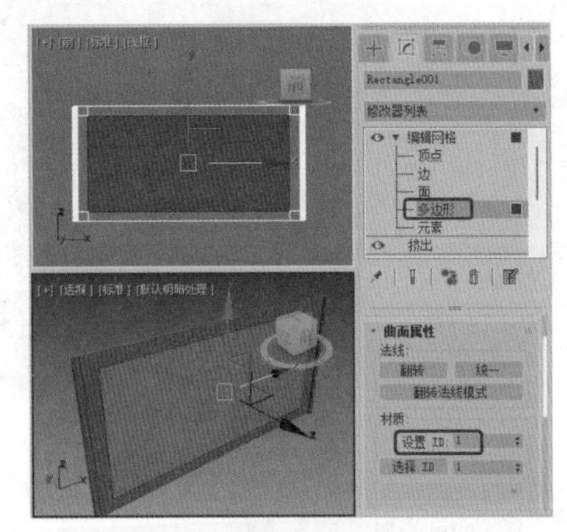

图7-131

Step 13 在菜单栏中选择【编辑】|【反选】命令，反选多边形，设置【设置ID】为2，如图7-132所示。

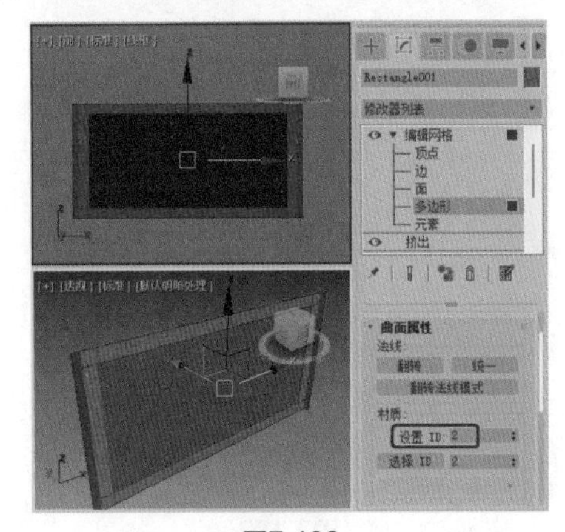

图7-132

Step 14 关闭当前选择集，在场景中选择作为卷轴画的模型，按M键，打开【材质编辑器】对话框，选择一个新的材质样本球，将其命名为“画”，单击Standard按钮，在弹出的【材质/贴图浏览器】对话框中选择【多维/子对象】材质，单击【确定】按钮，再在弹出的对话框中单击【确定】按钮，在【多维/子对象基本参数】卷展栏中单击【设置数量】按钮，在弹出的【设置材质数量】对话框中设置【材质数量】为2，单击【确定】按钮，如图7-133所示。

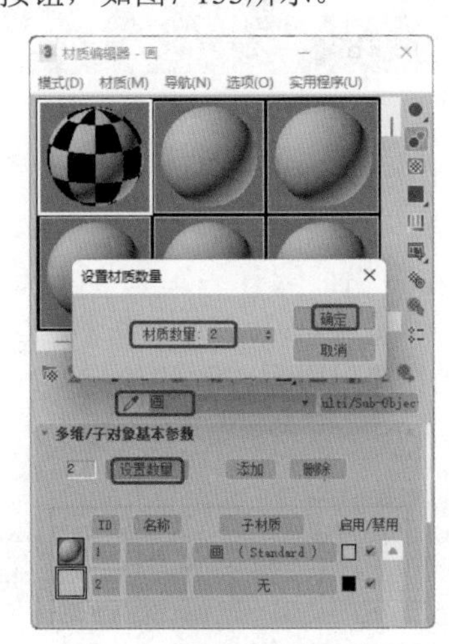

图7-133

Step 15 单击ID1右侧的子材质，在【贴图】卷展栏中单击【漫反射颜色】右侧的【无贴图】按钮，在弹出的【材质/贴图浏览器】对话框中双击【位图】选项，再在弹出的对话框中选择“山水画.jpg”贴图文件，单击【打开】按钮，如图7-134所示。

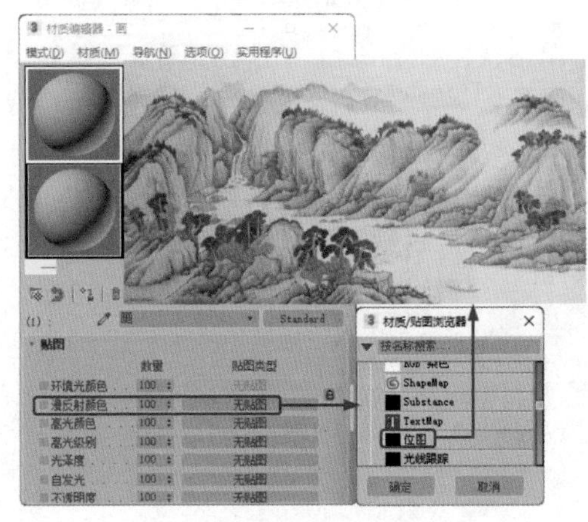

图7-134

Step 16 单击【视口中显示明暗处理材质】按钮，再单击两次【转到父对象】按钮，单击ID2右侧的子材质按钮，在弹出的对话框中双击【标准】选项，在【贴图】卷展栏中单击【漫反射颜色】右侧的【无】按钮，在弹出的【材质/贴图浏览器】对话框中双击【位图】选项，在弹出的对话框中选择“A-A-001.JPG”贴图文件，单击【打开】按钮，在【坐标】卷展栏中将【瓷砖】下的U、V分别设置为2、1，如图7-135所示。

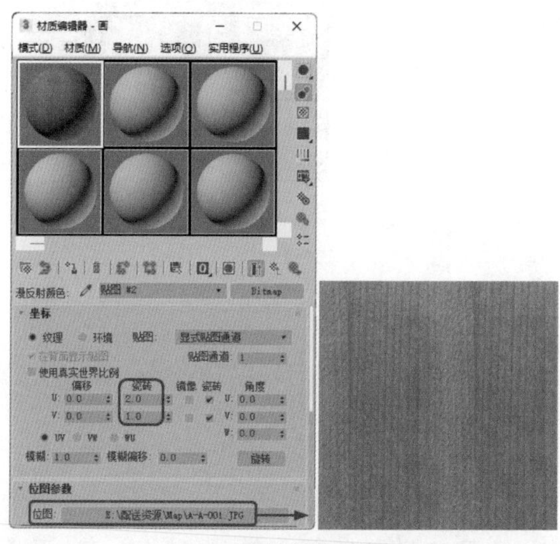

图7-135

**Step 17** 单击【视口中显示明暗处理材质】按钮，单击两次【转到父对象】按钮，将设置完成后的材质指定给选定对象，切换至【修改】命令面板，在【修改器列表】中选择【UVW贴图】修改器，在【参数】卷展栏中选中【长方体】单选按钮，将【长度】、【宽度】、【高度】分别设置为10、248、116.3，如图7-136所示。

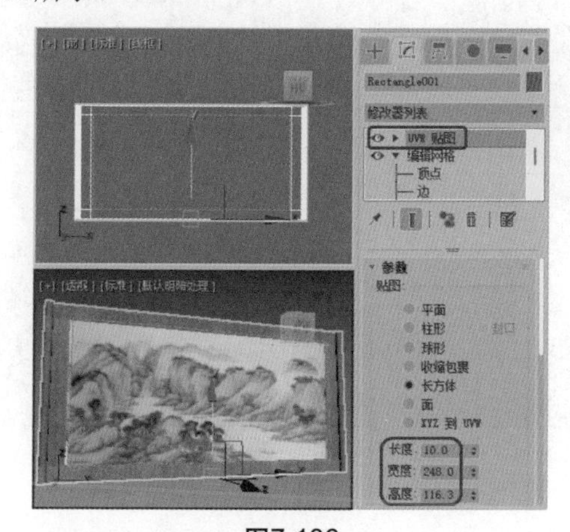

图7-136

**Step 18** 选择【创建】|【几何体】|【圆柱体】工具，在【顶】视图中创建【半径】为2.5、【高度】为155、【高度分段】为5的圆柱体，将其命名为“轴001”，如图7-137所示。

**Step 19** 创建完成后，在视图中调整该对象的位置，切换至【修改】命令面板，在【修改器列表】中选择【编辑多边形】修改器，将当前选择集定义为【顶点】，在场景中调整顶点的位置，如图7-138所示。

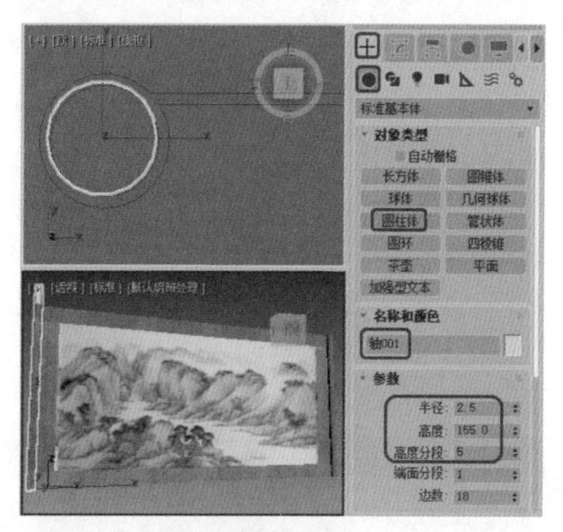

图7-137

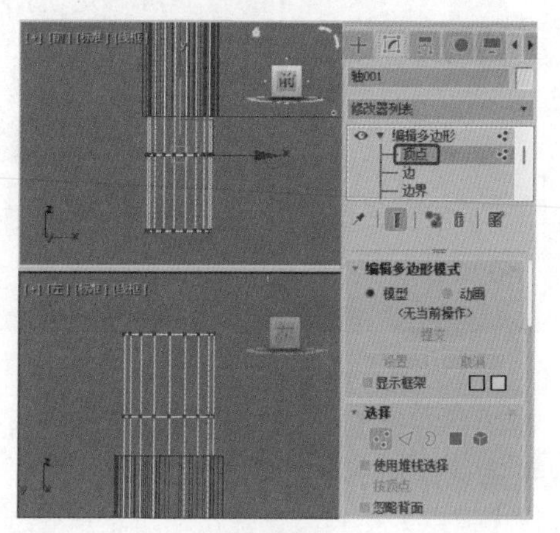

图7-138

**Step 20** 将当前选择集定义为【多边形】，选择两端的多边形，在【编辑多边形】卷展栏中单击【挤出】按钮右侧的【设置】按钮，将【挤出类型】设置为【本地法线】，将【高度】设置为1.7，单击【确定】按钮，如图7-139所示。

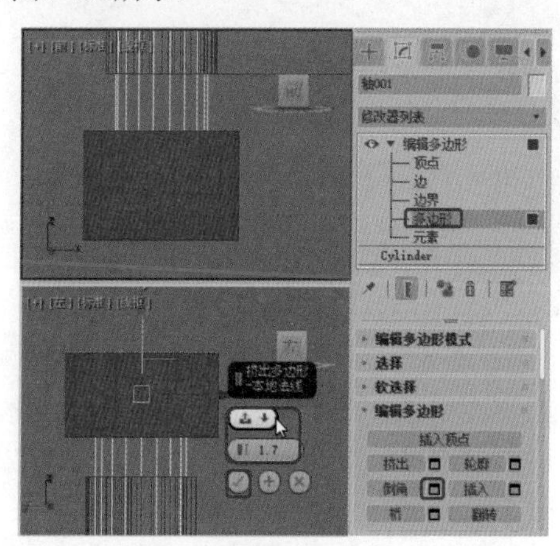

图7-139

◎提示·◦

在选择两端的多边形时，需要注意不要选择顶、底的多边形。

**Step 21** 挤出完成后，关闭当前选择集，继续选中该对象，切换至【层次】卷展栏，单击【仅影响轴】按钮，在工具栏中单击【对齐】按钮，在视图中单击Rectangle001对象，在弹出的对话框中勾选【X位置】、【Y位置】、【Z位置】复选框，分别选中【当前对象】和【目标对象】选项组中的【轴点】单选按钮，如图7-140所示，单击【确定】按钮。

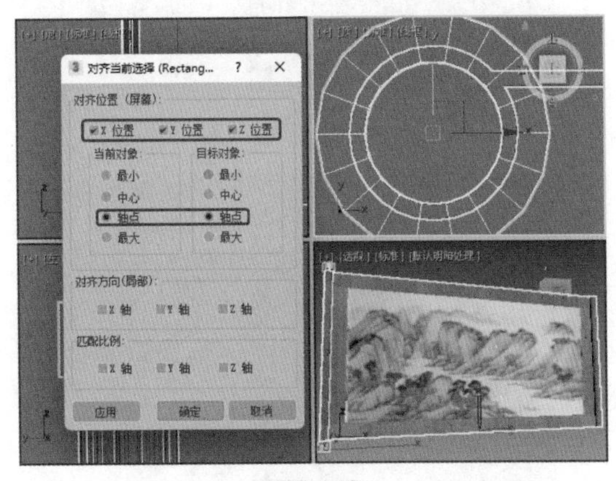

图7-140

**Step 22** 在【调整轴】卷展栏中单击【仅影响轴】按钮，即可完成轴的调整，激活【前】视图，在工具栏中选择【镜像】工具，在弹出的对话框中选中【复制】单选按钮，如图7-141所示，单击【确定】按钮。

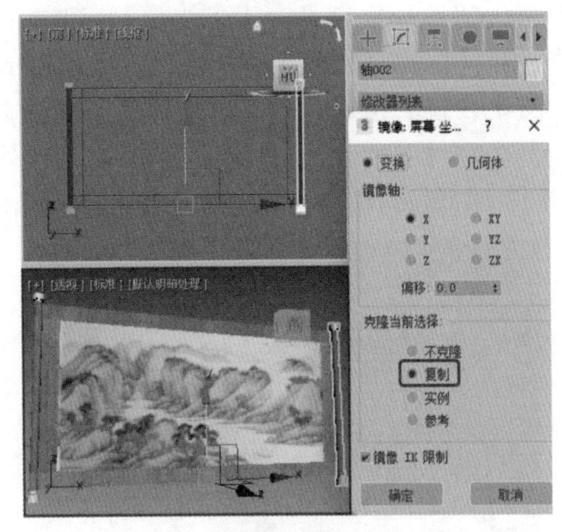

图7-141

**Step 23** 在视图中选择镜像后的两个轴，按M键，在弹出的对话框中选择一个材质样本球，将其命名为“画轴”，在【Blinn基本参数】卷展栏中将【环境光】和【漫反射】的RGB值都设置为74、74、74，将【反射高光】选项组中的【高光级别】和【光泽度】分别设置为53和68，如图7-142所示。设置完成后，将该材质指定给选定对象。

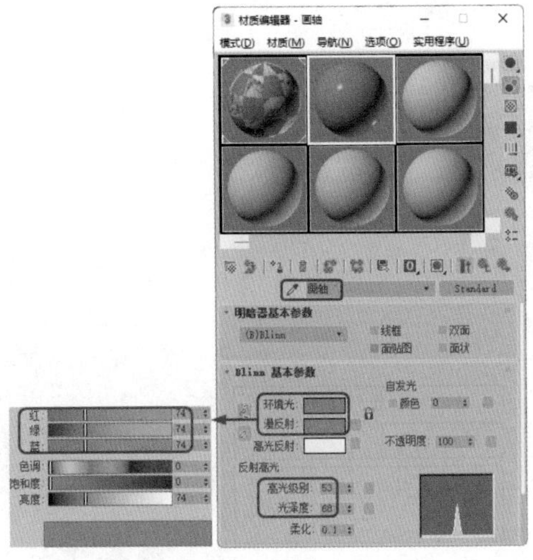

图7-142

**Step 24** 在菜单栏中选择【自定义】|【首选项】命令，弹出【首选项设置】对话框，切换至【Gamma和LUT】选项卡，取消勾选【启用Gamma/LUT校正】复选框，单击【确定】按钮，使用前面介绍的方法添加环境背景、平面、摄影机及灯光，如图7-143所示。对摄影机视图进行渲染即可。

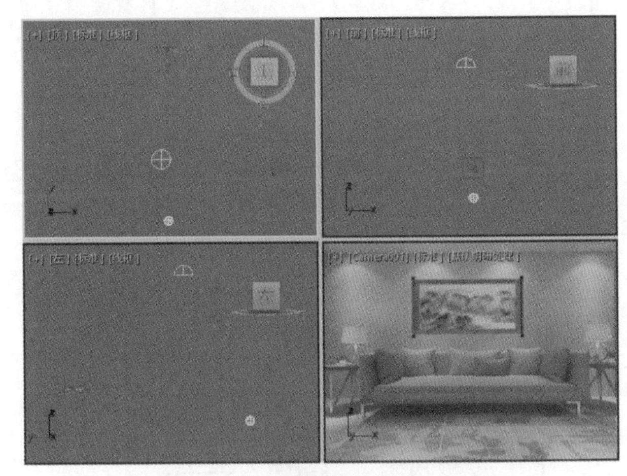

图7-143

## 实例155 制作屏风

屏风作为传统家具的重要组成部分，一般陈设于室内的显著位置，起到分隔、美化、挡风、协调等作用。本例将介绍如何制作屏风，效果如图7-144所示。

图7-144

| 素材： | Map\ 屏风1.jpg、屏风2.jpg |
| --- | --- |
| 场景： | Scene\Cha07\实例155 制作屏风.max |
| 视频： | 视频教学\Cha07\实例155 制作屏风.mp4 |

Step 01 选择【创建】|【图形】|【矩形】工具，在【前】视图中创建矩形，然后在【参数】卷展栏中将【长度】、【宽度】分别设置为900、350，将其命名为“屏风”，如图7-145所示。

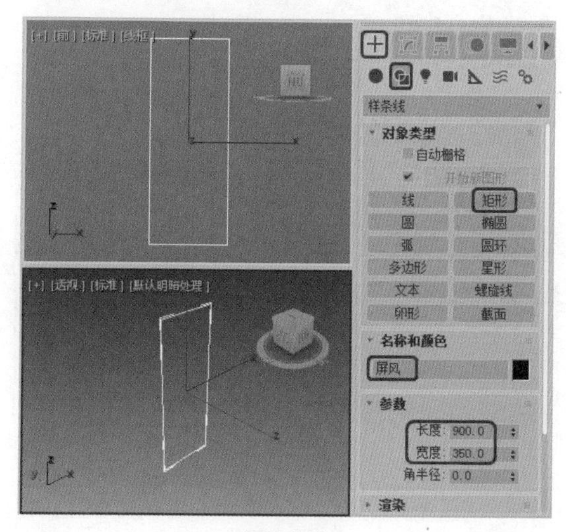

图7-145

Step 02 进入【修改】命令面板，在【修改器列表】中选择【挤出】修改器，在【参数】卷展栏中将【数量】设置为10，如图7-146所示。

Step 03 在工具栏中单击【选择并旋转】按钮，然后单击【角度捕捉切换】按钮，右击该按钮，弹出【栅格和捕捉设置】对话框，在该对话框中将【角度】设置为15，如图7-147所示。

Step 04 激活【顶】视图，选择【屏风】对象，沿Z轴逆时针旋转15°，效果如图7-148所示。

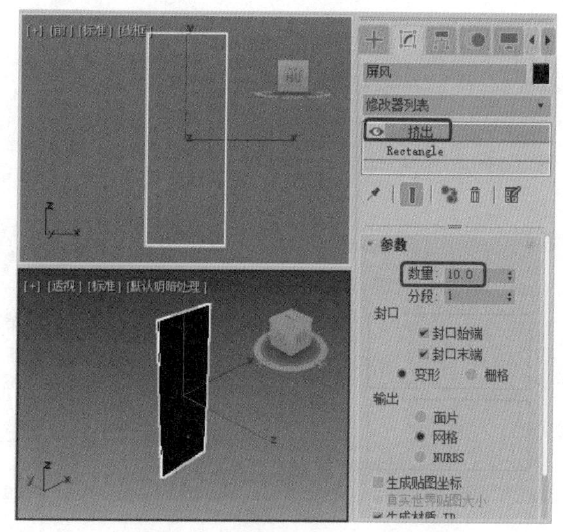

图7-146

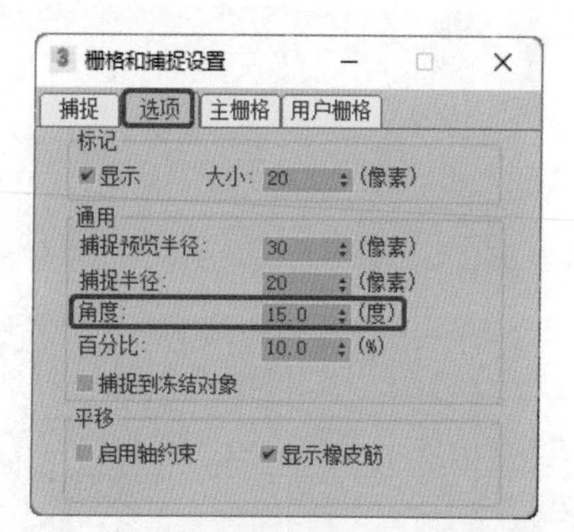


图7-147

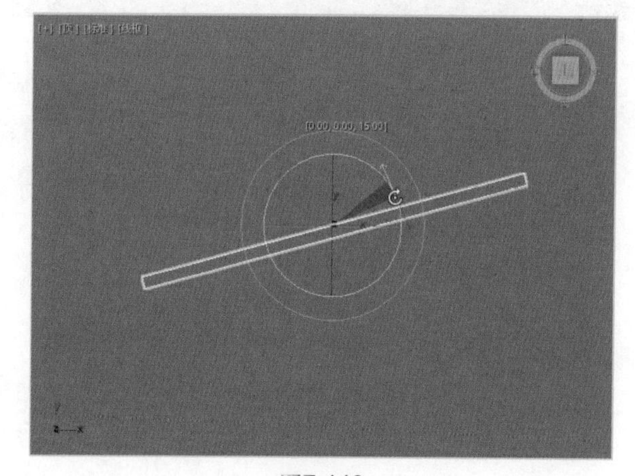

图7-148

Step 05 使用【选择并移动】工具，在【顶】视图中沿X轴按住Shift键进行拖动，松开鼠标，弹出【克隆选项】对话框，在该对话框中选中【复制】单选按钮，将【副本数】设置为3，如图7-149所示。

Step 06 单击【确定】按钮，然后使用【选择并移动】工具和【选择并旋转】工具进行调整，效果如图7-150

所示。

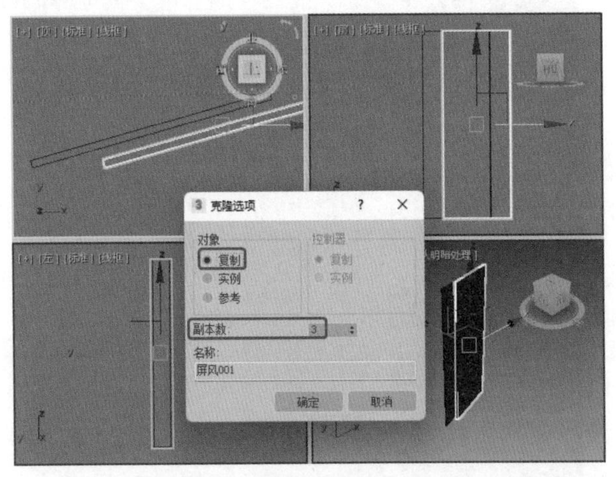

图7-149

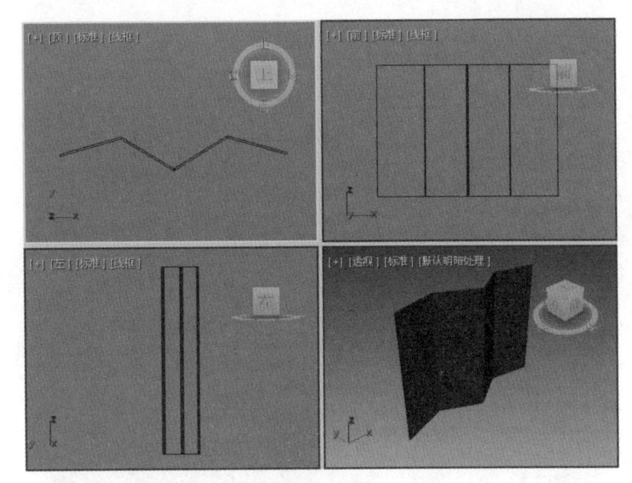

图7-150

◎知识链接

【克隆选项】对话框中各选项的功能说明如下。

- 【复制】：将当前对象在原位置复制一份，快捷键为Ctrl+V。
- 【实例】：复制物体与原物体相互关联，改变一个物体时另一个物体也会发生同样的改变。
- 【参考】：以原始物体为模板，产生单向的关联复制品，改变原始物体时参考物体同时会发生改变，但改变参考物体时不会影响原始物体。
- 【副本数】：指定复制的个数并且按照所指定的坐标轴向进行等距离复制。

**Step 07** 选择【屏风】对象，进入【修改】命令面板，在【修改器列表】中选择【UVW贴图】修改器，在【参数】卷展栏中将【长度】、【宽度】分别设置为901、351，如图7-151所示。

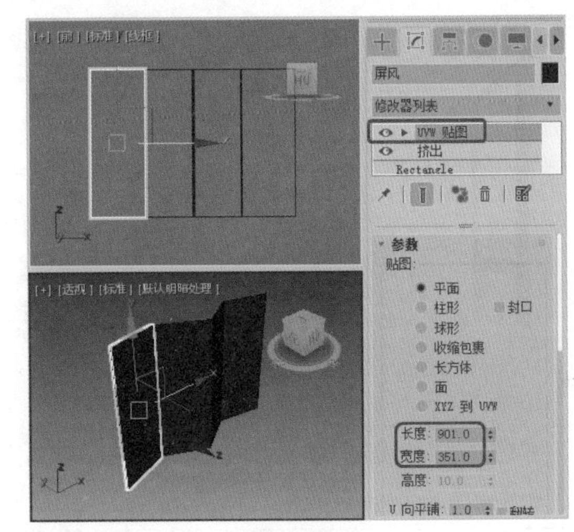

图7-151

**Step 08** 使用相同的方法为其他对象添加【UVW贴图】修改器，按M键打开【材质编辑器】对话框，在该对话框中选择一个空白的材质样本球，展开【贴图】卷展栏，单击【漫反射颜色】右侧的【无贴图】按钮，在弹出的对话框中选择【位图】选项，单击【确定】按钮，如图7-152所示。

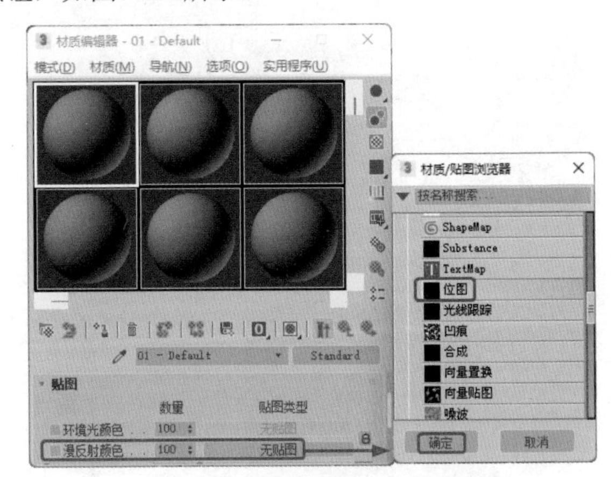

图7-152

◎提示

【漫反射】贴图主要用于表现材质的纹理效果，当数量值为100％时，会完全覆盖【漫反射】的颜色，这就好像在对象表面用油漆绘画一样，制作中没有严格的要求将【漫反射】贴图与【环境光】贴图锁定，通过为【漫反射】贴图和【环境光】贴图指定不同的贴图可以制作出很多生动的效果。但如果【漫反射】贴图用于模拟单一的表面，就需要将【漫反射】贴图和【环境光】贴图锁定。

**Step 09** 弹出【选择位图图像文件】对话框，在该对话框中选择“Map\屏风2.jpg”素材文件，单击【打开】

按钮，展开【位图参数】卷展栏，勾选【应用】复选框，将【裁减/放置】选项组中的U、V、W、H分别设置为0.002、0、0.254、1，如图7-153所示。

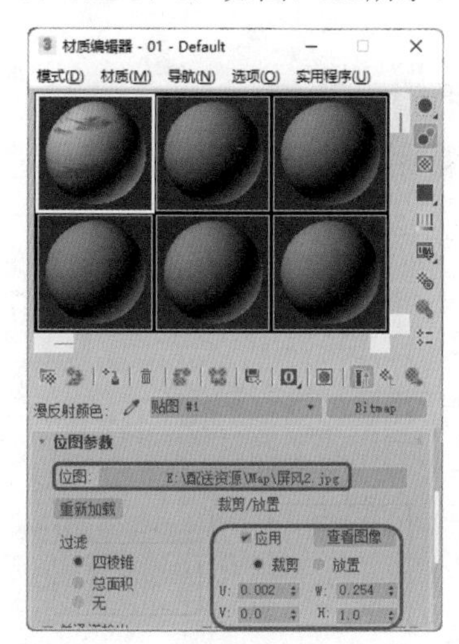


图7-153

**Step 10** 单击【转到父对象】按钮，然后在场景中选择【屏风】对象，单击【将材质指定给选定对象】按钮，激活【透视】视图进行渲染，观看效果如图7-154所示。

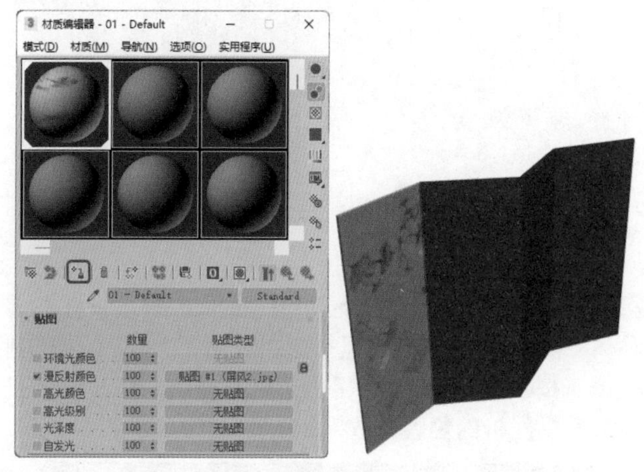


图7-154

> ◎提示
>
> 【裁剪/放置】选项组中的控件可以裁剪位图或减小其尺寸用于自定义放置。裁剪不更改位图的比例。

**Step 11** 再选择一个空白的材质样本球，展开【贴图】卷展栏，单击【漫反射颜色】右侧的【无贴图】按钮，在弹出的对话框中选择“屏风2.jpg”素材文件，单击【打开】按钮，在【位图参数】卷展栏中勾选【应用】复选框，将U、V、W、H分别设置为0.252、0、0.252、1，如图7-155所示。

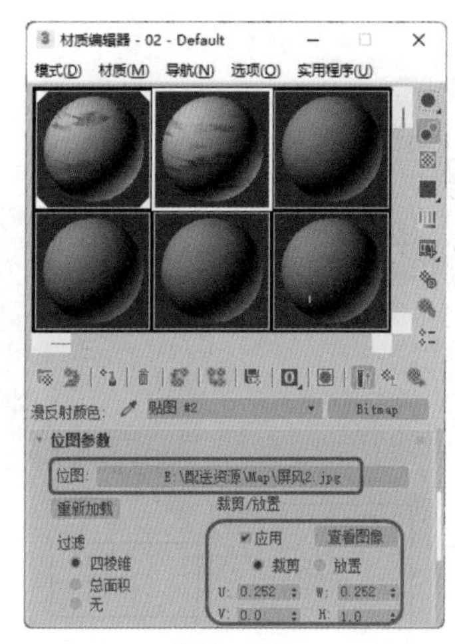


图7-155

**Step 12** 单击【转到父对象】按钮，然后在场景中选择【屏风001】对象，单击【将材质指定给选定对象】按钮，激活【透视】视图进行渲染，观看效果如图7-156所示。

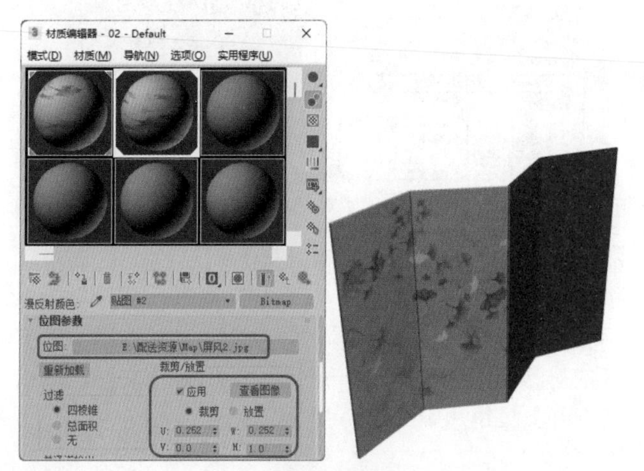


图7-156

**Step 13** 再选择一个空白的材质样本球，展开【贴图】卷展栏，单击【漫反射颜色】右侧的【无贴图】按钮，在弹出的对话框中选择“屏风2.jpg”素材文件，单击【打开】按钮，在【位图参数】卷展栏中勾选【应用】复选框，将U、V、W、H分别设置为0.504、0、0.242、1，单击【转到父对象】按钮，然后在场景中选择【屏风002】对象，单击【将材质指定给选定对象】按钮，对【透视】视图进行渲染，观看效果如图7-157所示。

**Step 14** 使用同样的方法再设置一个材质样本球，将其U、V、W、H分别设置为0.748、0、0.248、1，选择【屏风003】对象，将材质指定给选定对象，对【透视】视图进行渲染，观看效果如图7-158所示。

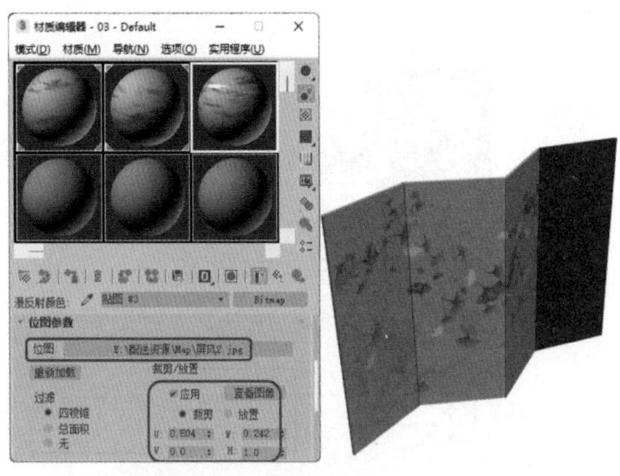

图7-157

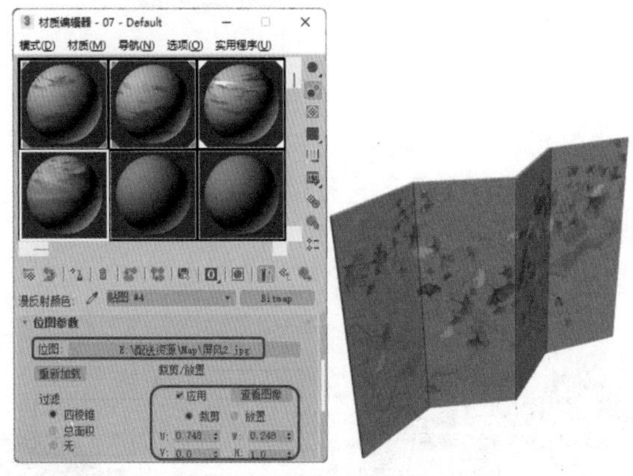

图7-158

**Step 15** 按8键打开【环境和效果】对话框，在该对话框中单击【环境贴图】下的【无】按钮，在弹出的对话框中选择【位图】选项，单击【确定】按钮，在打开的对话框中选择“Map\屏风1.jpg”素材文件，单击【打开】按钮，如图7-159所示。

图7-159

**Step 16** 将环境贴图拖曳至一个空白的材质样本球上，在弹出的对话框中选中【实例】单选按钮，然后将【贴图】设置为【屏幕】，如图7-160所示。

**Step 17** 激活【透视】视图，按Alt+B组合键打开【视口配置】对话框，在该对话框中选择【背景】选项卡，然后选中【使用环境背景】单选按钮，如图7-161所示，单击【确定】按钮。

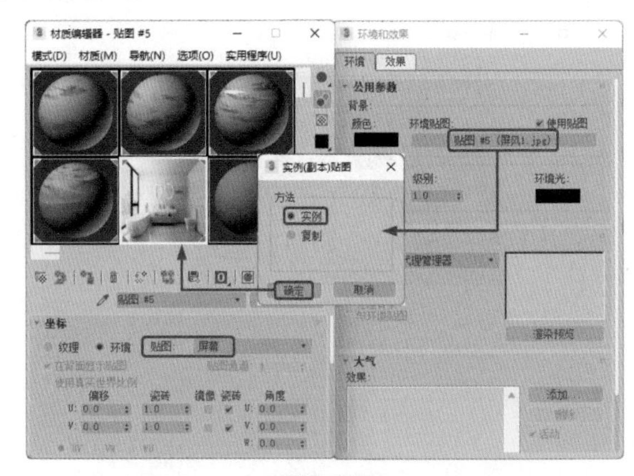

图7-160

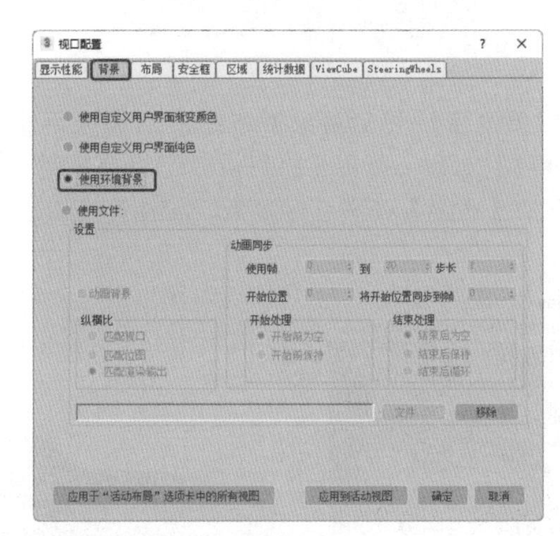

图7-161

**Step 18** 选择【创建】|【摄影机】|【标准】|【目标】选项，在【顶】视图中创建摄影机，然后激活【透视】视图，按C键将其转换为【摄影机】视图，在其他视图中调整摄影机的位置，效果如图7-162所示。

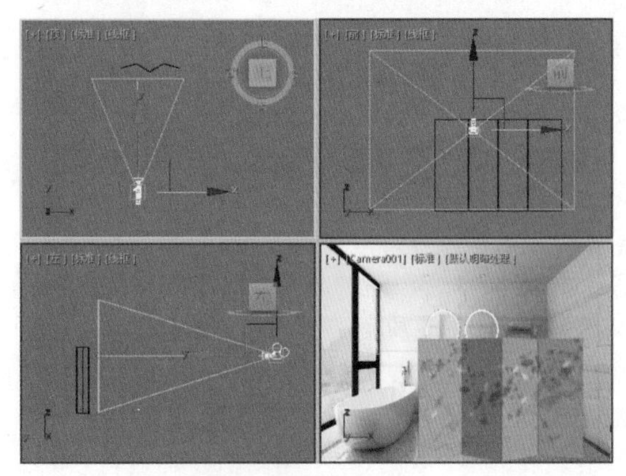

图7-162

**Step 19** 在【显示】面板的【按类别隐藏】卷展栏中勾选【摄影机】选项，将摄影机隐藏。选择【创建】|【灯光】|【标准】|【天光】选项，在【顶】视图中单击创建天光，进入【修改】命令面板中，在【天光参数】卷展栏中勾选【渲染】选项组中的【投射阴影】复选框，如图7-163所示。

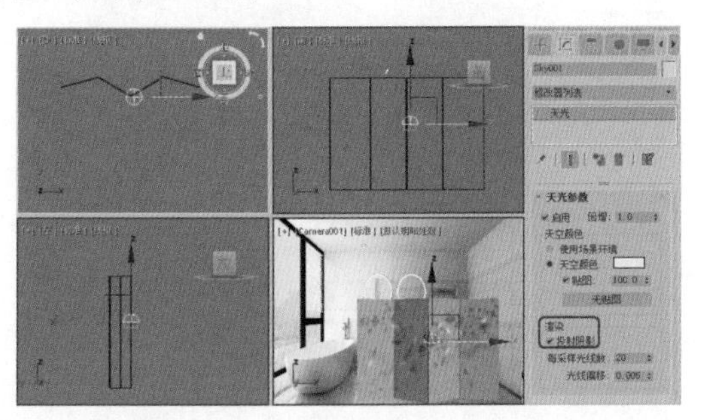

图7-163

**Step 20** 选择【创建】|【灯光】|【标准】|【泛光】选项，在【顶】视图中创建泛光灯，在【强度/颜色/衰减】卷展栏中将【倍增】设置为0.3，然后在场景中调整灯光的位置，如图7-164所示。

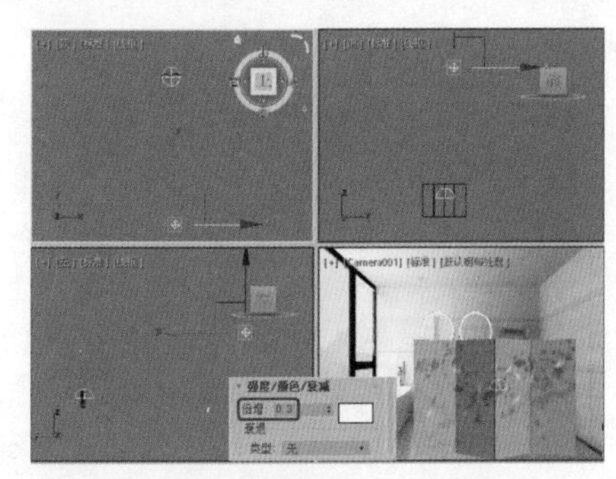

图7-164

**Step 21** 将灯光隐藏，选择【创建】|【几何体】|【平面】对象，然后在【顶】视图中创建平面，在【参数】卷展栏中将【长度】、【宽度】分别设置为3000、4500，如图7-165所示。

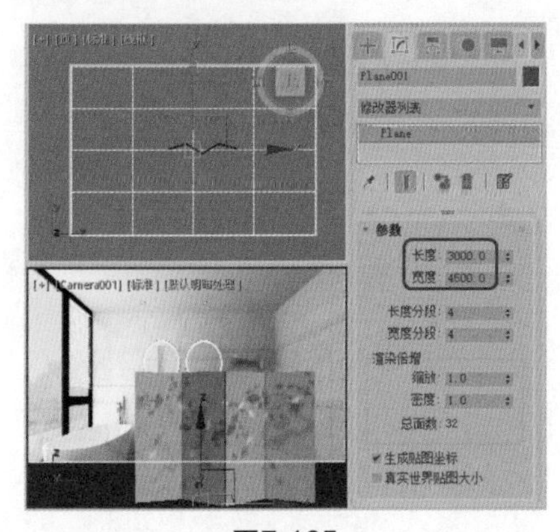

图7-165

**Step 22** 按M键打开【材质编辑器】对话框，在该对话框中选择一个空白的材质样本球，单击Standard按钮，在弹出的对话框中选择【无光/投影】选项，单击【确定】按钮，如图7-166所示。

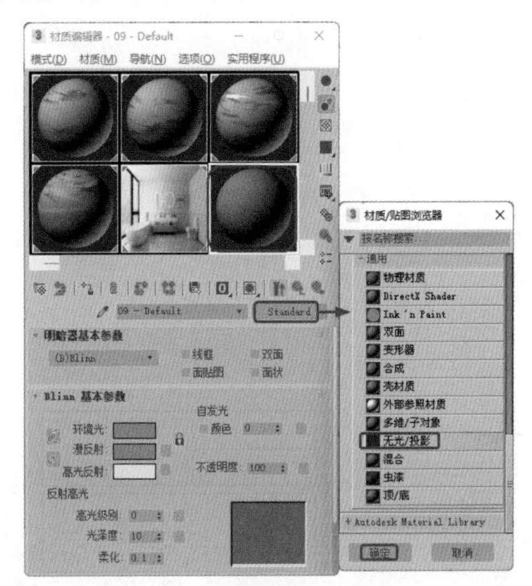

图7-166

**Step 23** 确定平面处于选择状态，单击【将材质指定给选定对象】按钮，如图7-167所示，然后对【摄影机】视图进行渲染输出即可。

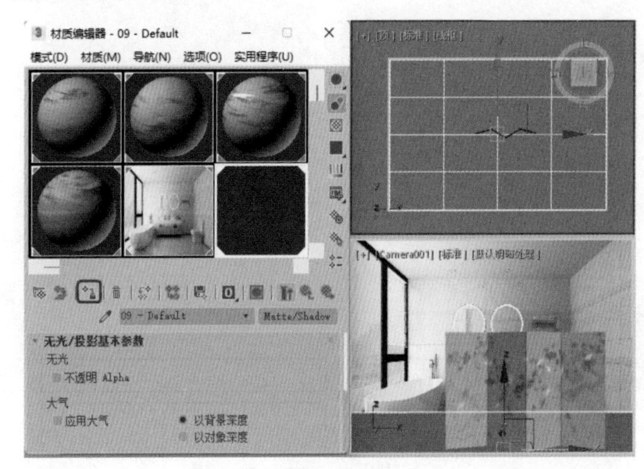

图7-167

# 第8章 室外模型的制作与表现

本章导读

本章将介绍如何使用3ds max创建和修改室外模型，实例包含日常生活中较为常见的众多物体，例如户外休闲椅、秋千、休闲座椅、健身器材及凉亭模型的制作。

# 实例156 制作户外休闲椅

户外休闲椅是户外供路人休息的一种产品，随着时代的发展，户外休闲椅已经步入大多数中小城市，成为城市的一道亮丽风景线，为人们带来了便利，使环境更加和谐。本例将介绍如何制作户外休闲椅，如图8-1所示。

图8-1

| 素材： | Map\休闲椅背景.jpg、017chen.jpg |
|---|---|
| 场景： | Scene\Cha08\实例156 制作户外休闲椅.max |
| 视频： | 视频教学\Cha08\实例156 制作户外休闲椅.mp4 |

**Step 01** 选择【创建】|【图形】|【样条线】选项，在【对象类型】卷展栏中选择【线】工具，激活【左】视图，在该视图中创建一个如图8-2所示的轮廓，并将其命名为“支架”。

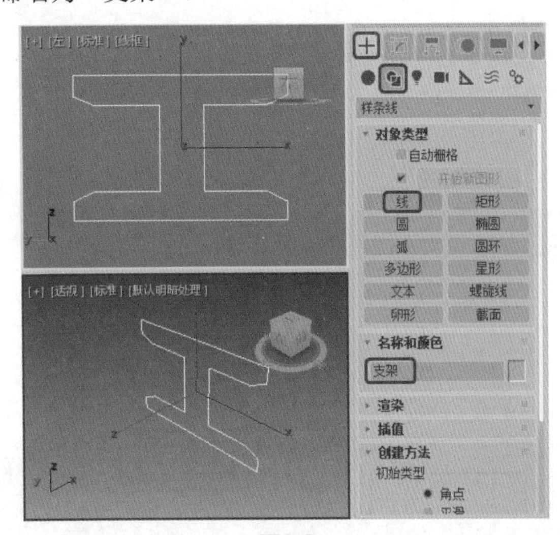


图8-2

**Step 02** 切换至【修改】命令面板，在【修改器列表】中选择【挤出】修改器，在【参数】卷展栏中将【数量】设置为2000，如图8-3所示。

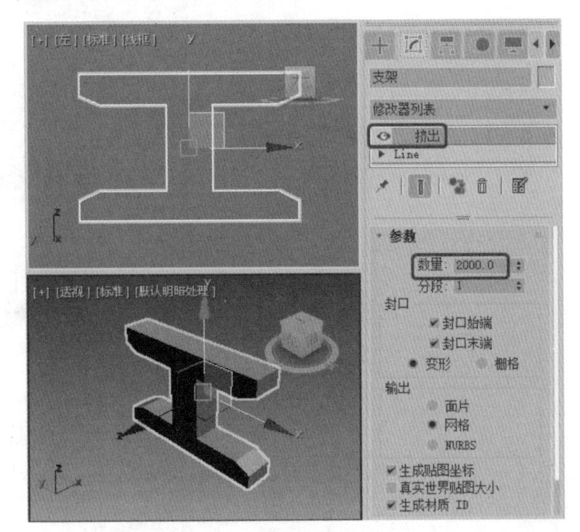


图8-3

**Step 03** 激活【左】视图，选择【创建】|【几何体】|【标准基本体】|【长方体】工具，在【左】视图中创建一个长方体，在【参数】卷展栏中将【长度】设置为1250、【宽度】设置为2000、【高度】设置为-38250，并将其重命名为“横枨”，在视图中调整其位置，如图8-4所示。

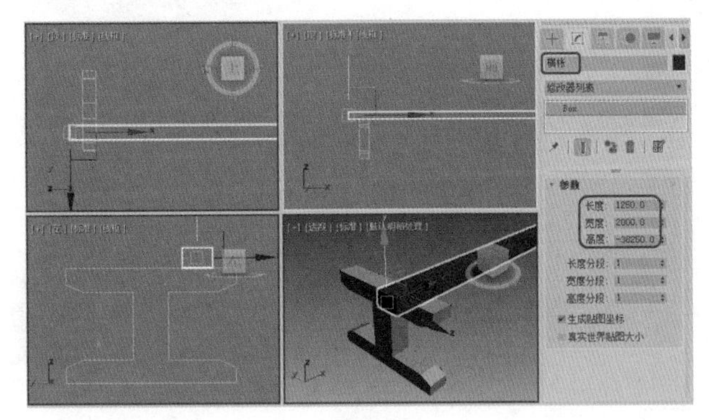

图8-4

**Step 04** 调整完成后，在视图中选择【支架】对象，激活【前】视图，使用【选择并移动】工具，按住Shift键的同时向右拖曳，至【横枨】适当位置处释放鼠标，打开【克隆选项】对话框，在【对象】选项组下选中【复制】单选按钮，将【副本数】设置为1，如图8-5所示。

**Step 05** 激活【顶】视图，在场景中选择【横枨】对象，按住 Shift键的同时沿Y轴向上拖曳，打开【克隆选项】对话框，在【对象】选项组下选中【复制】单选按钮，将【副本数】设置为1，如图8-6所示。

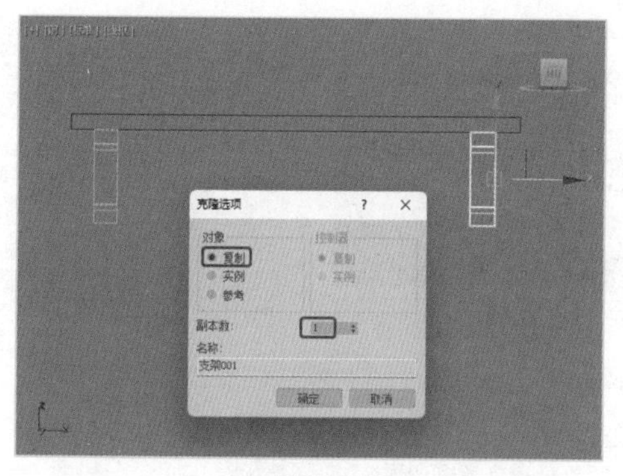

图8-5

图8-6

**Step 06** 激活【左】视图，选择【创建】|【几何体】选项，在【对象类型】卷展栏中选择【长方体】工具，在该视图中创建一个长方体，在【参数】卷展栏中将【长度】设置为1250、【宽度】设置为12500、【高度】设置为-1550，并将其重命名为“横木”，如图8-7所示。

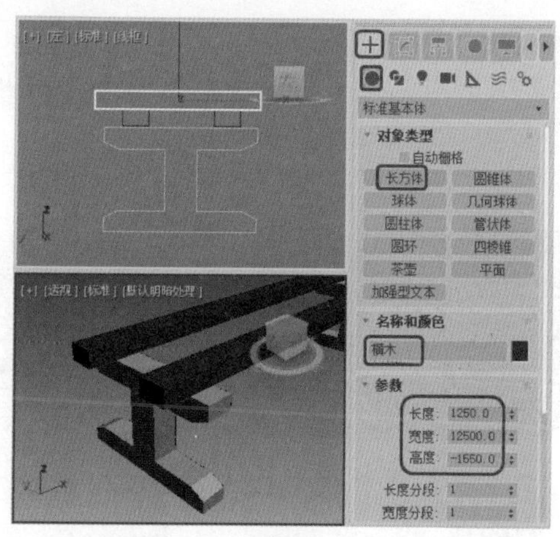

图8-7

**Step 07** 在场景中选择【横木】对象，在视图中将其调整至合适的位置，激活【顶】视图，在【顶】视图中按住Shift键的同时沿X轴拖曳至合适的位置后释放鼠标，在弹出的对话框中将【副本数】设置为18，如图8-8所示，单击【确定】按钮。

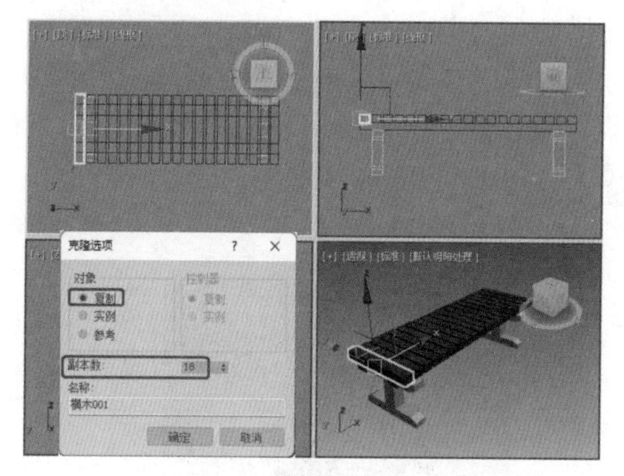

图8-8

**Step 08** 在场景中选择所有的对象，在菜单栏中选择【组】|【组】命令，弹出【组】对话框，在该对话框中将其命名为“休闲椅”，单击【确定】按钮，如图8-9所示。

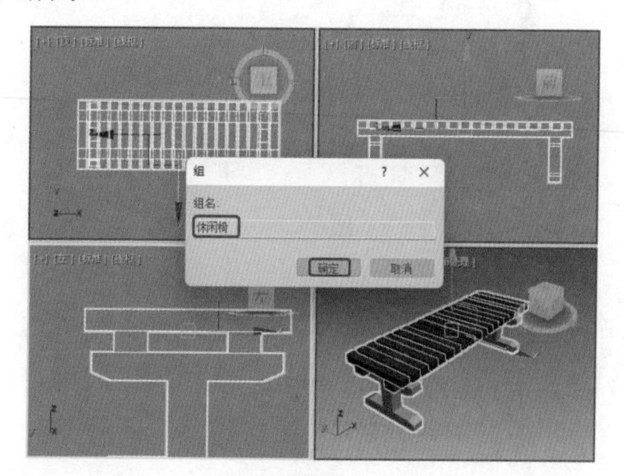

图8-9

**Step 09** 确认【休闲椅】对象处于选中状态，切换至【修改】命令面板，在【修改器列表】中选中【UVW贴图】修改器，在【参数】卷展栏中选中【长方体】单选按钮，将【长度】设置为12663、【宽度】设置为38538、【高度】设置为10337，如图8-10所示。

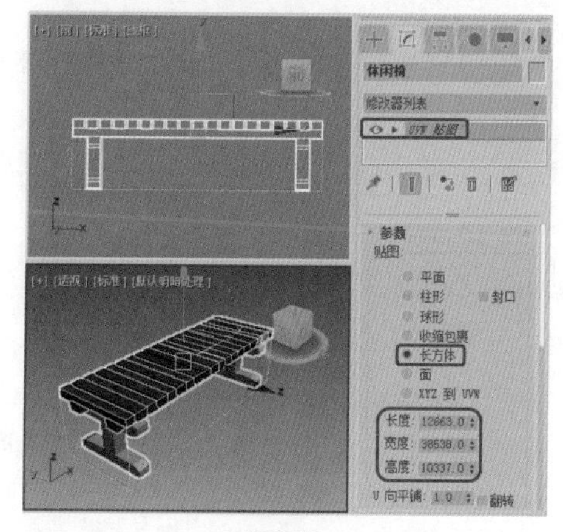

图8-10

Step 10 按M键打开【材质编辑器】对话框，选择一个空白材质球，将其重命名为“休闲椅”，在【明暗器基本参数】卷展栏中将类型设置为Blinn，将【Blinn基本参数】卷展栏下的【高光级别】设置为29、【光泽度】设置为30，如图8-11所示。

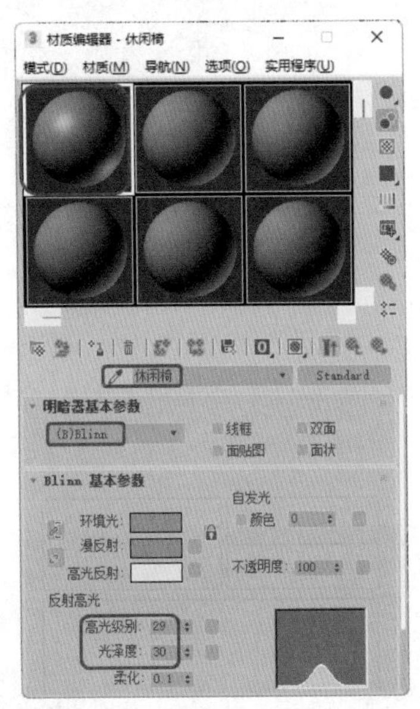

图8-11

Step 11 展开【贴图】卷展栏，单击【漫反射颜色】右侧的【无贴图】按钮，在弹出的对话框中选择【位图】选项，单击【确定】按钮，在弹出的对话框中选择“Map\017chen.jpg”文件，如图8-12所示。

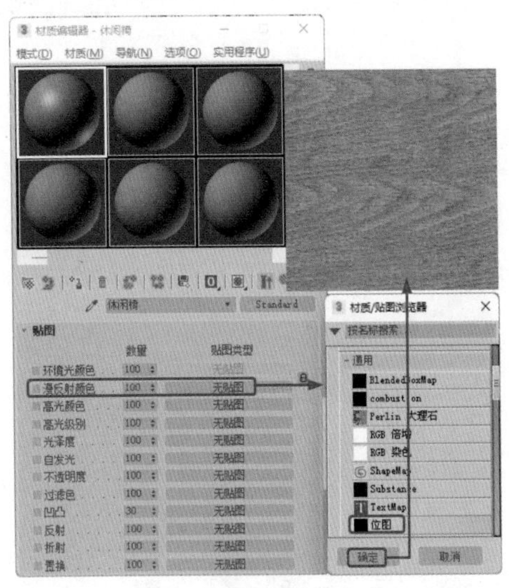

图8-12

Step 12 单击【打开】按钮，再单击【转到父对象】、【将材质指定给选定对象】和【视口中显示明暗处理材质】按钮，即可为场景中的对象赋予材质，如图8-13所示。

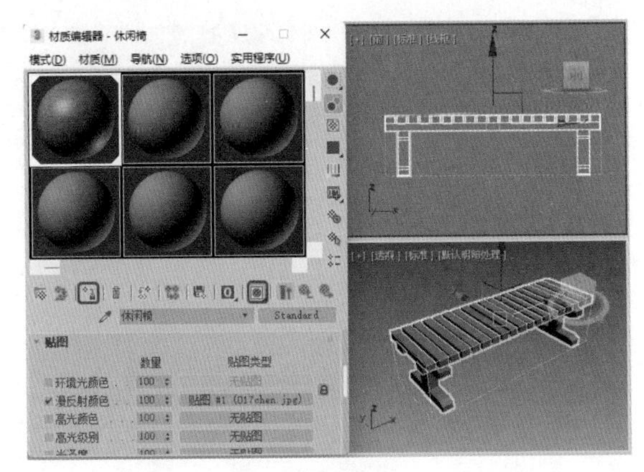

图8-13

Step 13 选择【创建】|【几何体】|【标准基本体】|【平面】工具，在【顶】视图中创建平面，将【长度】、【宽度】分别设置为69814、65000，如图8-14所示。

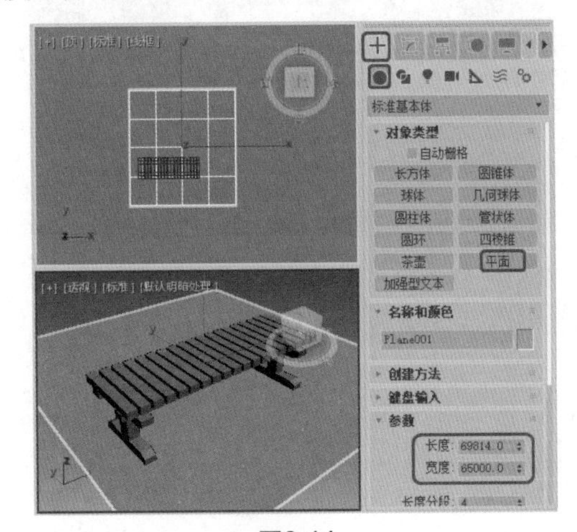

图8-14

Step 14 选择一个空白的材质样本球，单击Standard按钮，在弹出的对话框中选择【无光/投影】选项，如图8-15所示。

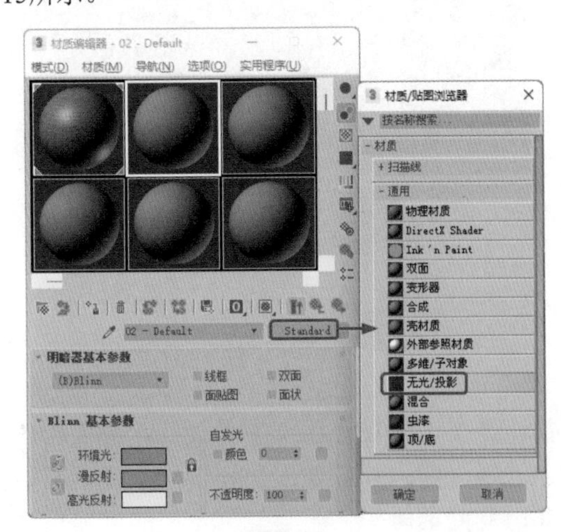

图8-15

**Step 15** 确定平面处于选择状态，单击【将材质指定给选定对象】按钮，按8键打开【环境和效果】对话框，选择【环境】选项卡，单击【环境贴图】下的【无】按钮，在弹出的对话框中选择【位图】选项，单击【确定】按钮，弹出【选择位图图像文件】对话框，在该对话框选择“Map\休闲椅背景.jpg”文件，单击【打开】按钮，如图8-16所示。

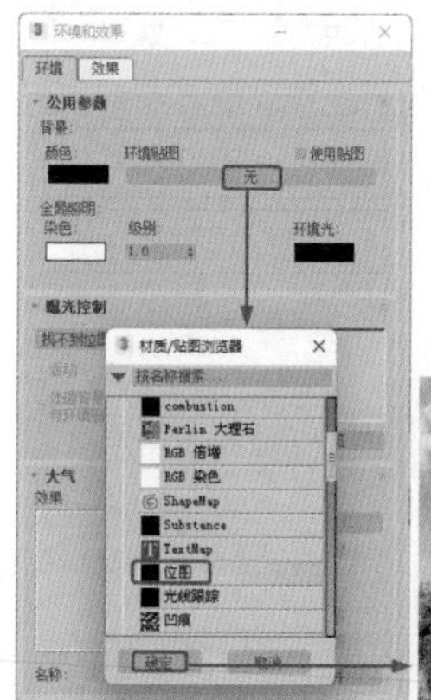

图8-16

**Step 16** 将打开的图片拖曳至一个空白的材质样本球上，在弹出的对话框中选中【实例】单选按钮，单击【确定】按钮，在【坐标】卷展栏中将【贴图】设置为【屏幕】，如图8-17所示。

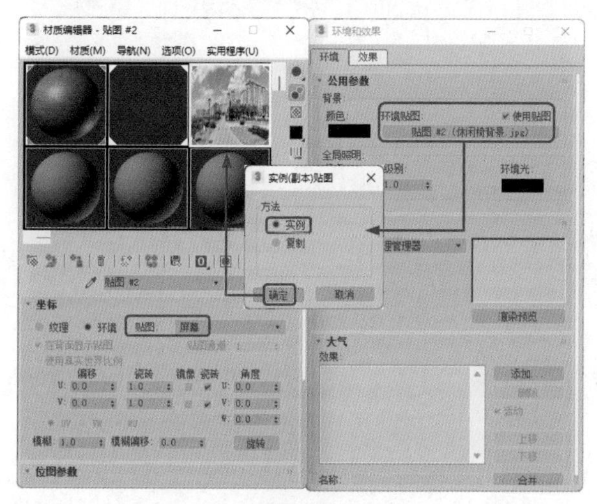

图8-17

**Step 17** 激活【透视】视图，在菜单栏中选择【视图】|【视口背景】|【环境背景】命令，渲染一次【透视】视图，观看效果如图8-18所示。

**Step 18** 选择【创建】|【摄影机】|【目标】选项，在【顶】视图中创建一架摄影机，将【镜头】设置为30，激活【透视】视图，在视图中调整摄影机的位置，如图8-19所示。

图8-18

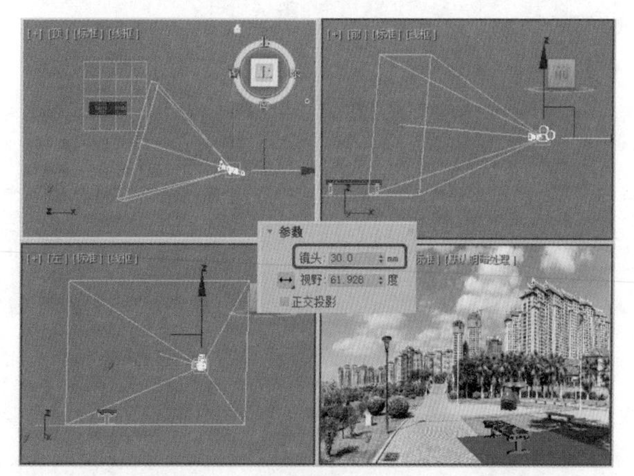

图8-19

**Step 19** 选择【创建】|【灯光】|【目标聚光灯】工具，在【顶】视图中创建目标聚光灯，在各个视图中调整目标聚光灯的位置，如图8-20所示。

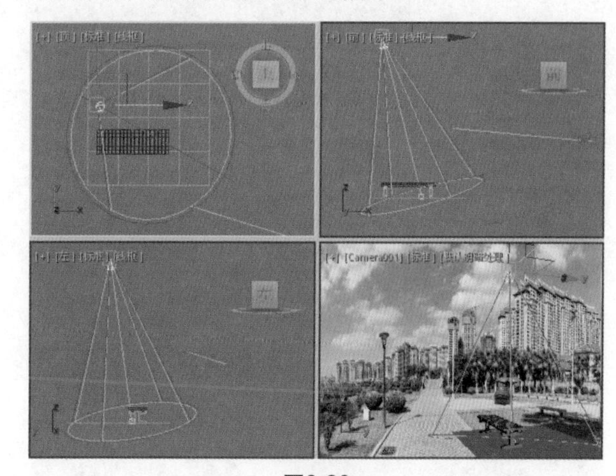

图8-20

**Step 20** 切换到【修改】命令面板，在【常规参数】卷展栏中勾选【阴影】选项组中的【启用】复选框，将阴影类型设置为【光线跟踪阴影】，展开【阴影参数】卷展栏，将【密度】设置为0.2，在【聚光灯参数】卷展栏中勾选【泛光化】复选框，在【强度/颜色/衰减】卷展栏中将【倍增】设置为0.5，如图8-21所示。

图8-21

**Step 21** 创建完成后，再次创建一个聚光灯，在【强度/颜色/衰减】卷展栏中将【倍增】设置为0.4，如图8-22所示。调整灯光的位置，如图8-23所示。

图8-22

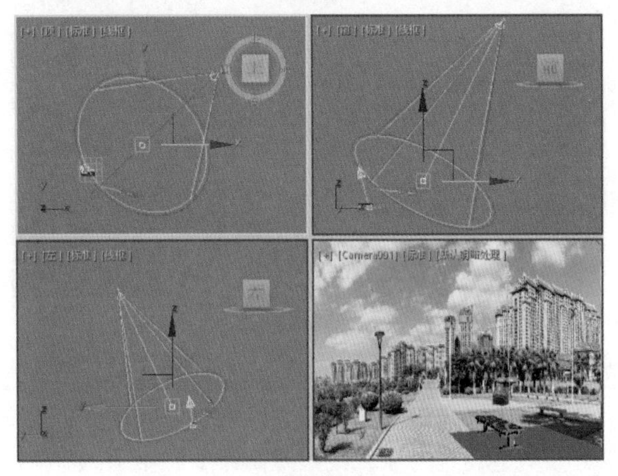

图8-23

**Step 22** 选择【创建】|【灯光】|【标准】选项，在【对象类型】卷展栏中选择【泛光】工具，在场景中创建一个泛光灯，并将其【强度/颜色/衰减】卷展栏中的【倍增】设置为0.2，在场景中调整泛光灯的位置，如图8-24所示。

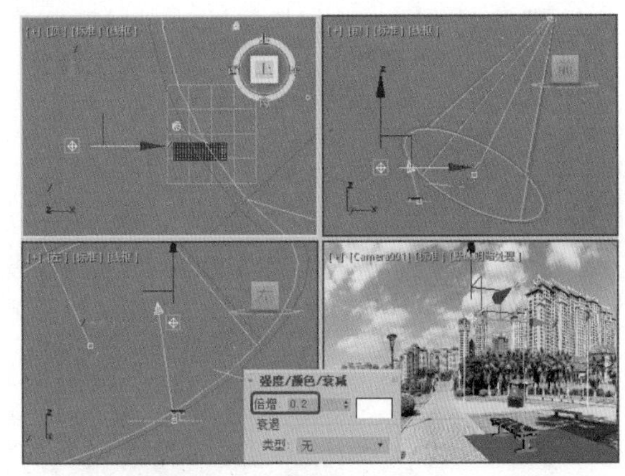

图8-24

**Step 23** 使用同样的方法创建一个泛光灯，并将其【强度/颜色/衰减】卷展栏中的【倍增】设置为0.4，在场景中调整泛光灯的位置，如图8-25所示。

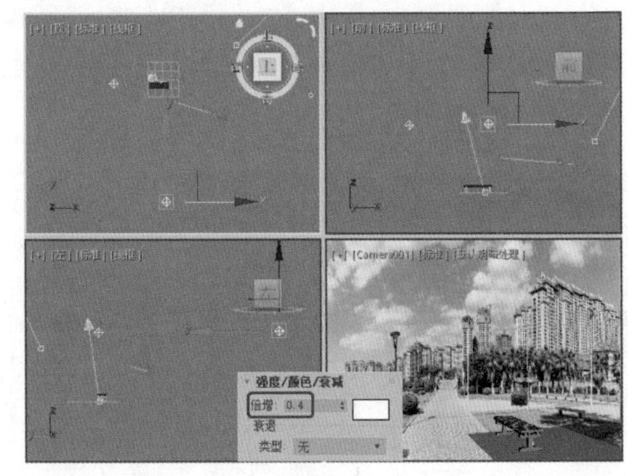

图8-25

**Step 24** 至此，户外休闲椅就制作完成了，激活【摄影机】视图，对该视图进行渲染即可。

## 实例157 制作户外秋千

本例介绍如何制作户外秋千，在制作户外秋千时，主要使用【线】、【圆】、【切角长方体】、【切角圆柱体】等工具创建图形，再使用【编辑网格】等修改器对绘制的图形进行编辑和修改，最后使用【目标聚光灯】和【泛光灯】来表现最终效果，如图8-26所示。

图8-26

| 素材： | Map\0013-1.jpg、赤杨杉-9.JPG、HOUSE.JPG |
| --- | --- |
| 场景： | Scene\Cha08\实例157 制作户外秋千.max |
| 视频： | 视频教学\Cha08\实例157 制作户外秋千.mp4 |

**Step 01** 在菜单栏中选择【自定义】|【单位设置】命令，在弹出的【单位设置】对话框中选中【公制】单选按钮，并将单位设置为【厘米】，如图8-27所示。

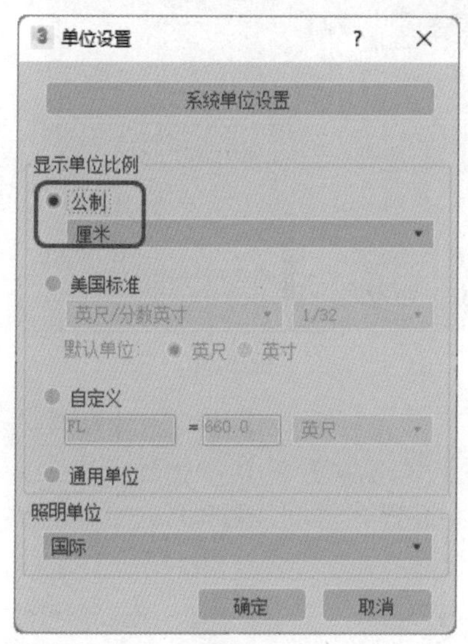


图8-27

**Step 02** 选择【创建】|【几何体】|【长方体】工具，在【左】视图中创建一个【长度】为200、【宽度】为7、【高度】为7的长方体，并将其命名为“支架1”，如图8-28所示。

**Step 03** 切换到【修改】命令面板，在【修改器列表】中选择【编辑网格】修改器，将当前选择集定义为【顶点】，选择【支架1】上方的两个点，在工具栏中右击【选择并移动】工具，在弹出的对话框中将【偏移：屏幕】下的X参数设置为80，将点沿着X轴移动80cm，如图8-29所示。

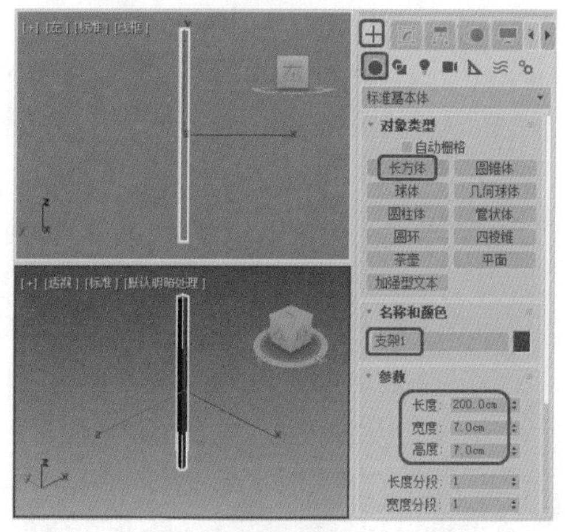


图8-28

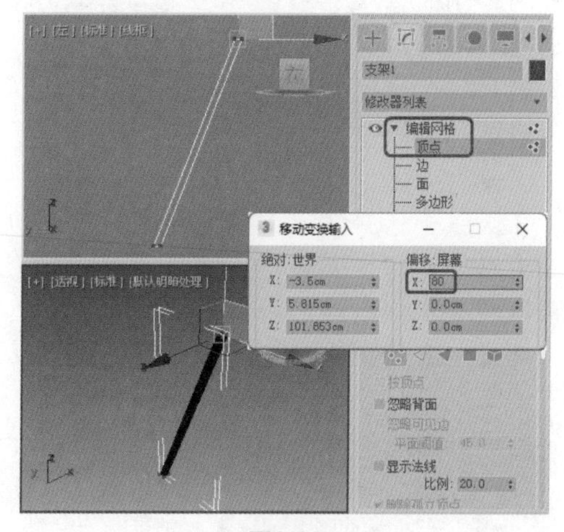


图8-29

**Step 04** 在【左】视图中选择【支架1】对象，在工具栏中选择【镜像】工具，在弹出的对话框中将【镜像轴】设置为X，将【偏移】参数设置为142，在【克隆当前选择】选项组中选中【复制】单选按钮，单击【确定】按钮，如图8-30所示。

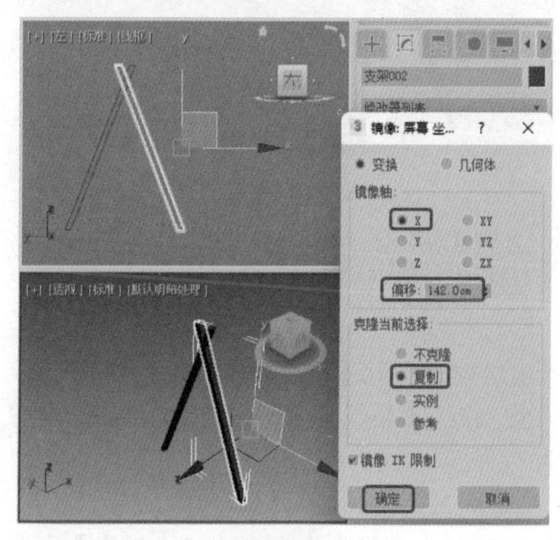


图8-30

Step 05 选择【创建】|【几何体】|【长方体】工具，在【左】视图中创建一个【长度】为2、【宽度】为112、【高度】为2的长方体，并将其命名为“支架横”，如图8-31所示。

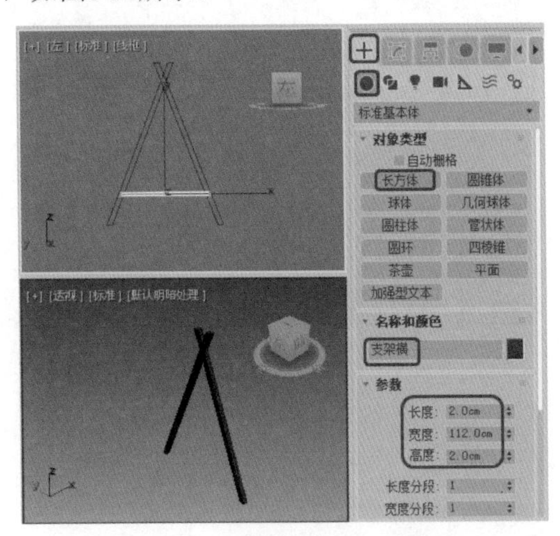

图8-31

Step 06 在场景中选择【支架横】对象，调整位置，切换到【修改】命令面板，在【修改器列表】中选择【编辑网格】修改器，将当前选择集定义为【顶点】，在【左】视图中调整点的位置，如图8-32所示。

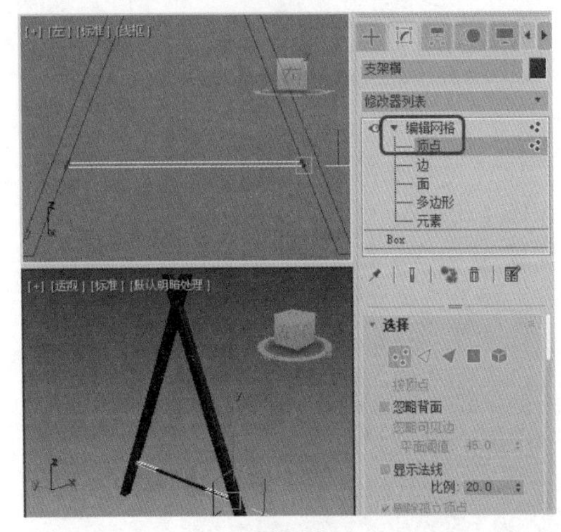

图8-32

Step 07 选择【创建】|【几何体】|【扩展基本体】|【切角长方体】工具，在【左】视图中创建一个【长度】为9、【宽度】为5、【高度】为198、【圆角】为2的切角长方体，并将其【长度分段】设置为3、【宽度分段】设置为3、【高度分段】设置为1、【圆角分段】设置为4，在场景中调整其位置，将其命名为“摇椅上”，如图8-33所示。

Step 08 在场景中选择两个支架和【支架横】对象，并将它们成组，激活【左】视图，在工具栏中选择【镜像】工具，在弹出的对话框中设置【镜像轴】为Z，将【偏移】参数设置为195，在【克隆当前选择】选项组中选中【复制】单选按钮，单击【确定】按钮，如图8-34所示。

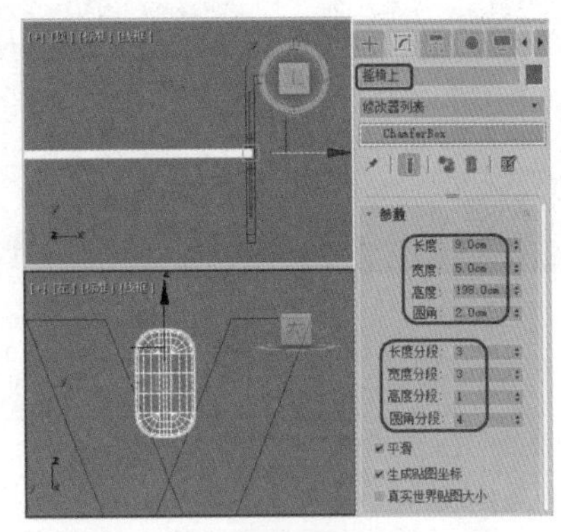

图8-33

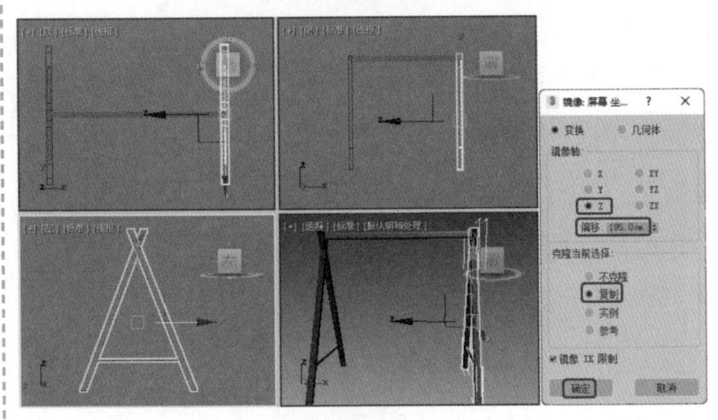

图8-34

Step 09 接下来为摇椅制作挂钩。选择【创建】|【图形】|【线】和【圆】工具，在场景中创建可渲染的样条线，并设置其厚度，再调整它们相应的位置，如图8-35所示。

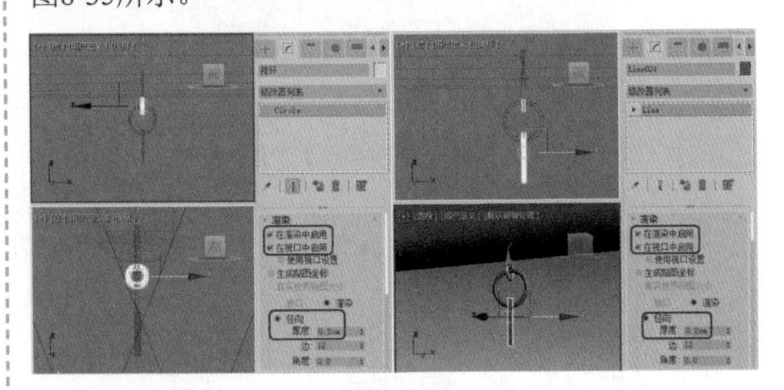

图8-35

Step 10 选择【创建】|【几何体】|【扩展基本体】|【切角圆柱体】工具，在【顶】视图中创建一个【半径】为1.6、【高度】为8、【圆角】为0.2、【圆角分段】为3、【边数】为30、【端面分段】为2的切角圆柱

体，将其命名为“挂钩中心”，调整对象的位置，如图8-36所示。

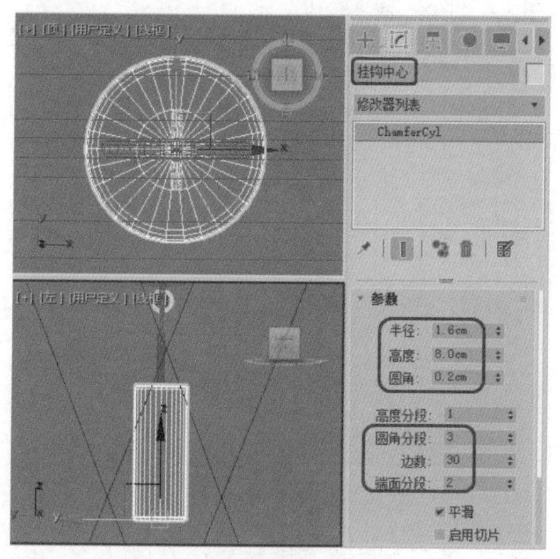


图8-36

**Step 11** 复制之前绘制的挂钩上半部分，制作挂钩的下半部分，最后将挂钩对象成组，命名为“挂钩”，以便于操作，如图8-37所示。

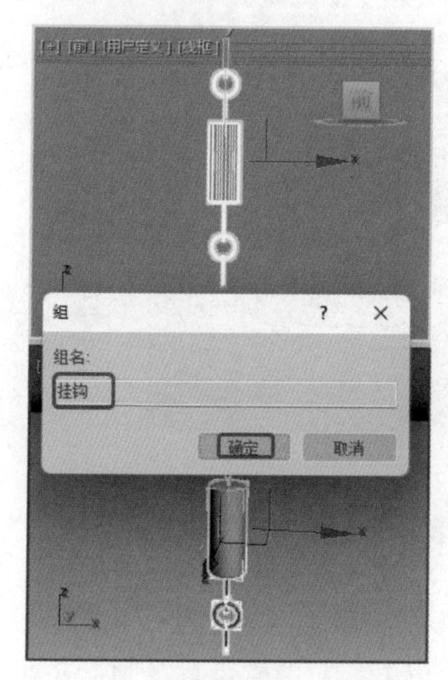


图8-37

**Step 12** 选择【创建】|【图形】|【线】工具，在【左】视图中创建一个支架的截面图形，将其命名为“秋千架”，并切换到【修改】命令面板，在【修改器列表】中选择【挤出】修改器，在【参数】卷展栏中将【数量】参数设置为7，如图8-38所示。

**Step 13** 选择【创建】|【几何体】|【扩展基本体】|【切角长方体】工具，在【左】视图中创建一个【长度】为7、【宽度】为82、【高度】为7.0、【圆角】为0.2，【圆角分段】为4的切角长方体，并将其命名为“秋千支架横”，调整对象的位置，如图8-39所示。

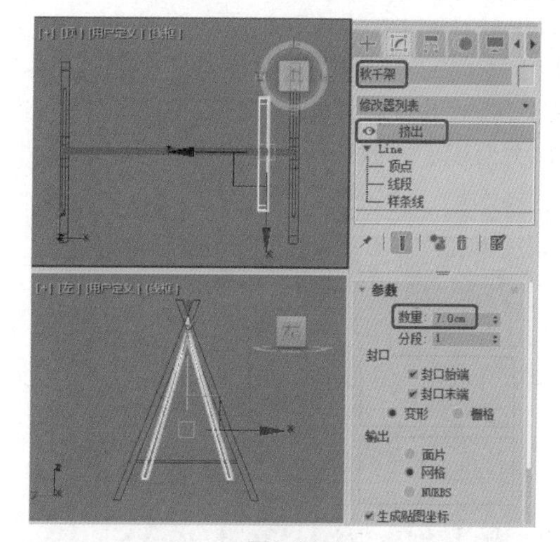


图8-38

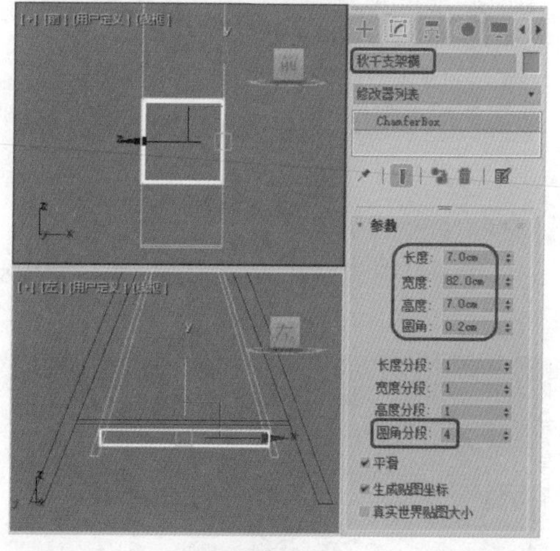


图8-39

**Step 14** 在场景中选择【秋千支架横】对象，进入【修改】命令面板，在【修改器列表】中选择【编辑网格】修改器，将当前选择集定义为【顶点】，在场景中调整点的位置，如图8-40所示。

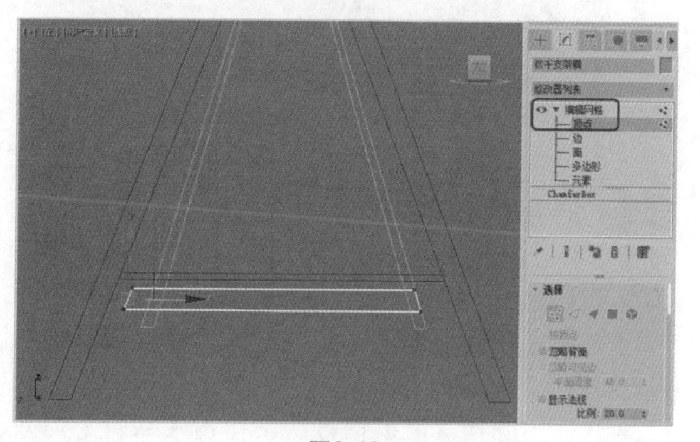

图8-40

**Step 15** 选择【创建】|【几何体】|【扩展基本体】|【切角长方体】工具，在【顶】视图中创建【长度】为7、【宽度】为130、【高度】为2、【圆角】为0.3的切角长方体，再对其进行复制作为秋千的座，在场景中选择所有作为秋千座的切角长方体，并将它们成组，组名设置为“座”，如图8-41所示。

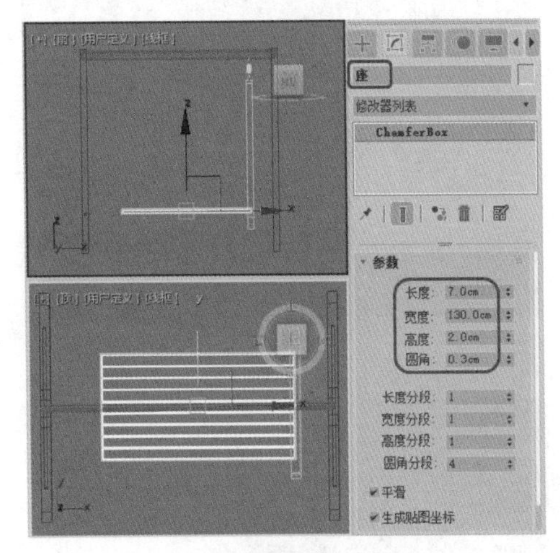


图8-41

**Step 16** 复制【秋千支架横】，命名为“秋千支架横001”，并在场景中调整好其形状及位置，如图8-42所示。

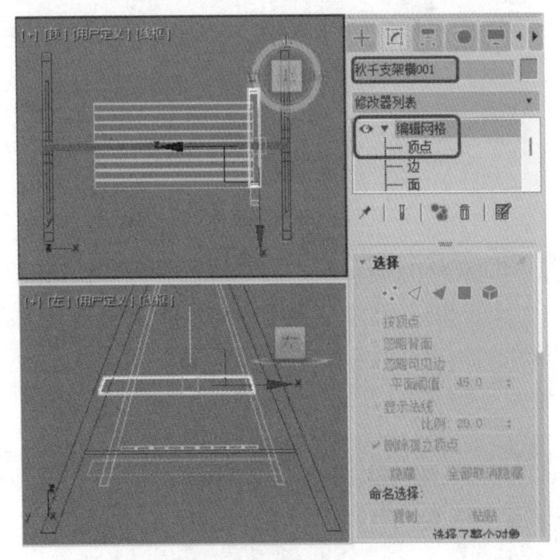


图8-42

**Step 17** 使用【切角长方体】工具创建【靠背竖001】对象，并对其施加【编辑网格】修改器，将当前选择集定义为【顶点】，对顶点进行调整，按住Shift键的同时拖曳鼠标复制模型，并调整好其位置，形成如图8-43所示的效果。

**Step 18** 使用制作【座】的方法制作出【靠背】的效果，如图8-44所示。

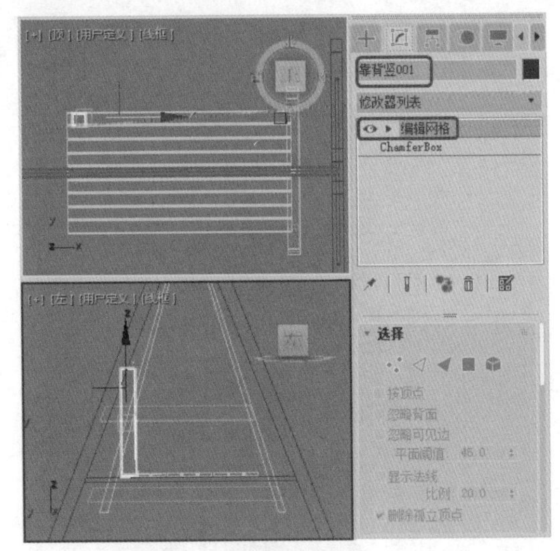


图8-43

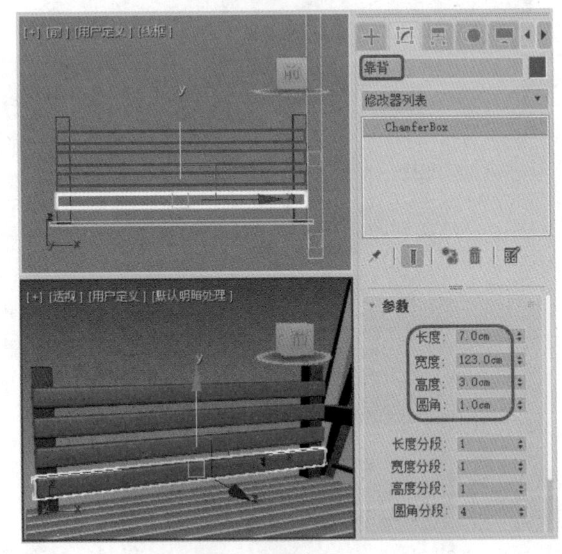


图8-44

**Step 19** 选择所有的靠背对象，将对象成组，命名为“靠背”，将【秋千架】、【秋千支架横】和【秋千支架横001】成组，命名为“秋千侧支架”，选择上面制作的【挂钩】，对两者进行复制，并在场景中调整其位置，最后再创建球体作为【秋千】的装饰钉，如图8-45所示。

**Step 20** 在场景中选择除【挂钩】和【装饰钉】以外的对象，在工具栏中单击【材质编辑器】按钮打开材质编辑器，选择一个新的材质样本球，并将其命名为“木秋千”。在【贴图】卷展栏中单击【漫反射颜色】通道右侧的【无贴图】按钮，在弹出的【材质/贴图浏览器】对话框中选择【位图】贴图，单击【确定】按钮，再在打开的对话框中选择“Map\赤杨杉-9.JPG”文件，单击【打开】按钮。进入漫反射颜色贴图通道，单击【转到父对象】按钮，回到父级材质面板，再单击【将材质指定给选定对象】按钮，将材质指定给场景中的选择对象，效果如图8-46所示。

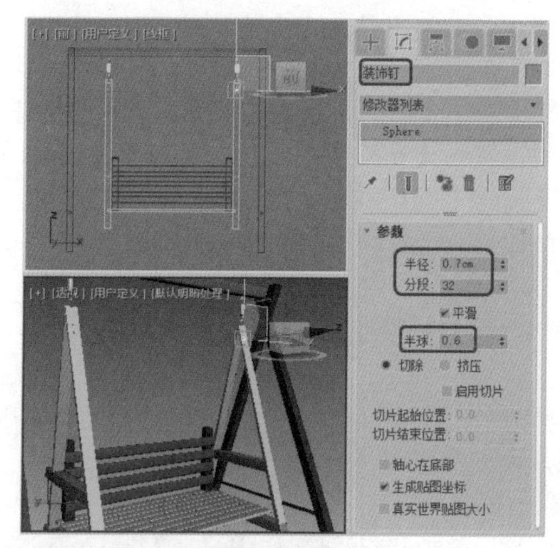

图8-45

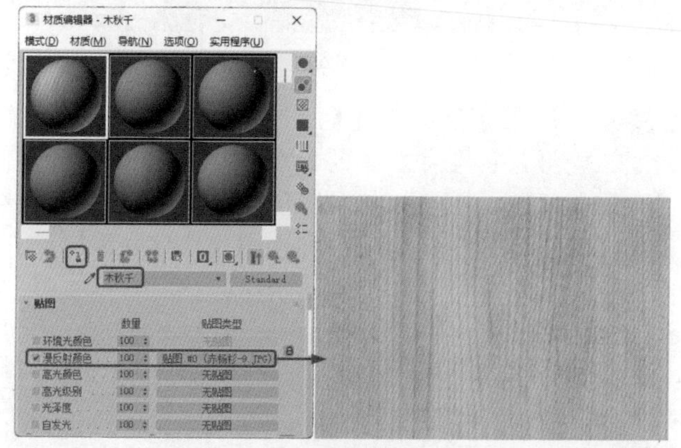

图8-46

Step 21 在场景中选择【挂钩】和【装饰钉】对象，在材质编辑器中选择一个新的材质样本球，并将其命名为“挂钩与装饰钉”，在【明暗器基本参数】卷展栏中将类型定义为【金属】，在【金属基本参数】卷展栏中将【环境光】的RGB值分别设置为0、0、0，将【漫反射】的RGB值分别设置为255、255、255，将【反射高光】选项组中的【高光级别】和【光泽度】参数分别设置为100和80，如图8-47所示。

Step 22 在【贴图】卷展栏中单击【反射】通道右侧的【无贴图】按钮，在弹出的【材质/贴图浏览器】对话框中选择【位图】贴图，单击【确定】按钮，再在弹出的对话框中选择“Map\HOUSE.JPG”文件，单击【打开】按钮，进入漫反射颜色贴图层级。在【坐标】卷展栏中将【模糊偏移】参数设置为0.086，如图8-48所示，单击【转到父对象】按钮，返回到父级材质面板，再单击【将材质指定给选定对象】按钮，将材质指定给场景中的选择对象。

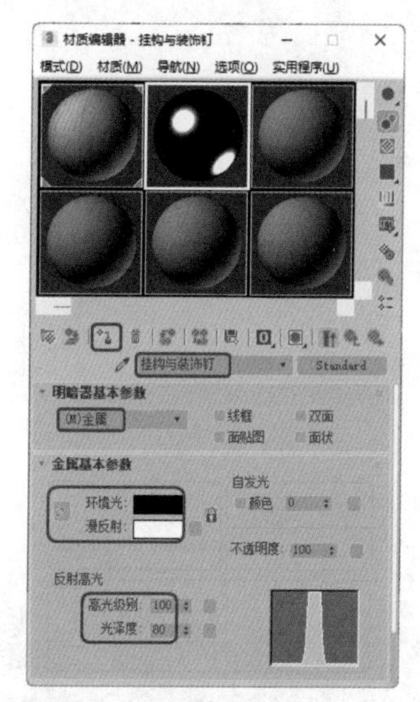

图8-47

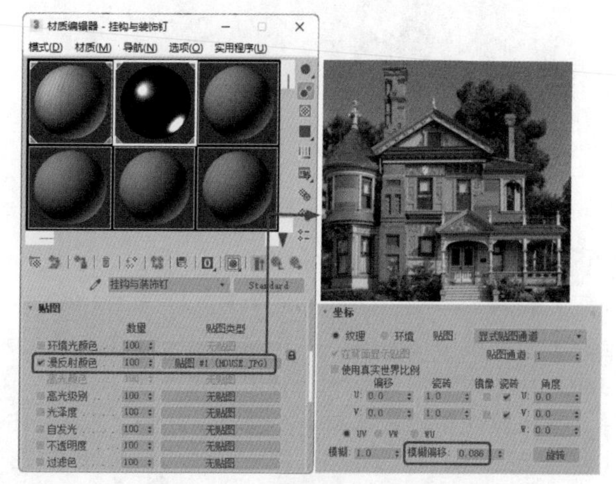

图8-48

Step 23 选择【创建】|【摄影机】|【目标】工具，在【顶】视图中创建一架目标摄影机，在【参数】卷展栏中将【镜头】参数设置为42，激活【透视】视图，并按C键将其转换为【摄影机】视图，并在其他视图中调整摄影机的位置，如图8-49所示。

Step 24 使用【长方体】工具，创建【长度】为400、【宽度】为350、【高】为1的地面，调整长方体的位置。在工具栏中单击【材质编辑器】按钮，在打开的对话框中选择新的材质样本球，单击Standard按钮，在弹出的【材质/贴图浏览器】对话框中选择【无光/投影】材质，使用默认属性，单击【将材质指定给选定对象】按钮，将绘制的材质指定给绘制的长方体，如图8-50所示。

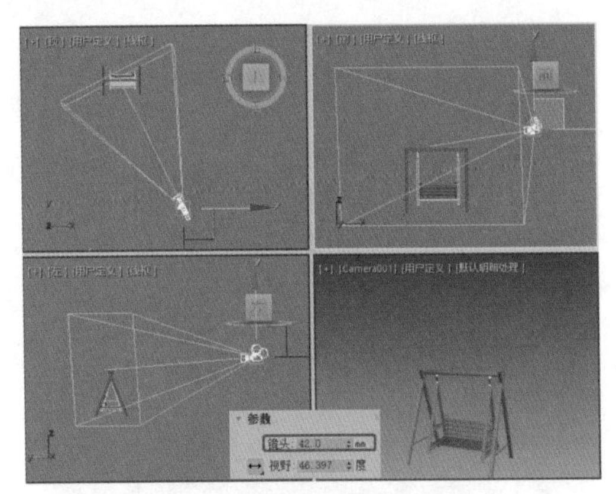

图8-49

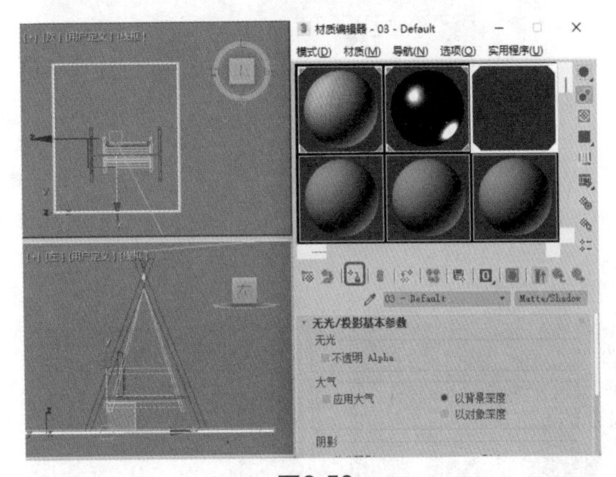

图8-50

Step 25 按8键，弹出【环境和效果】对话框，在【公用参数】卷展栏中单击【环境贴图】下的【无】按钮，在弹出的【材质/贴图浏览器】对话框中选择【位图】材质，在弹出的对话框中选择"Map\0013-1.jpg"文件。在工具栏中单击【材质编辑器】按钮，在弹出的【材质编辑器】对话框中选择一个新的材质样本球，将【环境和效果】对话框中的贴图拖曳到刚选择的材质样本球上，并将【坐标】卷展栏中的【贴图】设置为【屏幕】，如图8-51所示。

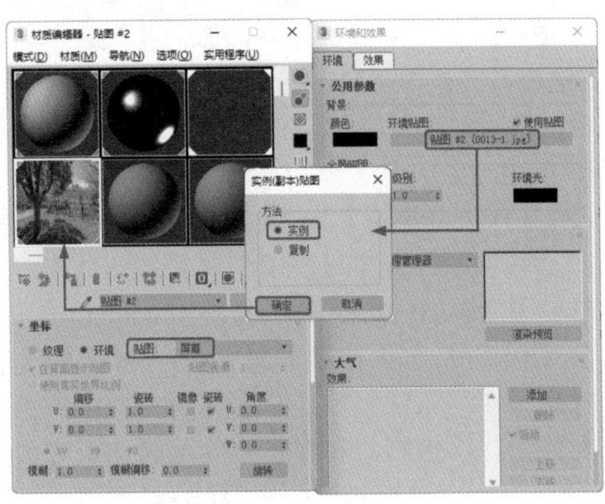

图8-51

Step 26 选择【摄影机】视图，在菜单栏中选择【视图】|【视口背景】|【环境背景】命令，即可在【摄影机】视图中显示环境背景。选择【创建】|【灯光】|【目标聚光灯】工具，在【顶】视图中创建一盏目标聚光灯，在其他视图中调整其角度。在【常规参数】卷展栏中勾选【阴影】下的【启用】复选框，并把阴影类型设置为【光线跟踪阴影】，在【强度/颜色/衰减】卷展栏中将【倍增】设置为1，如图8-52所示。

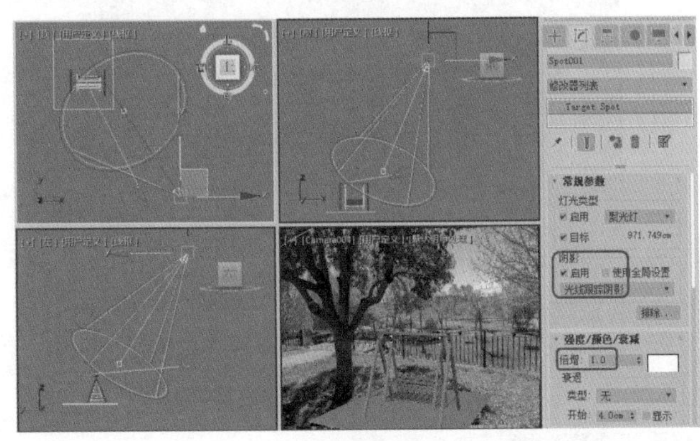

图8-52

Step 27 使用【灯光】中的【泛光】工具在视图中创建一个泛光灯，将【常规参数】卷展栏中【阴影】下的【启用】复选框取消勾选，将【强度/颜色/衰减】卷展栏中的【倍增】设置为0.2，并使用【选择并移动】工具对其进行移动，效果如图8-53所示。

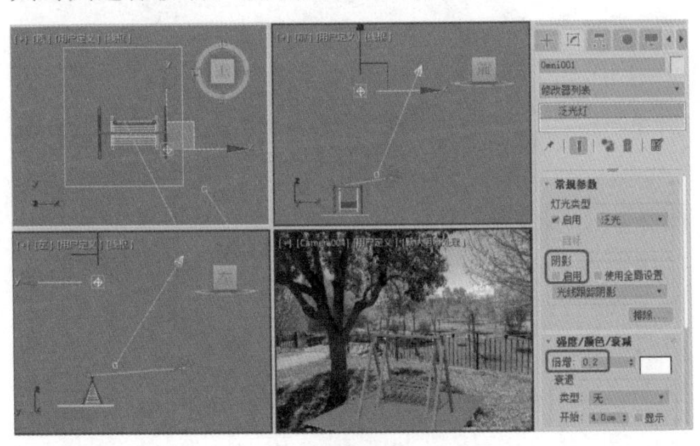

图8-53

Step 28 继续使用【泛光】工具在视图中创建泛光灯，将【常规参数】卷展栏中【阴影】下的【启用】复选框取消勾选，将【强度/颜色/衰减】卷展栏中的【倍增】设置为0.2，调整泛光灯的位置，如图8-54所示。

Step 29 单击【排除】按钮，在弹出的对话框中，选择左侧的Box001并单击中间的>>按钮，将其转移到右侧，设置完成后单击【确定】按钮，如图8-55所示。

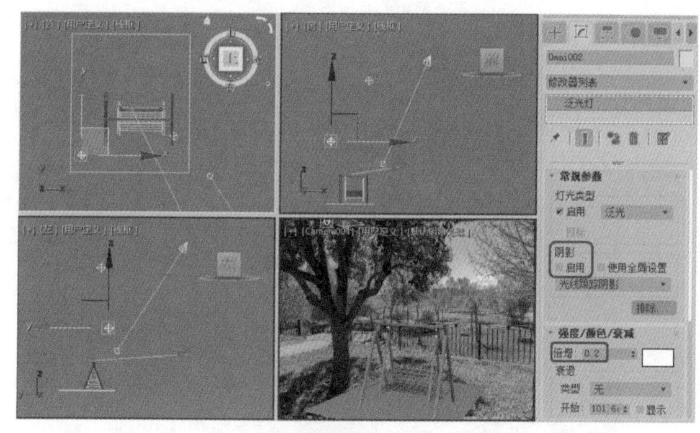

图8-54

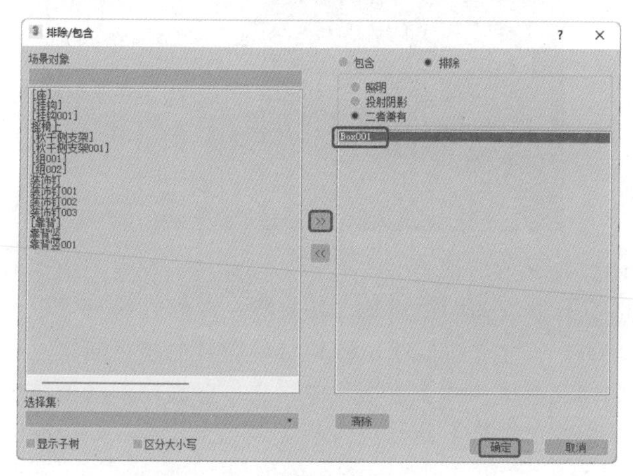

图8-55

**Step 30** 再次使用【泛光】工具在视图中创建泛光灯，将【常规参数】卷展栏中【阴影】下的【启用】复选框取消勾选，将【强度/颜色/衰减】卷展栏中的【倍增】设置为0.2，调整泛光灯的位置，如图8-56所示。

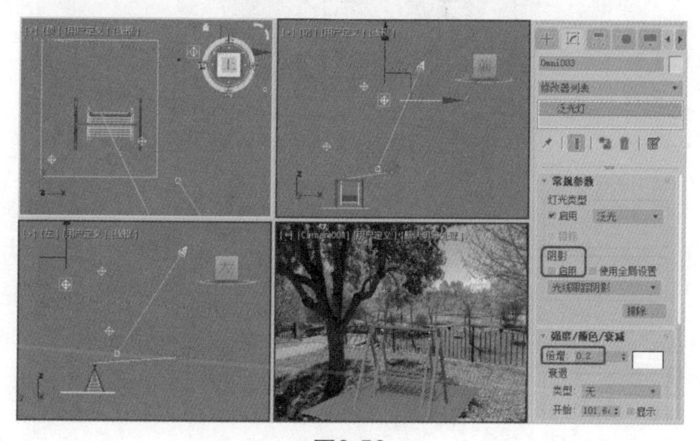

图8-56

**Step 31** 单击【排除】按钮，在弹出的对话框中，选择左侧除Box001之外的所有模型，并单击中间的 >> 按钮，将其转移到右侧，设置完成后单击【确定】按钮，如图8-57所示。

**Step 32** 至此，户外秋千就制作完成了，激活【摄影机】视图，对该视图进行渲染即可。

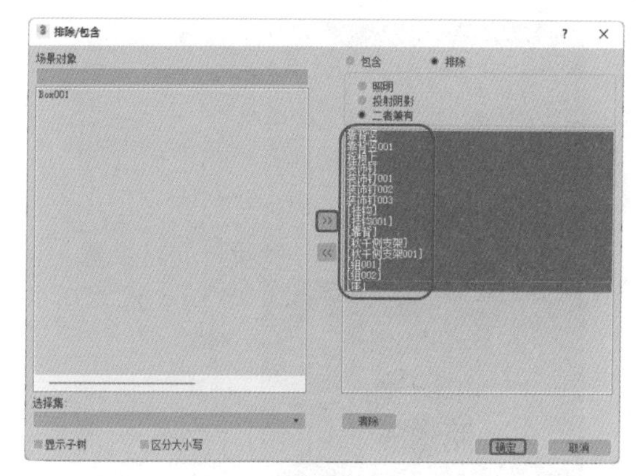

图8-57

## 实例158 制作户外休闲座椅

户外休闲座椅是小区以及公共场所的基本设施，具有朴实自然的感觉。户外休闲座椅有很多类型，既有经过简单砍制的粗糙原木凳椅，也有工艺复杂的鲁泰斯长椅。在室外建筑效果图中，经常要表现一些公共场所，所以此处我们讲述一个花池造型休闲椅的制作方法，效果如图8-58所示。

图8-58

| | |
|---|---|
| 素材： | Map\ 座椅背景.jpg、花岗岩7. JPG、木4.JPG、oakleaf.tga |
| 场景： | Scene\Cha08\实例158 制作户外休闲座椅.max |
| 视频： | 视频教学\Cha08\实例158 制作户外休闲座椅.mp4 |

**Step 01** 选择【创建】 + |【几何体】 ● |【标准基本体】|【管状体】工具，在【顶】视图中创建一个【半径 1】、【半径 2】、【高度】、【高度分段】、【端面分段】、【边数】分别为580、700、500、1、1、26

的管状体，将它命名为“中心花池”，如图8-59所示。

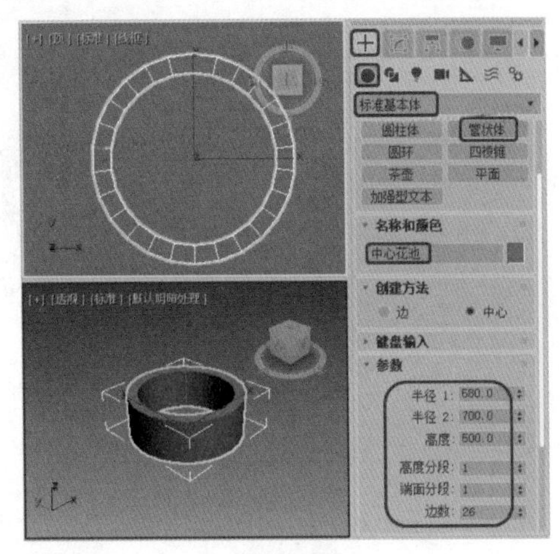


图8-59

## ◎知识链接

【管状体】工具各项参数介绍如下。

- 【边】：按照边来绘制管状体。通过移动鼠标可以更改中心位置。
- 【中心】：从中心开始绘制管状体。
- 【半径 1】：用于设置管状体的外部半径。
- 【半径 2】：用于设置管状体的内部半径。
- 【高度】：设置沿着中心轴的维度。负数值将在构造平面下面创建管状体。
- 【高度分段】：设置沿着管状体主轴的分段数量。
- 【端面分段】：设置围绕管状体顶部和底部的中心的同心分段数量。
- 【边数】：设置管状体周围边数。启用【平滑】时，较大的数值将着色和渲染为真正的圆。禁用【平滑】时，较小的数值将创建规则的多边形对象。
- 【平滑】：启用此选项（默认设置）后，将管状体的各个面混合在一起，从而在渲染视图中创建平滑的外观。
- 【启用切片】：启用该复选框后，可以删除一部分管状体的周长。默认设置为禁用状态。当创建切片后，如果禁用【启用切片】，则重新显示完整的管状体。
- 【切片起始位置】、【切片结束位置】：设置从局部 X 轴的零点开始围绕局部 Z 轴的度数。
- 【生成贴图坐标】：生成将贴图材质应用于管状体的坐标。默认设置为启用。
- 【真实世界贴图大小】：控制应用于对象的纹理贴图材质所使用的缩放方法。

Step 02 切换至【修改】命令面板，在【修改器列表】中选择【UVW 贴图】修改器，在【参数】卷展栏中选择【长方体】贴图方式，并将【长度】、【宽度】和【高度】均设置为1000，如图8-60所示。

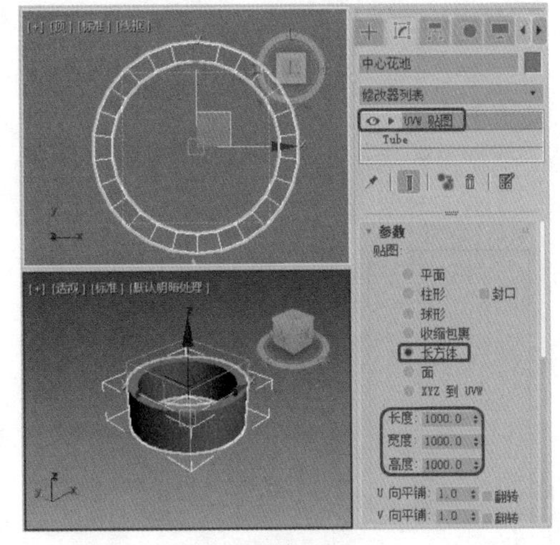


图8-60

Step 03 继续选中该对象，按M键，在弹出的对话框中选择一个材质样本球，将其命名为“中心花池”，在【Blinn基本参数】卷展栏中将【反射高光】选项组中的【高光级别】和【光泽度】均设置为0，如图8-61所示。

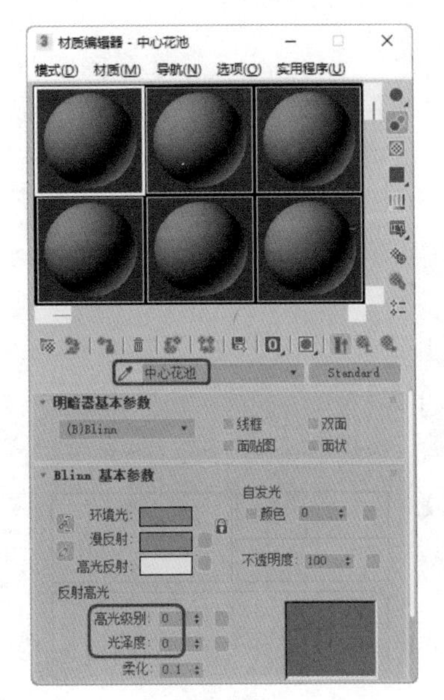


图8-61

Step 04 在【贴图】卷展栏中单击【漫反射颜色】右侧的【无贴图】按钮，在弹出的对话框中双击【位图】选项，在弹出的对话框中选择“花岗岩7.JPG”贴图文件，单击【打开】按钮，如图8-62所示。

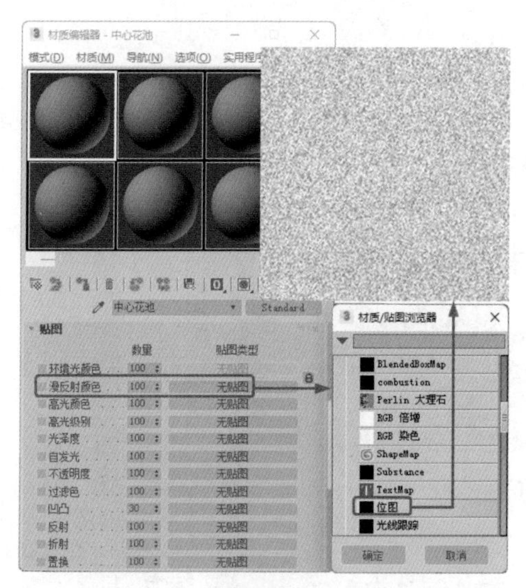

图8-62

**Step 05** 将材质指定给管状体对象，选择【创建】|【图形】|【矩形】工具，在【顶】视图中创建一个【长度】、【宽度】分别为350、69的矩形，将其命名为“木板001”，调整矩形位置，如图8-63所示。

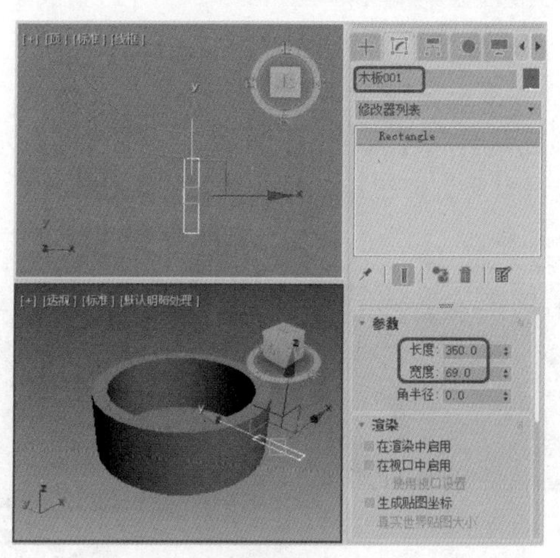

图8-63

**Step 06** 切换至【修改】命令面板，在【修改器列表】中选择【编辑样条线】修改器，将当前选择集定义为【顶点】，在视图中调整顶点的位置，效果如图8-64所示。

**Step 07** 关闭当前选择集，在【修改器列表】中选择【挤出】修改器，在【参数】卷展栏中将【挤出】设置为20，如图8-65所示。

**Step 08** 激活【顶】视图，切换至【层次】命令面板，在【调整轴】卷展栏中单击【仅影响轴】按钮，在工具栏中单击【对齐】按钮，在【顶】视图中选择【中心花池】对象，在弹出的对话框中勾选【对齐位置（屏幕）】下方的【X位置】【Y位置】【Z位置】复选框，然后选中【当前对象】与【目标对象】选项组中的【轴心】单选按钮，如图8-66所示。

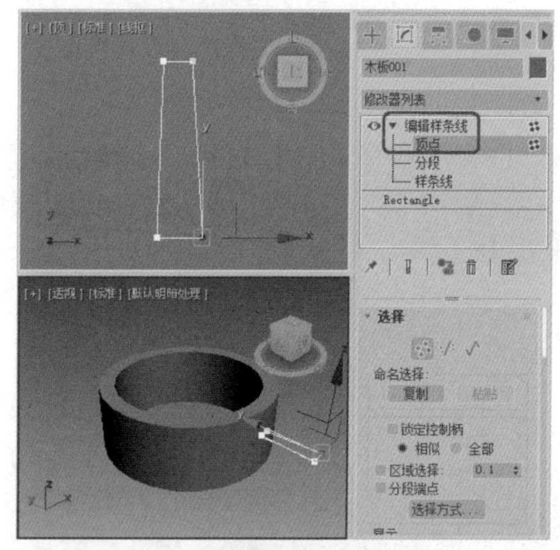

图8-64

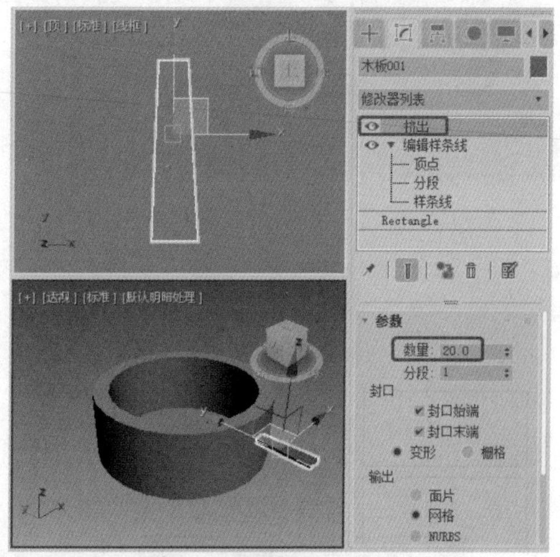

图8-65

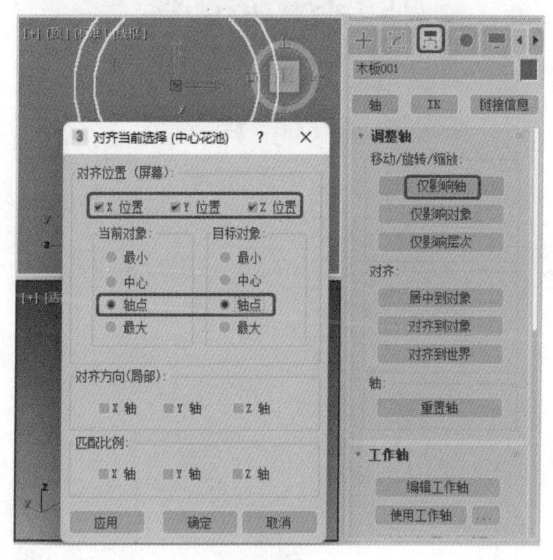

图8-66

**Step 09** 设置完成后，单击【确定】按钮，再在【调整轴】卷展栏中单击【仅影响轴】按钮，即可完成轴的调整。切换至【修改】命令面板，在【修改器列表】中选择【UVW贴图】修改器，在【参数】卷展栏中选中【长方体】单选按钮，如图8-67所示。

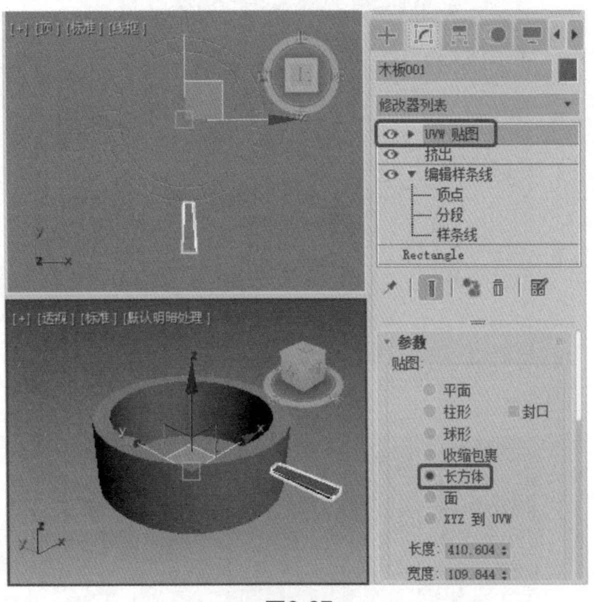

图8-67

**Step 10** 继续选中该对象，按M键，在弹出的对话框中选择一个材质样本球，将其命名为“木板”，在【Blinn基本参数】卷展栏中将【反射高光】选项组中的【高光级别】和【光泽度】分别设置为19、9，如图8-68所示。

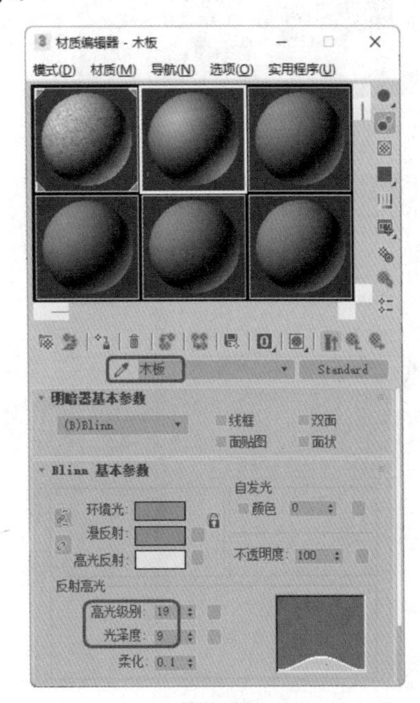

图8-68

**Step 11** 在【贴图】卷展栏中单击【漫反射颜色】右侧的【无贴图】按钮，在弹出的对话框中双击【位图】选项，在弹出的对话框中选择“木4.JPG”贴图文件，单击【打开】按钮，如图8-69所示。

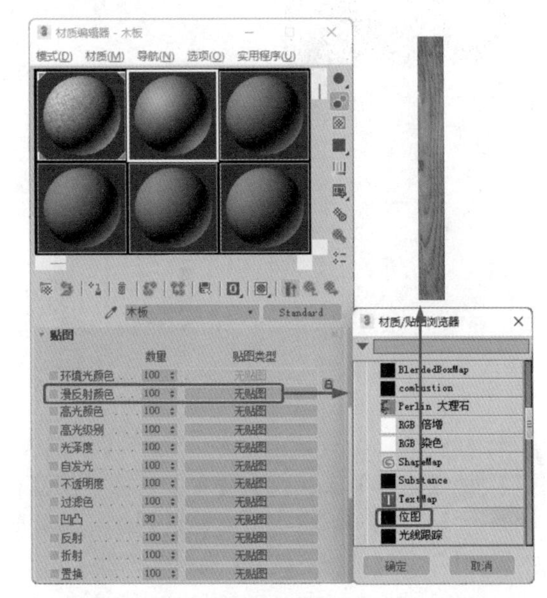

图8-69

**Step 12** 将设置完成后的材质指定给选定对象，单击【中心花池】和【木板】材质样本球的【视口中显示明暗处理材质】按钮，观察效果如图8-70所示。

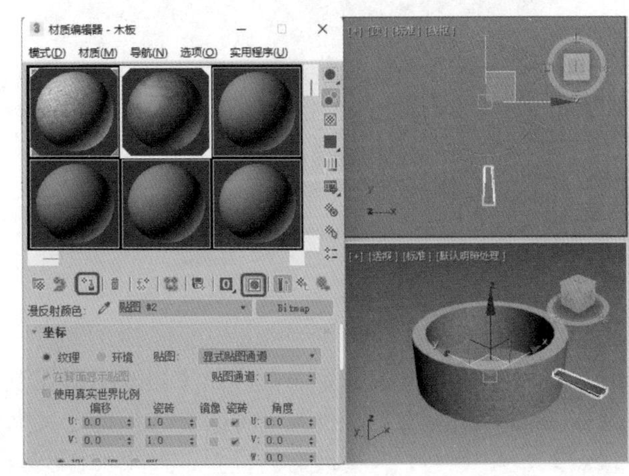

图8-70

**Step 13** 激活【顶】视图，在菜单栏中选择【工具】|【阵列】命令，在弹出的对话框中将【增量】选项组中的Z设置为6.8，将【阵列维度】选项组中1D右侧的【数量】设置为53，如图8-71所示。

**Step 14** 设置完成后，单击【确定】按钮，即可完成阵列，在视图中调整木板的位置，效果如图8-72所示。

**Step 15** 选择【创建】 |【图形】 |【圆】工具，在【顶】视图中以【中心花池】的中心为基点，绘制一

个半径为810的圆形，将其命名为“支撑外面”，如图8-73所示。

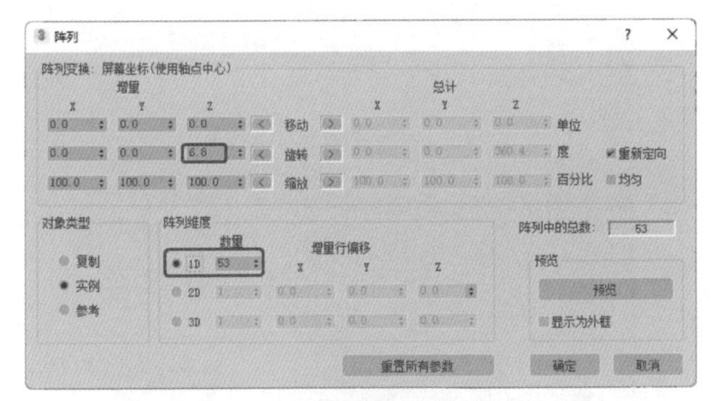


图8-71

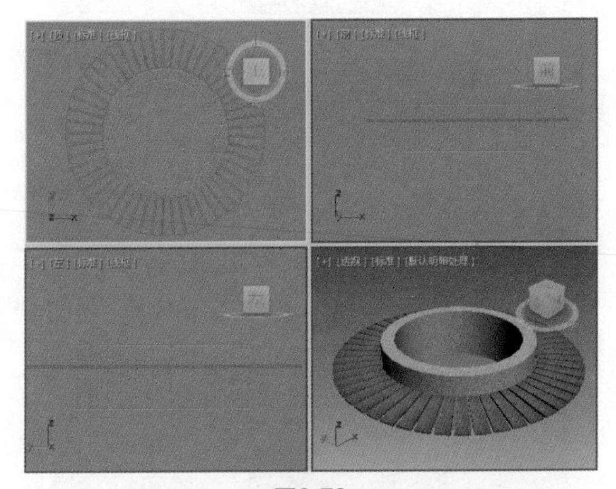

图8-72

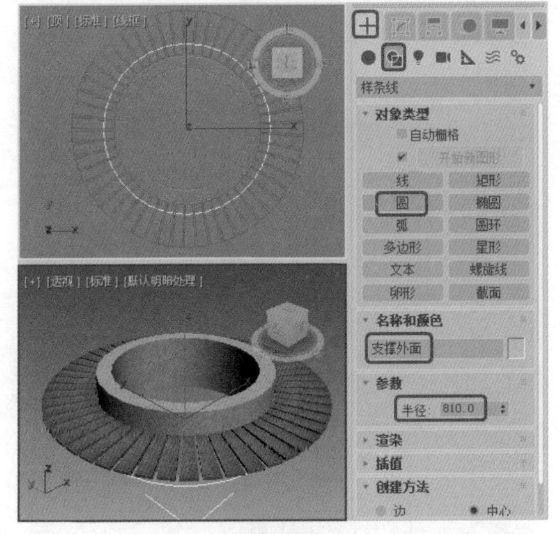


图8-73

Step 16 切换至【修改】命令面板，在【修改器列表】中选择【编辑样条线】修改器，将当前选择集定义为【样条线】，在视图中选中该样条线，在【几何体】卷展栏中将【轮廓】设置为-60，如图8-74所示。

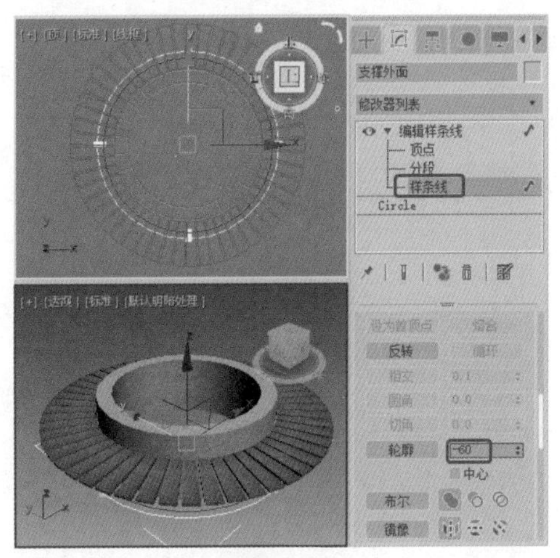


图8-74

Step 17 继续选中该样条线，在【几何体】卷展栏中将【轮廓】设置为-180，如图8-75所示。

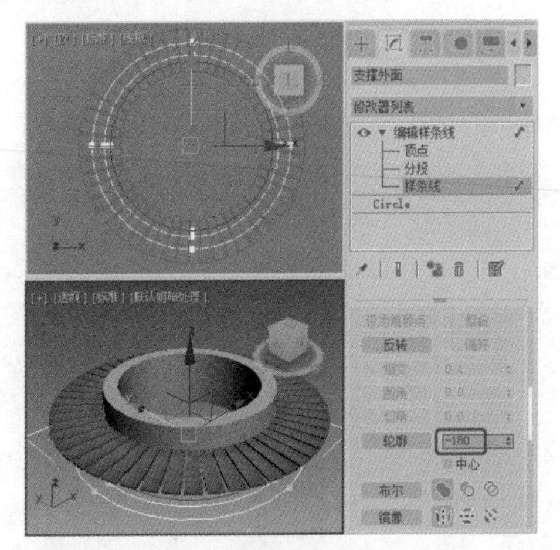


图8-75

Step 18 继续选中该样条线，在【几何体】卷展栏中将【轮廓】设置为-240，如图8-76所示。

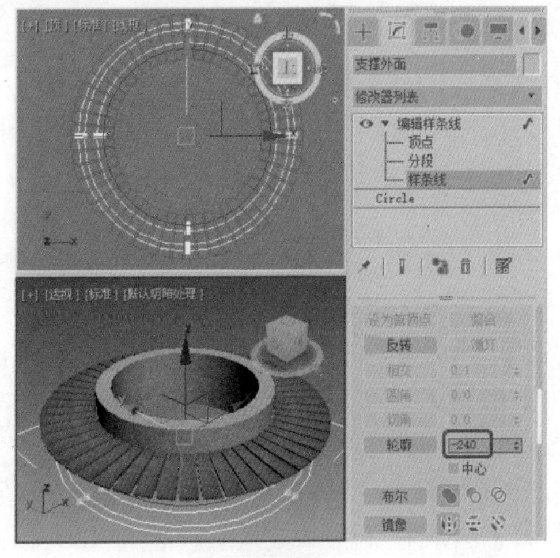


图8-76

Step 19 关闭当前选择集，在【修改器列表】中选择【挤出】修改器，在【参数】卷展栏中将【数量】设置为20，如图8-77所示。

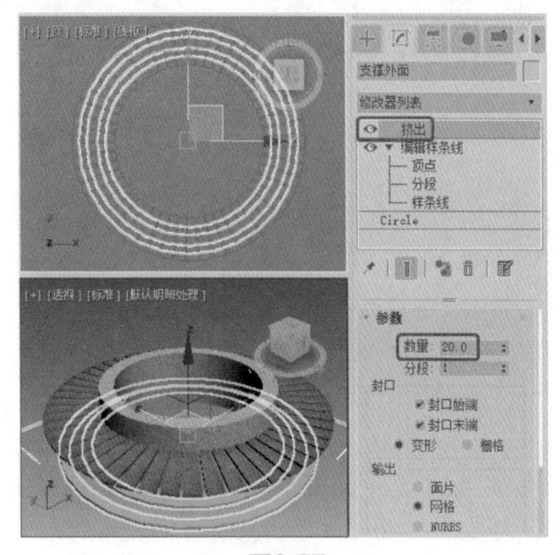

图8-77

Step 20 选中挤出后的对象，在视图中调整该对象的位置，调整后的效果如图8-78所示。

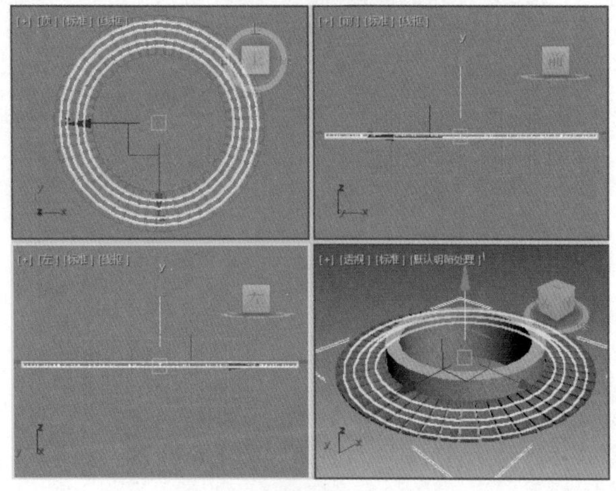

图8-78

Step 21 选择【创建】|【图形】|【矩形】工具，在【前】视图中绘制一个【长度】、【宽度】都设置为300的矩形，并将其重命名为“休闲椅支架001”，如图8-79所示。

Step 22 切换至【修改】命令面板，在【修改器列表】中选择【编辑样条线】修改器，将当前选择集定义为【顶点】，进入【几何体】卷展栏，单击【优化】按钮，在矩形图形上添加部分顶点，最后依照图8-80所示对当前所添加的顶点进行调整。

Step 23 在【修改器列表】中选择【挤出】修改器，在【参数】卷展栏中将【数量】设置为30，如图8-81所示。

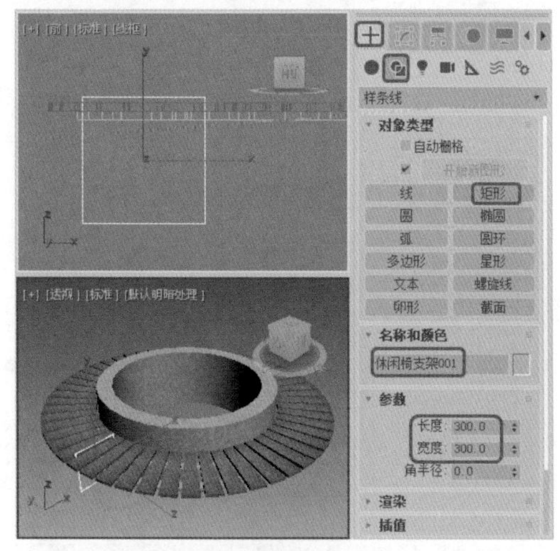

图8-79

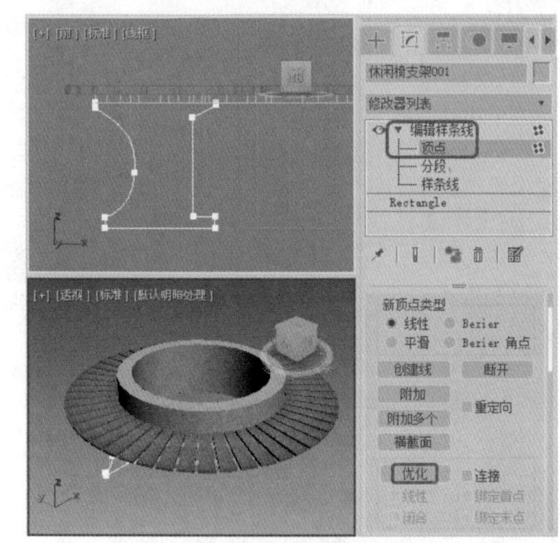

图8-80

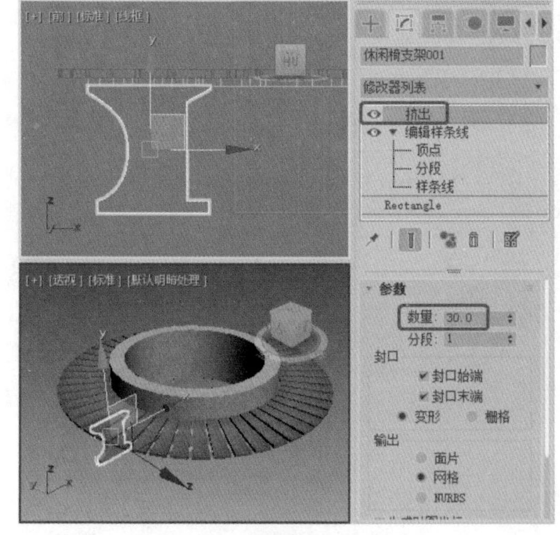

图8-81

Step 24 激活【顶】视图，切换至【层次】命令面板，在【调整轴】卷展栏中单击【仅影响轴】按钮，在工具栏中单击【对齐】按钮，在【顶】视图中选择【中心花池】对象，在弹出的对话框中勾选【对齐位置（屏幕）】下方的【X 位置】、【Y 位置】、【Z 位置】复选框，然后选中【当前对象】与【目标对象】选项组中的【轴心】单选按钮，如图8-82所示。

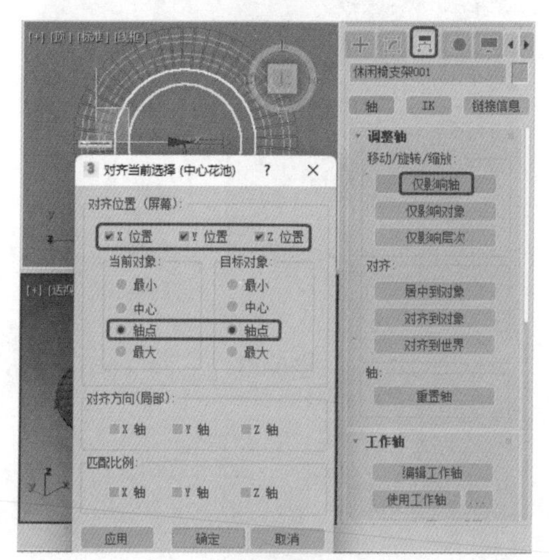

图8-82

Step 25 设置完成后，单击【确定】按钮，再在【调整轴】卷展栏中单击【仅影响轴】按钮，即可完成轴的调整。在菜单栏中选择【工具】|【阵列】命令，在弹出的对话框中将【增量】选项组中的Z设置为60，将【阵列维度】选项组中1D右侧的【数量】设置为6，如图8-83所示。

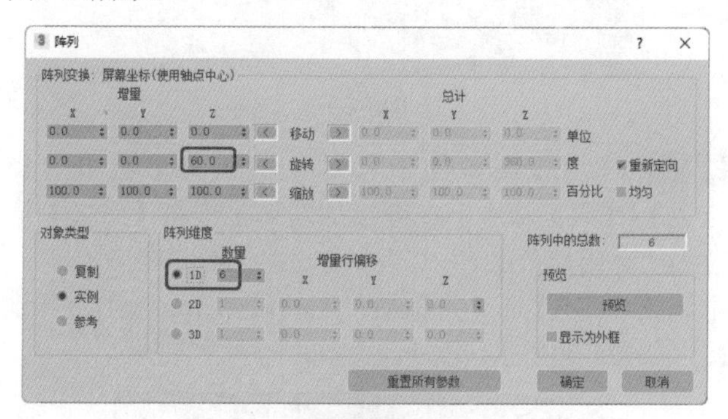

图8-83

Step 26 设置完成后，单击【确定】按钮，即可完成阵列操作，效果如图8-84所示。

Step 27 在视图中选择【支撑外面】对象和所有的休闲椅支架，按M键，在弹出的对话框中选择一个材质样本球，将其命名为“金属”，将【明暗器的类型】设置为【金属】，在【金属基本参数】卷展栏中将锁定的【环境光】的RGB值设置为41、52、83，将【漫反射】的RGB值分别设置为131、131、131，将【反射高光】选项组中的【高光级别】和【光泽度】均设置为80，如图8-85所示。

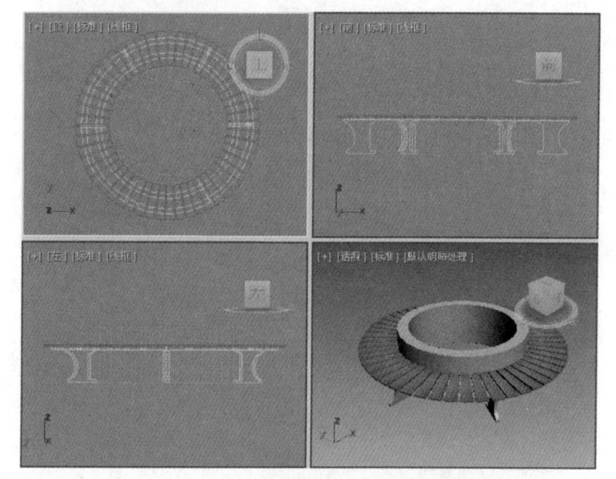

图8-84

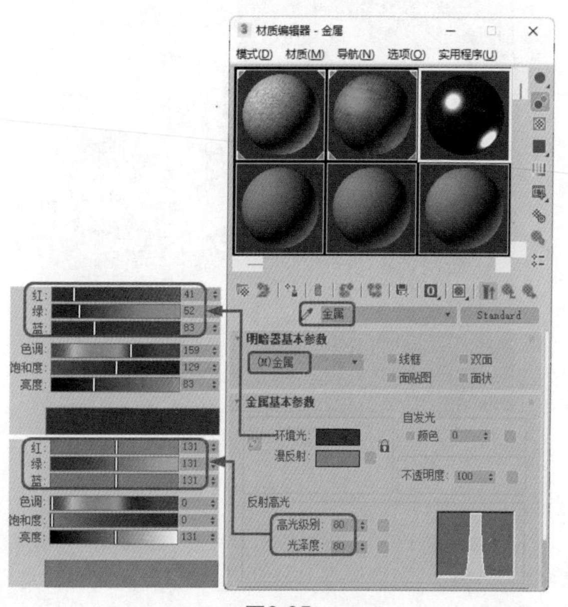

图8-85

Step 28 设置完成后，将材质指定给选定对象。选择【创建】+|【几何体】●|【标准基本体】|【圆柱体】工具，在【顶】视图中以【中心花池】的轴心为基点，绘制一个【半径】、【高度】分别为580、0.1的圆柱体，将其命名为“草地”，将颜色设置为绿色，如图8-86所示。

Step 29 在视图中调整【草地】对象的位置，切换至【修改】命令面板，在【修改器列表】中选择【Hair 和 Fur（WSM）】修改器，在【常规参数】卷展栏中将【剪切长度】设置为59，在【材质参数】卷展栏中将【梢颜色】的RGB 值设置为12、187、0，将【根颜色】的RGB值分别设置为0、44、5，如图8-87所示。

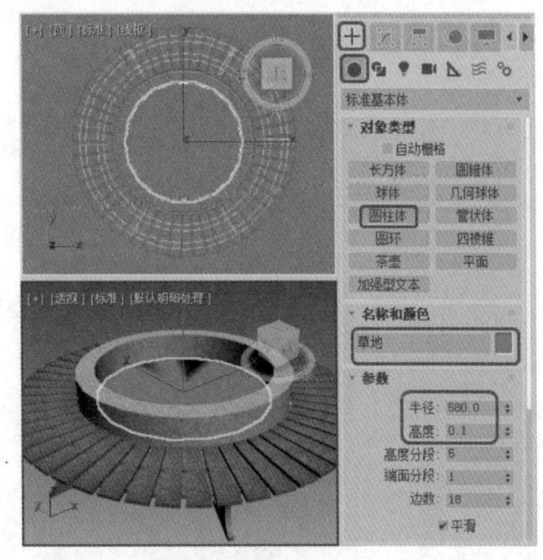

图8-86

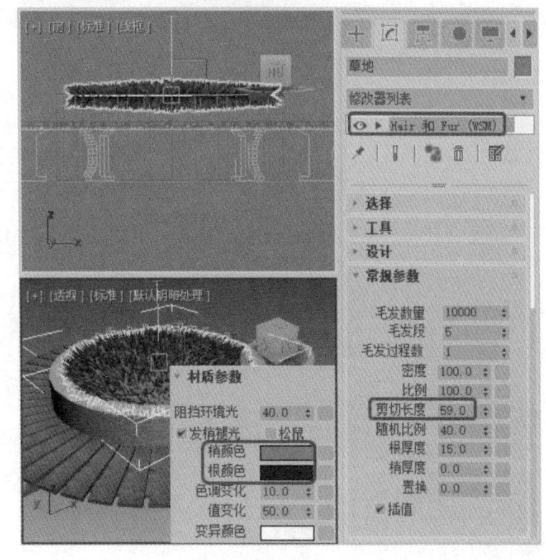

图8-87

◎提示

【Hair 和 Fur（WSM）】修改器是Hair 和 Fur功能的核心所在。该修改器可应用于要生长头发的任意对象，既可为网格对象，也可为样条线对象。如果对象是网格对象，头发将从整个曲面生长出来，除非选择了子对象。如果对象是样条线对象，则头发将在样条线之间生长。

【Hair 和 Fur（WSM）】仅在【透视】和【摄影机】视图中渲染。如果尝试渲染正交视图，则 3ds max 会显示一条警告，说明不会出现毛发。

Step 30 选择【创建】 |【几何体】 |【AEC扩展】|【植物】工具，在【收藏的植物】卷展栏中单击【一般的橡树】选项，在【顶】视图中单击鼠标，创建植物，如图8-88所示。

Step 31 切换至【修改】命令面板，在【参数】卷展栏中将【高度】设置为1159，将【种子】设置为2517224，在视图中调整【植物】对象的位置，效果如图8-89所示。

图8-88

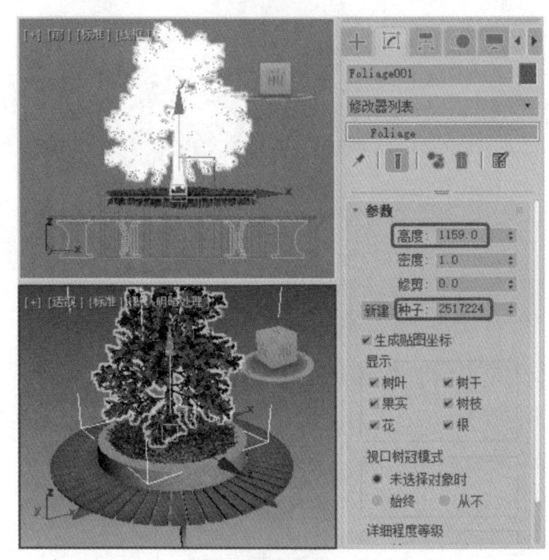

图8-89

Step 32 选中视图中的所有对象，在菜单栏中选择【组】|【组】命令，在弹出的对话框中将【组名】设置为“休闲座椅001”，根据前面所介绍的方法创建一个无光/投影背景，并添加“座椅背景.jpg”作为背景图，如图8-90所示。

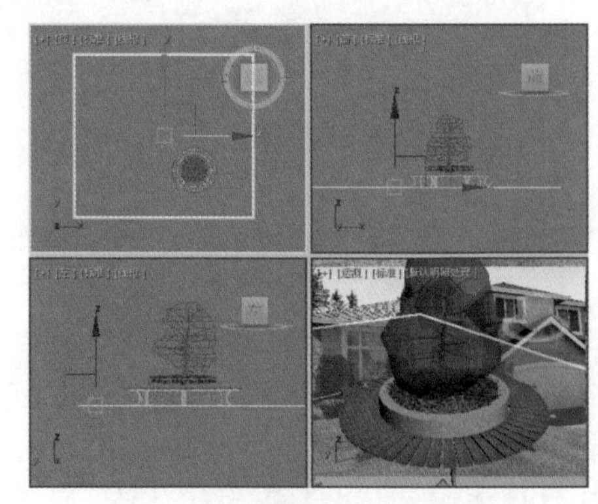

图8-90

◎知识链接·◦

【植物】工具各项参数介绍如下。

【植物】工具可产生各类种植对象，如树种。3ds max可以快速、有效地创建漂亮的植物。

- 【高度】：控制植物的近似高度。3ds max 将对所有植物的高度应用随机的噪波系数。因此，在视口中所测量的植物实际高度并不一定等于【高度】参数设置的值。
- 【密度】：控制植物上叶子和花朵的数量。值为1表示植物具有全部的叶子和花；值为0.5表示植物具有一半的叶子和花；值为0表示植物没有叶子和花。
- 【修剪】：只应用于具有树枝的植物。删除位于一个与构造平面平行的不可见平面之下的树枝。值为 0 表示不进行修剪；值为 0.5 表示根据一个比构造平面高出一半高度的平面进行修剪；值为 1 表示尽可能修剪植物上的所有树枝。3ds max 从植物上修剪何物取决于植物的种类。如果是树干，则永远不会进行修剪。
- 【种子】：介于 0 与 16777215 之间的值，表示当前植物可能的树枝变体、叶子位置以及树干的形状与角度。
- 【生成贴图坐标】：对植物应用默认的贴图坐标。默认设置为启用。
- 显示：用于控制植物的树叶、果实、花、树干、树枝和根的显示。选项是否可用取决于所选的植物种类。例如，如果植物没有果实，则 3ds max 将禁用该选项。禁用选项会减少所显示的顶点和面的数量。
- 视口树冠模式：在 3ds max 中，植物的树冠是覆盖植物最远端（如叶子或树枝和树干的尖端）的一个壳。该术语源自“森林树冠”。如果要创建很多的植物并希望优化显示性能，则可使用以下合理的参数。
  - 【未选择对象时】：选中该单选按钮后，未选择植物时以树冠模式显示植物。
  - 【始终】：选中该单选按钮后，将始终以树冠模式显示植物。
  - 【从不】：选中该单选按钮后，将从不以树冠模式显示植物。
- 细节级别：用于控制 3ds max 渲染植物的方式。
  - 【低】：以最低的细节级别渲染植物树冠。
  - 【中】：对减少了面数的植物进行渲染。3ds max 减少面数的方式因植物而异，但通常的做法是删除植物中较小的元素，或减少树枝和树干中的面数。
  - 【高】：以最高的细节级别渲染植物的所有面。

◎提示·◦

应在创建多个植物之前设置参数。这样不仅可以避免显示速度变慢，还可以减少需要对植物进行的编辑工作。

**Step 33** 选择【创建】|【摄影机】|【目标】工具，在视图中创建一架摄影机，激活【透视】视图，按C键将其转换为【摄影机】视图，在其他视图中调整摄影机的位置，效果如图8-91所示。

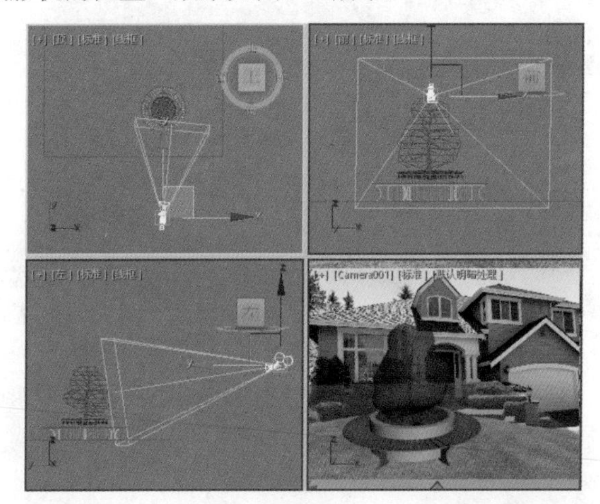

图8-91

**Step 34** 选择【创建】|【灯光】|【标准】|【天光】工具，在【顶】视图中创建天光，切换到【修改】命令面板，在【天光参数】卷展栏中勾选【投射阴影】复选框，如图8-92所示。

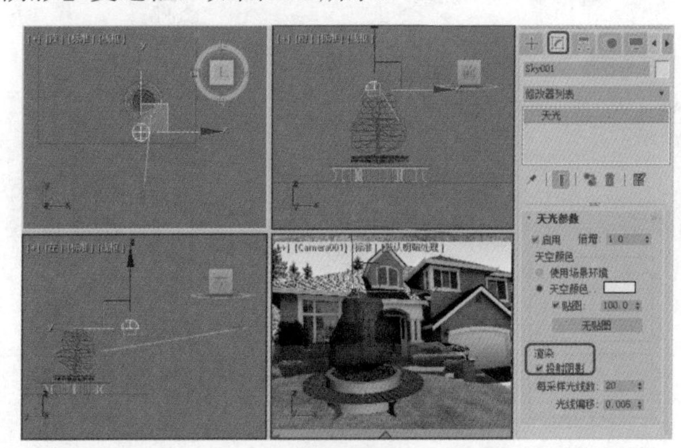

图8-92

**Step 35** 选择【创建】|【灯光】|【标准】|【泛光】工具，在【顶】视图中创建泛光灯，并在其他视图中调整灯光的位置。切换至【修改】命令面板，在【常规参数】卷展栏中勾选【阴影】选项组中的【使用全局设置】复选框，将阴影类型设置为【光线跟踪阴影】，在【强度/颜色/衰减】卷展栏中将【倍增】设置为0.15，如图8-93所示。

图8-93

## 实例159 制作户外健身器材

通过本例的学习，让读者了解健身器械的制作方法，同时掌握一些基本工具的应用技巧以及物体组合的思路，效果如图8-94所示。

图8-94

| 素材： | Map\草坪.jpg |
|---|---|
| 场景： | Scene\Cha08\实例159 制作户外健身器材.max |
| 视频： | 视频教学\Cha08\实例159 制作户外健身器材.mp4 |

Step 01 选择菜单栏中的【自定义】|【单位设置】命令，在弹出的【单位设置】对话框中，选中【显示单位比例】选项组中的【公制】单选按钮，并将其设置为【厘米】，设置完成后，单击【确定】按钮，如图8-95所示。

Step 02 选择【创建】 |【图形】 |【矩形】工具，在左视图中创建一个【长度】、【宽度】、【角半径】分别为1.8、4.5、0.834的矩形，并将该矩形重命名为“滚筒横板001”，如图8-96所示。

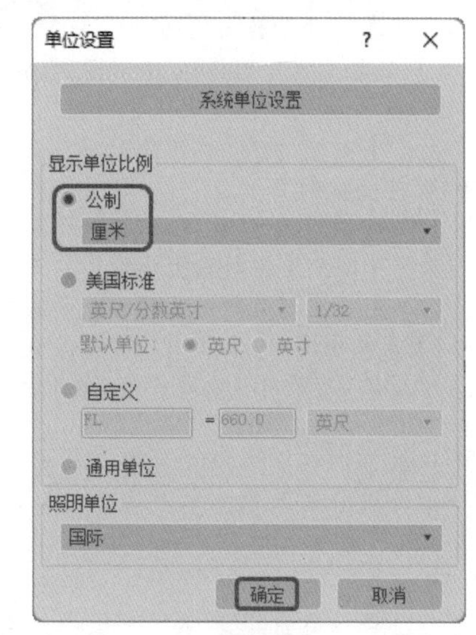


图8-95

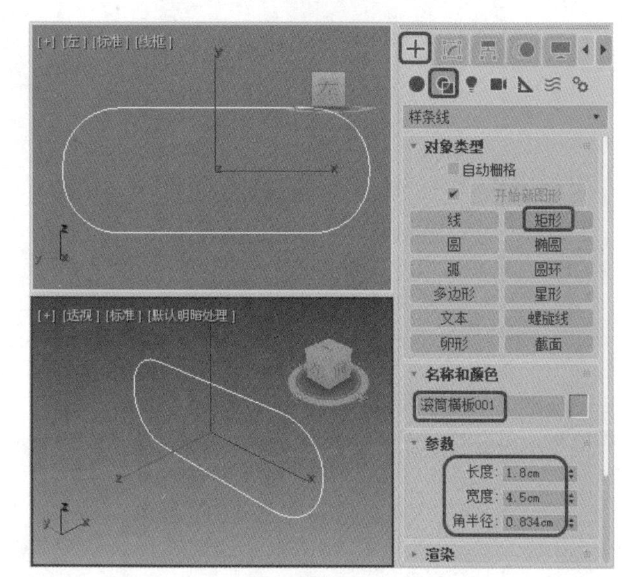


图8-96

Step 03 切换至【修改】命令面板，在【修改器列表】中选择【挤出】修改器，在【参数】卷展栏中将【数量】设置为180，如图8-97所示。

Step 04 切换至【层次】命令面板，在【调整轴】卷展栏中，单击【移动/旋转/缩放】选项组中的【仅影响轴】按钮，单击【选择并移动】按钮，在【左】视图中沿Y轴向下方调整轴心点，如图8-98所示。

Step 05 调整完成后，再在【调整轴】卷展栏中单击【仅影响轴】按钮，将其关闭。选择菜单栏中的【工具】|【阵列】命令，如图8-99所示。

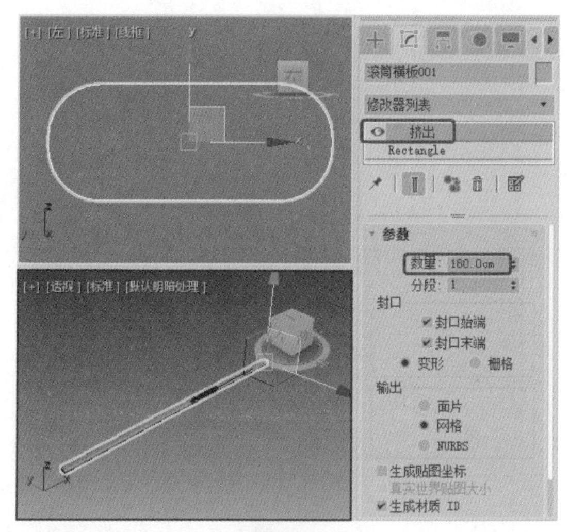


图8-97

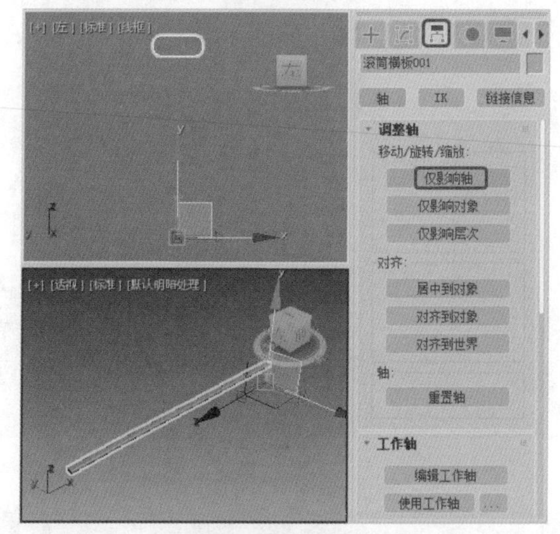


图8-98

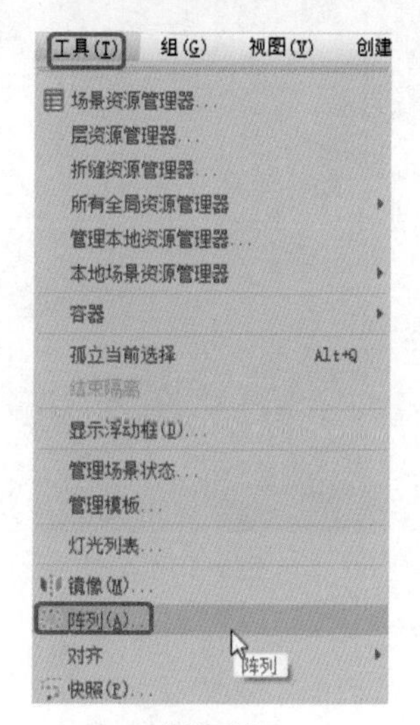


图8-99

Step 06 在弹出的【阵列】对话框中将【增量】选项组中的Z设置为20，将【阵列维度】选项组中1D的【数量】设置为18，如图8-100所示。

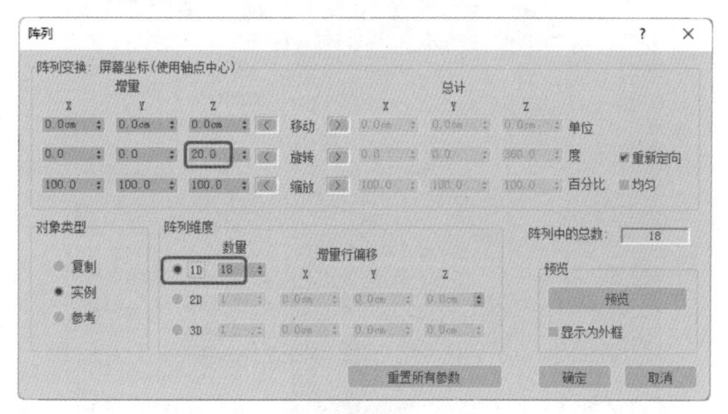


图8-100

Step 07 设置完成后，单击【确定】按钮，即可完成阵列复制，完成后的效果如图8-101所示。

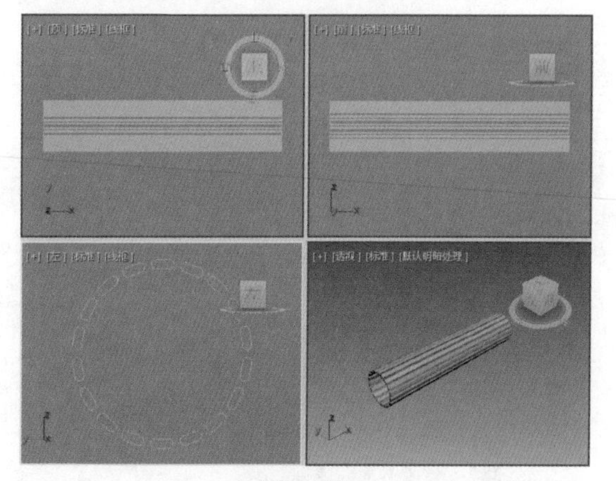

图8-101

Step 08 在【左】视图中选择位于底端的三个矩形对象，然后按Delete键将其删除，如图8-102所示。

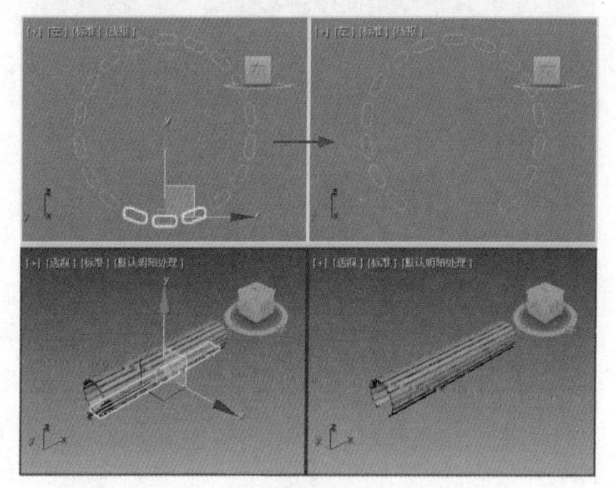

图8-102

Step 09 选择【创建】 |【图形】 |【圆】工具，在【左】视图中沿【滚筒横板】的内边缘创建一个【半径】为15.8的圆形，并将其重命名为“滚筒支架圆

001”，如图8-103所示。

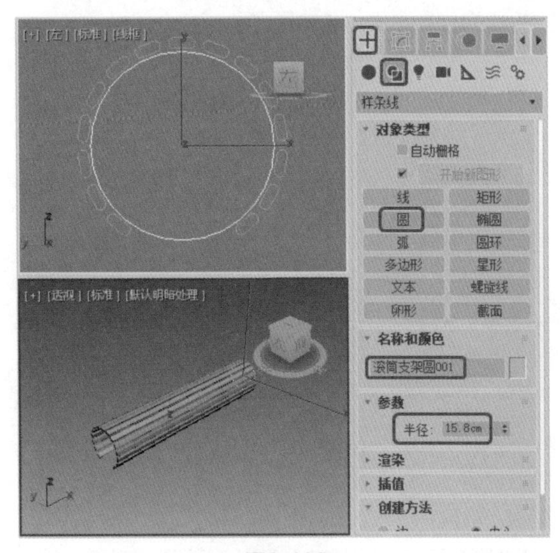

图8-103

Step 10 切换至【修改】命令面板，在【修改器列表】中选择【编辑样条线】修改器，将当前选择集定义为【样条线】，在【几何体】卷展栏中将【轮廓】设置为1，如图8-104所示。

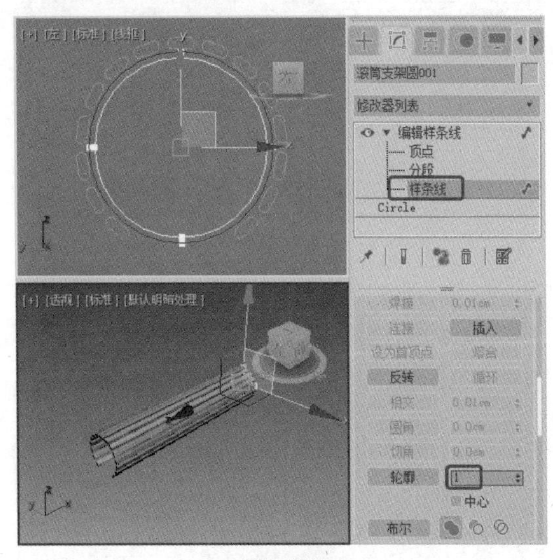

图8-104

Step 11 设置完成后，关闭当前选择集。在【修改器列表】中选择【挤出】修改器，在【参数】卷展栏中将【数量】设置为6，在【前】视图中将其移动至滚筒横板的左侧，如图8-105所示。

Step 12 在工具栏中单击【选择并移动】工具，按住Shift键在【前】视图中沿X轴向右进行移动，在弹出的对话框中将【副本数】设置为2，如图8-106所示。

Step 13 设置完成后，单击【确定】按钮，即可完成复制操作，效果如图8-107所示。

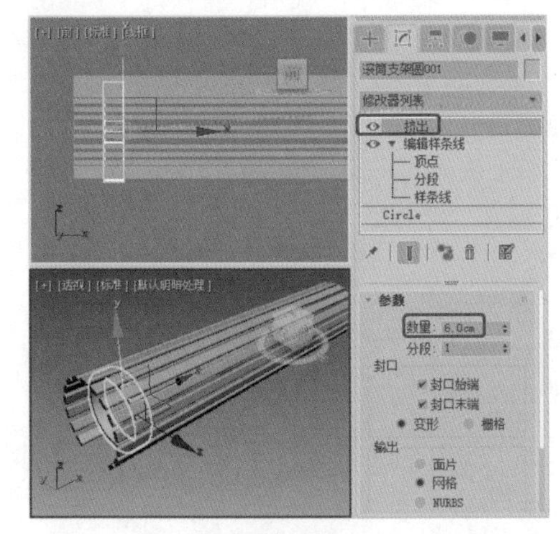

图8-105

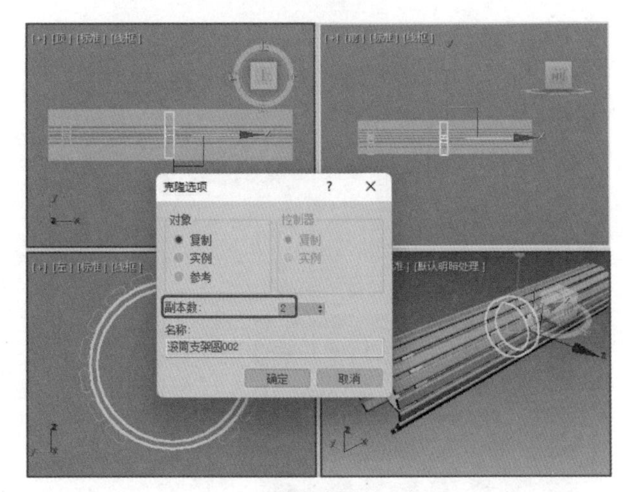

图8-106

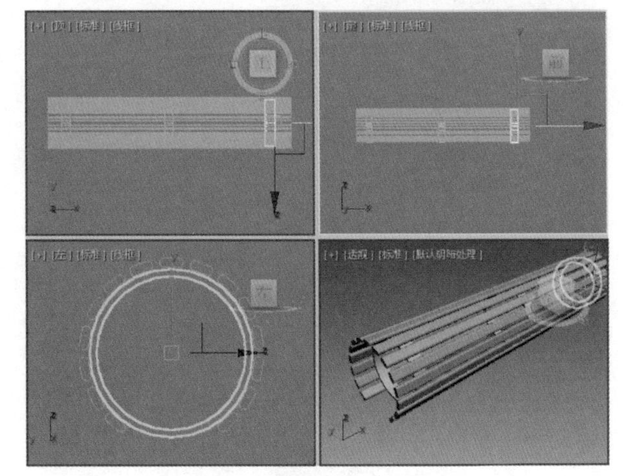

图8-107

Step 14 选择【滚筒支架圆001】对象，按Ctrl+V组合键，在弹出的对话框中选中【复制】单选按钮，将其命名为“滚筒支架左”，如图8-108所示。

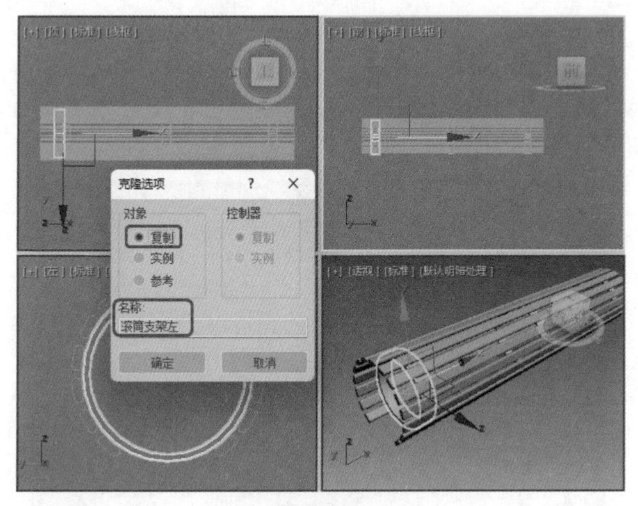


图8-108

**Step 15** 设置完成后，单击【确定】按钮。在【修改】命令面板中选择【挤出】修改器，右击，在弹出的快捷菜单中选择【删除】命令，如图8-109所示。

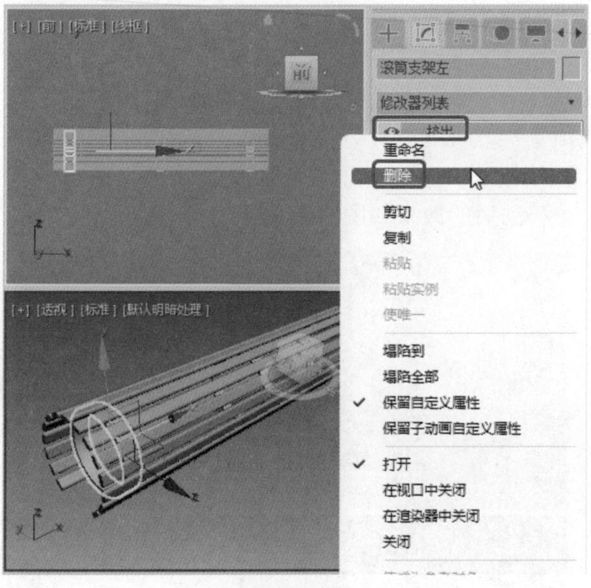


图8-109

**Step 16** 将当前选择集定义为【样条线】，在【左】视图中选择内侧的圆形，按Delete键将其删除，如图8-110所示，为了便于观察，将【滚筒支架圆001】隐藏。

**Step 17** 将当前选择集定义为【顶点】，单击【几何体】卷展栏中的【优化】按钮，在【左】视图中位于滚筒横板底端开口处添加两个节点，如图8-111所示。

**Step 18** 再次单击【优化】按钮，将其关闭，将当前选择集定义为【分段】，并将添加两个节点的线段删除，如图8-112所示。

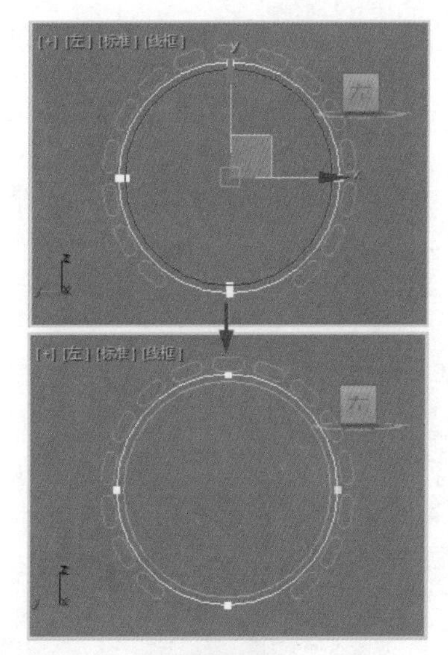

图8-110

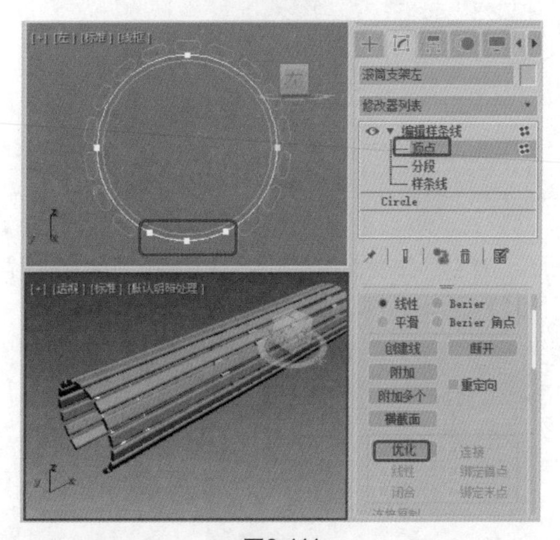


图8-111

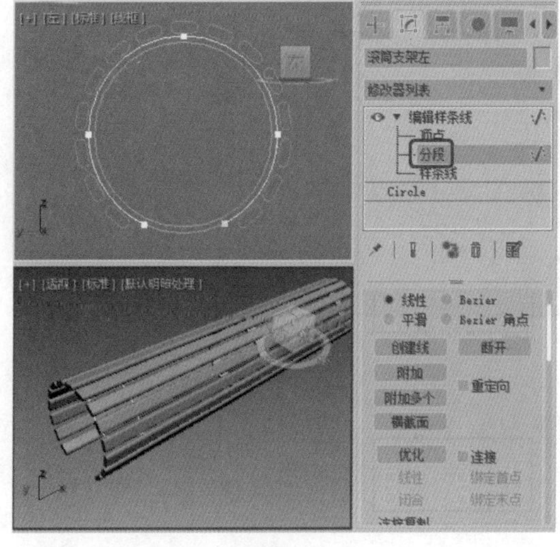


图8-112

**Step 19** 继续将当前选择集定义为【样条线】，在视图中选择样条曲线，在【几何体】卷展栏中将【轮廓】设置为-3.3，如图8-113所示。

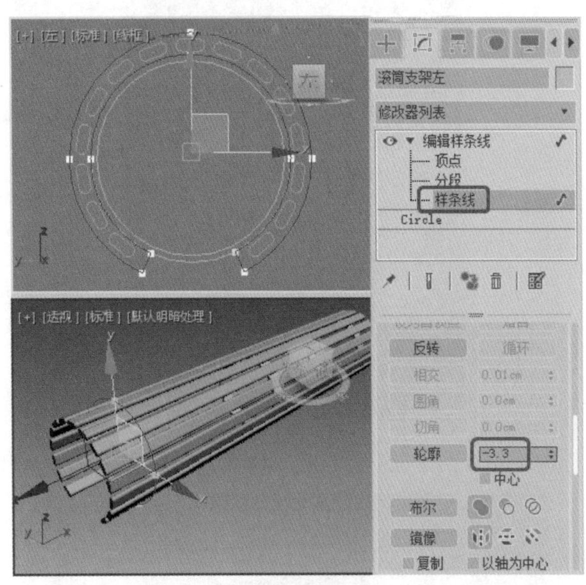

图8-113

**Step 20** 关闭当前选择集，在【修改器列表】中选择【挤出】修改器，在【参数】卷展栏中将【数量】设置为1，在【前】视图中调整该对象的位置，【滚筒支架圆001】显示效果如图8-114所示。

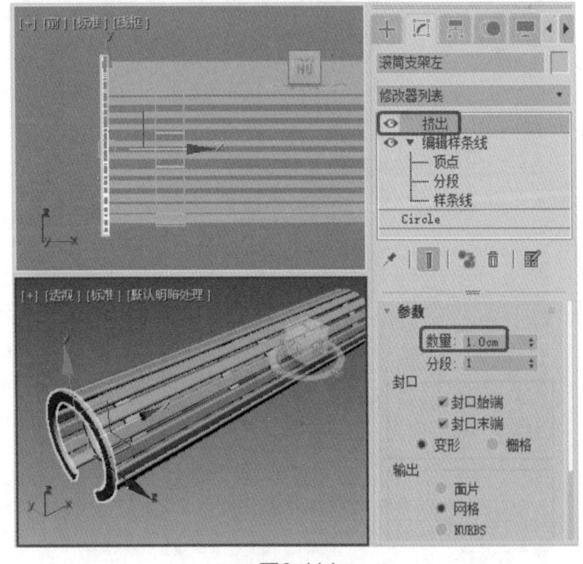

图8-114

**Step 21** 单击工具栏中的【选择并移动】按钮，在【前】视图中选择【滚筒支架左】对象并进行复制，将新复制的对象命名为【滚筒支架右】，并将其移动至滚筒横板的右侧，如图8-115所示。

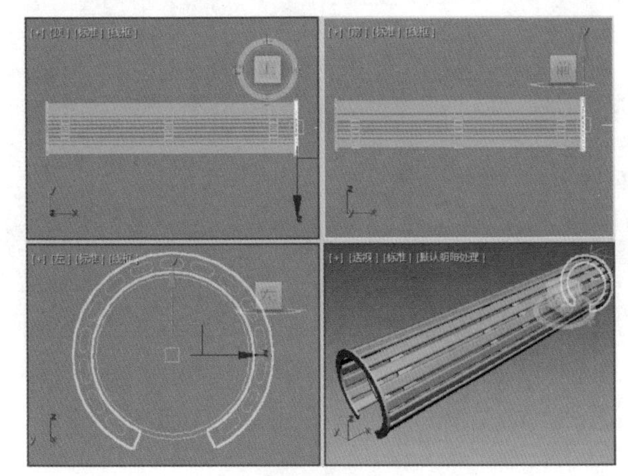

图8-115

**Step 22** 选择【创建】|【几何体】|【圆柱体】工具，在【顶】视图中创建一个【半径】、【高度】和【高度分段】分别为2、27和1的圆柱体，将它命名为“滚筒结构架竖001”，单击工具栏中的【选择并移动】按钮，在【左】视图中将该对象沿Y轴进行移动，移动后的效果如图8-116所示。

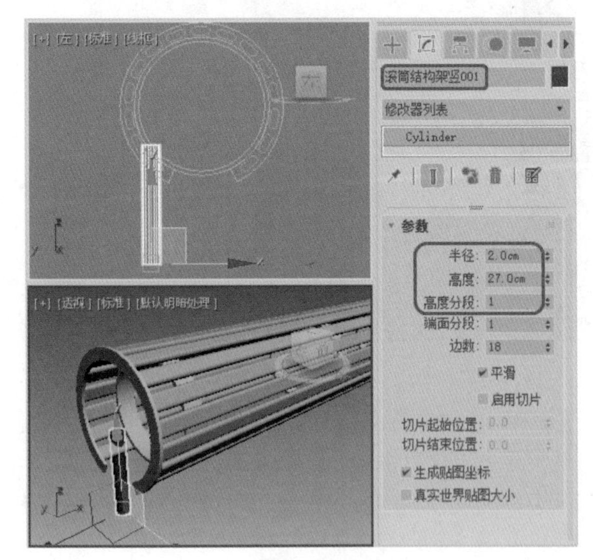

图8-116

**Step 23** 选择【滚筒支架圆001】对象，按下键盘上的Ctrl+V组合键，对其进行复制，为了方便后面要进行的布尔运算，可将新复制的对象重命名为一个容易识别的名称“111”。在编辑堆栈中打开【编辑样条线】修改器，将当前选择集定义为【样条线】，选择位于内侧的样条线，并将其删除，效果如图8-117所示。

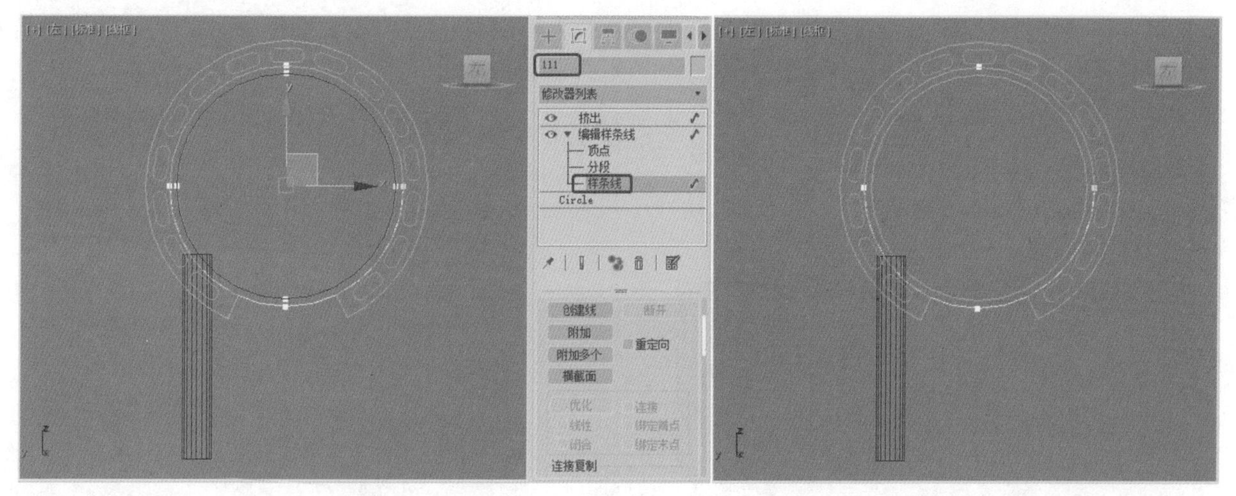


图8-117

**Step 24** 关闭当前选择集，在【前】视图中调整【滚筒结构架竖001】对象的位置。选择【滚筒结构架竖001】对象，选择【创建】 |【几何体】 |【复合对象】| ProBoolean工具，在【拾取布尔对象】卷展栏中单击【开始拾取】按钮，在视图中单击111对象，如图8-118所示。

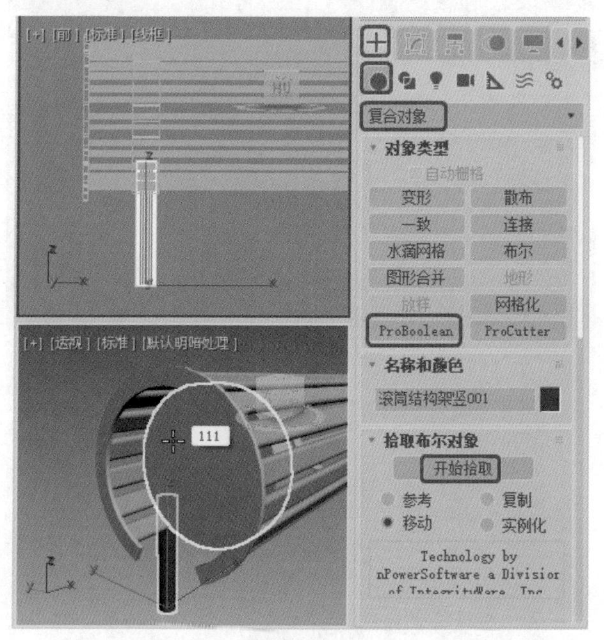


图8-118

**Step 25** 再次单击【开始拾取】按钮，即可完成对选中对象的布尔运算，完成后的效果如图8-119所示。

**Step 26** 在【左】视图中选择【滚筒结构架竖001】对象，在工具栏中单击【镜像】按钮 ，在弹出的对话框中选中【复制】单选按钮，并调整【偏移】文本框中的参数，如图8-120所示。

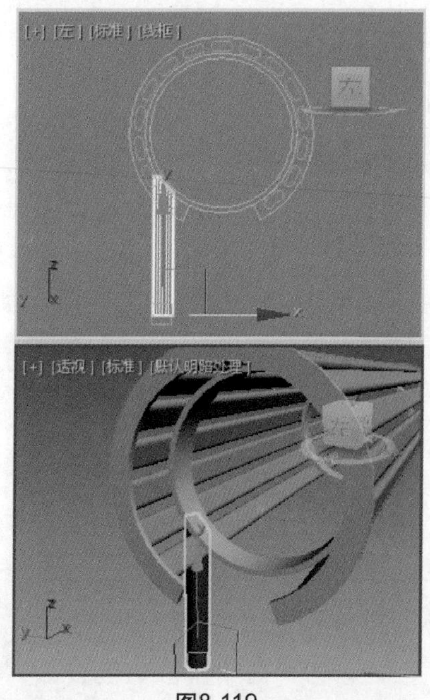

图8-119

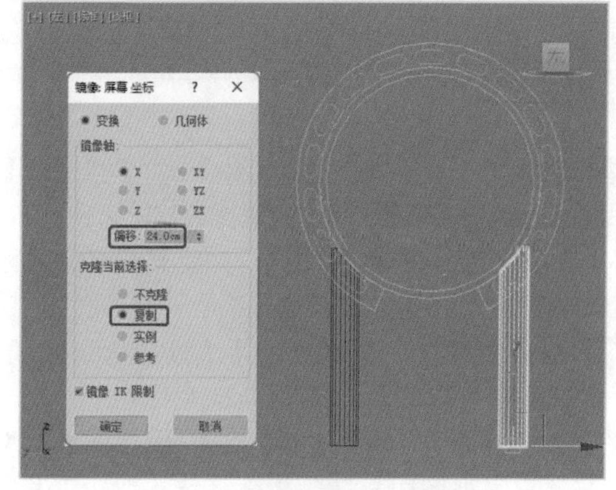


图8-120

**◎提示-◦**

由于调整滚筒横板轴的位置不同，阵列后的大小也会有所不同，此处需要读者自行设置【偏移】参数。

**Step 27** 设置完成后，单击【确定】按钮，镜像后的效果如图8-121所示。

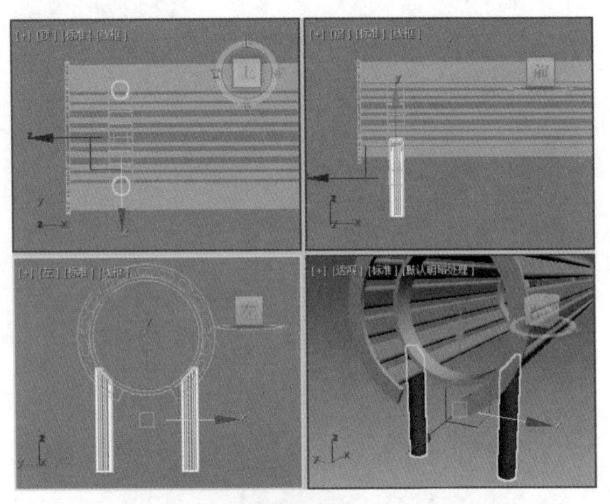

图8-121

**Step 28** 选择两个滚筒结构架竖对象，在【前】视图中沿X轴向右进行复制，复制后的效果如图8-122所示。

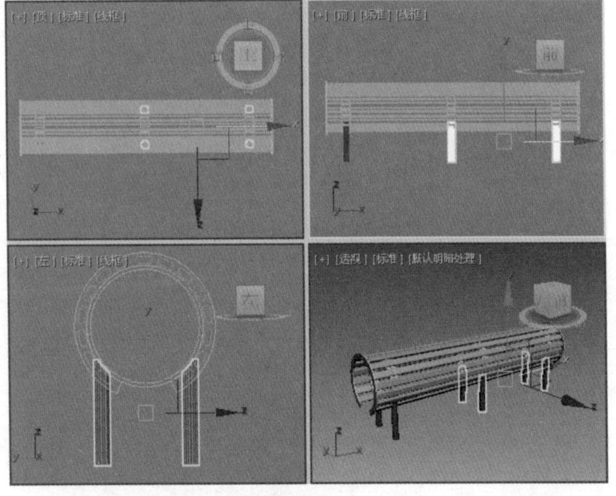

图8-122

**Step 29** 选择【创建】 |【几何体】 |【圆柱体】工具，在【前】视图中创建一个半径为2.2、高度为90的圆柱体，在场景中调整其位置，并将其命名为“滚筒结构架001”，如图8-123所示。

**Step 30** 创建完成后，再次选择【滚筒结构架001】对象，将其进行复制，效果如图8-124所示。

**Step 31** 选择【创建】 |【几何体】 |【圆柱体】工具，在【左】视图中再次创建滚筒结构架，将其【半径】设置为3，【高度】设置为167，并在视图中调整其位置，如图8-125所示。

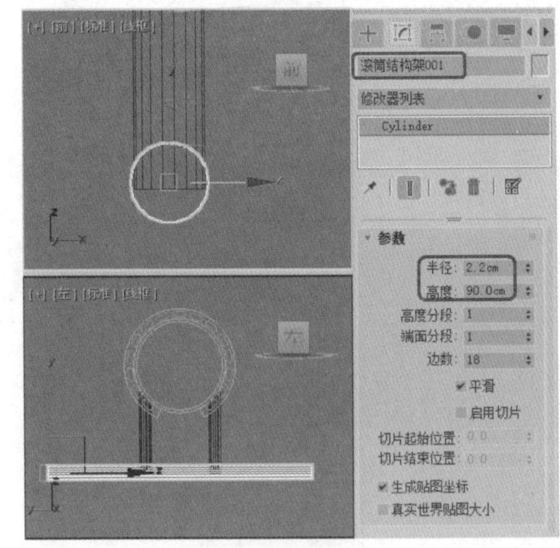


图8-123

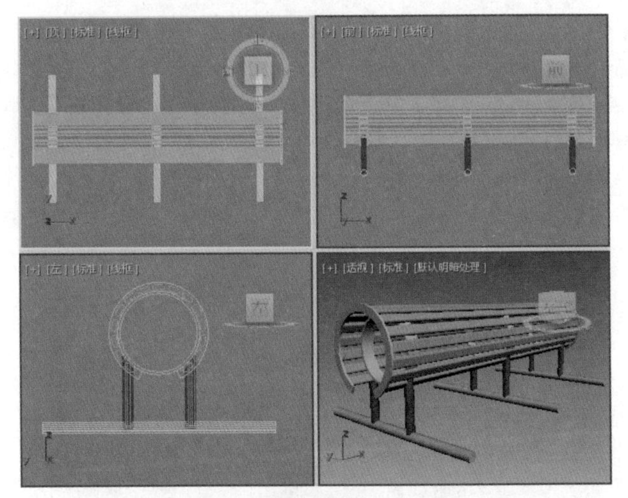

图8-124

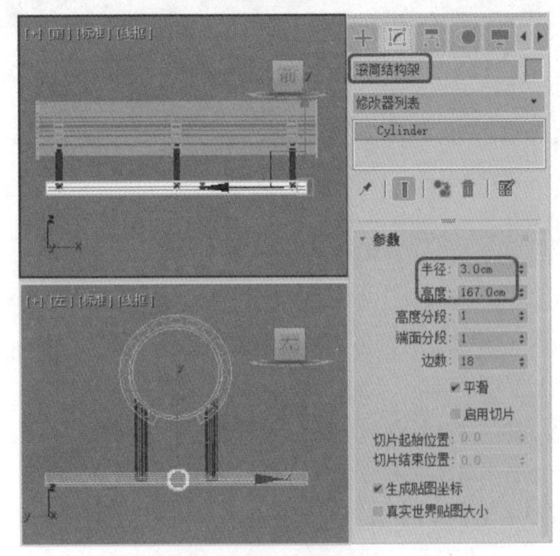


图8-125

**Step 32** 在视图中选中所有对象，按M键，在弹出的对话框中选择一个材质样本球，将其命名为“滚筒材质”。在【Blinn基本参数】卷展栏中单击【环境光】左侧的按钮将其解锁，并将【环境光】的RGB值分别设置为24、16、78，将【漫反射】的RGB值分别设置为92、144、248，将【自发光】选项组中的【颜色】设置为28，将【反射高光】选项组中的【高光级别】和【光泽度】分别设置为66、25，设置完成后，单击【将材质指定给选定对象】按钮，将材质指定给选定的对象，如图8-126所示。

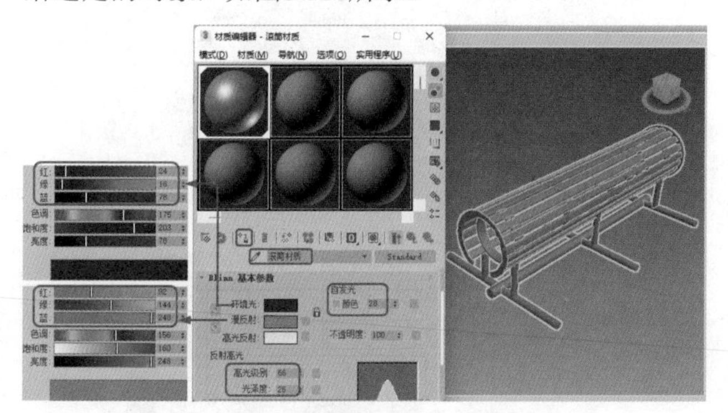

图8-126

**Step 33** 选择【创建】|【图形】|【线】工具，在【左】视图中绘制一条线段，并将其重命名为“滚筒扶手001”，在【渲染】卷展栏中勾选【在渲染中启用】和【在视口中启用】复选框，然后将【厚度】设置为3，如图8-127所示。

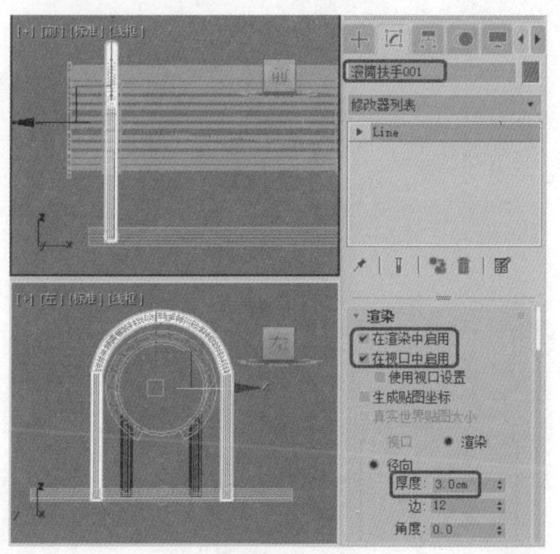


图8-127

**Step 34** 在视图中选择【滚筒扶手001】对象，打开材质编辑器，选择一个新的材质球，并将当前材质重命名为“滚筒扶手”，在【Blinn基本参数】卷展栏中单击【环境光】左侧的按钮将其解锁，并将【环境光】的RGB值分别设置为56、55、18，将【漫反射】的RGB值分别设置为219、218、103，将【反射高光】选项组中的【高光级别】和【光泽度】分别设置为50、46，设置完成后单击【将材质指定给选定对象】按钮，将材质指定给选定的对象，如图8-128所示。

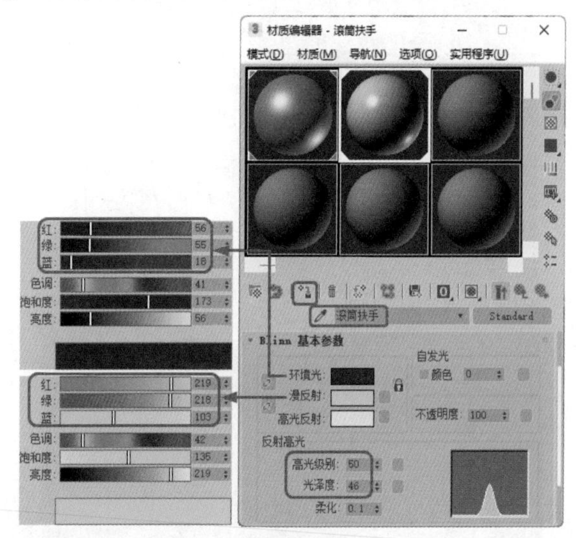


图8-128

**Step 35** 在视图中选择【滚筒扶手001】对象，单击工具栏中的【选择并移动】按钮，在【前】视图中对该对象进行复制，并调整其位置，效果如图8-129所示。

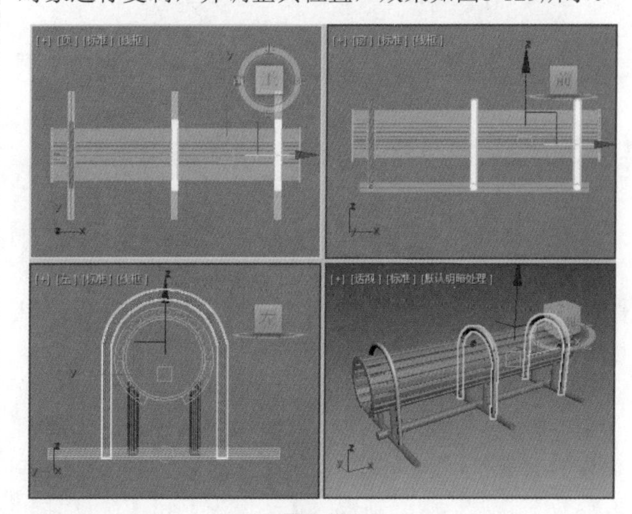

图8-129

**Step 36** 选择【创建】|【几何体】|【圆柱体】工具，在【顶】视图中创建一个【半径】、【高度】和【高度分段】分别为5、90和5的圆柱体，将其命名为“器械支架001”，如图8-130所示。

**Step 37** 创建完成后，在场景中调整其位置。按M键，打开材质编辑器，将材质样本球中的【滚筒材质】赋予当前对象，如图8-131所示。

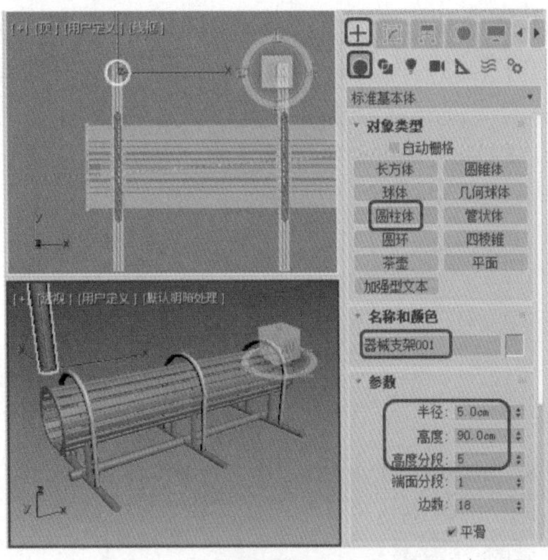
图8-130

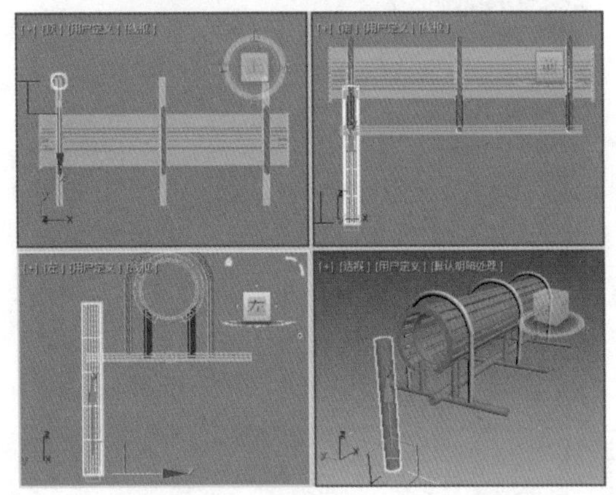
图8-131

Step 38 选择【创建】 | 【几何体】 | 【球体】工具，在【顶】视图中创建一个【半径】为5的圆球，在【参数】卷展栏中将【半球】设置为0.435，然后将其命名为“器械支架饰球001”，最后在【左】视图中调整该对象至【器械支架001】对象的上方，如图8-132所示。

Step 39 在视图中选择【器械支架饰球001】对象，打开材质编辑器，选择一个新的材质球，在【明暗器基本参数】卷展栏中将类型定义为【金属】，在【金属基本参数】卷展栏中将锁定的【环境光】和【漫反射】的RGB值分别设置为228、83、83，将【自发光】选项组中的【颜色】设置为24，将【反射高光】选项组中的【高光级别】和【光泽度】分别设置为65、63，设置完成后将材质指定给选定对象，如图8-133所示。

Step 40 选择【创建】 | 【几何体】 | 【圆柱体】工具，在【顶】视图中创建一个【半径】、【高度】和【高度分段】分别为6、10和1的圆柱体，将其命名为“器械脚-套管001”，如图8-134所示。

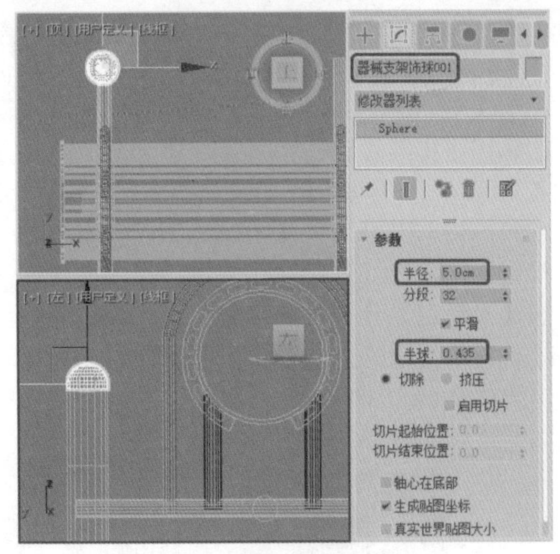
图8-132

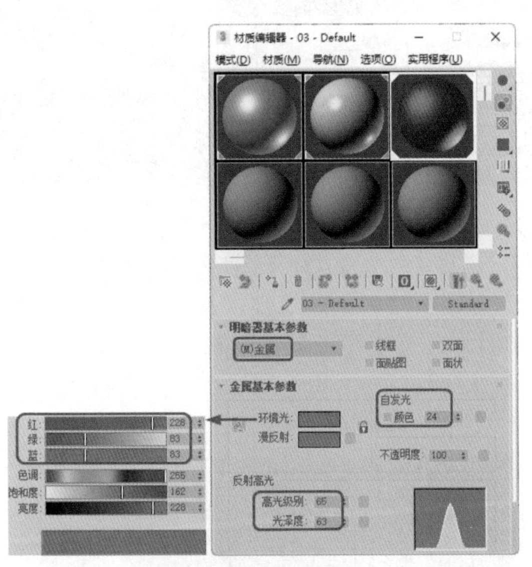
图8-133

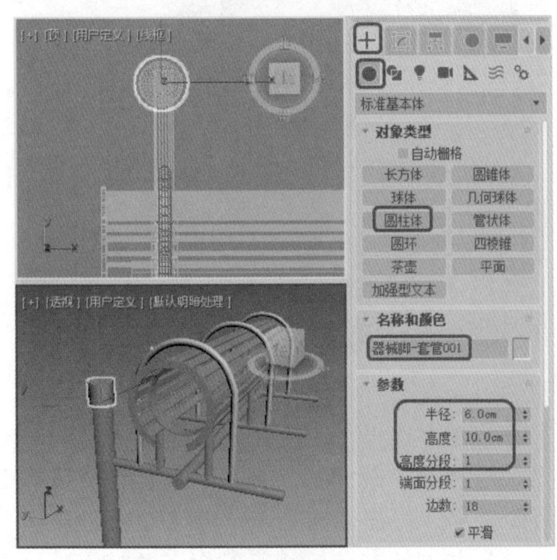
图8-134

Step 41 创建完成后，在场景中调整该对象的位置，调整后的效果如图8-135所示，然后为其指定材质。

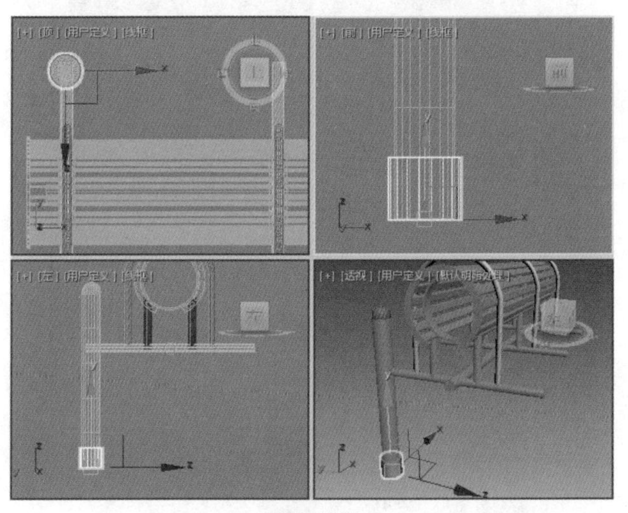

图8-135

Step 42 选择【创建】|【图形】|【矩形】工具，在【顶】视图中绘制一个【长度】、【宽度】分别为20、22的矩形，并将其重命名为“器械脚-底垫001”，在【渲染】卷展栏中取消勾选【在渲染中启用】和【在视口中启用】复选框，如图8-136所示。

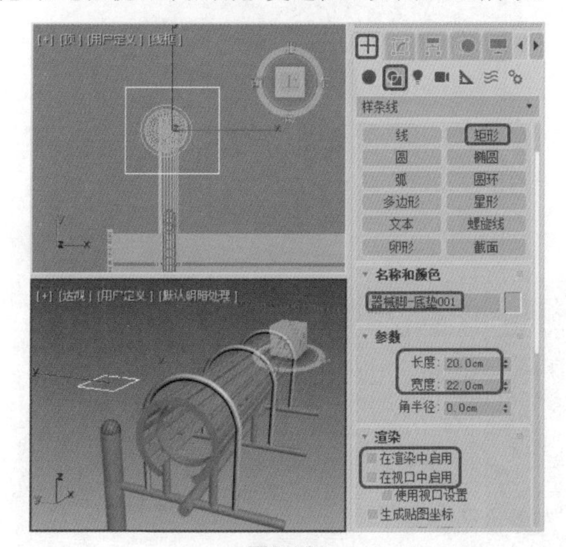


图8-136

Step 43 在视图中调整该对象的位置，在矩形的四个边角处创建四个半径为1.5的圆形，在视图中调整其位置，效果如图8-137所示。

Step 44 在视图中选择上面绘制的矩形，右击，在弹出的快捷菜单中选择【转换为】|【转换为可编辑样条线】命令，如图8-138所示。

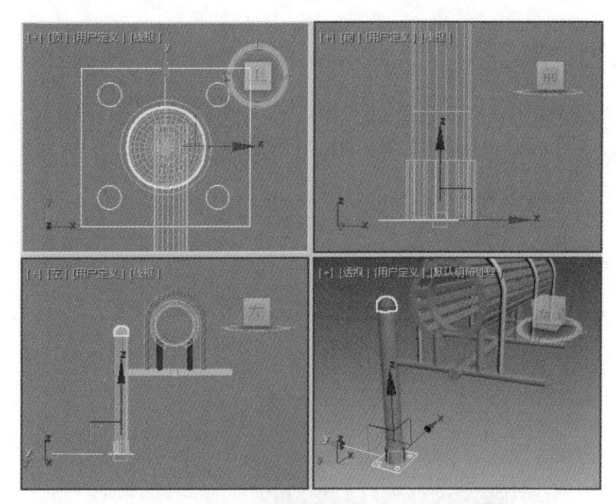

图8-137

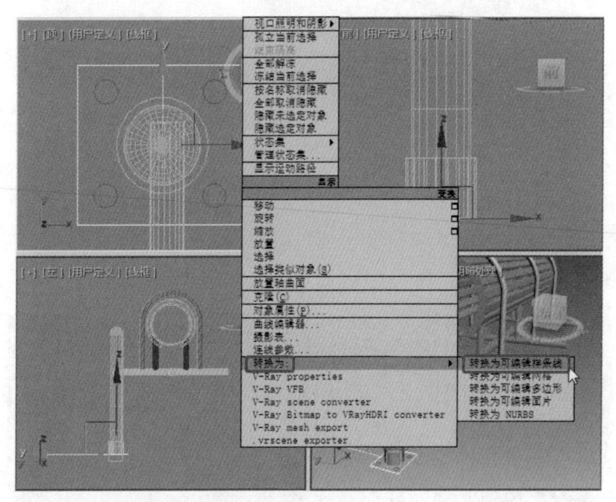


图8-138

Step 45 切换至【修改】命令面板，在【几何体】卷展栏中单击【附加多个】按钮，在弹出的【附加多个】对话框中，按住Ctrl键选择如图8-139所示的对象，单击【附加】按钮即可。

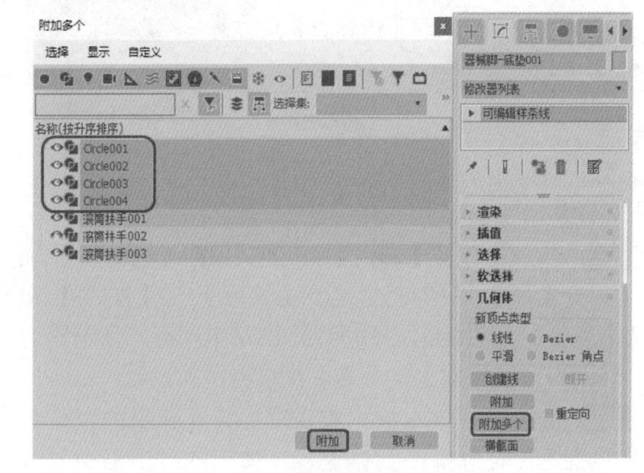


图8-139

**Step 46** 附加完成后，切换至【修改】命令面板，在【修改器列表】中选择【挤出】修改器，在【参数】卷展栏中将【数量】设置为2，为圆柱体和挤出的对象指定材质并调整其位置，效果如图8-140所示。

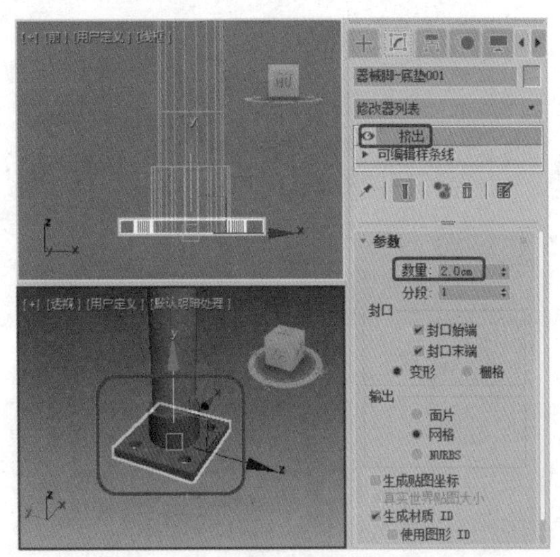

图8-140

**Step 47** 在视图中选择如图8-141所示的对象，将选中的对象进行成组，并将组名设置为“器械支架”。

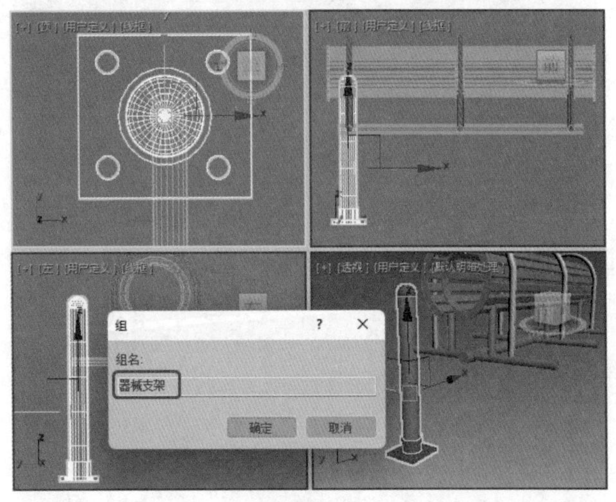

图8-141

**Step 48** 对成组后的对象进行复制，并调整其位置，效果如图8-142所示。

**Step 49** 选择【创建】 |【几何体】 |【长方体】工具，在【顶】视图创建一个【长度】、【宽度】和【高度】分别为206、319和1的长方体，将名称设置为“地面”，调整对象的位置，如图8-143所示。

**Step 50** 继续选中该对象，右击鼠标，在弹出的快捷菜单中选择【对象属性】命令，在弹出的对话框中勾选【透明】复选框，如图8-144所示。

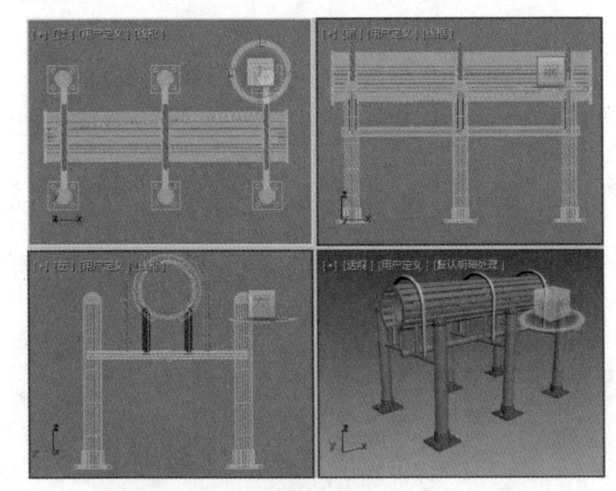

图8-142

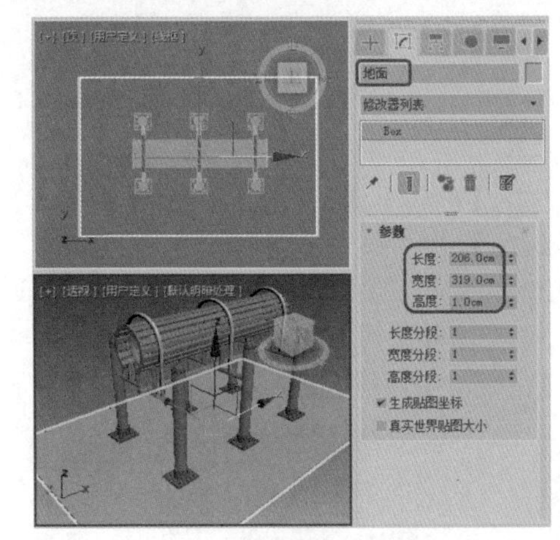

图8-143

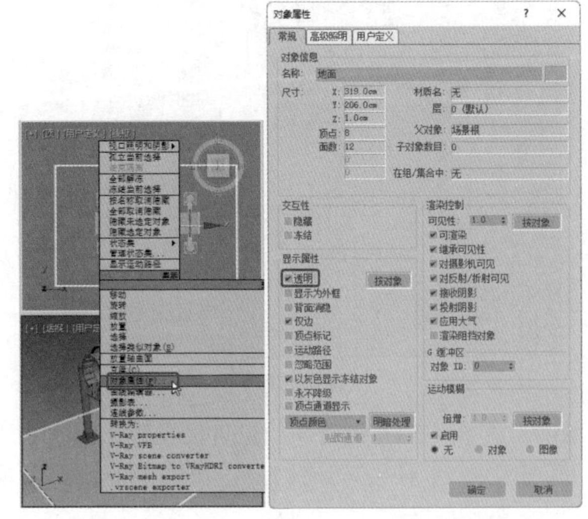

图8-144

**Step 51** 单击【确定】按钮，继续选中该对象，按M键打开【材质编辑器】对话框，在该对话框中选择一个材质样本球，将其命名为“地面”，单击Standard按钮，在弹出的对话框中选择【无光/投影】选项，如

图8-145所示。

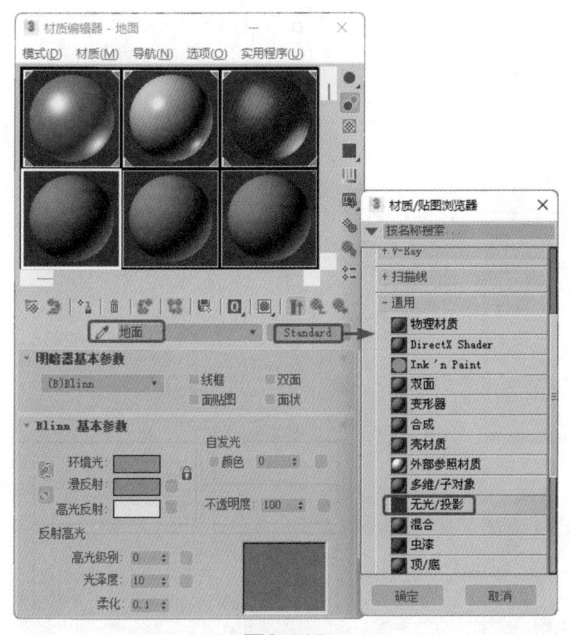

图8-145

**Step 52** 单击【确定】按钮，将该材质指定给选定对象即可。按8键弹出【环境和效果】对话框，在【公用参数】卷展栏中单击【无】按钮，在弹出的【材质/贴图浏览器】对话框中双击【位图】贴图，再在弹出的对话框中选择“草坪.jpg”素材文件，如图8-146所示。

**Step 53** 在【环境和效果】对话框中将环境贴图拖曳至新的材质样本球上，在弹出的【实例（副本）贴图】对话框中选中【实例】单选按钮，并单击【确定】按钮，在【坐标】卷展栏中，将【贴图】设置为【屏幕】，如图8-147所示。

图8-146

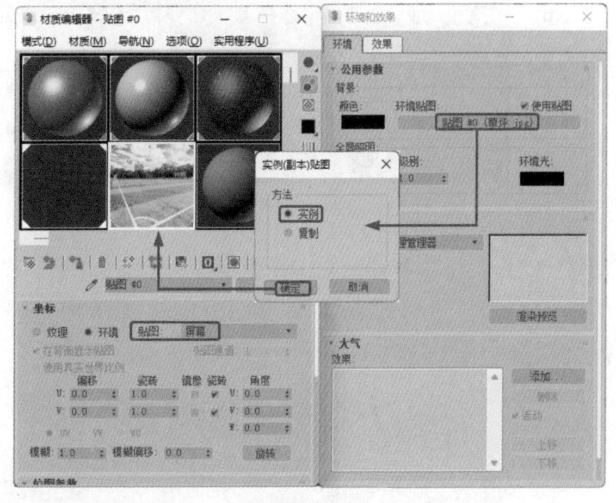

图8-147

**Step 54** 激活【透视】视图，按Alt+B组合键，在弹出的对话框中选中【使用环境背景】单选按钮，单击【确定】按钮。选择【创建】 |【摄影机】 |【目标】工具，在视图中创建一架摄影机，激活【透视】视图，按C键将其转换为【摄影机】视图，在其他视图中调整摄影机的位置。按Shift+F组合键创建视图安全框，按F10键，弹出渲染设置对话框，将【宽度】、【高度】分别设置为640、450，效果如图8-148所示。

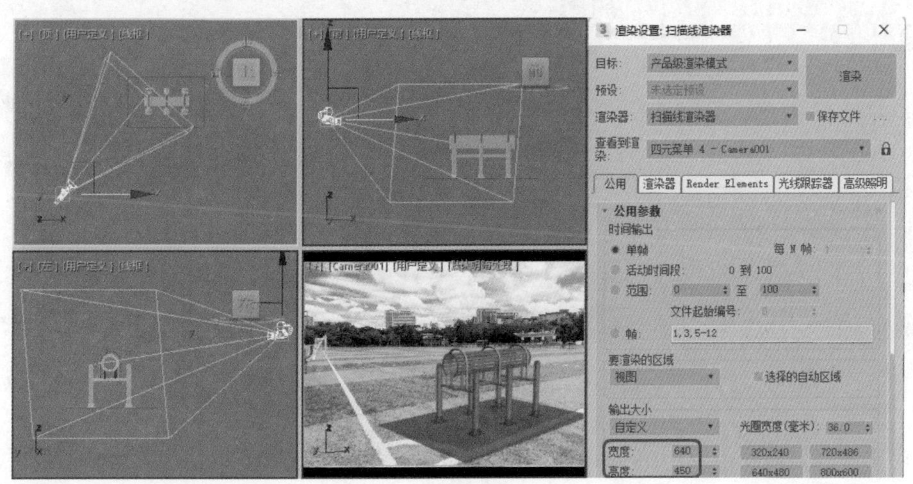

图8-148

**Step 55** 按Shift+C组合键隐藏场景中的摄影机，选择【创建】 |【灯光】 |【标准】|【目标聚光灯】工具，在【顶】视图中按住鼠标左键进行拖动，创建一个目标聚光灯，调整灯光在场景中的位置，继续选择创建的目标聚光灯，在【修改】命令面板的【常规参数】卷展栏中，勾选【阴影】选项组中的【启用】复选框，在【聚光灯参数】卷展栏中将【聚光区/光束】、【衰减区/区域】分别设置为7、80，在【阴影参数】卷展栏中将【颜色】的RGB值分别设置为141、141、141，如图8-149所示。

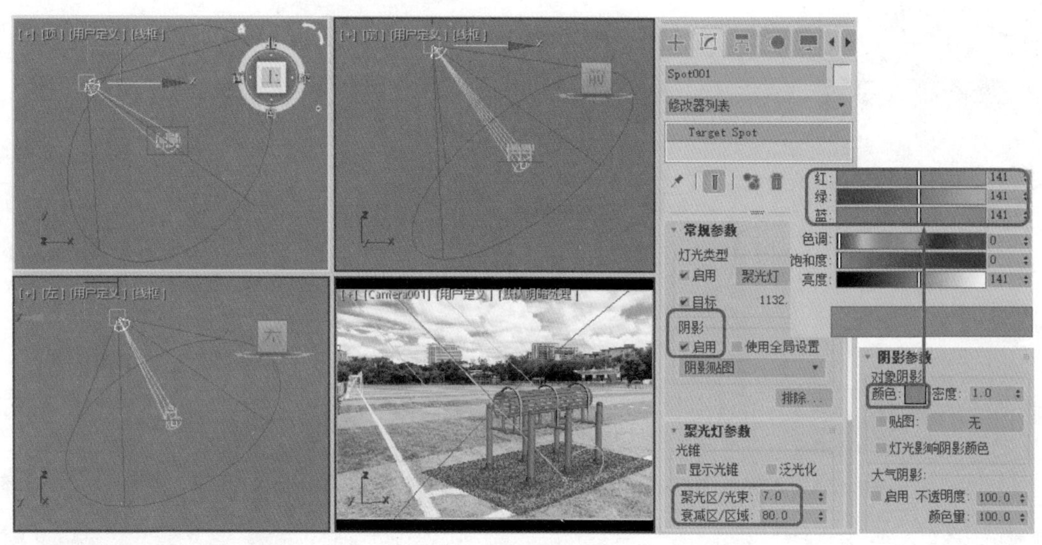


图8-149

**Step 56** 选择【创建】 |【灯光】 |【标准】|【泛光】工具，在【顶】视图中单击，创建一盏泛光灯并调整其在场景中的位置，在【修改】命令面板中将【倍增】设置为0.5，在【阴影参数】卷展栏中将【颜色】的RGB值分别设置为141、141、141，如图8-150所示。

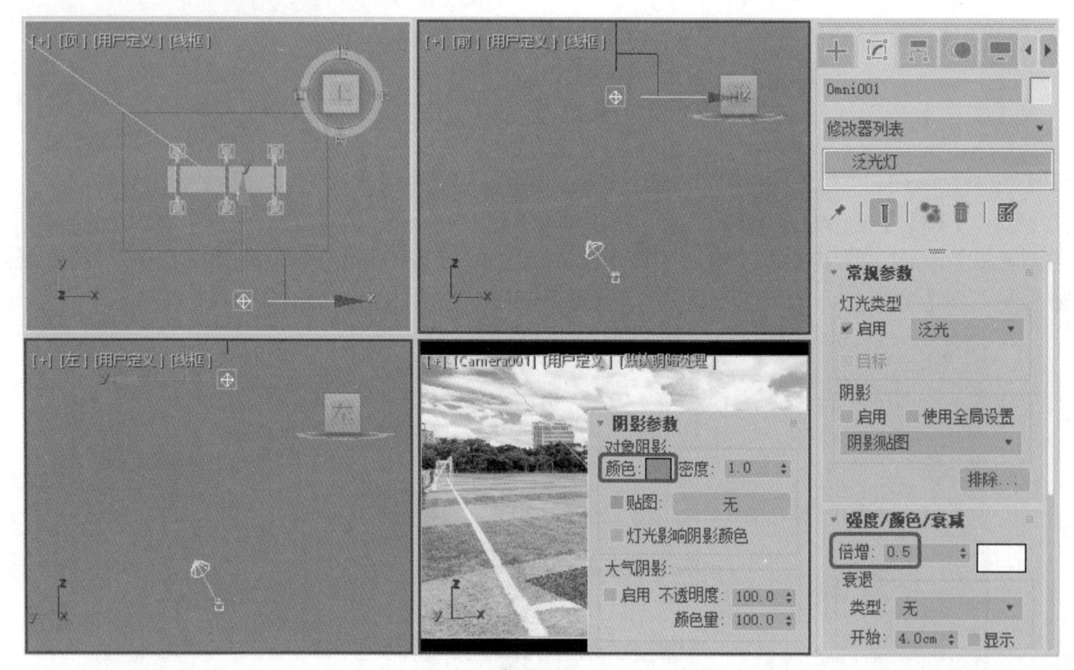


图8-150

**Step 57** 选择【创建】 |【灯光】 |【标准】|【泛光】工具，在【顶】视图中单击，创建一盏泛光灯并调整其在场景中的位置，在【修改】命令面板中将【倍增】设置为0.4，在【阴影参数】卷展栏中将【颜色】的RGB值分别设置为0、0、0，如图8-151所示。

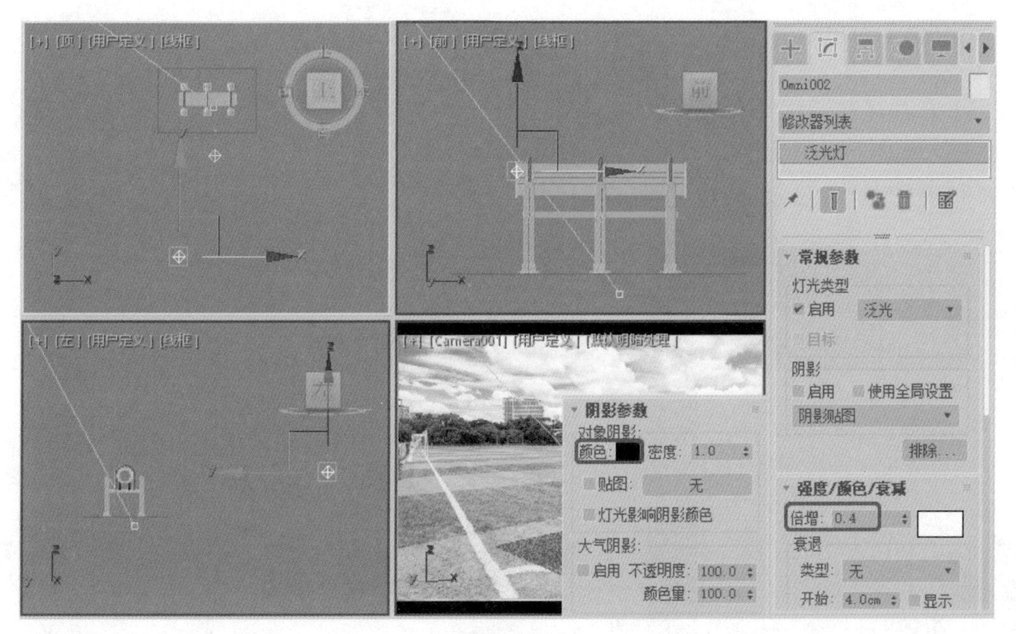

图8-151

Step 58 至此，户外健身器材就制作完成了，对完成后的场景进行渲染并保存即可。

## 实例160 制作凉亭

本例将介绍凉亭的制作方法，其主要是通过在多边形和矩形的基础上添加修改器而制作完成的，效果如图8-152所示。

图8-152

| 素材： | Map\凉亭背景.jpg、A-d-160.jpg、Shrubg.jpg |
|---|---|
| 场景： | Scene\Cha08\实例160 制作凉亭.max |
| 视频： | 视频教学\Cha08\实例160 制作凉亭.mp4 |

Step 01 选择菜单栏中的【自定义】|【单位设置】命令，在弹出的【单位设置】对话框中，选中【显示单位比例】选项组中的【公制】单选按钮，并将其设为【厘米】，设置完成后，单击【确定】按钮。选择【创建】|【图形】|【样条线】|【多边形】工具，在【顶】视图中创建多边形，将其命名为“围栏001”，切换到【修改】命令面板，在【参数】卷展栏中将【半径】设置为65，将【边数】设置为6，如图8-153所示。

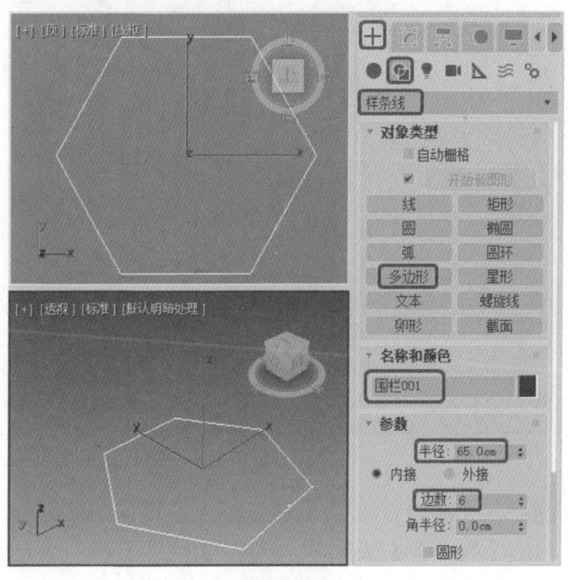

图8-153

Step 02 确认【围栏001】对象处于选择状态，按Ctrl+V组合键，弹出【克隆选项】对话框，在【对象】选项组中选中【复制】单选按钮，将其命名为“围栏”，单击【确定】按钮，如图8-154所示。

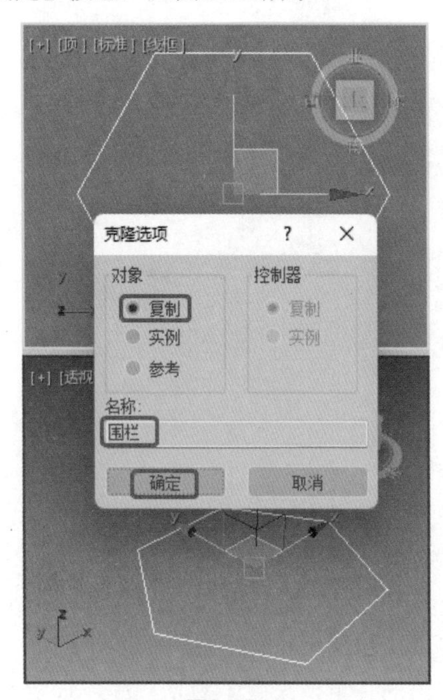


图8-154

Step 03 选择复制的【围栏】对象，切换至【修改】命令面板，在【参数】卷展栏中将【半径】设置为70，如图8-155所示。

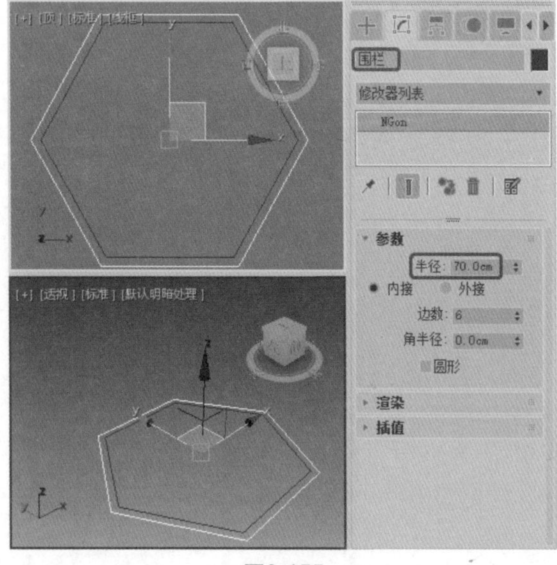


图8-155

Step 04 在【修改器列表】中选择【编辑样条线】修改器，在【几何体】卷展栏中单击【附加】按钮，在场景中单击选择【围栏001】对象，将其附加在一起，如图8-156所示。

图8-156

◎提示·◦

【附加】：将场景中的其他样条线附加到所选样条线。直接单击要附加到当前选定的样条线对象的对象即可。要附加到的对象也必须是样条线。

Step 05 在【修改器列表】中选择【倒角】修改器，在【倒角值】卷展栏中将【级别1】下的【高度】设置为35，勾选【级别2】复选框，将【高度】和【轮廓】分别设置为1、-0.2，如图8-157所示。

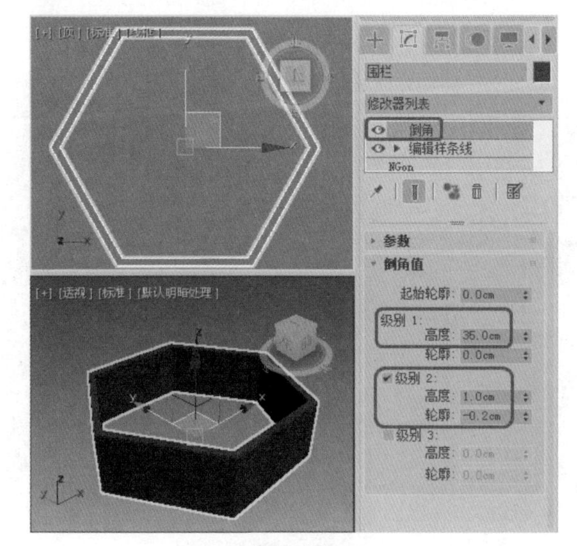


图8-157

Step 06 选择【创建】 |【图形】 |【样条线】|【多边形】工具，在【顶】视图中创建多边形，将其命名为“底面”，切换到【修改】命令面板，在【参数】卷展栏中将【半径】设置为70，将【边数】设置为6，

如图8-158所示。

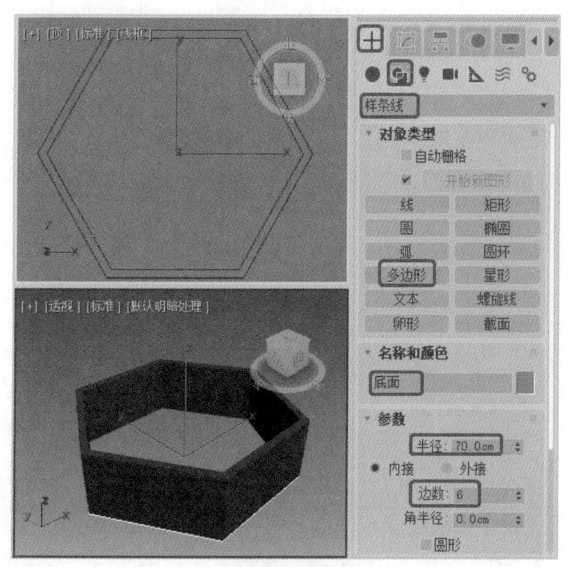


图8-158

**Step 07** 确认创建的【底面】对象处于选择状态，在【修改器列表】中选择【挤出】修改器，在【参数】卷展栏中将【数量】设置为1，并在视图中调整其位置，如图8-159所示。

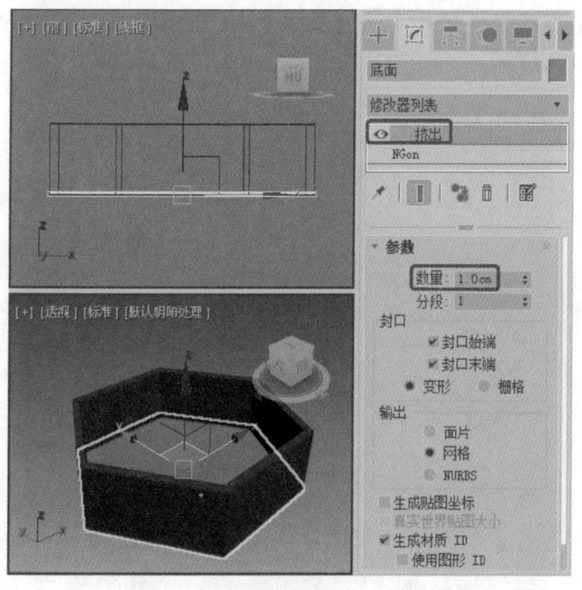


图8-159

**Step 08** 在场景中选择【围栏】对象，在【修改器列表】中选择【编辑网格】修改器，在【编辑几何体】卷展栏中单击【附加】按钮，在场景中选择【底面】对象，将它们附加在一起，如图8-160所示。

**Step 09** 在【修改器列表】中选择【UVW 贴图】修改器，在【参数】卷展栏中选中【长方体】单选按钮，如图8-161所示。

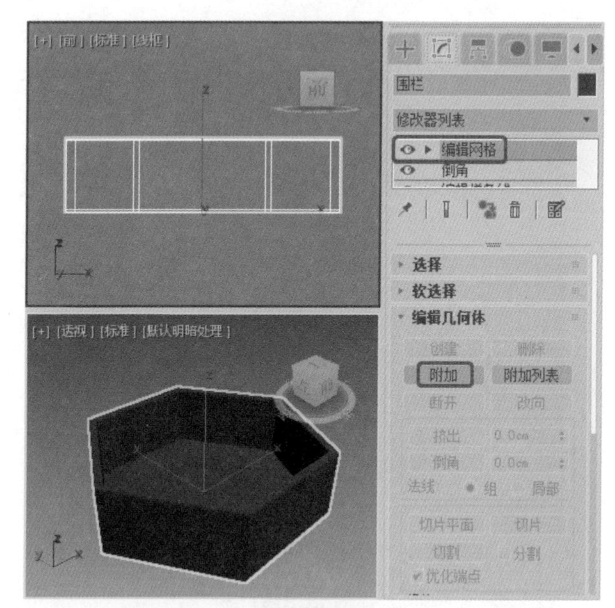


图8-160

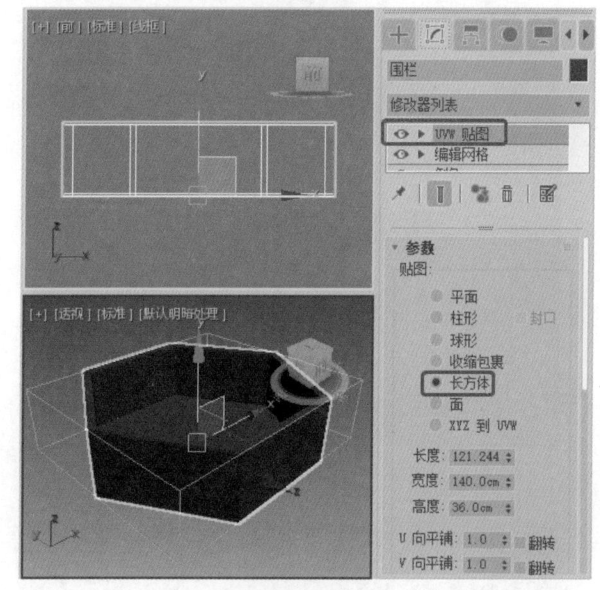


图8-161

**Step 10** 选择【创建】|【图形】|【样条线】|【多边形】工具，在【顶】视图中创建多边形，将其命名为“草坪”，切换到【修改】命令面板，在【参数】卷展栏中将【半径】设置为65，将【边数】设置为6，如图8-162所示。

**Step 11** 在【修改器列表】中选择【挤出】修改器，在【参数】卷展栏中将【数量】设置为34，并在视图中调整其位置，效果如图8-163所示。

**Step 12** 在【修改器列表】中选择【UVW 贴图】修改器，在【参数】卷展栏中选中【平面】单选按钮，如图8-164所示。

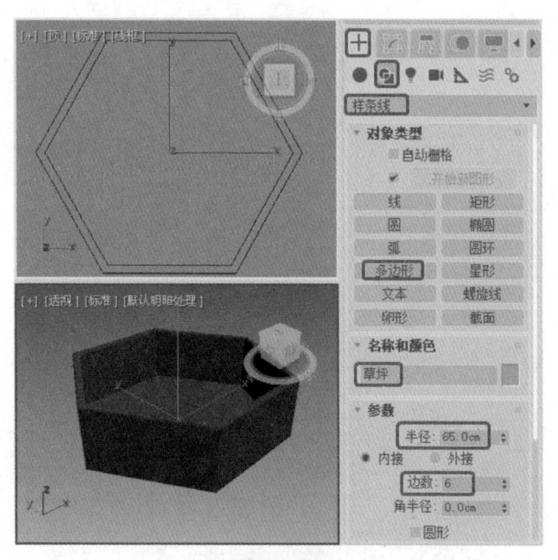

图8-162

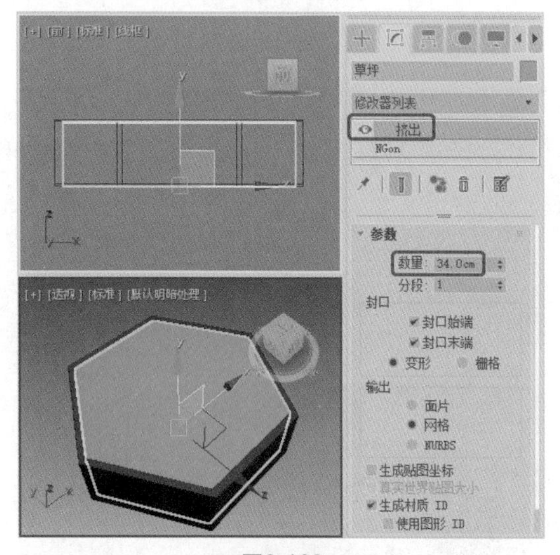

图8-163

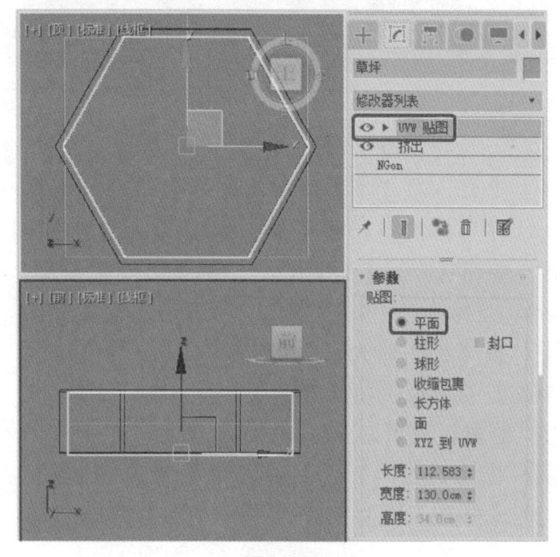

图8-164

Step 13 激活【左】视图，选择【创建】 |【图形】 |【样条线】|【矩形】工具，在视图中创建一个矩形，将其命名为“木头001”。切换到【修改】命令面板，在【参数】卷展栏中将【长度】设置为6、【宽度】设置为2.5、【角半径】设置为1，如图8-165所示。

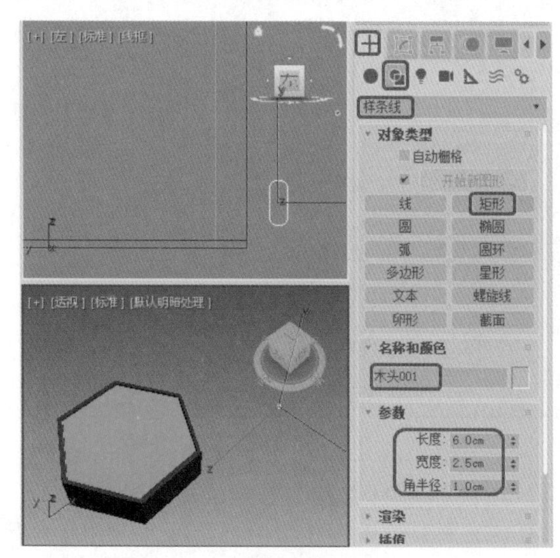

图8-165

Step 14 在【修改器列表】中选择【挤出】修改器，在【参数】卷展栏中将【数量】设置为80，在视图中调整其位置，如图8-166所示。

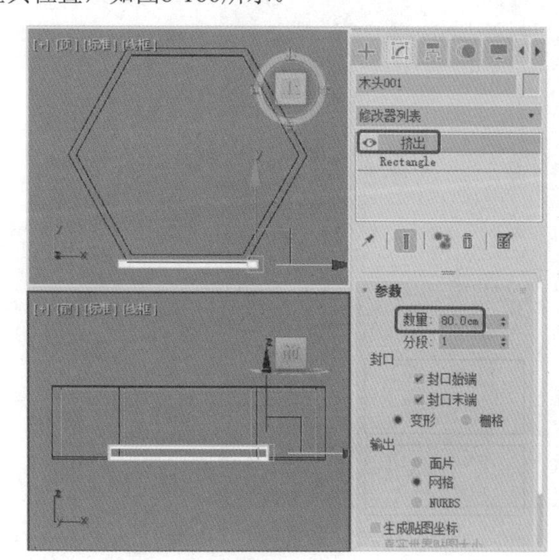

图8-166

Step 15 激活【前】视图，选择【木头001】对象，按住Shift键的同时沿Y轴向上拖动鼠标，拖动至合适位置后释放鼠标，弹出【克隆选项】对话框，在【对象】选项组中选中【复制】单选按钮，将【副本数】设置为4，单击【确定】按钮，如图8-167所示。

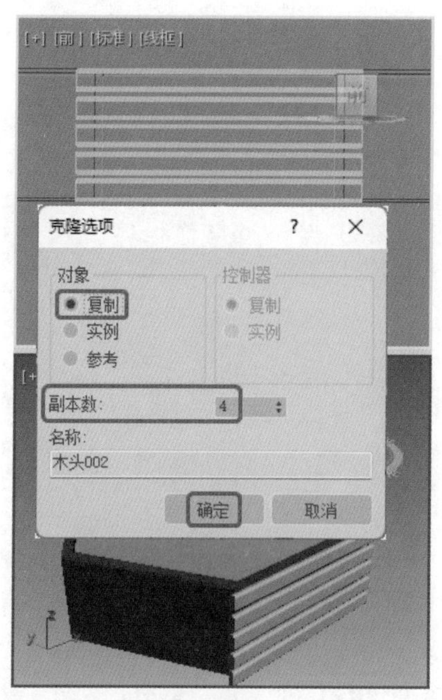


图8-167

**Step 16** 在场景中选择【木头001】对象，在【修改器列表】中选择【编辑网格】修改器，在【编辑几何体】卷展栏中单击【附加】按钮，在视图中选择新复制的对象，将其附加在一起，如图8-168所示。

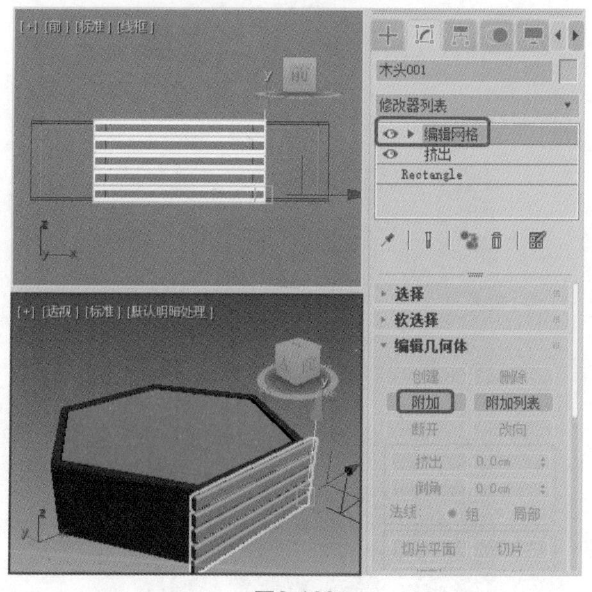


图8-168

**Step 17** 在【修改器列表】中选择【UVW贴图】修改器，在【参数】卷展栏中选中【长方体】单选按钮，将【长度】、【宽度】和【高度】分别设置为35、22、80，如图8-169所示。

**Step 18** 切换至【层次】命令面板，在【调整轴】卷展栏中单击【仅影响轴】按钮，在【对齐】选项组中单击【居中到对象】按钮，使用【选择并移动】工具在视图中调整轴的位置，如图8-170所示。再次单击【仅影响轴】按钮，将其关闭。

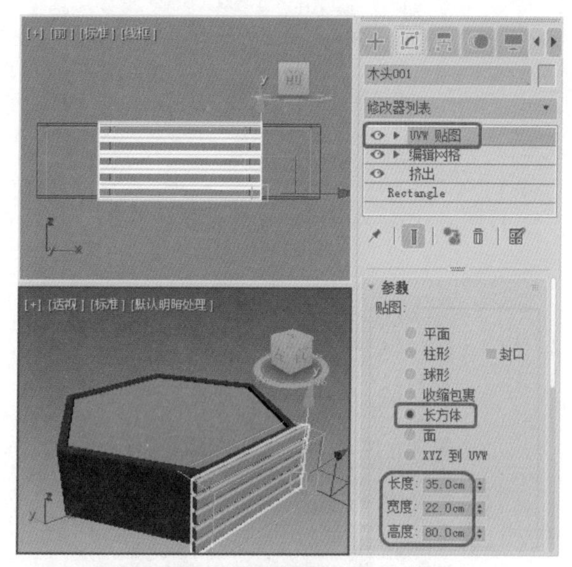


图8-169

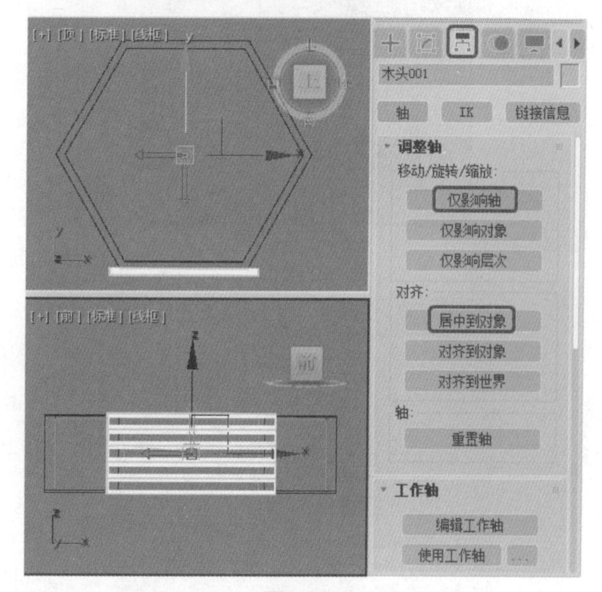


图8-170

**Step 19** 激活【顶】视图，在菜单栏中选择【工具】|【阵列】命令，打开【阵列】对话框，在【增量】选项组中将Z方向的【旋转】设置为120，在【阵列维度】选项组中将1D的【数量】设置为3，单击【确定】按钮，如图8-171所示。

**Step 20** 阵列后的效果如图8-172所示。

**Step 21** 在【顶】视图中选择【木头001】对象，按Ctrl+V组合键，在弹出的对话框中选中【复制】单选按钮，并单击【确定】按钮，如图8-173所示。

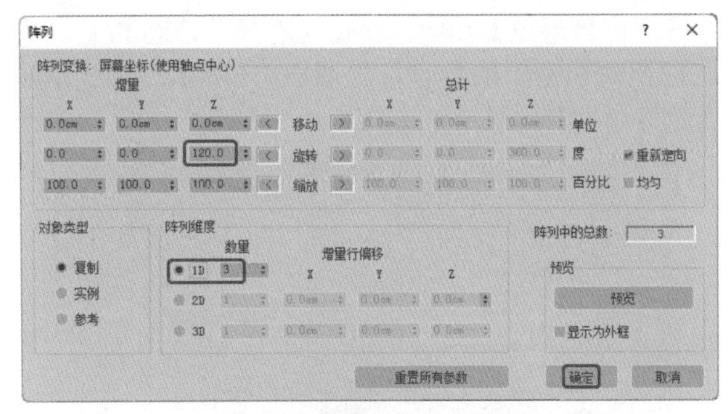

图8-171

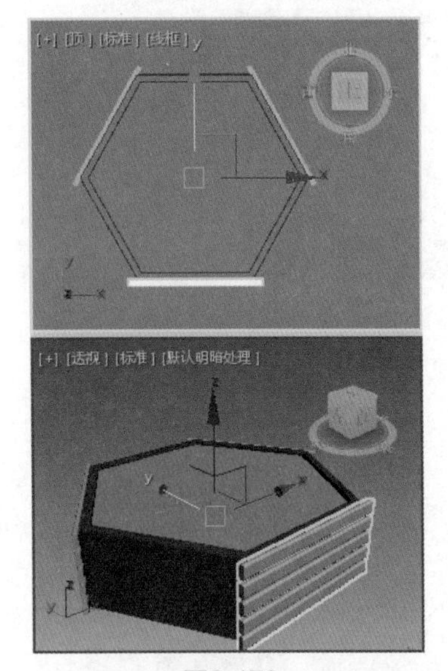

图8-172

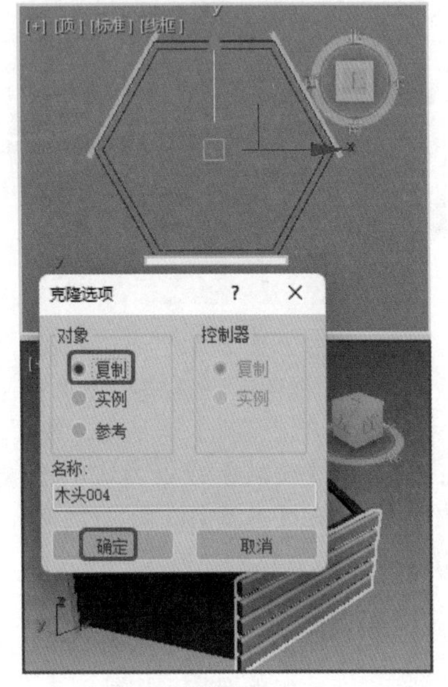


图8-173

Step 22 确定复制的【木头004】对象处于选中状态，在工具栏中右击【选择并旋转】工具，打开【旋转变换输入】对话框，在【绝对：世界】选项组中将Z设置为30，如图8-174所示。

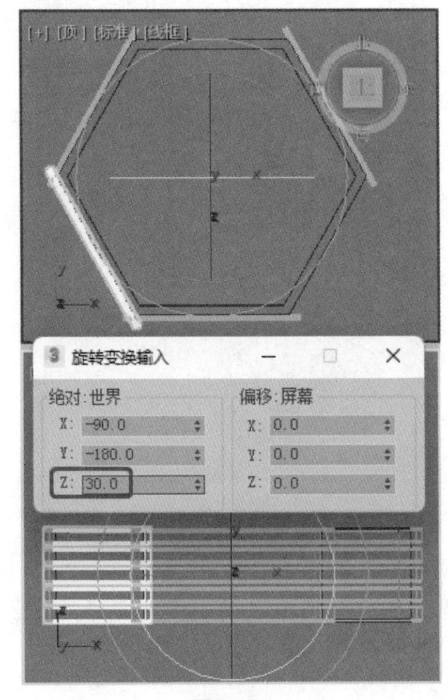


图8-174

Step 23 设置完成后关闭【旋转变换输入】对话框，使用前面介绍的方法，镜像出【木头005】、【木头006】对象，如图8-175所示。

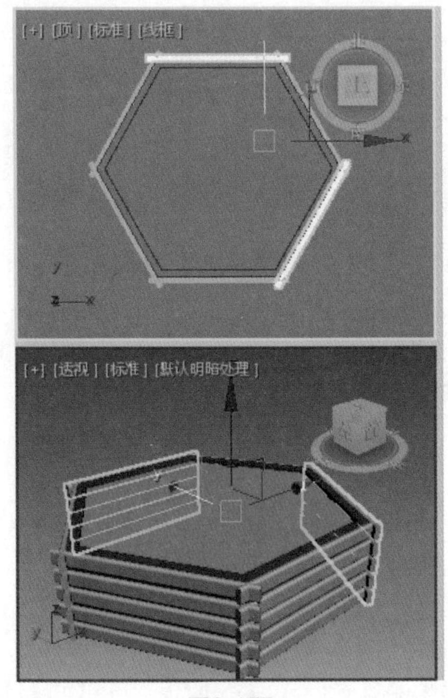

图8-175

Step 24 选择【创建】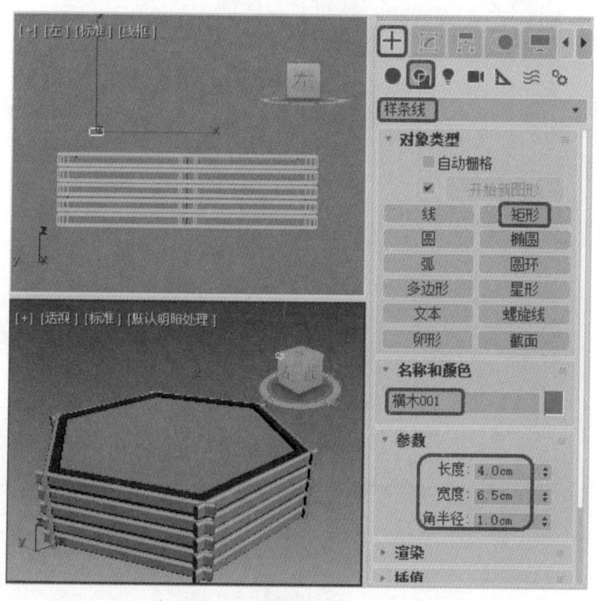



图8-176

Step 24 选择【创建】|【图形】|【样条线】|【矩形】工具，在【左】视图中创建一个矩形，将其命名为“横木001”。切换到【修改】命令面板，在【参数】卷展栏中将【长度】设置为4、【宽度】设置为6.5、【角半径】设置为1，如图8-176所示。

Step 25 在【修改器列表】中选择【挤出】修改器，在【参数】卷展栏中将【数量】设置为95，并在视图中调整其位置，效果如图8-177所示。

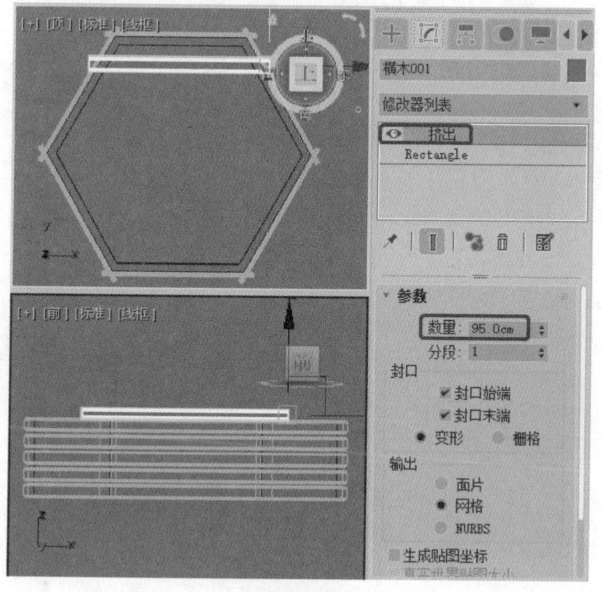



图8-177

Step 26 在【修改器列表】中选择【编辑网格】修改器，将当前选择集定义为【顶点】，在视图中调整顶点的位置，如图8-178所示。

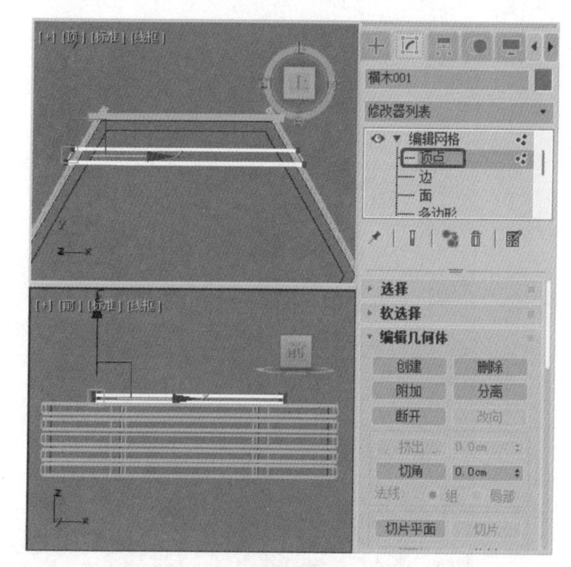



图8-178

Step 27 关闭当前选择集，确认创建的【横木001】对象处于选择状态。激活【顶】视图，按住Shift键的同时沿Y轴向上拖动鼠标，拖动至合适位置后释放鼠标，弹出【克隆选项】对话框，在【对象】选项组中选中【复制】单选按钮，将【副本数】设置为2，单击【确定】按钮，如图8-179所示。

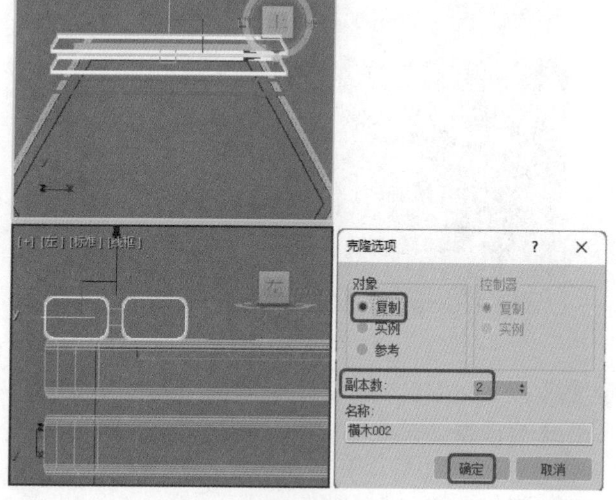



图8-179

Step 28 在场景中使用【选择并均匀缩放】工具缩放复制后的对象，并使用【选择并移动】工具来调整位置，效果如图8-180所示。

Step 29 在场景中选择【横木001】对象，在【修改器列表】中选择【编辑网格】修改器，在【编辑几何体】卷展栏中单击【附加】按钮，在场景中选择复制的横木对象，如图8-181所示。

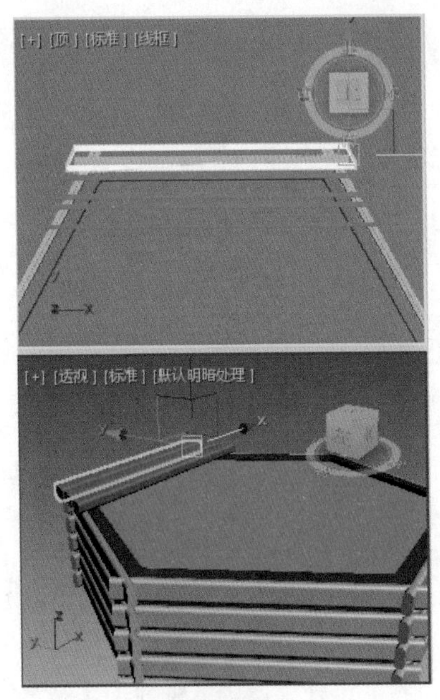


图8-180

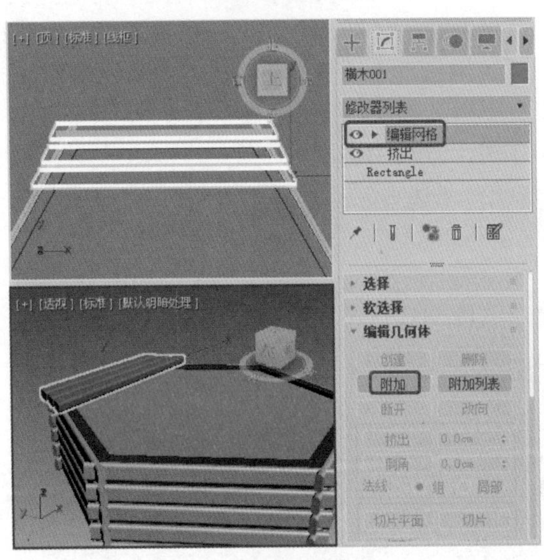


图8-181

Step 30 附加完成后，在【修改器列表】中选择【UVW贴图】修改器，在【参数】卷展栏中选中【长方体】单选按钮，将【长度】和【宽度】分别设置为29、22，如图8-182所示。

Step 31 切换至【层次】命令面板，在【调整轴】卷展栏中单击【仅影响轴】按钮，在【对齐】选项组中单击【居中到对象】按钮，在视图中调整轴的位置，如图8-183所示。再次单击【仅影响轴】按钮，将其关闭。

Step 32 激活【顶】视图，在菜单栏中选择【工具】|【阵列】命令，打开【阵列】对话框，在【增量】选项组下将Z方向的【旋转】设置为120，在【阵列维度】选项组中将1D的【数量】设置为3，单击【确定】按钮，如图8-184所示。

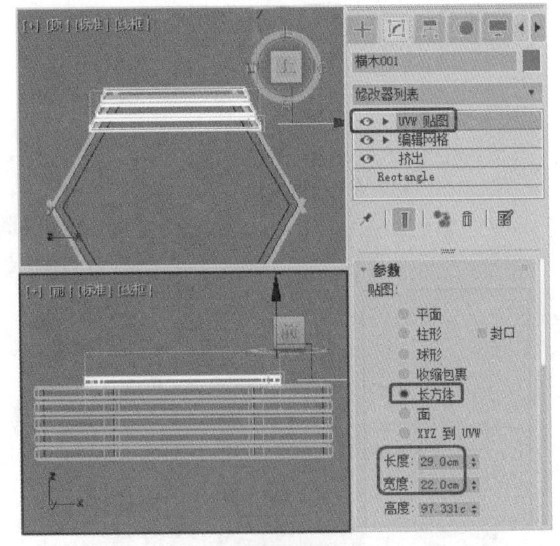


图8-182

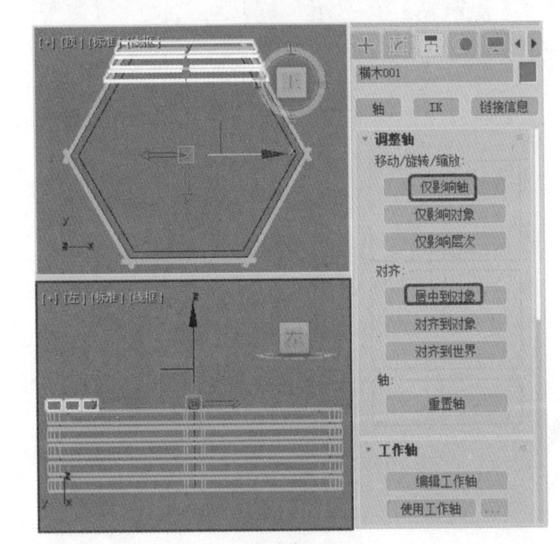


图8-183

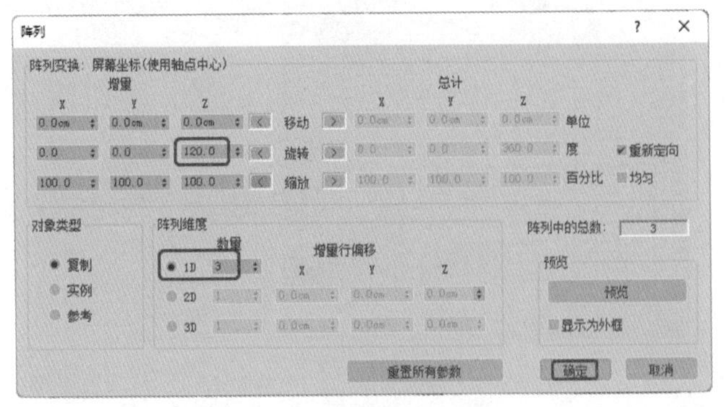


图8-184

Step 33 阵列后的效果如图8-185所示。

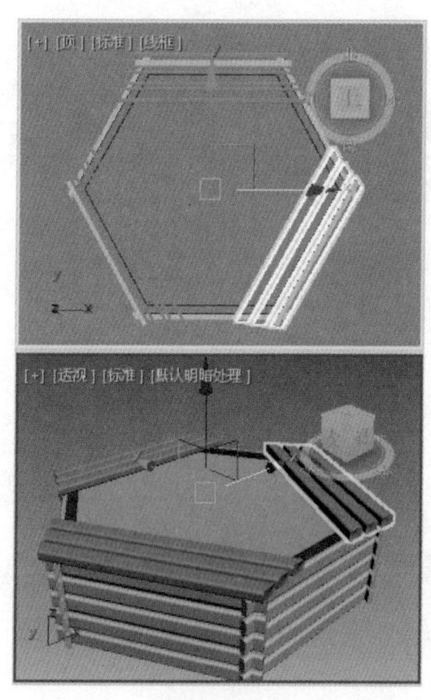

图8-185

**Step 34** 选择【创建】|【几何体】|【长方体】工具，在【顶】视图中绘制一个长方体，将其命名为“支柱001”。切换到【修改】命令面板，在【参数】卷展栏中将【长度】设置为5、【宽度】设置为5、【高度】设置为250，适当调整位置，如图8-186所示。

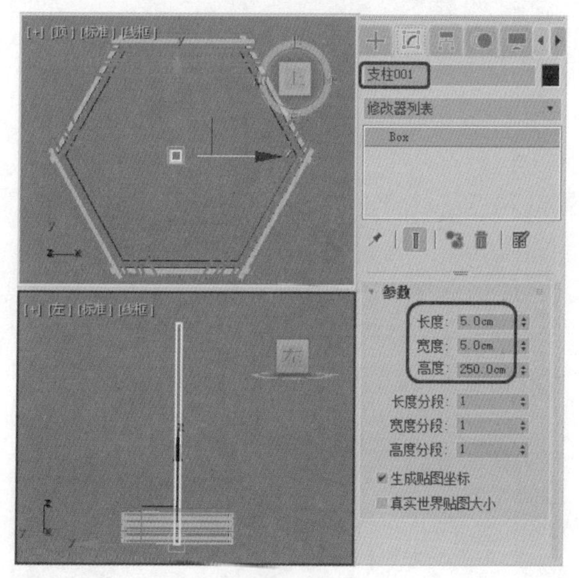


图8-186

**Step 35** 确认创建的【支柱001】对象处于选择状态，在【修改器列表】中选择【编辑网格】修改器，并将当前选择集定义为【顶点】，在【前】视图和【左】视图中调整顶点，效果如图8-187所示。

**Step 36** 关闭当前选择集，激活【左】视图，在工具栏中选择【镜像】工具，打开【镜像：屏幕 坐标】对话框，在【镜像轴】选项组中选中X单选按钮，将【偏移】设置为6，在【克隆当前选择】选项组中选中【复制】单选按钮，单击【确定】按钮，如图8-188所示。

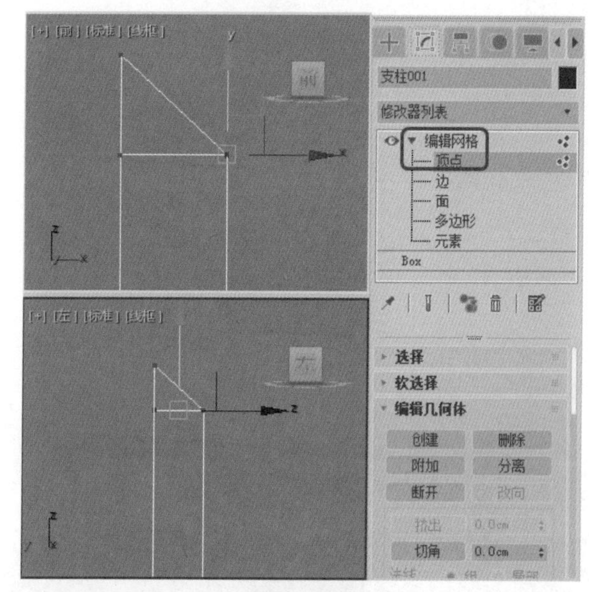


图8-187

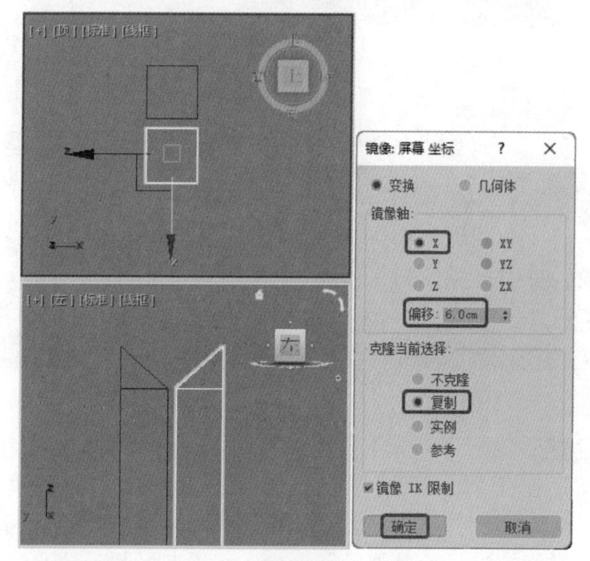


图8-188

**Step 37** 激活【顶】视图，在该视图中选择【支柱001】和【支柱002】对象，在工具栏中选择【镜像】工具。打开【镜像：屏幕 坐标】对话框，在【镜像轴】选项组中选中X单选按钮，将【偏移】设置为6，在【克隆当前选择】选项组中选中【复制】单选按钮，单击【确定】按钮，如图8-189所示。

**Step 38** 在场景中选择镜像完成后的四个长方体，在菜单栏中选择【组】|【组】命令，在弹出的对话框中将其命名为“支柱”，设置完成后单击【确定】按钮，

如图8-190所示。

Step 39 在场景中选择【支柱】对象，并在视图中调整其位置，效果如图8-191所示。

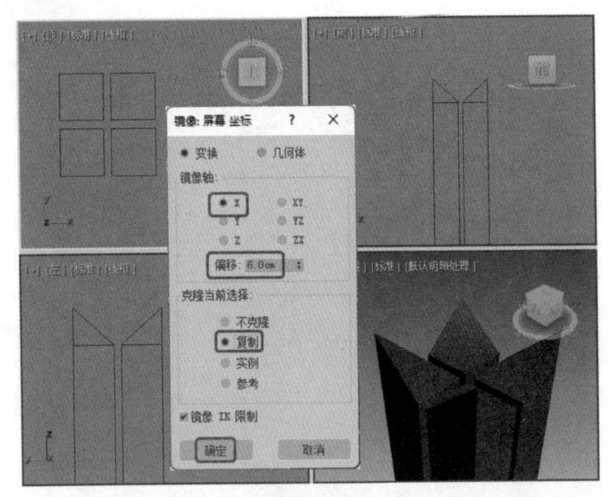
图8-189

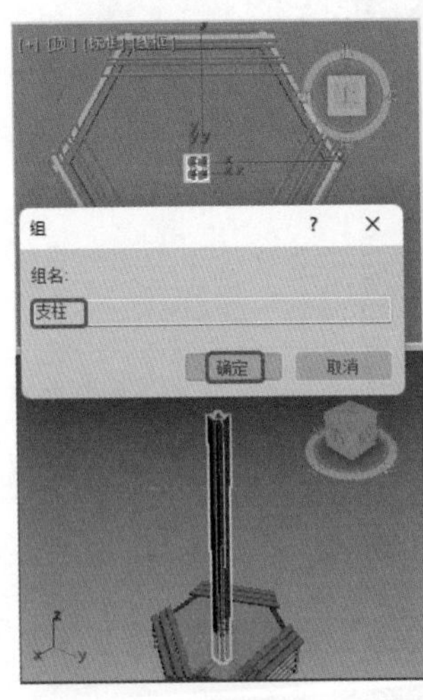
图8-190

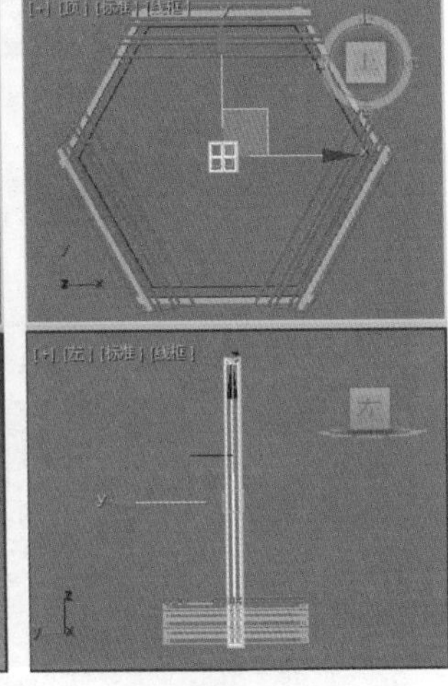
图8-191

Step 40 选择【创建】|【几何体】|【长方体】工具，在【顶】视图中绘制一个长方体，将其命名为"木板001"。切换到【修改】命令面板，在【参数】卷展栏中将【长度】设置为12、将【宽度】设置为6、【高度】设置为3，如图8-192所示。

Step 41 使用同样的方法，再次创建一个长方体，将其命名为"木板002"，并将其【长度】设置为6、【宽度】设置为12、【高度】设置为3，如图8-193所示。

Step 42 创建完成后，使用【选择并移动】工具调整木板对象的位置。激活【前】视图，按住Shift键的同时向上拖曳木板对象，拖曳至合适位置后释放鼠标，在弹出的对话框中使用默认设置，单击【确定】按钮即可，如图8-194所示。

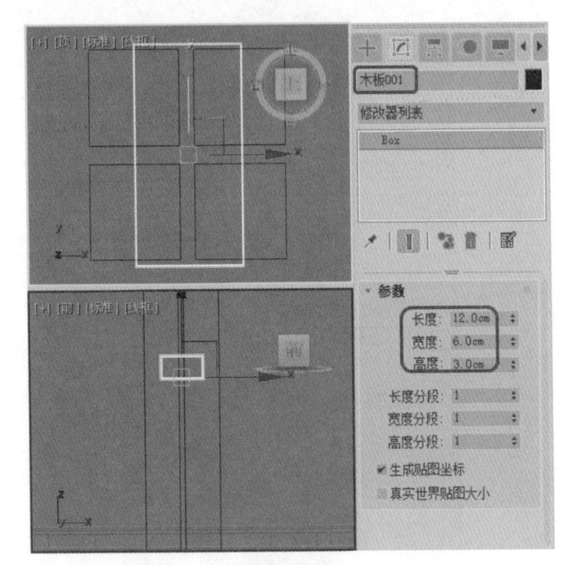
图8-192

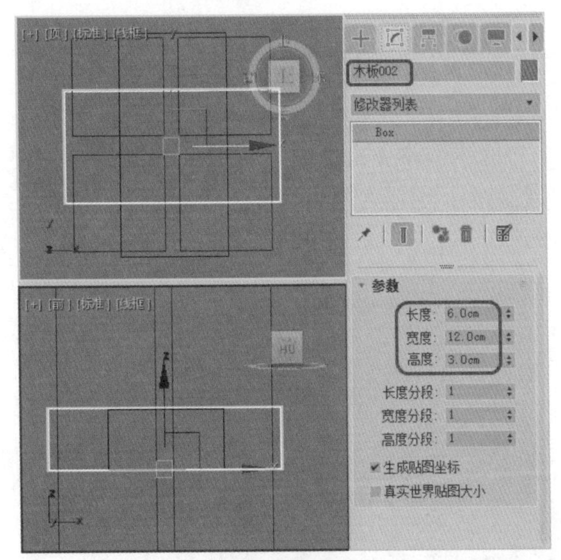
图8-193

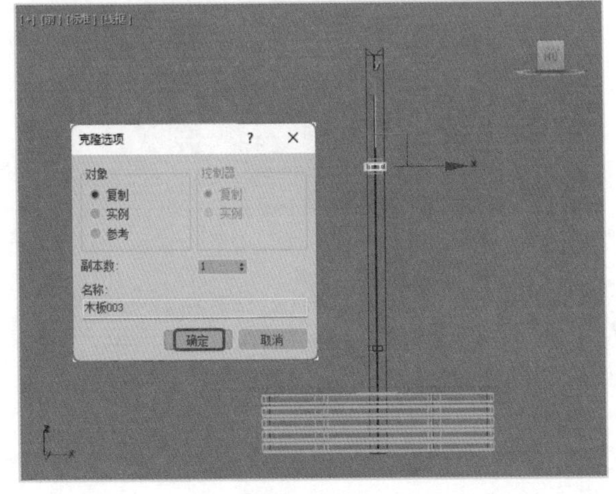
图8-194

Step 43 选择【创建】 +|【图形】 |【样条线】|【矩形】工具，在【顶】视图中创建一个矩形，切换到【修改】命令面板，在【参数】卷展栏中将【长度】和【宽度】均设置为180，如图8-195所示。

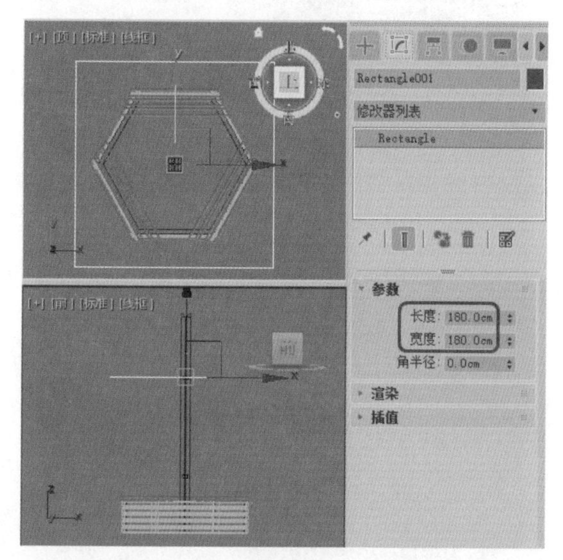


图8-195

Step 44 在【修改器列表】中选择【编辑样条线】修改器，将当前选择集定义为【样条线】，在【几何体】卷展栏中将【轮廓】设置为-7，单击【轮廓】按钮，为其添加轮廓，如图8-196所示。

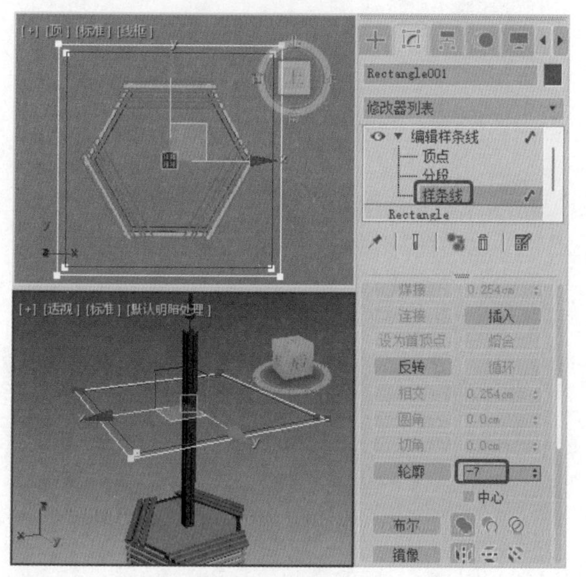


图8-196

Step 45 关闭当前选择集，在【修改器列表】中选择【挤出】修改器，在【参数】卷展栏中将【数量】设置为6，如图8-197所示。

Step 46 确认创建的矩形处于选中状态，激活【前】视图，按住Shift键的同时使用【选择并移动】工具拖曳矩形，拖曳至合适位置后释放鼠标，打开【克隆选项】对话框，在【对象】选项组中选中【复制】单选按钮，将【副本数】设置为5，单击【确定】按钮，如图8-198所示。

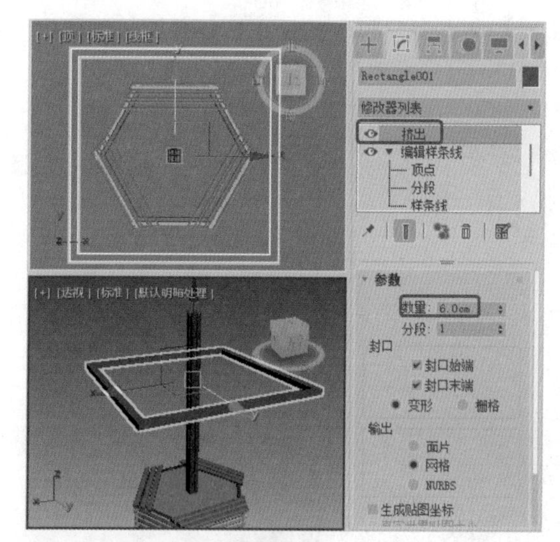


图8-197

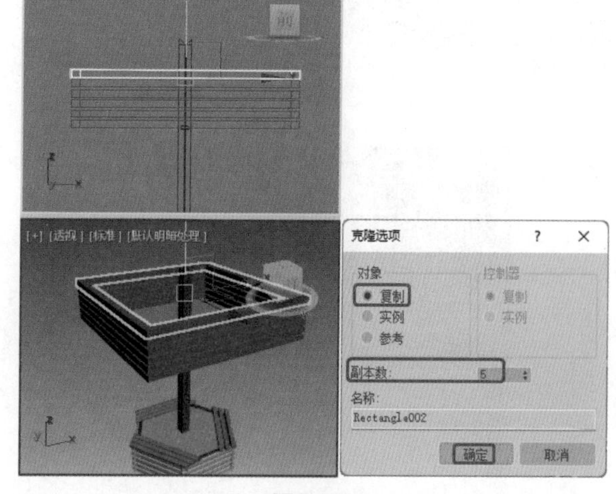


图8-198

Step 47 选择复制的Rectangle006对象，切换到【修改】命令面板，在【参数】卷展栏中将【数量】设置为2，将Rectangle005、Rectangle004和Rectangle003对象的【数量】均设置为4，选择Rectangle002对象，将其【数量】设置为5，并在视图中调整它们的位置，完成后的效果如图8-199所示。

Step 48 选择六个矩形对象，在菜单栏中选择【组】|【组】命令，在弹出的对话框中将其命名为“顶”，单击【确定】按钮，如图8-200所示。

Step 49 确认【顶】对象处于被选中状态，在【修改器列表】中选择FFD 2×2×2修改器，将当前选择集定义为

【控制点】，选择工具栏中的【选择并移动】工具，将其控制点调整至如图8-201所示的位置。

**Step 50** 在视图中适当调整【顶】对象的位置，选择【创建】|【图形】|【样条线】|【矩形】工具，在【顶】视图中绘制一个与【顶】对象外侧轮廓同样大的矩形，并将其重命名为“边”，如图8-202所示。

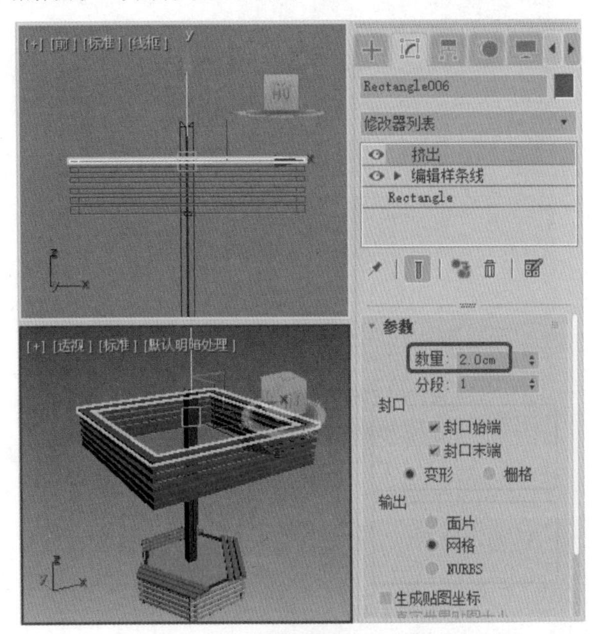


图8-199

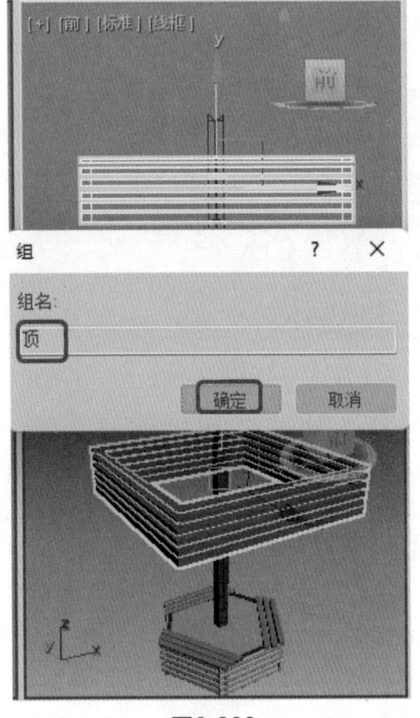


图8-200

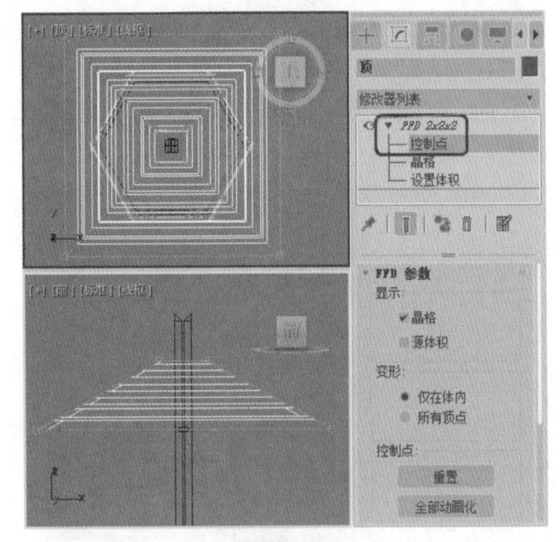


图8-201

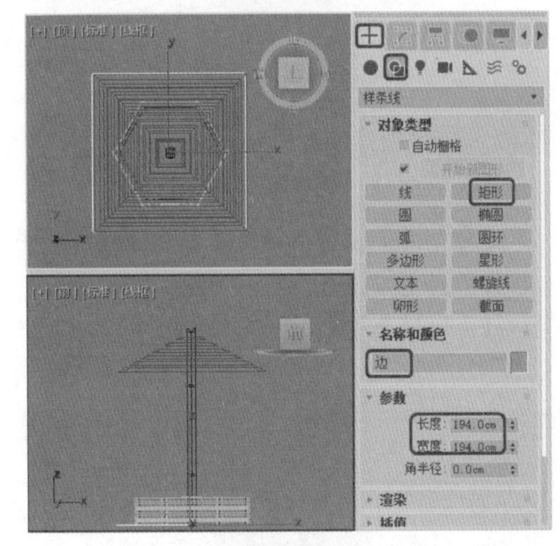


图8-202

**Step 51** 切换至【修改】命令面板，在【修改器列表】中选择【编辑样条线】修改器，将当前选择集定义为【样条线】，在【几何体】卷展栏中将【轮廓】设置为7，如图8-203所示。

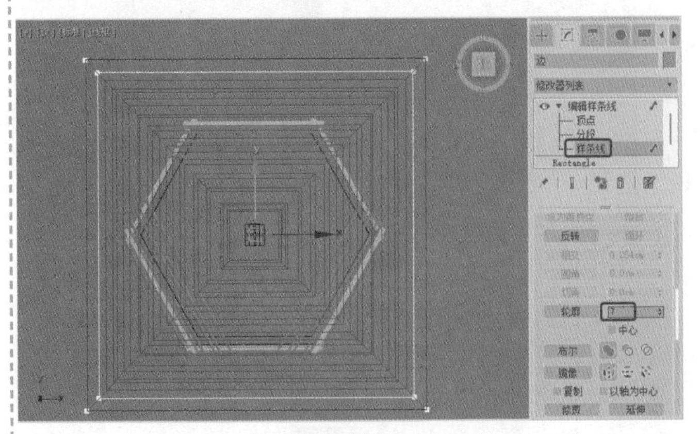


图8-203

**Step 52** 关闭当前选择集，在【修改器列表】中选择【挤出】修改器，在【参数】卷展栏中将【数量】设置为6，并在场景中调整其位置，如图8-204所示。

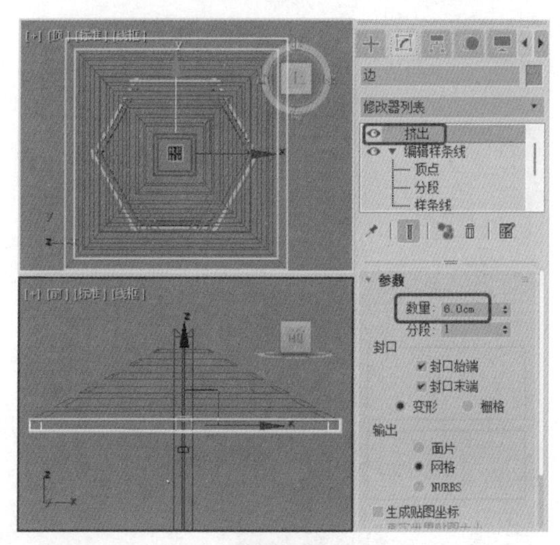


图8-204

**Step 53** 选择【创建】 | 【图形】 | 【样条线】 | 【线】工具，在【前】视图中绘制封闭的线段，将其命名为【支撑】，如图8-205所示。

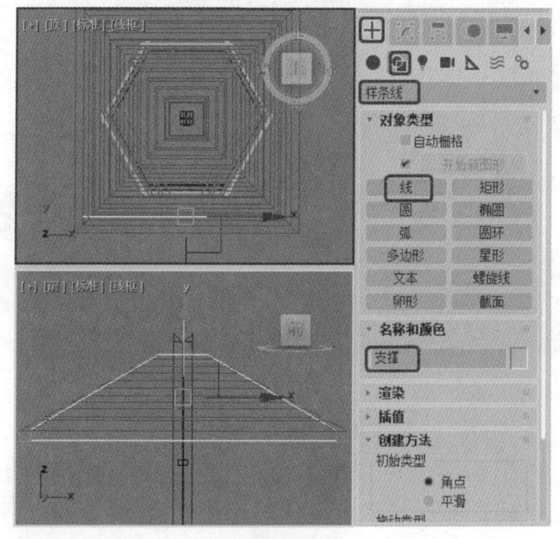


图8-205

**Step 54** 继续使用【线】工具在【前】视图中绘制【支撑001】对象，效果如图8-206所示。

**Step 55** 选择创建的【支撑】对象，切换至【修改】命令面板，在【几何体】卷展栏中单击【附加】按钮，在场景中单击拾取【支撑001】对象，将其附加在一起，如图8-207所示。

**Step 56** 在场景中调整【支撑】对象的位置，在【修改器列表】中选择【挤出】修改器，在【参数】卷展栏中将【数量】设置为6，如图8-208所示。

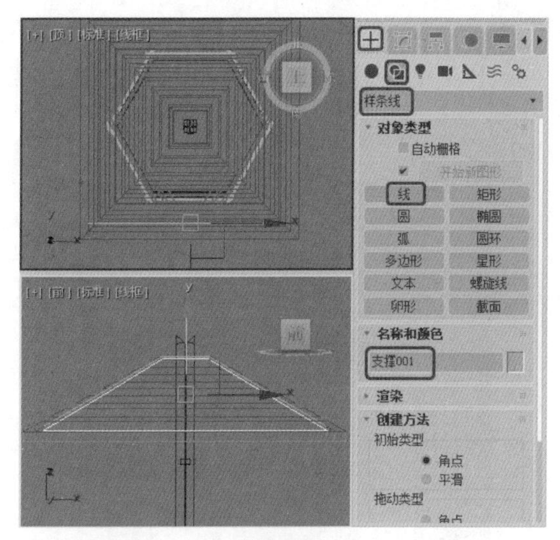


图8-206

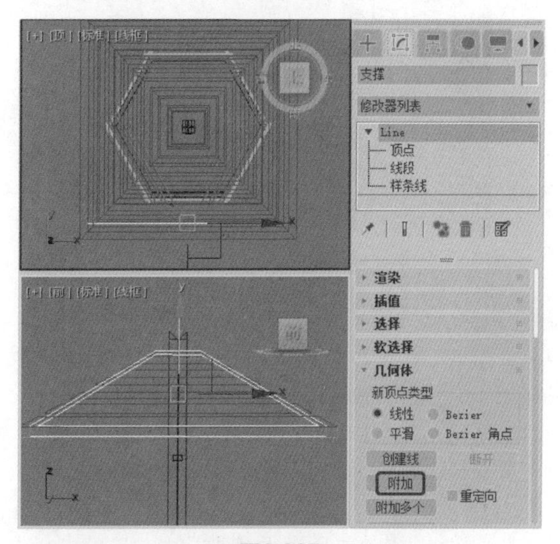


图8-207

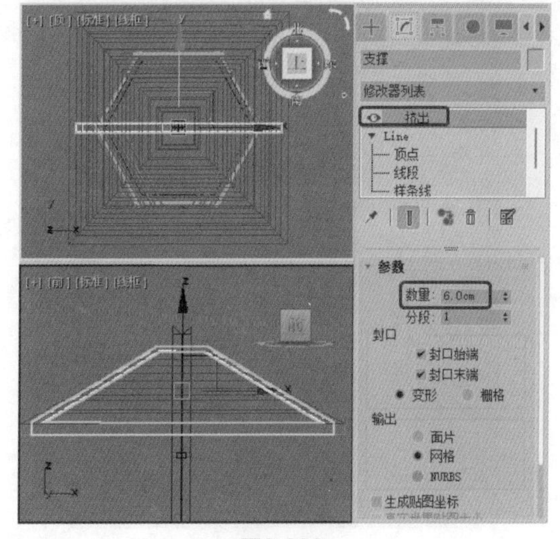


图8-208

Step 57 设置完成后，激活【顶】视图，选择创建的【支撑】对象，按Ctrl+V组合键，在弹出的对话框中选中【复制】单选按钮，再单击【确定】按钮，如图8-209所示。

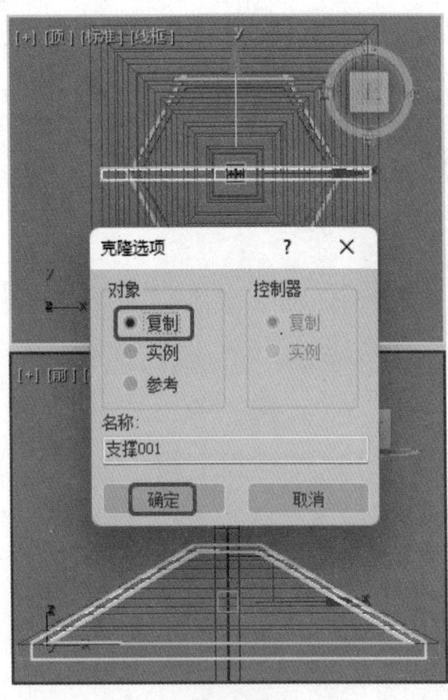


图8-209

Step 58 在工具栏中右击【选择并旋转】工具，打开【旋转变换输入】对话框，在【绝对：世界】选项组中将Z值设置为-90，并按Enter键确认该操作，如图8-210所示。

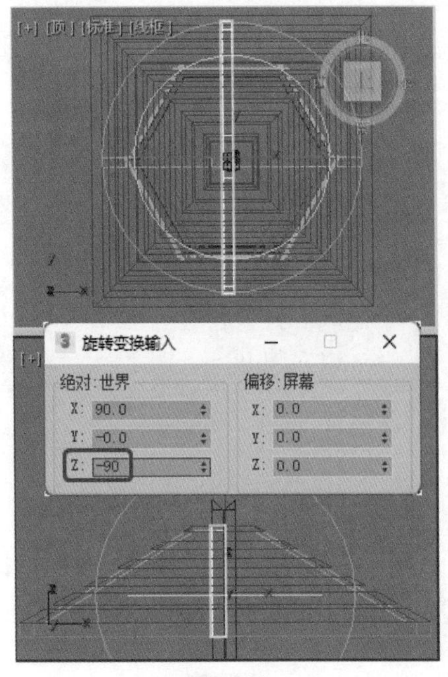


图8-210

Step 59 关闭【旋转变换输入】对话框，在场景中调整复制的对象的位置。选择【创建】|【图形】|【样条线】|【线】工具，在【前】视图中绘制封闭的线段，将其命名为“长支撑”，如图8-211所示。

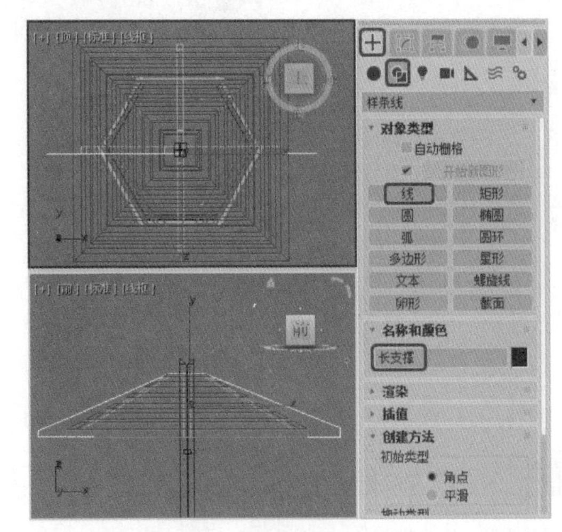


图8-211

Step 60 继续使用【线】工具在【前】视图中绘制【长支撑001】对象，效果如图8-212所示。

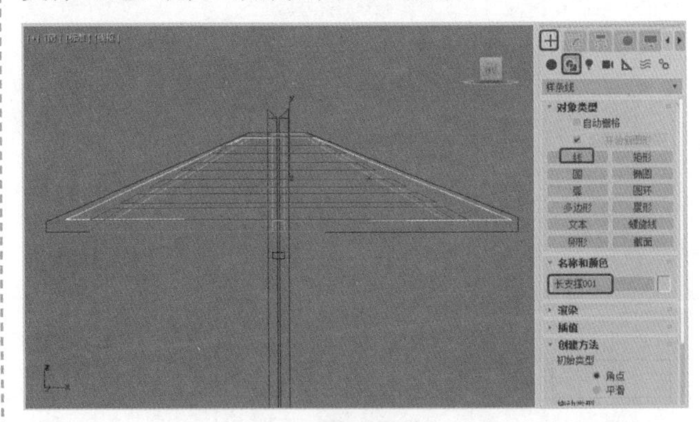

图8-212

Step 61 确认【长支撑】对象处于选择状态，切换至【修改】命令面板，在【几何体】卷展栏中单击【附加】按钮，在场景中单击拾取【长支撑001】对象，将其附加在一起，如图8-213所示。

Step 62 在【修改器列表】中选择【挤出】修改器，在【参数】卷展栏中将【数量】设置为6，如图8-214所示。

Step 63 激活【顶】视图，在工具栏中右击【选择并旋转】工具，打开【旋转变换输入】对话框，在【绝对：世界】选项组中将Z值设置为45，并按Enter键确认该操作，如图8-215所示。

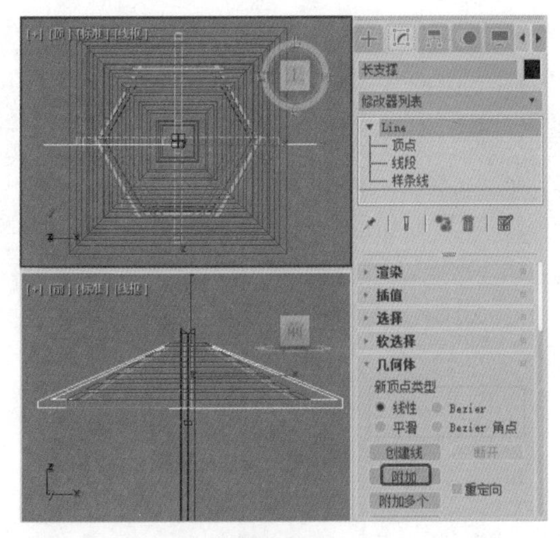
图8-213

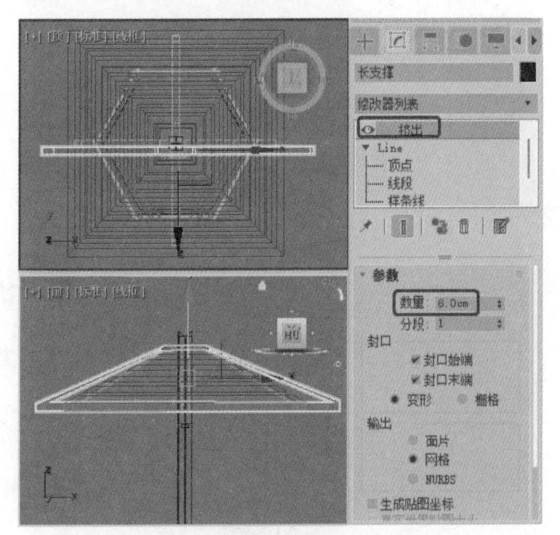
图8-214

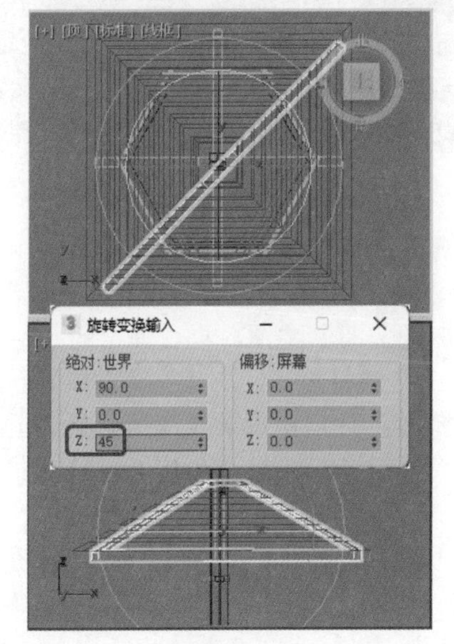
图8-215

**Step 64** 关闭【旋转变换输入】对话框，使用【选择并移动】工具在视图中调整【长支撑】对象的位置。按Ctrl+V组合键，在弹出的对话框中选中【复制】单选按钮，并单击【确定】按钮，如图8-216所示。

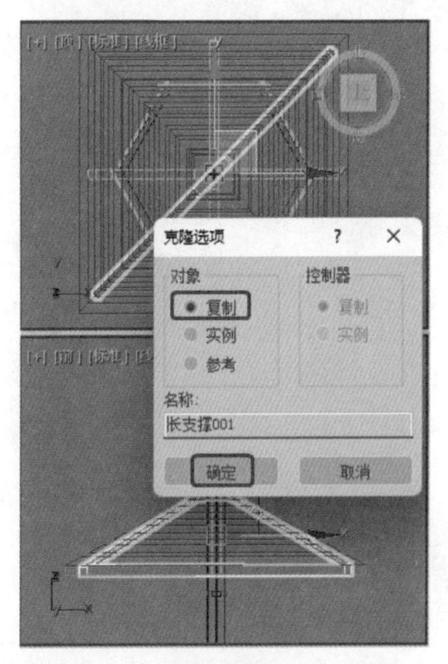
图8-216

**Step 65** 在工具栏中右击【选择并旋转】工具，打开【旋转变换输入】对话框，在【绝对：世界】选项组中将Z值设置为135，并按Enter键确认该操作，如图8-217所示。

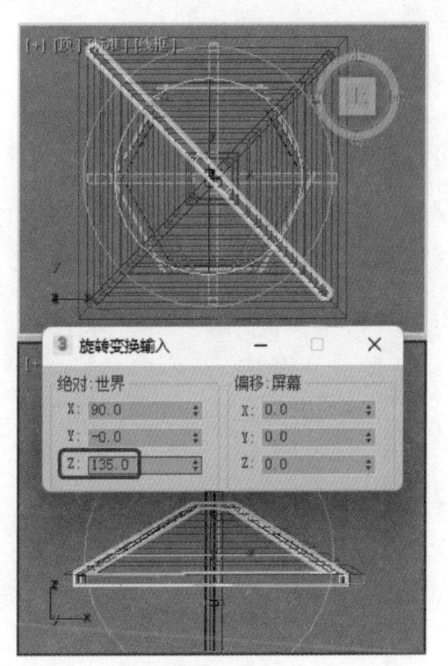
图8-217

**Step 66** 关闭【旋转变换输入】对话框，在场景中调整复制的对象的位置。在场景中选择除【草坪】以外的所有对象，在菜单栏中选择【组】|【组】命令，在弹出的对话框中设置【组名】为“凉亭”，单击【确

定】按钮，如图8-218所示。

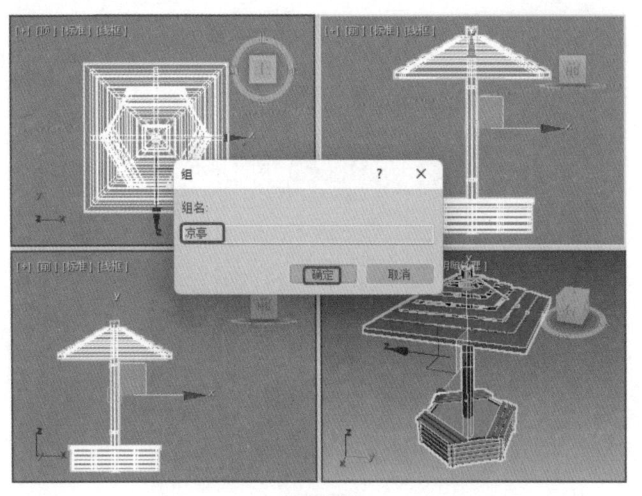


图8-218

**Step 67** 确定【凉亭】对象处于选择状态，按M键打开【材质编辑器】对话框，选择一个新的材质样本球，将其命名为“凉亭”。在【贴图】卷展栏中单击【漫反射颜色】右侧的【无贴图】按钮，在弹出的【材质/贴图浏览器】对话框中选择【位图】贴图，单击【确定】按钮，如图8-219所示。

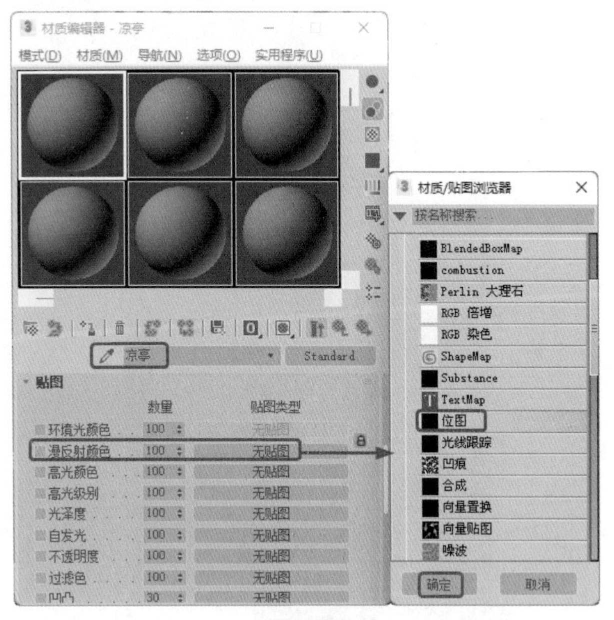


图8-219

**Step 68** 在弹出的对话框中选择“A-d-160.jpg”素材文件，在【坐标】卷展栏中使用默认参数，直接单击【转到父对象】按钮和【将材质指定给选定对象】按钮，将材质指定给【凉亭】对象，单击【视口中显示明暗处理材质】按钮，如图8-220所示。

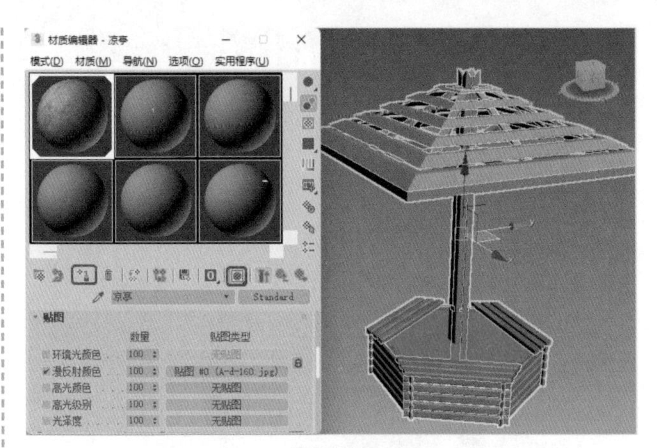


图8-220

**Step 69** 在场景中选择【草坪】对象，在【材质编辑器】对话框中选择一个新的材质样本球，将其命名为“草坪”。在【Blinn基本参数】卷展栏中将【环境光】和【漫反射】的RGB值设置为0、199、14，将【自发光】选项组中的【颜色】设置为100，将【不透明度】设置为80，如图8-221所示。

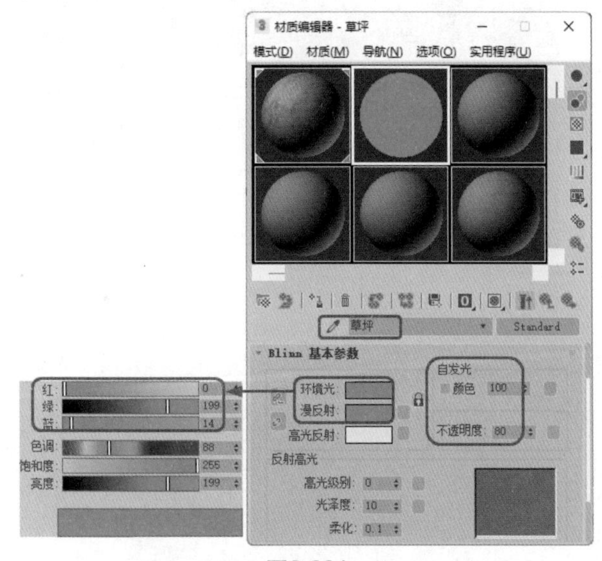


图8-221

**Step 70** 在【贴图】卷展栏中单击【漫反射颜色】右侧的【无贴图】按钮，在弹出的【材质/贴图浏览器】对话框中双击【位图】贴图，再在弹出的对话框中选择“Shrubg.jpg”素材文件，在【位图参数】卷展栏中勾选【裁剪/放置】选项组中的【应用】复选框，并单击右侧的【查看图像】按钮，在弹出的对话框中通过调整控制柄来指定裁剪区域，如图8-222所示。调整完成后，单击【转到父对象】按钮和【将材质指定给选定对象】按钮，将材质指定给【草坪】对象。

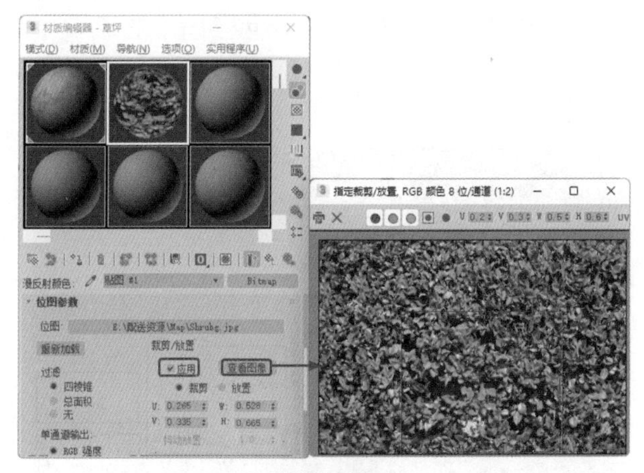

图8-222

Step 71 选择【创建】|【几何体】|【标准基本体】|【平面】工具，在【顶】视图中创建平面，切换到【修改】命令面板，在【参数】卷展栏中将【长度】和【宽度】均设置为260，如图8-223所示。

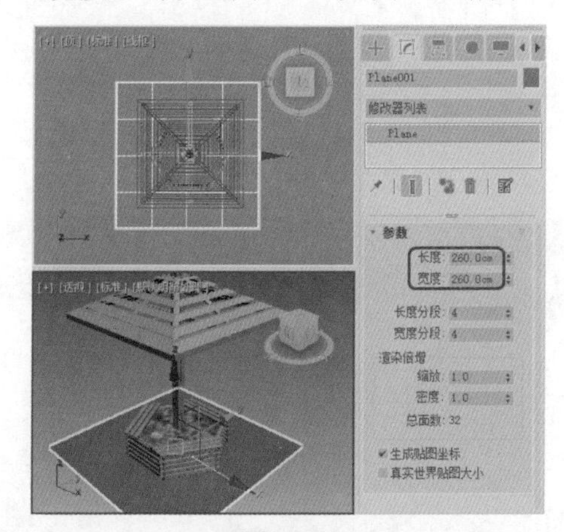

图8-223

Step 72 右击创建的平面对象，在弹出的快捷菜单中选择【对象属性】命令，弹出【对象属性】对话框，在【显示属性】选项组中勾选【透明】复选框，单击【确定】按钮，效果如图8-224所示。

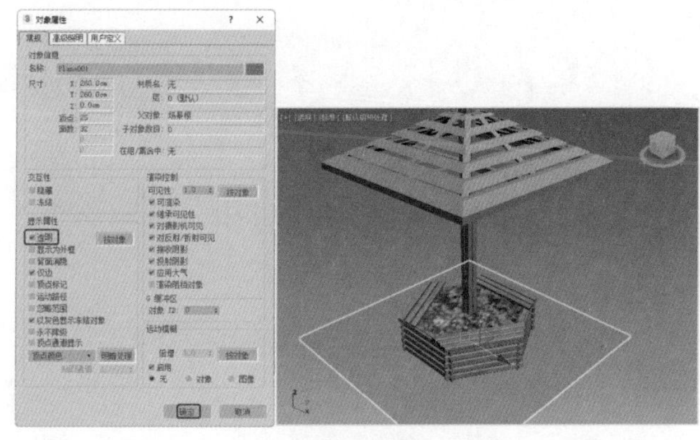

图8-224

Step 73 确定创建的平面对象处于选中状态，按M键打开【材质编辑器】对话框，激活一个新的材质样本球，并单击Standard按钮，在弹出的【材质/贴图浏览器】对话框中双击【无光/投影】材质，打开【无光/投影基本参数】卷展栏，在【阴影】选项组中，将【颜色】的RGB值设置为127、127、127，如图8-225所示。单击【将材质指定给选定对象】按钮，将材质指定给平面对象。

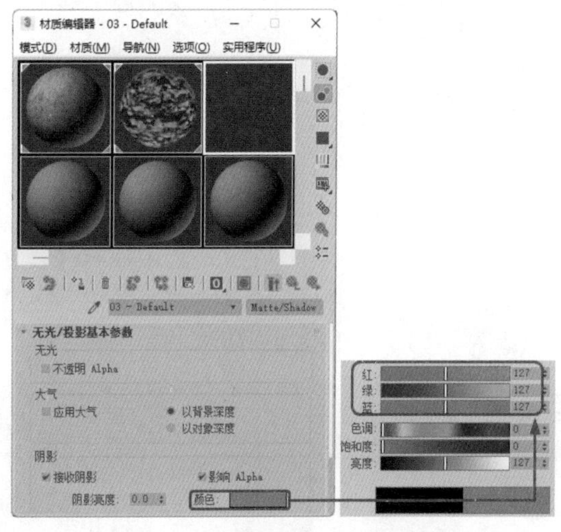

图8-225

Step 74 按8键弹出【环境和效果】对话框，在【公用参数】卷展栏中单击【无】按钮，在弹出的【材质/贴图浏览器】对话框中双击【位图】贴图，再在弹出的对话框中选择“凉亭背景.jpg”素材文件，如图8-226所示。

图8-226

Step 75 在【环境和效果】对话框中，将环境贴图按钮拖曳至新的材质样本球上，在弹出的【实例（副本）贴图】对话框中选中【实例】单选按钮，并单击【确定】按钮，在【坐标】卷展栏中，将【贴图】设置为

【屏幕】，如图8-227所示。

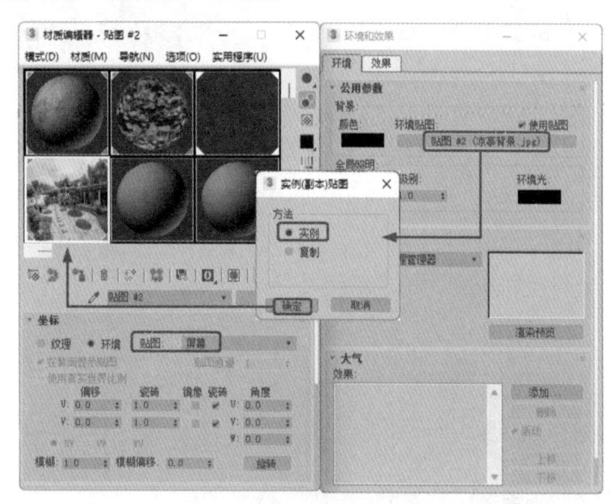

图8-227

**Step 76** 激活【透视】视图，在菜单栏中选择【视图】|【视口背景】|【环境背景】命令，即可在【透视】视图中显示环境背景，如图8-228所示。

图8-228

**Step 77** 选择【创建】|【摄影机】|【目标】工具，在视图中创建摄影机，激活【透视】视图，按C键将其转换为【摄影机】视图，切换到【修改】命令面板，在【参数】卷展栏中将【镜头】设置为43，并在其他视图中调整摄影机的位置，效果如图8-229所示。

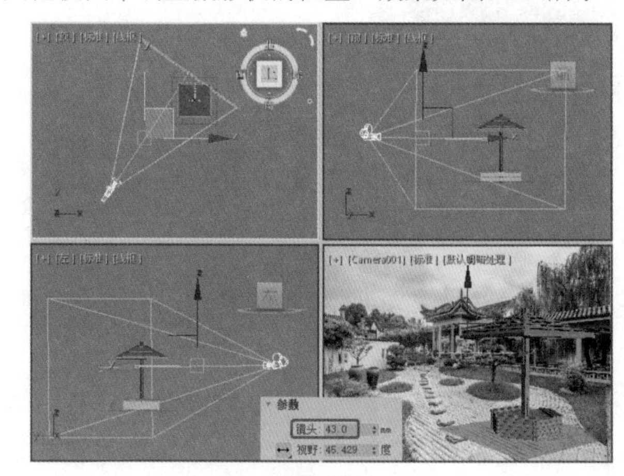

图8-229

**Step 78** 选择【创建】|【灯光】|【标准】|【天光】工具，在【顶】视图中创建天光，切换到【修改】命令面板，在【天光参数】卷展栏中勾选【投射阴影】复选框，如图8-230所示。至此，凉亭就制作完成了，将场景文件保存即可。

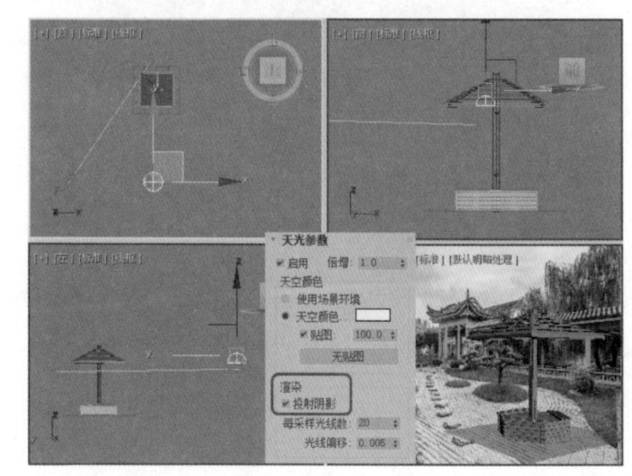

图8-230

# 第9章 灯光与摄影机的设置技法及应用

本章导读

光线是画面视觉信息与视觉造型的基础，没有光便无法体现物体的形状与质感。摄影机好比人的眼睛，通过对摄影机的调整可以决定视图中物体的位置和尺寸，影响场景对象的数量级创建方法。通过本章的学习，用户可以掌握灯光与摄影机的基本创建及调整技巧。

# 实例161 室内摄影机

本案例通过室内场景讲解【摄影机】视图的切换，通过推拉摄影机调整室内场景的显示效果，如图9-1所示。

图9-1

| 素材： | Scene\Cha09\室内素材.max |
|---|---|
| 场景： | Scene\Cha09\实例161 室内摄影机.max |
| 视频： | 视频教学\Cha09\实例161 室内摄影机.mp4 |

Step 01 启动软件后，按Ctrl+O组合键，打开“Scene\Cha09\室内素材.max”素材文件，如图9-2所示。

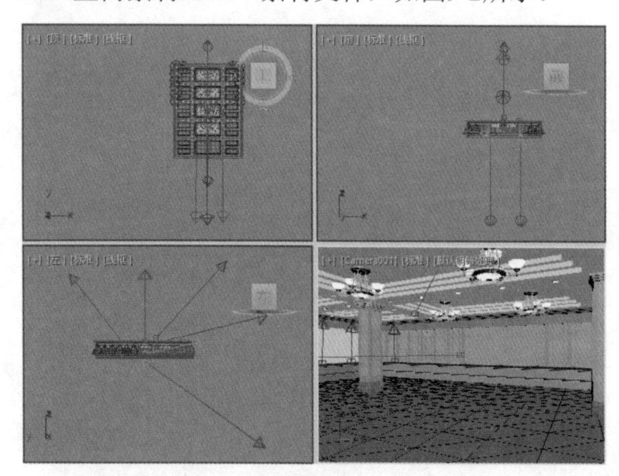

图9-2

Step 02 按C键，在弹出的【选择摄影机】对话框中选择Camera002选项，单击【确定】按钮，如图9-3所示。

Step 03 此时Camera001视图转变为Camera002视图，单击【推拉摄影机】按钮，在Camera002视图中推拉摄影机调整摄影机视图的显示效果，如图9-4所示。

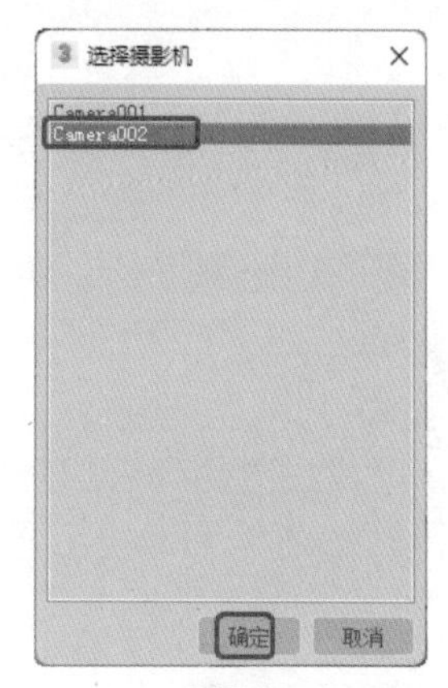


图9-3

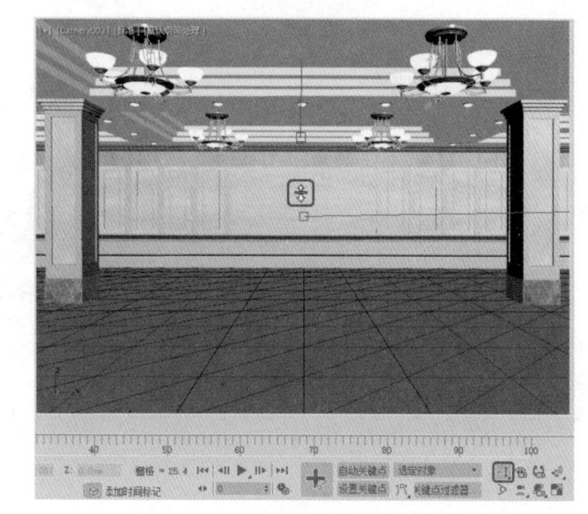

图9-4

# 实例162 大堂灯光模拟效果制作

本案例将介绍大堂灯光模拟效果的制作。本例主要通过在室内大堂中创建【目标聚光灯】灯光效果，模拟大堂灯光照射的效果，如图9-5所示。

图9-5

| 素材： | 无 |
| --- | --- |
| 场景： | Scene\Cha09\实例162 室内灯光模拟.max |
| 视频： | 视频教学\Cha09\实例162 室内灯光模拟.mp4 |

**Step 01** 继续上一案例的操作。选择【创建】|【灯光】|【目标聚光灯】工具，在【顶】视图中创建目标聚光灯，在各个视图中调整目标聚光灯的位置。切换到【修改】命令面板，在【聚光灯参数】卷展栏中将【聚光区/光束】、【衰减区/区域】分别设置为39、62.5，在【强度/颜色/衰减】卷展栏中设置【倍增】为0.5，单击灯光【倍增】右侧的色块，将其颜色的RGB值设置为248、248、248，如图9-6所示。

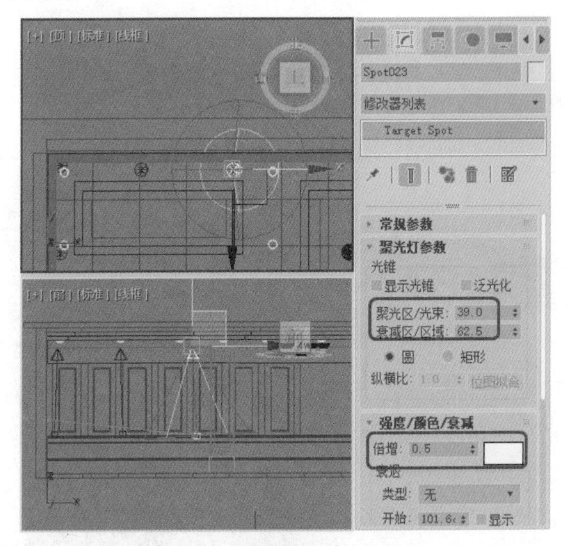


图9-6

**Step 02** 按住Shift键复制4盏灯光，调整灯光的位置，如图9-7所示。

图9-7

# 实例163 室外摄影机

本例将介绍室外摄影机的创建，主要通过对摄影机的创建和对摄影机参数的设置来表现室外建筑的整体效果，完成后的效果如图9-8所示。

图9-8

| 素材： | Scene\Cha09\室外素材.max |
| --- | --- |
| 场景： | Scene\Cha09\实例163 室外摄影机.max |
| 视频： | 视频教学\Cha09\实例163 室外摄影机.mp4 |

**Step 01** 按Ctrl+O组合键，打开“Scene\Cha09\室外素材.max”文件，弹出【缺少外部文件】对话框，单击【浏览】按钮，如图9-9所示。

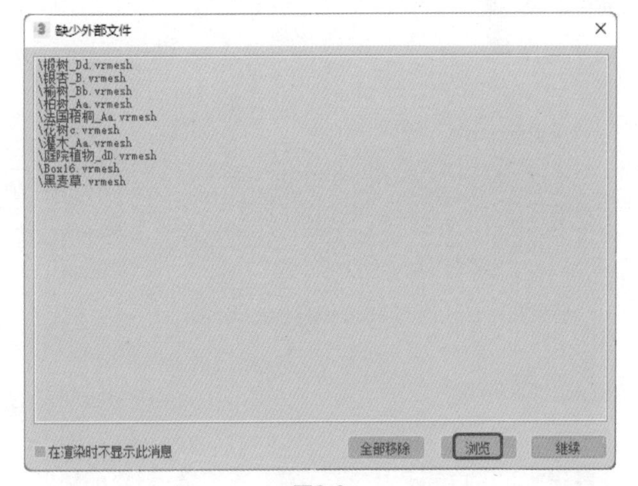


图9-9

**Step 02** 弹出【配置外部文件路径】对话框，单击【添加】按钮，如图9-10所示。

**Step 03** 弹出【选择新的外部文件路径】对话框，设置路径为“配送资源Map\别墅map”，单击【使用路径】按钮，如图9-11所示。

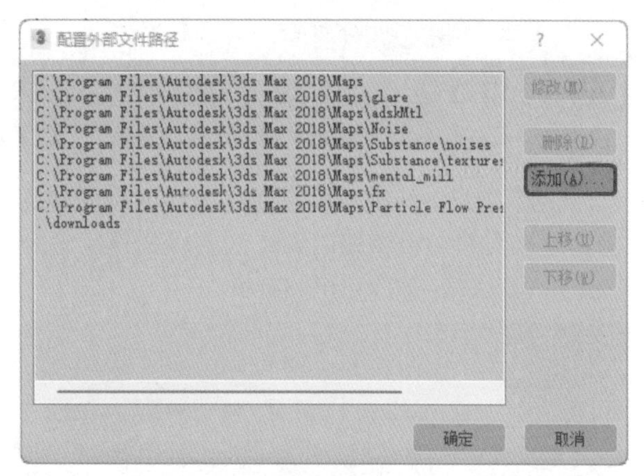


图9-10

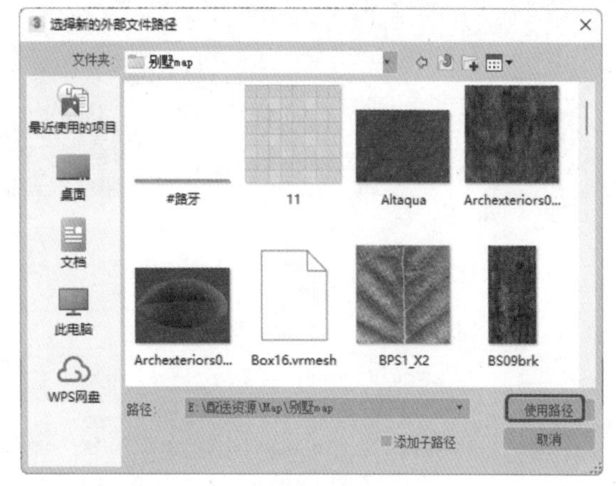


图9-11

**Step 04** 返回至【配置外部文件路径】对话框，可以观察到添加的路径，单击【确定】按钮，如图9-12所示。

图9-12

**Step 05** 返回至【缺少外部文件】对话框，单击【继续】按钮，进入【创建】命令面板，在【摄影机】对象面板中单击【目标】按钮，然后在视图中创建目标摄影机。激活【透视】视图，按C键将其转换为【摄影机】视图，在【参数】卷展栏中将【镜头】设置为28，并在其他视图中调整其位置，如图9-13所示。

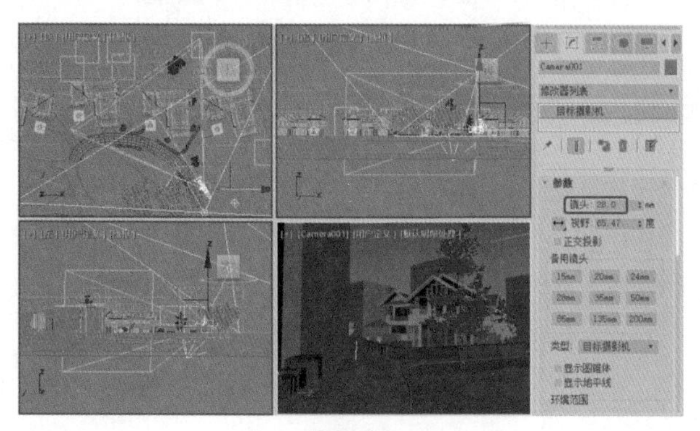

图9-13

> **◎提示**
>
> 目标摄影机用于查看目标对象周围的区域，它有摄影机、目标点两部分。

## 实例164 太阳光模拟效果制作

本案例将介绍太阳光模拟效果的制作，主要利用泛光灯并结合视频后期处理技术来模拟太阳光效果，如图9-14所示。

图9-14

| 素材： | Scene\Cha09\太阳光模拟素材.max |
| --- | --- |
| 场景： | Scene\Cha09\实例164 太阳光模拟.max |
| 视频： | 视频教学\Cha09\实例164 太阳光模拟.mp4 |

**Step 01** 按Ctrl+O组合键，打开“Scene\Cha09\太阳光模拟素材.max”素材文件，如图9-15所示。

**Step 02** 选择【创建】|【辅助对象】|【大气装置】|【球体Gizmo】工具，在【前】视图中创建一个球体

Gizmo，在【球体Gizmo参数】卷展栏中将【半径】设置为500，如图9-16所示。

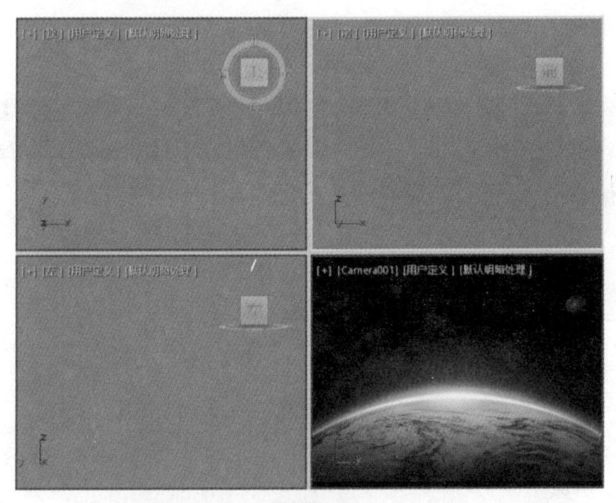

图9-15

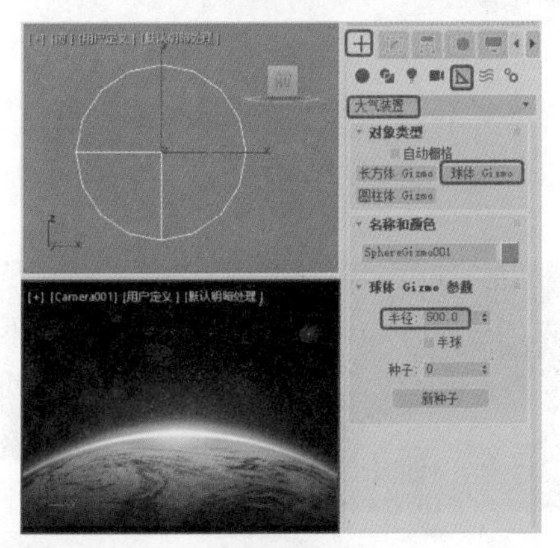

图9-16

**Step 03** 创建完成后，在视图中调整球体Gizmo的位置，调整完成后的效果如图9-17所示。

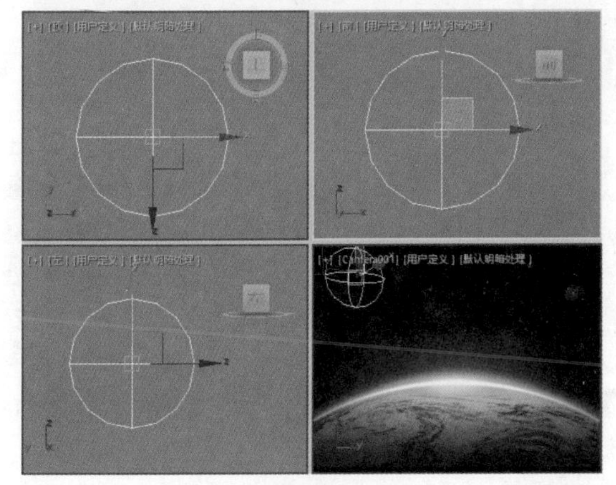

图9-17

**Step 04** 按8键，在弹出的【环境和效果】对话框中切换到【环境】选项卡，在【大气】卷展栏中单击【添加】按钮，在弹出的对话框中选择【火效果】选项，如图9-18所示，单击【确定】按钮。

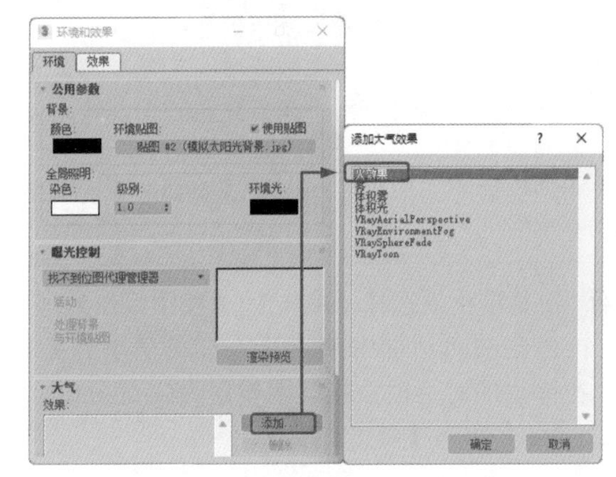


图9-18

**Step 05** 在【火效果参数】卷展栏中单击【拾取Gizmo】按钮，在视图中拾取前面所创建的球体Gizmo对象，如图9-19所示。

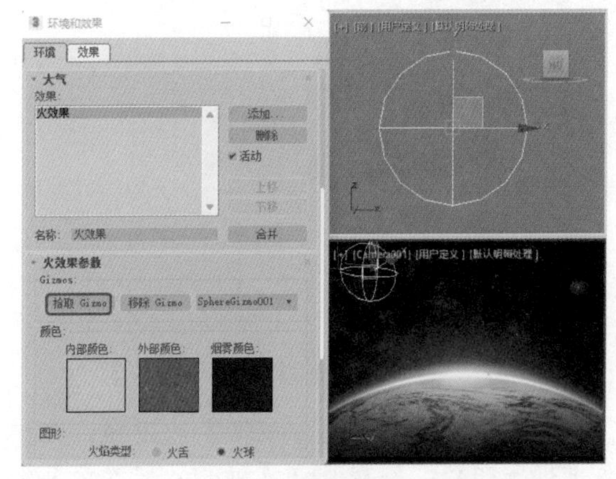


图9-19

**Step 06** 选择【创建】|【灯光】|【标准】|【泛光】工具，在【顶】视图中创建泛光灯对象，并调整其位置，效果如图9-20所示。

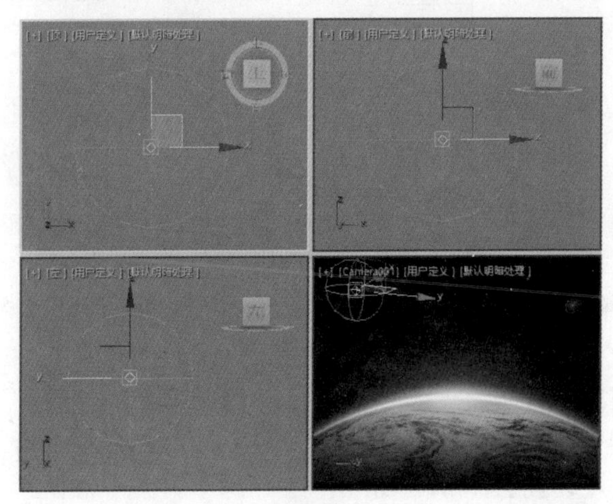

图9-20

◎提示·◦

泛光灯向四周发散光线，标准的泛光灯用来照亮场景，它的优点是易于建立和调节，不用考虑是否有对象在范围外而照射不到；缺点就是不能创建太多，否则显得无层次感。泛光灯可以投射阴影和投影，单个投射阴影的泛光灯等同于6盏聚光灯的效果，从中心指向外侧。

**Step 07** 在菜单栏中选择【渲染】|【视频后期处理】命令，在弹出的对话框中单击【添加场景事件】按钮，在弹出的对话框中将视图设置为Camera001，如图9-21所示，单击【确定】按钮。

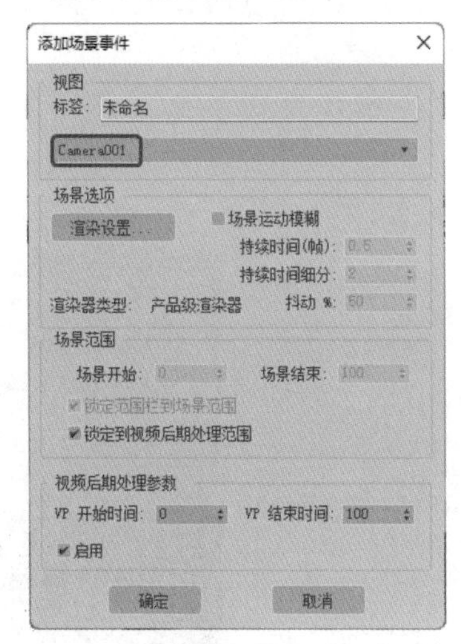

图9-21

**Step 08** 单击【添加图像过滤事件】按钮，在弹出的对话框中将过滤器设置为【镜头效果光斑】，如图9-22所示。

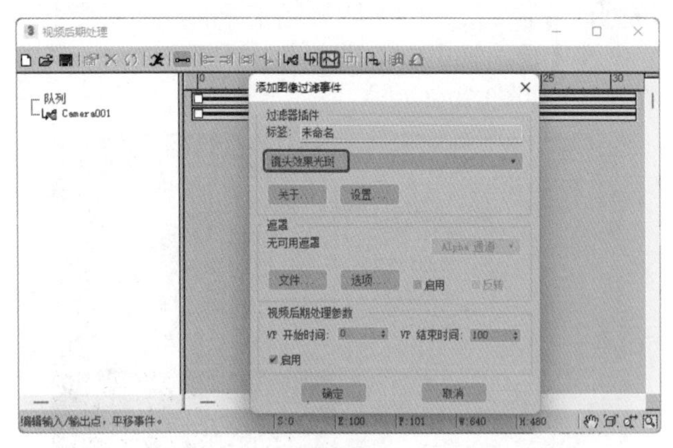

图9-22

**Step 09** 设置完成后，单击【确定】按钮。在【视频后期处理】对话框中双击该事件，在弹出的对话框中单击【设置】按钮，在弹出的对话框中单击【VP队列】与【预览】按钮，再单击【节点源】按钮，在弹出的对话框中选择Omni001，如图9-23所示，单击【确定】按钮。

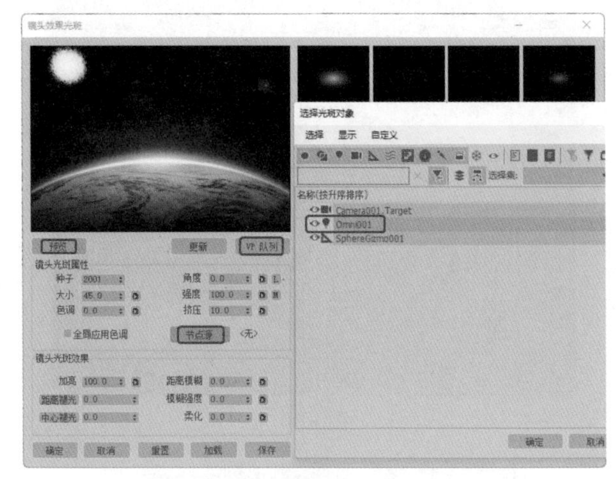

图9-23

**Step 10** 将【大小】设置为40，在【首选项】选项卡中勾选所需的选项，如图9-24所示。

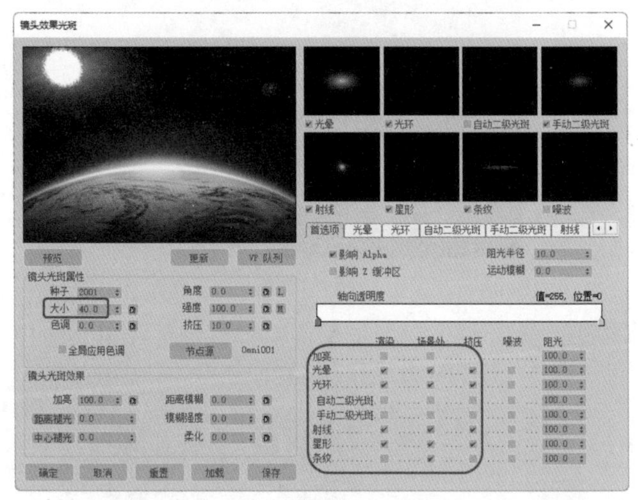

图9-24

**Step 11** 切换到【光晕】选项卡，将【大小】设置为260。将【径向颜色】左侧渐变滑块的RGB值设置为255、255、108；确定第二个渐变滑块在93的位置处，并将其RGB值设置为45、1、27；将最右侧色标的RGB值设置为0、0、0，如图9-25所示。

**Step 12** 切换到【光环】选项卡，将【厚度】设置为8，如图9-26所示。

**Step 13** 切换到【射线】选项卡，将【大小】设置为300，将【径向颜色】所有渐变滑块的RGB值设置为255、255、108，如图9-27所示。

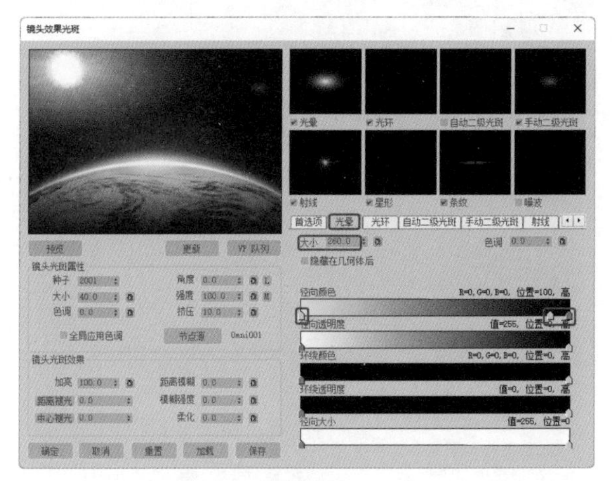

图9-25

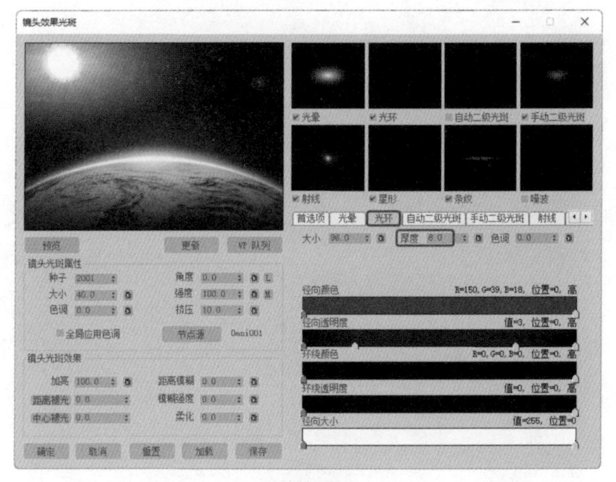

图9-26

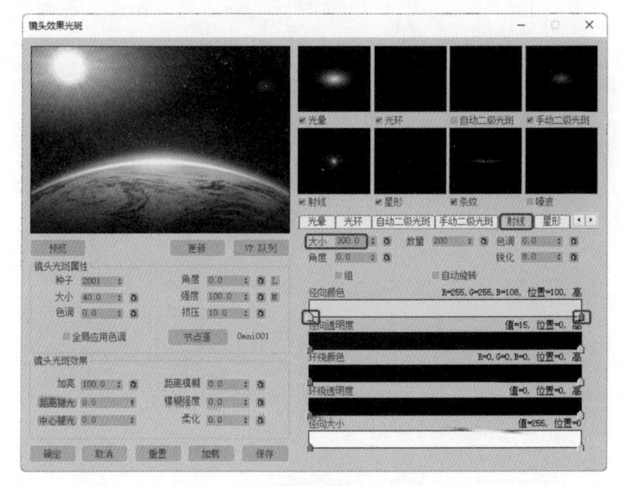

图9-27

**Step 14** 设置完成后，单击【确定】按钮。在空白位置单击，再单击【添加图像输出事件】按钮，在弹出的对话框中单击【文件】按钮，在弹出的对话框中指定输出路径，将【文件名】设置为“实例164　太阳光模拟”，将【保存类型】设置为【JPEG文件（*.jpg，*.jpe，*.jpeg）】，如图9-28所示。

图9-28

**Step 15** 设置完成后，单击【保存】按钮，在弹出的对话框中单击【确定】按钮，再在【添加图像输出事件】对话框中单击【确定】按钮。单击【执行序列】按钮，在弹出的对话框中选中【单个】单选按钮，将【宽度】、【高度】分别设置为640、480，单击【渲染】按钮即可，如图9-29所示。

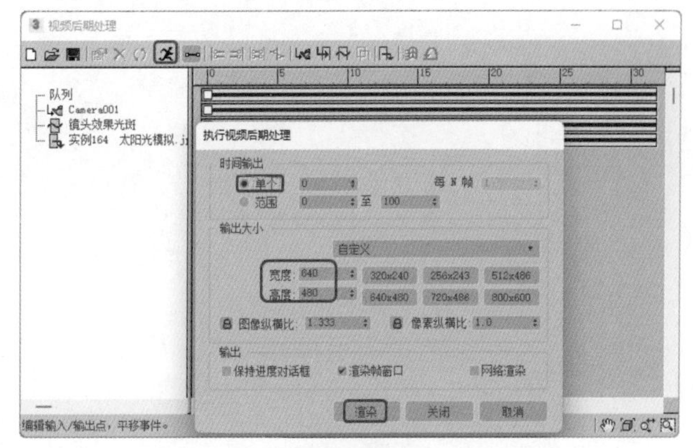

图9-29

# 第10章 效果图的后期处理

从实用性角度来讲，在3ds max中渲染输出的效果并不成熟，一般三维软件在处理环境氛围和制作真实配景时，效果总是不能令人非常满意。因此，需要用Photoshop软件再进行修改处理。本章将介绍有关效果图后期处理的诸多技术及技巧。

# 实例165 色相与饱和度的调整

当作品渲染输出时，若发现其色彩和明亮度不协调，可以利用Photoshop软件中的【色相/饱和度】命令进行调整，效果如图10-1所示。

图10-1

| 素材： | Scene\Cha10\色相与饱和度的调整.jpg |
| --- | --- |
| 场景： | Scene\Cha10\实例165 色相与饱和度的调整.psd |
| 视频： | 视频教学\Cha10\实例165 色相与饱和度的调整.mp4 |

**Step 01** 启动Photoshop 2021软件后，打开“Scene\Cha10\色相与饱和度的调整.jpg”文件，如图10-2所示。

图10-2

**Step 02** 打开【图层】面板，选择【背景】图层，按Ctrl+J组合键对其进行复制，复制出【图层1】。执行【图像】|【调整】|【亮度/对比度】命令，在打开的对话框中将【亮度】和【对比度】分别设置为50、0，如图10-3所示，单击【确定】按钮。

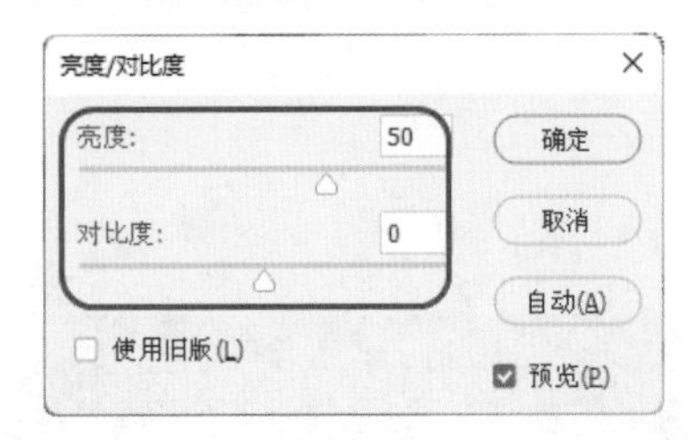


图10-3

**Step 03** 对【图层1】进行复制，选择【图层1拷贝】图层，在菜单栏选择【图像】|【调整】|【色相/饱和度】命令，弹出【色相/饱和度】对话框，将【色相】、【饱和度】和【明度】分别设置为-15、24、6，单击【确定】按钮，如图10-4所示。

图10-4

**Step 04** 设置色相及饱和度后的效果如图10-5所示。

图10-5

> **提示**
>
> 【色相/饱和度】命令可以调整图像中特定颜色范围的色相、饱和度和明度，或者同时调整图像中的所有颜色。

**Step 05** 继续选择【图层1拷贝】图层，按Ctrl+M组合键，弹出【曲线】对话框，对曲线进行调整，将【输出】和【输入】分别设置为152、121，如图10-6所示。

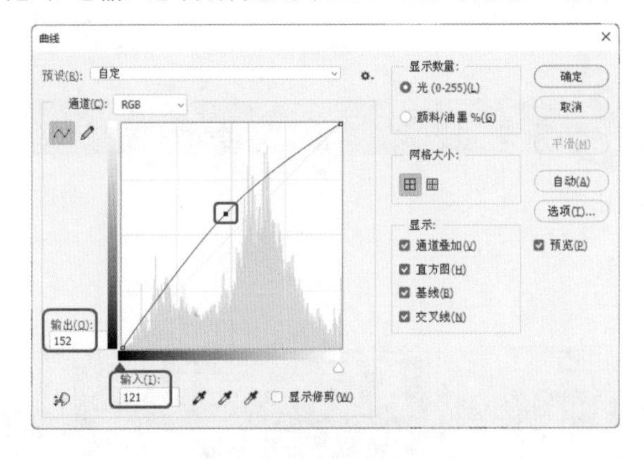


图10-6

**Step 06** 单击【确定】按钮，对场景文件进行保存即可。

## 实例166 图像亮度和对比度的调整

本例将讲解如何对过暗的图像进行修正，方法主要是调节图像的亮度和对比度，具体的操作如下，效果如图10-7所示。

图10-7

| 素材： | Scene\Cha10\图像亮度和对比度的调整.jpg |
| --- | --- |
| 场景： | Scene\Cha10\实例166 图像亮度和对比度的调整. psd |
| 视频： | 视频教学\Cha10\实例166 图像亮度和对比度的调整.mp4 |

**Step 01** 启动Photoshop 2021软件后，打开“Scene\Cha10\图像亮度和对比度的调整.jpg”文件，如图10-8所示。

图10-8

**Step 02** 选择【背景】图层并对其进行复制，选择复制的【图层1】，在菜单栏选择【图像】|【调整】|【亮度/对比度】命令，弹出【亮度/对比度】对话框，将【亮度】和【对比度】分别设置为50、39，如图10-9所示。

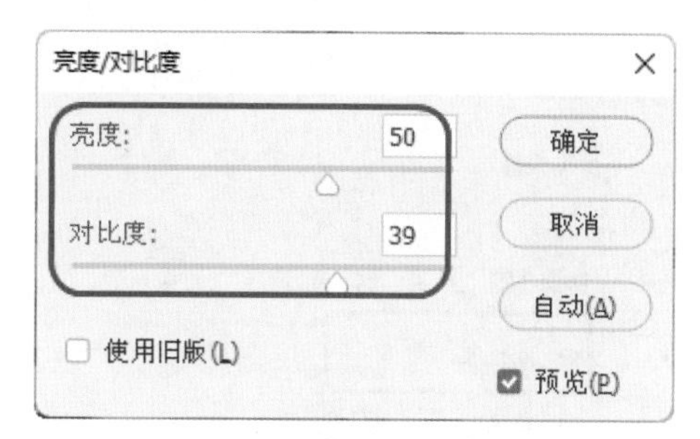


图10-9

> **提示**
>
> 【亮度/对比度】命令主要用来调整图像的亮度和对比度。在实际操作过程中，虽然可以使用【色阶】和【曲线】命令调整图像的亮度和对比度，但这两个命令用起来比较复杂，而使用【亮度/对比度】命令可以更简单直观地完成亮度和对比度的调整。

**Step 03** 单击【确定】按钮，查看效果如图10-10所示。

图10-10

**Step 04** 选择【图层1】并对其进行复制，选择【图层1拷贝】图层，在【图层】面板中将【图层模式】设置为【柔光】，将【不透明度】设置为50%，如图10-11所示。

图10-11

**Step 05** 选择所有的图层，按Shift+Ctrl+Alt+E组合键对图像进行盖印，如图10-12所示。

图10-12

**Step 06** 设置完成后，对场景文件进行保存。

## 实例167 窗外景色的添加

本例将介绍如何在效果图的窗外添加配景，其中主要应用了剪贴蒙版，具体的操作如下，效果如图10-13所示。

图10-13

| 素材： | Scene\Cha10 \窗外景色的添加.jpg<br>Map\室外效果XH038.jpg |
|---|---|
| 场景： | Scene\Cha10\实例167 窗外景色的添加. psd |
| 视频： | 视频教学\Cha10\实例167 窗外景色的添加.mp4 |

**Step 01** 启动Photoshop 2021软件后，打开“Scene\Cha10 \窗外景色的添加.jpg”文件，如图10-14所示。

**Step 02** 在工具箱中选择【多边形套索】工具，绘制选区，如图10-15所示。

**Step 03** 按Ctrl+J组合键，对选区进行复制，然后打开“Map\室外效果XH038.jpg”文件，将其拖至文档中，并适当对其进行放大，如图10-16所示。

图10-14

图10-15

图10-16

**Step 04** 选择【图层2】并单击鼠标右键，在弹出的快捷菜单中选择【创建剪贴蒙板】命令，效果如图10-17所示。

图10-17

**提示**

剪贴蒙版由两部分组成，即基层和内容层。剪贴蒙版可以使某个图层的内容遮盖其上方的图层，遮盖效果由底部图层或基层决定。

**Step 05** 选择所有的图层，按Shift+Ctrl+Alt+E组合键对图像进行盖印，如图10-18所示。

图10-18

**Step 06** 选择【图层3】，打开【亮度/对比度】对话框，将【亮度】和【对比度】分别设置为20、18，效果如图10-19所示。

图10-19

## 实例168 室外建筑中人物的阴影

效果图渲染完成后，为了增强其逼真性，需要为其适当添加人物。本例将讲解如何为人物添加阴影，其中主要应用了Photoshop 2021软件中的任意变形工具和图层不透明度功能，效果如图10-20所示。

图10-20

| 素材： | Scene\Cha10 \室外建筑中人物的阴影.psd |
|---|---|
| 场景： | Scene\Cha10\实例168 室外建筑中人物的阴影. psd |
| 视频： | 视频教学\Cha10\实例168　室外建筑中人物的阴影.mp4 |

**Step 01** 启动Photoshop 2021软件后，打开“Scene\Cha10 \室外建筑中人物的阴影.psd”文件，如图10-21所示。

图10-21

**Step 02** 打开【图层】面板，选择【人物1】图层，按Ctrl+J组合键对其进行复制，如图10-22所示。

图10-22

**Step 03** 选择【人物1 拷贝】图层，按Ctrl+T组合键，在文档中单击鼠标右键，在弹出的快捷菜单中选择【斜切】命令，对对象进行调整，如图10-23所示。

图10-23

**Step 04** 按Enter键确认变换，然后将【人物1 拷贝】图层载入选区，并为选区填充黑色，如图10-24所示。

图10-24

> **◎提示·◦**
>
> 需要注意人物阴影和倒影的区别，一般在室外为人物设置阴影，通过填充黑色，然后调整透明度得到阴影效果。

**Step 05** 在【图层】面板中选择【人物1 拷贝】图层，将其【不透明度】设置为30%，将图层调整至【人物1】图层下方，效果如图10-25所示。

图10-25

## 实例169 植物倒影

本例将讲解如何制作植物的倒影，其制作过程和制作人物的阴影相似，其中主要应用了任意变形工具，效果如图10-26所示。

图10-26

| 素材： | Scene\Cha10 \植物阴影.psd |
|---|---|
| 场景： | Scene\Cha10\实例169 植物倒影. psd |
| 视频： | 视频教学\Cha10\实例169 植物倒影.mp4 |

**Step 01** 启动Photoshop 2021软件后，打开“Scene\Cha10 \植物阴影.psd”文件，如图10-27所示。

图10-27

**Step 02** 打开素材会发现大厅中的植物没有阴影，打开【图层】面板选择【植物】图层，按Ctrl+J组合键对其进行复制，选择复制的图层，按Ctrl+T组合键对其进行垂直翻转，然后适当缩小，如图10-28所示。

图10-28

**◎提示·◦**

复制图层的方法除了按Ctrl+J组合键外，还可以将需要复制的图层拖动到【创建新图层】按钮上，也可以单击鼠标右键，在弹出的快捷菜单中选择【复制图层】命令。

**Step 03** 在【图层】面板中将【植物 拷贝】图层的【不透明度】设置为20%，效果如图10-29所示。

图10-29

图11-1

# 第11章 建筑雪景的制作

本章导读

本章将制作一幅复杂的雪景效果图，主要涉及地面的处理、背景天空的设置、雪地的制作、远近景植物的设置及调整等几个方面。在这个练习中，读者可以掌握雪景效果图的制作技巧与方法，最终效果如图11-1所示。

# 实例170 图像的编辑与处理

任何效果图在制作之前，都需要统一进行规划和构思，同时也需要对图像文件进行编辑与处理。本例雪景效果图的制作同样也离不开图像的编辑与处理。

| 素材： | Map\雪景\建筑外观.jpg |
| --- | --- |
| 场景： | Scene\Cha11\建筑雪景.psd |
| 视频： | 视频教学\Cha11\实例170 图像的编辑与处理.mp4 |

**Step 01** 运行Photoshop 2021，在菜单栏中选择【文件】|【新建】命令，在【新建文档】对话框中设置文件的【宽度】为3000像素、【高度】为1600像素，单击【创建】按钮，如图11-2所示。

图11-2

**Step 02** 打开“Map\雪景\建筑外观.jpg”文件，在工具箱中单击【魔棒工具】按钮，在建筑外部空白位置处单击鼠标，按Ctrl+Shift+I组合键，反选对象，可以看到建筑被选中，按Ctrl+C组合键，复制选中的图像，如图11-3所示。

> **提示**
>
> 选择【文件】菜单下的【新建】命令，将弹出【新建文档】对话框，可以设置文件名、长宽尺寸及图形的分辨率，在【颜色模式】选项中可以设置文件类型。

**Step 03** 按Ctrl+V组合键将建筑粘贴到新建的文档中，存储文件并将文件命名为“建筑雪景.psd”。在【图层】面板中将粘贴的新图层【图层1】命名为“主建筑”，按Ctrl+T组合键，调整建筑轮廓的大小，如图11-4所示。

图11-3

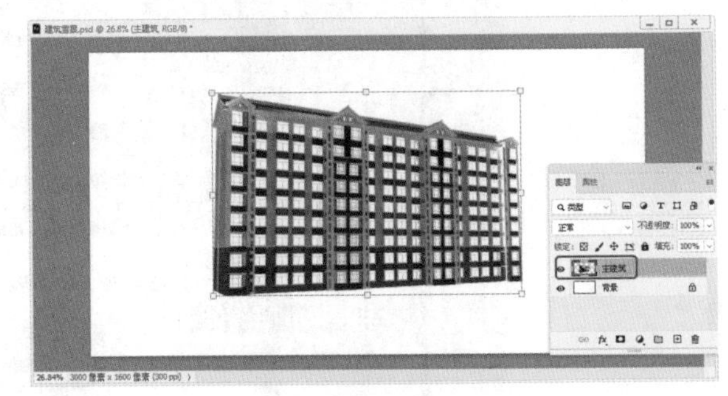

图11-4

**Step 04** 在建筑上右击鼠标，在弹出的快捷菜单中选择【斜切】命令，对其进行斜切调整，按Enter键确认，如图11-5所示。

图11-5

**Step 05** 选择【图像】|【调整】命令，在弹出的【亮度/对比度】对话框中将【亮度】设置为30，将【对比度】设置为15，单击【确定】按钮，如图11-6所示。

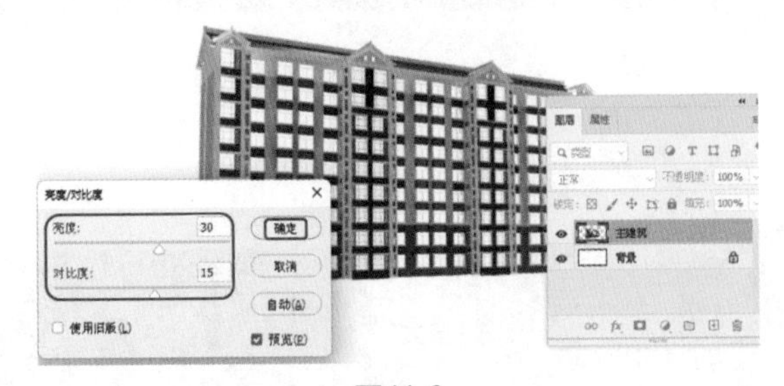


图11-6

## 实例 171 地面的编辑与处理

地面可以在3ds max软件中直接创建，也可以在Photoshop CC中使用素材来进行表现。相比较而言，在Photoshop CC中直接使用素材表现更加方便、灵活。

| 素材： | Map\雪景\道路.psd |
| --- | --- |
| 场景： | Scene\Cha11\建筑雪景.psd |
| 视频： | 视频教学\Cha11\实例171 地面的编辑与处理.mp4 |

Step 01 打开“Map\雪景\道路.psd”文件，将道路拖曳到主建筑的场景中，在【图层】面板中将新图层重命名为“地面”，如图11-7所示。

图11-7

Step 02 在【图层】面板中将【地面】图层拖到【主建筑】图层下方，这样搭配更协调。下面设置其他居民楼，在【图层】面板中将【主建筑】图层拖曳到【创建新图层】按钮上，对图层进行复制，并将新图层重命名为“主建筑左”，然后将该图层调整至【主建筑】图层的下方，如图11-8所示。

图11-8

Step 03 按Ctrl+T组合键，打开自由变换框，在工具选项栏中单击【保持长宽比】按钮。将【宽度】和【高度】设置为55%，按Enter键确认，调整对象位置，如图11-9所示。

图11-9

Step 04 在【图层】面板中将【主建筑左】图层拖曳至【创建新图层】按钮上，将复制得到的图层重命名为“主建筑右”。最后将【主建筑右】拖曳至图像右侧，如图11-10所示。

图11-10

Step 05 通过斜切调整【主建筑左】、【主建筑右】对象，为了方便管理图层，在【图层】面板中单击【创建新组】按钮，新建一个图层组，并将其重命名为“建筑”，然后将【主建筑】、【主建筑左】、【主建筑右】拖曳至【建筑】图层组中，如图11-11所示。

图11-11

## 实例 172 制作天空背景

天空背景在效果图中起着举足轻重的作用，一幅好的天空背景素材可以为效果图增光添彩。

| 素材： | Map\雪景\天空.psd |
| --- | --- |
| 场景： | Scene\Cha11\建筑雪景.psd |
| 视频： | 视频教学\Cha11\实例172 制作天空背景.mp4 |

Step 01 为了添置天空背景，首先在【图层】面板中将【背景】图层删除，得到一幅背景透明的图片，如图11-12所示。

图11-12

Step 02 打开“Map\雪景\天空.psd”文件，将其拖曳到主建筑场景中，并在【图层】面板中将天空背景的图层重命名为“天空”，然后将【天空】图层调整至【地面】图层的下方，如图11-13所示。

图11-13

Step 03 选择【天空】图层，按Ctrl+T组合键，打开自由变换框，在工具选项栏中单击【保持长宽比】按钮，设置【宽度】和【高度】为70%，按Enter键确认，并将图片调整至合适的位置，如图11-14所示。

图11-14

## 实例173 雪地的表现

雪地的制作与表现属于雪景效果图中的重中之重，雪地要与前面所设置的地面相结合才能够逼真地体现。

| 素材： | Map\雪景\围栏.psd |
| --- | --- |
| 场景： | Scene\Cha11\建筑雪景.psd |
| 视频： | 视频教学\Cha11\实例173 雪地的表现.mp4 |

Step 01 按住Ctrl键单击【地面】图层的缩略图，将【地面】图层载入选区，效果如图11-15所示。

图11-15

Step 02 在【图层】面板中单击【创建新图层】按钮，新建一个图层，并将其重命名为“雪地”。将【前景色】设置为白色，按Alt+Delete组合键填充前景色，完成后的效果如图11-16所示。

图11-16

Step 03 打开“Map\雪景\围栏.psd”文件，将当前文件中的围栏拖曳到建筑场景中，然后在【图层】面板中将新图层重命名为“小区围栏”，如图11-17所示。

Step 04 确定【小区围栏】图层处于选择状态，按Ctrl+T组合键，打开自由变换框，在工具选项栏中单击【保持长宽比】按钮，然后将【宽度】和【高度】设置为65%，最后将围栏调整至图像的左侧，效果如图11-18所示。

图11-17

图11-18

**Step 05** 在选中【小区围栏】图层的情况下，选择工具箱中的【矩形选框工具】，选择围栏右侧图像区域，按Ctrl+C组合键，对其进行复制，按Ctrl+V组合键，在【图层】面板中将新图层重命名为“小区围栏2】，如图11-19所示。

图11-19

**Step 06** 为了使图中的围栏呈现近大远小的效果，按Ctrl+T组合键，在工具选项栏中单击【保持长宽比】按钮，将【宽度】和【高度】设置为88%，并将该图像调整至右侧，效果如图11-20所示。

**Step 07** 在【图层】面板中选择【雪地】图层，选择工具箱中的【多边形套索工具】，在工具选项栏中设置【羽化】值为20像素，在【雪地】上选取道面的路径，按Delete键，如图11-21所示。

图11-20

图11-21

## 实例174 配景建筑的添加与编辑

在室外建筑效果图的制作中，添加配景建筑可以起到丰富画面以及调整图像景深的作用，所以收集和处理一些常用的建筑配景是非常有必要的。

| | |
|---|---|
| 素材： | Map\雪景\配景建筑.psd |
| 场景： | Scene\Cha11\建筑雪景.psd |
| 视频： | 视频教学\Cha11\实例174　配景建筑的添加与编辑.mp4 |

**Step 01** 下面将添加辅助建筑。打开“Map\雪景\配景建筑.psd”文件，将辅助建筑拖曳到建筑场景中。在【图层】面板中将辅助建筑的图层重命名为“辅助建筑1”，如图11-22所示。

**Step 02** 在【图层】面板中将【辅助建筑1】图层拖曳到【建筑】图层组下，并将其放在【主建筑左】图层的下面。按Ctrl+T组合键，打开自由变换框，对【辅助建筑1】进行调整，单击工具选项栏中的【保持长宽比】按钮，将【宽度】和【高度】设置为65%。最后将其放置在图像文件的左侧，如图11-23所示。

图11-22

图11-23

**Step 03** 在【图层】面板中选择【辅助建筑1】图层并拖曳至【创建新图层】按钮上，复制该图层，将新图层重命名为"辅助建筑2"，最后将其拖曳至【主建筑】和【主建筑右】两个建筑中间，将【小区围栏】、【小区围栏2】调整至顶层，如图11-24所示。

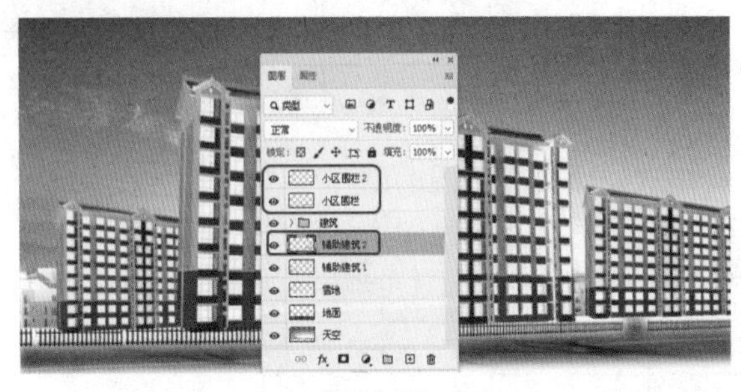

图11-24

## 实例175 配景植物的设置

在效果图的制作中，配景植物可以起到烘托环境的作用，同时配景植物的制作也是很烦琐的一项工作，因为在效果图场景中配景植物比较多，而且随着景深的递增，配景植物也会随之变化。在本例中主要介绍远景低矮植物的处理、远景植物的处理和装饰性植物的处理。

| 素材： | Map\雪景\低矮树丛2.psd、枯树2.psd、植物03.psd、植物02.psd、低矮树丛.psd |
|---|---|
| 场景： | Scene\Cha11\建筑雪景.psd |
| 视频： | 视频教学\Cha11\实例175 配景植物的设置.mp4 |

**Step 01** 下面为雪地添加植物。打开"Map\雪景\低矮树丛2.psd"文件，将其中的植物拖曳到建筑场景中，并在【图层】面板中将低矮树丛图层重命名为"院内植物"，然后在【图层】面板中将该图层放在顶端，如图11-25所示。

图11-25

**Step 02** 下面设置植物的大小比例。按Ctrl+T组合键，在工具选项栏中设置【宽度】和【高度】为67%，在【图层】面板中将【院内植物】放在【建筑】图层的上方，适当旋转【院内植物】的角度，并调整【小区围栏】和【院内植物】的位置，如图11-26所示。

图11-26

**Step 03** 在【图层】面板中选择【小区围栏】图层和【小区围栏2】图层，按Ctrl+E组合键合并图层，将合并的图层重命名为"小区围栏"。在【图层】面板中创建【院内植物】图层组，然后将【院内植物】图层拖曳至【院内植物】图层组中，如图11-27所示。

**Step 04** 确定【院内植物】处于选择状态，在工具箱中选择【矩形选框工具】，将半空中的植物进行框选，然后使用【移动工具】移动框选的植物，效果如图11-28所示。

图11-27

图11-28

Step 05 打开“Map\雪景\枯树2.psd”文件，将该图中的枯树拖曳到建筑场景中，将【图层】面板中的【枯树】图层重命名为“枯树”，并放在【院内植物】图层组下方，如图11-29所示。

图11-29

Step 06 按Ctrl+T组合键，对【枯树】进行自由变换，单击【保持长宽比】按钮，分别设置【宽度】和【高度】为62%，如图11-30所示。

Step 07 将【图层】面板中的【枯树】图层拖曳到【创建新图层】按钮上对其进行复制，将新图层重命名为“枯树后侧”，然后将该图层调整至【枯树】图层下方。按Ctrl+T组合键，打开自由变换框，在工具选项栏中将【宽度】和【高度】设置为65%，如图11-31所示。

图11-30

图11-31

Step 08 下面将添加大量的、高大的植物。打开“Map\雪景\植物03.psd”文件，将该图中的植物拖曳到建筑场景中，并将【图层】面板中的植物图层重命名为“植物01”，最后将其放置在【院内植物】图层的上面，如图11-32所示。

图11-32

Step 09 按Ctrl+T 组合键，打开自由变换框，并在工具选项栏中单击【保持长宽比】按钮，然后分别设置【宽度】和【高度】为35%，最后依照图11-33所示将其放在围栏内。

Step 10 将【植物01】拖曳到【创建新图层】按钮上，对其进行复制。将复制得到的图层命名为“植物02”，按Ctrl+T组合键，打开自由变换框，并在工具选项栏中单击【保持长宽比】按钮，然后分别设置【宽度】和【高度】为58%，将图像调整至【植物01】图像一侧，如图11-34所示。

图11-33

图11-34

**Step 11** 对【植物02】图层进行复制，并将复制得到的图层命名为“植物03”，放置的位置如图11-35所示。

图11-35

**Step 12** 在【图层】面板中选择【植物01】图层，对其进行复制并调整位置，然后将复制的新图层重命名为“植物04”，如图11-36所示。

图11-36

**Step 13** 对【植物04】图层进行复制，并将复制得到的图层命名为“植物05”。按Ctrl+T组合键，对其进行自由变换，在工具选项栏中单击【保持长宽比】按钮，然后分别设置【宽度】和【高度】为80%，最后选择该图像并将其放置到如图11-37所示的位置。

图11-37

**Step 14** 使用同样的方法进行复制，然后将复制的植物图像调整至如图11-38所示的位置。

图11-38

**Step 15** 打开“Map\雪景\植物02.psd”文件，将该图中的植物拖曳到建筑场景中，在【图层】面板中将当前图层重命名为“梅花树”。按Ctrl+T组合键进行自由变换，然后在工具选项栏中单击【保持长宽比】按钮，分别设置【宽度】和【高度】为70%，调整其在【图层】面板中的位置，如图11-39所示。

图11-39

**Step 16** 打开“Map\雪景\低矮树丛.psd”文件，将其拖曳到建筑场景中，并将新的图层重命名为“低矮植物01”，如图11-40所示。

图11-40

**Step 17** 按Ctrl+T组合键，打开自由变换框，在工具选项栏中单击【保持长宽比】按钮，然后分别设置【宽度】和【高度】为40%，最后将当前图层调整至【梅花树】图层的下方，完成后的效果如图11-41所示。

图11-41

**Step 18** 在【图层】面板中复制【低矮植物01】图层，并将其重命名为“低矮植物02”，最后将该图层放置在主建筑的右侧，如图11-42所示。

图11-42

## 实例176 人物的添加与处理

本例通过自由变换调整人物的大小及位置，从而完善雪景效果图的制作。

| 素材： | Map\雪景\人物01.psd、人物02.psd、人物03.psd、人物04.psd |
| --- | --- |
| 场景： | Scene\Cha11\建筑雪景.psd |
| 视频： | 视频教学\Cha11\实例176 人物的添加与处理.mp4 |

**Step 01** 打开“Map\雪景\人物01.psd”文件，将其中的人物拖曳到建筑场景中，在【图层】面板中将图层重命名为“人物”，如图11-43所示。

图11-43

**Step 02** 按Ctrl+T组合键，打开自由变换框，单击工具选项栏中的【保持长宽比】按钮，然后分别设置人物的【宽度】和【高度】为75%，如图11-44所示。

图11-44

Step 03 打开“Map\雪景\人物02.psd”文件，将打开文件中的人物拖曳至建筑场景中，在【图层】面板中将新的图层重命名为“人物02”，然后在场景中调整其位置，如图11-45所示。

图11-45

Step 04 按Ctrl+T组合键对当前图层进行调整，在工具选项栏中单击【保持长宽比】按钮，然后分别设置【宽度】和【高度】为60%，最后在场景中调整其位置，效果如图11-46所示。

图11-46

Step 05 在场景中添加“人物03”“人物04”素材，并将其放置在相应的位置处。在【图层】面板中单击【创建新组】按钮，将其命名为“人物”，在【图层】面板中选择【人物】、【人物02】、【人物03】、【人物04】图层，将它们拖曳至【人物】图层组中，如图11-47所示。

图11-47

## 实例177 雪地植物阴影的设置

为了使效果图更加逼真，雪地植物阴影的设置和使用是必须考虑的。在本例中将为大家介绍植物阴影的设置方法。

| 素材： | Map\雪景\植物03.psd |
| --- | --- |
| 场景： | Scene\Cha11\建筑雪景.psd |
| 视频： | 视频教学\Cha11\实例177 雪地植物阴影的设置.mp4 |

Step 01 打开“Map\雪景\植物03.psd”文件，选择工具箱中的【矩形选框工具】，然后选取“植物03”文件中图像的上半部分，按Ctrl+C组合键对其进行复制。打开“建筑雪景”文件，按Ctrl+V组合键，将复制的植物上半部分粘贴到“建筑雪景”文件中，最后在【图层】面板中将新图层重命名为“雪地树影”，如图11-48所示。

图11-48

Step 02 下面对【雪地树影】进行变换。按Ctrl+T组合键，打开自由变换框，在工具选项栏中单击【保持长宽比】按钮，分别设置【宽度】和【高度】为60%。选择【编辑】|【变换】|【扭曲】命令，对其进行调整，直到满意为止，完成后的效果如图11-49所示。

Step 03 选择【雪地树影】图层，对该图层复制两次，然后在场景中调整树影的角度及位置，完成后的效果如图11-50所示。

Step 04 在【图层】面板中确定【雪地树影】、【雪地树影拷贝】、【雪地树影拷贝2】处于选择状态，按Ctrl+E组合键将其合并，然后将其重命名为“雪地树影”，如图11-51所示。

图11-49

图11-50

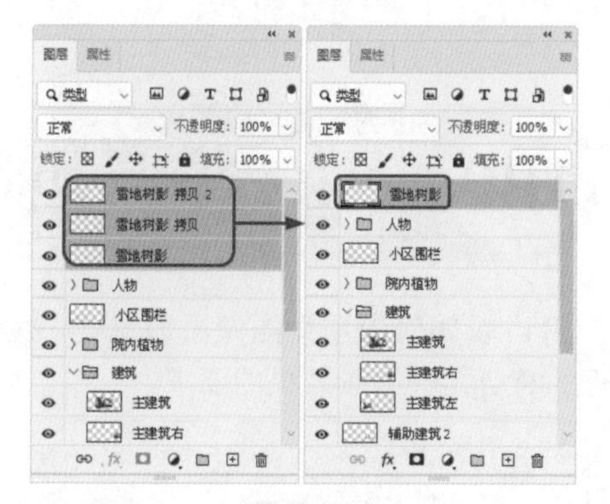

图11-51

Step 05 在【图层】面板中将【雪地树影】图层的【不透明度】设置为40%，效果如图11-52所示。

图11-52

## 实例178 近景植物的制作

通过前面的诸多操作已经完成了制作雪景效果图的大部分工作，在接下来的操作中我们将制作近景植物。

| 素材： | Map\雪景\植物04.psd、植物03.psd |
|---|---|
| 场景： | Scene\Cha11\建筑雪景.psd |
| 视频： | 视频教学\Cha11\实例178 近景植物的制作.mp4 |

Step 01 打开“Map\雪景\植物04.psd”文件，将植物04拖曳到场景中，将图层重命名为“近景树左1”。在【图层】面板中单击【创建新组】按钮，新建一个图层组，并将其重命名为“近景树”。将【近景树左1】图层拖曳至【近景树】图层组中，如图11-53所示。

图11-53

Step 02 按Ctrl+T组合键，对【近景树左1】图层进行自由变换，在工具选项栏中单击【保持长宽比】按钮，然后分别设置【宽度】和【高度】为70%，并依照图11-54所示进行放置。

图11-54

Step 03 打开“Map\雪景\植物03.psd”文件，将当前文件拖入场景中，并将图层重命名为“近景树左2”。按Ctrl+T组合键，打开自由变换框，在工具选项栏中单击【保持长宽比】按钮，然后分别设置【宽度】和【高度】为65%。最后在【图层】面板中将该图层拖放至【近景树】图层组中，如图11-55所示。

图11-55

Step 04 选择【近景树左2】图层并拖曳至【创建新图层】按钮上进行复制，将复制得到的图层重命名为“近景树右1”。最后将【近景树右1】拖到图像文件的右侧，在【图层】面板中选择该图层并将其放在【近景树】图层组下，完成后的效果如图11-56所示。

图11-56

## 实例179 近景栅栏的设置

在图像近景的中心位置处还略显空旷，在接下来的操作中将打开并拖入一个木制的栅栏，这样可以使场景中的图像信息更加丰富。

| 素材： | Map\雪景\木架.psd |
|---|---|
| 场景： | Scene\Cha11\建筑雪景.psd |
| 视频： | 视频教学\Cha11\实例179 近景栅栏的设置.mp4 |

Step 01 打开“Map\雪景\木架.psd”文件，将其中的木制栅栏拖入场景中，然后在【图层】面板中将当前图层重命名为“木栅栏”，如图11-57所示。

Step 02 按Ctrl+T组合键，打开自由变换框，在工具选项栏中单击【保持长宽比】按钮，然后分别设置【宽度】和【高度】为65%，最后将【木栅栏】拖曳至合适的位置，如图11-58所示。

图11-57

图11-58

## 实例180 雪景的编辑与修改

本例将讲解如何为场景图像添加雪花，使当前图像文件更加符合冬天雪景效果的要求。

| 素材： | Map\雪景\雪花.tga |
|---|---|
| 场景： | Scene\Cha11\建筑雪景.psd |
| 视频： | 视频教学\Cha11\实例180 雪景的编辑与修改.mp4 |

Step 01 打开“Map\雪景\雪花.tga”文件。选择【选择】|【载入选区】命令，弹出【载入选区】对话框，在该对话框中保持默认设置，单击【确定】按钮，此时雪花被选中。按Ctrl+C组合键进行复制，如图11-59所示。

Step 02 切换到【建筑雪景】场景中，然后按Ctrl+V组合键，将雪花粘贴到场景中，并在【图层】面板中将雪花图层重命名为“雪”，然后将其放在最上层，如图11-60所示。

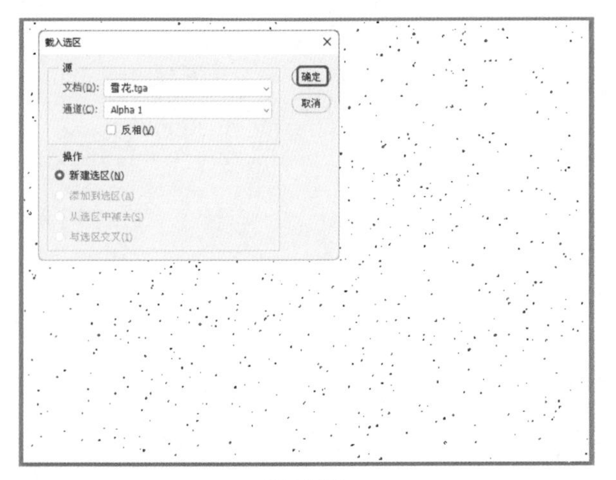

图11-59

图11-60

**Step 03** 按Ctrl+T组合键，打开自由变换框，在工具选项栏中单击【保持长宽比】按钮，然后分别设置【宽度】和【高度】为51%，并将该图像调整至图像文件的左侧，如图11-61所示。

图11-61

**Step 04** 在【图层】面板中选择【雪】图层并将其拖曳至【创建新图层】按钮上进行复制，将复制得到的图层命名为“雪02”。将复制的【雪02】图层移动至图像的右侧，这样雪花分布看起来比较均匀。最后按Ctrl+E组合键，将【雪】图层和【雪02】图层合并，将其重命名为“雪”，如图11-62所示。

图11-62

**Step 05** 激活【图层】面板，按Ctrl+Shift+Alt+E组合键盖印图层，将盖印图层命名为“建筑雪景”，如图11-63所示。

> **提示**
>
> 按Ctrl + Alt + Shift + E组合键可盖印所有可见图层，按Ctrl + Alt + E组合键可盖印所选图层。

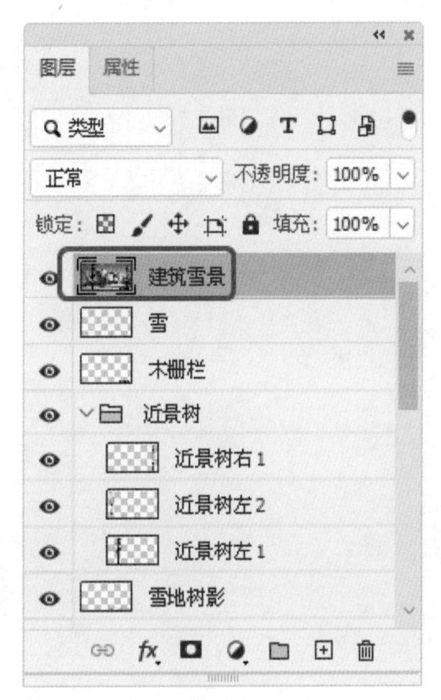


图11-63

> **提示**
>
> 盖印就是将处理后的效果添加到新的图层上，功能和合并图层差不多，不过比合并图层更好用。因为盖印是重新生成一个新的图层，而一点儿都不会影响之前所处理的图层，这样做的好处就是，如果觉得处理的效果不太满意，可以删除盖印图层，之前做效果的图层依然还在。这样可以方便我们处理图片，也可以节省时间。